应用型高等学校"十三五"规划教材

数字电子技术

侯传教 赵 娟 陈淑静 姚巧鸽 刘 颖 **编 著**

华中科技大学出版社
中国·武汉

内容简介

本书讲述数字电子技术的基本概念和技术，内容包括数字逻辑基础、集成逻辑门、组合逻辑电路、时序逻辑电路、脉冲信号的产生与变换及模数与数模转换器等。

本书遵循“保证基础、突出实践、引导创新、工学结合”原则，以CDIO理念为指向，内容以适量、实用为度，简明扼要、深入浅出，注重理论知识的运用，着重培养学生应用理论知识分析和解决电路实际问题的能力。本书可作为高等院校工科相关专业的教材，也可供从事电子技术工程人员学习参考。

图书在版编目(CIP)数据

数字电子技术/侯传教等编著．—武汉：华中科技大学出版社，2018.12

ISBN 978-7-5680-4162-1

Ⅰ.①数…　Ⅱ.①侯…　Ⅲ.①数字电路-电子技术-高等学校-教材　Ⅳ.①TN79

中国版本图书馆CIP数据核字(2018)第286005号

数字电子技术
Shuzi Dianzi Jishu

侯传教　赵　娟　陈淑静　姚巧鸽　刘　颖　编著

策划编辑：范　莹
责任编辑：余　涛
封面设计：原色设计
责任校对：李　弋
责任监印：赵　月
出版发行：华中科技大学出版社(中国·武汉)　　电话：(027)81321913
　　　　　武汉市东湖新技术开发区华工科技园　　邮编：430223
录　　排：武汉市洪山区佳年华文印部
印　　刷：武汉市籍缘印刷厂
开　　本：787mm×1092mm　1/16
印　　张：19
字　　数：482千字
版　　次：2018年12月第1版第1次印刷
定　　价：46.80元

致 学 生

感谢你选用本书作为学习“数字电子技术”的教材，相信你会发现“数字电子技术”是你继续学习后续课程和做好求职准备的有效工具之一，并发现本书对将来的深入学习非常有用。

“数字电子技术”是面向电子信息类各学科专业的重要专业基础课。本课程的任务是使学生获得数字电子技术方面的基本理论、基本知识和基本技能，培养学生在数字电子技术方面的分析与动手能力。为深入学习后续课程和从事有关数字电子技术方面的实际工作打下牢固的基础，本书主要的内容包括：数字电路的数学工具——逻辑代数；组成数字电路的单元电路——门电路和触发器；两种逻辑的电路——组合逻辑电路和时序逻辑电路的分析和设计方法，以及常用的中规模集成电路功能；大规模集成电路、数模和模数转换；时钟脉冲的产生和整形。

同学们学习时应注意以下几点。

(1) 应明确学习目的，知道要学什么。

(2) 把握数字电路的特点。

对于逻辑代数，应掌握逻辑代数中的基本定律和定理，以及逻辑关系的描述方法及其相互转换。对于门电路和触发器，要掌握它们的外部特性，包括逻辑功能和输入端、输出端的电气特性。为了更好地理解和运用电路器件的外部特性，需要熟悉它们的输入电路和输出电路的结构及其原理。至于内部的电路结构和详细工作过程都不是学习的重点，不需要去记忆。组合逻辑电路和时序逻辑电路是学习数字电路的重点内容：首先，要掌握电路分析和设计方法；其次，能分析确定组合电路逻辑功能并使用 EDA 工具仿真；再次，根据实际问题，完成数字逻辑电路的设计与制作；最后，能够判断、查找和排除实际电路中的故障，实现设计要求。

(3) 重视实验和课程设计。

实验在本课程中有着重要的作用，它可以帮助验证所学的理论，加深对理论知识的理解和掌握，培养理论联系实际的能力，培养实际动手能力及实验技能，培养分析问题与解决问题的能力。实验前要先预习并使用 EDA 工具仿真，通过预习明确实验目的、熟悉需要使用的主要仪器和仪表、掌握调试电路的方法和技巧。在做实验时，应操作规范。有条不紊地规范操作是实验获得准确结果的保证，所以实验切勿草率开始。

必须重视实验技能训练，不仅从理论上理解正确操作的理由，更要多实际练习，并做到手脑并用、科学分析。有些同学认为做实验只要在“做”字上下功夫就够了，这是不够的。不动脑就会出现照“单”拾“货”、照“方”取“药”，只知“做什么”“怎么做”，却不知为什么要这样做，这就难以达到做实验的目的。实验不单要会做，而且还要应用科学的态度加以思考、分析，进行必要的归纳和总结。

课程设计为综合应用所学的数字电路知识、模拟工程设计提供了极好的课堂，学生可以利用课程设计加强自我综合能力的训练。

(4) 学会查阅器件手册。

从相关的数字集成电路数据手册上查找所需要的器件型号,同时研究所选器件的功能真值表(对时序器件还要研究时序图),从功能真值表中获取以下信息:① 该器件本身的逻辑功能;② 该器件的正确使用方法;③ 使用器件中应注意事项等。

(5) 按时、独立地完成规定的作业。

做习题是一个非常重要的环节,它对于巩固概念、启发思考、熟悉分析运算过程、暴露学习中的问题和不足是不可缺少的。

(6) 利用网络学习、辅导答疑、习题测试等方法学习。

(7) 经常浏览相关期刊、网站,了解数字电子技术的最新发展动态和新近推出的电子器件及其大致功能特点等。

预祝同学们学习进步。

编　者

2018 年 8 月

前　言

本书根据高等学校培养应用型人才的需要，遵循“保证基础、突出实践、引导创新、工学结合”的原则，以CDIO理念为指向，以数字电子技术的发展和应用为主线，把握教育部高等学校电子信息与电气学科教学指导委员会对本课程的要求，在保证知识技能全覆盖的前提下，采用以能力为导向，理论与实践相融合的编写模式，对教材内容进行了优化。本着循序渐进、理论联系实际的原则，内容以适量、实用为度，注重理论知识的运用，着重培养学生应用理论知识分析和解决电路实际问题的能力。本书力求叙述简练、概念清晰、通俗易懂、便于自学。

全书共6章，主要内容有：数字逻辑基础、集成逻辑门、组合逻辑电路、时序逻辑电路、脉冲信号的产生与变换、模数和数模转换器等。讲授本书内容需要50～70学时，书中标注“*”的内容可供教师根据需要取舍。

本书第1章由西安欧亚学院刘颖和黄淮学院姚巧鸽合编，第2章由黄淮学院姚巧鸽编写，第3章由黄淮学院陈淑静编写，第4章由西安欧亚学院侯传教编写，第5章、第6章由荆楚理工学院赵娟编写。全书由侯传教统稿。

本书由西安电子科技大学江小安，西安欧亚学院杨智敏、张秀芳，西京学院王宽仁等老师审阅，并提出了大量宝贵意见，在此表示衷心感谢。同时还得到西安欧亚学院信息工程学院、黄淮学院信息工程学院及荆楚理工学院的领导和同仁的大力支持和帮助，在此表示感谢。

本书在编写过程中，参考了大量图书和网站，在此对这些资料的提供者表示衷心的感谢。由于本书编写时对所有的数字集成器件的图形采用国际标准，但在仿真软件Multisim、QuartusⅡ中数字集成器件是软件本身提供的符号，这会使本书数字集成器件在表述形式上不统一，敬请读者注意。

由于编者水平有限，书中难免有疏漏和不妥之处，敬请读者批评指正。

编　者

2018年8月

前言

目　　录

第1章 数字逻辑基础

本章要点

◇ 知道模拟量和数字量之间的区别；

◇ 掌握二进制、八进制、十六进制数的表示及其与十进制数的相互转换；

◇ 掌握8421BCD码，了解其他常用编码；

◇ 理解常见基本逻辑运算及复合逻辑运算；

◇ 熟练掌握逻辑代数中的基本定律和定理；

◇ 掌握逻辑关系的描述方法及其相互转换方法；

◇ 会用公式法和卡诺图化简逻辑函数。

数字电子技术是一门重要且充满魅力的自然科学，已广泛地应用在电子信息、通信、自动控制、电子测量等领域，数字化已成为当今电子技术的发展潮流。逻辑代数是学习数字电子技术的基础。本章主要介绍数字电路概念、逻辑代数的运算及其化简方法。

1.1 概述

在电子应用中，可测量的量分为模拟量和数字量。

1.1.1 数字量

在时间上和数量上都是离散的物理量称为数字量。把表示数字量的信号称为数字信号。例如，用电子电路记录从自动生产线上输出的零件数目时，每送出一个零件便给电子电路一个信号，使之记为1，而平时没有零件送出时，加给电子电路的信号是0，此过程为计数。可见，零件数目这个信号无论在时间上还是在数量上都是不连续的，因此它是一个数字信号。最小的数量单位就是1。通常用0和1表示两种对应的状态，其波形如图1-1所示。把工作在数字信号下的电子电路称为数字电路。

1.1.2 模拟量

在时间上或数值上都是连续的物理量称为模拟量。把表示模拟量的信号称为模拟信号，其波形如图1-2所示。把工作在模拟信号下的电子电路称为模拟电路。

热电偶在工作时输出的电压信号就属于模拟信号，因为在任何情况下，被测温度都不可能发生突跳，所以测得的电压信号无论在时间上还是在数值上都是连续的。

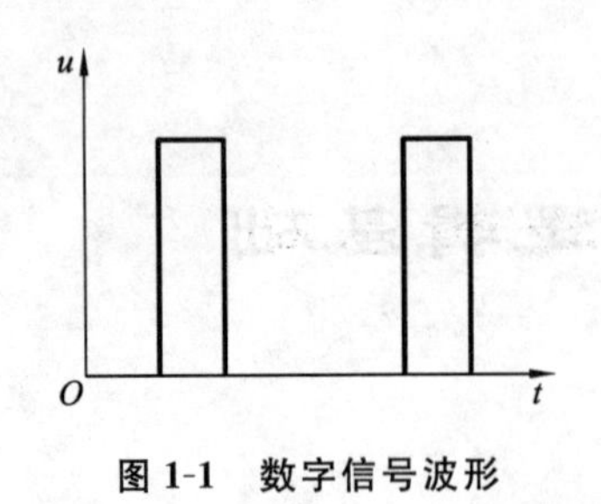

图 1-1　数字信号波形

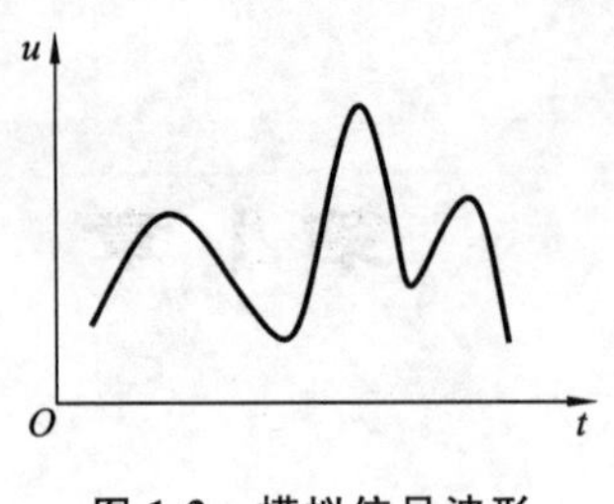

图 1-2　模拟信号波形

1.1.3　数字电路的特点(与模拟电路相比)

数字电路的特点如下：

(1) 数字电路的基本工作信号是用 1 和 0 表示的二进制的数字信号，反映在电路上就分别是高电平和低电平，因此，其具有电路结构简单、容易制造、便于集成和系列化生产、成本低廉、使用方便等特点。

(2) 数字电路能对输入的数字信号进行各种算术运算、逻辑运算和逻辑判断，故又称为数字逻辑电路。

(3) 数字电路工作准确可靠、精度高、抗干扰能力强。

(4) 数字信息保存方便、保存期长、保密性好。

(5) 数字电路产品系列多，品种齐全，通用性和兼容性都比较好，使用方便。

为了研究数字电路，必须先了解数字信号的描述方法，数字信号通常用数字量表示，数字量的计数方法与数制有关。

1.2　数制与码制

1.2.1　数制

数制即计数体制，是指用一组固定的符号和统一的规则来表示数值的方法。按进位的方法进行计数，称为进位计数制。常见的数制有：十进制、二进制、八进制和十六进制。数制有数码、基数和位权值三个基本元素。其中数码是一组用来表示某种数制的符号。例如，十进制的数码是 0、1、2、3、4、5、6、7、8、9。而基数是某数制可以使用的数码个数。例如，十进制的基数是 10。权是基数的幂，表示数码在不同位置上的数值。位权值是指数制中每个数位对应的位值。

1. 十进制

基数为 10 的进位计数制为十进制。十进制中有 0、1、2、3、4、5、6、7、8、9 共十个数码，进位规则为“逢十进一”。当用若干个数字符号表示一个数时，处在不同位置的数字，代表的含义不同。例如，986 可以表示为 $9\times10^2+8\times10^1+6\times10^0$。

对于十进制来说，第 n 位十进制整数的位权值是 10^{n-1}。十进制数的表示方法：$(986)_{10}$ 或 $(986)_D$。

任何一个十进制数都可以写成以 10 为基数按权展开的多项式，即

$$N_D = \sum_{i=-m}^{n-1} d_i \times 10^i$$

式中：d_i 表示各位上的数字的数码。

在数字设备中，一般不采用十进制，因为要用十个不同的状态表示十进制码，比较困难。

2. 二进制

目前在数字设备中，计算机采用的均为二进制，其进位规则为“逢二进一”。二进制中只有 0 和 1 两个数码。使用电子器件表示两种物理状态容易实现，例如，用晶体管的导通和截止表示 1 和 0，或者用高、低电平表示 1 和 0。两种状态下的系统稳定性高，二进制具有运算简单、硬件容易实现、存储和传送可靠等特点。

一个二进制数可以表示为 $(1101.1)_2$，按权展开为 $(1101.1)_2=(13.5)_D$。二进制的运算规则为

加法规则：0+0=0，0+1=1，1+0=1，1+1=0（进位为 1）

减法规则：0−0=0，1−0=1，1−1=0，0−1=1（借位为 1）

乘法规则：0×0=0，1×1=1

二进制数的位数长且字符单调，使得书写和记忆不方便，因此在进行指令书写、程序输入时，通常采用八进制和十六进制作为二进制的缩写。

3. 八进制

基数为 8 的进位计数制为八进制。八进制中有 0、1、2、3、4、5、6、7 共八个数码，进位规则为“逢八进一”。一个八进制数可以表示为 $(26.8)_O$，按权展开为 $(26.8)_O=(22.5)_D$。

4. 十六进制

基数为 16 的进位计数制为十六进制。十六进制中有 0、1、2、3、4、5、6、7、8、9、A、B、C、D、E、F 共十六个数码，进位规则为“逢十六进一”。一个十六进制数可以表示为 $(6B.8)_H$，按权展开为 $(6B.8)_H=(107.5)_D$。

为便于比较，表 1-1 给出了十进制数 0～15 对应的二进制数、八进制数和十六进制数。

表 1-1　十进制数与二进制数、八进制数、十六进制数对照表

十进制数	二进制数	八进制数	十六进制数	十进制数	二进制数	八进制数	十六进制数
0	0000	00	0	8	1000	10	8
1	0001	01	1	9	1001	11	9
2	0010	02	2	10	1010	12	A
3	0011	03	3	11	1011	13	B
4	0100	04	4	12	1100	14	C
5	0101	05	5	13	1101	15	D
6	0110	06	6	14	1110	16	E
7	0111	07	7	15	1111	17	F

5. *R* 进制（任意进制）

基数为 R 的进位计数制为 R 进制。R 进制的表达式为

$$[N]_R = a_{n-1}\times R^{n-1} + a_{n-2}\times R^{n-2} + \cdots + a_1\times R^1 + a_0\times R^0 + a_{-1}\times R^{-1} + a_{-2}\times R^{-2} + \cdots + a_{-m}\times R^{-m}$$

$$= \sum_{i=-m}^{n-1} a_i \times R^i$$

1.2.2 数制转换

数制转换是指将一个数从一种进位制转换成另一种进位制。常用的进制是二进制与十进制。十进制是人们生活中最常用到的一种数制，但机器实现起来困难。二进制是机器唯一识别的数制，但二进制书写太长，因此引入八进制和十六进制。各数制都有自己的应用场合，数制间经常需要相互转换。

1. 十进制数与其他进制数之间的转换

1）其他进制数转换为十进制数

将其他进制数表示成按权展开式，然后各项相加，所得结果为对应的十进制数。

【例 1-1】 $(10111.001)_B=(\quad ? \quad)_D$。

解 $(10111.001)_B = 1\times 2^4 + 0\times 2^3 + 1\times 2^2 + 1\times 2^1 + 1\times 2^0 + 0\times 2^{-1} + 0\times 2^{-2} + 1\times 2^{-3}$

$= (23.125)_D$

2）十进制数转换为其他进制数

十进制数转换为其他进制数采用基数乘除法。转换时对整数和小数分别进行处理。整数转换采用“连除 R 取余，逆序排列”的方法；小数转换采用“连乘 R 取整，顺序排列”的方法。

（1）整数转换。

整数转换采用基数除法，即将待转换的十进制数除以新进制的基数，取其余数。先将待转换的十进制数除以新进位制基数 R，其余数作为新进位制数的最低位；再将所得商除以 R，取余数记为次低位……以此类推，直至商为 0，其余数为最高位。

【例 1-2】 $(35)_D=(\quad ? \quad)_B=(\quad ? \quad)_O=(\quad ? \quad)_H$。

解 按照“连除取余，逆序排列”的方法，转换过程如下：

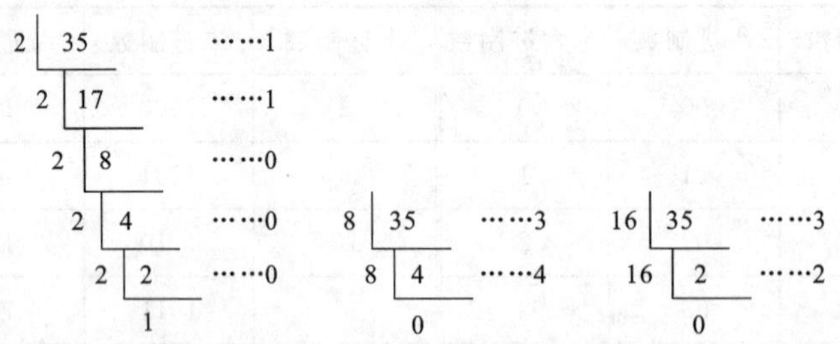

```
2 | 35   ……1
  2 | 17   ……1
    2 | 8   ……0
      2 | 4   ……0        8 | 35  ……3       16 | 35  ……3
        2 | 2   ……0      8 | 4   ……4       16 | 2   ……2
            1                 0                  0
```

因为十进制数 35 转换成二进制数时连除 2，结果为 100011；十进制数 35 转换成八进制数时连除 8，结果为 43；十进制数 35 转换成十六进制数时连除 16，结果为 23。所以

$$(35)_D = (100011)_B = (43)_O = (23)_H$$

（2）小数转换。

小数转换采用“乘 R 取整”的方法，先将十进制数乘以 R 取乘积的整数部分，记为最高位；再将积的小数部分乘以 R，取整数部分……以此类推，直至其小数部分为 0 或者达到规定精度要求，取其整数部分记作最低位。

【例 1-3】 $(43.25)_D=(\quad ? \quad)_B$。

解 整数部分为43，按整数转换方法，采用基数除法转换；小数部分为0.25，按照基数乘法转换。其转换过程如下：

2	43	……1
2	21	……1
2	10	……0
2	5	……1
2	2	……0
	1	

整数部分

	0.25
	× 2
0……	0.50
	× 2
1……	1.00

小数部分

所以
$$(43.25)_D=(101011.01)_B$$

【例 1-4】 $(0.39)_D=(\quad ? \quad)_O$，精确到0.1%。

解 要求精度达到0.1%，因为 $1/8^3>1/1000>1/8^4$，所以需要精确到八进制小数4位。即

$0.39\times8=3.12$ ……取出整数3；$0.12\times8=0.96$ ……取出整数0；

$0.96\times8=7.68$ ……取出整数7；$0.68\times8=5.44$ ……取出整数5

所以
$$(0.39)_D=(0.3075)_O$$

2. 二进制数与八进制数、十六进制数之间的相互转换

由于二进制数与八进制数和十六进制数之间满足8和16的关系，它们之间的转换十分方便。

1）二进制数与八进制数之间的转换

将二进制数由低位向高位的每3位二进制数按权展开相加得到1位八进制数（注意事项：3位二进制数转成八进制数是从右到左开始转换，不足时补0）。

【例 1-5】 $(11010101.01111)_B=(\quad ? \quad)_O$。

解 因为
$$\frac{011}{3}\ \frac{010}{2}\ \frac{101}{5}\ .\ \frac{011}{3}\ \frac{110}{6}$$

所以
$$(11010101.01111)_B=(325.36)_O$$

八进制数转换为二进制数，只需将每位八进制数用3位二进制数表示。

【例 1-6】 $(65.4)_O=(\quad ? \quad)_B$。

解 因为
$$\frac{6}{110}\ \frac{5}{101}\ .\ \frac{4}{100}$$

所以
$$(65.4)_O=(110101.1)_B$$

2）二进制数与十六进制数之间的转换

将二进制数由低位向高位的每4位二进制数按权展开相加得到1位十六进制数（注意事项：4位二进制数转成十六进制数是从右到左开始转换，不足时补0）。

【例 1-7】 $(11011011001.1011)_B=(\quad ? \quad)_H$。

解 因为
$$\frac{0110}{6}\ \frac{1101}{D}\ \frac{1001}{9}\ .\ \frac{1011}{B}$$

所以 $(11011011001.1011)_B=(6D9.B)_H$

十六进制数转换为二进制数，只需将每位十六进制数用 4 位二进制数表示。

1.2.3 常用的编码

编码(coding)是指用代码来表示各组数据。在二进制中只有两个符号，如果用 n 位二进制则有 2^n 种不同组合，来代表 2^n 种不同的信息。指定某一组合来代表给定信息，这一过程称为编码。将表示给定信息的符号称为代码或码。

计算机只能识别二进制数，但人们却熟悉十进制数，而不习惯用二进制数，因此，在计算机输入和输出数据时，经常采用十进制数。所不同的是，这里的十进制数是用二进制编码来表示的。十进制数有十个数码，需要用 4 位二进制数表示 1 位十进制数码，但它仍是“逢十进一”，所以称为二进制编码的十进制数，或称二-十进制数，简称 BCD(binary coded decimal)码。4 位二进制数有十六种组合。从十六种组合中，选择十种组合来表示十进制的十个数码，可以有多种方法。

常用的 BCD 码有 8421 码、5421 码、余 3 码和格雷码等，如表 1-2 所示。

表 1-2 常用的 BCD 码

十进制数	8421 码	5421 码	余 3 码	格雷码
0	0000	0000	0011	0000
1	0001	0001	0100	0001
2	0010	0010	0101	0011
3	0011	0011	0110	0010
4	0100	0100	0111	0110
5	0101	1000	1000	0111
6	0110	1001	1001	0101
7	0111	1010	1010	0100
8	1000	1011	1011	1100
9	1001	1100	1100	1000

其中，8421 码是常用的有权码，其 4 位二进制码从高位至低位的权依次为 2^3、2^2、2^1、2^0，即 8、4、2、1，故称为 8421 码。在该码中不允许出现 1010～1111 这 6 种组合。5421 码也是一种常用的有权码，其 4 位二进制码从高位至低位的权依次为 5、4、2、1，故称为 5421 码。

8421 码与十进制间的转换是按位进行的，即十进制数的每一位与 4 位二进制码对应。

余 3 码是一种由 8421 码加上 0011 形成的一种无权码，由于它的每一字符编码比相应的 8421 码多 3，故称为余 3 码。例如，十进制数 7 的余 3 码等于 7 的 8421 码 0111 加上 0011，即为 1010。余 3 码中 0000、0001、0010、1101、1110、1111 不允许出现。而格雷码的特点是任意两个相邻数，其格雷码仅有 1 位不同。在编码技术中，把两个码组中不同码元的个数称为这两个码组的距离，简称码距。由于格雷码的任意相邻的两个码组的距离均为 1，故又称为单位距离码。由于首、尾两个码组也具有单位距离特性，因此格雷码也称为循环码。

1.3 逻辑代数基础

1.3.1 逻辑变量

在客观世界中，事物的发展和变化通常都遵循一定的因果关系。例如，电灯的亮或灭，取决于电源是否接通，如果电源接通，电灯就会亮，否则电灯就会灭。电源的接通与否是电灯亮或灭的原因，电灯亮或灭是结果。将这种完全对立、截然相反的两种状态称为逻辑状态，如真假、有无、高低、开关等。代表逻辑状态的符号称为逻辑变量，取值 0 和 1。0 和 1 只表示两种不同的逻辑状态，不表示数量大小。描述这种客观事物因果关系的数学方法是逻辑代数，它是分析和设计逻辑电路的数学基础。逻辑代数是由逻辑变量集、常量 0 和 1 及逻辑运算符构成的代数系统，由英国数学家乔治·布尔(George·Boole)创立的，故又称为布尔代数。

1. 基本逻辑运算

在数字系统中，逻辑变量分为逻辑输入与逻辑输出，它们之间的因果关系称为逻辑运算。逻辑代数中常见的基本逻辑运算有与运算、或运算和非运算。

1) 与运算(逻辑乘)

与运算的定义为决定事件的全部条件都满足时，事件才会发生，也称逻辑乘。与运算可以形象地用电灯与开关串联电路来说明，如图 1-3(a)所示。约定开关闭合为电灯亮的条件(逻辑输入)，电灯亮是开关闭合的结果(逻辑输出)。开关有断开、闭合两种逻辑状态，电灯 Y 也有灯亮与灯灭两种逻辑状态。图 1-3(a)所示的串联电路的开关 A、B 有 4 种组合，只有当开关 A、B 都闭合时，电灯才会亮。与运算的逻辑符号如图 1-3(b)所示。将输入状态与输出状态对应的逻辑关系用电路状态来表示，如表 1-3 所示。

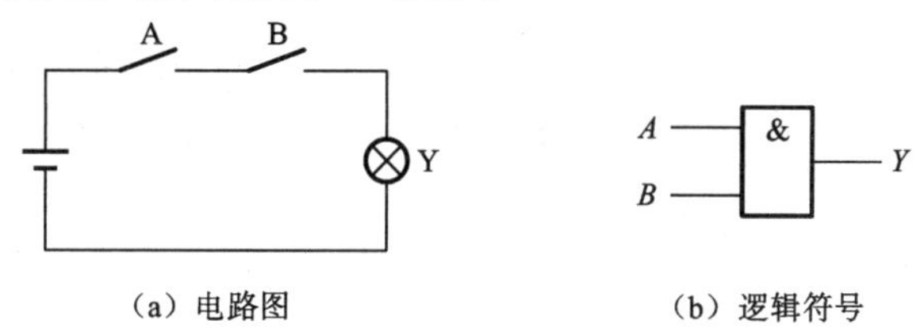

(a) 电路图　　(b) 逻辑符号

图 1-3　与运算的电路图和逻辑符号①

表 1-3　与运算的状态表

开关 A 的状态	开关 B 的状态	灯 Y 的状态
断开	断开	灭
断开	闭合	灭
闭合	断开	灭
闭合	闭合	亮

① 开关 A、B 分别对应输入逻辑变量 A、B，灯 Y 对应输出逻辑变量 Y。全书实物与变量之间的对应关系，均做此处理。

表 1-4　与运算的真值表

A	B	Y
0	0	0
0	1	0
1	0	0
1	1	1

约定用 1 来表示条件具备或事件发生，即用 1 来表示开关闭合及灯亮；用 0 来表示条件不具备或事件不发生，即用 0 来表示开关断开及灯灭。因此，表 1-3 所示的逻辑关系可以表示为表 1-4 所示的形式。这种把输入逻辑变量的所有取值组合及其相对应的输出结果列成的表格称为真值表，它是描述逻辑函数的直观描述方法，真值表的左边是输入变量所有可能的取值组合，右边是其相对应的输出值。

与运算的逻辑函数表达式为

$$Y=A\cdot B=AB \tag{1-1}$$

读作：Y 等于 A 与 B。式中："·"是与运算符号，逻辑式中的"·"可以省略。对于多变量的与运算，函数表达式可写成

$$Y=A\cdot B\cdot C\cdots \tag{1-2}$$

与运算的运算规则是

$$0\cdot 0=0;\quad 0\cdot 1=0;\quad 1\cdot 0=0;\quad 1\cdot 1=1 \tag{1-3}$$

由运算规则可以推出与运算的一般形式是

$$A\cdot 0=0;\quad A\cdot 1=A;\quad A\cdot A=A \tag{1-4}$$

与运算的运算口诀：有 0 出 0，全 1 出 1。

实现与运算的逻辑单元电路为与门，其逻辑符号如图 1-3(b)所示。在 Multisim 软件中，从 Diode 库中调二极管 D1、D2，Source 库中调 VCC、GND；Basic 库中调 S1、S2、R1，指示库中调 X1 指示灯，连线并构建用二极管构成的与门 Multisim 仿真电路，如图 1-4 所示。

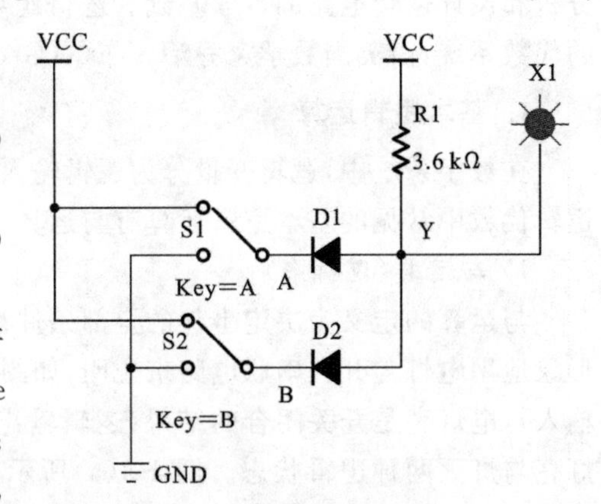

图 1-4　用二极管构成的与门 Multisim 仿真电路

图 1-4 中，逻辑开关 S1、S2 控制输入端 A、B 的输入，输出发光二极管 X1 表示输出端 Y 按照功能表 1-4 分别拨动开关 S1、S2，即改变输入 A、B 的状态，观察输出 Y 状态变化。从仿真结果可知，只有当 A=B=1 时，Y 才等于 1。

2) 或运算(逻辑加)

或运算的定义为决定事件的条件只要有一个满足时，事件就会发生。或运算可以形象地用电灯与开关并联电路来说明，如图 1-5(a)所示。对于图 1-5(a)所示的并联电路的开关 A、B 有 4 种组合，只要开关 A、B 中有一个闭合时，电灯就会亮。表 1-5 是或运算的真值表。

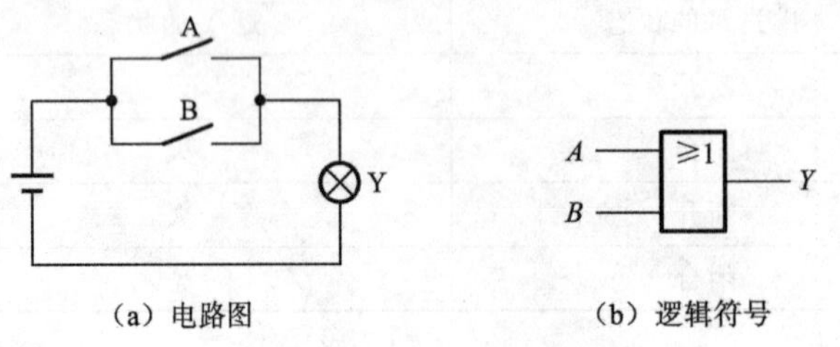

(a) 电路图　(b) 逻辑符号

图 1-5　或运算的电路图和逻辑符号

表 1-5　或运算的真值表

A	B	Y
0	0	0
0	1	1
1	0	1
1	1	1

或运算的逻辑函数表达式为

$$Y=A+B \tag{1-5}$$

读作:Y 等于 A 或 B。式中:"+"是或运算符号。对于多变量的或运算,函数表达式可写成

$$Y=A+B+C\cdots \tag{1-6}$$

或运算的运算规则是

$$0+0=0;\quad 0+1=1;\quad 1+0=1;\quad 1+1=1 \tag{1-7}$$

值得注意的是,逻辑运算和算术运算是有区别的。逻辑运算中 1+1=1,而二进制算术运算中 1+1=10。

由运算规则可以推出或运算的一般形式是

$$A+0=A;\quad A+1=1;\quad A+A=A \tag{1-8}$$

或运算的运算口诀:全 0 出 0,有 1 出 1。

实现或运算的逻辑单元电路为或门,其逻辑符号如图 1-5(b)所示。在 Multisim 软件中,从 Diode 库中调二极管 D_1、D_2,Source 库中调 VCC、GND;Basic 库中调 S1、S2、R1,指示库中调 X1 指示灯,连线并构建用二极管构成的或门 Multisim 仿真电路,如图 1-6 所示。

图 1-6 中,逻辑开关 S1、S2 控制输入端 A、B 的输入,输出发光二极管 X1 表示输出端 Y 按照功能表 1-5 分别拨动开关 S1、S2,即改变输入 A、B 的状态,观察输出 Y 状态变化。从仿真结果可知,只要当 A、B 中有 1,Y 就会为 1。

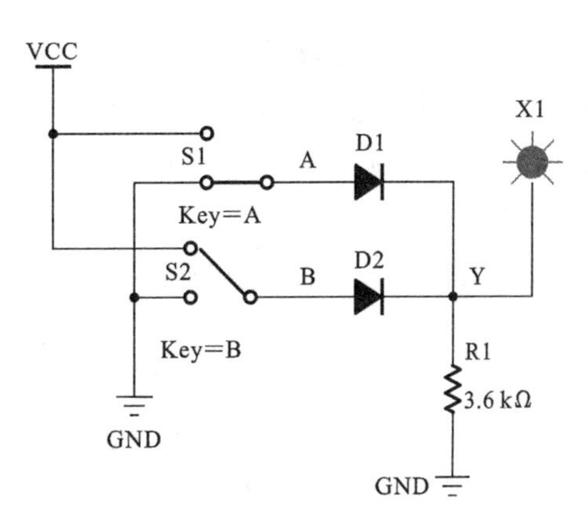

图 1-6 用二极管构成的或门 Multisim 仿真电路

3) 非运算(逻辑非)

非运算的定义为当决定事件的条件满足时,事件反而不发生。非运算可以形象地用电灯与开关并联电路来说明,如图 1-7(a)所示。对于图 1-7(a)所示的并联电路的开关 A 有 2 种组合,当开关 A 断开时,灯泡才会亮。表 1-6 是非运算的真值表。

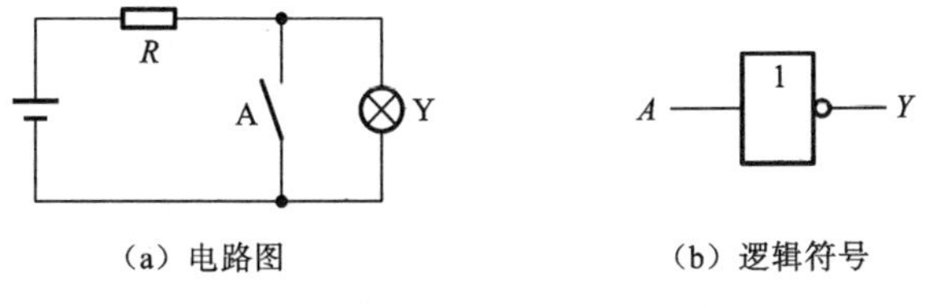

(a) 电路图　(b) 逻辑符号

图 1-7 非运算的电路图和逻辑符号

表 1-6 非运算的真值表

A	Y
0	1
1	0

非运算的逻辑函数表达式为

$$Y=\overline{A} \tag{1-9}$$

读作:Y 等于 A 非。

非运算的运算规则是

$$\overline{1}=0;\quad \overline{0}=1 \tag{1-10}$$

由运算规则可以推出非运算的一般形式是

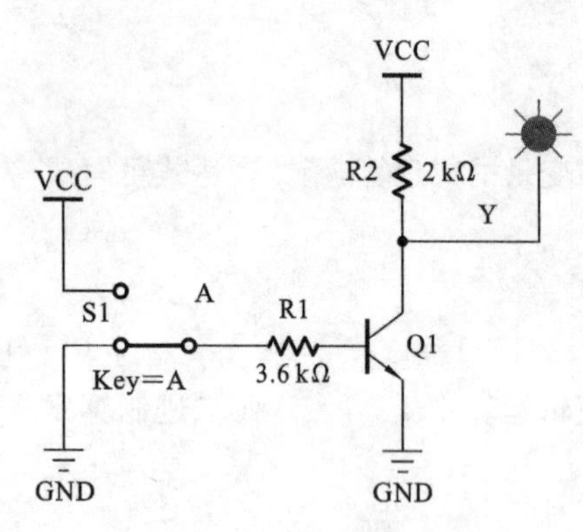

图 1-8 用三极管构成的非门 Multisim 仿真电路

$$\overline{\overline{A}}=A;\quad \overline{A}\cdot A=0;\quad \overline{A}+A=1 \tag{1-11}$$

非运算的运算口诀：有 0 出 1，有 1 出 0。

实现非运算的逻辑单元电路为非门，其逻辑符号如图 1-7(b)所示。在 Multisim 软件中，从 Diode 库中调三极管，Source 库中调 VCC、GND；Basic 库中调 S1、R1、R2，指示库中调 X1 指示灯，连线并构建用三极管构成的非门 Multisim 仿真电路，如图 1-8 所示。

图 1-8 中，逻辑开关 S1 控制输入端 A 的输入，输出发光二极管 Y 表示输出端 Y 按照功能表 1-6 分别拨动开关 S1 即改变输入 A 的状态，观察输出 Y 状态变化。从仿真结果可知，只要当 A=1，Y=0，反之亦然。

2. 复合逻辑运算

与、或、非 3 种基本逻辑运算按不同的方式组合，可以构成与非运算、或非运算、与或非运算、异或运算和同或运算等逻辑运算，称为复合逻辑运算。

1) 与非运算

与非运算的逻辑函数表达式为：$Y=\overline{AB}$，与非运算的逻辑符号和真值表分别如图 1-9 和表 1-7 所示。

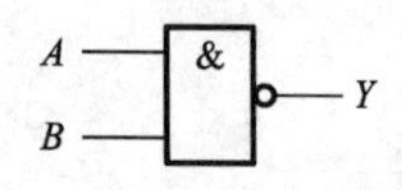

图 1-9 与非运算的逻辑符号

表 1-7 与非运算的真值表

A	B	Y
0	0	1
0	1	1
1	0	1
1	1	0

与非运算的运算口诀：有 0 必 1，全 1 才 0。

2) 或非运算

或非运算的逻辑函数表达式为：$Y=\overline{A+B}$，或非运算的逻辑符号和真值表分别如图 1-10 和表 1-8 所示。

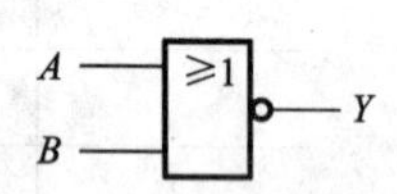

图 1-10 或非运算的逻辑符号

表 1-8 或非运算的真值表

A	B	Y
0	0	1
0	1	0
1	0	0
1	1	0

或非运算的运算口诀：有 1 必 0，全 0 才 1。

3) 与或非运算

与或非运算由"先与后或再非"3 种运算组合而成。与或非运算的逻辑函数表达式为：$Y=\overline{AB+CD}$，与或非运算的逻辑符号如图1-11 所示。

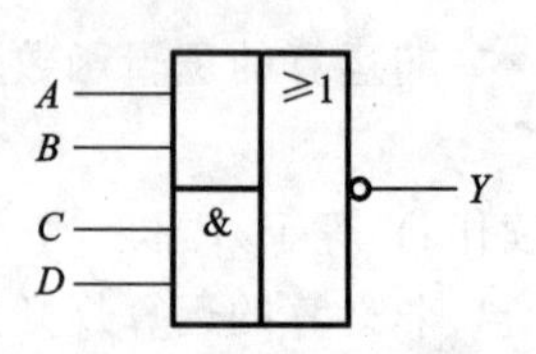

图 1-11 与或非运算的逻辑符号

与或非运算的运算口诀：只有当输入变量 A、B 同时为 1 或输入

变量 C、D 同时为 1 时，输出 Y 才为 1。

4）异或运算

异或运算的定义：当输入变量 A、B 取值不同时，输出 Y 为 1；当输入变量 A、B 取值相同时，输出 Y 为 0。异或运算的逻辑函数表达式为：$Y=\overline{A}B+A\overline{B}=A\oplus B$，异或运算的逻辑符号和真值表分别如图 1-12 和表 1-9 所示。

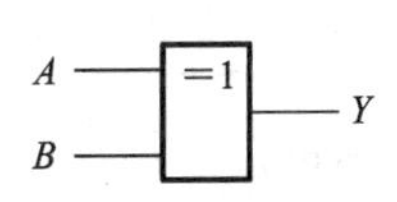

图 1-12　异或运算的逻辑符号

表 1-9　异或运算的真值表

A	B	Y
0	0	0
0	1	1
1	0	1
1	1	0

异或运算的运算口诀：相同为 0，相异为 1。

5）同或运算

同或运算的定义：当输入变量 A、B 取值相同时，输出 Y 为 1；当输入变量 A、B 取值不同时，输出 Y 为 0。同或运算的逻辑函数表达式为：$Y=\overline{A}\overline{B}+AB=A\odot B$，同或运算的逻辑符号和真值表分别如图 1-13 和表 1-10 所示。

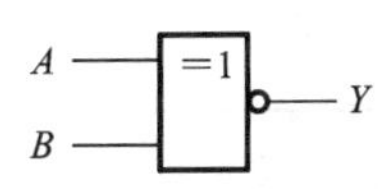

图 1-13　同或运算的逻辑符号

表 1-10　同或运算的真值表

A	B	Y
0	0	1
0	1	0
1	0	0
1	1	1

同或运算的运算口诀：相同为 1，相异为 0。

1.3.2　逻辑代数的公式

1. 逻辑代数的基本公式

根据逻辑与、或、非 3 种基本运算，可推导出逻辑运算的一些基本公式，如表 1-11 所示。

表 1-11　逻辑代数的基本公式

公式名称	公式	
0-1 律	$\overline{0}=1$	$\overline{1}=0$
	$A\cdot 0=0$	$A+1=1$
	$A\cdot 1=A$	$A+0=A$
交换律	$A\cdot B=B\cdot A$	$A+B=B+A$
结合律	$A\cdot(B\cdot C)=(A\cdot B)\cdot C$	$A+(B+C)=(A+B)+C$
分配律	$A\cdot(B+C)=A\cdot B+A\cdot C$	$A+(B\cdot C)=(A+B)\cdot(A+C)$
吸收律	$A\cdot(A+B)=A$，$A\cdot\overline{\overline{A}\cdot B}=A\cdot\overline{B}$ $\overline{A}\cdot\overline{\overline{A}\cdot B}=\overline{A}$	$A+(A\cdot B)=A$
重复律	$A\cdot A=A$	$A+A=A$

续表

公式名称	公式	
互补律	$\overline{A}\cdot A=0$	$\overline{A}+A=1$
反演律	$\overline{A\cdot B}=\overline{A}+\overline{B}$	$\overline{A+B}=\overline{A}\cdot\overline{B}$
还原律	$\overline{\overline{A}}=A$	
包含律	$(A+B)(\overline{A}+C)(B+C)=(A+B)(\overline{A}+C)$	$AB+\overline{A}C+BC=AB+\overline{A}C$

表1-11给出的公式反映了逻辑代数的基本规律，这些公式都可以方便地用真值表的方法得以证明。

【例1-8】 用真值表证明反演律：$\overline{A\cdot B}=\overline{A}+\overline{B}$，$\overline{A+B}=\overline{A}\cdot\overline{B}$。

证 列出真值表(为简单起见，将两个表列在一起)，如表1-12所示。

表1-12 例1-8真值表

A	B	$\overline{A\cdot B}$	$\overline{A}+\overline{B}$	$\overline{A+B}$	$\overline{A}\cdot\overline{B}$
0	0	1	1	1	1
0	1	1	1	0	0
1	0	1	1	0	0
1	1	0	0	0	0

由表1-12可知，对输入变量A、B的所有不同组合其等式两边输出结果相同，所以反演律$\overline{A\cdot B}=\overline{A}+\overline{B}$，$\overline{A+B}=\overline{A}\cdot\overline{B}$成立。

反演律也称德·摩根定律，它是逻辑代数中十分重要且经常使用的定律。

反演律也可以推广到多变量情形，即

$$\overline{A_0\cdot A_1\cdot\cdots\cdot A_n}=\overline{A_0}+\overline{A_1}+\cdots+\overline{A_n}$$

$$\overline{A_0+A_1+\cdots+A_n}=\overline{A_0}\cdot\overline{A_1}\cdot\cdots\cdot\overline{A_n}$$

上面给出的基本公式也是逻辑代数的基本定律。正如普通代数一样，只有确立这些公式是正确的，才能在以后证明其他逻辑等式或进行逻辑函数化简时，这些公式就可作为求证的手段和依据。

另外，包含律具有如下推论：

$$AB+\overline{A}C+BCD=AB+\overline{A}C$$

$$(A+B)(\overline{A}+C)(B+C+D)=(A+B)(\overline{A}+C)$$

异或运算与同或运算相关公式：

$$Y=\overline{A}\overline{B}+AB=A\odot B,\quad Y=\overline{A}B+A\overline{B}=A\oplus B$$

$$A\oplus 0=A,\quad A\oplus 1=\overline{A},\quad A\odot 0=\overline{A},\quad A\odot 1=A$$

$$A\oplus B=\overline{A\odot B},\quad A\odot B=\overline{A\oplus B},\quad A\odot B=A\oplus\overline{B},\quad A\odot\overline{B}=A\oplus B$$

2. 逻辑代数的常用公式

1) $AB+A\overline{B}=A$

证 $AB+A\overline{B}=A(B+\overline{B})=A\cdot 1=A$

2) $A+AB=A$

证 $A+AB=A(1+B)=A\cdot 1=A$

3) $A+\overline{A}B=A+B$

证 $A+\overline{A}B=(A+AB)+\overline{A}B=A+(AB+\overline{A}B)$

$=A+(A+\overline{A})B=A+B$

4) $AB+\overline{A}C+BC=AB+\overline{A}C$

证 $AB+\overline{A}C+BC=AB+\overline{A}C+(A+\overline{A})BC$

$=AB+ABC+\overline{A}C+\overline{A}CB$

$=AB+\overline{A}C$

5) $AB+\overline{A}C=(A+C)(\overline{A}+B)$

证 $(A+C)(\overline{A}+B)=A\cdot\overline{A}+AB+\overline{A}C+BC$

$=AB+\overline{A}C+BC$

$=AB+\overline{A}C$

1.3.3 逻辑代数常用法则

逻辑代数中还有代入法则、对偶法则和反演法则，掌握这些法则，可以将原有的公式加以扩展或推出一些新的运算公式。

1. 代入法则

在任何一个包含逻辑变量 A 的等式中，若以另外一个逻辑式代入等式中所有 A 的位置，则等式仍然成立。

代入法则可以扩大基本公式的应用范围。

【例 1-9】 证明 $C\overline{D}+\overline{C\overline{D}}B=C\overline{D}+B$。

证 令 $A=C\overline{D}$，根据公式 $A+\overline{A}B=A+B$ 和代入法则，则 $C\overline{D}+\overline{C\overline{D}}B=C\overline{D}+B$。

2. 反演法则

如果将逻辑函数 F 中所有的“·”变成“+”、“+”变成“·”、“0”变成“1”、“1”变成“0”、原变量变成反变量、反变量变成原变量，则所得到的新函数是原函数的反函数 $\overline{F}$。

反演法则用于求一个已知逻辑函数 Y 的反函数 $\overline{Y}$。

应用反演法则时应该注意以下两点。

(1) 反演运算前后，函数式中运算的优先顺序(先与后或)应该保持不变。

(2) 多个变量上的“非”号应该保持不变。

【例 1-10】 已知 $Y=\overline{A}+\overline{B}+CD+0$，试用反演法则求其反函数 $\overline{Y}$。

解 根据反演法则可以得到：

$$\overline{Y}=A\cdot B\cdot(\overline{C}+\overline{D})\cdot 1$$

【例 1-11】 已知 $Y=A+\overline{B+\overline{C}+\overline{D+E}}$，试用反演法则求其反函数 $\overline{Y}$。

解 根据反演法则可以得到：

$$\overline{Y}=\overline{A}\cdot\overline{\overline{B}\cdot C\cdot\overline{\overline{D}\cdot\overline{E}}}$$

$$\overline{Y}=\overline{A}\cdot(B+\overline{C}+\overline{D+E})$$

【例 1-12】 已知$Y=A+B\overline{C}+CD$，试用反演法则求其反函数$\overline{Y}$。

解 根据反演法则可以得到：

$$\begin{aligned}\overline{Y}&=\overline{A}\cdot(\overline{B}+C)\cdot(\overline{C}+\overline{D})\\&=(\overline{A}\cdot\overline{B}+\overline{A}\cdot C)\cdot(\overline{C}+\overline{D})\\&=\overline{A}\cdot\overline{B}\cdot\overline{C}+\overline{A}\cdot\overline{B}\cdot\overline{D}+\overline{A}\cdot C\cdot\overline{D}\end{aligned}$$

【例 1-13】 已知$F=\overline{A}+\overline{B}\cdot(C+\overline{D}E)$，试用反演法则求其反函数$\overline{F}$。

解 根据反演法则可以得到：

$\overline{F}=A\cdot[B+\overline{C}(D+\overline{E})]$ （变换时应注意“与”变“或”时要加括号）

3. 对偶法则

如果将逻辑函数F中所有的“·”变成“+”、“+”变成“·”、“0”变成“1”、“1”变成“0”，则所得到的新函数是原函数的对偶式F^*。

求某一函数Y的对偶式时，同样要注意保持原函数的运算顺序不变。

【例 1-14】 已知$Y=A+B\overline{C}+CD$，试用对偶法则求其对偶式Y^*。

解 根据对偶法则可以得到：

$$Y^*=A\cdot(B+\overline{C})\cdot(C+D)$$

利用对偶定理，可以使要证明和记忆的公式数目减少一半。

1.3.4 逻辑函数及其表示方法

1. 逻辑函数的概念

在研究事件的因果关系时，决定事件变化的因素称为逻辑自变量，对应事件的结果称为逻辑因变量。表述逻辑自变量($A,B,C,D,\cdots$)与逻辑因变量Y之间函数关系的代数式，称为逻辑函数表达式。因此，逻辑函数是由逻辑变量、常量通过运算符连接起来的代数式。用公式表示为：$Y=F(A,B,C,D,\cdots)$。通常将式中逻辑自变量称为输入，将逻辑因变量即运算结果称为输出，F为某种对应的逻辑关系。逻辑函数的输入与输出的取值只有0和1，那么当输入变量的取值确定之后，输出的值便被唯一地确定下来。

任何一件具有因果关系的事情都可以用一个逻辑函数来表示。例如，在举重比赛中有三个裁判员，规定只要两个或两个以上的裁判员判定成功，试举成功；否则试举失败。可以将三个裁判员作为三个输入变量，分别用A、B、C来表示，并且“1”表示该裁判员判定成功，“0”表示该裁判员判定不成功。Y作为输出的逻辑函数，$Y=1$表示试举成功，$Y=0$表示试举失败。Y与A、B、C之间的逻辑关系式就可以表示为：$Y=F(A,B,C)$。

2. 逻辑函数的建立

建立一个逻辑函数时，一般先约定逻辑输入与输出，再根据要求，列出真值表，写出函数表达式。任何一个逻辑函数都可以有真值表、逻辑函数表达式、逻辑电路图和卡诺图及波形五种表示方法。已知真值表求逻辑函数表达式可用下述两种方法。

方法1 把某个输出变量$F=1$的相对应一组输入变量($A,B,C,\cdots$)的组合状态以逻辑乘形式表示(用原变量表示变量取值1，用反变量表示变量取值0)，再将所有$F=1$的逻辑乘进行逻辑加，即得出F的与-或表达式，或称“积之和”式。

方法2 把某个输出变量$F=0$的相对应一组输入变量($A,B,C,\cdots$)组合状态以逻辑加形式表示(用原变量表示变量取值 0,用反变量表示变量取值 1),再将所有 $F=0$ 的逻辑加进行逻辑乘,即得出 F 的或-与表达式,或称“和之积”式。

【例 1-15】 设有 A、B、C 共 3 人对某提案进行表决,遵循少数服从多数的表决原则,表决结果用 Y 表示。试列出 Y 的真值表,并写出逻辑函数表达式。

解 (1) 定状态。约定表决者 A、B、C 赞成提案用 1 表示,反对提案用 0 表示;表决结果 Y 通过用 1 表示,否决用 0 表示。

(2) 列真值表。根据题目要求列出真值表,如表 1-13所示。

表 1-13 例 1-14 的真值表

A	B	C	Y
0	0	0	0
0	0	1	0
0	1	0	0
0	1	1	1
1	0	0	0
1	0	1	1
1	1	0	1
1	1	1	1

(3) 写表达式:

$$Y=\overline{A}BC+A\overline{B}C+AB\overline{C}+ABC$$

3. 逻辑函数的表示方法

逻辑函数的表示方法通常有真值表(表格形式)、逻辑函数表达式(数学公式形式)、逻辑电路图(逻辑符号形式)、卡诺图(几何图形形式)及波形(动态图形形式)等 5 种方法。

1) *真值表法*

真值表法采用一种表格来表示逻辑函数的运算关系,其中输入部分列出输入逻辑变量的所有可能组合(其中 n 变量输入共有 2^n 个组合),输出部分给出相应的输出逻辑变量值。真值表具有唯一性,且输入变量按自然二进制递增顺序排列(既不易遗漏,也不会重复)。

函数的真值表直观明了,但随着输入变量数增加,真值表形式反显烦琐。

2) *逻辑函数表达式法*

逻辑函数表达式就是由逻辑变量和与、或、非等逻辑运算组成的输入变量与输出变量之间关系代数式。

确定一个逻辑函数的逻辑表达式不是唯一的,可以有多种形式,并且可以相互转换。逻辑表达式的特点是简洁,便于简化和转换。例如,前面讲的三种基本逻辑关系的表达式。再例如,“提案表决”函数关系可以表示为:

$$Y=\overline{A}BC+A\overline{B}C+AB\overline{C}+ABC(=AB+AC+BC)$$

3) *逻辑电路图法*

用与、或、非等逻辑符号表示逻辑函数中各变量之间的逻辑关系所得到的图形称为逻辑图。图 1-14 是“提案表决”的逻辑图。

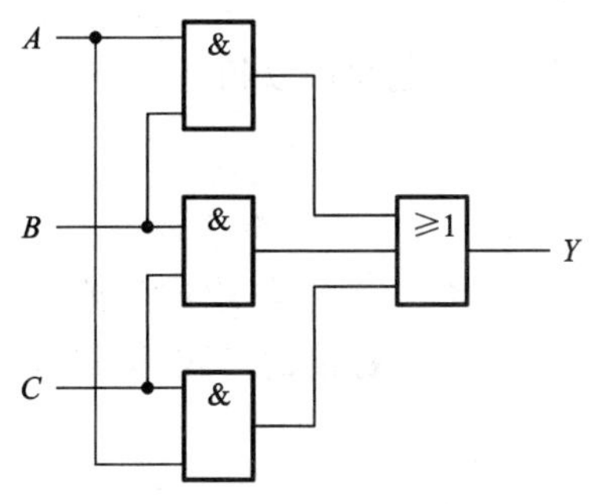

图 1-14 “提案表决”逻辑图

用逻辑图表示逻辑函数的优点:最接近工程实际,图中每一个逻辑符号通常都有相应的门电路与之对应。其缺点:① 不能用于化简;② 不能直观地反映输出函数与输入变量之间的对应关系。

每一种表示方法都有其优点和缺点,表示逻辑函数时应该视具体情况合理运用。

4) *卡诺图法*

卡诺图是一种几何图形,可以用来表示和简化逻辑函数表达式。这种方法将在 1.5 节中介绍。

5）波形图法

波形图是一种表示输入与输出变量动态变化的图形，反映了函数值随时间变化的规律。图 1-15 是“提案表决”的逻辑波形图。

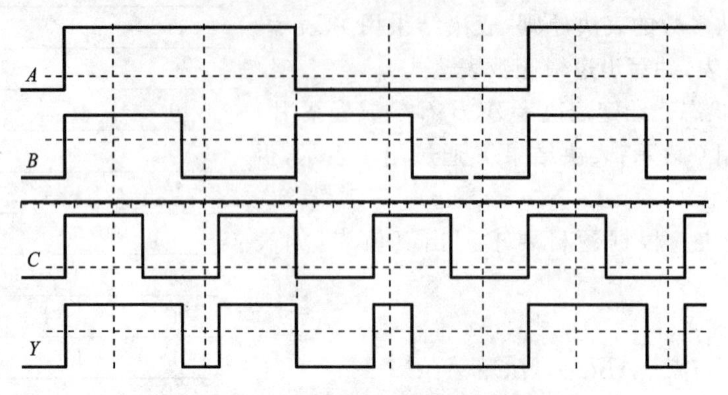

图 1-15　“提案表决”逻辑波形图

逻辑函数的 5 种表示方法在本质上是相同的，可以相互转换。

4. 逻辑函数的相等

设有两个相同变量的逻辑函数

$$F_1=f_1(A_1,A_2,\cdots,A_n),\quad F_2=f_2(A_1,A_2,\cdots,A_n)$$

若对应于逻辑变量 $A_1,A_2,\cdots,A_n$ 的任何一组取值，F_1 和 F_2 的值都相同，则称函数 F_1 和 F_2 相等，记作 $F_1=F_2$。换句话说，若两个逻辑函数具有相同的真值表，则两个逻辑函数必然相等。

5. 逻辑函数表达式的基本形式及其转换

逻辑函数表达式按乘积项的特点以及各乘积项之间的关系，可分为与或式、与非-与非式、或与式、或非-或非式及与或非式等 5 种形式。一般逻辑函数用与或式表达式表示。

(1) 与或式：$F=AB+\overline{A}C$。

(2) 与非-与非式：$F=\overline{\overline{AB+\overline{A}C}}=\overline{\overline{AB}\cdot\overline{\overline{A}C}}$。

(3) 与或非式：$F=\overline{(\overline{A}+\overline{B})\cdot(A+\overline{C})}=\overline{A\overline{A}+\overline{A}\overline{C}+A\overline{B}+\overline{B}\overline{C}}=\overline{A\overline{B}+\overline{A}\overline{C}}$。

(4) 或与式：$F=\overline{A\overline{B}}\cdot\overline{\overline{A}\overline{C}}=(\overline{A}+B)(A+C)$。

(5) 或非-或非式：$F=\overline{\overline{(\overline{A}+B)(A+C)}}=\overline{\overline{\overline{A}+B}+\overline{A+C}}$。

每一种形式的函数表达式对应于一种逻辑电路。尽管一个逻辑函数表达式的各种表示形式不同，但等效表达式逻辑功能是相同的。逻辑函数不同的表示形式之间可以相互转换。

1.3.5　逻辑函数标准形式

一个逻辑函数具有唯一的真值表，但它的逻辑表达式不是唯一的。对于与或式和或与式来说，有的复杂，有的简单。但在这些表达式中有一种规范的形式，称为标准的形式，即最大项表达式和最小项表达式。逻辑函数的标准形式是唯一的。

1. 最小项定义

在逻辑函数的与或式表达式中，如果一个具有 n 个变量的函数的“乘积”项包含全部 n 个变量，每个变量都以原变量或反变量形式出现，且仅出现一次，则这个“乘积”项称为最小项，也叫标准积。

例如，对于三个逻辑变量 A、B、C 的逻辑函数，有 $\overline{A}\overline{B}\overline{C}$、$\overline{A}\overline{B}C$、$\overline{A}B\overline{C}$、$\overline{A}BC$、$A\overline{B}\overline{C}$、$A\overline{B}C$、$AB\overline{C}$、$ABC$ 8 个最小项。一般来说，对于 n 变量的逻辑函数，共有 2^n 个最小项。

为了简化最小项的书写，通常用 m_i 表示最小项，下标 i 即最小项编号，用十进制数表示。将最小项中的原变量用 1 表示，反变量用 0 表示，可得到最小项的编号。例如，对于三个逻辑变量 A、B、C 的逻辑函数，$\overline{A}BC$ 对应于 011，而 011 对应于十进制数中的 3，则 $\overline{A}BC$ 可记作 m_3。

2. 最小项的性质

表 1-14 列出了三个变量的全部最小项的真值表。

表 1-14 三个变量的全部最小项的真值表

A	B	C	m_0	m_1	m_2	m_3	m_4	m_5	m_6	m_7
0	0	0	1	0	0	0	0	0	0	0
0	0	1	0	1	0	0	0	0	0	0
0	1	0	0	0	1	0	0	0	0	0
0	1	1	0	0	0	1	0	0	0	0
1	0	0	0	0	0	0	1	0	0	0
1	0	1	0	0	0	0	0	1	0	0
1	1	0	0	0	0	0	0	0	1	0
1	1	1	0	0	0	0	0	0	0	1

通过分析表 1-14，可知最小项具有如下性质：

(1) 在输入变量的任何取值下必有一个最小项，而且仅有一个最小项的值为 1。

(2) 全体最小值之和为 1。

(3) 任意两个最小项的乘积为 0。

(4) 变量的每个最小项有 n 个相邻项。例如，三变量的某一个最小项 $A\overline{B}C$ 有三个相邻项：$\overline{A}\overline{B}C$、$ABC$ 和 $A\overline{B}\overline{C}$。

(5) 具有相邻性的两个最小项之和可以合并成一项并消去一对因子。例如，$A\overline{B}C+\overline{A}\overline{B}C=\overline{B}C$。

3. 最小项表达式

由使函数取值为 1 的所有最小项之和构成的表达式称为逻辑函数最小项表达式。例如，$F(A,B,C)=\overline{A}B\overline{C}+\overline{A}BC+AB\overline{C}+ABC=m_2+m_3+m_6+m_7=\sum m(2,3,6,7)$。

4. 最大项定义

与最小项对应，在逻辑函数的或与式表达式中，如果一个具有 n 个变量的函数的“和”项包含全部 n 个变量，每个变量都以原变量或反变量形式出现，且仅出现一次，则这个“和”项称为最大项，也叫标准和。

例如，对于三个逻辑变量 A、B、C 的逻辑函数，有 $\overline{A}+\overline{B}+\overline{C}$、$\overline{A}+\overline{B}+C$、$\overline{A}+B+\overline{C}$、$\overline{A}+B+$

C、$A+\overline{B}+\overline{C}$、$A+\overline{B}+C$、$A+B+\overline{C}$、$A+B+C$ 8 个最大项。一般来说，对于 n 变量的逻辑函数，共有 2^n 个最大项。

为了简化最大项的书写，通常用 M_i 表示最大项，下标 i 即最大项编号，用十进制数表示。将最大项中的原变量用 0 表示，反变量用 1 表示，可得到最大项的编号。例如，对于三个逻辑变量 A、B、C 的逻辑函数，$\overline{A}+B+C$ 对应于 100，而 100 对应于十进制数中的 4，则 $\overline{A}+B+C$ 可记作 M_4。

5. 最大项表达式

由使函数取值为 0 的所有最大项之积构成的表达式称为逻辑函数最大项表达式。例如，$F(A,B,C)=(A+B+C)(A+B+\overline{C})(\overline{A}+B+C)(\overline{A}+B+\overline{C})$ 的最大项表达式为：$F=M_0M_1M_4M_5=\prod M(0,1,4,5)$。

1.4 逻辑函数的化简

根据逻辑问题归纳出来的逻辑函数式往往不是最简逻辑函数式，对逻辑函数进行化简和变换，可以得到最简的逻辑函数式和所需要的形式，设计出最简洁的逻辑电路。这对于减少元器件数量，降低设备成本，优化生产工艺，提高系统的可靠性是非常重要的。常见化简逻辑函数的方法有公式化简法和卡诺图化简法。

1.4.1 逻辑函数的公式化简法

公式化简法是运用逻辑代数的公理、定理和规则对逻辑函数进行推导、变换而进行化简，常见的方法有并项法、吸收法、消去法和配项法。公式化简法没有固定的步骤可以遵循，主要取决于对公理、定理和规则的熟练掌握及灵活运用的程度。有时很难判定结果是否为最简。

1. 并项法

利用互补律 $A\overline{B}+AB=A$，可以将两项合并为一项，并消去一对因子。

【例 1-16】 化简 $F=\overline{A}BC+\overline{A}B\overline{C}$。

解 $F=\overline{A}BC+\overline{A}B\overline{C}=\overline{A}B$

2. 吸收法

利用 $A+AB=A$，$AB+\overline{A}C+BC=AB+\overline{A}C$ 吸收多余的乘积项。

【例 1-17】 化简 $Y=A\cdot\overline{B}+A\cdot\overline{B}\cdot CD(E+F)$。

解 $Y=A\cdot\overline{B}+A\cdot\overline{B}\cdot CD(E+F)=A\overline{B}$

【例 1-18】 化简 $Y=AB\overline{D}+CD+ABC\overline{D}(\overline{E}\overline{F}+EF)$。

解
$$
\begin{aligned}
Y&=AB\overline{D}+CD+ABC+ABC\overline{D}(\overline{E}\overline{F}+EF)\\
&=AB\overline{D}+CD+ABC(1+\overline{D}(\overline{E}\overline{F}+EF))\\
&=AB\overline{D}+CD+ABC\\
&=AB\overline{D}+CD
\end{aligned}
$$

3. 消去法

利用公式 $A+\overline{A}B=A+B$ 进行化简，消去多余项。

【例 1-19】 化简 $Y=AB+\bar{A}C+\bar{B}C$。

解 $Y=AB+\bar{A}C+\bar{B}C$

$=AB+(\bar{A}+\bar{B})C$

$=AB+\overline{AB}C$

$=AB+C$

【例 1-20】 化简 $Y=ABCD(E+F)+\bar{E}\bar{F}$。

解 $Y=ABCD(E+F)+\bar{E}\bar{F}$

$=ABCD(E+F)+\overline{E+F}$

$=ABCD+\overline{E+F}$

$=ABCD+\bar{E}\bar{F}$

4. 配项法

在适当的项配上 $A+\bar{A}=1$ 进行化简。

【例 1-21】 化简 $Y=A\bar{B}+B\bar{C}+\bar{B}C+\bar{A}B$。

解 $Y=A\bar{B}+B\bar{C}+\bar{B}C+\bar{A}B$

$=A\bar{B}+B\bar{C}+(\bar{A}+A)\bar{B}C+\bar{A}B(\bar{C}+C)$

$=A\bar{B}+B\bar{C}+\bar{A}\bar{B}C+A\bar{B}C+\bar{A}B\bar{C}+\bar{A}BC$

$=A\bar{B}+B\bar{C}+\bar{A}C(\bar{B}+B)$

$=A\bar{B}+B\bar{C}+\bar{A}C$

实际的逻辑函数要比上述例子复杂,不可能仅用一种公式就可化简,往往需要同时用几个公式方能化简。

【例 1-22】 化简 $Y=AD+A\bar{D}+AB+\bar{A}C+BD+ACEF+\bar{B}EF+DEFG$。

解 $Y=AD+A\bar{D}+AB+\bar{A}C+BD+ACEF+\bar{B}EF+DEFG$

$=A+AB+\bar{A}C+ACEF+(BD+\bar{B}EF+DEFG)$

$=A+C+BD+\bar{B}EF$

【例 1-23】 化简 $Y=\overline{A\bar{B}\bar{C}D+A\bar{C}DE+\bar{B}D\bar{E}+A\bar{C}\bar{D}E}$。

解 $Y=\overline{A\bar{B}\bar{C}D+A\bar{C}DE+\bar{B}D\bar{E}+A\bar{C}\bar{D}E}$

$=\overline{A\bar{B}\bar{C}D+A\bar{C}E+\bar{B}D\bar{E}}$ （利用并项法）

$=\overline{A\bar{C}E+\bar{B}D\bar{E}}$ （利用消项法）

$=\overline{A\bar{C}E\cdot\bar{B}D\bar{E}}$ （利用反演定律）

$=(\bar{A}+C+\bar{E})\cdot(B+\bar{D}+E)$ （反复利用消项法）

$=\bar{A}B+\bar{A}\bar{D}+\bar{A}E+BC+C\bar{D}+CE+B\bar{E}+\bar{D}\bar{E}$

$=\bar{A}E+CE+B\bar{E}+\bar{D}\bar{E}$

公式化简法目前尚无一套完整的方法,能否以最快的速度进行化简,与读者的经验和对公式掌握及运用的熟练程度有关。它的优点是变量个数不受限制,但也存在结果是否最简有时不易判断的缺点。

1.4.2 逻辑函数的卡诺图化简法

卡诺图是逻辑函数的一种图形表示,它就是变形的真值表,由英国工程师 Karnaugh 首先提出的，因此卡诺图又称为K图。卡诺图是将逻辑函数的最小项表达式中的各最小项相应地填入一个特定的方格图内。

1. 卡诺图的构成

卡诺图是把最小项按照一定规则排列而构成的方框图。构成卡诺图的原则是：

(1) N 变量的卡诺图有 2^N 个小方块(最小项)；

(2) 最小项排列规则：几何相邻的必须逻辑相邻。因此，卡诺图中行、列按循环码规律排列，以保证几何位置的相邻性对应最小项逻辑上的相邻性。

逻辑相邻：两个最小项，只有一个变量的形式不同，其余的都相同。逻辑相邻的最小项可以合并。

根据此原则构建二变量、三变量和四变量的卡诺图，如图1-16所示。

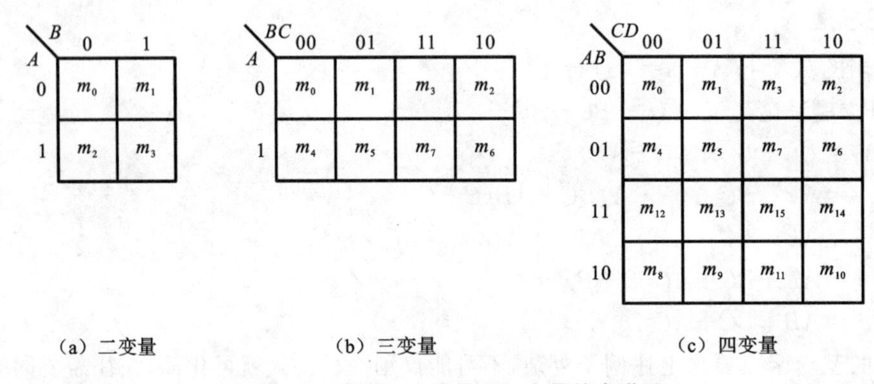

(a) 二变量　(b) 三变量　(c) 四变量

图1-16　二变量、三变量和四变量的卡诺图

图中卡诺图的输入变量在行和列取值相交处的小方格就是对应的最小项。卡诺图中最小项的排列方案并不唯一。

2. 用卡诺图表示逻辑函数

既然任何一个逻辑函数都能表示为若干个最小项之和的与或表达式，而最小项在卡诺图中又都有相应的位置，那么自然也就可以用卡诺图表示逻辑函数了。

具体做法是：① 根据逻辑函数中变量的个数 n，画出 n 变量的卡诺图；② 将逻辑函数变换成最小项表达式；③ 在卡诺图中把逻辑函数的各最小项对应的小方格内填"1"，其余的小方格内填"0"，就可以得到该逻辑函数的卡诺图。

【例1-24】 用卡诺图表示逻辑函数 $Y=\overline{A}+\overline{B}C+\overline{B}\overline{D}$。

解 (1) 先将逻辑函数 $Y=\overline{A}+\overline{B}C+\overline{B}\overline{D}$ 变换成最小项表达式

$$Y(A,B,C,D)=\sum m(0,1,2,3,4,5,6,7,8,10,11)$$

(2) 在四变量的卡诺图中将该函数的最小项 m_0、m_1、m_2、m_3、m_4、m_5、m_6、m_7、m_8、m_{10}、m_{11} 对应的小方格内填"1"，其余的小方格内填"0"，就可以得到该逻辑函数的卡诺图，如图1-17所示。

3. 用卡诺图化简逻辑函数

1) 化简依据

由于各种变量卡诺图的共同特点是可以直接观察的，也就是说，各小方格对应于各变量不同的组合，而且上下左右在几何上相邻的方格内只有一个因子有差别，这个重要特点成为卡诺图化简逻辑函数的主要依据。例如，图 1-17 所示的四变量相邻项的 m_4 和 m_6 的差别仅在 C 和 $\overline{C}$，即 $m_4+m_6=\overline{A}B\overline{C}\overline{D}+\overline{A}BC\overline{D}=\overline{A}B\overline{D}$。因此，相邻项可以直接合并，消去不同因子。相邻最小项的合并规则是：两个相邻最小项可合并为一项，消去 1 个变量；4 个相邻最小项可合并为一项，消去 2 个变量；8 个相邻最小项可合并为一项，消去 3 个变量，以此类推。留下的是相邻最小项的公共因子 1。图 1-18 所示的为 2 个、4 个相邻最小项合并为一项的例子。

AB \ CD	00	01	11	10
00	1	1	1	1
01	1	1	1	1
11	0	0	0	0
10	1	0	1	1

图 1-17　逻辑函数 $Y=\overline{A}+\overline{B}C+\overline{B}\overline{D}$ 的卡诺图

A \ BC	00	01	11	10
0		1	1	
1	1	1	1	

图 1-18　相邻最小项的合并规律示例

2）化简步骤

（1）画出并填写逻辑函数的卡诺图。

（2）根据最小项的合并规则进行合理圈组。先找没有相邻项的独立 1 方格，单独画圈。其次，找只能按一条路径合并的两个相邻方格，画圈。再次，找只能按一条路径合并的 4 个相邻方格，画圈。再次，找只能按一条路径合并的 8 个相邻方格，画圈。依此类推，若还有 1 方格未被圈，找合适的圈画出。

（3）每个包围圈对应写出一个乘积项，即提取圈中各最小项的公共因子，变量取值为 1 时，写成原变量；变量取值为 0 时，写成反变量；将所有乘积项求和即得到化简后的最简函数。注意画的圈不同，结果的表达式形式可能不同，但肯定是最简的结果。

为了保证结果的最简化和正确性，在最小项圈组时应遵循以下几个原则。

① 将所有最小项圈完为止。

② 画圈时圈的个数应为 $2n$ 个，且圈的个数要尽可能的少（因一个圈代表一个乘积项）；圈要尽可能的大（因圈越大可消去的变量越多，相应的乘积项就越简）。

③ 每画一个圈至少包括一个新的“1”格，否则是多余的，所有的“1”都要被圈到。

【例 1-25】 用卡诺图化简函数 $Y(A,B,C,D)=\sum m(3,5,7,8,11,12,13,15)$。

解 填卡诺图并加圈，如图 1-19 所示。

则可写出得到最简与或表达式为：$Y(A,B,C,D)=BD+CD+A\overline{C}\overline{D}$。

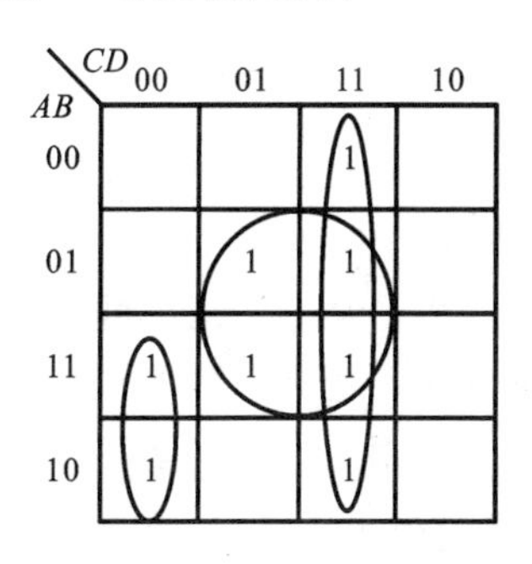

图 1-19　例 1-25 卡诺图

【例 1-26】 用卡诺图化简函数 $Y(A,B,C,D)=\sum m(1,5,6,7,11,12,13,15)$。

解 填卡诺图，如图 1-20(a)所示，并加圈，如图 1-20(b)所示，则可以写出最简与或表达式：$Y=BD+\overline{B}\overline{D}+A\overline{C}D$。

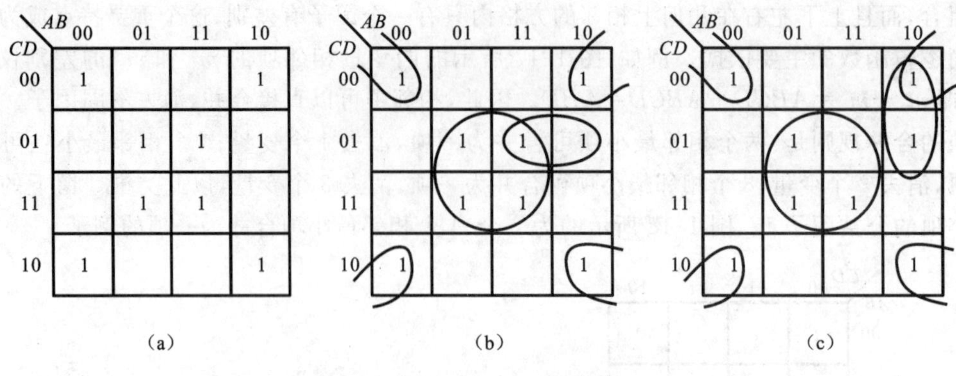

图 1-20 例 1-26 卡诺图

还可以在卡诺图上加圈，图 1-20(c)所示，则可以写出不同的最简与或表达式：$Y=BD+\overline{B}\overline{D}+A\overline{B}\overline{C}$。

从本例可以看到，同一卡诺图，可能有多种最简的加圈方式，从而得到不同的最简与或表达式，但它们都是等效的。

【例 1-27】 用卡诺图化简函数 $Y=\overline{B}CD+B\overline{C}+\overline{A}\overline{C}D+A\overline{B}C$。

解 首先将逻辑函数转换成最小项表达式：$Y(A,B,C,D)=\sum m(1,3,4,5,10,11,12,13)$；其次填卡诺图并加圈，如图 1-21 所示。

可以写出最简与或表达式：$Y=\overline{A}\overline{B}D+B\overline{C}+A\overline{B}C$。

【例 1-28】 用卡诺图化简函数 $Y=ABC+ABD+A\overline{C}D+\overline{C}\overline{D}+\overline{A}BC+\overline{A}C\overline{D}$。

解 首先将逻辑函数转换成最小项表达式：$Y(A,B,C,D)=\sum m(0,2,4,6,7,8,9,12,13,14,15)$；其次填卡诺图并加圈，如图 1-22 所示。

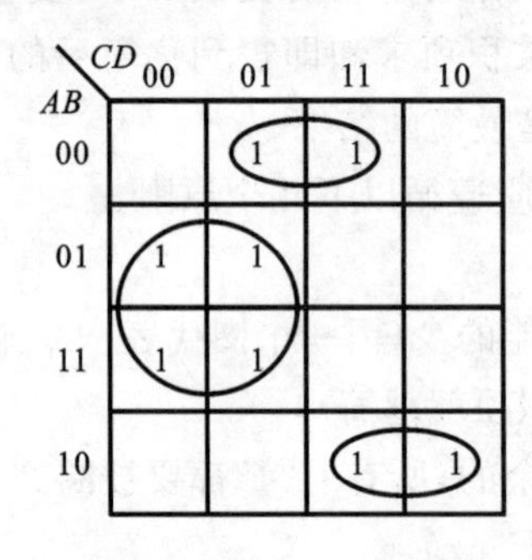

图 1-21 例 1-27 卡诺图

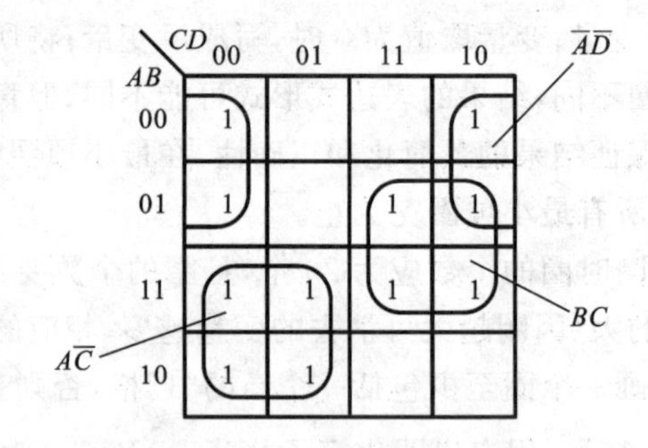

图 1-22 例 1-28 卡诺图

可以写出最简与或表达式：$Y=A\overline{C}+\overline{A}\overline{D}+BC$。

【例 1-29】 函数 Y 的卡诺图如图 1-23 所示，求其最简表达式。

解 从卡诺图中可知，该函数的最小项为 1 的数量多，而最小项为 0 的只有两项，可以先圈零求出逻辑函数 Y 的反函数 $\overline{Y}$，再对 $\overline{Y}$ 求反即可。可得：$\overline{Y}=\overline{B}\overline{C}D$。

再对 $\overline{Y}$ 求反得：$Y=\overline{\overline{Y}}=\overline{\overline{B}\overline{C}D}=B+C+\overline{D}$。

【例 1-30】 用卡诺图化简函数 $Y(A,B,C,D)=\sum m(1,5,6,7,11,12,13,15)$。

解 填卡诺图并加圈，如图 1-24 所示。图 1-24(a)所示的是错误的，有一个圈(5,7,13,15)无新的"1"，图 1-24(b)所示的才是正确的。

AB \ CD	00	01	11	10
00	1	0	1	1
01	1	1	1	1
11	1	1	1	1
10	1	0	1	1

图 1-23 例 1-29 卡诺图

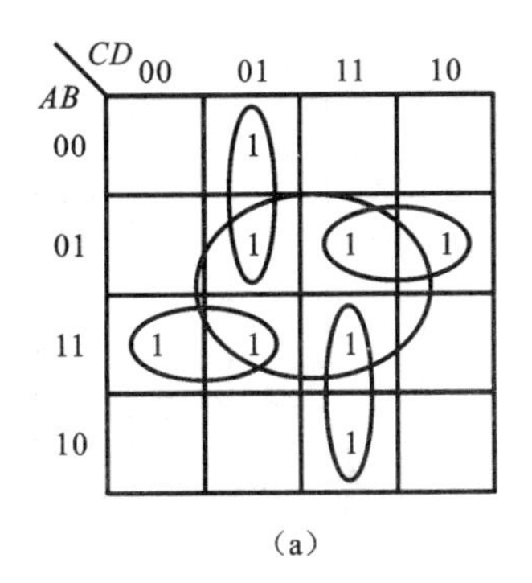

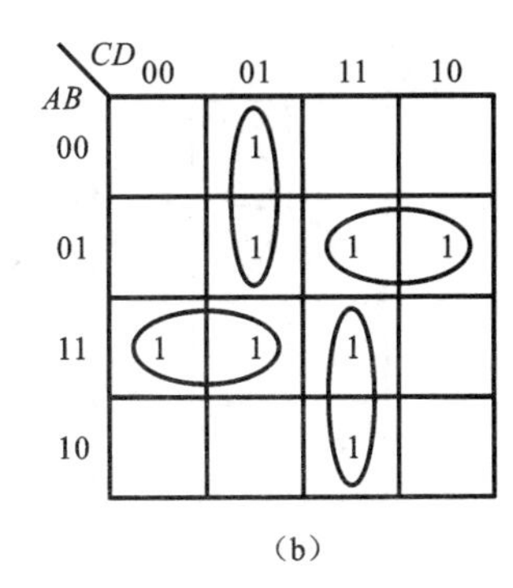

图 1-24 例 1-30 卡诺图

可以写出最简与或表达式：$Y=\overline{A}\overline{C}D+AB\overline{C}+\overline{A}BC+ACD$。

【例 1-31】 用卡诺图化简函数 $Y(A,B,C,D)=\prod M(1,3,9,10,11,14,15)$。

解 当逻辑函数以最大项形式出现时，填卡诺图时凡出现最大项的填 0，其余填 1，如图 1-25(a)所示。在卡诺图上加圈，如图 1-25(b)所示。

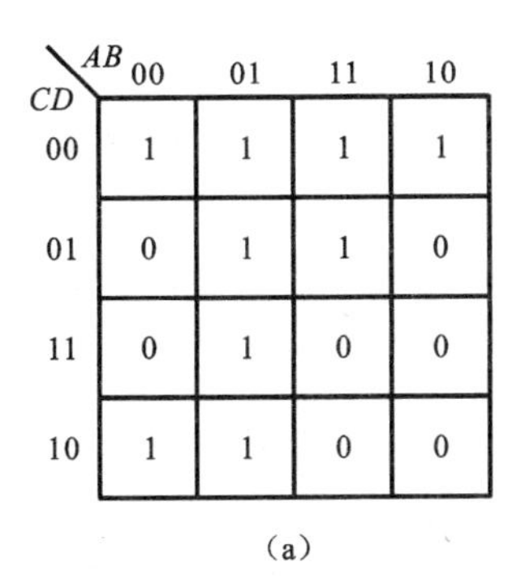

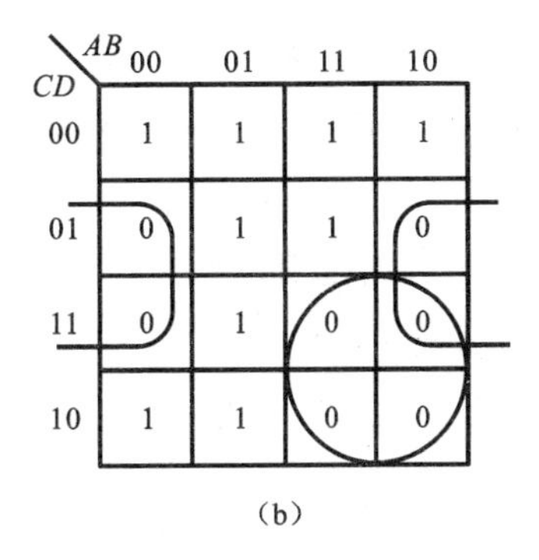

图 1-25 例 1-31 卡诺图

图中每个包围圈对应写出一个和项，即提取圈中各最小项的公共因子，变量取值为 0 时，写成原变量；变量取值为 1 时，写成反变量；将所有和项求积即得到化简后的最简函数。最简或与表达式：$Y=(\overline{A}+\overline{C})(B+\overline{D})$。

【例 1-32】 用卡诺图化简函数 $Y(A,B,C,D)=\sum m(1,3,4,5,6,7,12,13,14,15)$。

解法 1 直接圈 1，如图 1-26(a)所示，可得 Y 的最简与或表达式：$Y=B+\overline{A}D$。

解法 2 直接圈 0，如图 1-26(b)所示，可得 Y 的最简或与表达式：$Y=(B+D)(\overline{A}+B)$。

解法 3 圈反函数的 1，如图 1-26(c)所示，可得 $\overline{Y}$ 的最简与或表达式：$\overline{Y}=A\overline{B}+\overline{B}\overline{D}$，则可得 Y 的与或非表达式：$Y=\overline{A\overline{B}+\overline{B}\overline{D}}$。

从本例可以看到，同一个卡诺图，加圈的对象不同，可以得到不同形式的最简表达式，如最简与或表达式、最简或与表达式、最简与或非表达式，从而用不同的逻辑电路实现。

3）具有无关项的逻辑函数及其化简

(1) 无关项的概念。

对应于输入变量的某些取值下，输出函数的值可以是任意的（随意项、任意项），或者这些输入变量的取值根本不会（也不允许）出现（约束项），通常把这些输入变量取值所对应的最小

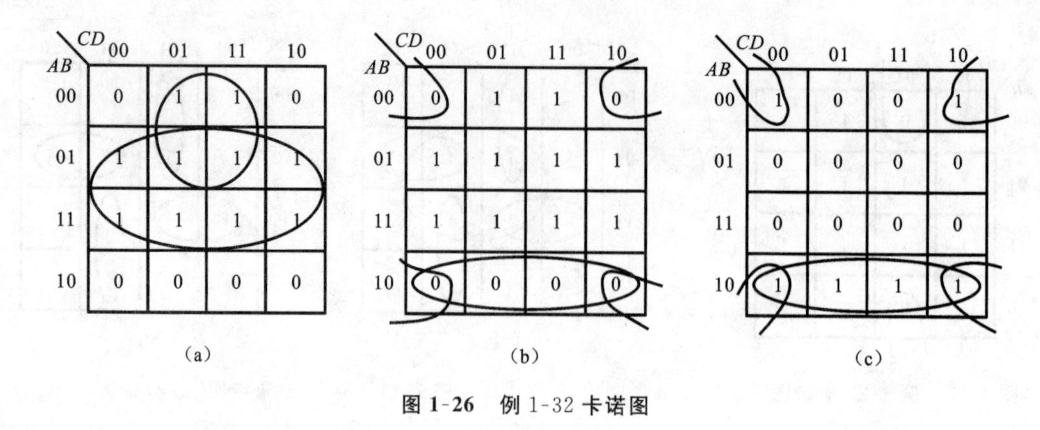

图 1-26　例 1-32 卡诺图

项称为无关项或任意项，在卡诺图中用符号“×”表示，在标准与或表达式中用 $\sum d(\quad)$ 表示。

例如，当 8421 码作为输入变量时，禁止码 1010～1111 这六种状态所对应的最小项就是无关项。

(2) 具有无关项的逻辑函数及其化简。

因为无关项的值可以根据需要取 0 或取 1，所以在用卡诺图化简逻辑函数时，充分利用无关项，可以使逻辑函数进一步得到简化。

【例 1-33】　用卡诺图化简函数 $Y(A,B,C,D)=\sum m(1,2,5,6,9)+\sum d(10,11,12,13,14,15)$，式中 d 表示无关项。

解　将函数填入卡诺图中，如图 1-27(a)所示，并加圈，如图 1-27(b)所示。

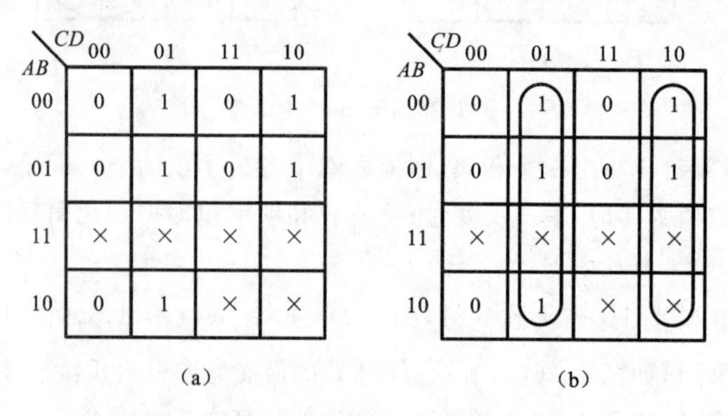

图 1-27　例 1-33 卡诺图

可以写出最简与或表达式：$Y=\overline{C}D+C\overline{D}$。

【例 1-34】　对下列 Z 函数要求：(1) 列出真值表；(2) 用卡诺图化简。

$$\begin{cases}Z=A\overline{B}+\overline{A}\overline{B}C+\overline{A}B\overline{C}\\BC=0\end{cases}$$

解　方程组意味两表达式同时满足，只有 $B=C=1$ 时不满足，所对应的最小项为无关项。即约束条件 $BC=0$ 意味着：变量 ABC 在 011 及 111 的取值是不允许的，它们是无关项。其真值表如表 1-15 所示，其函数填卡诺图并加圈，如图 1-28 所示。

表 1-15 Z 函数的真值表

A	B	C	Z
0	0	0	0
0	0	1	1
0	1	0	1
0	1	1	×
1	0	0	1
1	0	1	1
1	1	0	0
1	1	1	×

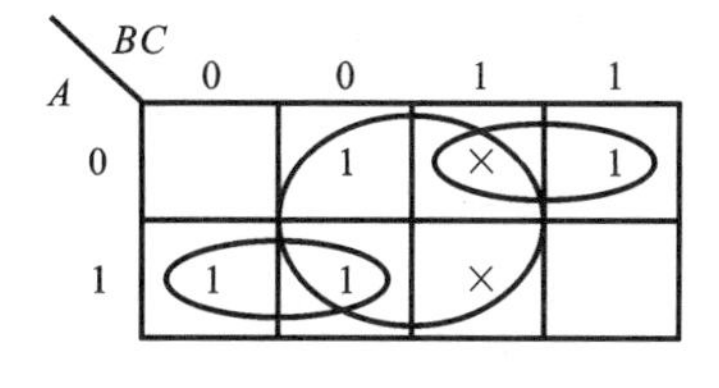

图 1-28 例 1-34 卡诺图

最简与或表达式为：

$$\begin{cases} Z=A\overline{B}+\overline{A}B+C=A\oplus B+C \\ BC=0 \end{cases}$$

【例 1-35】 用卡诺图化简函数 $Y(A,B,C,D)=\prod M(1,3,4,5,6)+\prod d(7,10,11,12,13,14,15)$。

解 $\prod d(M_j)$ 表示所有的约束项，函数的卡诺图并加圈，如图 1-29 所示。

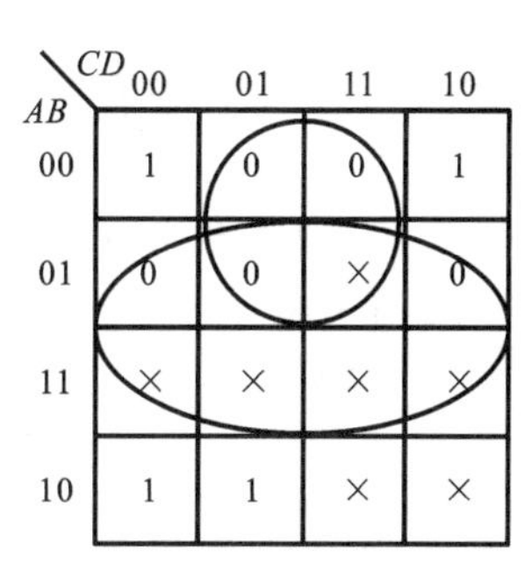

图 1-29 例 1-35 卡诺图

最简或与表达式为：$Y=\overline{B}(A+\overline{D})$。

本章小结

本章介绍了数字逻辑电路的基础知识，具体内容如下。

(1) 数字量是指在时间上和数量上都是离散的物理量，而数字信号则是指数字量的信号。数字电路是指工作在数字信号下的电子电路。

(2) 除十进制外，数字电路常用二进制数来表示数据，当二进制位数较多时，也可用十六进制计数。各种数制之间可以相互转换。常用的 BCD 编码是 8421 码和格雷码。

(3) 分析数字电路的数学工具是逻辑代数。逻辑代数有三种基本逻辑运算，分别是与、或、非运算。复合逻辑运算包括与非、或非、与或非、异或和同或等逻辑运算。逻辑代数中还有代入法则、对偶法则和反演法则，掌握这些法则，可以将原有的公式加以扩展或推出一些新的运算公式。

(4) 逻辑函数的表示方法通常有真值表、逻辑函数表达式、逻辑电路图、卡诺图及波形等 5 种方法。在逻辑函数表达式中有一种规范的形式，称为标准的形式，即最大项表达式和最小项表达式。

(5) 采用公式法和卡诺图化简逻辑函数是本章的重点。公式法包括并项法、吸收法、配项法、消去法等，用公式法化简逻辑函数没有固定模式可以遵循，比较复杂。而卡诺图通过圈“1”或圈“0”，找出最简与或表达式(或与表达式)，比公式法要直观和简单。

习　题

1. 选择题

(1) 在(　　)输入情况下,与非运算的结果是逻辑 0。

A. 全部输入是 0　　B. 任一输入是 0　　C. 仅一输入是 0　　D. 全部输入是 1

(2) 以下表达式中符合逻辑运算法则的是(　　)。

A. $C \cdot C = C^2$　　B. $1+1=10$　　C. $0<1$　　D. $A+1=1$

(3) 在同一逻辑函数式中,下标号相同的最小项和最大项是(　　)关系。

A. 互补　　B. 相等　　C. 没有　　D. 大小

(4) 逻辑函数 $F=A\oplus(A\oplus B)=$(　　)。

A. B　　B. A　　C. $A\oplus B$　　D. $\overline{\overline{A}\oplus B}$

(5) 格雷码的重要特点是任意两个相邻数,其格雷码有(　　)位不同。

A. 0　　B. 1　　C. 2　　D. 3

(6) 以下式子中不正确的是(　　)。

A. $1 \cdot A = A$　　B. $A+A=A$　　C. $\overline{A+B}=\overline{A}+\overline{B}$　　D. $1+A=1$

(7) 逻辑函数 $F(A,B,C,D)=\sum m(0,2,6,7,8,10,14,15)$ 化简为最简与或表达式为(　　)。

A. $F=CD+BC$　　B. $F=\overline{B}\overline{D}+BC$

C. $F=\overline{C}D+\overline{B}C$　　D. $F=C\overline{D}+\overline{B}C$

(8) 逻辑函数 $F(A,B,C)=A\odot C$ 的最小项标准式为(　　)。

A. $F=\sum m(0,2,6,7)$　　B. $F=\sum m(0,2,7)$

C. $F=\sum m(1,3,6)$　　D. $F=\sum m(0,2,5,7)$

(9) 四变量函数 $F(A,B,C,D)$ 的最小项 m_{12} 为(　　)。

A. $AB\overline{C}\overline{D}$　　B. $\overline{A}BC\overline{D}$　　C. $ABC\overline{D}$　　D. $AB\overline{C}D$

(10) 已知逻辑变量 A、B、F 的波形如图 1-30 所示,则 F 与 A、B 的逻辑关系是(　　)。

A. $F=AB$　　B. $F=A\oplus B$　　C. $F=A\odot B$　　D. $F=A+B$

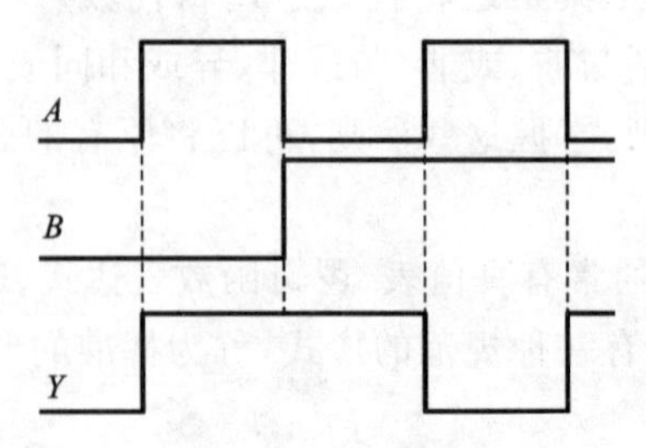

图 1-30　题 1(10)图

(11) 逻辑函数 $F=AB+\overline{A}C+\overline{B}C+\overline{B}CDEG$ 的最简与或式为(　　)。

A. $AB+D$　　B. $\overline{A}C+\overline{B}$　　C. $\overline{A}C+B$　　D. $AB+C$

(12) 函数 $F(A,B,C)=AB+BC+AC$ 的最小项表达式为(　　)。

A. $F(A,B,C)=\sum m(0,2,4)$　　B. $F(A,B,C)=\sum m(3,5,6,7)$

C. $F(A,B,C)=\sum m(0,2,3,4)$　　D. $F(A,B,C)=\sum m(2,4,6,7)$

(13) 下列四个数中,最大的数是(　　)。

A. $(\mathrm{AF})_{\mathrm{H}}$　　B. $(001010000010)_{8421}$　　C. $(10100000)_{\mathrm{B}}$　　D. $(198)_{\mathrm{D}}$

(14) $F_1=b\bar{c}+\bar{b}c$ 与 $F_2=bc+\bar{b}\bar{c}$ 两函数的关系为(　　)。

A. 相等　　B. 对偶　　C. 反函数　　D. 不确定

(15) 一只四输入端或非门,使其输出为1的输入变量取值组合有(　　)种。

A. 15　　B. 8　　C. 7　　D. 1

2. 填空题

(1) 数字系统采用______数进行存储、运算和传输,而人们习惯用____________数计数。

(2) 逻辑函数的常用表示方法有______、______、______。

(3) ______逻辑又称为逻辑"加"。

(4) 若两个函数相等,则它们的真值表一定______。

(5) $(73.4)_{\mathrm{O}}=($　　　　　　$)_{\mathrm{D}}=($____________$)_{8421}$。

(6) 数字量是指________________________;模拟量是指________________________。

(7) 对任意一个最小项,只有______组变量取值使得它的值为1。

(8) 利用卡诺图化简法化简逻辑函数时,两个相邻项合并可消去______个变量,四个相邻项合并可消去______个变量等。

(9) BCD码用于表示______进制数;8421码的1000相当于十进制的数值______。

(10) 函数 $F=A+\overline{\overline{C+AB}+D+A\bar{B}}+BD$ 的对偶式为__________,反演式为__________。

3. 将下列二进制数转换成十进制数、八进制数、十六进制数。

(1) 1101011;　　(2) 0.11011;　　(3) 1101.1011。

4. 将下列十进制数转换成八进制数、十六进制数、二进制数。

(1) 56;　　(2) 0.87;　　(3) 36.8。

5. 求下列BCD码代表的十进制数。

(1) $(100001110110.10101101)_{8421}$;

(2) $(100001110110.10101101)_{余3码}$。

6. 将下列二进制码转换成格雷码和8421码。

(1) $(11111110)_{\mathrm{B}}$;　　(2) $(1100110)_{\mathrm{B}}$。

7. 求下列二进制代码的奇校验位。

(1) 1010101;　　(2) 100100100;　　(3) 1111110。

8. 将下列各函数式化成最小项表达式。

(1) $Y=\bar{A}BC+AC+\bar{B}C$;

(2) $Y=A\bar{B}\bar{C}D+BCD+\bar{A}D$;

(3) $Y=\overline{(A+\bar{B})}\,\overline{(\bar{A}+C)}AC+BC$。

9. 列出逻辑函数 $Y=AB+BC+AC$ 的真值表,并画出逻辑图。

10. 已知逻辑函数 Y 的真值表如表 1-16 所示，试写出 Y 的逻辑函数式。

表 1-16

A	B	C	Y
0	0	0	1
0	0	1	1
0	1	0	1
0	1	1	0
1	0	0	0
1	0	1	0
1	1	0	0
1	1	1	1

11. 用反演规则求下列函数的反函数。

(1) $Y=AB+(\overline{A}+B)(C+D+E)$；

(2) $Y=[A+(B\overline{C}+CD)E]F$；

(3) $Y=\overline{\overline{AB}+ABC}(A+BC)$。

12. 利用公式法化简下列逻辑函数。

(1) $Y=A\overline{B}+BD+DCE+\overline{A}D$；

(2) $Y=\overline{A}\overline{B}\overline{C}+A+B+C$；

(3) $Y=A(B+\overline{C})+\overline{A}(\overline{B}+C)+BCDE+\overline{B}\overline{C}(D+E)F$。

13. 利用卡诺图化简法化简下列逻辑函数。

(1) $Y=ABC+BD(\overline{A}+C)+(B+D)AC$；

(2) $Y(A,B,C,D)=\sum m(1,2,6,7,8,9,10,13,14,15)$；

(3) $Y(A,B,C,D)=\sum m(0,1,3,4,6,7,14,15)+\sum d(8,9,10,11,12,13)$；

(4) $Y=C\overline{D}(A\oplus B)+\overline{A}B\overline{C}+\overline{A}\overline{C}D$，约束条件 $AB+CD=0$。

14. 已知下列逻辑函数，试用卡诺图分别求出 Y_1+Y_2，$Y_1\cdot Y_2$ 和 $Y_1\oplus Y_2$。

(1) $\begin{cases} Y_1(A,B,C)=\sum m(0,1,3) \\ Y_2(A,B,C)=\sum m(0,4,5,7) \end{cases}$；

(2) $\begin{cases} Y_1(A,B,C,D)=A\overline{C}D+\overline{A}B\overline{D}+BCD+\overline{A}CD \\ Y_2(A,B,C,D)=\overline{\overline{A}\overline{C}\overline{D}+BC+A\overline{C}\overline{D}} \end{cases}$。

15. 已知 A、B、C、D 是一个十进制数 X 的 8421 码，当 X 为奇数时，输出 Y 为 1，否则 Y 为 0。请列出该命题的真值表，并写出输出逻辑函数表达式。

第2章　集成逻辑门

本章要点

◇ 熟悉晶体管的开关特性；

◇ 熟悉 TTL 和 CMOS 逻辑门电路的特性与功能；

◇ 熟悉 TTL 和 CMOS 逻辑门电路性能测试和故障分析；

◇ 掌握 TTL 和 CMOS 电路的接口转换技术；

◇ 掌握逻辑门电路的 EDA 仿真；

◇ 掌握门电路的使用注意事项。

在数字电路中，实现逻辑关系的电子电路称为逻辑门电路。逻辑门电路既是逻辑代数在电路上的具体实现，也是构建数字电路的基本组件。逻辑代数中的 1 和 0 在数字电路中用高、低电平来表示。获得高、低电平的基本方法是利用半导体开关元件的导通、截止(即开、关)两种工作状态，因此熟悉晶体管的开关特性是掌握逻辑门电路工作原理的基础。

2.1　晶体管的开关特性

在数字系统中，晶体管基本上工作于开关状态。对开关特性的研究就是具体分析晶体管在导通和截止之间的转换问题。

理想的开关特性是开关闭合时，开关两端电压为 0；开关断开时，流过开关的电流为 0；两种状态的转换瞬间完成。而实际用晶体管构成的电子开关的开关特性只能逼近理想开关特性。

2.1.1　二极管的开关特性

晶体二极管的开关特性是利用 PN 结加正向电压使其导通，加反向电压使其截止的特性来实现。二极管导通时，存在着管压降 V_D，只是 V_D 很小可忽略，二极管相当于一个闭合的开关。二极管截止时，存在着反向电流 I_S，I_S 也很小可忽略，二极管相当于一个断开的开关。可见，二极管在电路中表现为一个受外加电压 u_i 控制的开关。

当外加电压 u_i 为一脉冲信号时，二极管将随着脉冲电压的变化在“开”态与“关”态之间转换，这个转换过程就是二极管开关的动态特性。二极管从正向导通转为截止所需要的时间称为反向恢复时间；二极管从截止转为正向导通所需要的时间称为开通时间。开通时间比反向恢复时间要小得多，一般可以忽略不计。

2.1.2　三极管的开关特性

晶体三极管通过控制电压 u_i 来控制三极管基极的电压，可使三极管工作在截止、放大和饱和三种状态。

1. 静态特性

在数字电路中，晶体三极管只工作在截止与饱和这两种稳态下，截止状态相当于开关断开，饱和状态相当于开关闭合，此为三极管的静态开关特性。

NPN 型三极管的静态工作电路及其输出特性曲线如图 2-1 所示。通过控制电压 u_i 来控制三极管基极的电压，可使三极管工作在截止、放大和饱和三种状态。

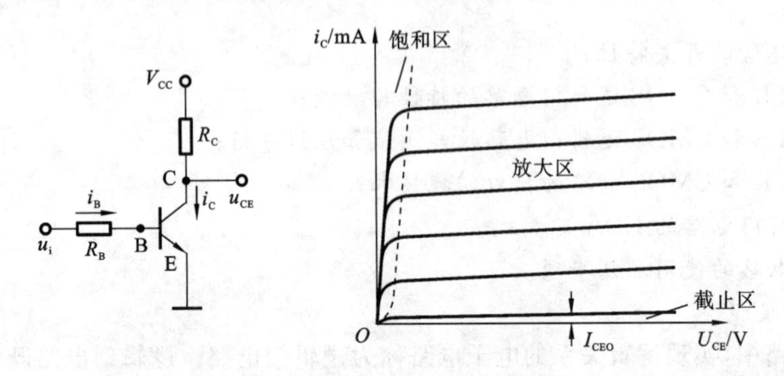

图 2-1　三极管输出特性曲线

当 u_i 小于三极管发射结死区电压(约 0.5 V)，即 $U_{BE}<0.5$ V 时，三极管工作在截止区，对应图 2-1 中的截止区。此时 $i_B\approx0$，$i_C\approx0$，$u_{CE}\approx V_{CC}=U_o$，C 和 E 之间相当于开关断开；当$U_B>U_E$，$U_B>U_C$ 时，三极管工作在饱和状态，对应图 2-1 中的饱和区，此时 $i_B\geqslant V_{CC}/(\beta R_C)$，$i_C\approx V_{CC}/R_C$，$U_{CE}\approx0.3$ V，C 和 E 之间相当于开关闭合。

PNP 型三极管的静态开关特性与 NPN 型三极管的开关特性类似，只是 PNP 型三极管处于饱和导通和截止的条件与 NPN 型三极管的条件相反。

2. 动态特性

三极管在截止和饱和两种状态转换中所具有的特性就是三极管的动态特性。三极管在开、关状态的转换需要一定的时间，因而集电极电流 i_C 和输出电压 u_o 的变化滞后于输入电压 u_i 的变化，如图 2-2 所示。

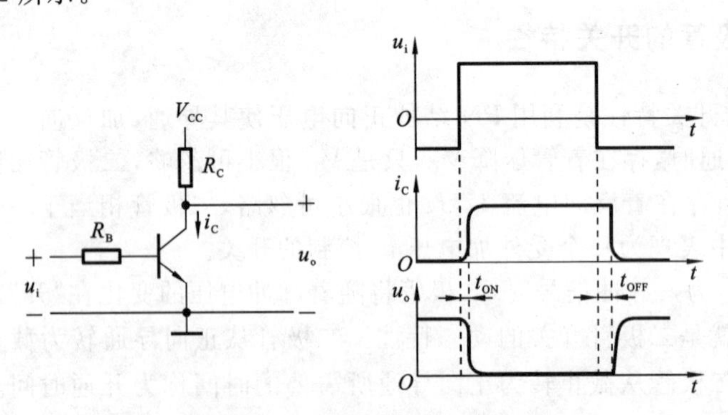

图 2-2　三极管的动态开关特性

图 2-2 中，t_{ON}是三极管从截止状态到饱和状态所需要的开通时间，t_{OFF}是三极管从饱和状态到截止状态所需要的关闭时间。t_{ON}和 t_{OFF}是影响电路工作速度的主要因素，开关时间一般在纳秒数量级，在高频应用时需考虑这两个因素。

2.1.3 场效应管开关特性

与晶体三极管类似,数字电路中的场效应管也只工作在截止和饱和这两种稳态下。

1. 静态特性

图 2-3 所示的是 NMOS 管开关电路和特性曲线。

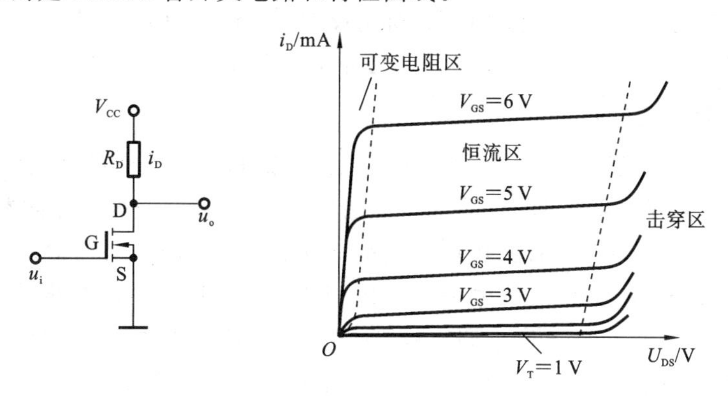

图 2-3 N 沟道增强型场管特性曲线

当 $V_{GS}<V_T$(开启电压)时,NMOS 工作在截止区,$I_{DS}\approx 0$,$U_{DS}\approx V_{CC}$,D 和 S 极之间相当于开关断开。

当 $V_{GS}>V_T$(开启电压)时,NMOS 工作在导通区,$I_{DS}=V_{CC}/(R_D+R_{ON})$,其中 R_{ON} 为 NMOS 管导通时的漏源电阻。$U_{DS}=V_{CC}R_{ON}/(R_D+R_{ON})$,当 $R_D\gg R_{ON}$ 时,$U_{DS}\approx 0$ V,NMOS 工作在可变电阻区,D 和 S 极之间相当于开关闭合。

PMOS 管的静态开关特性与 NMOS 管的开关特性类似,只是 PMOS 管处于饱和导通和截止的条件与 NMOS 管的条件相反。

2. 动态特性

NMOS 管在导通与截止两种状态转换过程中也存在着过渡过程。

2.2 TTL 逻辑门电路

用以实现基本逻辑运算和复合逻辑运算的电子电路称为逻辑门电路。逻辑门电路是构成数字逻辑电路的基本单元。早期的数字系统中的逻辑门电路多采用分立元件焊接而成,不仅体积大,而且焊点多,易出故障,使得电路可靠性下降。随着数字集成电路的发展,人们将各种门的器件及连线集成在同一硅片上,构成集成门电路,并将这些门电路集成在一片半导体芯片上构成数字集成芯片。数字集成芯片具有重量轻、功耗低、速度高、成本低且具有保密性等优点。数字集成芯片根据集成度(每一片芯片上所含门的个数)的高低,分为小规模(SSI)、中规模(MSI)、大规模(LSI)、超大规模(VLSI)、甚大规模(ULSI)五类。

由于结构和制造工艺不同,常用的集成电路分为双极型(TTL)和单极型(CMOS)电路。TTL(Transistor Transistor Logic 的英文缩写)电路是晶体管-晶体管逻辑电路,是数字集成电路的一大门类。它采用双极型工艺制造,具有速度高、功耗低和品种多等特点。本节主要介绍典型的 TTL 与非门电路和集成 TTL 与非门的主要参数，然后再介绍几种常见的 TTL 集成逻辑门电路。

2.2.1 典型 TTL 与非门电路

TTL 门电路有与非门、或非门、与或非门、异或门等多种常见类型，虽然它们功能各异，但输入端和输出端的电路结构形式和非门（也称为反相器）基本相同。本节首先介绍典型三极管非门电路和 TTL 反相器电路的工作原理，然后介绍应用最广泛的逻辑门——与非门。

1. 典型三极管非门电路

在数字电路中，三极管作为开关元件，主要工作在饱和和截止两种开关状态，放大区只是极短暂的过渡状态。根据第 2.1.2 节所述的三极管的开关特性，只要电路的参数配合得当，即可做到输入 A 为低电平时三极管工作在截止状态，输出 Y 为高电平；而输入 A 为高电平时三极管工作在饱和状态，输出 Y 为低电平。三极管非门的 EDA 仿真电路如图 2-4 所示。在 Multisim 软件中，从 Transistor 库中调三极管 Q1，基本库中调 VCC、GND、R1 和 R2 等元件并连线构建三极管非门仿真电路。图 2-4 中输入端用 A 表示，输出端用 Y 表示。图 2-5 所示的波形是三极管非门电路输入与输出仿真波形。

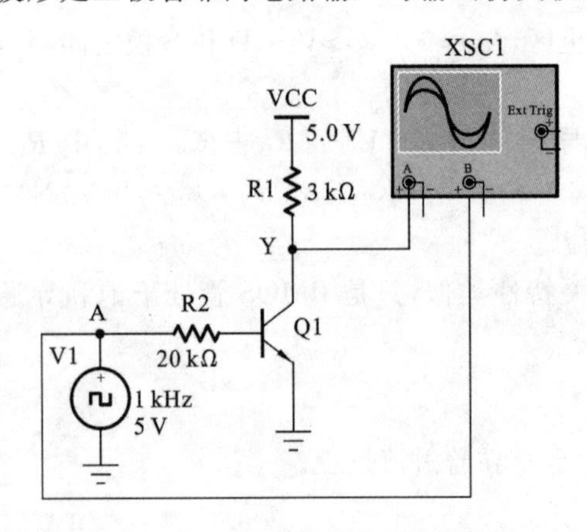

图 2-4 用三极管构建非门仿真电路

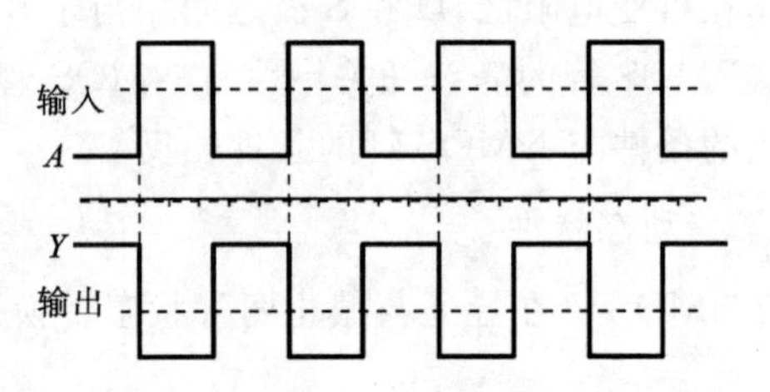

图 2-5 三极管构建的非门电路仿真波形

从图中仿真结果可知 $Y=\overline{A}$。

图 2-4 所示的电路虽然可以实现非门功能，但其负载能力和开关特性均不理想，实际应用中使用的是性能更好的各种集成逻辑门电路。

2. 典型 TTL 与非门电路

1）电路结构

与非逻辑通过变换可以实现多种逻辑运算，因此与非门的应用很广泛。经典的 TTL 与非门电路如图 2-6(a)所示，电路符号如图 2-6(b)所示。

图 2-6 中与非门电路沿虚线分为三级，分别是输入级、中间级和输出级。输入级由多发射极晶体管 VT_1 和电阻 R_1 组成，主要实现与功能；中间级由晶体管 VT_2 和电阻 R_2、R_3 组成，VT_2 的工作状态可以控制 VT_3 和 VT_4 的工作状态；输出级由晶体管 VT_3、VT_4、VD_3 和电阻 R_4 组成，这种推拉式的输出级能够提高开关速度和带负载能力。

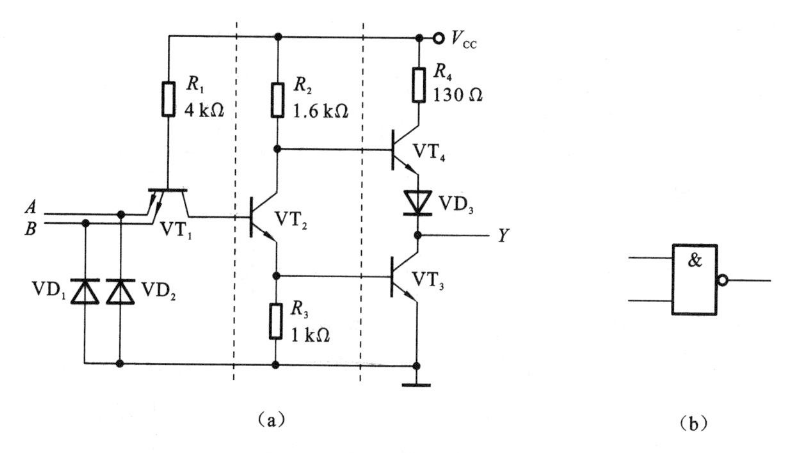

图 2-6　与非门电路和符号

2) Multisim 仿真

在 Multisim 软件中，按照图 2-6 所示的电路，从 Transistor 库中调三极管 Q1～Q5，Diode 库中调 D1～D3，基本库中调 VCC、GND、R1～R4 等元件，连线构建基于分立元件构成的二输入与非门仿真电路，如图 2-7 所示。图 2-7 中输入端用 A、B 表示，输出端用 Y 表示，图 2-8 所示的波形是二输入与非门输入与输出仿真波形。

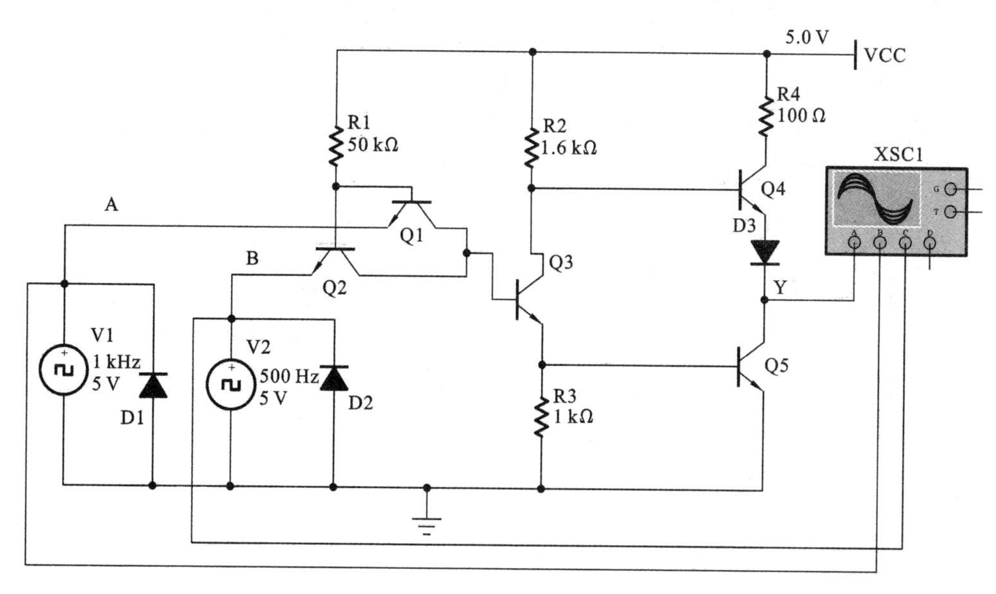

图 2-7　分立元件构成与非门仿真电路

从图中仿真结果可知 $Y=\overline{AB}$。

3) 基本工作原理

进行工作原理分析时，假设输入高、低电平分别为 3.6 V 和 0.3 V。

(1) 输入 A、B 均为高电平 3.6 V 时，VT_1 发射极导通，如果不考虑 VT_2 和 VT_3 的存在，应有 VT_1 的基极电压 $V_{B1}=3.6\ V+U_{ON}=3.6\ V+0.7\ V=4.3\ V$，显然，此电压足以使存在的 VT_2、VT_3 同时导通，当 VT_2、VT_3 同时导通后，VT_1 的基极电压 V_{B1} 被钳位于导通的 VT_1 集电极、VT_2 和 VT_3 发射极的三个 PN 结的导通电压之和，$V_{B1}=2.1\ V$，如图 2-9 所示。此时，

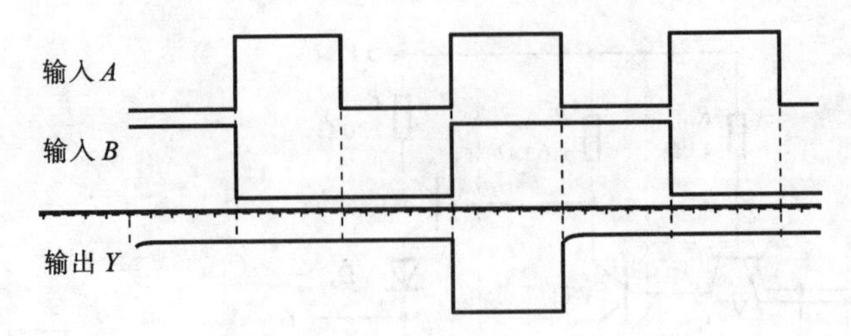

图 2-8　与非门输入与输出仿真波形

VT_1 的基极电压为 2.1 V，集电极电压为 1.4 V，发射极电压为 3.6 V，VT_1 发射极反向偏置，集电极正向偏置，处于倒置放大工作状态。VT_2、VT_3 则处于饱和导通，因此 U_O 输出电压为 VT_3 的饱和压降 0.3 V，即 $V_O = V_{CES3} \approx 0.3$ V。VT_2 的集电极电压为发射极电压 0.7 V 与 VT_2 的饱和压降之和，即 $V_{C2} = V_{E2} + V_{CE2} = 0.7\ \text{V} + 0.3\ \text{V} = 1$ V。$V_{C2} - V_O = 1\ \text{V} - 0.3\ \text{V} = 0.7$ V，该电压不足以使 VT_4 和二极管 VD_3 都导通，因此 VT_4 和 VD_3 均工作在截止状态。综上，当输入 A、B 均为高电平 3.6 V 时，$U_O \approx 0.3$ V，实现了与非门的逻辑功能之一，即输入全为高电平时，输出为低电平。

（2）当任意输入有低电平 0.3 V 时，各点电压和工作状态如图 2-10 所示。VT_1 发射极导通，VT_1 的基极电位被钳位于 $V_{B1} = U_I + V_{ON} = 0.3\ \text{V} + 0.7\ \text{V} = 1$ V。该 1 V 电压不足以使 VT_1 集电极、VT_2 和 VT_3 发射极导通，因此 VT_2、VT_3 处于截止状态，相当于开关断开。由于 VT_2 截止，流过 R_2 的电流仅为 VT_4 的基极电流，这个电流极小，在 R_2 上产生的压降也较小，可以忽略，所以 $V_{B4} \approx V_{CC} = 5$ V，可使 VT_4 和 VD_3 导通，此时 $V_O \approx V_{CC} - V_{BE4} - V_D = 5\ \text{V} - 0.7\ \text{V} - 0.7\ \text{V} = 3.6$ V。综上，当任意输入有低电平 0.3 V 时，$U_O \approx 3.6$ V，实现了与非门的逻辑功能的另一方面，即输入有低电平时，输出为高电平。

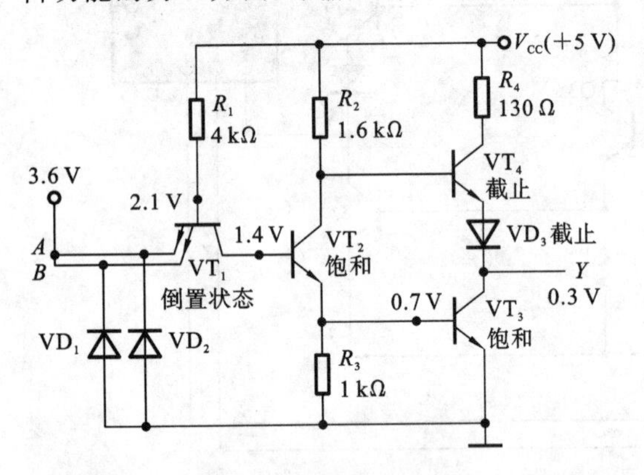

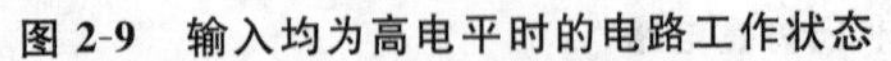

图 2-9　输入均为高电平时的电路工作状态

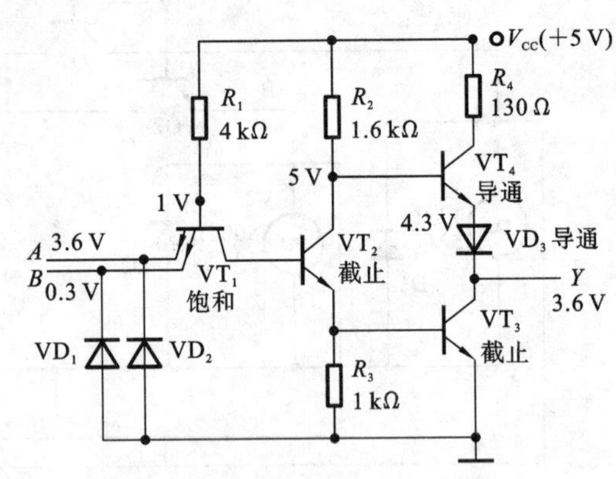

图 2-10　输入有低电平时的电路工作状态

综合上述两种情况，该电路在输入全为高电平时，输出为低电平；输入有低电平时，输出为高电平，满足与非的逻辑功能，是一个与非门。

在数字系统中，若采用分立元件焊接成门电路，不仅体积大，而且焊点多，易出故障，使得电路可靠性下降。实际应用中常采用集成 TTL 门电路。集成 TTL 门电路是通过特殊工艺方法将所有电路元件制造在一个很小的硅片上，其优点是体积小、重量轻、功耗小、成本低、焊点少、可靠性高。

TTL 与非门集成电路芯片种类很多，常用的 TTL 与非门集成电路芯片有 7400(2 输入)、

7410(3输入)和7420(4输入),其引脚分配图如图2-11所示。图中,V_{CC}为电源引脚,GND为接地脚,NC为空脚。

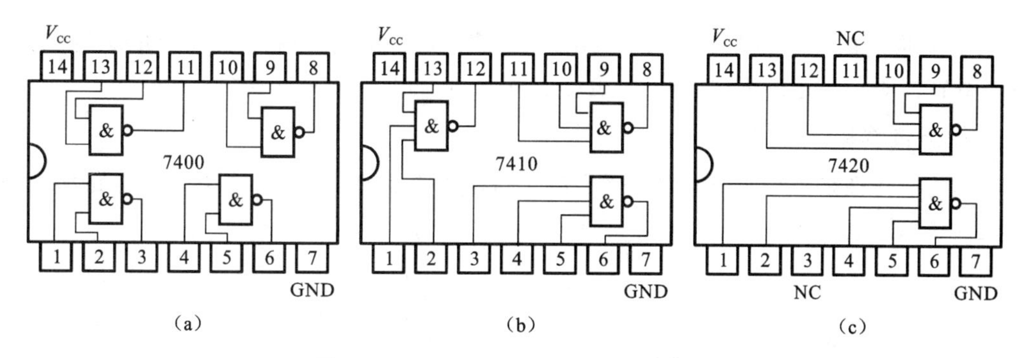

图2-11 7400、7410和7420引脚分配图

4) 74LS00在Multisim中的仿真

在Multisim电路窗口中,创建如图2-12所示的74LS00功能仿真电路,改变输入A和B的状态,观察输出端的状态变化。图2-12显示的是74LS00当输入端分别为"1"和"0"时,输出"1"时的仿真结果。

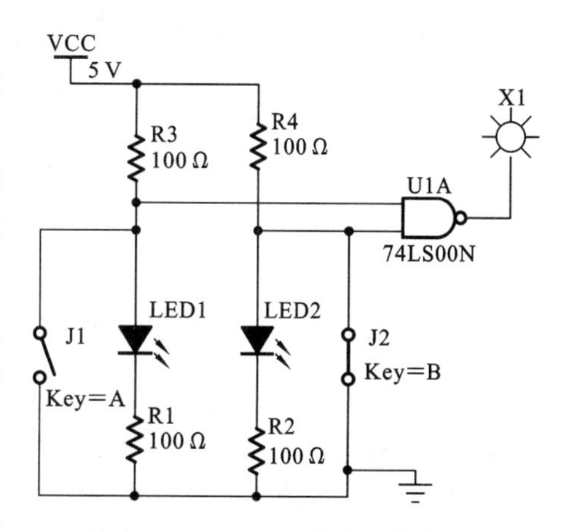

图2-12 74LS00功能仿真电路

由仿真结果可知:当74LS00的两输入端输入均为"1"时,输出结果为"0",输入端有一端输入为"0"时,输出结果为"1"。

5) 74LS00功能的测试

集成逻辑门电路的功能测试是测试门电路的输入与输出信号之间的逻辑关系是否正确,即验证其输出与输入的关系是否与其真值表相符。功能测试方法一般有静态测试和动态测试两种。静态测试是指在集成门电路的输入端加静态高/低电平,并测试与之对应的输出端的逻辑电平值,与真值表相比较,借以判断此集成门电路静态工作功能是否正常。

按图2-13所示的接线,构成74LS00功能测试电路。输入端A、B接逻辑开关,输出端Y接一个电平显示电路。改变输入端A、B的逻辑状态观察并记录输出端Y的逻辑状态,填于表2-1中。

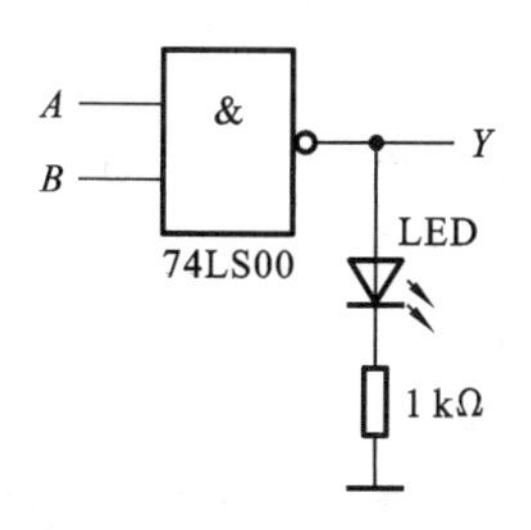

图2-13 74LS00功能测试电路

表2-1 与非门功能测试

输入		输出
A	B	Y
0	0	
0	1	
1	0	
1	1	

与门电路是在与非门电路的基础上于电路内部增加一级反相级所构成的,它的输入电路及输出电路和与非门的相同,与门具体电路和工作原理不再介绍。

2.2.2 TTL与非门的主要外特性及参数

TTL集成门的外部特性是研究及应用TTL集成电路的主要内容，主要有电压传输特性、输入负载特性等。通过讨论这些特性，也应了解TTL与非门的一些参数。

1. 电压传输特性

电压传输特性是指与非门电路的输出电压与输入电压的函数关系。其测试电路和电压传输特性曲线如图2-14所示。

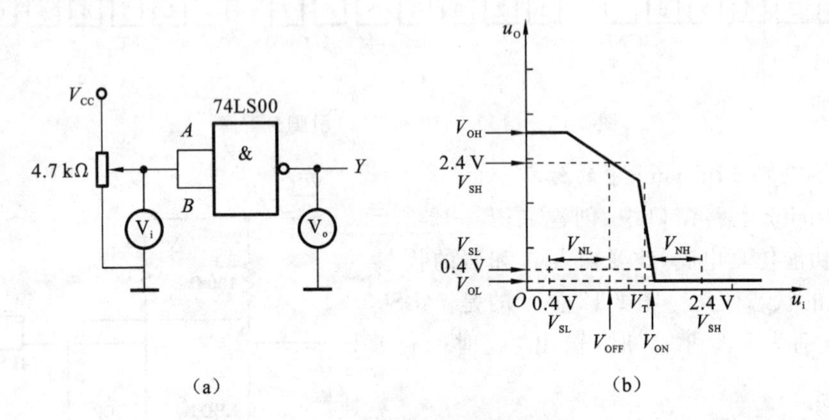

图2-14 与非门电压传输特性

在图2-14(a)中电压表V_i、V_o分别测试输入电平、输出电平的大小，若调整电位器即改变输入端的电平，输出电平随之改变，记录输入、输出电平变化数据并描绘成输入/输出曲线就是TTL与非门电压传输特性电路曲线，如图2-14(b)所示。

电压传输特性曲线可以反映出TTL与非门几个主要参数。TTL与非门的主要参数有输出逻辑电平、开门电平、关门电平、阈值电压、噪声容限、扇入系数、扇出系数、平均传输时延和空载功耗等。熟悉TTL门电路的性能参数，是正确使用TTL门电路的基础。理解TTL与非门的参数时，应注意参数下标缩写的对应名称，如O(Out，输出)、I(In，输入)、H(High，高)、L(Low，低)、N(Number，数量)等。

(1) 输出高电平V_{OH}：指与非门输出为高电平时的电压值。V_{OH}的典型值是3.6 V，产品规范值为$V_{OH} \geqslant 2.4$ V。

(2) 输出低电平V_{OL}：指与非门输出为低电平时的电压值。V_{OL}的典型值是0.3 V，产品规范值为$V_{OL} \leqslant 0.4$ V。

(3) 开门电平V_{ON}：指输出电压下降到$V_{OL(max)}$时对应的输入电压。显然只要$V_i > V_{ON}$，V_O就是低电压，所以V_{ON}就是输入高电压的最小值，在产品手册中常称为输入高电平电压，用$V_{IH(min)}$表示。V_{ON}典型值是1.5 V，产品规范值为$V_{ON} \leqslant 1.8$ V。

(4) 关门电平V_{OFF}：指输出电压下降到$V_{OH(min)}$时对应的输入电压。显然只要$V_i < V_{OFF}$，V_O就是高电压，所以V_{OFF}就是输入低电压的最大值，在产品手册中常称为输入低电平电压，用$V_{IL(max)}$表示。V_{OFF}典型值是1.3 V，产品规范值为$V_{OFF} \geqslant 0.8$ V。

(5) 阈值电压V_T：决定电路截止和导通的分界线，也是决定输出为高或低电压的分界线，常被形象地称为门槛电压。V_T的值界于V_{OFF}与V_{ON}之间，而V_{OFF}与V_{ON}的实际值又非常接近，故 $V_T \approx V_{OFF} \approx V_{ON}$。$V_{th}$ 在近似分析和估算时常作为决定与非门工作状态的关键值，即 $V_i < V_T$，与非门开门，输出为低电平；$V_i > V_T$，与非门关门，输出为高电平。V_T 在电压传输特性曲线上的示意图如图 2-14(b)所示，为 1.3～1.4 V。

(6) 噪声容限：在保证输出高、低电平基本不变（变化的大小不超过规定的允许限度）的条件下，允许输入信号的高、低电平有一个波动范围，这个范围称为输入端的噪声容限。噪声容限表示门电路的抗干扰能力，体现出二值数字逻辑中的"0"和"1"都是允许有一定的容差的。显然，噪声容限越大，电路的抗干扰能力越强。

在输入低电压时，把关门电压 V_{OFF} 与 $V_{OL(max)}$ 之差称为低电平噪声容限，用 V_{NL} 来表示；在输入高电压时，把 $V_{OH(min)}$ 与开门电压 V_{ON} 之差称为高电平噪声容限，用 V_{NH} 来表示。

2. 输入负载特性

输入负载特性是指输入端通过电阻 R_i 接地时的特性。图 2-15 给出了分析与非门输入端接电阻的等效示意图。

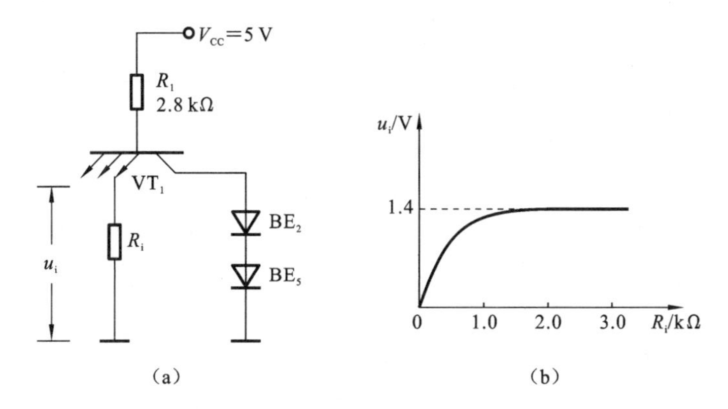

图 2-15 输入端通过电阻 R_i 接地

在图 2-15(a)中，输入端通过电阻 R_i 接地，R_i 和 V_i 的关系见式(2-1)。当 R_i 较小时，$V_i < V_T = 1.4$ V，相当于输入低电平，因此输出为高电平；当 R_i 增大时，$R_i \uparrow \rightarrow V_i \uparrow \rightarrow V_i = V_T$，输入变高，输出变为低电平，此时，$VT_2$、$VT_5$ 导通，$V_{b1} = 2.1$ V，使 V_i 钳位于 1.4 V，即 $V_i \equiv 1.4$ V，如图 2-15(b)所示。

$$V_i = \frac{R_i}{R_1 + R_i}(5 - U_{be1}) = \frac{4.3R_i}{2.8 + R_i} \tag{2-1}$$

显然，R_i 的大小能够影响与非门的开关状态。在保证与非门输出为低时，允许输入电阻 R_i 的最小值称为开门电阻 R_{ON}，R_{ON} 的典型值为 2 kΩ。在保证与非门输出为高时，允许输入电阻 R 的最大值称为关门电阻 R_{OFF}，R_{OFF} 的典型值为 0.8 kΩ。所以当 $R_i \geqslant R_{ON}$ 时，相当于输入高电平。当 $R_i \leqslant R_{OFF}$ 时，相当于输入低电平。

【例 2-1】 已知 TTL 与非门开门电阻 $R_{ON} = 2$ kΩ，关门电阻 $R_{OFF} = 0.8$ kΩ，写出图 2-16 中 F_1 和 F_2 的逻辑表达式。

图 2-16(a)中，$R_i < R_{OFF}$，相当于输入低电平，因此 $F_1 = \overline{A \cdot B \cdot 0} = 1$。图 2-16(b)中，$R_i > R_{ON}$，相当于输入高电平，因此 $F_2 = \overline{1 \cdot 1 \cdot 1} = 0$。

3. TTL 与非门的其他参数

(1) 扇入系数 N_i：在数字系统中，门电路的输出端一般都要与其他门电路的输入端相连，称为带负载。扇入系数 N_i 是指与非门允许的输入端数目。一般 N_i 为 2～5，最多不超过 8。当应用中要求输入端数目超过 N_i 时，可通过分级实现的方法减少对扇入系数的要求。

(2) 扇出系数 N_o：是指与非门输出端连接同类门的最多个数。它反映了与非门的带负载能力，一般 $N_o \geqslant 8$。高性能门电路的扇出系数高达 30～50。

扇入系数和扇出系数是反映门电路互连性能的指标。

(3) 平均传输延迟时间 t_{pd}：是指一个矩形波信号从与非门输入端传到与非门输出端(反相输出)所延迟的时间。平均传输延迟时间 t_{pd} 是 t_{pHL} 和 t_{pLH} 的平均值，即 $t_{pd}=(t_{pLH}+t_{pHL})/2$，其中，$t_{pHL}$ 是输入波上沿中点到输出波下沿中点的时间延迟，t_{pLH} 是从输入波下沿中点到输出波上沿中点的时间延迟，如图 2-17 所示。

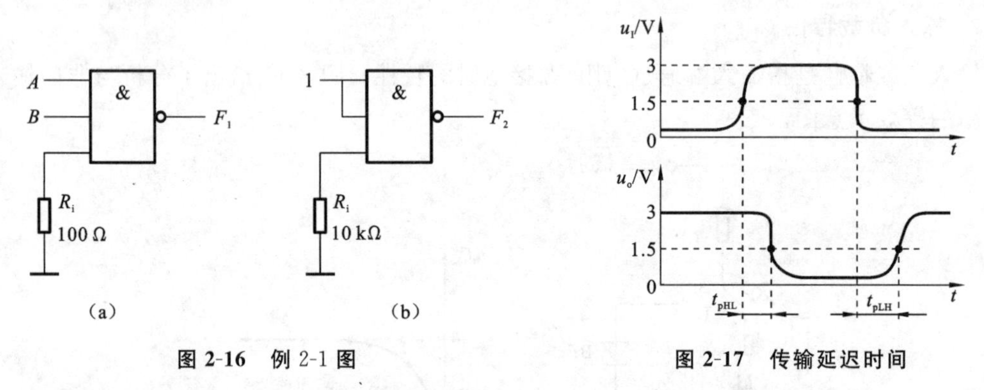

图 2-16 例 2-1 图

图 2-17 传输延迟时间

平均传输延迟时间 t_{pd} 表征了门电路的开关速度。t_{pd} 的典型值约 10 ns，一般小于 40 ns。

(4) 功耗 P_D：包括静态功耗和动态功耗。静态功耗指的是当电路没有状态转换时的功耗，即与非门空载时电源总电流 I_{CC} 与电源电压 V_{CC} 的乘积。输出为低电平时的功耗称为空载导通功耗 P_{ON}；输出为高电平时的功耗称为截止功耗 P_{OFF}，P_{ON} 总比 P_{OFF} 大，静态功耗取 P_{ON} 和 P_{OFF} 的平均值。动态功耗只发生在状态转换的瞬间，或电路中有电容性负载(如 TTL 门电路约有 5 pF 的输入电容)时，负载电容的充、放电过程将增加电路的损耗。

(5) 延时-功耗积：延时与功耗的乘积，用符号 DP 表示，单位为焦耳，$DP=t_{pd}P_D$。理想的数字电路或系统，要求它既具有高速度，同时功耗又低。在工程实践中，要实现这种理想情况是比较难的，高速数字电路往往需要付出较大的功耗代价。延时-功耗积 DP 是一个综合性的指标，一个逻辑门器件的 DP 值愈小，表明它的特性愈接近于理想情况。

2.2.3 TTL 或非门、异或门、OC 门、三态输出与非门

除了与非门外，常用的 TTL 门电路还有 TTL 或非门、异或门、OC 门、三态输出与非门等。

1. 或非门

或非门的典型电路如图 2-18(a)所示，电路符号如图 2-18(b)所示。图中两个方框中的 VT_1、VT_2 和 R_1 所组成的电路和 VT'_1、VT'_2 和 R'_1 组成的电路完全相同。当 A、B 都为低电平时，VT_2 和 VT'_2 同时截止，VT_3 也截止，而 VT_4 导通，输出 Y 为高电平。当 A 为高电平时，VT_2 和 VT_3 同时导通，VT_4 截止，输出 Y 为低电平。当 B 为高电平时，VT'_2 和 VT_3 同时导通，VT_4 截止，输出 Y 也是低电平。因此，Y 和 A、B 为或非关系，即 $Y=\overline{A+B}$。

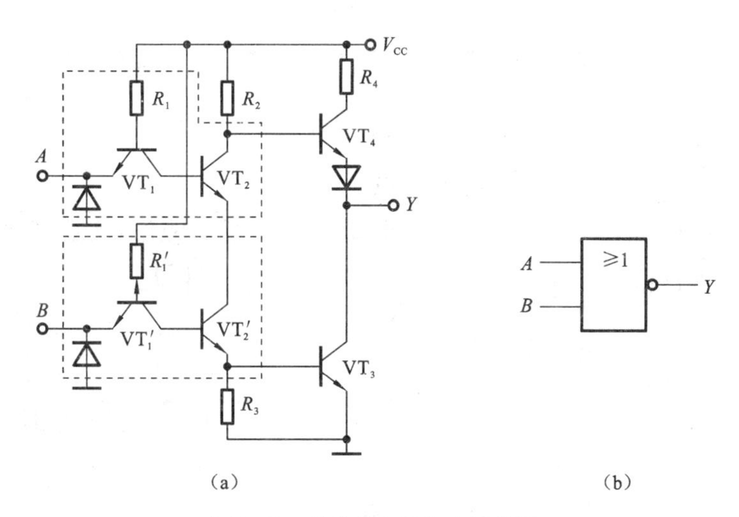

图 2-18　或非门电路和电路符号

或门电路是在或非门电路的基础上于电路内部增加一级反相级所构成的，它的输入电路及输出电路和或非门的相同，或门具体电路和工作原理不再介绍。

图 2-19 所示的是分别用与非门和或非门实现信号选通的例子。在图 2-19(a)中，与非门输入端 A 接连续脉冲，输入端 B 接地时，输出端 Y 为高电平，即脉冲信号不能通过与非门；输入端 B 接高电平时，输出端 Y 为 $\overline{A}$，即脉冲信号反相后通过与非门。可见，通过控制与非门的一个输入端可以实现信号的选通。

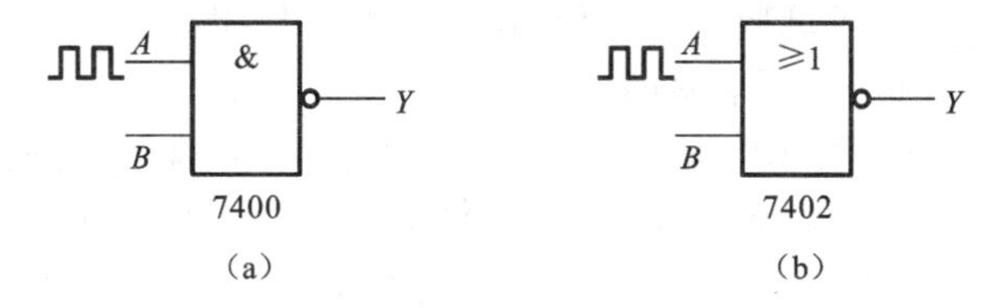

图 2-19　与非门和或非门实现信号选通

在图 2-19(b)中，或非门输入端 A 接连续脉冲，输入端 B 接地时，输出端 Y 为 $\overline{A}$，即脉冲信号反相后通过与非门；输入端 B 接高电平时，输出端 Y 为高电平，即脉冲信号不能通过与非门。可见，通过控制或非门的一个输入端就可以实现信号的选通。

2. 异或门

异或门典型的电路如图 2-20(a)所示，该图中虚线以右部分和或非门的倒相级、输出级相同。若 A、B 同时为高电平，则 VT_6 和 VT_9 导通，VT_8 截止，输出为低电平。若 A、B 同时为低电平，则 VT_4 和 VT_5 同时截止，使 VT_7 和 VT_9 导通而 VT_8 截止，输出也为低电平。当 A 为高电平、B 为低电平时，VT_1 正向饱和导通，VT_6 截止；VT_3 工作于倒置状态，使 VT_5 导通，VT_7 也截止。VT_6、VT_7 同时截止以后，VT_8 导通，VT_9 截止，故输出 Y 为高电平。同理可分析出，当 A 为低电平、B 为高电平时，输出 Y 也为高电平。因此，Y 和 A、B 为异或关系，即 $Y=A\oplus B$。

图 2-20(b)所示的是异或门的电路符号，图 2-20(c)所示的是异或门 7486 的引脚分配图。异或门的输出端连接一个非门，可以实现同或逻辑，即 $Y=\overline{A\oplus B}=A\odot B$。

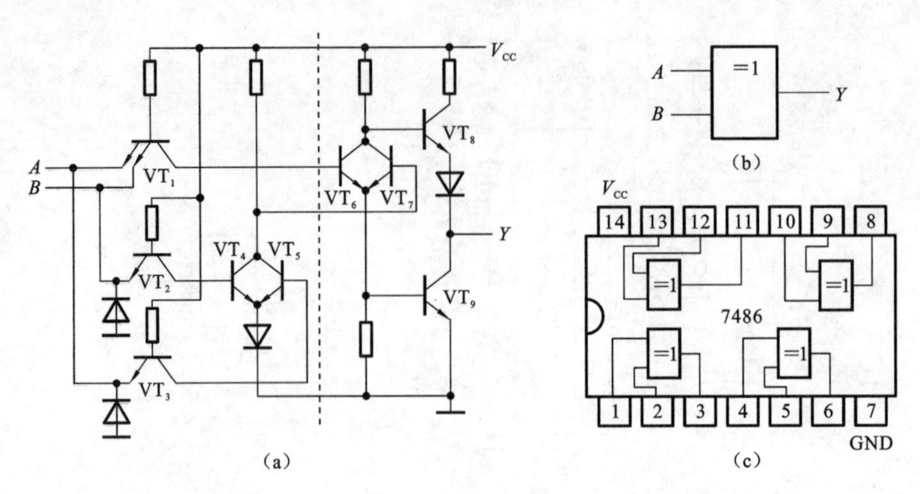

图 2-20 异或门电路

3. OC 门

1）OC 门原理

集电极开路门(open collector gate)是一种输出端可以直接相互连接的特殊逻辑门，简称 OC 门。在实际电路中，将两个与非门的输出端直接对接，可以实现与逻辑。该“与”逻辑功能是由输出端引线连接实现的，故称为“线与”逻辑。对于一般的 TTL 与非门电路，不能把它们的输出端并联接成线与结构，若 Y_1 输出是高电平而 Y_2 输出是低电平，则输出端并联以后必然有很大的负载电流同时流过这两个门的输出级，由于 TTL 与非门电路输出电阻很低，该电流值将远远超过正常工作电流，可能使门电路损坏。

OC 门电路将一般 TTL 与非门电路的推拉式输出级改为三极管集电极开路输出。OC 与非门的电路如图 2-21(a)所示，逻辑符号如图 2-21(b)所示，常用的 OC 与非门 7401 引脚图如图 2-21(c)所示。OC 门在工作时需要外接负载电阻 R_L 和电源 V'_{CC}。只要电阻的阻值和电源电压的数值选择得当，就能够做到既保证输出的高、低电平符合要求，输出端三极管的负载电流又不过大。

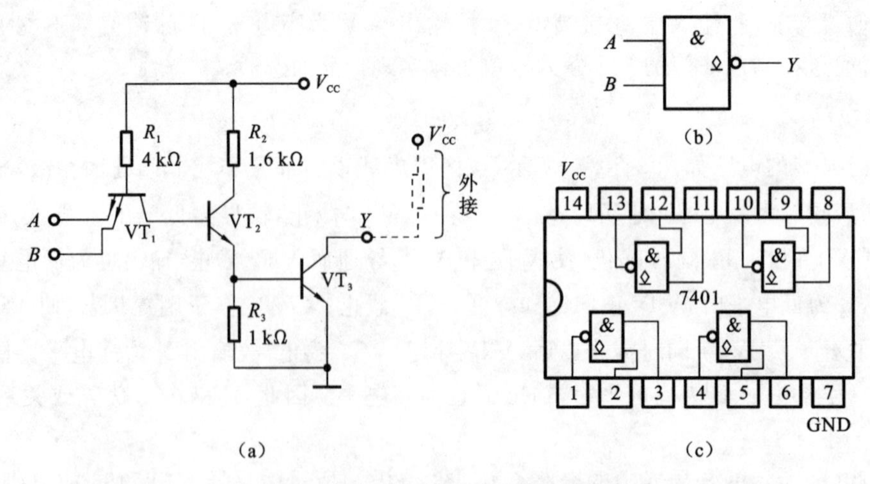

图 2-21 OC 与非门的电路结构和逻辑符号

图 2-22 是将两个 OC 结构与非门输出并联实现线与的电路连接图，图中输出端必须接电源 V_{CC} 和上拉电阻 R_L。

其逻辑关系为：$F=\overline{A_1B_1}\,\overline{A_2B_2}$。

OC 门还可以实现电平转换、直接驱动发光二极管、干簧继电器等。

2) OC 门的功能测试

TTL 集电极开路(OC)与非门 74LS01 的测试电路如图 2-23 所示，OC 门使用时必须外接电源和上拉电阻。改变输入端的电平，输出电平随之改变，记录输入、输出电平变化数据并得出结论。

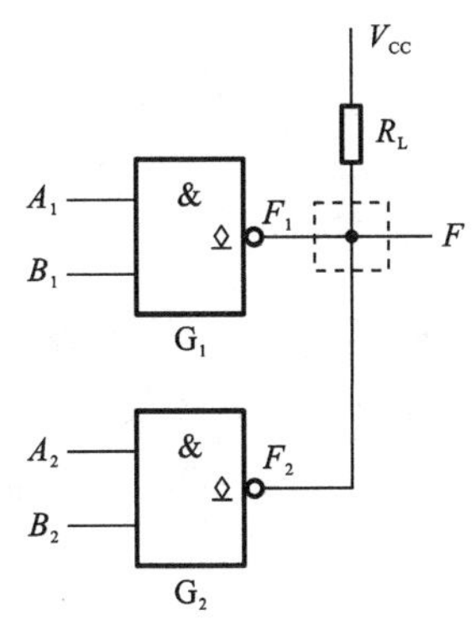

图 2-22 线与逻辑电路

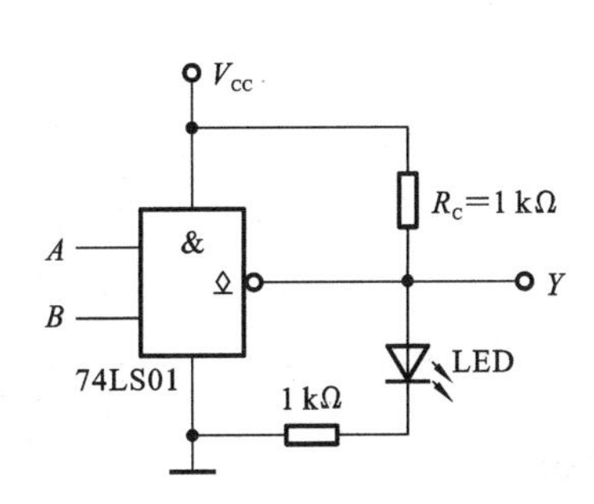

图 2-23 OC 门功能测试电路

4. 三态输出与非门

1) 三态输出门原理

三态输出门有三种输出状态：输出高电平、输出低电平和高阻状态，前两种状态为工作状态，后一种状态为禁止状态。三态输出门简称三态门(three state gate)，即 TS 门，三态输出与非门的电路如图 2-24(a)所示。

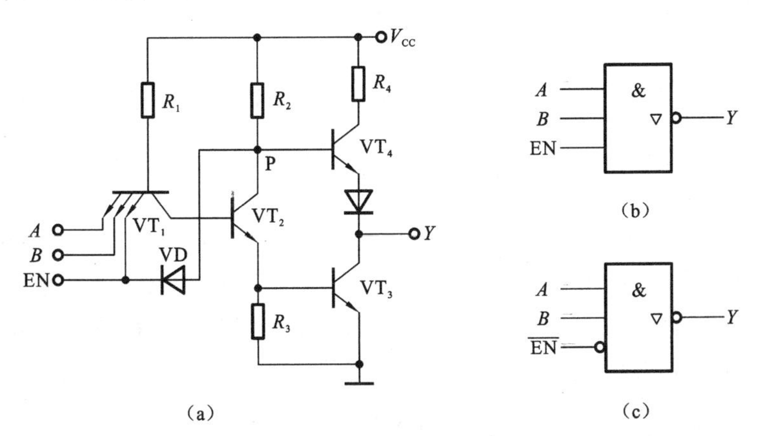

图 2-24 三态输出与非门

在图 2-24(a)中，当 EN=0 时，P 点为高电平，此时 VT_1 的工作状态受 A、B 的控制，二极管 VD 处于截止状态，电路为正常的与非工作状态，所以称控制端低电平有效。

当 EN=1 时，P 点为低电平，此时无论 A、B 输入高/低电平，VT_1 的基极都会钳位于 1.0 V(非门输出低电平 0.3 V 与 VT_1 的基极和发射极的 PN 结导通压降 0.7 V 之和)，该电压不

足以使 VT_2 和 VT_3 同时导通，因此 VT_4 截止；同时因为 P 点为低电平，使得二极管 VD 正向导通，导致 VT_2 的基极也会钳位于 1.0 V（非门输出低电平 0.3 V 与二极管导通压降 0.7 V 之和），因此 VT_3 截止。VT_3 和 VT_4 同时截止，输出端 Y 被悬空，处于高阻状态。

控制端高电平有效的三态门如图 2-24(b)所示，控制端低电平有效的三态门如图 2-24(c)所示，用“▽”表示输出为三态。

图 2-24(b)的逻辑关系为

$$Y=\begin{cases} Z, & \mathrm{EN}=0 \\ \overline{AB}, & \mathrm{EN}=1 \end{cases} \tag{2-2}$$

图 2-24(c)的逻辑关系为

$$Y=\begin{cases} Z, & \mathrm{EN}=1 \\ \overline{AB}, & \mathrm{EN}=0 \end{cases} \tag{2-3}$$

2）三态门的功能测试

三态输出的四总线缓冲器 74LS125 引脚图如图 2-25(a)所示。三态门的功能测试电路如图 2-25(b)所示，该测试电路以三态缓冲器为驱动门，以 TTL 与非门为负载门，三态缓冲器的输出 Y_1 接入与非门的一个输入端，改变 A、EN 和与非门的另一个输入端 H/L 的电平状态，可以观测 Y_1 和与非门的输出 Y_2 的状态。

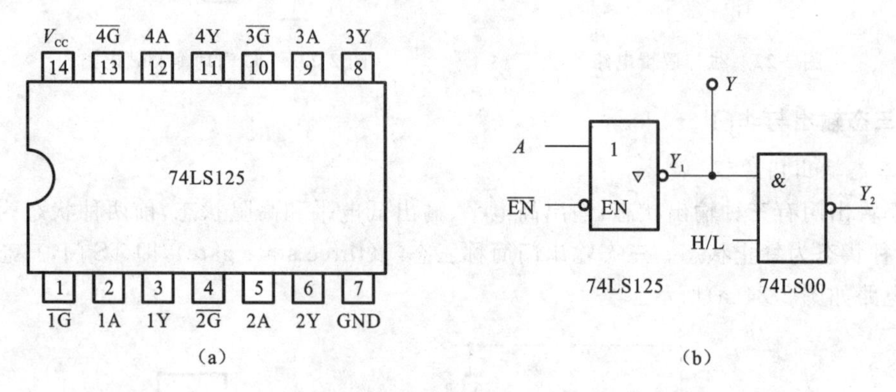

图 2-25　三态门的功能测试

三态门也可以实现线与，还可以用于总线传送单向数据或双向数据。

3）三态门实现双向总线

三态门 74LS125 构成双向总线电路如图 2-26(a)所示，电路包含 G_1、G_2 两个三态门。EN 为控制端，直接接入 G_1 的使能端 EN_1，EN 同时过非门接入 G_2 的使能端 EN_2，无论何时，EN_1 和 EN_2 只有一个为有效电平。将 D_1 输入 100 kHz 的方波信号，则 EN=0 时总线上 Y 的波形如图 2-26(b)所示。

当 EN=0 时，$EN_1=0$，G_1 正常工作，总线上 Y 的输出为信号 D_1 取反后的信号；此时 $EN_2=1$，G_2 处于高阻状态，因此 D_2 无信号输出。因此，EN=0 时，可实现从 G_1 输入端到总线方向上的信号传送。

在总线上 Y 输入 50 kHz 的方波信号，则 EN=1 时，G2 的输出端 D_2 的波形如图 2-26(c)所示。

当 EN=1 时，$EN_2=0$，G_2 正常工作，总线上 Y 的信号取反后送入 D_2；此时 $EN_1=1$，G_1 处

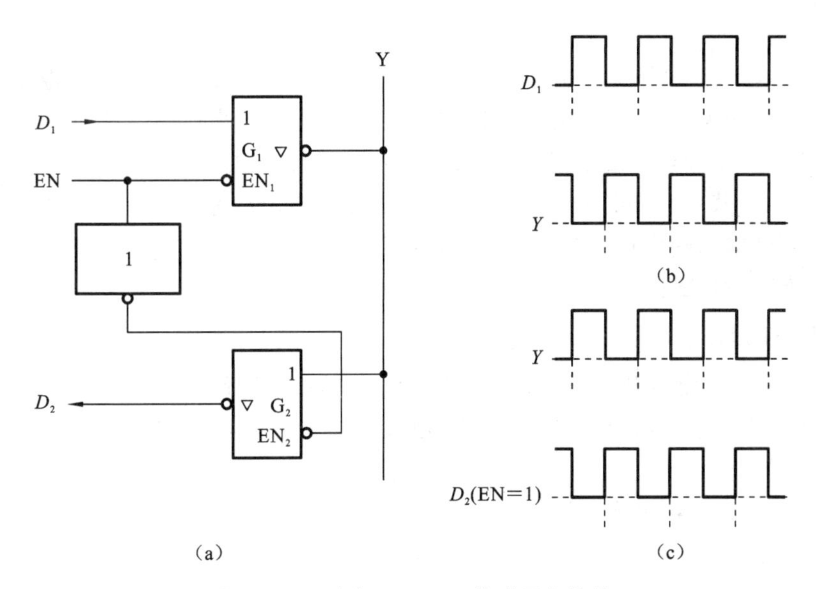

图 2-26　三态门 74LS125 构成双向总线

于高阻状态，相当于开关断开。因此，当 EN=1 时，可实现从总线上 Y 到 D_2 方向上的信号传送。可见，通过控制 EN 的状态，可以实现数据的分时双向传送。

2.2.4　其他系列 TTL 门

TTL 集成电路主要有 54 系列和 74 系列两种。其中，54 系列为军用产品，74 系列为民用产品。在 54/74 系列后不加字母表示标准 TTL 电路，如 7400；加有 L、H、S、AS、LS 或 ALS 等字母，则分别表示低功耗(L)、高速(H)、肖特基(S)、先进超高速肖特基(AS)、低功耗肖特基(LS)和先进低功耗肖特基(ALS)TTL 电路。例如，74H00 表示高速 TTL 电路、74LS00 表示低功耗肖特基 TTL 电路。54/74 系列产品，只要型号最后的数字相同，则逻辑功能和引脚排列完全相同，如 74LS00 和 7400 均为与非门，但性能参数有所不同。其他 74 系列的 TTL 门都是在标准 74 系列的电路结构基础上发展而来的。

2.2.5　TTL 使用须知

1. 电源使用注意事项

(1) 正确选择电源电压，TTL 集成电路的电源电压允许变化范围为 4.5～5.5 V，过大或过小都会影响芯片正常工作。

(2) TTL 集成电路状态转换时会产生电流的跳变，幅度为 4～5 mA，该电流在公共走线上的压降会引起噪声干扰，应尽量缩短地线以减小干扰。

(3) 逻辑电路和其他强电回路应分别接地。

(4) 可在电源入口处并接一个 100 μF 电容作为低频滤波，以及一个 0.01～0.1 μF 的电容作为高频滤波。

2. 输入端使用注意事项

(1) TTL 集成电路的各个输入端不能直接与高于+5.5 V 和低于−0.5 V 的低内阻电源

连接。

(2) 多余的输入端最好不要悬空，原因是输入端引脚悬空虽然相当于高电平，不影响“与门”“与非门”的逻辑关系，但悬空易受干扰，可能会造成电路输出错误。使用不同门电路时，要根据实际需要作适当处理。使用“与门”“与非门”时，多余的输入端可直接接到电源 V_{CC} 上；也可将不同的输入端共用一个电阻连接到 V_{CC} 上；也可将多余的输入端并联使用。使用“或门”“或非门”时，多余输入端应直接接地。使用触发器等中规模集成电路时，不使用的输入端也不能悬空，应根据逻辑功能接入适当电平。

3. 输出端使用注意事项

(1) 除三态门、集电极开路门外，TTL 集成电路的输出端不允许并联使用。

(2) 在利用多个集电极开路门的输出端并联实现线与功能时，必须在输出端与电源之间接入合适的上拉电阻。

(3) 集成门电路的输出不允许与电源或地短路，否则可能造成器件损坏。

2.3 CMOS 集成门电路

MOS 型门电路是以 MOS 管为开关元件组成的门电路。MOS 型集成门电路的主要优点是制造工艺简单、集成度高、功耗小、抗干扰能力强等。常用的 MOS 门电路是 CMOS(complementary metal oxide semiconductor)电路。

2.3.1 CMOS 反相器

1. CMOS 反相器的工作原理

CMOS 反相器的电路如图 2-27(a)所示，图 2-27(b)是常见的简化电路。CMOS 反相器由一个 P 沟道增强型 MOS 管和一个 N 沟道增强型 MOS 管串联组成，其中 PMOS 管作为负载管，开启电压 $V_{TP}<0$；NMOS 管作为工作管，开启电压 $V_{TN}>0$。电源电压 V_{DD} 必须大于两个管子的开启电压的绝对值之和，电路才能正常工作，即 $V_{DD}>(V_{TN}+|V_{TP}|)$。

在 Multisim 软件中，按照图 2-27 所示的电路，从 Transistor 库中调三极管 Q1、Q2，基本库中调 VCC、GND 等元件，连线构建 CMOS 反相器仿真电路，如图 2-28 所示。图 2-28 中输

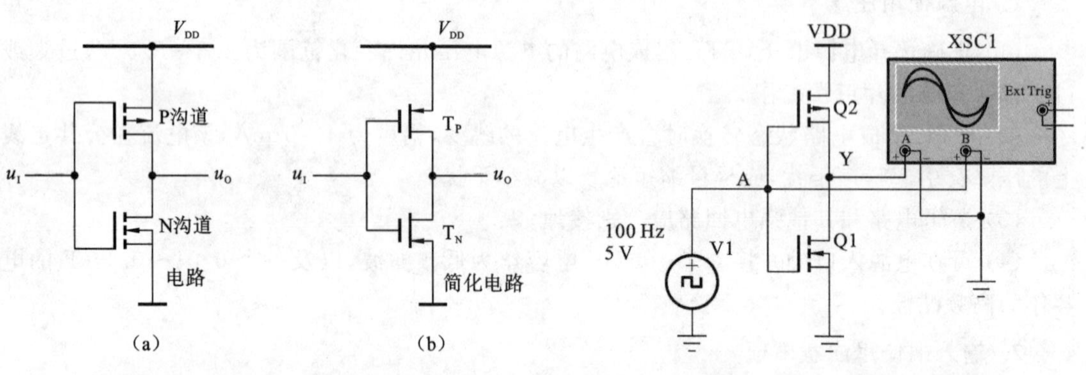

图 2-27 CMOS 反相器电路

图 2-28 CMOS 反相器仿真电路

入端用 A 表示，输出端用 Y 表示。图 2-29 所示的波形是 CMOS 反相器电路输入与输出仿真波形。

从图中仿真结果可知 $Y=\overline{A}$。

电路工作原理为：当 $V_i=0$ 时，T_P 导通，T_N 截止，$V_O=1$（高电平）；当 $V_i=1$ 时，T_N 导通，T_P 截止，$V_O=0$（低电平）。所以，输入与输出之间的逻辑关系为 $V_O=\overline{V}_I$，与仿真结果一致。

综上，该电路在输入为低电平时输出高电平，在输入为高电平时输出低电平，实现了非逻辑。常用的集成 CMOS 反相器是 CD4049，引脚分配图如图 2-30 所示，该芯片内有 6 个反相器，它的 16 引脚是空脚（not connected，NC），与内部电路无连接。

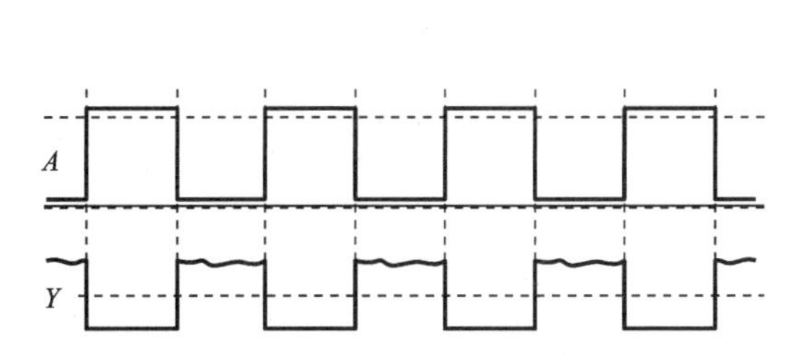

图 2-29 CMOS 反相器电路输入与输出仿真波形

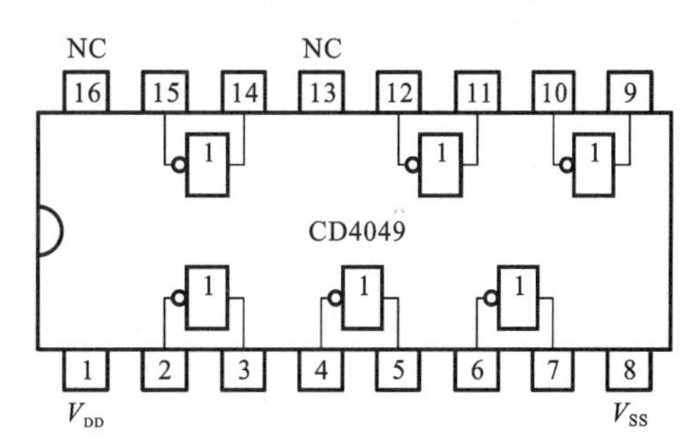

图 2-30 CD4049 引脚分配图

2. CMOS 反相器的主要参数

（1）阈值电压 V_{th}：输出电压传输特性转折区中点所对应的输入电压。CMOS 反相器的阈值电压为 $V_{DD}/2$，其中 V_{DD} 的可取值范围为 −0.5～+18 V，一般 $V_{DD}=5$ V。

（2）噪声容限：CMOS 电路的噪声容限大小与 V_{DD} 有关，V_{DD} 越高，噪声容限越大。CMOS 电路的噪声容限计算方法与 TTL 门电路的一样，低电平噪声容限 $V_{NL}=V_{IL(max)}-V_{OL(max)}$，高电平噪声容限 $V_{NH}=V_{OH(min)}-V_{IH(min)}$。在输出高、低电平的变化不大于限定的 10% 的情况下，输入信号高、低电平允许的变化量大于 30% V_{DD}，即 $V_{NL}=V_{NH}=30\%\ V_{DD}$。

（3）扇入系数 N_i：门电路输入端的增加，会使串联的 MOS 管的总的等效电阻增加，输出电平偏离正常范围。为保证电路正常工作，一般扇入系数 N_i 为 1～6。

（4）扇出系数 N_o：CMOS 电路的扇出系数与工作频率有关，频率增加，扇出系数越小。一般情况下，CMOS 电路的扇出系数可达 20～25，高性能 CMOS 电路的扇出系数可达 50 以上。

（5）平均传输延迟时间 t_{pd}：由于 CMOS 反相器电路的互补对称性，CMOS 反相器的开通时间 t_{ON} 与关闭时间 t_{OFF} 是相等的。CMOS 反相器 t_{pd} 的典型值约 40 ns，一般小于 50 ns。

（6）功耗：为动态功耗 P_D 和静态功耗 P_S 之和，一般为 500～700 mW。静态工作时，T_P 和 T_N 总是一管导通而另一管截止，流过 T_P 和 T_N 的静态电流极小，因而 CMOS 反相器的静态功耗极小（微毫数量级），远小于动态功耗。动态功耗 P_D 与电路的负载和工作频率有关。一个典型的 CMOS 门电路的静态功耗为 0.01 mW 左右。当工作频率达到 1 MHz 时，功耗增加到 0.5 mW 左右。当频率为 10 MHz 时，功耗为 5 mW 左右。

CMOS 器件发展至今，涌现出许多不同系列产品，对于设计者，比较重要的参数是速度和功耗，表 2-2 所示的为几种 CMOS 系列器件的主要参数。

表 2-2　几种 CMOS 系列器件的主要参数

参数 / 系列	电源电压/V	传输延迟时间 t_{pd}/ns(C_L=15 pF)	功耗/mW	功耗-延时积/pJ
4000B	3～18	75	1(1 MHz)	75
74HC	2～6	10	1.5(1 MHz)	15
74HCT	4.5～5.5	13	1(1 MHz)	13
BiCMOS	4.5～5.5	2.9	0.0003～7.5	0.00087～22

2.3.2　CMOS 门电路

除了反相器外，常用的 CMOS 门电路还有 TTL 与非门、或非门、OD 门、三态门、传输门等。

1. 与非门

二输入 CMOS 与非门电路如图 2-31(a)所示，CMOS 与非门集成芯片 CD4011 的引脚图如图 2-31(b)所示。CMOS 与非门由两个并联的 P 沟道增强型 MOS 管 T1、T3 和两个串联的 N 沟道增强型 MOS 管 T2、T4 组成。电路工作原理为：当 $A=1, B=0$ 时，T2 导通、T4 截止，$Y=1$；当 $A=0, B=1$ 时，T1 导通、T2 截止，$Y=1$；当 $A=B=1$ 时，T1 和 T3 同时截止，T2 和 T4 同时导通，$Y=0$。因此，Y 和 A、B 是与非关系，即 $Y=\overline{AB}$。

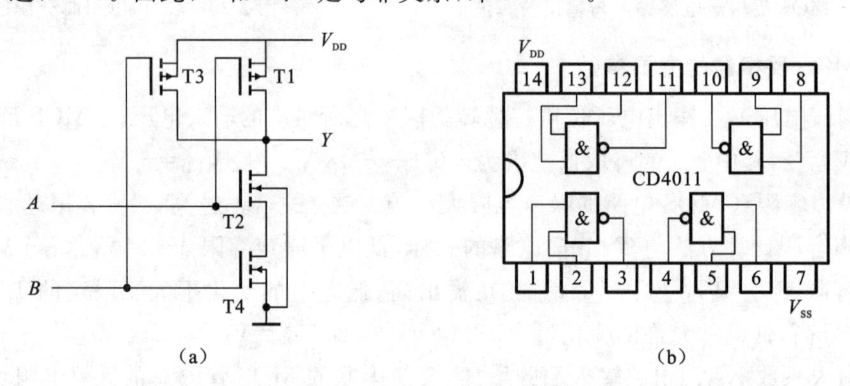

图 2-31　CMOS 与非门电路

2. 或非门

二输入 CMOS 或非门电路如图 2-32(a)所示，CMOS 或非门集成芯片 CD4001 的引脚图如图 2-32(b)所示。CMOS 或非门由两个并联的 N 沟道增强型 MOS 管 T2、T4 和两个串联的 P 沟道增强型 MOS 管 T1、T3 组成。电路工作原理为：当 A、B 同时为低电平时，T2 和 T4 同时截止，T1 和 T3 同时导通，输出为高电平；当 A、B 中有一个是高电平，输出为低电平。因此，Y 和 A、B 是或非关系，即 $Y=\overline{A+B}$。

与门、或门、与或非门、异或门等可利用与非门、或非门和反相器组合而成，这里不再赘述。

3. OD 门

OD 门是漏极开路输出(open-drain output)门电路的简称。OD 门和 TTL 电路中的 OC 输出结构门电路类似，OD 门将输出级电路结构改为一个漏极开路输出的 MOS 管，以满足输出电平变换、吸收大负载电流以及实现线与连接等需要。与 OC 门一样，OD 门工作时必须在

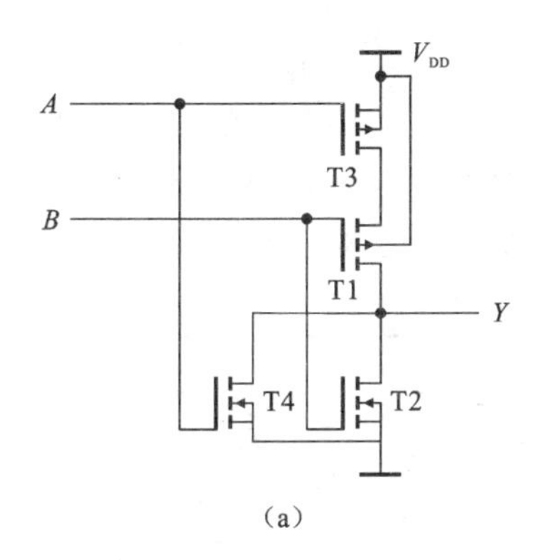

(a)

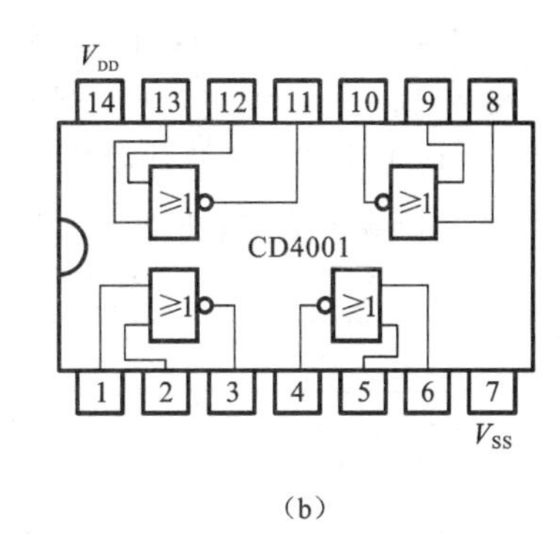

(b)

图 2-32 CMOS 或非门电路

输出端外接上拉电阻 R_p。OD 输出与非门 CD40107 的引脚图如图 2-33 所示。OD 门实现线与的方式与 OC 门类似，如图 2-34 所示。OD 门也常用来驱动发光二极管或 TTL 系列逻辑门电路等。

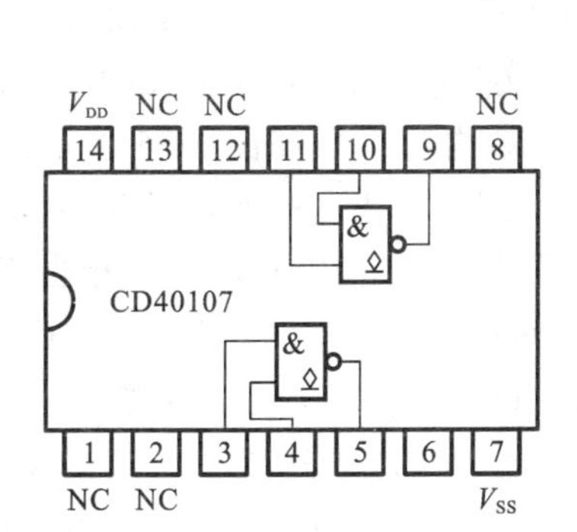

图 2-33 OD 门 CD40107 引脚图

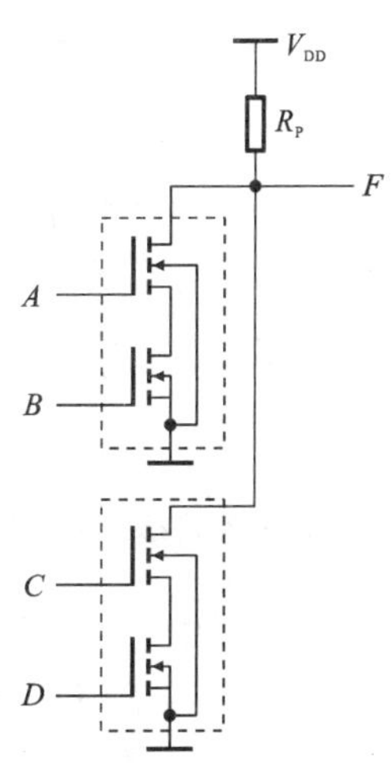

图 2-34 OD 门实现线与

4. 三态门

图 2-35(a)所示的是一个低电平使能控制的三态非门。该电路是在 CMOS 反相器的基础

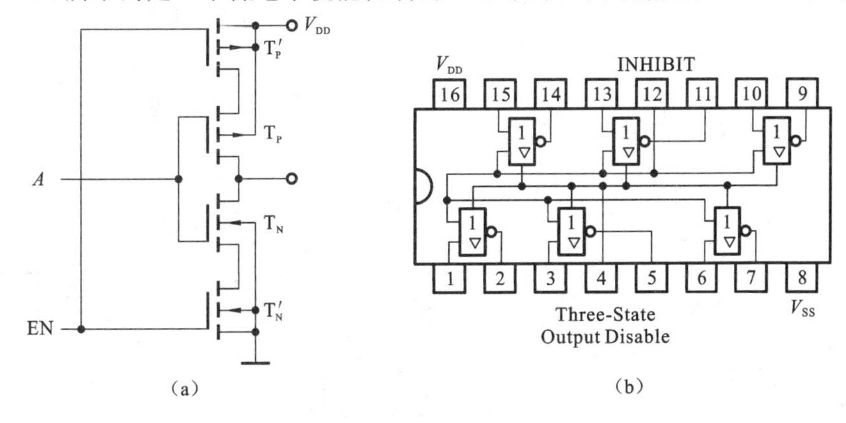

图 2-35 三态非门

上增加 NMOS 管 T'_N 和 PMOS 管 T'_P 构成的。当 EN=1 时，T'_N 和 T'_P 同时截止，输出 F 呈高阻状态；当 EN=0 时，T'_N 和 T'_P 同时导通，非门正常工作。三态非门的典型芯片 CD4052B 的引脚图如图 2-35(b)所示，该芯片中添加了功能引脚 Three-State Output Disable 和 INHIBIT，CD4052B 的真值表如表 2-3 所示，表中的输出 Z 状态就是高阻态。

表 2-3　CD4052B 的真值表

输　　入			输　　出
Three-State Output Disable	INHIBIT	A	F
0	0	0	1
0	0	1	0
0	1	×	0
1	×	×	Z

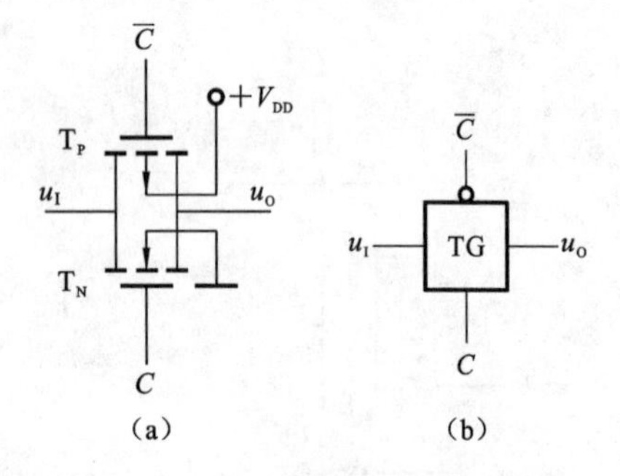

图 2-36　传输门的电路结构和符号

5. 传输门

传输门 TG(transmission gate)不仅可以作为基本单元电路构成各种逻辑电路，用于数字信号的传输，而且在取样-保持电路、斩波电路、模数和数模转换等电路中传输模拟信号，因而又称为模拟开关。传输门的电路结构和符号如图 2-36 所示。若 $C=V_{DD}$，$\overline{C}=0$，u_I 在从 $0\sim V_{DD}$ 的变化过程中，T_P 和 T_N 至少有一个导通，使传输门 TG 导通，相当于开关闭合，u_I 的信号可以通过传输门。若 $C=0$，$\overline{C}=V_{DD}$，u_I 在从 $0\sim V_{DD}$ 的变化过程中，T_P 和 T_N 都截止，使传输门 TG 截止，相当于开关断开，u_I 的信号不能通过传输门。可见，传输门相当于是由 C 和 $\overline{C}$ 控制通、断的"开关"。由于 T_P 和 T_N 在结构上对称，所以图中的输入端和输出端可以互换，实现双向开关控制，又称为可控双向开关。TG 门的集成芯片是 CD4066 和 CD4016。

TG 门应用很广，图 2-37 所示的是用两个 TG 门实现单刀双掷开关的功能。当 $C=0$ 时，TG_1 导通，TG_2 截止，$u_O=u_{I1}$；当 $C=1$ 时，TG_1 截止，TG_2 导通，$u_O=u_{I2}$。

TG 门还可以和非门连接成三态门，如图 2-38 所示。当 EN=0 时，TG 导通，$F=A$；当 EN=1 时，TG 截止，F 为高阻输出。

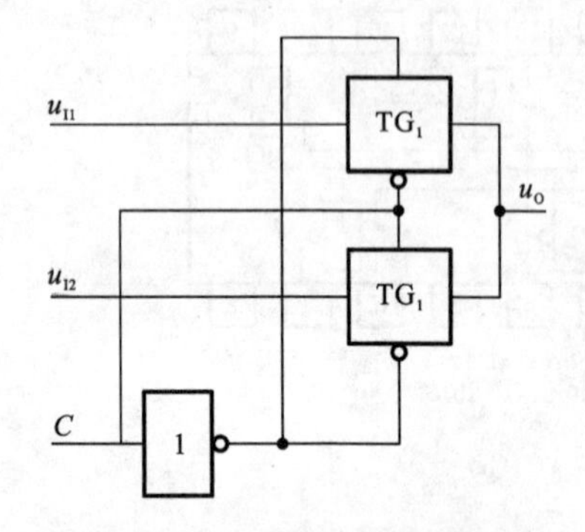

图 2-37　TG 门实现单刀双掷开关

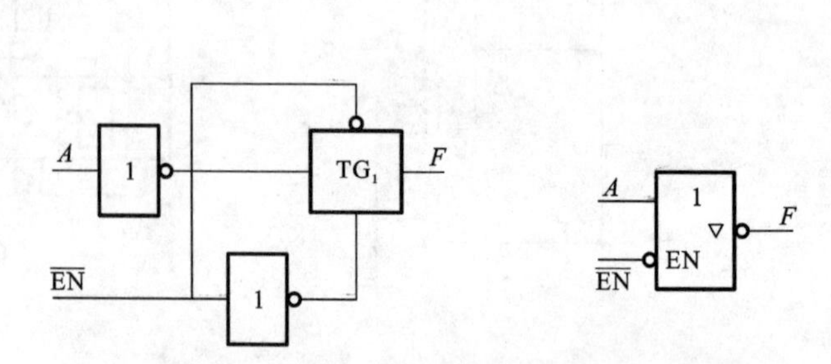

图 2-38　TG 门和非门连接成三态门

2.3.3 CMOS 使用须知

1. 电源使用注意事项

CMOS 集成电路的正常工作电源电压范围为 3～18 V，电源电压的高低会影响电路的工作频率。降低电源电压会引起电路工作频率下降或增加传输延迟时间。如 CMOS 触发器，当 V_{CC}由＋15 V 下降到＋3 V 时，其工作最高频率将从 10 MHz 下降到几十千赫兹。

2. 输入端使用注意事项

(1) 输入电压幅值不超过 CMOS 电路的电源电压，即满足 $V_{SS} \leqslant V_I \leqslant V_{CC}$，一般 $V_{SS}=0$ V。输入端电流一般应限制在 1 mA 以内。

(2) 所有不用的输入端不允许悬空，应根据实际要求接入适当的电压(V_{CC}或 0 V)。通常在输入端和地之间接保护电阻，以防止拔下电路板后造成输入端悬空。

(3) 输入脉冲信号的上升和下降时间一般应小于数毫秒，否则电路工作不稳定或损坏器件。一般当 $V_{DD}=5$ V 时，上升沿和下降沿时间应小于 10 μs；$V_{DD}=10$ V 时，上升沿和下降沿时间应小于 5 μs；$V_{DD}=15$ V 时，上升沿和下降沿时间应小于 1 μs。

3. 输出端使用注意事项

(1) 普通 CMOS 门电路输出端不能线与，否则导通的 P 沟道 MOS 场效应管和导通的 N 沟道 MOS 场效应管形成低阻通路，造成电源短路。

(2) CMOS 门电路的驱动能力要比 TTL 门电路的小得多，但 CMOS 门电路驱动 CMOS 门电路的能力却很强。一般 CMOS 器件的输出只能驱动一个 LS-TTL 负载，但在驱动和它本身相同的 CMOS 门电路负载时，CMOS 的扇出系数可高达 500。CMOS 电路驱动其他负载时，可以加一级驱动器接口电路。

(3) CMOS 电路在特定条件下可以并联使用。当同一芯片上 2 个以上同样的门电路并联使用时，可增大输出灌电流和拉电流负载能力。应注意器件的输出端并联时，输入端也必须并联。

4. 防止 CMOS 电路出现可控硅效应的措施

当 CMOS 电路输入端施加的电压过高(大于电源电压)或过低(小于 0 V)，或者电源电压突然变化时，电源电流可能会迅速增大，烧坏器件，这种现象称为可控硅效应。预防可控硅效应可采取以下措施：

(1) 输入端信号幅度不能大于 V_{CC}或小于 0 V。

(2) 尽量消除电源上的干扰。

(3) 在条件允许的情况下，尽可能降低电源电压。如果电路工作频率比较低，最好用＋5 V电源供电。

2.4 TTL 电路与 CMOS 电路的接口及门电路故障诊断

在数字系统中，常有 TTL 门电路和 CMOS 门电路并存的情况，TTL 门电路和 CMOS 门电路的高低电平范围和电流参数均不同，因此必须考虑两种电路互连时的接口问题。

接口电路一般主要考虑两个方面：

(1)逻辑电平兼容性问题，驱动器件的输出电压必须满足负载器件所要求的高电平或者低电平输入电压的范围，即 $V_{OH(min)} \geqslant V_{IH(min)}$，$V_{OL(max)} \leqslant V_{IL(max)}$。

(2) 逻辑门电路的扇出问题，即驱动器件必须能对负载器件提供足够的灌电流或者拉电流，即灌电流时满足 $I_{OL} > I_{IL(total)}$，拉电流时满足 $I_{OH} > I_{IH(total)}$。

2.4.1 用 TTL 电路驱动 CMOS 电路

1. 用 TTL 电路驱动 74HCT 和 74AHCT 系列 CMOS 门电路

用 TTL 电路驱动 74HCT/74AHCT 系列 CMOS 门电路时，由于 TTL 电路和 74HCT/74AHCT 系列 CMOS 门电路的高、低电平参数完全兼容，因此不需另加接口电路。

2. 用 TTL 电路驱动 74HC/74AHC 系列 CMOS 电路

用 TTL 电路驱动 74HC/74AHC 系列 CMOS 电路时，电源电压均为 5 V，TTL 输出低电平参数与 74HC/74AHC 的输入低电平参数兼容，但是高电平参数不兼容，TTL 的 74LS 系列的 $V_{OH(min)}$ 为 2.7 V，而 CMOS 的 74HC/74AHC 系列的 $V_{IH(min)}$ 为 3.15 V，因此常需要外加一个上拉电阻 R_P，将 TTL 的 $V_{OH(min)}$ 的 2.7 V 的电压上拉至 3.15 V 以上，接口电路如图 2-39 所示。

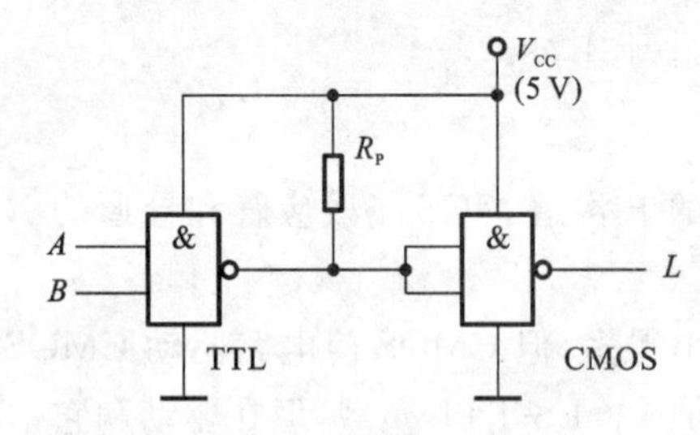

图 2-39 TTL 电路驱动 74HC/74AHC 系列 CMOS 电路接口

当 TTL 电路的输出为高电平时，输出级的负载管和驱动管同时截止，$V_{OH} = V_{CC} - R_P(I_{OZ} + I_{IH(total)})$，故很容易计算出

$$R_{P(max)} = \frac{V_{CC} - V_{OH(min)}}{I_{OZ} + I_{IH(total)}} \tag{2-4}$$

式中：I_{OZ} 为 TTL 电路输出高电平时，输出管截止时的漏电流，$I_{IH(total)}$ 为流入 CMOS 负载电路的总电流，这两个电流的数值都很小，只要 R_P 取值不太大，输出高电平 V_{OH} 将被提升至 V_{CC}。

3. 用 TTL 电路驱动 4000 系列 CMOS 电路

4000 系列 CMOS 电路的工作电压范围为 3～18 V，在 CMOS 电路的电源电压较高时，它要求 $V_{IH(min)}$ 值超过 TTL 电路输出端所能够承受的电压。如 CMOS 电路的 $V_{DD} = 15$ V 时，要求的 $V_{IH(min)} = 11$ V，若想电路正常工作，TTL 电路输出的高电平必须大于 11 V。在这种情况下，常采用 TTL 门电路中的 OC 门作为驱动门，如图 2-40 所示。OC 门输出端三极管的耐压较高，可达 30 V 以上。接口电路中同样需要外接上拉电阻 R_P 来提升电压，R_P 取值范围的计算方法同上(见式(2-4))。

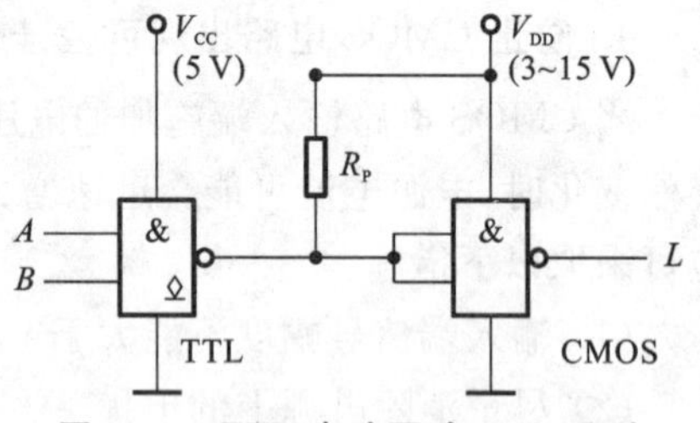

图 2-40 TTL 电路驱动 4000 系列 CMOS 电路接口

2.4.2 用 CMOS 电路驱动 TTL 电路

用 CMOS 电路驱动 TTL 电路时，在 CMOS 电路的供电电源为＋5 V 时，CMOS 电路和 TTL 电路的逻辑电平参数兼容，不需另加接口电路，仅按电流大小计算出扇出系数即可。

74HC/74HCT 系列的 $I_{OH(max)}$ 和 $I_{OL(max)}$ 均为 4 mA,74AHC/74AHCT 的 $I_{OH(max)}$ 和 $I_{OL(max)}$ 均为 8 mA,所有 TTL 电路的 $I_{IL(max)}$ 和 $I_{IH(max)}$ 都在 2 mA 以下,所以用 74HC/74HCT/74AHC/74AHCT 系列的 CMOS 电路均可直接驱动一定数目的任何系列的 TTL 电路。CMOS 门输出为低电平时的可带负载个数 $m=I_{OL(max)}/I_{IL(max)}$,CMOS 门输出为低电平时的可带负载个数 $n=I_{OH(max)}/I_{IH(max)}$,显然,扇出系数应取 m 和 n 中较小的那个。

当负载门所需的输入总电流超出 CMOS 门的输出电流时,常用下面两种方法来提高 CMOS 门的输出电流以增加 CMOS 门的带负载能力:① CMOS 驱动门并联使用,如图 2-41(a)所示,并联后,驱动门的逻辑功能不变,但驱动总电流为各并联驱动门输出电流之和;② 增加 TTL 同相缓冲器作为驱动器,如图 2-41(b)所示,这是由于 TTL 系列 $I_{OL(max)}$ 比 CMOS 的 $I_{OL(max)}$ 大得多,TTL 同相缓冲器既保证逻辑功能不变,又能够提高提供给负载门的电流。

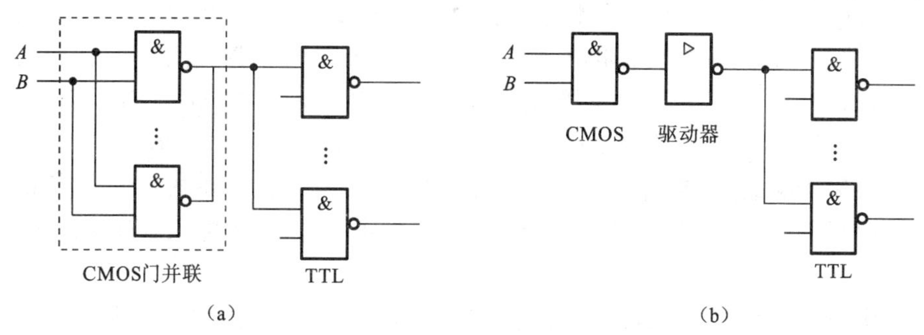

图 2-41　两种增加 CMOS 门的带负载能力的方法

无论何种门电路互连,都需要满足电压和电流的接口条件。其余如噪声容限、输入和输出电容以及开关速度等参数在某些设计中也要予以考虑,这里不再讨论。

2.4.3　门电路故障分析与诊断

门电路在使用过程中受到各种因素的影响,如果发生故障,就会影响电路的正常工作。要想及时地排除门电路的故障,必须建立在对故障的诊断和诊断处理的基础上,因此对门电路故障处理的首要工作应是准确定位故障发生的位置。下面以图 2-42 所示的简单与非门静态测试电路为例来介绍故障诊断的方法。

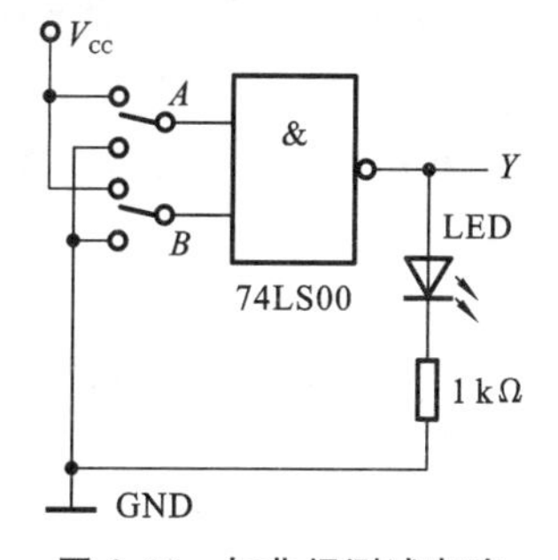

图 2-42　与非门测试电路

该电路正常工作时,A、B 端的开关在接地或接电源时电路的工作状态应符合表 2-4 所示的状态,即 A 或 B 为低电平时,Y 输出为高电平,LED 灯"亮",A 和 B 均为高电平时,Y 输出为低电平,LED 灯"灭"。

表 2-4　电路正常工作状态

A	B	Y	LED
接地	接地	高电平	亮
接地	接电源	高电平	亮
接电源	接地	高电平	亮
接电源	接电源	低电平	灭

若电路工作时，出现了表中不一样的状态，则需用直接观察法、电压测量法、替换法等方法来进行诊断和处理。

(1)直接观察法：是指不借助其他检测设备，而是通过人的触觉、嗅觉、听觉、视觉等多种感官对门电路出现的故障进行判断分析的方法，是处理门电路故障的基础环节。

直接观察法包括通电前与通电后观察，其中通电前主要观察电路中使用的元件或芯片是否正确，引脚是否接触良好，接线有无错接、接反现象等，初学者常犯的错误是将74LS00芯片接反，导致电源、接地等引脚错位，严重时会损坏74LS00芯片。通电后观察是指观察判断元件或芯片有无出现发烫、烧焦异味、电路中有无冒烟现象、颜色有无变得焦黄或焦黑等，一旦出现上述异常，应立即切断电源，以免造成更大的损害。

直接观察发现异常后，应更换受损芯片，仔细检查电路，确认电路连接无误后再次通电测试。

(2) 电压测量法：是指用电压表测量电路各部分的电压值，并和正常工作的电压值进行比较，判断故障情况。首先检查集成电路74LS00的供电端和地线端，测量其电压值，正确的电源电压值应该在4.5～5.5 V，接地电压为0 V。接着测量输入电压是否正确，同时观测对应的输出电压，若输入电压与输出电压的状态与表2-4中的不一致，考虑与非门芯片损坏，可用新的与非门替换来排除故障；若输入电压与输出电压的状态与表2-4中的一致，但LED发光状态与表中不符，则考虑LED被损坏或电阻阻值是否在正常范围，用电压表确定故障元件并更换问题元件。

(3) 替换法：全称元件替换法，即利用正常的元件逐一替换可能发生故障的电子元件，元件更换后如果电子电路恢复到正常的工作状态，则说明正是被替换元件发生了损坏并导致了故障的发生。门电路故障排除方法中，元件替换法能够对故障位置进行准确定位，这种方法比较适合在已初步判定故障发生范围的情况下使用。如果还未判定故障的大致范围，那么更换元件的工作量就会比较大，费时费力，因此不宜采用该方法。

门电路出现故障在所难免，关键是能够采取有效的方法及时定位故障发生位置，进而准确分析故障产生的原因，为迅速排除故障奠定基础。门电路故障发生受诸多因素影响，技术人员应进行综合分析，将理论与实践相结合，准确判断故障类型，并采用有针对性的故障处理方法，将门电路故障带来的损失降到最低。

2.5 项目制作——裁判电路的组装与制作

2.5.1 裁判电路任务描述

举重比赛时有3个裁判参与评判，包括一个主裁判和两个副裁判。运动员的杠铃是否完全举起由每个裁判按自己面前的按钮来决定，只有当主裁判和至少一名副裁判判定为完全举起时，表明“成功”的灯才会亮。

2.5.2 裁判电路设计方案

要实现裁判电路的功能，首先要明确设计要求。设定A为主裁判的按钮，B和C为副裁判的按钮，当它们的值为“1”时表明该裁判按下按钮，值为“0”时表示没有按下按钮；设定 Y 为判定是否完全举起的指示灯，“1”表示判定完全举起成功并亮灯，“0”表示判定完全举起失败并灯灭。实现该功能的逻辑电路框图如图 2-43 所示。

图 2-43　逻辑电路功能框图

其工作过程应为：当主裁判 A 和副裁判 B 或副裁判 C 按下按钮，或主裁判 A、副裁判 B 和副裁判 C 同时按下按钮，表明“成功”的灯才会亮。

2.5.3　裁判电路设计与仿真

根据裁判电路组成框图选择合适的单元电路实现裁判电路功能，也可以对现有电路加以改进或创新。

(1) 分析要求，列真值表。

根据设计要求及状态设定，裁判电路的真值表如表 2-5 所示。

表 2-5　裁判电路的真值表

A	B	C	Y
0	0	0	0
0	0	1	0
0	1	0	0
0	1	1	0
1	0	0	0
1	0	1	1
1	1	0	1
1	1	1	1

(2) 写表达式，化简。

$$Y=\sum m(5,6,7)=A\bar{B}C+AB\bar{C}+ABC \tag{2-5}$$

或非表达式化简结果为

$$Y=AB+AC \tag{2-6}$$

与非表达式化简结果为

$$Y=\overline{\overline{AB+AC}}=\overline{\overline{AB}\cdot\overline{AC}} \tag{2-7}$$

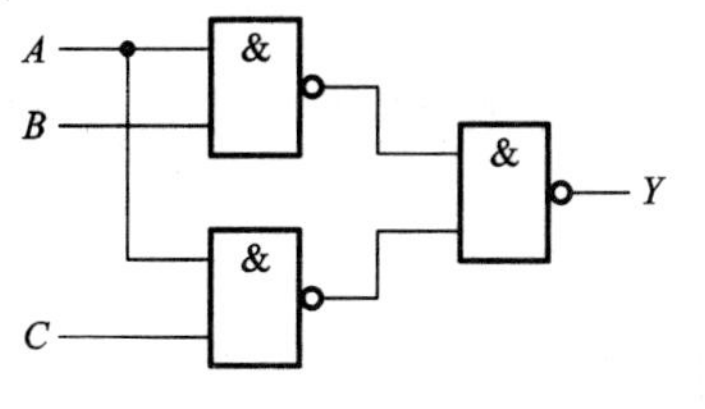

图 2-44　逻辑电路图

(3) 画逻辑电路图。

式(2-6)和式(2-7)均可实现裁判逻辑电路，本着所用芯片最少的原则，这里用式(2-7)来实现裁判逻辑电路，如图 2-44 所示。

(4) Multisim 仿真。

在 Multisim 电路窗口中，创建如图 2-45 所示的裁判电路仿真电路，改变输入 A、B 和 C 的状态，观察输出端的状态变化。图 2-45 所示的是当输入端 A=B=1 和 C=0 时，输出“1”时的仿真结果。

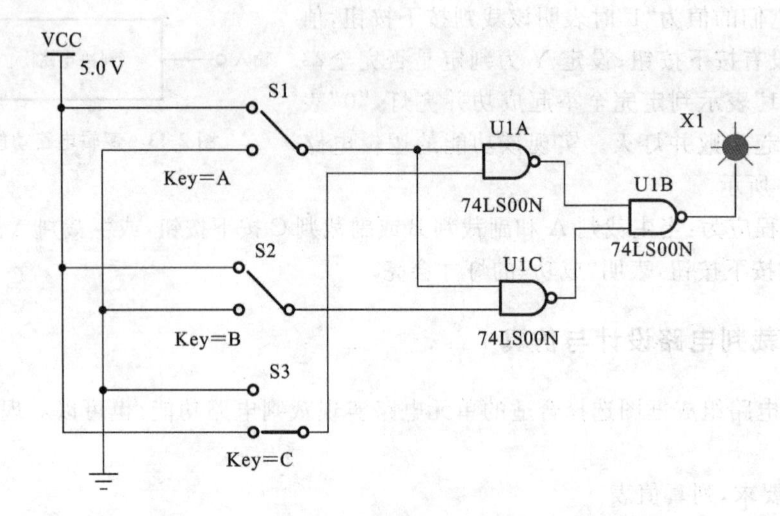

图 2-45　裁判仿真电路图

2.5.4　裁判电路的组装与调试

图 2-44 所示的逻辑电路用一片 74LS00 实现，主要完成判决逻辑功能，在实际项目组装时，还要对裁判电路的电源、接地、显示结果等进行正确的处理，这就需要用到开关、LED 灯、电阻等辅助器件。

1. 电源的选择

TTL 集成电路的电源电压允许变化范围为 4.5～5.5 V，本项目中 V_{CC}选用常用的5 V电压即可。

2. 裁判输入电路设计

每个裁判通过按钮进行表决，因此在与非门的输入端需要加装按钮，如图 2-46 所示。在该电路中，当按钮按下时，与非门 1 脚的电压为 5 V，输入为高电平 1；当按钮未被按下时，与非门 1 脚的电压为 0 V，输入为低电平 0。可见，该裁判输入电路按钮的状态可以体现裁判的判决状态，三个裁判需要三组输入按钮。

3. 判决结果显示电路设计

当判定完全举起成功即判决结果为 1 时，应有 LED 灯亮起以显示判决结果。红、黄、橙三种颜色的单个 LED 灯工作电压在 1.9～2.3 V 之间，其他颜色的 LED 灯工作电压在 3.0～3.6 V。为了保证 LED 灯的正常工作，应将 LED 串接一个电阻后再接地。判决结果显示电路如图 2-47 所示。

4. 裁判电路组装

结合图 2-44、图 2-46 和图 2-47，可得到项目组装过程中用到的元器件清单，如表 2-6 所示。

结合 74LS00 的引脚图、裁判逻辑电路图、裁判输入电路图和判决结果显示电路图，可得到图 2-48 所示的裁判电路图，其中，V_{CC}选用 5 V 电压。

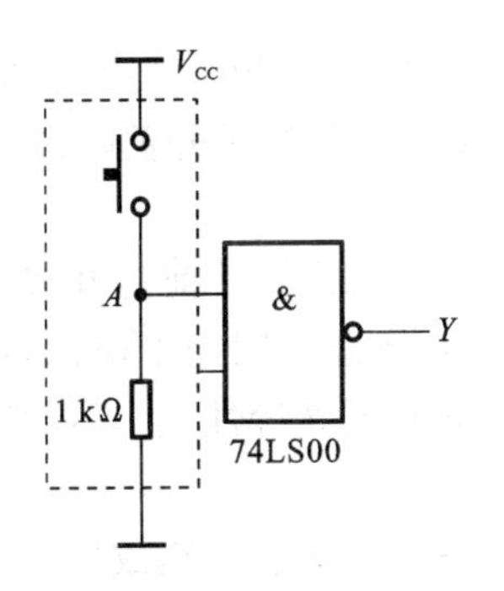

图 2-46 裁判输入电路

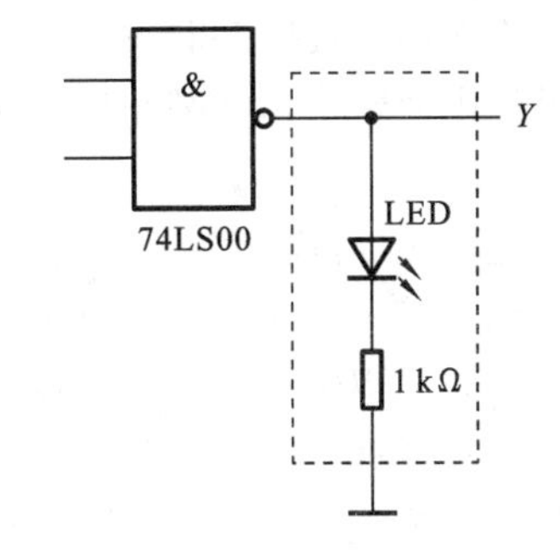

图 2-47 判决结果显示电路

表 2-6 元器件清单

序号	电路图中标示	元器件名称	规格与型号	数量
1	74LS00	四与非门集成电路	74LS00	1
2	R	电阻	1 kΩ	4
3	LED	发光二极管	HFW314001	1
4	SB	轻触开关	—	3

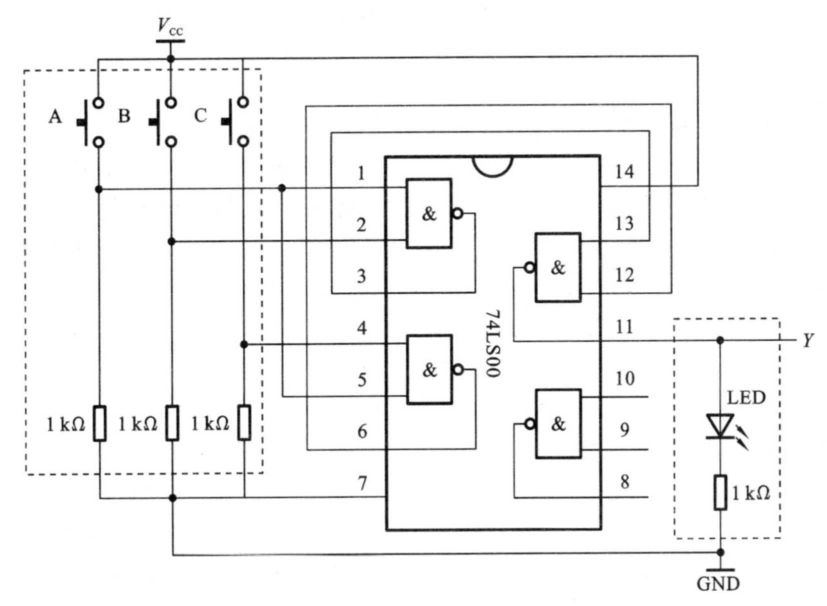

图 2-48 裁判电路图

2.5.5 裁判电路的测试与性能分析

电路调试完毕，裁判电路可以正常工作了。按照设计要求进行测试，改变输入开关按钮的状态，观察 LED 灯的变化，并记录数据，撰写设计报告，总结设计过程。

本章小结

晶体管是构成逻辑门电路的基础，二极管的开关特性是正向导通，反向截止；三极管在数字系统中通常工作在截止或饱和状态，截止相当于开关断开，饱和相当于开关闭合；NMOS场效应管在数字系统中通常工作在截止区或可变电阻区，截止区相当于开关断开，可变电阻区相当于开关闭合。

集成逻辑门电路是构成数字电路的基础，本章重点介绍了目前应用最广的TTL和CMOS两类集成门电路。在学习这些集成电路时，一方面掌握不同门电路的逻辑功能，即门电路的输出与输入间的逻辑关系，另一方面要掌握门电路的电气特性，包括电压传输特性、输入特性、输出特性和动态特性等。

CMOS逻辑门电路是目前应用最广泛的逻辑门电路。其优点是集成度高、功耗低、扇出系数和噪声容限较大、开关速度较高。CMOS逻辑门电路中，为了实现线与的逻辑功能，可以采用漏极开路(OD)门和三态门。

在逻辑门电路的实际应用中，有可能遇到不同类型门电路之间互连的接口技术问题，无论何种门电路互连，都需要满足电压和电流等接口条件。在使用逻辑门器件时应注意掌握正确的使用方法，否则容易造成损坏。

当门电路出现故障时，首先要准确定位故障发生的位置，常用直接观察法、电压测量法、替换法等方法来进行诊断和处理。应用门电路完成项目制作时可按CDIO模式进行。

习　题

1. 选择题

(1) 利用三极管的导通和(　　)状态实现开关电路的断开和接通。

A. 放大　　B. 击穿　　C. 非饱和　　D. 截止

(2) TTL与非门带同类门电路灌电流负载个数增多时，其输出低电平(　　)。

A. 不变　　B. 上升　　C. 下降　　D. 不确定

(3) 下列几种TTL电路中，输出端可实现线与功能的电路是(　　)。

A. 或非门　　B. 与非门　　C. 异或门　　D. OC门

(4) 对CMOS与非门电路，其多余输入端正确的处理方法是(　　)。

A. 通过大电阻接地(>1.5 kΩ)　　B. 悬空

C. 通过小电阻接地(<1 kΩ)　　D. 通过电阻接电源

(5) TTL与非门输入端在以下接法时，在逻辑上都属于输入为“1”的是(　　)。

A. 输入端接地　　B. 输入端接低于0.8 V的电源

C. 通过电阻2.7 kΩ接电源　　D. 通过电阻510 Ω接地

2. 填空题

(1) TTL三态门的输出有三种状态：________、________和________。

(2) 逻辑门电路能够驱动同类负载门的个数称为________。

(3) 集电极开路门的英文缩写为________，工作时必须外加________和________。

(4) TTL与非门多余的输入端应接________。

(5) 典型的TTL与非门电路使用的电源电压为________V，其输出高电平为________V，输出低电平为________V，CMOS电路的电源电压为________V。

(6) 如图2-49(a)所示，$A=0$时，$Y=$________；$A=1$，$B=0$时，$Y=$________；图2-49(b)所示的为TTL的TSL门电路，EN=0时，Y为________，EN=1时，$Y=$________。

(7) TTL 或非门多余输入端的连接方法为________。

(8) CMOS 逻辑电路中，若 $V_{DD}=10$ V，则输出低电平 U_{OL} 为________，输出高电平 U_{OH} 为________。

(9) 漏极开路门(OD 门)使用时，输出端与电源之间应外接________。

(10) CMOS 逻辑电路中，若 $V_{DD}=5$ V，电路的噪声容限 U_N 可达________。

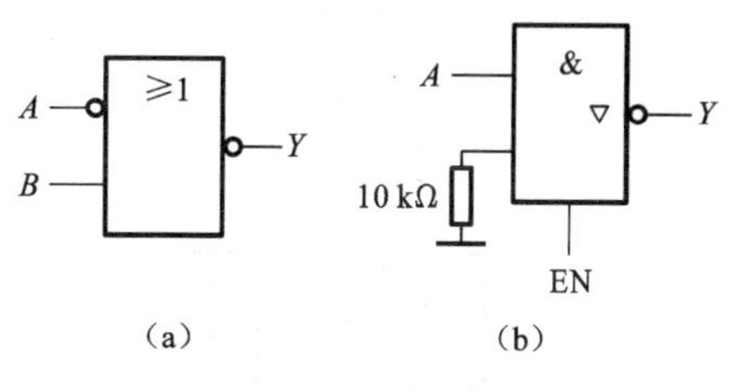

图 2-49　题 2(6)图

3. 晶体三极管的开关速度取决于哪些因素？

4. 试完成下面表格。

	逻 辑 符 号	逻辑表达式	逻辑功能总结	芯 片 型 号
与门				
或门				
非门				
与非门				
或非门				
异或门				

5. 有两个型号相同的 TTL 与非门，对它们进行测试的结果如下：

(1) 甲的开门电平为 1.4 V，乙的开门电平为 1.5 V；

(2) 甲的关门电平为 1.0 V，乙的关门电平为 0.9 V。

试问在输入相同高电平时，哪个抗干扰能力强？在输入相同低电平时，哪个抗干扰能力强？

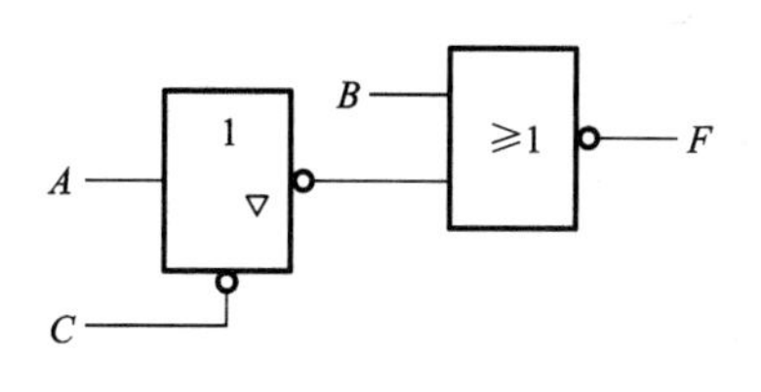

图 2-50　题 8 图

6. 试说明能否将与非门、或非门、异或门当作反相器使用。如果可以，各输入端应如何连接？

7. 用一片 74LS00 实现 $Y=A+B$ 的逻辑功能。

8. 图 2-50 所示的 TTL 门电路能否在 $C=1$ 时实现 $\overline{C}$，若不能，为什么？请改正。

9. 试画出图 2-51(a)中各个门电路输出端的电压波形。输入端 A、B 的电压波形如图 2-51(b)所示。

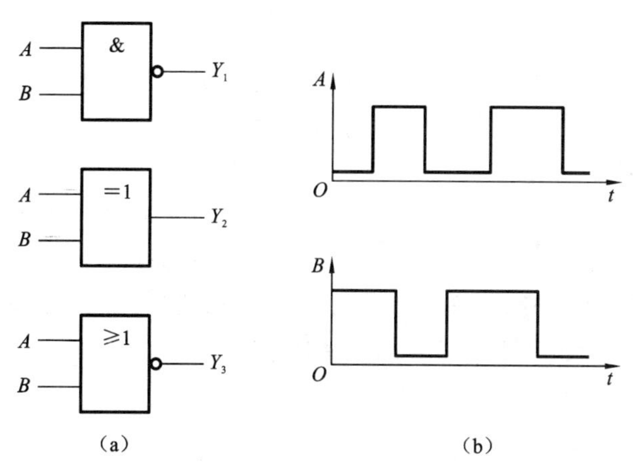

图 2-51　题 9 图

10. 画出图 2-52 中 F_1 的波形。

11. 集成门电路的功能测试方法有哪两种？其主要区别是什么？

12. 写出图 2-53 所示电路的输出逻辑表达式。

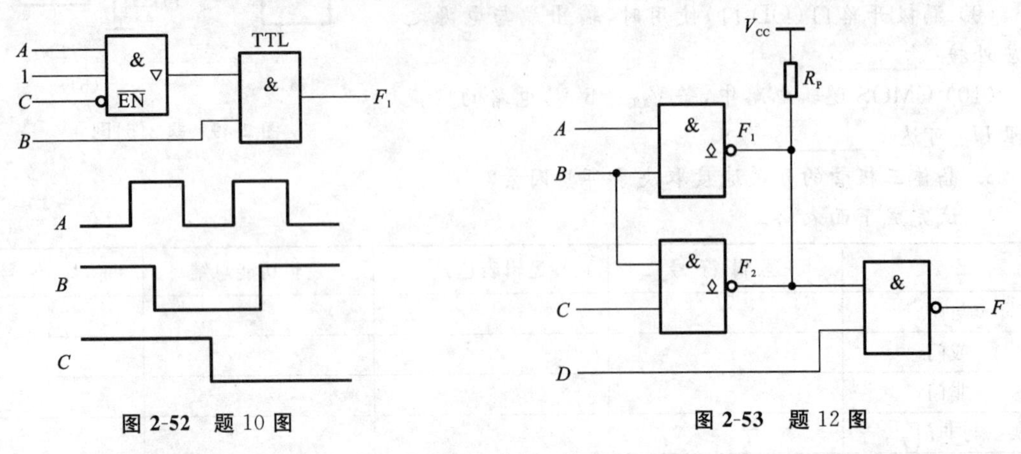

图 2-52 题 10 图　　　图 2-53 题 12 图

13. 写出图 2-54 中的输出逻辑表达式，并化为最简与或式。

(G1、G2 为 OC 门，TG1、TG2 为 CMOS 传输门)

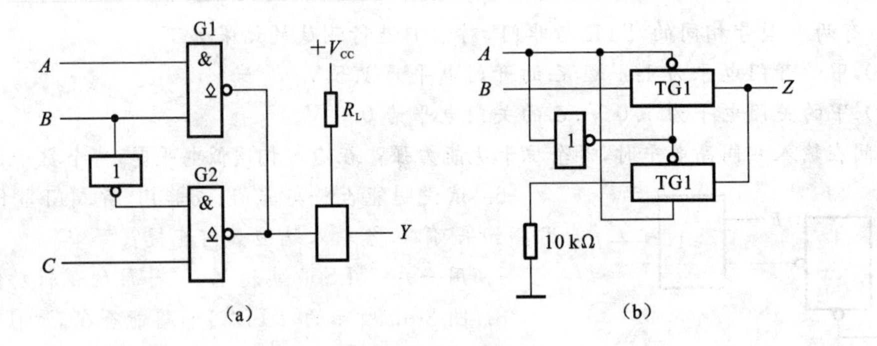

图 2-54 题 13 图

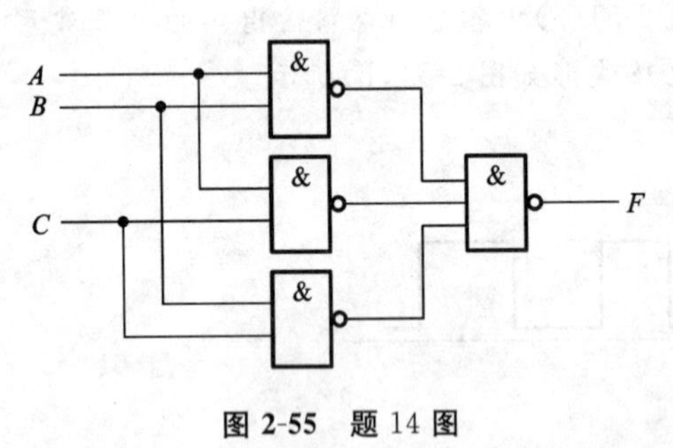

图 2-55 题 14 图

14. (1) 小强同学设计了图 2-55 所示的电路来实现裁判控制电路，即当 A(主裁判)同意，且 B、C 两人都同意或至少一人同意时输出为 1，三人无弃权且有主裁判的裁判控制电路，能否实现？若实现不了，请改正。

(2) 实验时，他是选择 74LS00 还是 74LS86 芯片来实现该电路原理图？连线时，如何选择电源？输入、输出如何连接？

(3) 若输入 A 开关有故障，一直保持高电平 1，其他连线接器件均正常，那么他在实验时观察到哪些输入对应的输出状态有错误？哪些状态没影响？

第3章 组合逻辑电路

本章要点

◇ 熟悉组合逻辑电路的概念及特点；

◇ 熟悉典型组合逻辑电路；

◇ 掌握组合逻辑电路的分析和设计方法，能完成实际逻辑问题的分析和设计；

◇ 掌握中规模集成电路芯片在组合逻辑电路设计中的应用；

◇ 了解组合逻辑电路的竞争-冒险现象。

3.1 概述

3.1.1 组合逻辑电路

根据一个电路是否具有记忆功能，数字逻辑电路可以分为组合逻辑电路（简称组合电路）和时序逻辑电路（简称时序电路）两大类型。

所谓组合逻辑（combinational logic）电路是指任何时刻的稳定输出信号仅取决于该时刻的输入信号，而与电路过去的输入无关的逻辑电路，如图3-1所示。

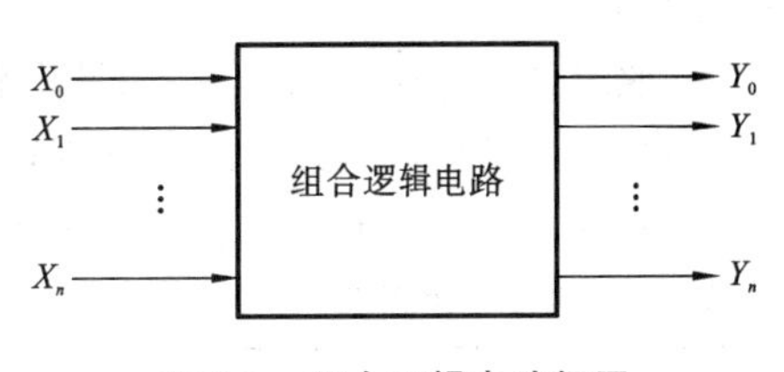

图3-1 组合逻辑电路框图

组合逻辑电路在结构上的特点是：仅由门电路组合而成，无反馈支路；在功能上的特点是：无记忆，任一时刻的输出状态只取决于该时刻各输入状态的组合，而与电路的原状态无关。

3.1.2 组合逻辑电路的分析

所谓逻辑电路的分析，是指根据已知的逻辑电路找出电路的输出与输入之间的逻辑关系，最后得到电路的功能。

为了了解电路功能或改进电路的设计，常常需要先确定已知逻辑电路的逻辑功能，而逻辑电路的功能描述常采用逻辑表达式、卡诺图、真值表等方法来描述电路的输出与输入之间的关系。

组合逻辑电路的分析就是通过采用逻辑表达式、卡诺图、真值表等方法从电路的输入端到电路的输出端逐级找出输出与输入之间的逻辑关系。

通常，组合逻辑电路的分析可以按以下步骤进行：

(1) 定状态。分析给定的组合逻辑电路图，确定该电路的输入、输出个数等电路信息。

(2) 写表达式。根据给定的逻辑图，写出输入和输出表达式。

(3) 计算。由输入和输出表达式列真值表、画出输入和输出表之间逻辑关系图对电路输出的状态进行计算。

(4) 分析。根据上述计算结果，概括说明电路逻辑功能。

【例 3-1】 组合电路如图 3-2 所示，分析该电路的逻辑功能。

解 首先在 Multisim 软件中，按照图 3-2 所示的电路，从 TTL 库中调 74LS10、74LS08、74LS32 等元件，并连线构建例 3-1 的逻辑仿真电路，如图 3-3 所示。

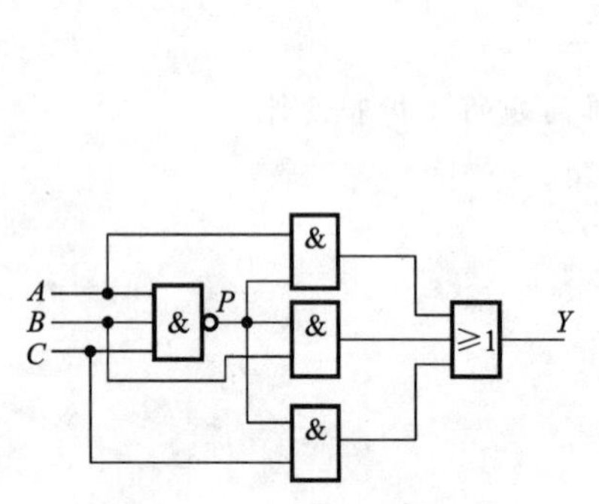

图 3-2 例 3-1 逻辑电路图

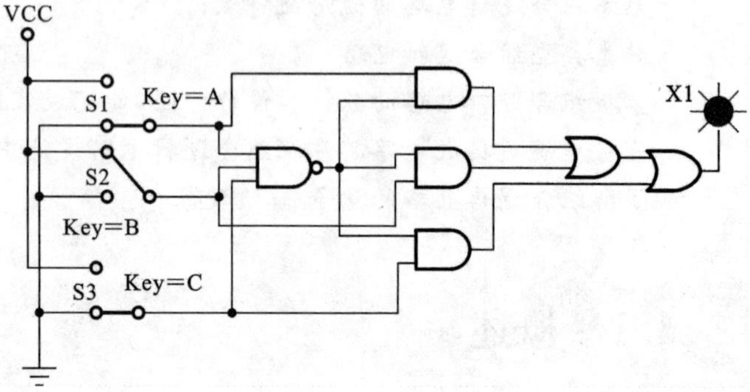

图 3-3 例 3-1 逻辑仿真电路

启动仿真，观察图 3-3 中的逻辑仿真电路的输出在 Multisim 输入状态 A、B、C 改变时输出 X1 的状态变化。当 ABC 三个变量为 001、010、011、100、101、110 时 X1 灯亮；而当 ABC 三个变量为 000、111 时 X1 灯灭。图 3-3 显示的是 ABC 为 010 时 X1 灯亮时输入 ABC 与输出 X1 之间的逻辑关系。

按照组合电路的分析步骤，对此电路分析过程如下：

(1) 定状态。根据给定的组合逻辑电路图，确定该电路的三个输入 A、B、C；一个输出 Y。

(2) 写表达式。为了写表达式方便，借助中间变量 P。

表 3-1 例 3-1 逻辑真值表

A	B	C	Y
0	0	0	0
0	0	1	1
0	1	0	1
0	1	1	1
1	0	0	1
1	0	1	1
1	1	0	1
1	1	1	0

$$P=\overline{ABC}$$

$$\begin{aligned} Y &= AP+BP+CP \\ &= A\overline{ABC}+B\overline{ABC}+C\overline{ABC} \end{aligned} \tag{3-1}$$

再进行化简与变换得到：

$$\begin{aligned} Y &= \overline{\overline{\overline{ABC}(A+B+C)}}=\overline{ABC+\overline{A+B+C}} \\ &= \overline{ABC+\overline{A}\,\overline{B}\,\overline{C}}=A\overline{B}+B\overline{C}+\overline{A}C \end{aligned} \tag{3-2}$$

(3) 计算。由输入和输出表达式列真值表、画出输入和输出之间逻辑关系图，对电路输出的状态进行计算。

由上面的函数表达式列出真值表，如表 3-1 所示。表 3-1 所示的是例 3-1 电路的输入与输出之间逻辑关系，这和例 3-1 电路在 Multisim 中仿真结果一样。

(4) 分析。由真值表可知，当 A、B、C 三个变量不一致时，电路输出为“1”，所以这个电路称为“不一致电路”。

例 3-1 中输出变量只有一个，对于多输出变量的组合逻辑电路，分析方法完全相同，读者可以举一反三。

3.1.3 组合逻辑电路的设计

所谓逻辑电路的设计，是指根据给定的实际逻辑问题，求出实现这一逻辑功能的最简单的逻辑电路。

组合逻辑电路的设计原则是：电路简单，所用器件最少，器件之间的连线最少，尽量减少所用集成器件的种类。因此，在设计过程中要用到前面介绍的代数法和卡诺图法来化简或转换逻辑函数，直至得到逻辑函数的最简表达式。

组合逻辑电路的设计步骤如下。

(1) 明确设计要求，建立真值表。设计者应充分理解设计要求的指标含义，明确设计任务的具体内容；熟悉设计所涉及的相关知识，并根据给定的逻辑功能建立真值表。建立真值表需要明确电路的输入条件和相应的输出要求，分别确定输入变量和输出变量的数目和符号。

(2) 确定逻辑方程。根据真值表写出组合电路的输入与输出逻辑关系表达式并简化。

(3) 画逻辑电路图。根据简化的电路的输入与输出逻辑关系表达式，画出逻辑电路图。电路原理图是组装、焊接、调试和检修的依据，绘制电路图时布局必须合理、排列均匀、清晰，以便于看图、有利于读图；信号的流向一般从输入端或信号源画起，由左至右或由上至下按信号的流向依次画出各单元电路，反馈通路的信号流向则与此相反；图形符号标准，并加适当的标注；连线应为直线，并且交叉和折弯应最少，互相连通的交叉处用圆点表示，地线用接地符号表示。

(4) 电路 EDA 仿真。对设计电路进行模拟分析，以判断电路结构的正确性及性能指标的可实现性，通过这种精确的量化分析方法，指导设计以实现系统结构或电路特性模拟以及参数优化设计，避免电路设计出现大的差错和提高产品质量。

【例 3-2】 设计一个三人表决电路，结果按“少数服从多数”的原则决定。

解 (1) 分析设计要求，建立该逻辑函数的真值表。

设三人的意见为输入变量，分别用 A、B、C 表示，并规定同意为逻辑“1”，不同意为逻辑“0”。设表决结果为输出变量，用 Y 表示，并规定事情通过为逻辑“1”，没通过为逻辑“0”。根据题意列出真值表，如表 3-2 所示。

(2) 由真值表写出逻辑表达式。

$$Y=\overline{A}BC+A\overline{B}C+AB\overline{C}+ABC \tag{3-3}$$

(3) 化简该逻辑表达式。

由于卡诺图化简法较方便，故一般用卡诺图进行化简。将该逻辑函数填入卡诺图，如图 3-4 所示。合并最小项，得最简与或表达式：

$$Y=AB+BC+AC \tag{3-4}$$

表 3-2 例 3-2 逻辑真值表

A	B	C	Y
0	0	0	0
0	0	1	0
0	1	0	0
0	1	1	1
1	0	0	0
1	0	1	1
1	1	0	1
1	1	1	1

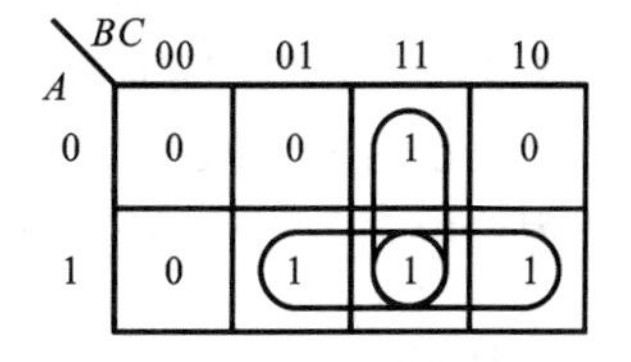

图 3-4 例 3-2 卡诺图

若选用与非门实现，则表达式应变换为

$$Y=\overline{\overline{AB+AC+BC}}=\overline{\overline{AB}\cdot\overline{AC}\cdot\overline{BC}} \tag{3-5}$$

(4) 画出逻辑图，如图 3-5、图 3-6 所示。

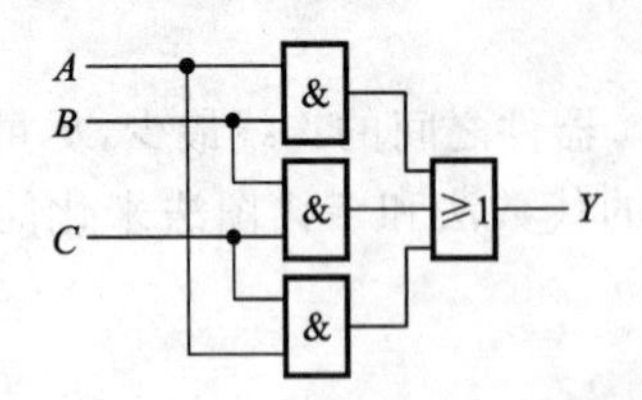

图 3-5 例 3-2 用与门和或门实现的逻辑图

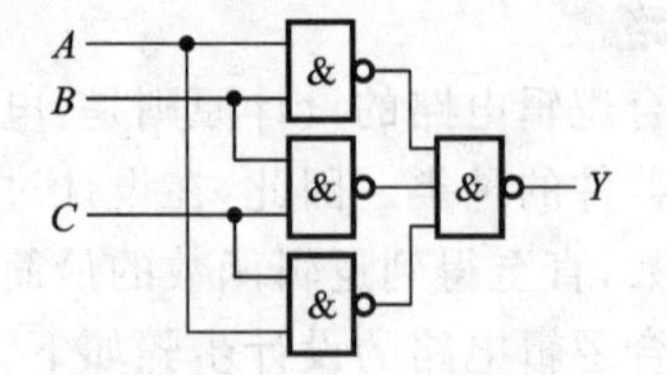

图 3-6 例 3-2 用与非门实现的逻辑图

(5) 逻辑功能仿真测试。

在 Multisim 软件中，按照图 3-6 所示的电路，从 TTL 库中调相应元件并连线构建如图3-7所示的仿真电路。仿真结果符合设计要求。

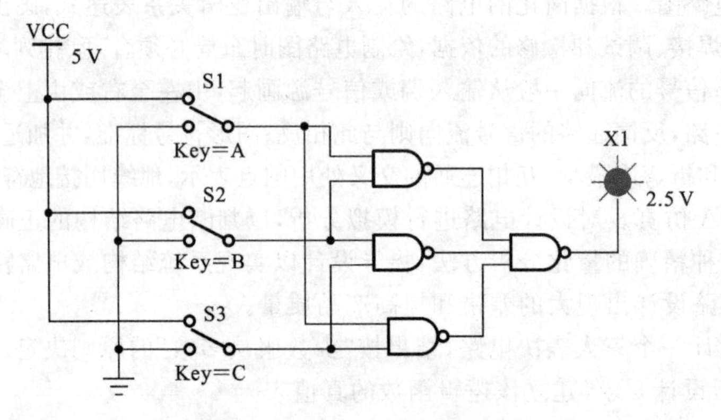

图 3-7 例 3-2 逻辑仿真电路

可见，在实际设计逻辑电路时，有时并不是表达式最简单就能满足设计要求，还应考虑所使用集成器件的种类，将表达式转换为使用所要求的集成器件实现的形式，并尽量使所用集成器件最少。

3.2 典型组合逻辑电路

人们在实践生活中常常会遇到各种各样的逻辑问题，为了解决这些问题而设计的逻辑电路也不尽相同。其中有一些经常出现并应用在各种数字系统当中的逻辑电路，如编码器、译码器、数据选择器、数值比较器、加法器、函数发生器、奇偶校验器、奇偶发生器等，为了使用方便，将它们制成了中、小规模集成的标准化集成电路产品。在设计大规模集成电路时，可以直接调用这些模块电路已有的、经过验证的设计结果，作为所设计电路的组成部分。下面分别介绍这些典型组合逻辑电路的工作原理和使用方法。

3.2.1 加法器

加法器是执行二进制加法运算的逻辑部件，也是计算机 CPU 的基本逻辑部件(减法可以通过补码相加来实现)。加法器又分半加器和全加器。不考虑低位的进位,只考虑两个二进制数相加,得到和以及向高位进位的加法器称为半加器,而全加器是在半加器的基础上考虑了低位进来的进位信号的电路。

1. 半加器

1) 电路组成

半加器有两个输入 A、B 和两个输出本位和 S 及进位 CO。1 位二进制半加器逻辑电路如图 3-8(a) 所示,输入 A 和 B 经异或运算后即为 S,经 AND 运算后即为 CO。电路符号如图3-8(b)所示。

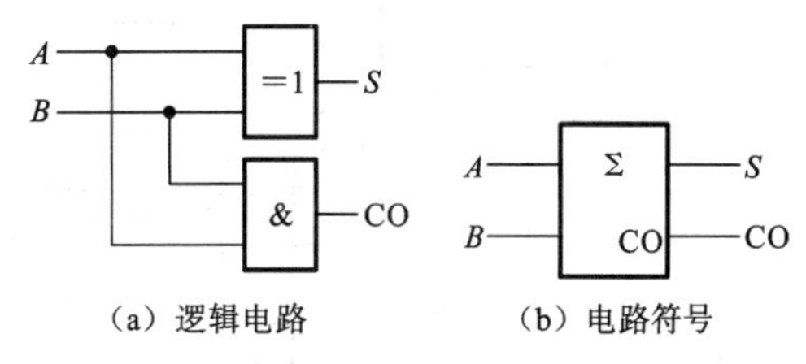

图 3-8 半加器逻辑电路及符号

2) Multisim 仿真

在 Multisim 软件中,按照图 3-8(a)所示的逻辑电路选取所需的器件,然后接线,最后得到图 3-9 所示的逻辑功能测试仿真电路图。

启动仿真,当 AB=00 时,X1 灯灭、X2 灯灭;当 AB=01 时,X1 灯亮、X2 灯灭;当 AB=10 时,X1 灯亮、X2 灯灭;当 AB=11 时,X1 灯灭、X2 灯亮;图 3-9 所示的是当 AB=01 时的仿真结果。从仿真结果可知:此电路实现了 1 位二进制数的加法功能。

3) 电路分析

1 位二进制半加器的表达式为

$$S=\overline{A}B+A\overline{B} \tag{3-6}$$

$$CO=AB \tag{3-7}$$

根据表达式可得出半加器的真值表,如表 3-3 所示。

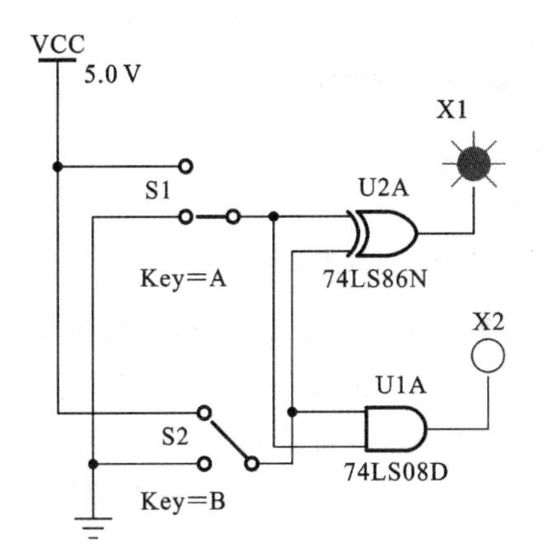

图 3-9 半加器的逻辑功能测试仿真电路图

表 3-3 半加器的真值表

输入		输出	
被加数 A	加数 B	和数 S	进位数 CO
0	0	0	0
0	1	1	0
1	0	1	0
1	1	0	1

由真值表可知,该电路实现了 1 位二进制数的加法功能。

2. 全加器

全加器英语名称为 full-adder,是实现两个 1 位二进制数相加,且考虑来自低位的进位的电路。

1) 电路组成和符号

1 位二进制全加器有三个输入,包括两个二进制加数 A_i、B_i 及来自低位的进位信号 C_{i-1};

两个输出,包括本位和 S 和向高位的进位 C_i。全加器逻辑电路的逻辑电路和电路符号如图 3-10 所示。

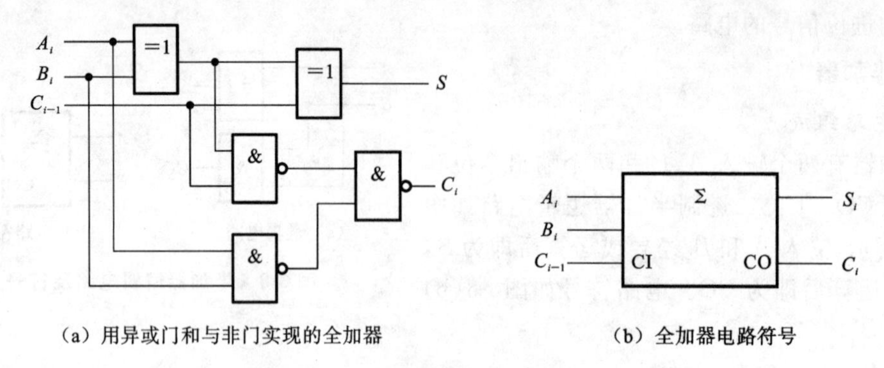

(a) 用异或门和与非门实现的全加器　　(b) 全加器电路符号

图 3-10　全加器的电路组成和符号

2) Multisim 仿真

在 Multisim 软件中,按照图 3-10(a)所示的电路,根据组合逻辑电路选取所需的器件,然后接线,最后得到图 3-11 所示的逻辑功能测试仿真电路。

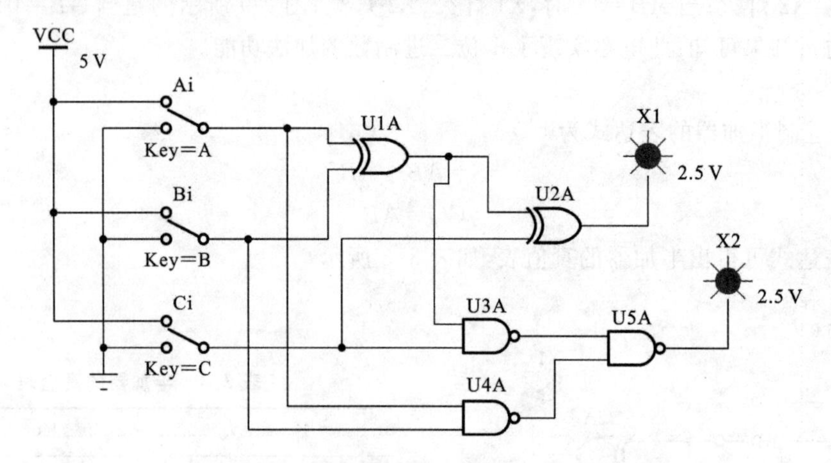

图 3-11　1 位二进制全加器的逻辑功能测试仿真电路

启动仿真,当开关 C 接地时,改变 AB 的取值,观察到输出 X1 和 X2 的显示结果与半加器时的一样。当开关 C 接高电平时,AB=00,X1 灯亮、X2 灯灭;当 AB=01 时,X1 灯灭、X2 灯亮;当 AB=10 时,X1 灯灭、X2 灯亮;当 AB=11 时,X1 灯亮、X2 灯亮;图 3-11 是当 AB=11 时的仿真结果。从仿真结果可知:此电路实现了考虑低位进位的 1 位二进制数的加法功能。

3) 工作原理

按照组合电路分析步骤,结合仿真电路图可知:A_i 和 B_i 分别表示被加数和加数输入,C_{i-1} 表示来自相邻低位的进位输入。S_i 为本位和输出,C_i 为向相邻高位的进位输出。

输出逻辑函数表达式为

$$S_i = A_i \oplus B_i \oplus C_{i-1} = \sum m(1,2,4,7) \tag{3-8}$$

$$C_i = (\overline{A_i}B_i + A_i\overline{B_i})C_{i-1} + A_iB_i = \sum m(3,5,6,7) \tag{3-9}$$

由 S_i 和 C_i 的表达式,1 位二进制全加器的真值表如表 3-4 所示。

由真值表可知，该电路实现了考虑低位进位的1位二进制数的加法功能，即全加器的功能。

4）全加器的测试

（1）选 74LS00 和 74LS86 实现全加器，其实验连线图如图 3-12 所示。

（2）输入变量接数字逻辑实验箱上的逻辑开关，输出接 LED 电平指示灯。

（3）给定输入变量的不同组合，观察输出指示，记录结果，讨论其功能。

表 3-4 全加器的真值表

输入			输出	
A_i	B_i	C_{i-1}	S_i	C_i
0	0	0	0	0
0	0	1	1	0
0	1	0	1	0
0	1	1	0	1
1	0	0	1	0
1	0	1	0	1
1	1	0	0	1
1	1	1	1	1

3. 全减器

全减器是两个二进制的数进行减法运算时使用的一种运算单元。全减器有三个输入变量：被减数 A_n、减数 B_n、低位向本位的借位 C_n；有两个输出变量：本位差 D_n、本位向高位的借位 C_{n+1}。

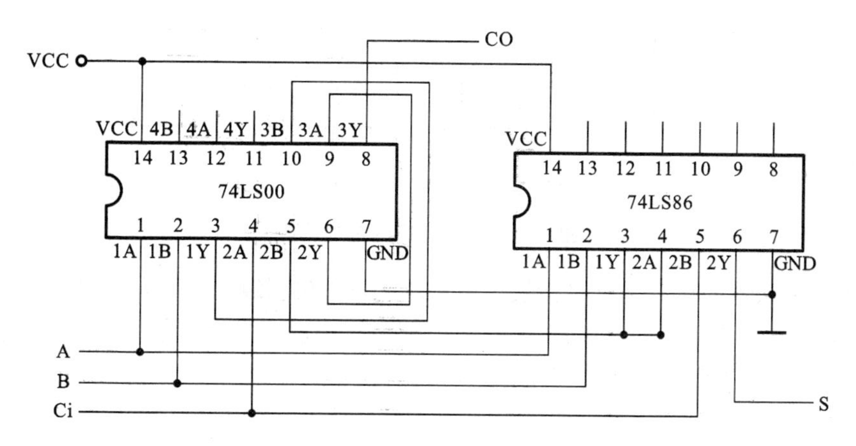

图 3-12 用 74LS00 和 74LS86 实现全加器

全减器的真值表如表 3-5 所示。由真值表写出的全减器的逻辑表达式为

$$D_n = \sum m(1,2,4,7) \tag{3-10}$$

$$C_{n+1} = \sum m(1,2,3,7) \tag{3-11}$$

全减器的逻辑表达式可变换为

$$D_n = A_n \oplus B_n \oplus C_n \tag{3-12}$$

$$C_{n+1} = \overline{A}_n\overline{B}_nC_n + \overline{A}_nB_n\overline{C}_n + B_nC_n = \overline{A}_n(B_n \oplus C_n) + B_nC_n = \overline{\overline{\overline{A}_n(B_n \oplus C_n)} \cdot \overline{B_nC_n}} \tag{3-13}$$

选择异或门和与非门实现全减器的电路如图 3-13 所示。

4. 多位数加法器

1）串行进位加法器

要进行多位数相加，最简单的方法是将多个全加器进行级联，称为串行进位加法器。图 3-14 所示的是 4 位串行进位加法器。

从图 3-14 中可见，两个 4 位相加数 $A_3A_2A_1A_0$ 和 $B_3B_2B_1B_0$ 的各位同时送到相应全加器的输入端，进位数串行传送。全加器的个数等于相加数的位数。全加器的最低位 C_{i-1} 端应接 0。

表 3-5 全减器的真值表

输入			输出	
A_n	B_n	C_n	D_n	C_{n+1}
0	0	0	0	0
0	0	1	1	1
0	1	0	1	1
0	1	1	0	1
1	0	0	1	0
1	0	1	0	0
1	1	0	0	0
1	1	1	1	1

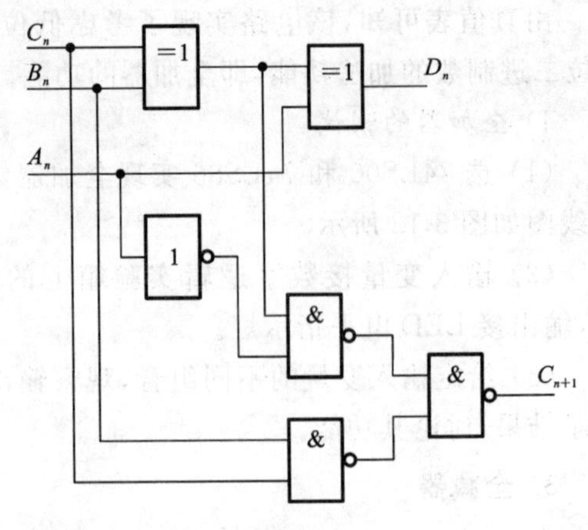

图 3-13 用异或门和与非门实现的全减器

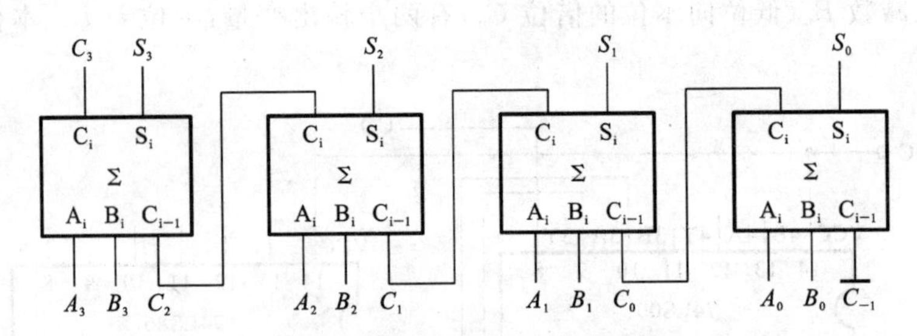

图 3-14 4 位串行进位加法器

串行进位加法器的优点是电路比较简单,缺点是速度比较慢。因为进位信号是串行传递,图 3-14 中最后一位的进位输出 C_3 要经过 4 位全加器传递之后才能形成。如果位数增加,传输延迟时间将更长,工作速度更慢。

2) 超前进位加法器

为了提高电路的运算速度,人们又设计了一种超前进位的加法器。所谓超前进位,是指在加法运算过程中,各级进位信号同时送到各位全加器的进位输入端。现在的集成加法器,大多采用这种方法。超前进位加法器是在几个全加器的基础上增加了一个超前进位形成逻辑,以减少由于逐步进位信号的传递所造成的时延。4 位超前进位加法器逻辑电路如图 3-15 所示,该电路实现了 $A_3A_2A_1A_0+B_3B_2B_1B_0+C_{-1}=C_3S_3S_2S_1S_0$。

由图 3-15 还可以看出,从两个加数送到输入端到完成加法运算只需三级门电路的传输延迟时间,而获得进位信号仅需一级反相器和一级与或非门的传输延迟时间。但是,运算时间的缩短是用增加电路的复杂程度来换取的。当加法器的位数增加时,电路的复杂程度也随之急剧上升。

3) 74LS283

常见的 4 位超前进位加法器逻辑电路有 74LS283、74HC283、CD4008。图 3-16 是 74LS283 的电路符号图。

(1) 74LS283 的 Multisim 功能仿真。

在 Multisim 电路窗口中创建如图 3-17 所示的超前进位的 4 位二进制全加器 74LS283 电路仿真电路。图 3-17 中逻辑开关 J1~J9 依次控制 A_4、A_3、A_2、A_1、B_4、B_3、B_2、B_1、CO 的输入;

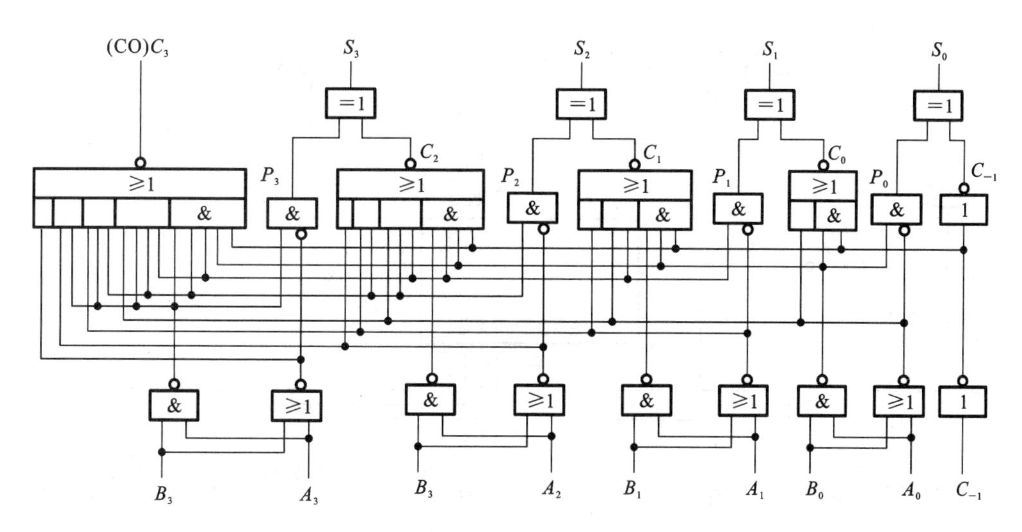

图 3-15　4 位超前进位加法器逻辑电路图

发光二极管 X1～X5 分别表示本位输出 SUM_1、SUM_2、SUM_3、SUM_4 和向高位的进位 C_4。按照功能表分别拨动 J1～J9，即改变输入状态，观察输出的状态变化。该电路能实现 $A_4A_3A_2A_1+B_4B_3B_2B_1=C_4$SUM_4SUM_3SUM_2SUM_1 运算。图 3-17 显示的是当 $A_4A_3A_2A_1=0111$，$B_4B_3B_2B_1=1011$，CO＝1 时，输出 SUM_4SUM_3SUM_2SUM_1＝0010 和 $C_4=1$，与加法运算结果吻合，仿真正确。

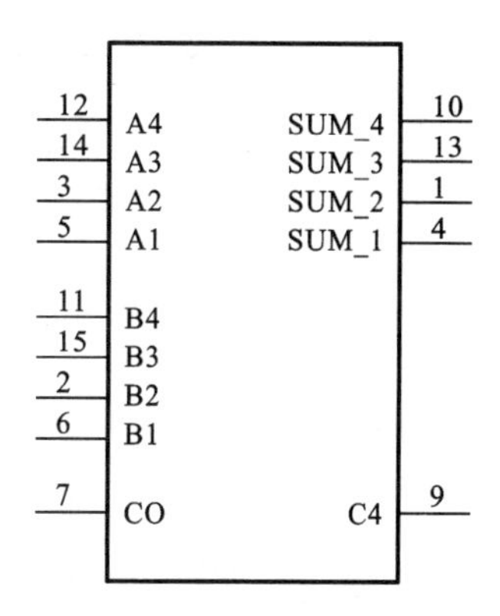

图 3-16　74LS283 **电路符号图**

(2) 74LS283 的功能测试。

① 把图 3-17 所示的 74LS283 测试电路的仿真图转化成实验连接图，如图 3-18 所示，在输入端 2、3、5、6、11、12、14、15 接输入开关，1、4、7、9、10、13 为逻辑电平显示 LED。

② 合理布局，可靠连线，检查无误时，在芯片引脚 VCC(16 脚)端加＋5 V 电压，8 脚接地。

③ 给定输入变量的不同组合，观察输出指示，记录结果，说明其功能。

5. 加法器的应用

【例 3-3】 用 74LS283 构成 1 位 8421BCD 码加法器。

解　当两个用 8421BCD 码表示的 1 位十进制数相加时，每个数都不会大于 9(1001)，考虑到低位来的进位，最大的和为 19(9＋9＋1)。

当用 4 位二进制数加法器 74LS283 完成这个加法运算时，加法器输出的是 4 位二进制数表示的和，而不是 BCD 码。0111＋1000＝1111 没进位(应是 15)。将 0～19 的二进制数和用 8421BCD 码表示的数进行比较发现，当数小于 1001(9)时，二进制码与 8421BCD 码相同；当数大于 1001 时，只要在二进制码上加 0110(6)就可以把二进制码转换为 8421BCD 码，同时产生进位输出。

这一转换可以由一个修正电路来完成。设 C 为修正信号，则 $C=C_3+C_{S>9}$。其中，C_3 为 74LS283 最高位的进位输出信号，$C_{S>9}$ 表示和数大于 9 的情况。上式的意思是，当两个 1 位

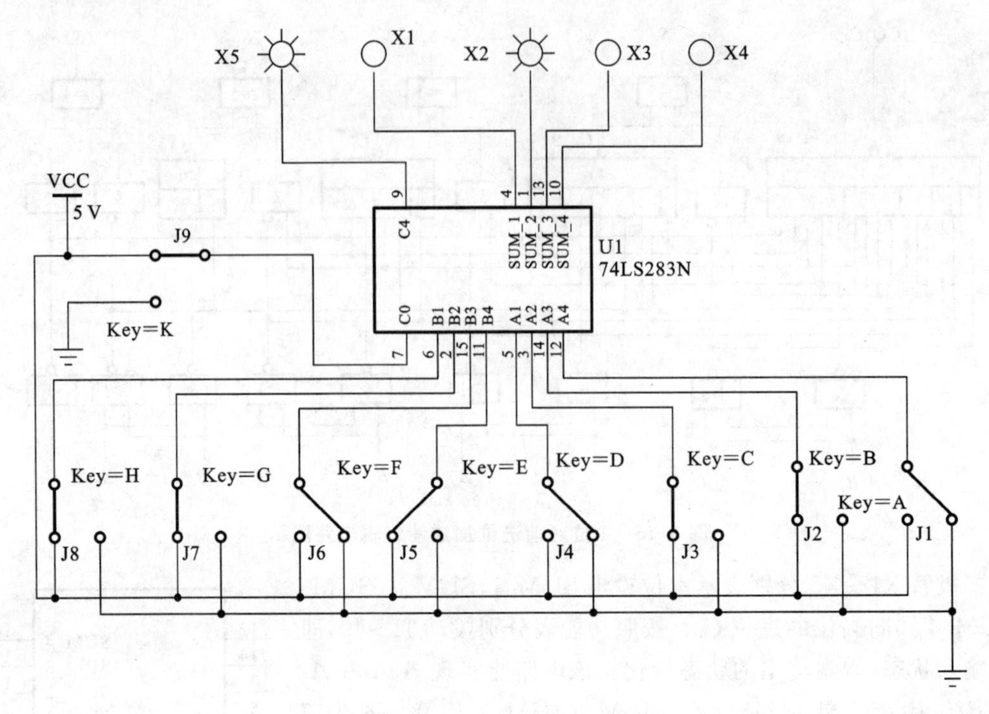

图 3-17　74LS283 功能仿真

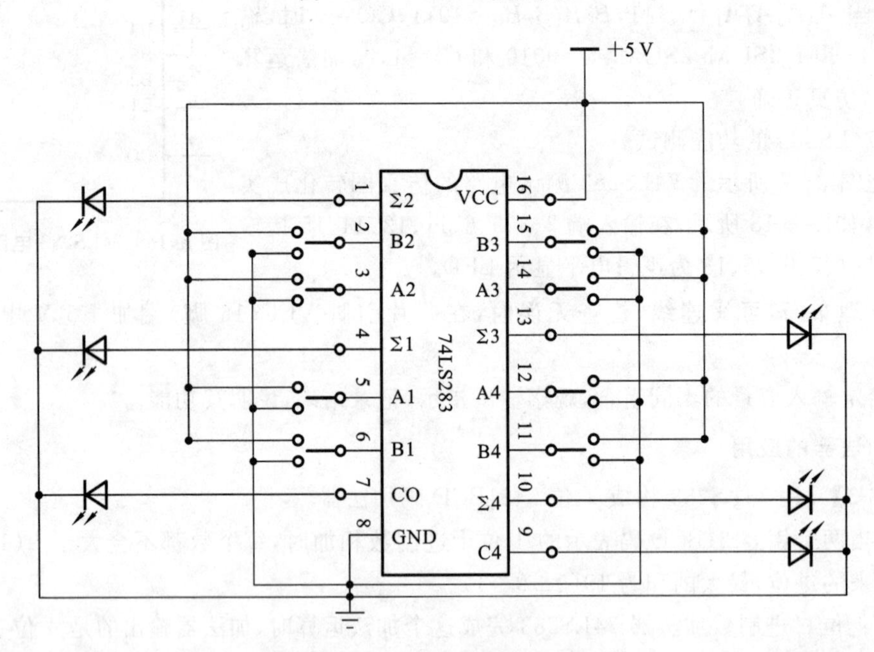

图 3-18　74LS283 功能实验连线图

8421BCD 码相加时，若和数超过 9，或者有进位时都应该对和数进行加 6（即 0110）修正。

当 $C=1$ 时，把 0110 加到二进制加法器输出端即可，同时 C 作为 1 位 8421BCD 码加法器的进位信号。

可用一片 74LS283 加法器进行求和运算，用门电路产生修正信号，再用一片 74LS283 实现加 6 修正，即得 1 位 8421BCD 码加法器。实现电路如图 3-19 所示。

将图 3-19 所示的原理电路在数字实验平台上搭建具体实际电路，给定输入变量的不同组合，通过数码管或 LED 显示观察输出结果。

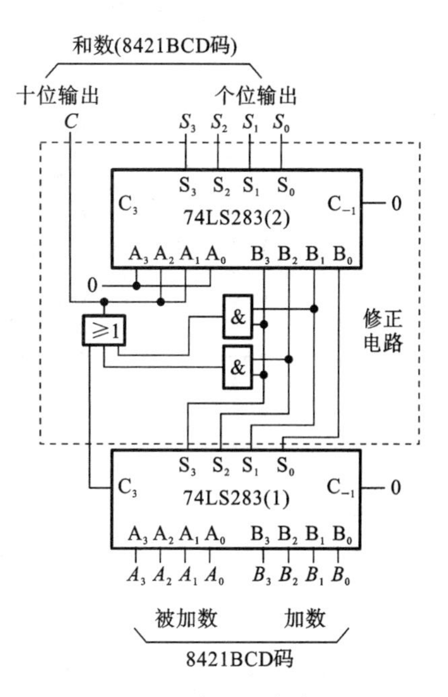

图 3-19　例 3-3 电路图

3.2.2　编码器

编码就是赋予二进制代码特定含义的过程。如 8421BCD 码中，用 1000 表示数字 8。实现编码操作的电路称为编码器。常用的编码器可分为普通二进制编码器、优先二进制编码器和二-十进制编码器等。普通编码器在任何时候只允许输入一个有效编码信号，否则输出就会发生混乱。而优先编码器允许同时输入两个以上的有效编码信号。当同时输入几个有效编码信号时，优先编码器能按预先设定的优先级别，只对其中优先权最高的一个进行编码。

1. 普通二进制编码器

1）3 位二进制编码器逻辑电路图与电路符号图

普通二进制编码器是用 n 位数把某种信号变成 2^n 个二进制代码的逻辑电路。图 3-20 是 8 线-3 线编码器（也称 3 位二进制编码器）逻辑电路图和电路符号。

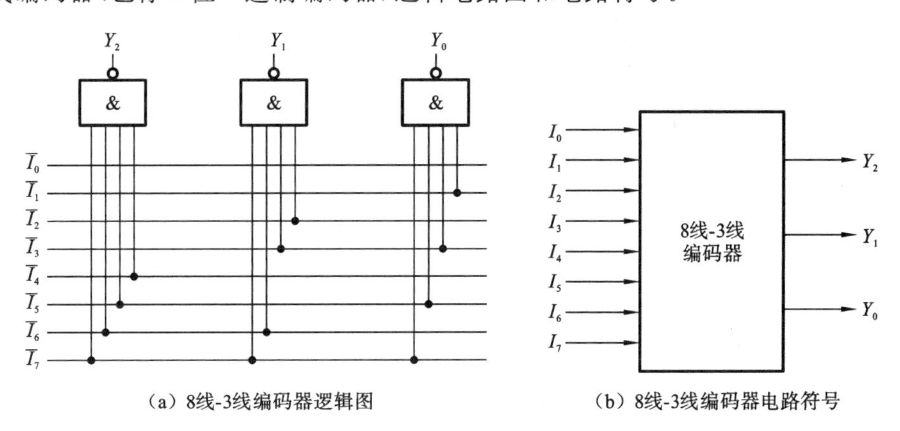

（a）8线-3线编码器逻辑图　　（b）8线-3线编码器电路符号

图 3-20　8 线-3 线编码器电路组成和符号

2）Multisim 仿真

在 Multisim 软件中，根据图 3-20(a)所示的电路，选取所需的器件，然后接线，可以得到图 3-21 所示的仿真测试逻辑电路图。

启动仿真，当左边单刀双掷开关 I0～I7 均接高电平时，输出 Y2～Y0 的状态指示灯全灭；当把 I0 接地时，输出端没有变化，即 Y2～Y0 的状态指示灯全灭；当把 I1 接地时，Y0 灯亮；当把 I2 接地时，Y1 灯亮；当把 I3 接地时，Y1 和 Y0 灯亮；当把 I4 接地时，Y2 灯亮；当把 I5 接地时，Y2 和 Y0 灯亮；当把 I6 接地时，Y2 和 Y1 灯亮；当把 I7 接地时，Y2、Y1 和 Y0 灯亮。而且发现如果先按下 I1，先是 Y0 灯亮，再按下 I4 时，Y2 也亮，此时代码 Y2Y1Y0＝101，与输入的两个代码均不相符，因此，此电路要求任何时候只允许一个编码输入信号。图 3-21 所示的是

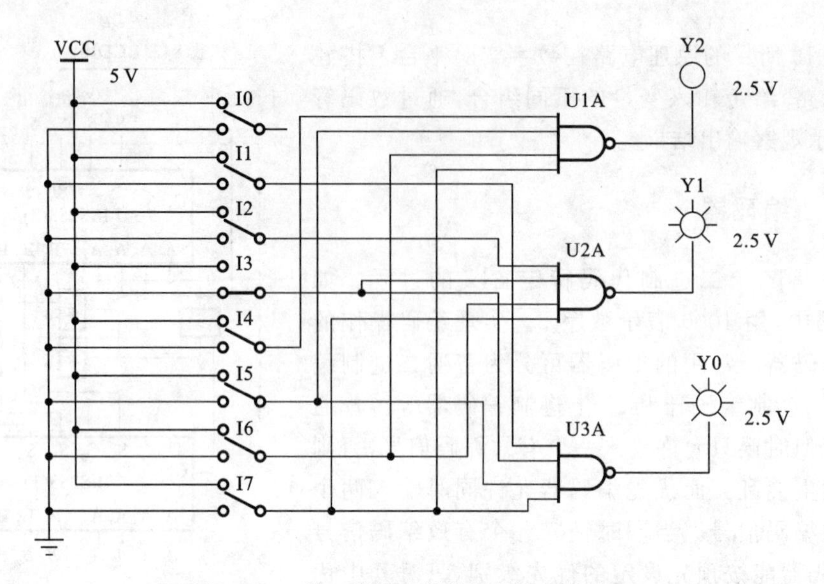

图 3-21 8 线-3 线编码器的逻辑仿真测试图

当 I3=0、Y2Y1Y0=011 时的仿真结果。

3) 工作原理

根据图 3-20(a)所示电路,按照组合电路的分析步骤可知各输出端的最简逻辑表达式为

$$\begin{cases} Y_2 = I_4 + I_5 + I_6 + I_7 = \overline{\overline{I_4}\,\overline{I_5}\,\overline{I_6}\,\overline{I_7}} \\ Y_1 = I_2 + I_3 + I_6 + I_7 = \overline{\overline{I_2}\,\overline{I_3}\,\overline{I_6}\,\overline{I_7}} \\ Y_0 = I_1 + I_3 + I_5 + I_7 = \overline{\overline{I_1}\,\overline{I_3}\,\overline{I_5}\,\overline{I_7}} \end{cases} \tag{3-14}$$

从逻辑表达式可以得到 8 线-3 线编码器的逻辑真值表,如表 3-6 所示。

表 3-6 8 线-3 线编码器真值表

输入								输出		
I_0	I_1	I_2	I_3	I_4	I_5	I_6	I_7	Y_2	Y_1	Y_0
1	0	0	0	0	0	0	0	0	0	0
0	1	0	0	0	0	0	0	0	0	1
0	0	1	0	0	0	0	0	0	1	0
0	0	0	1	0	0	0	0	0	1	1
0	0	0	0	1	0	0	0	1	0	0
0	0	0	0	0	1	0	0	1	0	1
0	0	0	0	0	0	1	0	1	1	0
0	0	0	0	0	0	0	1	1	1	1

综合以上对 8 线-3 线编码器的分析及 Multisim 的仿真可知:在任何时刻,当输入端 I0～I7 当中仅有一个接高电平,即取值为 1 时,输出端 Y2～Y0 上就会有一个与之相对应的 3 位二进制代码输出。

2. 优先编码器

在实际的数字系统中,特别是在计算机系统中,常常会有几个部件同时发出请求信号的可能,而在同一时刻只能给其中一个部件发出允许操作信号。因此,必须根据轻重缓急规定多个对象允许操作的先后次序,即优先级别。当有多个输入端同时输入时,电路只对其中优先级别

最高的信号进行编码的逻辑电路称为优先编码器。在优先编码器电路中，允许同时输入两个以上编码信号。不过在设计优先编码器时，已经将所有的输入信号按优先顺序排了队。在同时存在两个或两个以上输入信号时，优先编码器只按优先级高的输入信号编码，优先级低的信号则不起作用。

1）8 线-3 线优先编码器

74LS148 是一种常用的 8 线-3 线集成优先编码器。8 线-3 线优先编码器 74LS148 的引脚图、逻辑功能示意图与逻辑电路图如图 3-22 所示。

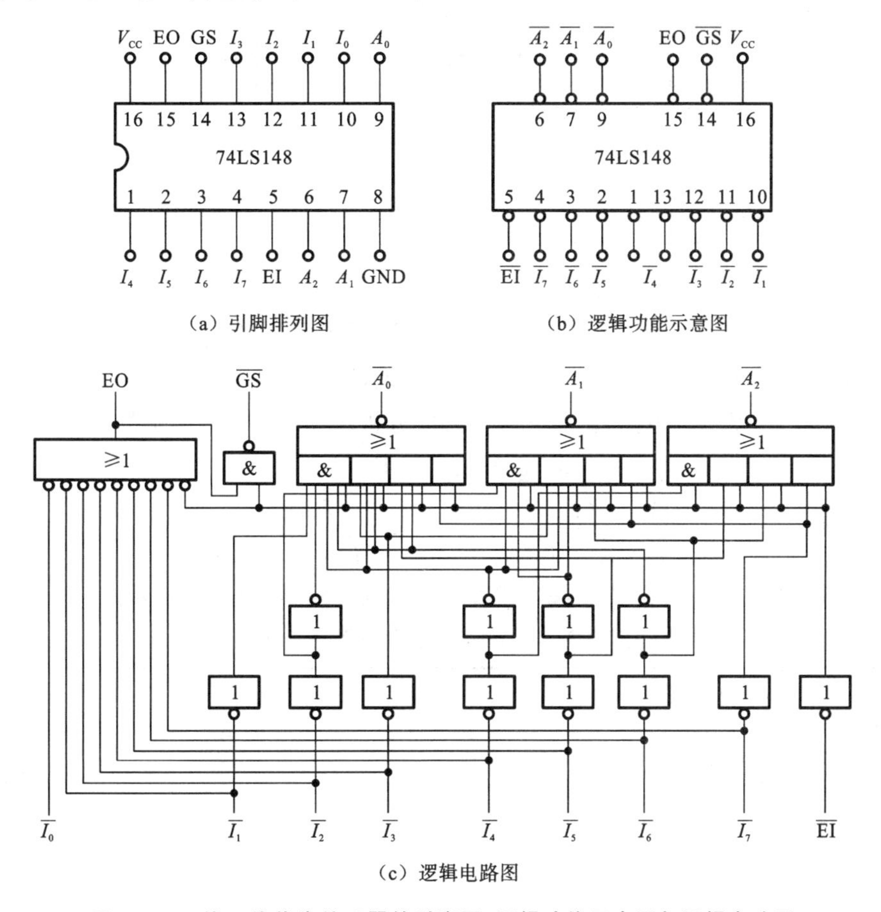

（a）引脚排列图　（b）逻辑功能示意图

（c）逻辑电路图

图 3-22　8 线-3 线优先编码器的引脚图、逻辑功能示意图与逻辑电路图

编码器有 8 条输入线$\overline{I_0}$～$\overline{I_7}$，3 条输出线$\overline{A_0}$～$\overline{A_2}$，1 个使能输入端（选通输入端）$\overline{EI}$，低电平有效。$\overline{GS}$为使能输出端，低电平有效；EO 为选通输出端，即使能输出端。EO 和$\overline{GS}$配合可以实现多级编码器之间的优先级别的控制。图 3-23 是用 Multisim 对 74LS148 进行逻辑功能测试的仿真电路图（仿真软件中电路元件的符号管脚标注与器件原理图标注有差异，分析时按原理图表述）。

根据仿真测试结果分析可知，当 EI=0 时，电路处于正常工作状态，此时，允许线$\overline{I_0}$～$\overline{I_7}$当中同时有几个输入端为低电平，即有编码输入信号。因为$\overline{I_7}$的优先级别最高，$\overline{I_0}$的优先级别最低，所以当$\overline{I_7}$=0 时，无论其他输入端有无输入信号（表中用×表示任意状态），输出端只给出$\overline{I_7}$的编码，即$\overline{A_2}\,\overline{A_1}\,\overline{A_0}$=000。当$\overline{I_7}$=1，$\overline{I_6}$=0 时，无论其他输入端有无输入信号，只对$\overline{I_6}$进行编

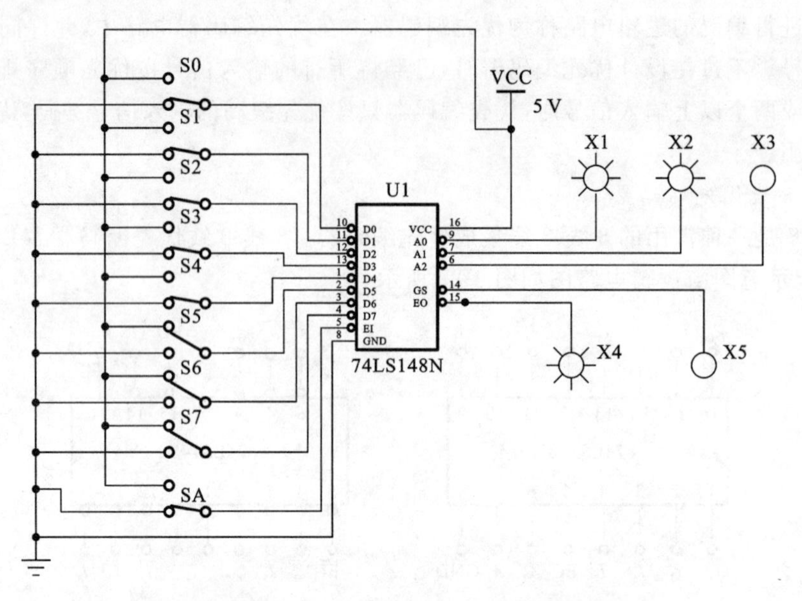

图 3-23　74LS148 逻辑功能仿真测试电路图

码，输出为$\overline{A_2}\,\overline{A_1}\,\overline{A_0}=001$。其余的输入状态以此类推，读者可自行分析。

根据图 3-22(c)所示的电路，按照组合电路的分析步骤可知各输出端的逻辑表达式为

$$
\begin{aligned}
A_2 &= (I_4+I_5+I_6+I_7)\mathrm{EI} \\
A_1 &= (I_2 I_4 I_5+I_3 I_4 I_5+I_6+I_7)\mathrm{EI} \\
A_0 &= (I_1 I_2 I_4 I_6+I_3 I_4 I_6+I_5 I_6+I_7)\mathrm{EI}
\end{aligned} \tag{3-15}
$$

从逻辑表达式可以得到 8 线-3 线编码器的逻辑功能表，如表 3-7 所示。

表 3-7　74LS148 优先编码器功能表

输入									输出				
EI	I_0	I_1	I_2	I_3	I_4	I_5	I_6	I_7	A_2	A_1	A_0	GS	EO
1	×	×	×	×	×	×	×	×	1	1	1	1	1
0	1	1	1	1	1	1	1	1	1	1	1	1	0
0	×	×	×	×	×	×	×	0	0	0	0	0	1
0	×	×	×	×	×	×	0	1	0	0	1	0	1
0	×	×	×	×	×	0	1	1	0	1	0	0	1
0	×	×	×	×	0	1	1	1	0	1	1	0	1
0	×	×	×	0	1	1	1	1	1	0	0	0	1
0	×	×	0	1	1	1	1	1	1	0	1	0	1
0	×	0	1	1	1	1	1	1	1	1	0	0	1
0	0	1	1	1	1	1	1	1	1	1	1	0	1

综上所述，74LS148 为 8 个输入，低电平有效，高位优先；3 位代码，反码输出；利用 EO 和 GS 可对 74LS148 进行扩展。

2）二-十进制编码器(74LS147)

二-十进制编码器是指用 4 位二进制代码表示 1 位十进制数的编码电路，也称 10 线-4 线编码器。最常见的是8421BCD码编码器。10 线-4 线优先编码器常见的型号为 54/74147、54/

74LS147。图 3-24 为集成 10 线-4 线二-十进制编码器 74LS147 的引脚示意图。

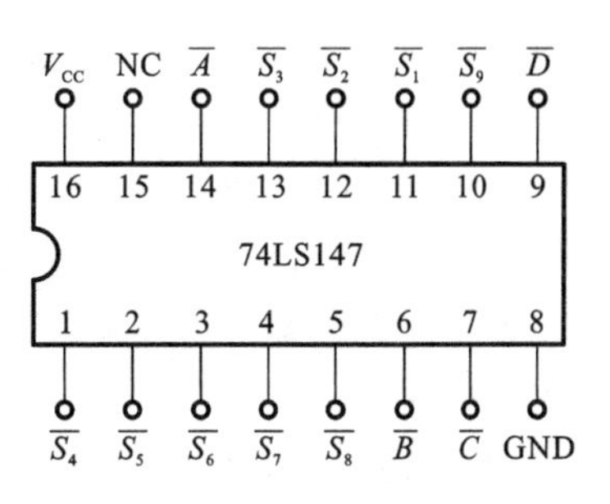

图 3-24 74LS147 引脚图示意图

图 3-25 是在 Multisim 软件中构建的 10 线-4 线 74LS147 优先编码器的仿真测试电路图。输入信号通过开关接优先编码器的输入端，单刀双掷开关控制接高电平(V_{CC})或低电平(GND)。输出端接逻辑探测器的监测输出。

通过对 10 线-4 线 8421BCD 码优先编码器 74LS147 的仿真测试可得出 8421BCD 码优先编码器的真值表，如表 3-8 所示。74LS147 有 10 个输入端和 4 个输出端，低电平有效。即当某一个输入端低电平 0(代表输入某一个十进制数时)，4 个输出端输出其对应的 8421 BCD 编码，当 10 个输入端全为 1 时，输出为 0000。

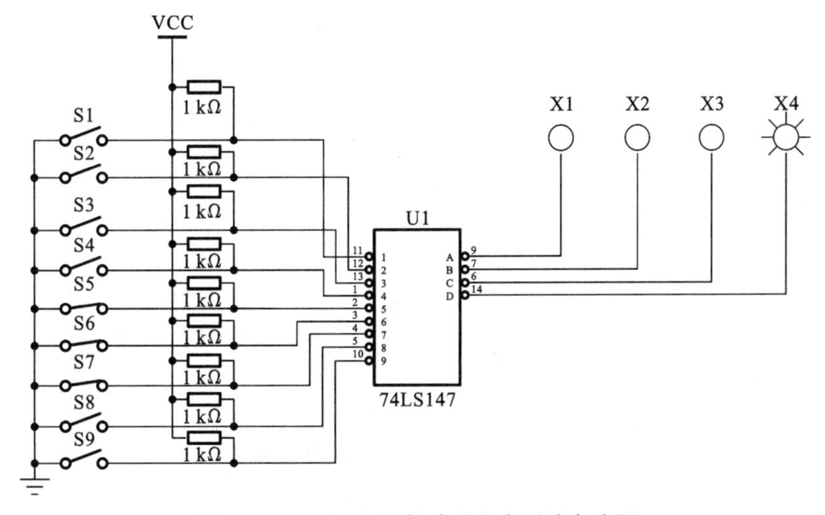

图 3-25 74LS147 逻辑功能仿真测试电路图

表 3-8 8421BCD 码编码器真值表

输入										输出			
S_9	S_8	S_7	S_6	S_5	S_4	S_3	S_2	S_1	S_0	A	B	C	D
1	1	1	1	1	1	1	1	1	1	0	0	0	0
1	1	1	1	1	1	1	1	1	0	0	0	0	0
1	1	1	1	1	1	1	1	0	1	0	0	0	1
1	1	1	1	1	1	1	0	1	1	0	0	1	0
1	1	1	1	1	1	0	1	1	1	0	0	1	1
1	1	1	1	1	0	1	1	1	1	0	1	0	0
1	1	1	1	0	1	1	1	1	1	0	1	0	1
1	1	1	0	1	1	1	1	1	1	0	1	1	0
1	1	0	1	1	1	1	1	1	1	0	1	1	1
1	0	1	1	1	1	1	1	1	1	1	0	0	0
0	1	1	1	1	1	1	1	1	1	1	0	0	1

3) 编码器的应用

【例 3-4】 试用两片 74LS148 接成 16 线-4 线优先编码器，将$\overline{A_{15}}$～$\overline{A_0}$16 个低电平输入信

号编码为 0000～1111 16 个 4 位二进制代码，其中$\overline{A_{15}}$优先级最高，$\overline{A_0}$优先级最低。

解 由于每片 74LS148 只有 8 个编码输入，所以需将 16 个输入信号分别接到两个芯片上。先将$\overline{A_{15}}$～$\overline{A_8}$ 8 个优先级高的输入信号接到第(1)片的 I_7～I_0 输入端，将$\overline{A_7}$～$\overline{A_0}$ 8 个优先级低的输入信号接到第(2)片的 I_7～I_0 输入端。

按照优先级别的高低要求，只有$\overline{I_{15}}$～$\overline{I_8}$均无信号输入时，才允许对$\overline{I_7}$～$\overline{I_0}$的输入信号进行编码。因此，只要将第(1)片的"无编码信号输入"信息传送给第(2)片即可，也就是将第(1)片的 EI 与第(2)片的 EO 接在一起就可以了。

此外，当第(1)片有编码信号输入时，它的 $Y_{EX}=0$，无编码信号输入时 $Y_{EX}=1$，正好可以用它作为输出编码的第四位，用以区分 8 个优先级高的输入信号编码和 8 个优先级低的输入信号编码。编码输出的低 3 位应为两片输出$\overline{Y_2}\,\overline{Y_1}\,\overline{Y_0}$的逻辑与非。

按照上面的分析，可以得到如图 3-26 所示的逻辑电路图。

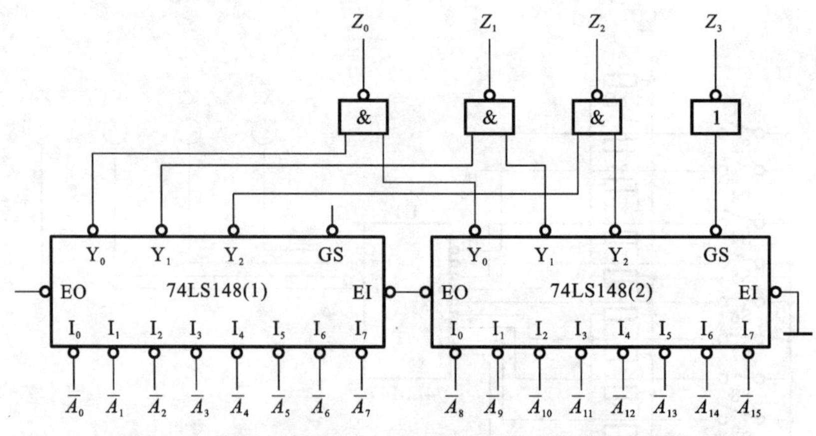

图 3-26 用两片 74LS148 接成的 16 线-4 线优先编码器

由图 3-26 可知，当$\overline{A_{15}}$～$\overline{A_8}$中任一输入端为低电平时，如$\overline{A_{12}}=0$，则第(2)片的 GS=0，$Z_3=1$，$\overline{Y_2}\,\overline{Y_1}\,\overline{Y_0}=011$。同时第(2)片的 EO=1，可将第(1)片封锁，使其输出$\overline{Y_2}\,\overline{Y_1}\,\overline{Y_0}=111$。于是在最后的输出端可得到 $Z_3Z_2Z_1Z_0=1100$。如果$\overline{A_{15}}$～$\overline{A_8}$中同时有几个输入端同时为低电平，则只对其中优先级别最高的一个信号编码。

当$\overline{A_{15}}$～$\overline{A_8}$全部为高电平时，第(2)片的 EO=0，此时第(1)片的 GS=0，处于编码状态，对$\overline{A_7}$～$\overline{A_0}$端输入的低电平信号中优先级最高的一个进行编码，如 $A_3=0$，则第(2)片的$\overline{Y_2}\,\overline{Y_1}\,\overline{Y_0}=100$。因为此时第(2)片的 GS=1，则 $Z_3=0$。第(2)片的$\overline{Y_2}\,\overline{Y_1}\,\overline{Y_0}=111$，于是在最后的输出端可得到 $Z_3Z_2Z_1Z_0=0011$。

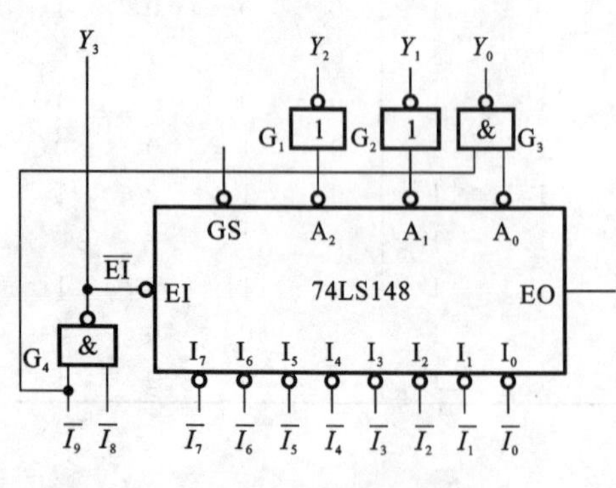

图 3-27 例 3-5 的电路图

将图 3-26 所示的原理电路在数字实验平台上搭建具体实际电路，给定输入变量的不同组合，通过数码管或 LED 显示观察输出结果。

【例 3-5】 分析如图 3-27 所示逻辑电路的功能。

解 从图 3-27 可知，该电路有 10 个输入，4 个输出，其中输入$\overline{I_7}$～$\overline{I_0}$连接 74LS148 的 I_7～I_0，$\overline{I_8}$和

$\overline{I_9}$经过与非门后接74LS148的使能输入端(选通输入端)$\overline{EI}$和输出Y_3。

输出$Y_3 \sim Y_0$的逻辑表达式为

$$Y_3=\overline{\overline{I_8}\,\overline{I_9}},\quad Y_2=\overline{A_2},\quad Y_1=\overline{A_1},\quad Y_0=\overline{A_0\,\overline{I_9}} \tag{3-16}$$

由$Y_3 \sim Y_0$的逻辑表达式和74LS148的功能表得出该电路的功能表,如表3-9所示。

表3-9 例3-5电路的功能表

输入										输出			
$\overline{I_9}$	$\overline{I_8}$	$\overline{I_7}$	$\overline{I_6}$	$\overline{I_5}$	$\overline{I_4}$	$\overline{I_3}$	$\overline{I_2}$	$\overline{I_1}$	$\overline{I_0}$	Y_3	Y_2	Y_1	Y_0
0	×	×	×	×	×	×	×	×	×	1	0	0	1
1	0	×	×	×	×	×	×	×	×	1	0	0	0
1	1	0	×	×	×	×	×	×	×	0	1	1	1
1	1	1	0	×	×	×	×	×	×	0	1	1	0
1	1	1	1	0	×	×	×	×	×	0	1	0	1
1	1	1	1	1	0	×	×	×	×	0	1	0	0
1	1	1	1	1	1	0	×	×	×	0	0	1	1
1	1	1	1	1	1	1	0	×	×	0	0	1	0
1	1	1	1	1	1	1	1	0	×	0	0	0	1
1	1	1	1	1	1	1	1	1	0	0	0	0	0

由功能表可得出该电路是8421 BCD码优先编码器。

将图3-27所示的原理电路在数字实验平台上搭建具体实际电路,给定输入变量的不同组合,通过数码管或LED显示观察输出结果。

74LS148编码器在实际应用中是非常广泛的。例如,常用计算机键盘的内部就是一个字符编码器,它将键盘上的大、小写英文字母和数字及符号还包括一些功能键(回车、空格)等编成一系列的7位二进制数码,送到计算机的中央处理单元CPU,然后再进行处理、存储、输出到显示器或打印机上。

3.2.3 译码器

译码是编码的逆过程,实现译码的电路称为译码器。译码器的逻辑功能是检测一个二进制数或码并将其转换成特定的高、低电平输出信号。

假设译码器有n个输入信号和N个输出信号,如果$N=2^n$,就称为全译码器,常见的全译码器有二进制译码器、二-十进制译码器和显示译码器三大类。如果$N<2^n$,称为部分译码器,如二-十进制译码器(也称为4线-10线译码器)等。常见的二进制译码器有2线-4线译码器、3线-8线译码器、4线-16线译码器等。常见的集成译码器如表3-10所示。

表3-10 常见集成译码器

名称		功能	74系列型号	40/45系列型号
变量译码器	2线-4线译码器	2位二进制数全译码	74139,74155,74156	4555,4556
	3线-8线译码器	3位二进制数全译码	74138	
	4线-16线译码器	4位二进制数全译码	74154	4514,4515

续表

名称		功能	74 系列型号	40/45 系列型号
代码变换译码器	4 线-10 线译码器	BCD 码-十进制数	7442,74145	4028
		余 3 码-十进制数	7443	
		余 3 格雷码-十进制数	7444	
显示译码器	7 段显示译码器	BCD 码-7 段显示	7446,7447,7448,7449, 74246,74247,74248,74249	4511,4547

1. 2 **线**-4 **线译码器**

1）电路组成和符号

图 3-28 是 2 线-4 线译码器逻辑图与电路符号。2 线-4 线译码器有 2 个输入端 A_1 和 A_0，4 个输出端 $\overline{Y_3}\sim\overline{Y_0}$。输入的二进制代码共有 4 种状态，译码器将每个输入的代码翻译成对应的一根输出线上的高、低电平信号。另外还有一个使能端 $\overline{\mathrm{EN}}$，当 $\overline{\mathrm{EN}}$ 为 0 时，译码器处于工作状态；当 $\overline{\mathrm{EN}}$ 为 1 时，译码器处于禁止工作状态。可以利用 $\overline{\mathrm{EN}}$ 进行译码器扩展，扩大译码器的输入数。

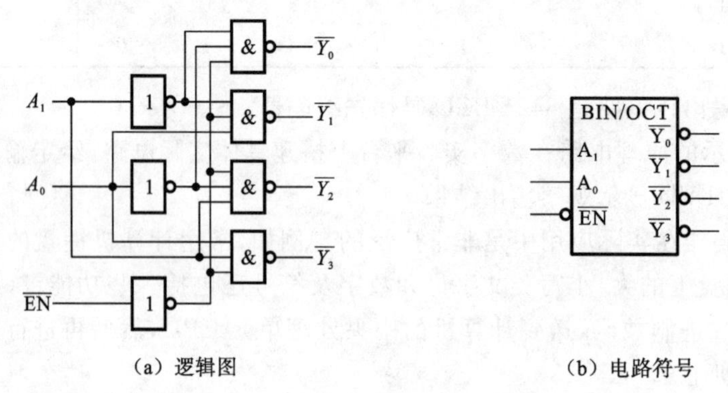

（a）逻辑图　　（b）电路符号

图 3-28　2 线-4 线译码器的逻辑图与电路符号

2）Multisim 仿真

在 Multisim 软件中，构建 2 线-4 线译码器的仿真测试电路如图 3-29 所示。

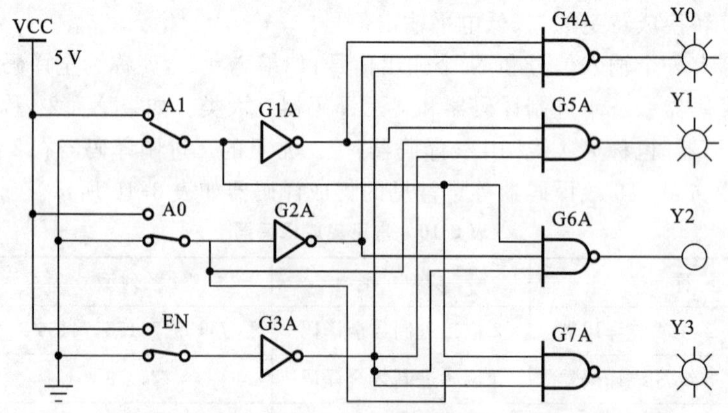

图 3-29　2 线-4 线译码器逻辑功能测试仿真电路图

启动仿真，改变 A_1、A_0 和 EN 的值，观察输出 $Y_0 \sim Y_3$ 的状态变化。通过仿真可知，当 EN $=1$ 时，无论 A_1、A_0 为何值，Y0～Y3 灯全亮，即 $Y_3Y_2Y_1Y_0=1111$。当 EN$=0$ 时，$A_1A_0=00$，Y0 灯灭，其余灯全亮，即 $Y_3Y_2Y_1Y_0=1110$；$A_1A_0=01$，Y1 灯灭，其余灯全亮，即 $Y_3Y_2Y_1Y_0=1101$；$A_1A_0=10$，Y2 灯灭，其余灯全亮，即 $Y_3Y_2Y_1Y_0=1011$；$A_1A_0=11$，Y3 灯灭，其余灯全亮，即 $Y_3Y_2Y_1Y_0=0111$。图 3-29 是当 EN$=0$、$A_1A_0=10$ 时的仿真结果。

3）工作原理

根据图 3-28(a)所示的电路，按照组合电路的分析步骤可知各输出端的逻辑表达式为

$$\overline{Y}_0=\overline{\overline{A}\overline{B}}=\overline{m}_0,\quad \overline{Y}_1=\overline{\overline{A}B}=\overline{m}_1,\quad \overline{Y}_2=\overline{A\overline{B}}=\overline{m}_2,\quad \overline{Y}_3=\overline{AB}=\overline{m}_3 \tag{3-17}$$

从逻辑表达式可以得到 2 线-4 线译码器的逻辑功能表，如表 3-11 所示。

表 3-11　2 线-4 线译码器功能表

输入			输出			
$\overline{EN}$	A_1	A_0	$\overline{Y_3}$	$\overline{Y_2}$	$\overline{Y_1}$	$\overline{Y_0}$
1	×	×	1	1	1	1
0	0	0	1	1	1	0
0	0	1	1	1	0	1
0	1	0	1	0	1	1
0	1	1	0	1	1	1

由功能表可得出该电路是 2 线-4 线器译码器，对于每一种输入组合，对应只有 1 个输出有效（低电平有效），每个输出都是对应的输入变量最小项的非。

4）74LS139

74LS139 是双二进制译码器，该器件包含了两个独立的 2 线-4 线译码器。图 3-30 是 74LS139 中一个译码器逻辑功能仿真测试电路图，改变输入 AB 和 $\overline{G}$ 的状态，观察输出 $\overline{Y_0}$、$\overline{Y_1}$、$\overline{Y_2}$、$\overline{Y_3}$ 的状态变化可知该电路能实现 2 线-4 线译码器的功能。

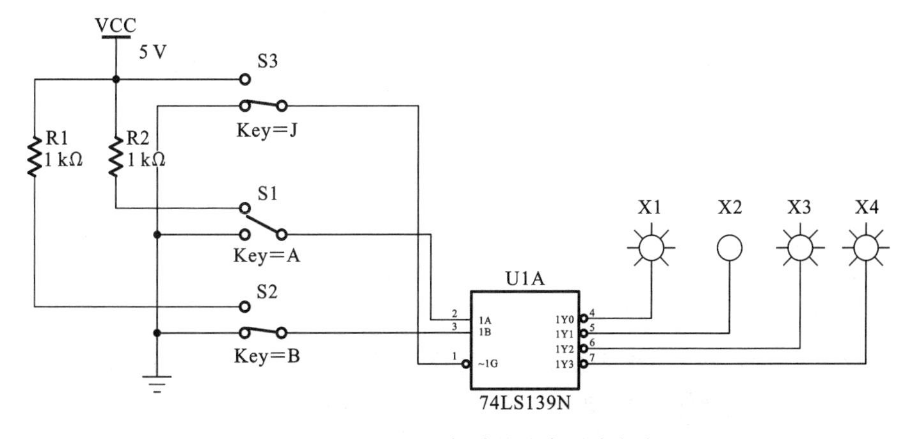

图 3-30　74LS139 逻辑功能仿真测试电路图

将 74LS139 逻辑功能仿真测试电路图转化成 74LS139 功能测试实验连接图，将输入端 $\overline{G}$、A、B 接输入开关，输出 $\overline{Y_3} \sim \overline{Y_0}$ 接逻辑电平显示 LED。改变输入 AB 和 $\overline{G}$ 的状态，观察输出状态变化可测得该电路的功能。

2. 3 **线-**8 **线译码器**

1）电路组成及原理

图 3-31 是由与门阵列组成的 3 线-8 线译码器的电路原理图，3 线-8 线译码器有 3 个输入端 A_2、A_1 和 A_0，8 个输出端 $Y_7 \sim Y_0$。

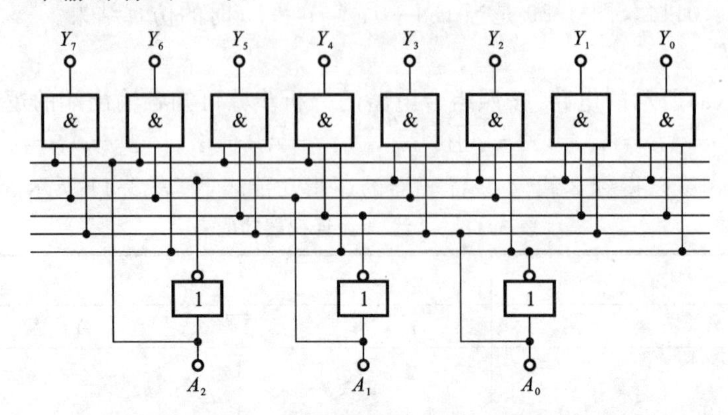

图 3-31 3 **线-**8 **线译码器逻辑电路图**

根据图 3-31 所示的电路，按照组合电路的分析步骤可知各输出端的逻辑表达式为

$$Y_0 = \overline{A_2}\,\overline{A_1}\,\overline{A_0},\quad Y_1 = \overline{A_2}\,\overline{A_1}A_0,\quad Y_2 = \overline{A_2}A_1\,\overline{A_0},\quad Y_3 = \overline{A_2}A_1A_0$$

$$Y_4 = A_2\,\overline{A_1}\,\overline{A_0},\quad Y_5 = A_2\,\overline{A_1}A_0,\quad Y_6 = A_2A_1\,\overline{A_0},\quad Y_7 = A_2A_1A_0 \tag{3-18}$$

从逻辑表达式可以得到 3 线-8 线译码器的逻辑功能表，如表 3-12 所示。

表 3-12 3 **线-**8 **线译码器逻辑功能表**

A_2	A_1	A_0	Y_0	Y_1	Y_2	Y_3	Y_4	Y_5	Y_6	Y_7
0	0	0	1	0	0	0	0	0	0	0
0	0	1	0	1	0	0	0	0	0	0
0	1	0	0	0	1	0	0	0	0	0
0	1	1	0	0	0	1	0	0	0	0
1	0	0	0	0	0	0	1	0	0	0
1	0	1	0	0	0	0	0	1	0	0
1	1	0	0	0	0	0	0	0	1	0
1	1	1	0	0	0	0	0	0	0	1

2）74LS138

74LS138 是一种常用的 3 线-8 线译码器芯片。图 3-32 所示的为 74LS138 逻辑符号。其中 G1 和$\overline{G2A}$、$\overline{G2B}$为使能输入端，低电平有效，A、B、C 为译码器输入端，$\overline{Y_0} \sim \overline{Y_7}$为译码器输出，低电平有效。

(1) 74LS138 的 Multisim 仿真。

在 Multisim 软件中，从 TTL 库中调 74LS138，基本库中调 VCC、GND、J1、J2、J3、J4、J5，指示库中调 X0、X1、X2、X3、X4、X5、X6、X7 指示灯，连线并构建 3 线-8 线译码器仿真电路，如图 3-33 所示。图中逻辑开关 J1、J2、J3、J4、J5 依次控制输入端 ABC、选通端 G1 和$\overline{G2A}$、$\overline{G2B}$

的输入，输出发光二极管 X0、X1、X2、X3、X4、X5、X6、X7 依次表示输出端$\overline{Y_0}$、$\overline{Y_1}$、$\overline{Y_2}$、$\overline{Y_3}$、$\overline{Y_4}$、$\overline{Y_5}$、$\overline{Y_6}$、$\overline{Y_7}$。改变输入 A、B、C 和 $G1$、G2A、G2B 的状态，观察输出$\overline{Y_0}$、$\overline{Y_1}$、$\overline{Y_2}$、$\overline{Y_3}$、$\overline{Y_4}$、$\overline{Y_5}$、$\overline{Y_6}$、$\overline{Y_7}$的状态变化。

从仿真结果可知，当选通端 G1 为高电平有效，$\overline{G2A}+\overline{G2B}$为低电平有效，译码器正常工作。译码器的每一个输出$\overline{Y_i}$均对应输入变量的最小项的取反$\overline{m_i}$。74LS138 的逻辑功能表如表 3-13 所示。

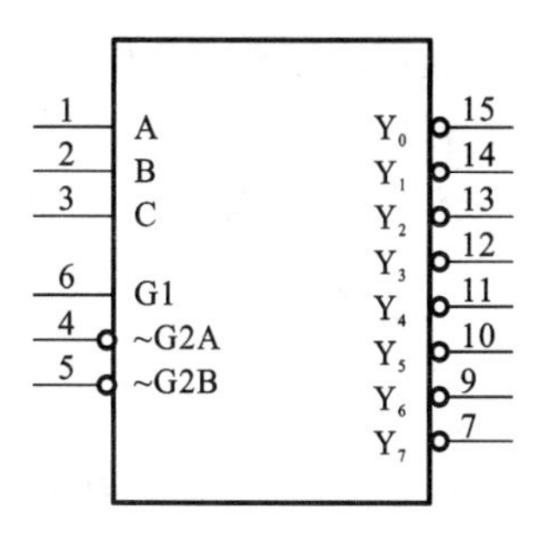

图 3-32 74LS138 逻辑符号

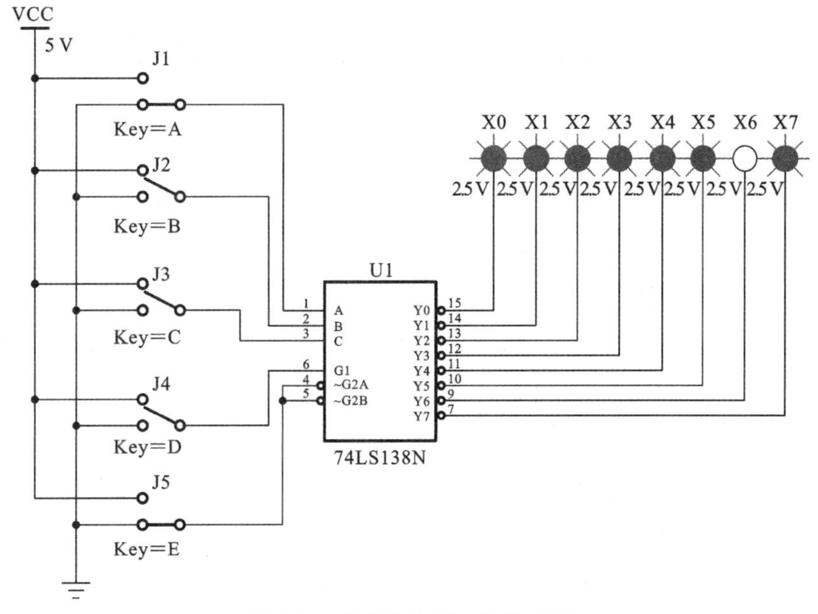

图 3-33 74LS138 的功能仿真图

表 3-13 74LS138 逻辑功能表

输入						输出							
$G1$	$\overline{G2A}$	$\overline{G2B}$	A_2	A_1	A_0	$\overline{Y_0}$	$\overline{Y_1}$	$\overline{Y_2}$	$\overline{Y_3}$	$\overline{Y_4}$	$\overline{Y_5}$	$\overline{Y_6}$	$\overline{Y_7}$
×	1	×	×	×	×	1	1	1	1	1	1	1	1
×	×	1	×	×	×	1	1	1	1	1	1	1	1
0	×	×	×	×	×	1	1	1	1	1	1	1	1
1	0	0	0	0	0	0	1	1	1	1	1	1	1
1	0	0	0	0	1	1	0	1	1	1	1	1	1
1	0	0	0	1	0	1	1	0	1	1	1	1	1
1	0	0	0	1	1	1	1	1	0	1	1	1	1
1	0	0	1	0	0	1	1	1	1	0	1	1	1
1	0	0	1	0	1	1	1	1	1	1	0	1	1
1	0	0	1	1	0	1	1	1	1	1	1	0	1
1	0	0	1	1	1	1	1	1	1	1	1	1	0

利用使能端能方便地将两个3线-8线译码器扩展为一个4线-16线译码器，如图3-34所示。将第(1)片74LS138的$A_2A_1A_0$和第(2)片74LS138的$A_2A_1A_0$连接在一起并接至4线-16线译码器输入端$D_2D_1D_0$；将第(1)片74LS138的$\overline{G2A}$、$\overline{G2B}$和第(2)片74LS138的G1连接在一起并接至4线-16线译码器输入端D_3；将第(2)片74LS138的$\overline{G2A}$和$\overline{G2B}$接地，第(1)片74LS138的G1接高电平。两片74LS138的输出作为4线-16线译码器的输出。

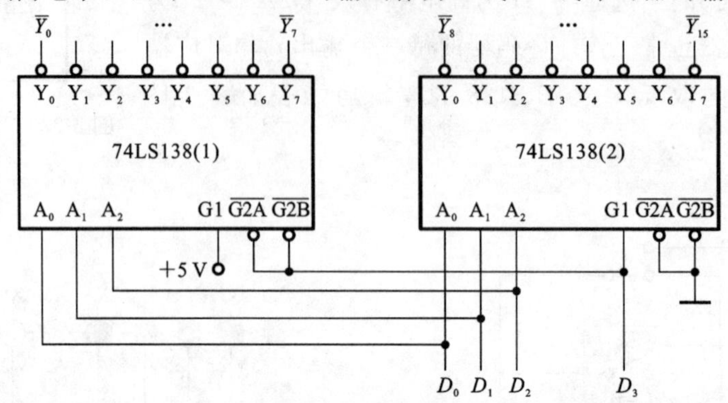

图3-34　用两片74LS138组合成4线-16线译码器

(2) 74LS138功能测试。

把图3-33所示的74LS138测试电路的仿真图转化成实验连接图，如图3-35所示，在输入端G1和$\overline{G2A}$、$\overline{G2B}$、A、B、C接输入开关，Y7～Y0为逻辑电平显示LED。改变输入A、B、C和G1、$\overline{G2A}$、$\overline{G2B}$的状态，观察输出的状态。

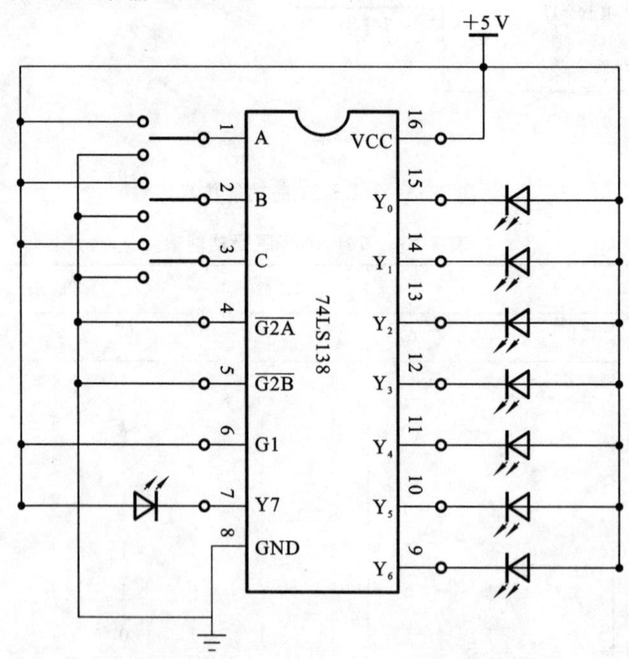

图3-35　74LS138功能测试连线图

3. 二-十进制译码器74LS42

1) 电路组成及原理

74LS42是8421BCD码译码器，没有片选端。它能将8421BCD码译成对应的高、低电平。

图 3-36 所示的为二-十进制译码器 74LS42 的内部电路图和电路符号。

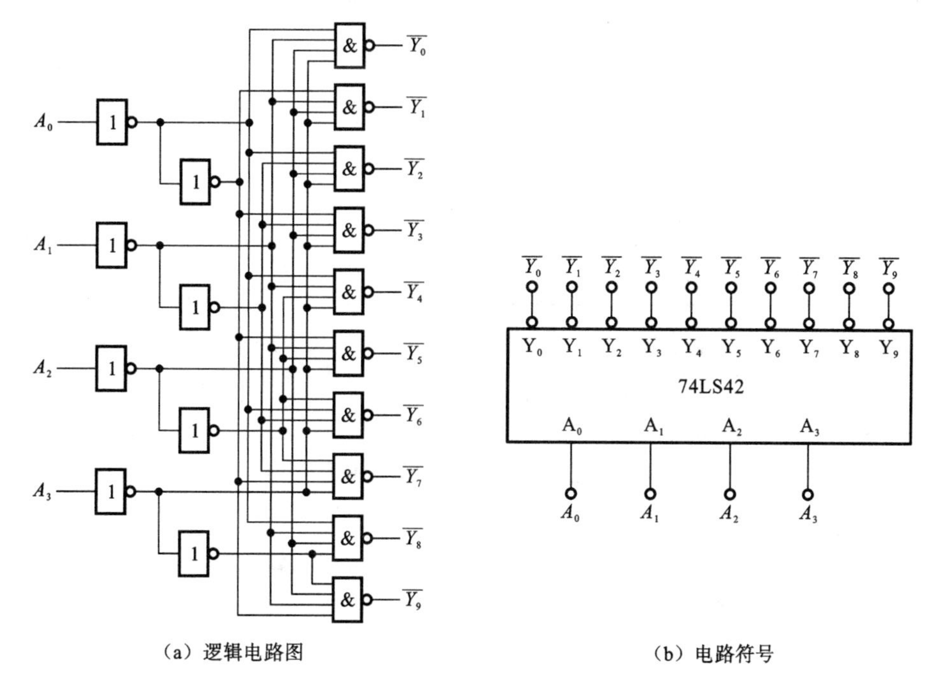

(a) 逻辑电路图 (b) 电路符号

图 3-36 二-十进制译码器 74LS42 电路组成与电路符号

根据图 3-36(a)所示的电路,按照组合电路的分析步骤可知各输出端的逻辑表达式为

$$Y_0=\overline{A}_3\overline{A}_2\overline{A}_1\overline{A}_0 \quad Y_1=\overline{A}_3\overline{A}_2\overline{A}_1A_0 \quad Y_2=\overline{A}_3\overline{A}_2A_1\overline{A}_0 \quad Y_3=\overline{A}_3\overline{A}_2A_1A_0$$
$$Y_4=\overline{A}_3A_2\overline{A}_1\overline{A}_0 \quad Y_5=\overline{A}_3A_2\overline{A}_1A_0 \quad Y_6=\overline{A}_3A_2A_1\overline{A}_0 \quad Y_7=\overline{A}_3A_2A_1A_0 \qquad (3\text{-}19)$$
$$Y_8=A_3\overline{A}_2\overline{A}_1\overline{A}_0 \quad Y_9=A_3\overline{A}_2\overline{A}_1A_0$$

从逻辑表达式可以得到二-十进制译码器的逻辑功能表,如表 3-14 所示。

表 3-14 二-十进制译码器 74LS42 功能表

输入				输出									
A_3	A_2	A_1	A_0	Y_0	Y_1	Y_2	Y_3	Y_4	Y_5	Y_6	Y_7	Y_8	Y_9
0	0	0	0	0	1	1	1	1	1	1	1	1	1
0	0	0	1	1	0	1	1	1	1	1	1	1	1
0	0	1	0	1	1	0	1	1	1	1	1	1	1
0	0	1	1	1	1	1	0	1	1	1	1	1	1
0	1	0	0	1	1	1	1	0	1	1	1	1	1
0	1	0	1	1	1	1	1	1	0	1	1	1	1
0	1	1	0	1	1	1	1	1	1	0	1	1	1
0	1	1	1	1	1	1	1	1	1	1	0	1	1
1	0	0	0	1	1	1	1	1	1	1	1	0	1
1	0	0	1	1	1	1	1	1	1	1	1	1	0

续表

输	入			输	出								
1	0	1	0	1	1	1	1	1	1	1	1	1	1
1	0	1	1	1	1	1	1	1	1	1	1	1	1
1	1	0	0	1	1	1	1	1	1	1	1	1	1
1	1	0	1	1	1	1	1	1	1	1	1	1	1
1	1	1	0	1	1	1	1	1	1	1	1	1	1
1	1	1	1	1	1	1	1	1	1	1	1	1	1

对于BCD码以外的编码，即1010～1111六个代码，输出端均无低电平信号，我们可以理解成译码器无译码，BCD码以外的六个代码也称为伪码。

2) 74LS42的Multisim仿真

74LS42的Multisim仿真电路如图3-37所示。图中逻辑开关J1、J2、J3、J4依次控制输入端$A_0A_1A_2A_3$的输入，输出发光二极管X0、X1、X2、X3、X4、X5、X6、X7、X8、X9依次表示输出端$\overline{Y_0}$、$\overline{Y_1}$、$\overline{Y_2}$、$\overline{Y_3}$、$\overline{Y_4}$、$\overline{Y_5}$、$\overline{Y_6}$、$\overline{Y_7}$、$\overline{Y_8}$、$\overline{Y_9}$。按照功能表3-14分别拨动S1、S2、S3和S4，即改变输入$A_0A_1A_2A_3$的状态，观察输出$\overline{Y_0}$、$\overline{Y_1}$、$\overline{Y_2}$、$\overline{Y_3}$、$\overline{Y_4}$、$\overline{Y_5}$、$\overline{Y_6}$、$\overline{Y_7}$、$\overline{Y_8}$、$\overline{Y_9}$的状态变化。

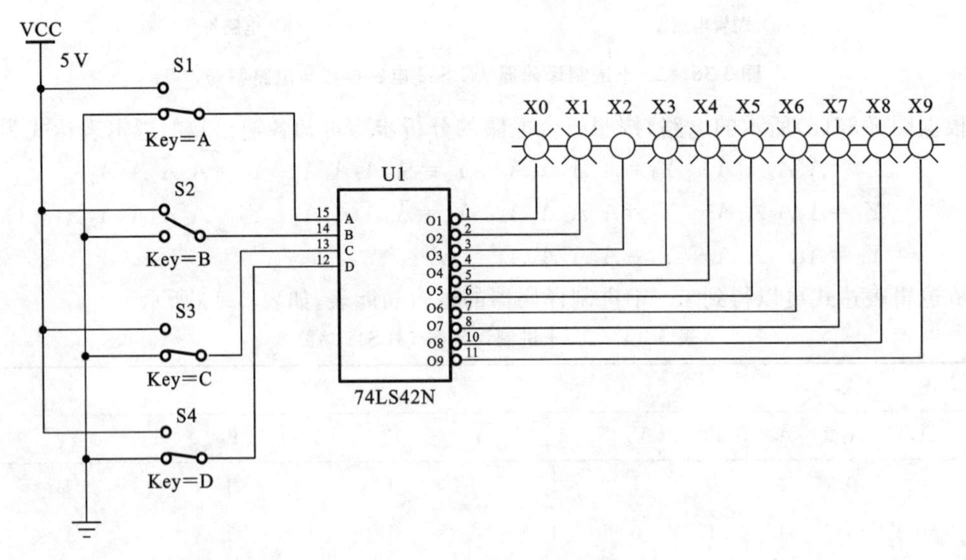

图3-37 74LS42仿真测试图

从仿真结果可知，译码器的每一个输出$\overline{Y_i}$均对应输入变量的最小项的取反$\overline{m_i}$。

3) 74LS42功能测试

把图3-37所示的74LS42测试电路的仿真图转化成实验连接图，如图3-38所示，在输入端A_0、A_1、A_2、A_3接输入开关，Y9～Y0为逻辑电平显示LED。改变输入A_0、A_1、A_2和A_3的状态，观察输出的状态。

4. 显示译码器

在数字系统中，需要将数字、字母、符号等直观地显示出来，而能够显示数字、字母或符号的器件称为数字显示器。在数字电路中，数字量都是以一定的代码形式出现的，所以这些数字

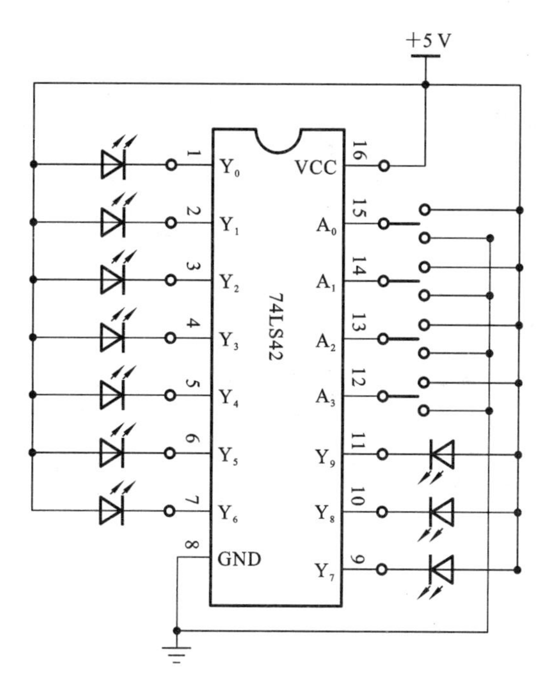

图 3-38 74LS42 功能测试连线图

量要先经过译码，才能送到数字显示器去显示。这种能把数字量翻译成数字显示器所能识别的信号的译码器称为数字显示译码器。

常用的数字显示器有多种类型：按显示方式分，有点阵式、分段式等；按发光物质分，有半导体显示器（又称发光二极管（LED）显示器）、荧光显示器、液晶显示器、气体放电管显示器等。目前应用最广泛的是由发光二极管构成的七段数字显示器。

七段数字显示器就是将七个发光二极管（加小数点为八个）按一定的方式排列起来，七段 a、b、c、d、e、f、g（小数点 DP）各对应一个发光二极管，利用不同发光段的组合，显示不同的阿拉伯数字，如图 3-39 所示。

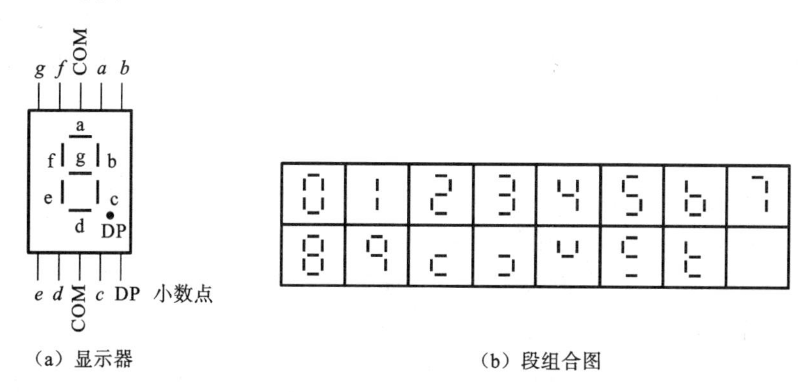

（a）显示器 （b）段组合图

图 3-39 七段数字显示器及发光段组合图

按内部连接方式不同，七段数字显示器分为共阴极和共阳极两种，如图 3-40 所示。

半导体显示器的优点是工作电压较低（1.5～3 V）、体积小、寿命长、亮度高、响应速度快、工作可靠性高。缺点是工作电流大，每个字段的工作电流约为 10 mA。

LED 七段数码管的判别方法：

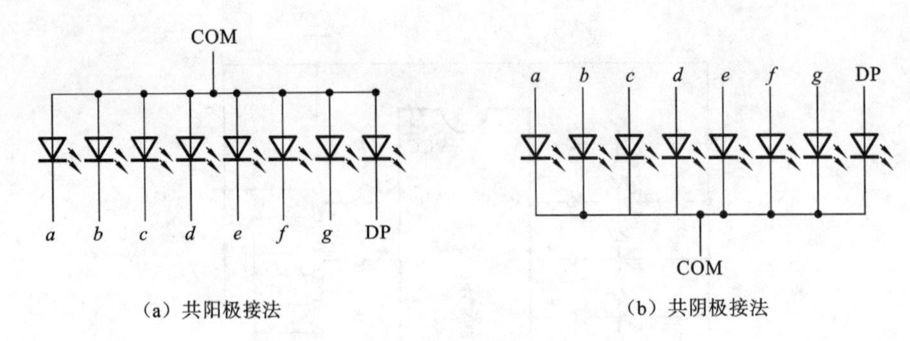

(a) 共阳极接法　　(b) 共阴极接法

图 3-40　半导体数字显示器的内部接法

(1) 共阳、共阴极好坏的判别。

先确定显示器的两个公共端，两者是相通的。这两端可能是两个地端（共阴极），也可能是两个 VCC 端（共阳极），然后用三用表像判别普通二极管正、负极那样判断，即可确定出是共阳还是共阴，好坏也随之确定。

(2) 字段引脚判断。

将共阴数码管的公共端接电源 VCC 的负极，VCC 的正极通过 400 Ω 左右的电阻分别接七段 a～g 引脚，当字段 LED 亮，则该字段对应的 LED 正常；反之该 LED 故障。对于共阳数码管，先将它的公共端接电源的正极，七段 a～g 引脚通过几百欧姆的电阻接地，若 LED 亮，则该字段对应的 LED 正常；反之该 LED 故障。

七段显示译码器 74LS48 是一种与共阴极数字显示器配合使用的集成译码器，如图 3-41 所示。它的功能是将输入的 4 位二进制代码转换成显示器所需要的七个段信号 a～g。其中 $A_3A_2A_1A_0$ 为输入端，a～g 为译码输出端。另外，它还有 3 个控制端：试灯输入端 LT、灭零输入端 RBI、特殊控制端 BI/RBO。

在 Multisim 软件中，构建七段显示译码器 74LS48 的仿真测试电路如图 3-42 所示。

启动仿真，改变 A、B、C、D 的值，观察七段 LED 显示器的状态变化。通过仿真可知，当 DCBA 构成的 BCD 码为 0000～1001 时，LED 显示器显示数字“0”～“9”；当 DCBA 的值超过 9 以后，显示如图 3-39(b)段组合图中对应的符号。图 3-42 所示的是当 DCBA＝0011（即十进制数“3”）时的仿真结果。

根据 74LS48 仿真测试的结果可知七段显示译码器功能如下。

(1) 正常译码显示。当 $\overline{LT}=1$，$\overline{BI}/\overline{RBO}=1$ 时，对输入为十进制数 0～9 的二进制码（0000～1001）进行译码，产生对应的七段显示码。

(2) 灭零。当输入 $\overline{RBI}=0$，输入为 0 的二进制码 0000 时，译码器的 $a\sim g$ 输出全 0，使 LED 全灭；只有当 $\overline{RBI}=1$ 时，才产生 0 的七段显示码。所以 $\overline{RBI}$ 称为灭零输入端。

(3) 试灯。当 $\overline{LT}=0$ 时，无论输入怎样，$a\sim g$ 输出全 1，数码管七段全亮，由此可以检测 LED 七个发光段的好坏。$\overline{LT}$ 称为试灯输入端。

(4) 特殊控制端 $\overline{BI}/\overline{RBO}$。$\overline{BI}/\overline{RBO}$ 既可以作输入端，又可以作输出端。作输入使用时，如果 BI＝0 时，不管其他输入端为何值，$a\sim g$ 均输出 0，LED 全灭，因此 $\overline{BI}$ 称为灭灯输入端。作输出端使用时，受控于 RBI。当 $\overline{RBI}=0$，输入为 0 的二进制码 0000 时，$\overline{RBO}=0$，用以指示该片正处于灭零状态。所以，$\overline{RBO}$ 又称为灭零输出端。将 $\overline{BI}/\overline{RBO}$ 和 RBI 配合使用，可以实现多

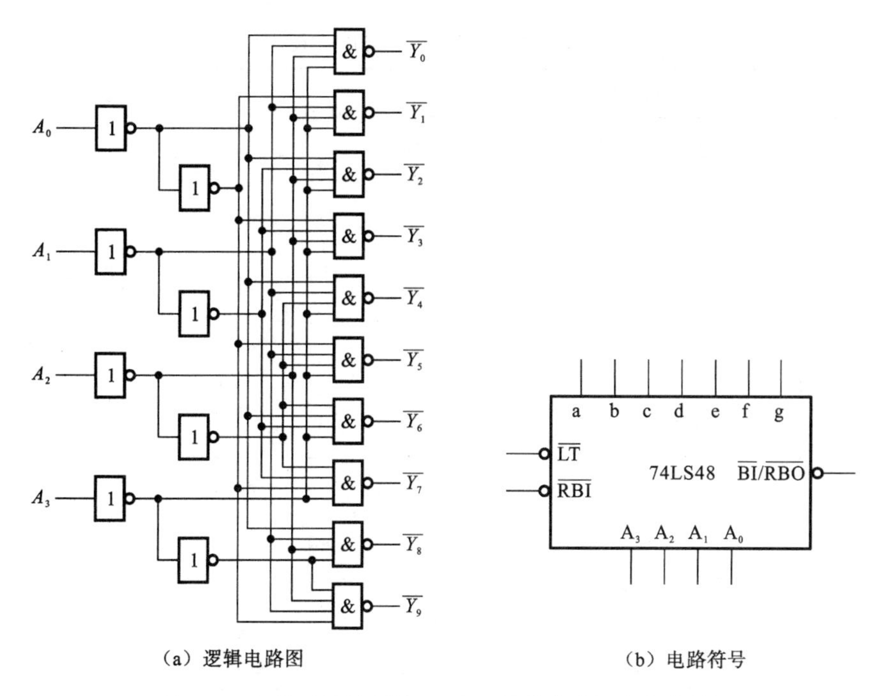

（a）逻辑电路图　　　　（b）电路符号

图 3-41　七段显示译码器 74LS48 逻辑电路图和电路符号

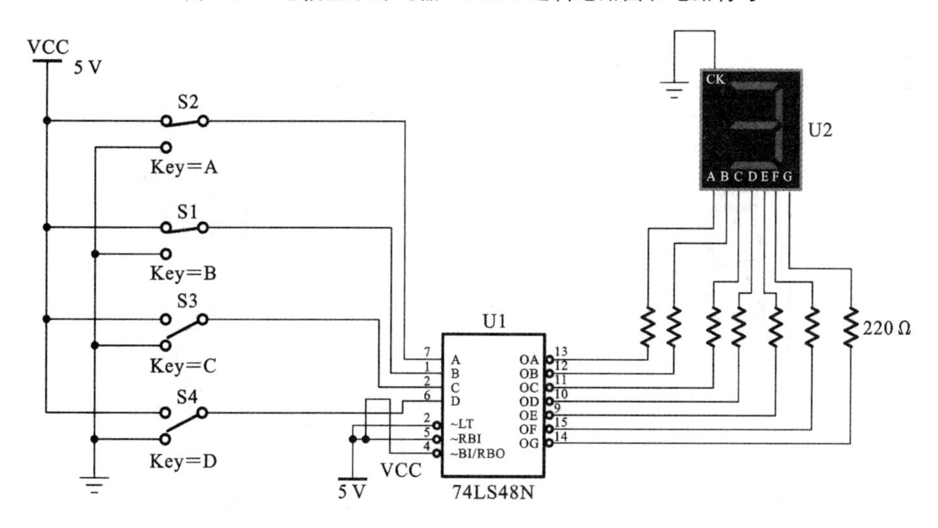

图 3-42　七段显示译码器 74LS48 仿真测试图

位数显示时的"无效 0 消隐"功能。

表 3-15 为根据仿真测试结果得到的七段显示译码器对应的逻辑真值表。由表 3-16 可得到各个输出端的逻辑函数：

$$
\begin{aligned}
& a=\overline{\bar{A}_3\,\overline{A_2A_0}\cdot\overline{A_1A_0}\cdot\overline{\bar{A}_3\bar{A}_0}},\quad b=\overline{A_3\cdot\overline{A_1A_0}\cdot\overline{\bar{A}_1\,\bar{A}_0}},\quad c=\overline{\bar{A}_3\cdot A_1\,\bar{A}_0}\\
& d=\overline{\overline{\bar{A}_2\,\bar{A}_0}\cdot\overline{A_1\,\bar{A}_0}\cdot\overline{\bar{A}_3A_1}\cdot\overline{A_2\,\bar{A}_1A_0}},\quad e=\overline{\overline{\bar{A}_2\,\bar{A}_1}\cdot\overline{A_1\,\bar{A}_0}}\\
& f=\overline{\bar{A}_3\,\overline{\bar{A}_1\,\bar{A}_0}\cdot\overline{A_2\,\bar{A}_0}\cdot\overline{A_2\,\bar{A}_1}},\quad g=\overline{\bar{A}_3\,\overline{A_1\,\bar{A}_0}\cdot\overline{\bar{A}_2A_1}\cdot\overline{A_2\,\bar{A}_1}}
\end{aligned}
\tag{3-20}
$$

图 3-43 所示的是由 74HC48 和数码管组成的 3 位数显电路，显示数值范围为 0～999。其中 74HC48 是 CMOS 七段显示译码器，其功能与 74LS48 的一样，具有集电极开路输出，内部

表 3-15　显示译码器 74LS48 功能表

十进制数或功能	输入						$\overline{BI}/\overline{RBO}$	输出						
	$\overline{LT}$	$\overline{RBI}$	A_3	A_2	A_1	A_0		a	b	c	d	e	f	g
0	1	1	0	0	0	0	1	1	1	1	1	1	1	0
1	1	×	0	0	0	1	1	0	1	1	0	0	0	0
2	1	×	0	0	1	0	1	1	1	0	1	1	0	1
3	1	×	0	0	1	1	1	1	1	1	1	0	0	1
4	1	×	0	1	0	0	1	0	1	1	0	0	1	1
5	1	×	0	1	0	1	1	1	0	1	1	0	1	1
6	1	×	0	1	1	0	1	0	0	1	1	1	1	1
7	1	×	0	1	1	1	1	1	1	1	0	0	0	0
8	1	×	1	0	0	0	1	1	1	1	1	1	1	1
9	1	×	1	0	0	1	1	1	1	1	1	0	1	1
10	1	×	1	0	1	0	1	0	0	0	1	1	0	1
11	1	×	1	0	1	1	1	0	0	1	1	0	0	1
12	1	×	1	1	0	0	1	0	1	0	0	0	1	1
13	1	×	1	1	0	1	1	1	0	0	1	0	1	1
14	1	×	1	1	1	0	1	0	0	0	1	1	1	1
15	1	×	1	1	1	1	1	0	0	0	0	0	0	0
消隐	×	×	×	×	×	×	0	0	0	0	0	0	0	0
动态灭零	1	0	0	0	0	0	0	0	0	0	0	0	0	0
灯测试	0	×	×	×	×	×	1	1	1	1	1	1	1	1

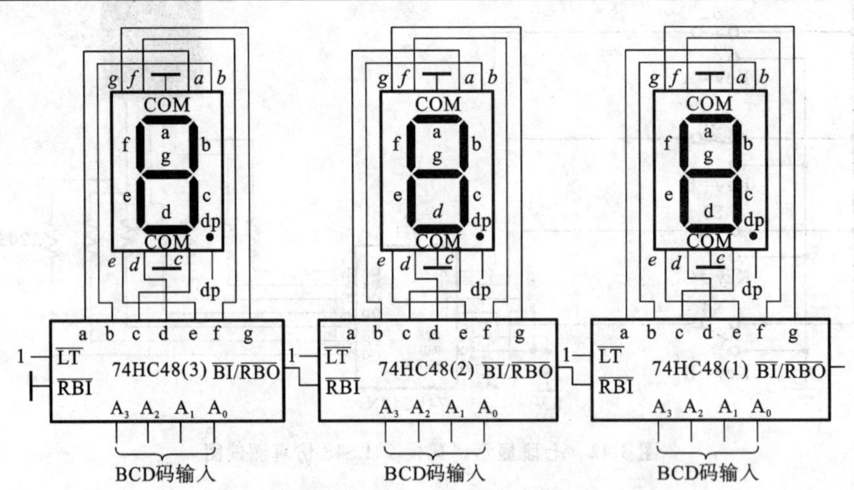

图 3-43　74HC48 构成的三位数显电路图

接有 2 kΩ 的上拉电阻,可直接驱动共阴极数码管。

5. 应用译码器实现组合逻辑电路

一个 n 变量的完全译码器的输出包含了 n 变量的所有最小项,而任何一个逻辑函数均可化为最小项之和的形式,故用 n 变量译码器及附加门电路就能实现任何形式的输入变量不大于 n 的组合逻辑函数。

【例 3-6】　试用译码器和门电路实现逻辑函数 $L=AB+BC+AC$。

解　(1) 将逻辑函数转换成最小项表达式,再转换成与非-与非形式。

$$L=\overline{A}BC+A\overline{B}C+AB\overline{C}+ABC=m_3+m_5+m_6+m_7=\overline{\overline{m_3}\cdot\overline{m_5}\cdot\overline{m_6}\cdot\overline{m_7}} \quad (3\text{-}21)$$

(2) 该函数有三个变量，所以选用 3 线-8 线译码器 74LS138。将 74LS138 控制端 G1 设置为 1，$\overline{G2A}$、$\overline{G2B}$设置为 0，且令 $A_2=A,A_1=B,A_0=C$；再将 74LS138 的输出端$\overline{Y_3}$、$\overline{Y_5}$、$\overline{Y_6}$、$\overline{Y_7}$接与非门的输入；与非门的输出 F 为

$$F=\overline{\overline{Y_3}\,\overline{Y_5}\,\overline{Y_6}\,\overline{Y_7}}=\overline{\overline{m_3}\,\overline{m_5}\,\overline{m_6}\,\overline{m_7}} \quad (3\text{-}22)$$

令 $F=L$，则用 3 线-8 线译码器 74LS138 就可实现组合逻辑函数 L，逻辑图如图 3-44 所示。

将上述设计的原理电路在数字实验平台上搭建具体实际电路，通过数码管或 LED 显示观察结果。

【例 3-7】 某组合逻辑电路的真值表如表 3-16 所示，试用译码器和门电路设计该逻辑电路。

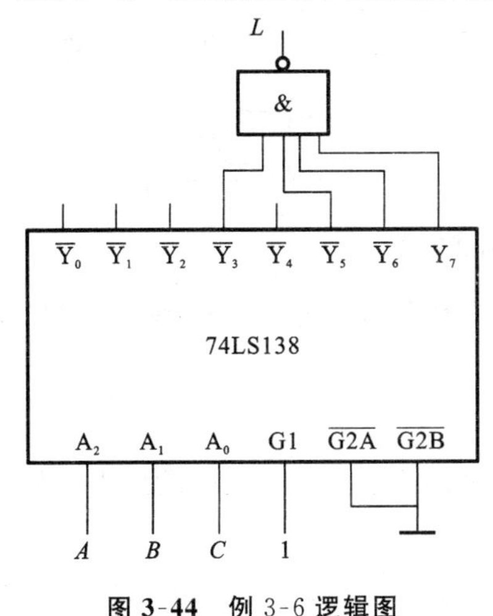

图 3-44 例 3-6 逻辑图

表 3-16 例 3-7 的真值表

输入			输出		
A	B	C	L	F	G
0	0	0	0	0	1
0	0	1	1	0	0
0	1	0	1	0	1
0	1	1	0	1	0
1	0	0	1	0	1
1	0	1	0	1	0
1	1	0	0	1	1
1	1	1	1	0	0

解 (1) 根据表 3-16 所示的真值表写出输出 L、F、G 的最小项表达式，再转换成与非-与非形式。

$$L=\overline{A}\overline{B}C+\overline{A}B\overline{C}+A\overline{B}\overline{C}+ABC=m_1+m_2+m_4+m_7=\overline{\overline{m_1}\cdot\overline{m_2}\cdot\overline{m_4}\cdot\overline{m_7}}$$

$$G=\overline{A}\overline{B}\overline{C}+\overline{A}B\overline{C}+A\overline{B}\overline{C}+AB\overline{C}=m_0+m_2+m_4+m_6=\overline{\overline{m_0}\cdot\overline{m_2}\cdot\overline{m_4}\cdot\overline{m_6}}$$

$$F=\overline{A}BC+A\overline{B}C+AB\overline{C}=m_3+m_5+m_6=\overline{\overline{m_3}\cdot\overline{m_5}\cdot\overline{m_6}} \quad (3\text{-}23)$$

(2) 选用 3 线-8 线译码器 74LS138。设 $A=A_2,B=A_1,C=A_0$。将输出 L、F、G 的逻辑表达式(3-22)与 74LS138 的输出表达式相比较，有：

$$L=\overline{\overline{Y_1}\,\overline{Y_2}\,\overline{Y_4}\,\overline{Y_7}},\quad F=\overline{\overline{Y_3}\,\overline{Y_5}\,\overline{Y_6}},\quad G=\overline{\overline{Y_0}\,\overline{Y_2}\,\overline{Y_4}\,\overline{Y_6}} \quad (3\text{-}24)$$

用一片 74LS138 加三个与非门就可实现该组合逻辑电路，逻辑图如图 3-45 所示。

可见，用译码器实现多输出逻辑函数时，优点更明显。

将上述设计的原理电路在数字实验平台上搭建具体实际电路，通过数码管或 LED 显示观察结果。

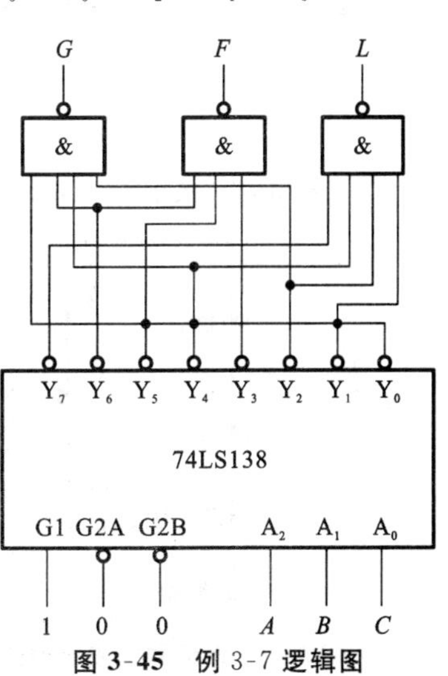

图 3-45 例 3-7 逻辑图

6. 用译码器实现一位全加器

在 Multisim 电路窗口中，创建图 3-46 所示的电路，启动仿真开关，观察全加器电路的输出，就可以验证电路的功能。

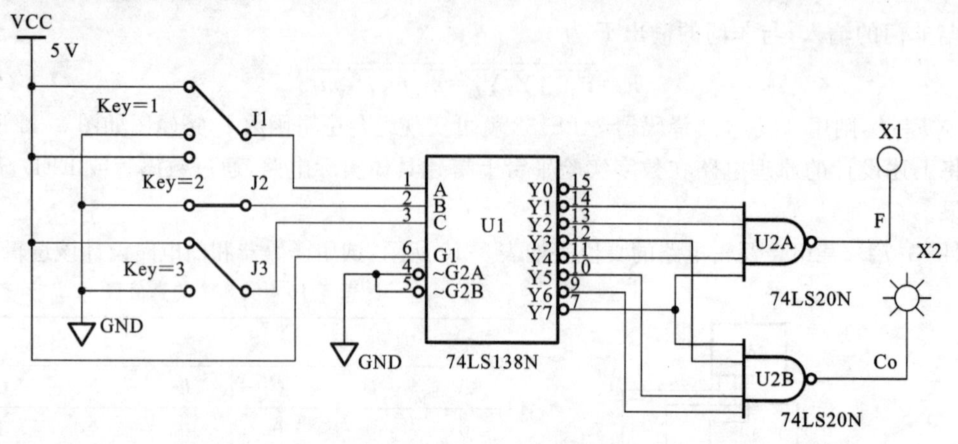

图 3-46　由译码器实现的全加器电路

将上述设计的 1 位全加器原理电路在数字实验平台上搭建具体实际电路，通过 LED 显示观察结果。

7. 数据分配器

数据分配器的功能就是将一路输入数据根据地址选择码分配给多路数据输出中的某一路输出。它的作用与图 3-47 所示的单刀多掷开关相似。

由于译码器和数据分配器的功能非常接近，所以译码器一个很重要的应用就是构成数据分配器。也正因为如此，市场上没有集成数据分配器产品，只有集成译码器产品。当需要数据分配器时，可以用译码器改接。例如，用译码器 74LS138 构成的一个“1 线-8 线”数据分配器，如图 3-48 所示。表 3-17 是“1 线-8 线”数据分配器功能表。

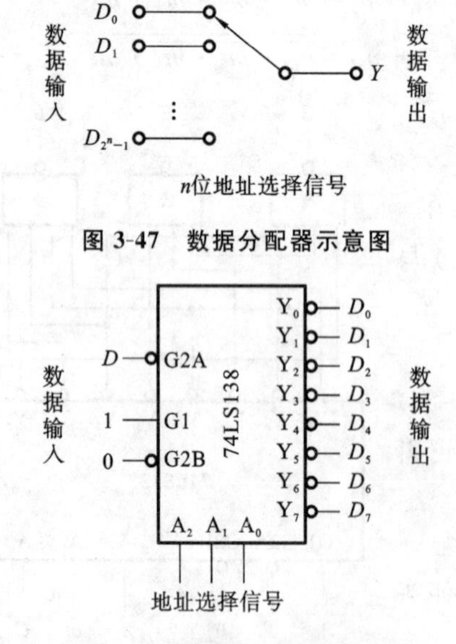

图 3-47　数据分配器示意图

图 3-48　译码器构成数据分配器

表 3-17　数据分配器功能表

地址选择信号			输　出
A_2	A_1	A_0	
0	0	0	$D=D_0$
0	0	1	$D=D_1$
0	1	0	$D=D_2$
0	1	1	$D=D_3$
1	0	0	$D=D_4$
1	0	1	$D=D_5$
1	1	0	$D=D_6$
1	1	1	$D=D_7$

在 Multisim 电路窗口中，创建如图 3-49 所示的数据分配器电路，启动仿真开关，观察电路的输出，就可以验证电路的功能。

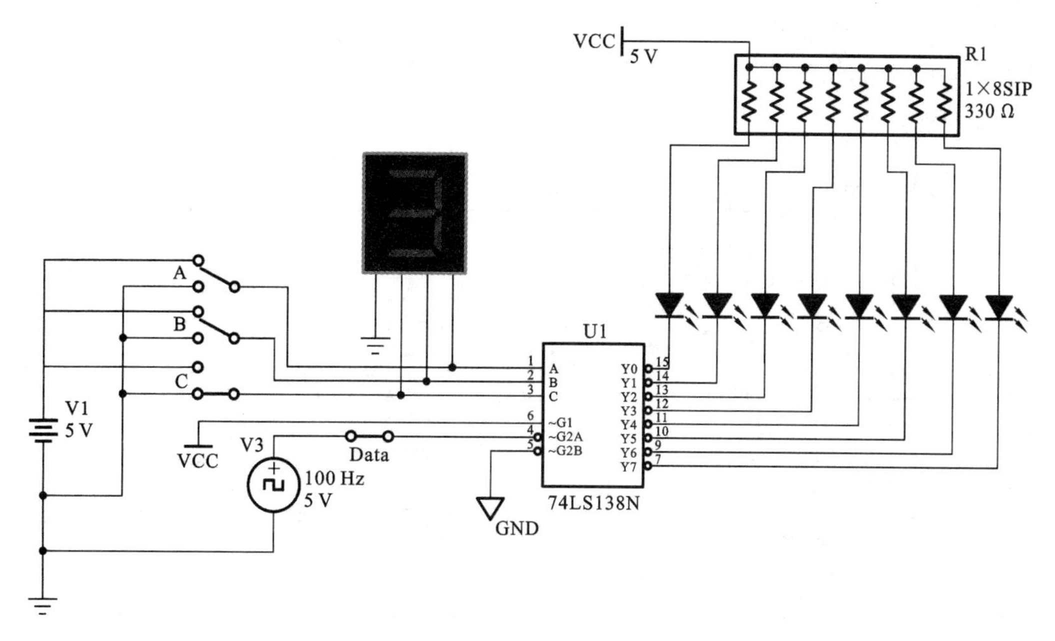

图 3-49 用 74LS138 实现的数据分配器

将上述设计的数据分配器原理电路在数字实验平台上搭建具体实际电路，通过数码管或 LED 显示观察结果。

3.2.4 数据选择器

数据选择器就是根据地址选择码从多路输入数据中选择一路输出。其功能类似于单刀多掷开关，故又称为多路开关。常用的数据选择器有 4 选 1、8 选 1、16 选 1 等多种类型。

1. 4 选 1 数据选择器

1）电路组成和符号

图 3-50 所示的是 4 选 1 数据选择器的逻辑电路图和电路符号。4 选 1 数据选择器有 2 个

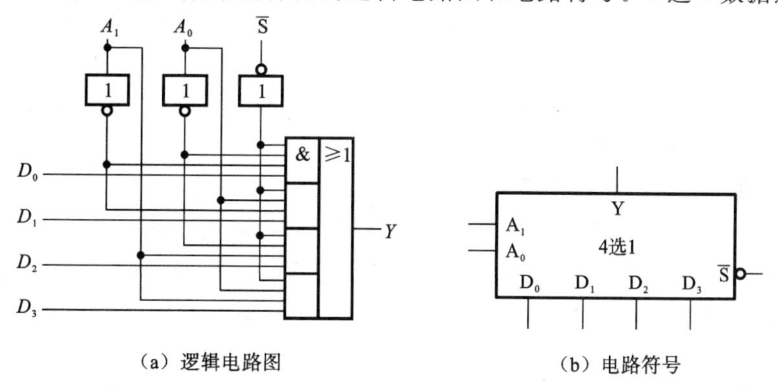

（a）逻辑电路图 （b）电路符号

图 3-50 4 选 1 数据选择器逻辑电路

地址输入端 A_1 和 A_0，4 个数据输入端 D_0～D_3，另外还有一个使能输入端$\overline{S}$，当$\overline{S}$为 0 时，数据选择器处于工作状态；当$\overline{S}$为 1 时，数据选择器处于禁止工作状态。

2）Multisim 仿真

在 Multisim 软件中，构建 4 选 1 数据选择器的仿真测试电路如图 3-51 所示。

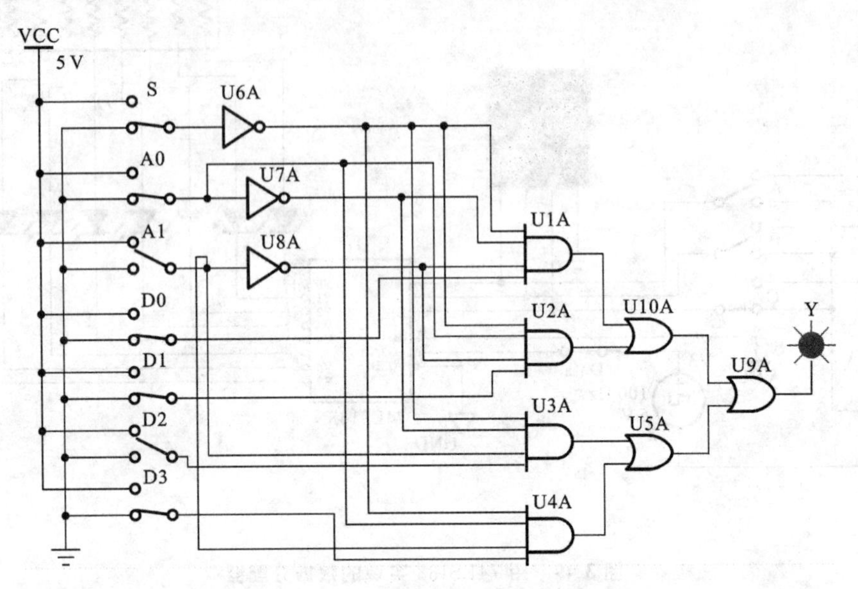

图 3-51　4 选 1 数据选择器逻辑仿真测试图

启动仿真，改变 A_1、A_0 和 S 的值，观察输出 Y 的状态变化。通过仿真可知，当 $S=1$ 时，无论 A_1、A_0、D_0～D_3 为何值，Y 一直不亮。当 $S=0$ 时，通过改变 A_1 和 A_0 的值，观察 Y 灯的状态变化发现，Y 的输出状态与 A_1A_0 表示的二进制代码所对应的 D 输入端的状态相同。例如，当 $S=0$ 时，若 $A_1A_0=01$，此时 $D_1=0$，则 Y 灯不亮；若此时 $D_1=1$，则 Y 灯亮。图 3-51 所示的是当 $S=0$、$A_1A_0=10$、$D_2=1$ 时的仿真结果。

3）工作原理

根据图 3-50(a)所示的电路，按照组合电路的分析步骤可知输出端的逻辑表达式为

$$Y=(\overline{A_1}\,\overline{A_0}D_0+\overline{A_1}A_0D_1+A_1\,\overline{A_0}D_2+A_1A_0D_3)\overline{S} \tag{3-25}$$

从逻辑表达式可以得到 4 选 1 数据选择器的真值表，如表 3-18 所示。表 3-18 所示的 4 选 1 数据选择器的输入与输出之间的逻辑关系，这和 4 选 1 数据选择器电路在 Multisim 中仿真结果一致。

因此，4 选 1 数据选择器就是以 A_1、A_0 为控制端，通过 A_1、A_0 取不同的值，从 4 路输入信号 D_3～D_0 中选择一路送给 Y 输出。

4）集成 4 选 1 数据选择器 74LS153

74LS153 是常用的双 4 选 1 数据选择器/多路选择器，应用在各种数字电路和单片机系统的显示系统中。图 3-52 为 74LS153 的电路符号图，它有 1G、2G 两个独立的使能端；B、A 为公用的地址输入端；1C0～1C3 和 2C0～2C3 分别为两个 4 选 1 数据选择器的数据输入端；1Y、2Y 为两个输出端。

图 3-53 是 Multisim 对双 4 选 1 数据选择器 74LS153 的逻辑功能仿真测试图。

表 3-18　4选1数据选择器真值表

输入				输出
S	D	A_1	A_0	Y
1	×	×	×	0
0	D_0	0	0	D_0
0	D_1	0	1	D_1
0	D_2	1	0	D_2
0	D_3	1	1	D_3

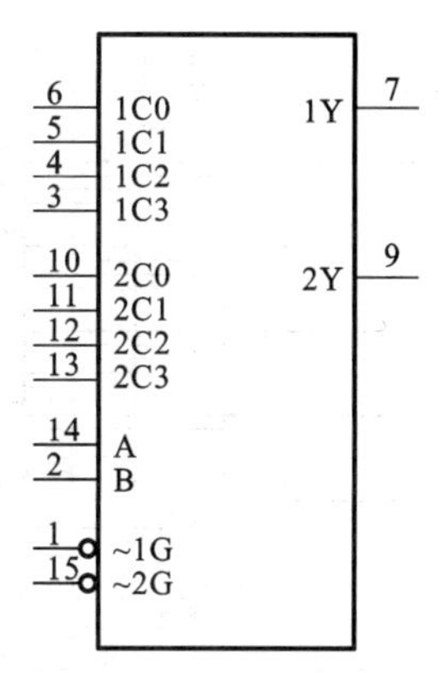

图 3-52　74LS153 电路符号

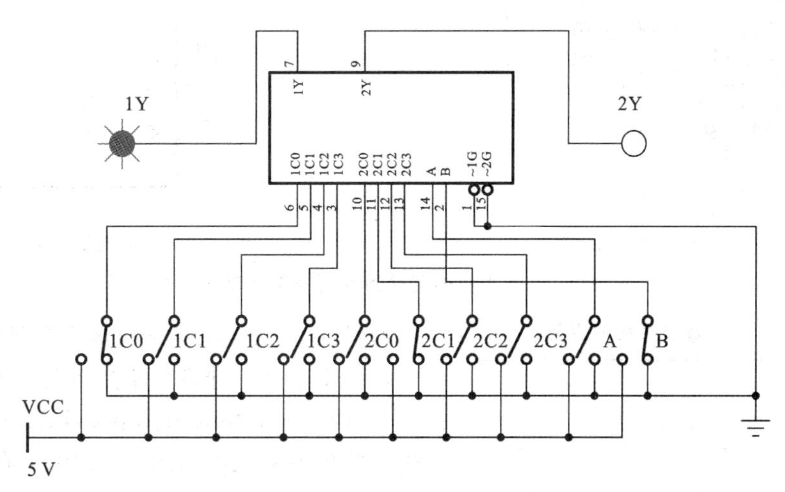

图 3-53　双4选1数据选择器 74LS153 逻辑仿真测试图

从 74LS153 的 Multisim 仿真可知，当使能端 $1G(2G)=1$ 时，多路开关被禁止，无输出，$Y=0$。当使能端 $1G(2G)=0$ 时，多路开关正常工作，根据地址码 B、A 的状态，将相应的数据 $C0\sim C3$ 送到输出端 Y。若 $BA=00$，则选择 $C0$ 数据到输出端，即 $Y=C0$。若 $BA=01$，则选择 $C1$ 数据到输出端，即 $Y=C1$，其余类推。图 3-53 所示的是当 $BA=01$ 时，$1Y=1C1=1$、$2Y=2C1=0$ 时的仿真。

将图 3-53 所示的仿真测试电路在数字实验平台上搭建具体实际电路，给定输入变量的不同组合，通过数码管或 LED 显示观察输出结果。

2. 8选1数据选择器

1）电路组成和符号

图 3-54 是 8 选 1 数据选择器的逻辑图和电路符号。

根据图 3-54(a)所示的电路，按照组合电路的分析步骤可知输出端的逻辑表达式为

$$\begin{aligned}W=&\overline{A_2}\,\overline{A_1}\,\overline{A_0}D_0+\overline{A_2}\,\overline{A_1}A_0D_1+\overline{A_2}A_1\overline{A_0}D_2\\&+\overline{A_2}A_1A_0D_3+A_2\overline{A_1}\,\overline{A_0}D_4+A_2\overline{A_1}A_0D_5\\&+A_2A_1\overline{A_0}D_6+A_2A_1A_0D_7\end{aligned}\tag{3-26}$$

从逻辑表达式可以得到 8 选 1 数据选择器的真值表，如表 3-19 所示。

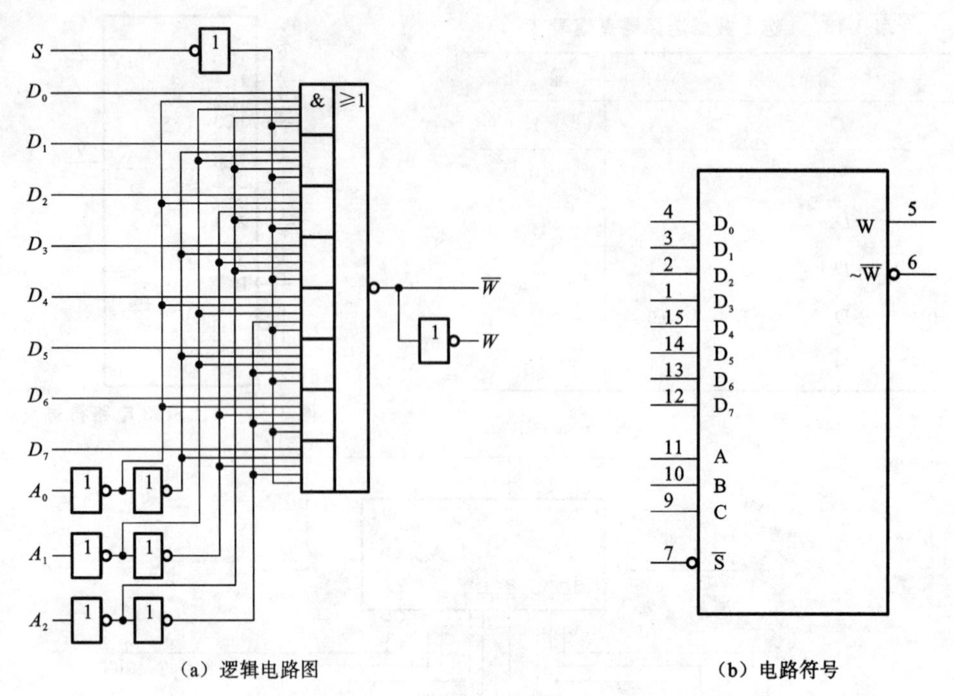

(a) 逻辑电路图　　(b) 电路符号

图 3-54　8 选 1 数据选择器的逻辑图和电路符号

表 3-19　8 选 1 数据选择器真值表

$\overline{S}$	D	A_2	A_1	A_0	Y
1	×	×	×	×	0
0	D_0	0	0	0	D_0
0	D_1	0	0	1	D_1
0	D_2	0	1	0	D_2
0	D_3	0	1	1	D_3
0	D_4	1	0	0	D_4
0	D_5	1	0	1	D_5
0	D_6	1	1	0	D_6
0	D_7	1	1	1	D_7

2) 集成 8 选 1 数据选择器 74LS151

74LS151 是一种典型集成 8 选 1 数据选择器，图 3-55 是 8 选 1 数据选择器 74LS151 的 Multisim 逻辑功能仿真测试电路图。74LS151 有 8 个数据输入端 $D_0 \sim D_7$，3 个地址输入端 A、B、C，2 个互补的输出端 Y 和 $\overline{W}$，1 个使能输入端 G，低电平有效。

将图 3-55 所示的仿真测试电路在数字实验平台上搭建具体实际电路，给定输入变量的不同组合，通过数码管或 LED 显示观察输出结果。

3. 数据选择器的应用

1) 数据选择器的通道扩展

作为一种集成器件，最大规模的数据选择器是 16 选 1。如果需要更大规模的数据选择器，可进行通道扩展。

用两片 74151 和 3 个门电路组成的 16 选 1 的数据选择器电路如图 3-56 所示。

图中输入的最高位 A_3 接 74151(1)的 G 端，而 A_3 经过非门接 74151(2)的 G 端，输入的 $A_2A_1A_0$ 并接 74151(1)和 74151(2)的 $A_2A_1A_0$ 端。因此，当 $A_3=0$ 时，74151(1)工作，

$$Y_1=\overline{A_2}\,\overline{A_1}\,\overline{A_0}D_0+\overline{A_2}\,\overline{A_1}A_0D_1+\overline{A_2}A_1\overline{A_0}D_2+\overline{A_2}A_1A_0D_3+A_2\overline{A_1}\,\overline{A_0}D_4+A_2\overline{A_1}A_0D_5+A_2A_1\overline{A_0}D_6+A_2A_1A_0D_7 \tag{3-27}$$

当 $A_3=1$ 时，74151(2)工作，

$$Y_2=\overline{A_2}\,\overline{A_1}\,\overline{A_0}D_8+\overline{A_2}\,\overline{A_1}A_0D_9+\overline{A_2}A_1\overline{A_0}D_{10}+\overline{A_2}A_1A_0D_{11}+A_2\overline{A_1}\,\overline{A_0}D_{12}+A_2\overline{A_1}A_0D_{13}+A_2A_1\overline{A_0}D_{14}+A_2A_1A_0D_{15} \tag{3-28}$$

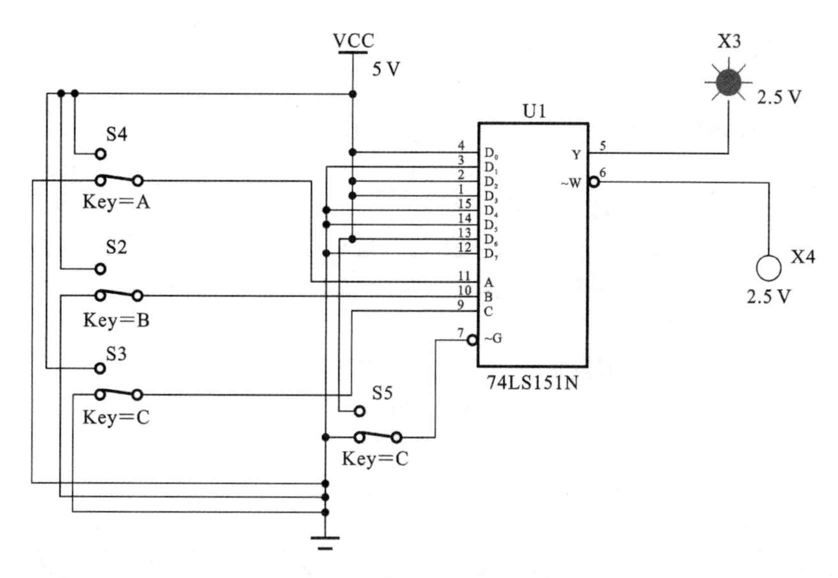

图 3-55　8 选 1 数据选择器 74 LS151 逻辑功能仿真测试图

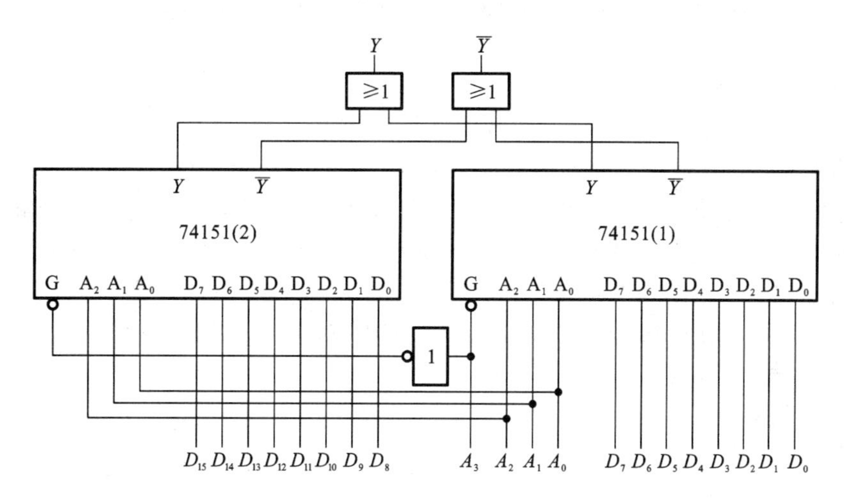

图 3-56　用两片 74151 组成的 16 选 1 数据选择器的逻辑图

则

$$\begin{aligned} Y &= Y_1 + Y_2 \\ &= \overline{A_3}(\overline{A_2}\,\overline{A_1}\,\overline{A_0}D_0 + \overline{A_2}\,\overline{A_1}A_0D_1 + \overline{A_2}A_1\overline{A_0}D_2 + \overline{A_2}A_1A_0D_3 + A_2\overline{A_1}\,\overline{A_0}D_4 + A_2\overline{A_1}A_0D_5 \\ &\quad + A_2A_1\overline{A_0}D_6 + A_2A_1A_0D_7) + A_3(\overline{A_2}\,\overline{A_1}\,\overline{A_0}D_8 + \overline{A_2}\,\overline{A_1}A_0D_9 + \overline{A_2}A_1\overline{A_0}D_{10} \\ &\quad + \overline{A_2}A_1A_0D_{11} + A_2\overline{A_1}\,\overline{A_0}D_{12} + A_2\overline{A_1}A_0D_{13} + A_2A_1\overline{A_0}D_{14} + A_2A_1A_0D_{15}) \end{aligned} \tag{3-29}$$

即：$Y = \sum_{i=0}^{15} m_i D_i$。

该电路实现了 16 选 1 的数据选择器的逻辑功能。

将图 3-56 所示的原理电路在数字实验平台上搭建具体实际电路，给定输入变量的不同组合，通过数码管或 LED 显示观察输出结果。

2) 实现组合逻辑函数

从前面的分析可知，数据选择器输出信号的逻辑表达式具有以下特点：

(1) 具有标准"与或"表达式(最小项表达式)的形式；

(2) 提供了地址变量的全部最小项；

(3) 一般情况下，输入信号 D_i 可以当成一个变量处理。

任何组合逻辑函数都可以写成唯一的最小项表达式的形式，从原理上讲，应用对照比较的方法，用数据选择器可以不受限制的实现任何组合逻辑函数。具体步骤如下：

(1) 当逻辑函数的变量个数和数据选择器的地址输入变量个数相同时，选择逻辑函数的变量接至数据选择器的地址输入端，将逻辑函数的最小项表达式与 74151 的功能表相比较，显然，逻辑函数中出现的最小项，对应的数据输入端应接 1，逻辑函数中没出现的最小项，对应的数据输入端应接 0。

【例 3-8】 试用 8 选 1 数据选择器 74151 实现逻辑函数

$$L=AB+BC+AC$$

解法 1 ① 将逻辑函数转换成最小项表达式。

$$L=\overline{A}BC+A\overline{B}C+AB\overline{C}+ABC=m_3+m_5+m_6+m_7 \tag{3-30}$$

② 将输入变量接至数据选择器的地址输入端，即 $A=A_2,B=A_1,C=A_0$。输出变量接至数据选择器的输出端，即 $L=Y$。将逻辑函数 L 的最小项表达式与 74151 的功能表相比较，显然，式(3-30)中出现的最小项，对应的数据输入端应接 1，式(3-30)中没出现的最小项，对应的数据输入端应接 0。即 $D_3=D_5=D_6=D_7=1,D_0=D_1=D_2=D_4=0$。

③ 画出连线图，如图 3-57 所示。

解法 2 ① 作出逻辑函数 L 的真值表，如表 3-20 所示。

②将输入变量接至数据选择器的地址输入端，即 $A=A_2,B=A_1,C=A_0$。输出变量接至数据选择器的输出端，即 $L=Y$。将真值表中 L 取值为 1 的最小项所对应的数据输入端接 1，L 取值为 0 的最小项，对应的数据输入端接 0。即 $D_3=D_5=D_6=D_7=1,D_0=D_1=D_2=D_4=0$。

③ 画出连线图，如图 3-57 所示。

将图 3-57 所示的原理电路在数字实验平台上搭建具体实际电路，给定输入变量的不同组合，通过数码管或 LED 显示观察输出结果。

表 3-20 例 3-8 的真值表

A	B	C	L
0	0	0	0
0	0	1	0
0	1	0	0
0	1	1	1
1	0	0	0
1	0	1	1
1	1	0	1
1	1	1	1

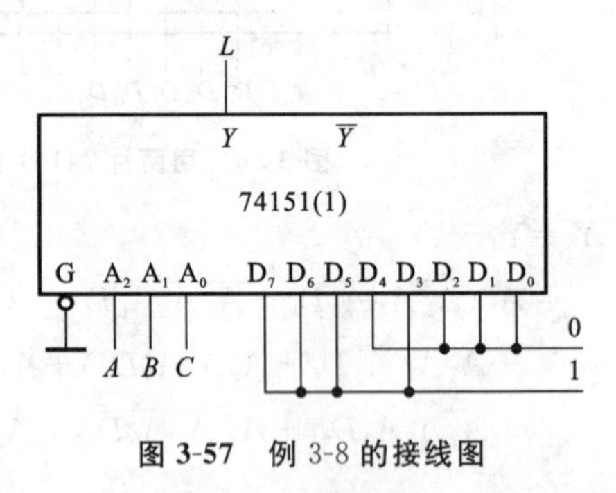

图 3-57 例 3-8 的接线图

(2) 当逻辑函数的变量个数大于数据选择器的地址输入变量个数时，不能用前述的简单办法，应分离出多余的变量，把它们加到适当的数据输入端。

【例 3-9】 用 8 选 1 数据选择器实现 $F(A,B,C,D)=\sum m(1,5,6,7,9,11,12,13,14)$。

解 将两片 8 选 1 数据选择器扩展成 16 选 1 数据选择器(即两片 8 选 1 数据选择器的公共地址端 A_2、A_1、A_0 并接 16 选 1 数据选择器公共地址端 B、C、D，16 选 1 数据选择器公共地址端 A 接 MUX(1)使能端 EN，同时 A 通过非门接 MUX(2)使能端 EN，两片 8 选 1 数据选择器的输出通过或门作为 16 选 1 数据选择器的输出)，如图 3-58 所示。

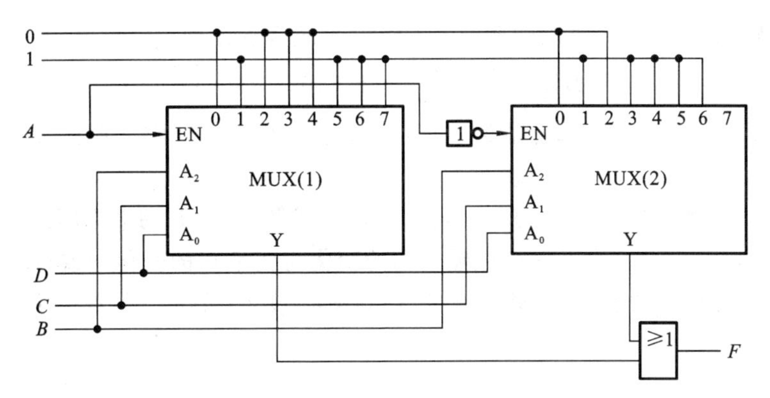

图 3-58　例 3-9 的接线图

令输入变量 A、B、C、D 接 16 选 1 数据选择器公共地址端 A、B、C、D，令函数 F 中包含的最小项设置为 1，函数 F 未包含的最小项设置为 0，即令 $D_1=D_5=D_6=D_7=D_9=D_{11}=D_{12}=D_{13}=D_{14}=1$，$D_0=D_2=D_3=D_4=D_8=D_{10}=D_{15}=0$，就能实现函数 F。

【例 3-10】 试用 4 选 1 数据选择器实现逻辑函数：

$$L=A\overline{C}+BC$$

解　(1) 写出函数的标准与或式 $L=\sum m(3,4,6,7)$。

(2) 选 A、B 作为数据选择器的地址变量，提出数据选择器的地址变量，剩余变量构成数据选择器数据输入端函数，即

$$\begin{aligned}S&=(\overline{A}\overline{B})\times 0+(\overline{A}B)\times C+(A\overline{B})\overline{C}+(AB)(C+\overline{C})\\&=m_0\times 0+m_1\times C+m_2\times\overline{C}+m_3\times 1=m_0D_0+m_1D_1+m_2D_2+m_3D_3\end{aligned}$$

所以 $D_0=0,D_1=C,D_2=\overline{C},D_3=1$。

或者求出数据输入端的函数时可通过真值表(见表 3-21)对比得出。要消去变量 C，可以将真值表中 1、2；3、4；5、6；7、8 行项合并。其中，真值表的 1、2 行 L 输出均为 0，所以令 $D_0=0$；真值表的 7、8 行 L 输出均为 1，所以令 $D_3=1$；真值表的 3、4 行 L 输出值的变化与变量 C 的变化一致，所以令 $D_1=C$；真值表的 5、6 行 L 输出值的变化与变量 C 的变化相反，所以令 $D_2=\overline{C}$。即 $D_0=0,D_1=C,D_2=\overline{C},D_3=1$。

(3) 画出连线图，如图 3-59 所示。

将图 3-59 所示的原理电路在数字实验平台上搭建具体实际电路，给定输入变量的不同组合，通过数码管或 LED 显示观察输出结果。

表 3-21　例 3-10 真值表

A	B	C	L
0	0	0	0
0	0	1	0
0	1	0	0
0	1	1	1
1	0	0	1
1	0	1	0
1	1	0	1
1	1	1	1

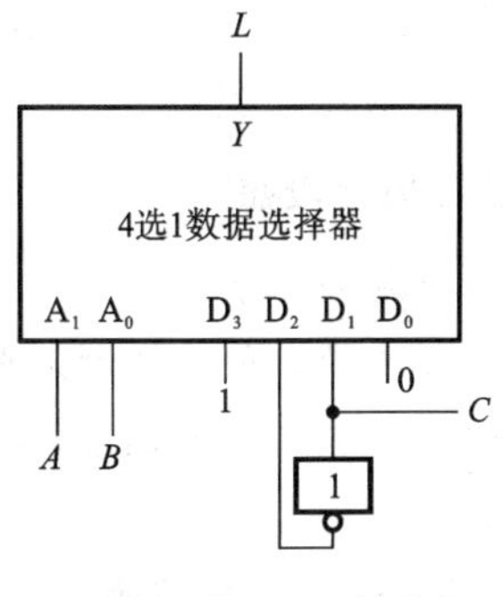

图 3-59　例 3-10 接线图

【例 3-11】 试用 8 选 1 数据选择器 74LS151 实现逻辑函数：

$$F(A,B,C,D)=\sum m(2,7,9,10,13,14,15)$$

解 选 A、B、C 作为数据选择器的地址变量，将函数变量 D 作为数据选择器数据输入端函数。

函数 F 的卡诺图如图 3-60(a)所示，若选择消去变量 D，则 F 的卡诺图的 1、2 行之间可以合并；3、4 行之间可以合并；合并时函数输出值的变化与变量 C 的变化一致时取原变量，反之，取反变量。消去变量后的卡诺图（降维卡诺图）如图3-60(b)所示。令 $D_0=D_2=0$，$D_1=D_5=\overline{D}$，$D_3=D_4=D_6=D$，$D_7=1$。

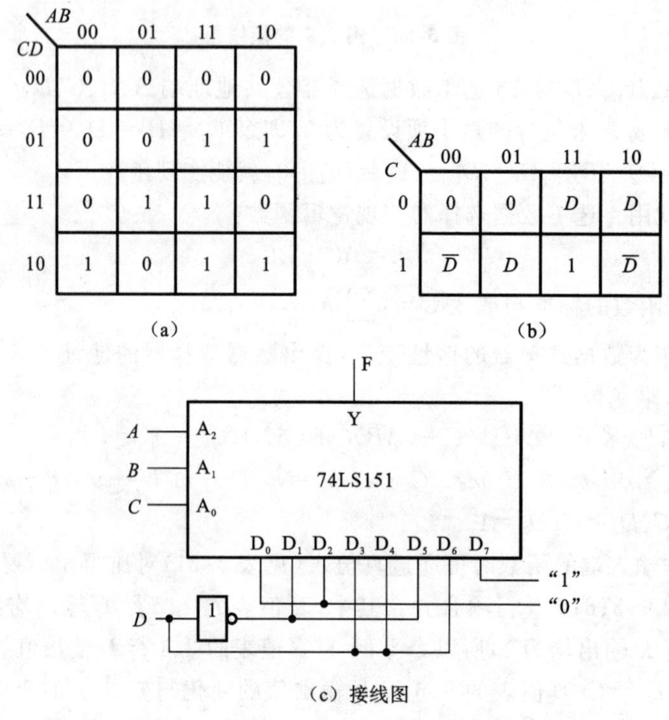

图 3-60 例 3-11 卡诺图及连线图

3.2.5 数值比较器

在一些数字系统中经常需要比较两个数值的大小，数值比较器就是对两个数 A、B 进行比较，以便判断其大小的逻辑电路。

1. 1 位数值比较器

1）电路组成和符号

图 3-61 是 1 位数值比较器的逻辑图。它有两个输入端，分别输入数值 A 和数值 B。两个数值进行比较时有三种结果：$A>B$、$A=B$ 以及 $A<B$。所以它有三个输出端。

2）Multisim 仿真

在 Multisim 软件中，按照图 3-62 所示的逻辑电路选取所需的器件，然后接线，最后得到图 3-62 所示的逻辑功能测试仿真电路图。

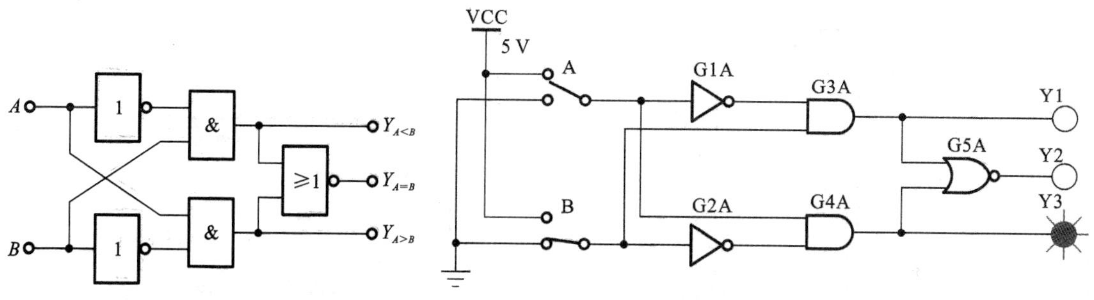

图 3-61 1位数值比较器　　**图 3-62** 1位数值比较器的逻辑图的仿真测试图

启动仿真，当 $A=0$、$B=1$，即 $A<B$ 时，Y1亮；当 $A=1$、$B=0$ 时，即 $A>B$ 时，Y3亮；当 $A=0$、$B=0$ 或 $A=1$，$B=1$，即 $A=B$ 时，Y2亮。图3-62是当 $A=1$，$B=0$ 时，即 $A>B$ 时的仿真结果。

3）工作原理

按照组合电路分析步骤，1位数值比较器的逻辑表达式为

$$\begin{cases} Y_{A<B}=\overline{A}B \\ Y_{A=B}=\overline{A\oplus B} \\ Y_{A>B}=A\overline{B} \end{cases} \tag{3-31}$$

表 3-22 1位数值比较器真值表

输入		输出		
A	B	$Y_{A<B}$	$Y_{A=B}$	$Y_{A>B}$
0	0	0	1	0
0	1	1	0	0
1	0	0	0	1
1	1	0	1	0

根据逻辑表达式列出真值表，如表3-22所示。

所以，当 $A<B$ $(A=0,B=1)$ 时，只有 $Y_{A<B}=1$，其余输出端为“0”；当 $A=B(A=0,B=0$ 和 $A=1,B=1)$ 时，$Y_{A=B}=1$；当 $A>B$ $(A=1,B=0)$ 时，$Y_{A>B}=1$。可以看出，该电路能判断出输入的两个1位二进制数 A、B 的大小，所以它是1位数值比较器。

将图3-62所示的仿真测试电路在数字实验平台上搭建具体实际电路，给定输入变量的不同组合，通过数码管或LED显示观察输出结果。

2. 多位数值比较器

在实际应用中往往需要比较两个多位二进制数，就需要把上面的1位数值比较器合理的连接起来使用，组成多位数值比较器。

当两个多位二进制数需要比较时，应该从高位到低位，逐位进行比较，而且只有当高位相等时，才有必要比较相邻的低一位，一直到最低一位。例如，两个4位二进制数，$A=A_3A_2A_1A_0$，$B=B_3B_2B_1B_0$ 进行比较时，如果 $A_3>B_3$，则说明 $A>B$；如果 $A_3<B_3$，则说明 $A<B$；只有当 $A_3=B_3$ 时，需要比较 A_2 和 B_2，按此方法从高位到低位依次进行比较，即可以得出最后的比较结果。

按照以上思路设计出的中规模多位数值比较器有多种。例如，74LS521、74LS686为8位数值比较器，74HC85为4位数值比较器等。图3-63(a)为74HC85管脚排列图，图3-63(b)为74HC85逻辑符号。图3-64为4位数值比较器74HC85在Multisim仿真软件中的逻辑仿真测试图。

根据仿真结果可得74HC85逻辑功能表，如表3-23所示。

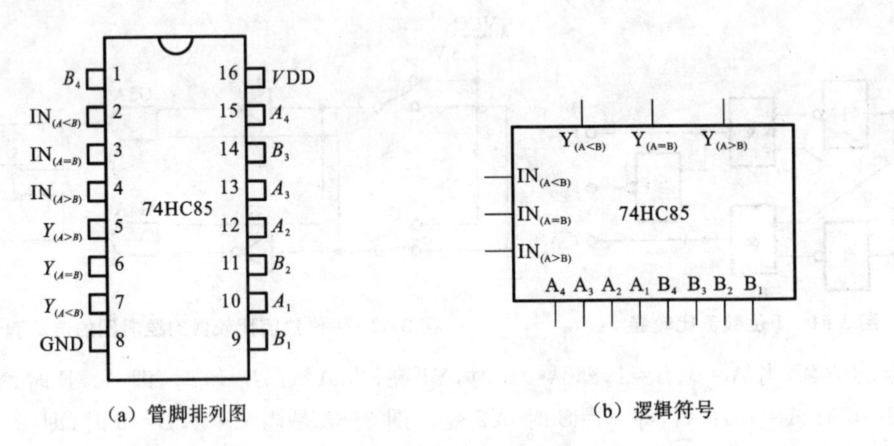

（a）管脚排列图　　（b）逻辑符号

图 3-63　74HC85 数值比较器

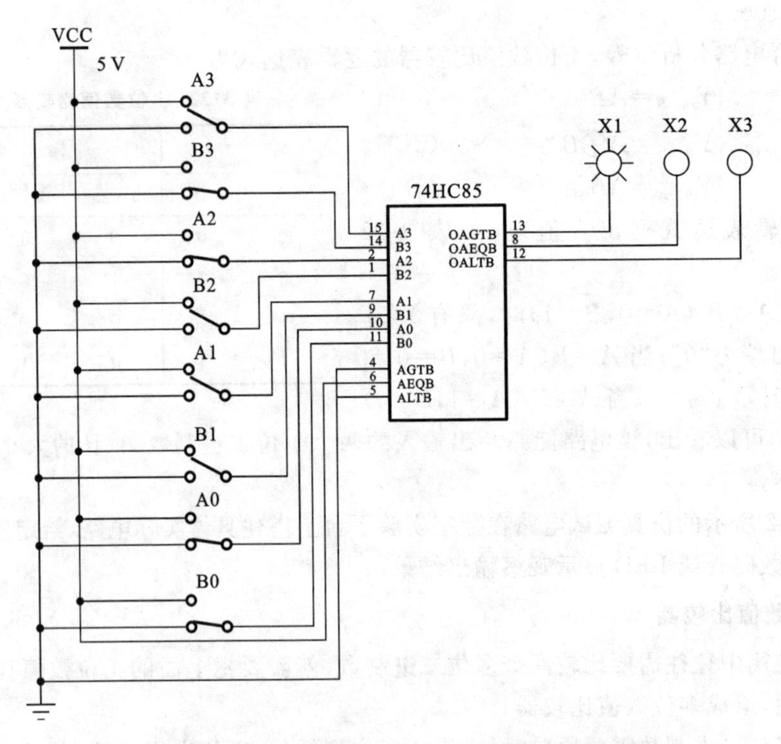

图 3-64　数值比较器 74HC85 的逻辑仿真测试图

表 3-23　74HC85 功能表

输入							输出		
A_4,B_4	A_3,B_3	A_2,B_2	A_1,B_1	$IN_{(A<B)}$	$IN_{(A=B)}$	$IN_{(A>B)}$	$Y_{(A<B)}$	$Y_{(A=B)}$	$Y_{(A>B)}$
$A_4>B_4$	×	×	×	×	×	×	0	0	1
$A_4<B_4$	×	×	×	×	×	×	1	0	0
$A_4=B_4$	$A_3>B_3$	×	×	×	×	×	0	0	1
$A_4=B_4$	$A_3<B_3$	×	×	×	×	×	1	0	0
$A_4=B_4$	$A_3=B_3$	$A_2>B_2$	×	×	×	×	0	0	1

续表

输入							输出		
A_4,B_4	A_3,B_3	A_2,B_2	A_1,B_1	$IN_{(A<B)}$	$IN_{(A=B)}$	$IN_{(A>B)}$	$Y_{(A<B)}$	$Y_{(A=B)}$	$Y_{(A>B)}$
$A_4=B_4$	$A_3=B_3$	$A_2<B_2$	×	×	×	×	1	0	0
$A_4=B_4$	$A_3=B_3$	$A_2=B_2$	$A_1>B_1$	×	×	×	0	0	1
$A_4=B_4$	$A_3=B_3$	$A_2=B_2$	$A_1<B_1$	×	×	×	1	0	0
$A_4=B_4$	$A_3=B_3$	$A_2=B_2$	$A_1=B_1$	1	0	0	1	0	0
$A_4=B_4$	$A_3=B_3$	$A_2=B_2$	$A_1=B_1$	×	1	×	0	1	0
$A_4=B_4$	$A_3=B_3$	$A_2=B_2$	$A_1=B_1$	0	0	1	0	0	1
$A_4=B_4$	$A_3=B_3$	$A_2=B_2$	$A_1=B_1$	1	0	1	0	0	0
$A_4=B_4$	$A_3=B_3$	$A_2=B_2$	$A_1=B_1$	0	0	0	1	0	1

由表3-23可以看出，74HC85可以对两个4位数进行逐位比较。当$A=B$，输出端为低电平时，表示两个4位数完全相等；当$A>B$，输出端为低电平时，表示A_4位数大于B_4位数；当两个输出端都输出高电平（即不相等，也不大于）时，表示A_4位数小于B_4位数。

图3-64中的4位数值比较器74HC85，为了扩展逻辑功能，设计了低位比较输入端。当只比较两个4位数时，要求"输入$A<B$"=0、"输入$A=B$"=1、"输入$A>B$"=1。

利用$IN_{(A>B)}$、$IN_{(A=B)}$和$IN_{(A<B)}$这三个输入端，可以将两片以上的74HC85组合成更多位数的数值比较器。

将图3-64所示的仿真测试电路在数字实验平台上搭建具体实际电路，给定输入变量的不同组合，通过数码管或LED显示观察输出结果。

3. 数值比较器的应用

【例3-12】 由两片74HC85扩展成两个8位二进制数比较电路。

解 根据多位数比较的规则，在高位相等时取决于低位的比较结果。因此，只要将两个数的高4位$A_7A_6A_5A_4$和$B_7B_6B_5B_4$接到74HC85(2)上，而将低4位的$A_3A_2A_1A_0$和$B_3B_2B_1B_0$接到74HC85(1)上，同时把第(1)片的$Y_{(A>B)}$、$Y_{(A=B)}$和$Y_{(A<B)}$接到第(2)片的$IN_{(A>B)}$、$IN_{(A=B)}$和$IN_{(A<B)}$就行了。

因为第(1)片74HC85没有来自低位的比较信号输入，所以将它的$IN_{(A>B)}$和$IN_{(A<B)}$端接0，同时将它的$IN_{(A=B)}$端接1，这样就得到了如图3-65所示的8位数值比较器。

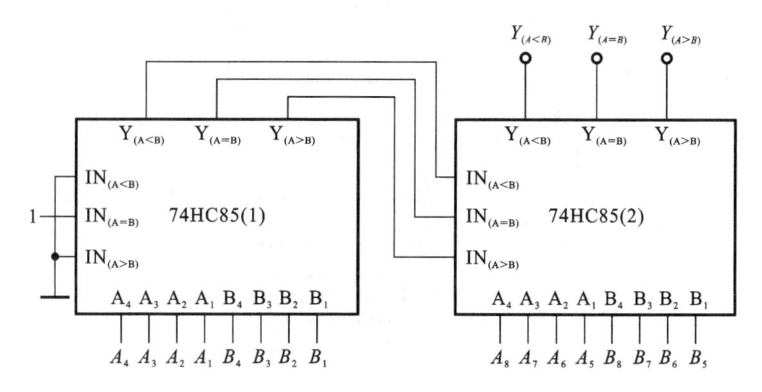

图3-65 两片74HC85扩展成8位二进制数比较电路

将图 3-65 所示的原理电路在数字实验平台上搭建具体实际电路，给定输入变量的不同组合，通过 LED 显示观察输出结果。

3.2.6 只读存储器 ROM

存储器是计算机等数字系统中的记忆设备，用来存放程序和数据，是计算机信息存储的核心。只读内存(read-only memory，ROM)是一种半导体存储器，其特性是一旦储存，资料就无法再将之改变或删除，通常用在不需经常变更资料的电子或计算机系统中，资料不会因为电源关闭而消失。ROM 所存数据，一般是在装入整机前事先写好的，整机工作过程中只能读出，而不像随机存储器那样能快速、方便地加以改写。ROM 所存数据稳定，断电后所存数据也不会改变；其结构较简单，读出较方便，因而常用于存储各种固定程序和数据。为便于使用和大批量生产，进一步发展了可编程只读存储器(PROM)、可擦可编程只读存储器(EPROM)和电可擦可编程只读存储器(E^2PROM)。EPROM 需用紫外光长时间照射才能擦除，使用很不方便。20 世纪 80 年代制出的 E^2PROM，克服了 EPROM 的不足，但集成度不高，价格较贵。于是又开发出一种新型的存储单元结构——与 EPROM 相似的快闪存储器，其集成度高、功耗低、体积小，又能在线快速擦除，因而获得飞速发展，并有可能取代现行的硬盘而成为主要的大容量存储器。大部分只读存储器用金属-氧化物-半导体(MOS)场效应管制成。

1. ROM 的电路结构和工作原理

ROM 主要由地址译码器、存储矩阵和输出缓冲器三部分组成，其基本结构如图 3-65 所示。存储矩阵是存放信息的主体，它由许多存储单元排列组成。每个存储单元存放 1 位二值代码(0 或 1)，若干个存储单元组成一个“字”(也称一个信息单元)。地址译码器有 n 条地址输入线 $A_0 \sim A_{n-1}$，$2n$ 条译码输出线 $W_0 \sim W_{2^n-1}$，每一条译码输出线 W_i 称为“字线”，它与存储矩阵中的一个“字”相对应。因此，每当给定一组输入地址时，译码器只有一条输出字线 W_i 被选中，该字线可以在存储矩阵中找到一个相应的“字”，并将字中的 m 位信息 $D_{m-1} \sim D_0$ 送至输出缓冲器。读出 $D_{m-1} \sim D_0$ 的每条数据输出线 D_i 也称为“位线”，每个字中信息的位数称为“字长”。

ROM 的存储单元可以用二极管制成，也可以用双极型三极管或 MOS 管制成。存储器的容量用存储单元的数目来表示，写成“字数乘位数”的形式。对于图 3-66 所示的存储矩阵有 2^n

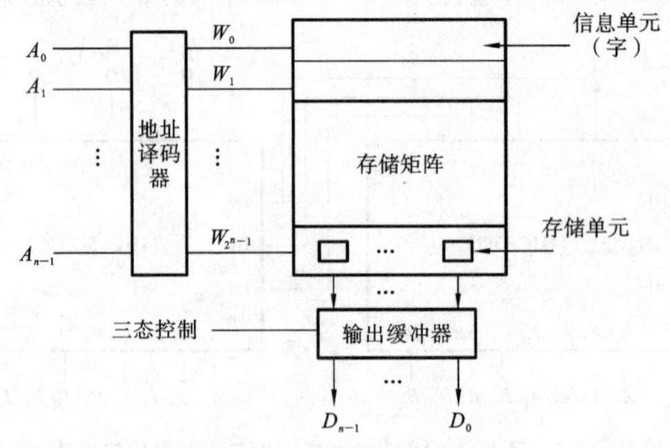

图 3-66 ROM 的电路结构框图

个字，每个字的字长为 m，因此整个存储器的存储容量为 $2^n\times m$ 位。存储容量也习惯用 K（1 K=1024）来表示，如 1 K×4、2 K×8 和 64 K×1 的存储器，其容量分别是 1024×4 位、2048×8 位和 65536×1 位。

地址译码器的作用是将输入的地址代码译成相应的控制信号，利用这个控制信号从存储矩阵中把指定的单元选出，并把其中的数据送到输出缓冲器。

输出缓冲器的作用有两个：一是能提高存储器的带负载能力；二是实现对输出状态的三态控制，以便与系统的总线连接。

图 3-67 所示的是具有 2 位地址输入码和 4 位数据输出的 ROM 电路，它的存储单元用二极管制成。它的地址译码器由 4 个二极管与门组成。2 位地址代码 A_1A_0 能给出 4 个不同的地址。地址译码器将这 4 个地址代码分别译成 $W_0\sim W_3$ 4 根线上的高电平信号。存储矩阵实际上是由 4 个二极管或门组成的编码器，当 $W_0\sim W_3$ 每根线上给出高电平信号时，都会在 $D_3\sim D_0$ 4 根线上输出一个 4 位二值代码。通常将每个输出代码叫一个"字"，并称 $W_0\sim W_3$ 为字线，把 $D_3\sim D_0$ 称为位线（或数据线），而 A_1A_0 称为地址线。输出端的缓冲器用来提高带负载能力，并将输出的高低电平变换为标准的逻辑电平。同时，通过给定 EN 信号实现对输出的三态控制。在读取数据时，只要输入指定的地址码并令 EN=0，则指定地址内各存储单元所存的数据便会出现在输出数据线上。

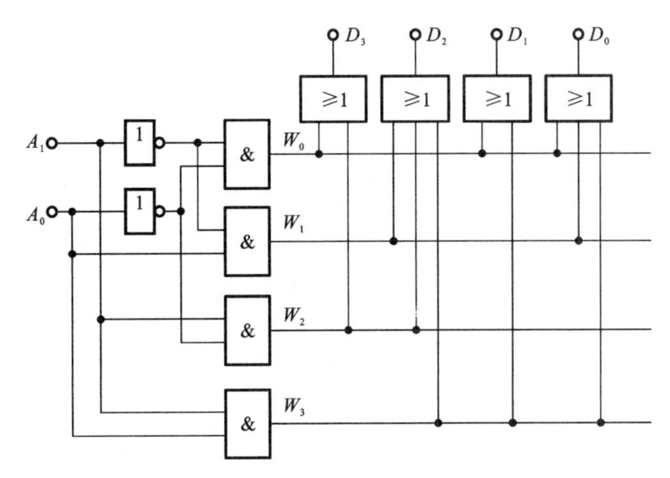

图 3-67　4×4 位 ROM 原理图

不难看出，字线和位线的每个交叉点都是一个存储单元。交点处接有二极管时相当于存 1，没有接二极管时相当于存 0。交叉点的数目也就是存储单元数。习惯上用存储单元的数目表示存储器的存储量（或称容量），并写成"（字数）×（位数）"的形式。例如，图中 ROM 的存储量应表示成"4×4 位"。全部 4 个地址内的存储内容列于表 3-24 中。

从图 3-67 中还可以看到，ROM 的电路结构很简单，所以集成度可以做得很高，而且一般都是批量生产，价格便宜。

采用 MOS 工艺制作 ROM 时，译码器、存储矩阵和输出缓冲器全用 MOS 管制成。图3-68 给出了 MOS 管存储矩阵的原理图，有 MOS 管的单元存储"0"，无 MOS 管的单元存储"1"。在大规模集成电路中，MOS 管多做成对称结构，同时也为了画图的方便，一般都采用图中所用的简化画法。

表 3-24 ROM 的数据表

地址		内容			
A_1	A_0	D_3	D_2	D_1	D_0
0	0	0	0	1	1
0	1	0	1	0	1
1	0	0	1	0	1
1	1	1	0	1	0

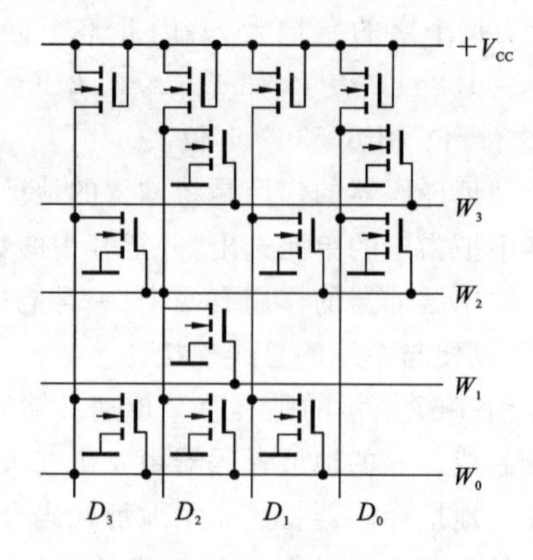

图 3-68 用 MOS 管制成的 ROM 矩阵

2. PROM

可编程序只读存储器是允许用户在使用时予以编程的只读存储器，简称 PROM(programmable read only memory)。PROM 在出厂时，存储单元是全 1(或 0)。使用时，用户可以根据需要，将数据一次写入存储器中，但只能写入一次，以后不能再改变。换言之，这种 ROM 所存储的信息不是由制造厂家先决定，而是由用户现场设计产生。显然，它具有通用性强的优点，同一种规格的芯片可以存入不同的信息，执行不同的逻辑功能。

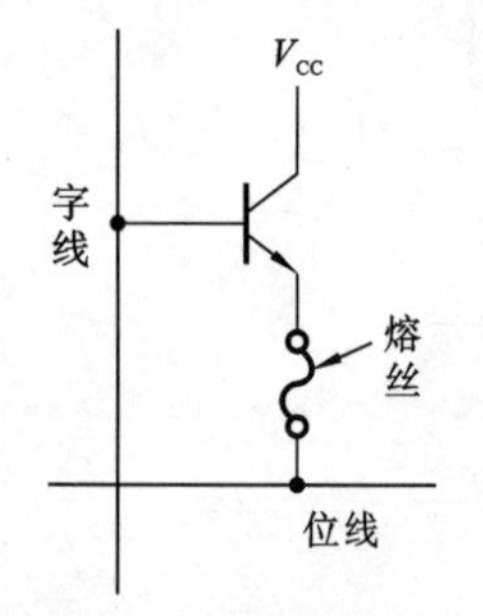

图 3-69 熔丝型 PROM 电路结构

1) 一次可编程序只读存储器

将程序(或数据)写入 PROM 的过程称为固化。固化方式有两种：一种是熔断丝(如镍铬钼合金等)；另一种是击穿方式。图 3-69 是用双极型三极管和熔断丝组成的 PROM 存储阵列的结构图，其初始状态是全 1。存储单元的三极管发射极通过熔断丝与位数相连，编程写入 1 则保持原状态不变，写入 0 则选中该位并提高电源电压(正常时为 5 V，编程时提高到 10～12 V)将熔断丝烧断。整块电路的编程需要逐字逐位进行。

PROM 为一次性写入的只读存储器，程序中一旦发生错误则也是永久性的，所以必须保证在电路写入(固化)处理前，存储信息设计完全正确。

2) 可擦除可编程只读存储器(EPROM)

PROM 中的内容只能写一次，有时仍嫌不方便，于是又发展了一种可擦除可编程 ROM (EPROM)，目前按照实现技术可分为以下三种类型。

(1) EPROM。

采用浮栅技术生产的可编程存储器。其内容可通过紫外线照射而被擦除，可多次编程。

(2) 电可擦除可编程 ROM(E^2PROM)。

也是采用浮栅技术生产的可编程 ROM，但是构成其存储单元的是隧道 MOS 管，是用电擦除，并且擦除的速度要快得多(一般为毫秒数量级)。E^2PROM 的电擦除过程就是改写过程，它既具有 ROM 的非易失性，又具备类似 RAM 的功能，可以随时改写(可重复擦写 1 万次以上)。

（3）快闪存储器。

快闪存储器(Flash Memory)也是采用浮栅型 MOS 管，存储器中数据的擦除和写入是分开进行的，数据写入方式与 EPROM 的相同，一般一只芯片可以擦除/写入 100 次以上。

3.3 组合逻辑电路的综合设计

3.3.1 用中规模器件实现组合逻辑电路

中规模集成器件因具有体积小、功耗低、速度高及抗干扰能力强等一系列优点而得到了广泛的应用。在较复杂的数字逻辑电路设计中，以常用中规模集成电路和相应的功能电路为基本单元，取代门级组合电路设计中的基本单元，可以使设计过程大为简化。常用的中规模组合逻辑器件包括编码器、译码器、数据选择器、加法器等。

下面通过两个具体的例子介绍用中规模组合逻辑器件进行组合逻辑电路设计的方法和步骤。

1. 利用译码器和数据选择器实现逻辑函数

由于逻辑函数可以写成最小项之和形式，而集成译码器芯片的输出为最小项取反，数据选择器输出与控制输入端最小项有关，因此可由译码器或数据选择器实现逻辑函数。对于译码器，可以实现多输出的组合逻辑函数，而数据选择器一般只能实现单个输出的逻辑函数。因此，常常利用译码器和数据选择器实现逻辑函数。

【例 3-13】 试用集成 3 线-8 线译码器 74HC138 或集成双 4 选 1 数据选择器实现全减器。设输入为被减数 A、减数 B 和低位的借位 CI，输出为本位差 D 和向高位的借位 CO。

解 因为本设计要求采用集成 3 线-8 线译码器 74HC138 或集成双 4 选 1 数据选择器来实现所要求的逻辑电路，因此，根据要求应用两种方法来实现设计要求。

方法一 采用集成 3 线-8 线译码器 74HC138 实现。

3 线-8 线译码器 74HC138 的输出端逻辑式为 $\overline{Y}_i=\overline{m}_i$。

（1）根据设计要求列出逻辑真值表，如表 3-25 所示。

（2）由真值表写出对应的逻辑表达式：

$$\begin{cases} D=\overline{A}\overline{B}\mathrm{CI}+\overline{A}B\,\overline{\mathrm{CI}}+A\overline{B}\,\overline{\mathrm{CI}}+AB\mathrm{CI}=m_1+m_2+m_4+m_7 \\ \mathrm{CO}=\overline{A}\overline{B}\mathrm{CI}+\overline{A}B\,\overline{\mathrm{CI}}+\overline{A}B\,\overline{\mathrm{CI}}+AB\mathrm{CI}=m_1+m_2+m_3+m_7 \end{cases} \tag{3-32}$$

（3）将逻辑函数式与译码器的输出形式进行对比，把上述求出的逻辑代数式转换成 $\overline{Y}_i=\overline{m}_i$ 的形式：

$$\begin{cases} D=\overline{\overline{m_1+m_2+m_4+m_7}}=\overline{\overline{m}_1\cdot\overline{m}_2\cdot\overline{m}_4.\overline{m}_7}=\overline{\overline{Y}_1\cdot\overline{Y}_2\cdot\overline{Y}_4\cdot\overline{Y}_7} \\ \mathrm{CO}=\overline{\overline{m_1+m_2+m_3+m_7}}=\overline{\overline{m}_1\cdot\overline{m}_2\cdot\overline{m}_3\cdot\overline{m}_7}=\overline{\overline{Y}_1\cdot\overline{Y}_2\cdot\overline{Y}_3\cdot\overline{Y}_7} \end{cases} \tag{3-33}$$

（4）根据得出的逻辑表达式设计逻辑功能电路图，如图 3-70 所示。

（5）逻辑功能仿真测试。

根据图 3-70 所示的逻辑电路图，在 Multisim 软件中选择相应的元件，构成如图 3-71 所示的逻辑功能仿真测试电路。启动仿真，观察仿真结果，结果表明设计正确。

表 3-25　例 3-13 真值表

输入			输出	
A	B	CI	D	CO
0	0	0	0	0
0	0	1	1	1
0	1	0	1	1
0	1	1	0	1
1	0	0	1	0
1	0	1	0	0
1	1	0	0	0
1	1	1	1	1

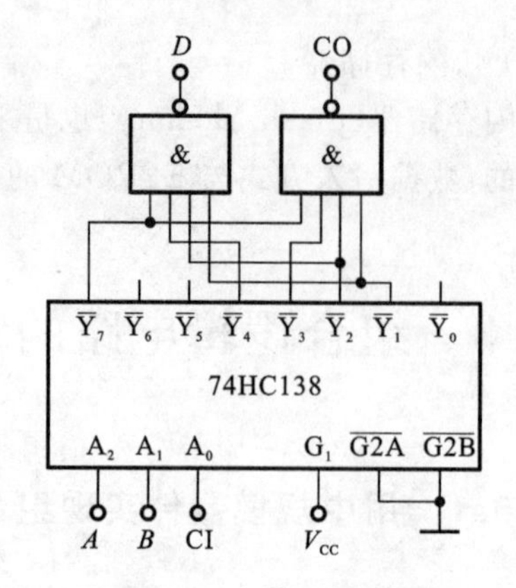

图 3-70　用 74HC138 实现例 3-13

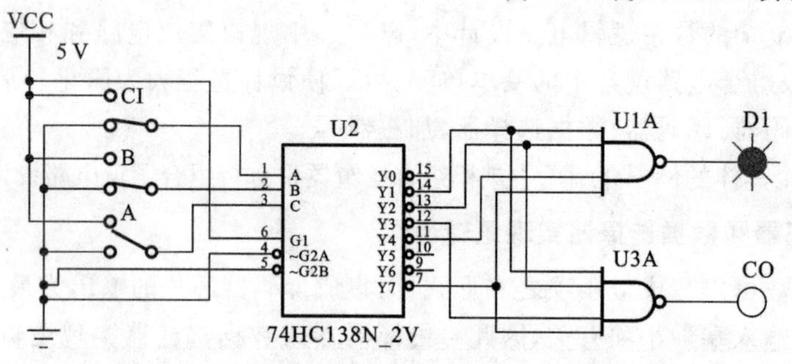

图 3-71　用 74HC138 实现例 3-13 的仿真测试图

方法二　由双 4 选 1 数据选择器 74HC153 实现。

(1) 根据设计要求列出逻辑真值表，如表 3-24 所示。

(2) 由真值表写出对应的逻辑表达式：

$$\begin{cases} D=\overline{A}\overline{B}\mathrm{CI}+\overline{A}B\overline{\mathrm{CI}}+A\overline{B}\overline{\mathrm{CI}}+AB\mathrm{CI} \\ \mathrm{CO}=\overline{A}\overline{B}\mathrm{CI}+\overline{A}B\overline{\mathrm{CI}}+\overline{A}B\mathrm{CI}+AB\mathrm{CI} \end{cases} \tag{3-34}$$

(3) 转换。双 4 选 1 数据选择器 74HC153 的逻辑输出为

$$\begin{aligned} Y &= \overline{A}_1\overline{A}_0 \cdot D_0+\overline{A}_1 A_0 \cdot D_1+A_1\overline{A}_0 \cdot D_2+A_1A_0 \cdot D_3 \\ &= \overline{A}\overline{B} \cdot D_0+\overline{A}B \cdot D_1+A\overline{B} \cdot D_2+AB \cdot D_3 \end{aligned} \tag{3-35}$$

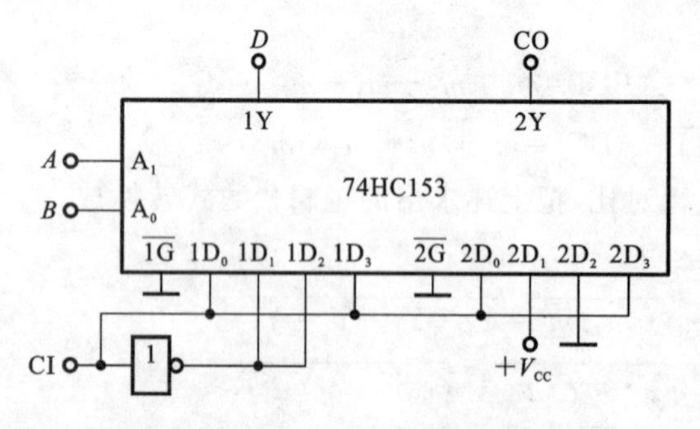

图 3-72　用 74HC153 实现的例 3-13

对比之后将 $A_1=A, A_0=B$，取：

$$1D_0=\mathrm{CI},\quad 1D_1=\overline{\mathrm{CI}}$$
$$1D_2=\overline{\mathrm{CI}},\quad 1D_3=\mathrm{CI}$$
$$2D_0=\mathrm{CI},\quad 2D_1=1$$
$$2D_2=0,\quad 2D_3=\mathrm{CI}$$

(4) 设计逻辑功能电路图。根据设计，连线如图 3-72 所示。

(5) 逻辑功能仿真测试

根据图 3-72 所示的逻辑电路图，在 Multisim 软件中选择相应的元件，构成如图 3-73 所示的逻辑功能仿真测试电路。启动仿真，观察仿真结果，结果表明设计正确。

将图 3-70 及 3-72 所示的设计电路在数字实验平台上搭建具体实际电路，给定输入变量

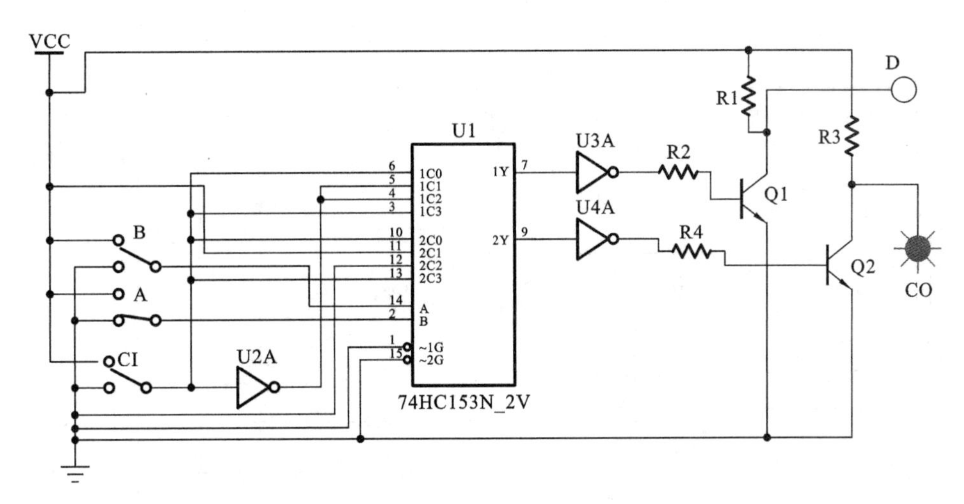

图 3-73 用 74HC153 实现的例 3-13 的仿真测试图

的不同组合，通过 LED 显示观察输出结果。

2. 利用加法器或译码器实现代码转换

代码转换就是将一种代码变换成另一种代码，如将 4 位二进制代码转换成 8421BCD 码、将 4 位二进制代码转换成 4 位格雷码等。

【例 3-14】 利用集成 4 位并行进位加法器 74HC283 将 8421BCD 码转换成余 3 码。

解 余 3 码为无权码，在数值上比对应的 8421BCD 码大 3，真值表如表 3-26 所示。

根据题目要求，将 74HC283 一个 4 位输入接入 8421BCD 码，另一个 4 位输入接入 0011，输出即为余 3 码。电路原理图如图 3-74 所示，Multisim 仿真测试电路如图 3-75 所示。

表 3-26 例 3-14 真值表

输入(8421BCD 码)				输出(余 3 码)			
0	0	0	0	0	0	1	1
0	0	0	1	0	1	0	0
0	0	1	0	0	1	0	1
0	0	1	1	0	1	1	0
0	1	0	0	0	1	1	1
0	1	0	1	1	0	0	0
0	1	1	0	1	0	0	1
0	1	1	1	1	0	1	0
1	0	0	0	1	0	1	1
1	0	0	1	1	1	0	0

余3码输出

C_4 S_4 S_3 S_2 S_1

74HC283

A_4 A_3 A_2 A_1 B_4 B_3 B_2 B_1 C_0

8421BCD码输入 $+V_{cc}$

图 3-74 例 3-14 电路图

将图 3-74 所示的仿真测试电路在数字实验平台上搭建具体实际电路，给定输入变量的不同组合，通过数码管或 LED 显示观察输出结果。

3.3.2 用 PROM 实现组合逻辑电路

用 PROM 实现组合逻辑的基本原理可以从“存储器”和“组合逻辑”两个角度来理解。从存储器的角度看，只要把逻辑函数的真值表事先存入 ROM，便可用 ROM 实现该函数。具体地说，以真值表中的变量取值作为存储单元的地址，把对应的函数取值作为数据存入该单元

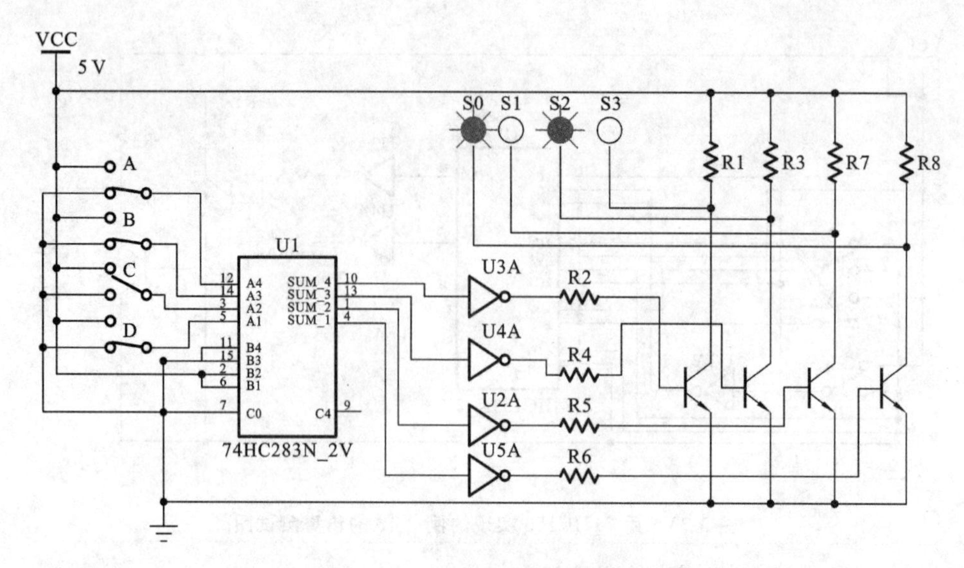

图 3-75　用 74HC283 实现的例 3-14 的仿真测试图

中。这样，按地址读出的数据，便是真值表中相应变量取值时的函数值。

从组合逻辑的角度看，ROM 中的地址译码器形成输入变量的所有最小项，即实现了逻辑变量的"与"运算，正如前面所介绍那样，地址译码器可等效为"与"逻辑；ROM 中的存储矩阵可等效为"或"逻辑。因此，我们可以把 ROM 看作是一个与门网络和或门网络。

ROM 的读数过程是根据地址码读出指定单元中的数据。例如，当输入地址码 $A_1A_0=01$ 时，字线 $W_1=1$，其余字选择线为 0，W_1 字线上的高电平通过接有二极管的位线 D_1、D_2 为 1，其他位线与 W_1 字线相交处没有二极管，为低电平，是 0。所以输出 $D_3D_2D_1D_0=0110$。根据图 3-67 所示的二极管存储矩阵，可列出全部地址所对应存储单元内容的真值表，如表 3-27 所示。

工程上，为了 ROM 的设计方便，常把图 3-66 所示的逻辑图简化为图 3-76 所示的阵列图。在阵列图中，与阵列的小圆点表示各逻辑变量之间的"与"运算，或阵列的小圆点表示各最小项之间的"或"运算。

表 3-27　MOS 管存储矩阵真值表

地址		数据			
A_1	A_0	D_3	D_2	D_1	D_0
0	0	0	1	0	1
0	1	0	1	1	0
1	0	1	0	0	1
1	1	0	0	1	1

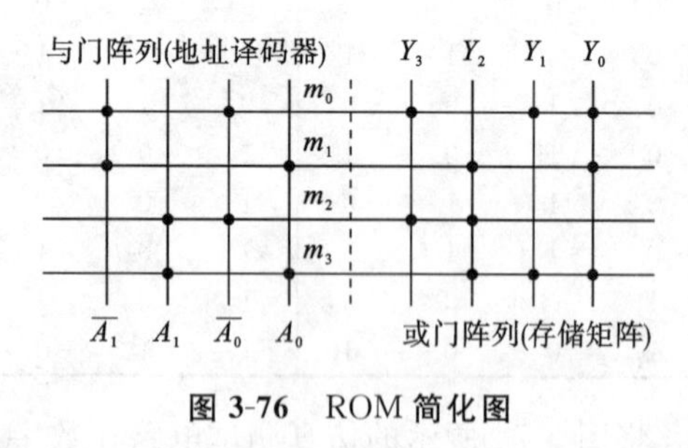

图 3-76　ROM 简化图

由上可知，用 PROM 实现逻辑函数时，首先需列出函数的真值表或最小项表达式，然后画出 PROM 的阵列图。工厂根据用户提供的阵列图，便可生产出所需的 ROM。下面举例说明 ROM 的应用。

【例 3-15】 用 PROM 实现以下逻辑函数：

$$Y_1=\overline{A}\cdot\overline{B}+AB,\quad Y_2=\overline{B}\cdot\overline{C}+\overline{A}C,\quad Y_3=\overline{A}\cdot B\cdot\overline{C}+C$$

解　利用 $A+\overline{A}=1$，将上述函数式转化为标准与或式：

$$Y_1 = \overline{A} \cdot \overline{B} + AB = \sum m(0,1,6,7) \tag{3-36}$$

$$Y_2 = \overline{B} \cdot \overline{C} + \overline{A}C = \sum m(0,1,3,4) \tag{3-37}$$

$$Y_3 = \overline{A} \cdot B \cdot \overline{C} + C = \sum m(1,2,3,5,7) \tag{3-38}$$

由上述标准式可知：函数 Y_1 有四个存储单元应为“1”，函数 Y_2 也有四个存储单元应为“1”，函数 Y_3 有五个存储单元应为“1”，实现这三个函数的逻辑图如图 3-77 所示。

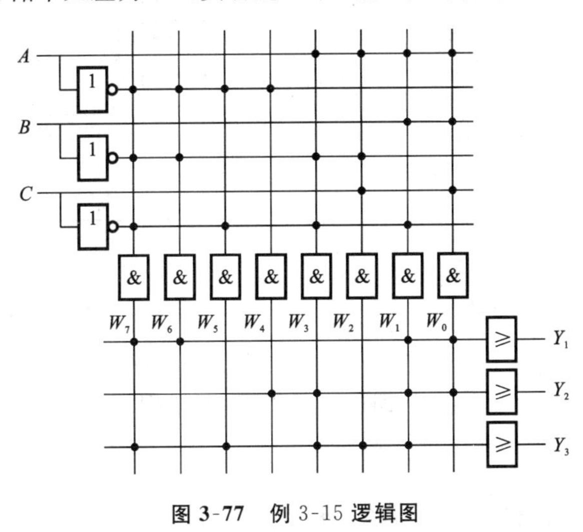

图 3-77　例 3-15 逻辑图

3.4　组合逻辑电路中的竞争-冒险现象

3.4.1　竞争-冒险现象

前面分析组合逻辑电路时，都是在输入、输出处于稳定的逻辑电平下进行的，没有考虑门电路的延迟时间对电路的影响。实际上，当输入信号的逻辑电平发生变化的瞬间可能出现异常情况，即所谓的竞争-冒险现象。由于延迟时间的影响，输入信号经过不同路径到达输出端的时间有先有后，这一现象称为竞争。由于竞争使得电路产生了暂时错误输出，这一现象称为冒险，冒险使电路无法正常工作。

组合电路中的险象是一种瞬态现象，它表现为在输出端产生不应有的尖脉冲，暂时地破坏正常逻辑关系。一旦瞬态过程结束，即可恢复正常逻辑关系。

3.4.2　冒险现象产生的原因

下面通过具体的例子来了解一下竞争-冒险现象产生的原因。

例如，图 3-78 所示的是由与非门构成的逻辑门电路，该电路有 3 个输入变量，1 个输出函数。根据逻辑电路图可写出输出函数表达式为

$$F = \overline{\overline{AB} \cdot \overline{\overline{A}C}} = AB + \overline{A}C \tag{3-39}$$

假设输入变量 $B=C=1$，将 B、C 的值代入上述函数表达式，可得：

$$F=A+\overline{A} \tag{3-40}$$

由互补律可知，函数 $F=A+\overline{A}$ 的值应恒为1，即 $B=C=1$ 时，无论 A 怎样变化，输出 F 的值都应保持1不变。

假定每个门的延迟时间为 t_{pd}，则实际输入、输出关系可用图3-79所示的波形图来说明。

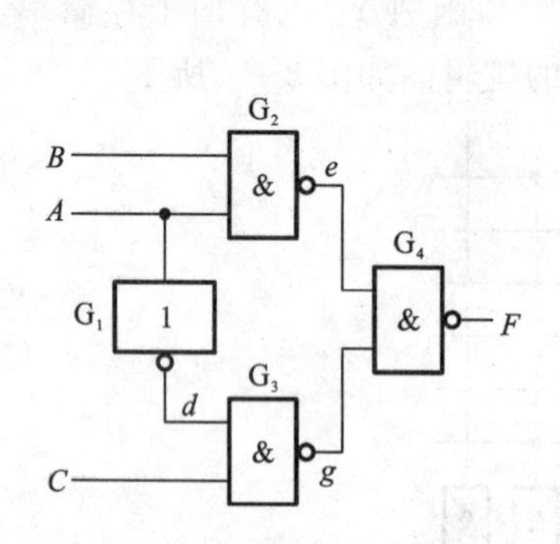

图 3-78 逻辑门电路

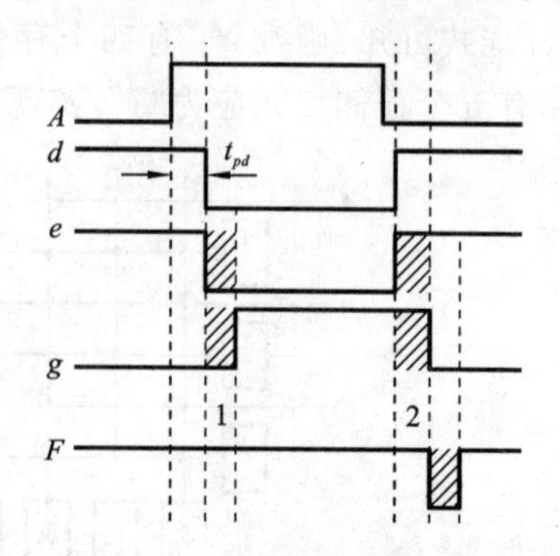

图 3-79 由于门电路时间延迟而产生的险象

由图3-79可以看出，由于门电路延迟时间的关系，电路在时间"1"和"2"出现了竞争，并且输出 F 在时间"2"出现了短时的错误，即产生了冒险，通常把不产生冒险现象的竞争称为非临界竞争，而把产生冒险现象的竞争称为临界竞争。

3.4.3 竞争-冒险的识别与消除方法

1. 竞争-冒险的识别

判断电路是否可能产生险象的方法有代数法和卡诺图法。

1）代数法

检查函数表达式中是否存在具备竞争条件的变量，即是否有某个变量 X 同时以原变量和反变量的形式出现在函数表达式中。

若存在具备竞争条件的变量 X，则消去函数式中的其他变量，看函数表达式是否会变为 $X+\overline{X}$ 或者 $X\cdot\overline{X}$ 的形式。若会，则说明对应的逻辑电路可能产生险象。

【例 3-16】 试判断 $F=\overline{A}\overline{C}+\overline{A}B+AC$ 是否可能产生险象？

解 变量 A 和 C 具备竞争的条件，应分别进行检查。

检查 C：

$$AB=00 \quad F=\overline{C} \tag{3-41}$$

$$AB=01 \quad F=1 \tag{3-42}$$

$$AB=10 \quad F=C \tag{3-43}$$

$$AB=11 \quad F=C \tag{3-44}$$

所以，C 发生变化时不会产生险象。

检查 A：

$$BC=00 \quad F=\overline{A} \tag{3-45}$$

$$BC=01 \quad F=A \tag{3-46}$$

$$BC=10 \quad F=\overline{A} \tag{3-47}$$

$$BC=11 \quad F=A+\overline{A} \tag{3-48}$$

所以，当 $B=C=1$ 时，A 的变化可能使电路产生险象。

当描述电路的逻辑函数为"与或"表达式时，采用卡诺图判断险象比代数法更为直观、方便。

2）卡诺图法

作出函数卡诺图，并画出和函数表达式中各"与"项对应的卡诺圈。若卡诺圈之间存在"相切"关系，即两卡诺圈之间存在不被同一卡诺圈包含的相邻最小项，则该电路可能产生险象。

例如，在电路 $F=\overline{A}D+\overline{A}C+AB\overline{C}$ 的卡诺图（见图3-80），相邻最小项 $\overline{A}B\overline{C}D$ 与 $AB\overline{C}D$ 不被包围在同一卡诺圈中，因此当 $B=D=1$，$C=0$ 时，电路可能由于 A 的变化而产生险象。

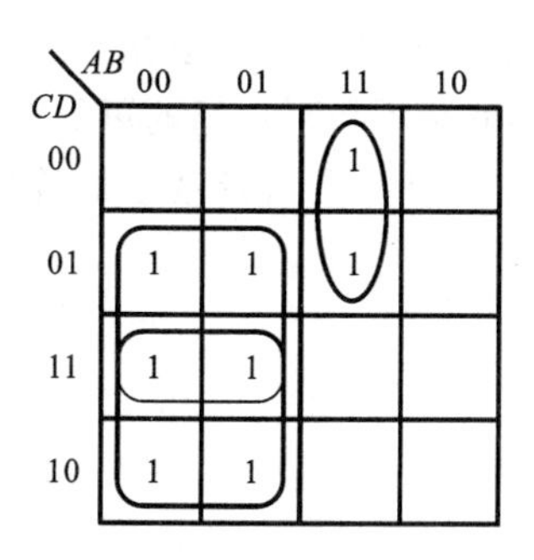

图3-80　$F=\overline{A}D+\overline{A}C+AB\overline{C}$ 的卡诺图

2. 消除竞争-冒险现象的方法

1）修改逻辑设计

修改逻辑设计主要是通过在函数与或表达式中增加冗余的"与"项或者在函数或与表达式中增加冗余的"或"项，以消除可能产生的险象，这种方法也叫增加冗余项。冗余项的选择可以采用代数法或者卡诺图法确定。冗余项的选择还可以通过在函数卡诺图上增加多余的卡诺圈来实现。

具体方法：若卡诺图上某两个卡诺圈"相切"，则用一个多余的卡诺圈将它们之间的相邻最小项圈起来，与多余卡诺圈对应的"与"项即为要加入函数表达式中的冗余项。

例如，消除逻辑代数 $F=AB+\overline{A}C$ 的竞争-冒险现象，方法是增加冗余项 BC，即 $F=AB+\overline{A}C+BC$。因此，当 $B=C=1$ 时，函数由 $F=A+\overline{A}$ 变成了 $F=1$，就不会有除竞争-冒险现象。即在电路图中只要增加一个附加的与非门即可，如图 3-81(a)所示。在卡诺图中增加卡诺圈以消除"相切"。图 3-80 所示 $F=\overline{A}D+\overline{A}C+AB\overline{C}$ 的卡诺图增加冗余项消除竞争-冒险现象，如图 3-81(b)所示。

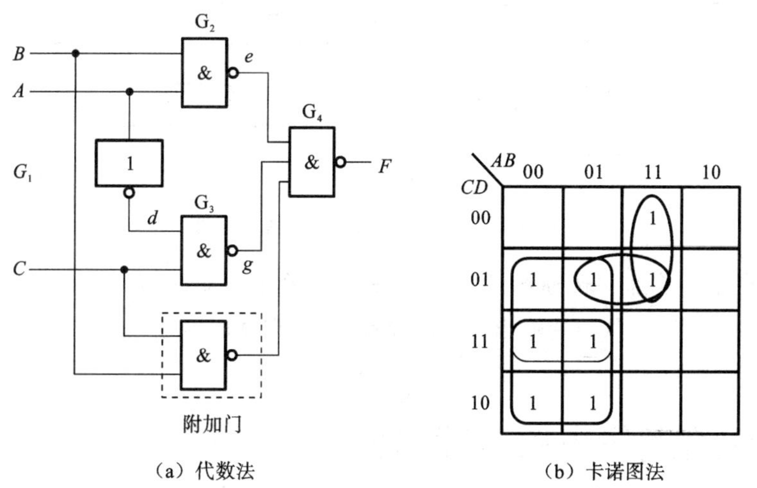

(a) 代数法　　(b) 卡诺图法

图3-81　用增加冗余项消除竞争-冒险现象

2）增加惯性延时环节

消除险象的另一种方法是在组合电路输出端连接一个惯性延时环节。通常采用 RC 电路作惯性延时环节，如图 3-82(a)所示。

图中的 RC 电路实际上是一个低通滤波器。由于竞争引起的险象都是一些频率很高的尖脉冲信号，因此，险象在通过 RC 电路后能基本被滤掉，保留下来的仅仅是一些幅度极小的毛刺，它们不再对电路的可靠性产生影响。

输出信号经滤波后的效果如图 3-82(b)所示。

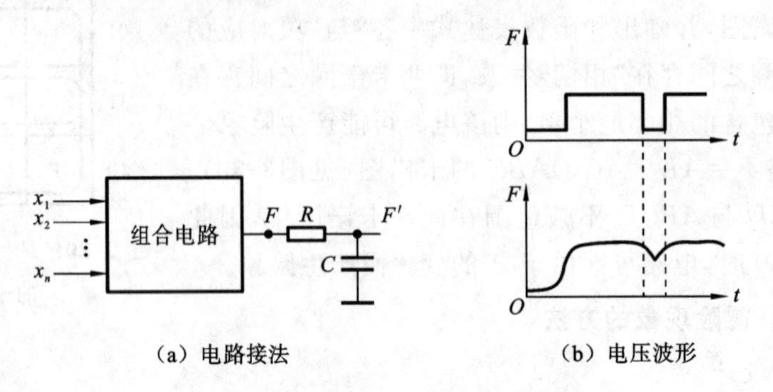

图 3-82　加滤波电容消除竞争-冒险现象

注意：采用这种方法时，必须适当选择惯性环节的时间常数($\tau=RC$)，一般要求 τ 大于尖脉冲的宽度，以便能将尖脉冲"削平"；但也不能太大，否则将使正常输出信号产生不允许的畸变。

3) 选通法

选通法不必增加任何器件，仅仅是利用选通脉冲的作用，从时间上加以控制，使输出避开险象脉冲。

如图 3-83 所示的与非门电路，与非门电路的输出函数表达式为 $F=\overline{\overline{A\cdot 1}\cdot\overline{\overline{A}\cdot 1}}=A+\overline{A}$，该电路当 A 发生变化时，可能产生"0"型险象。

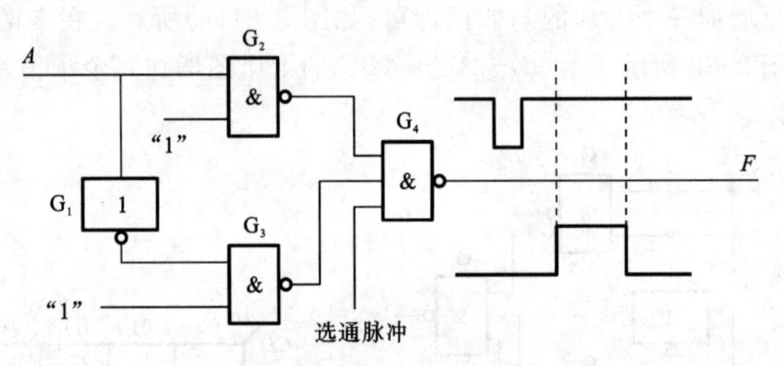

图 3-83　选通法消除竞争-冒险现象

若在 G_4 与非门前加一选通脉冲，先使 CP=0，关闭与非门，待 $\overline{A}$、A 信号都来到后，让 CP=1，就得到可靠的 F，从而使输出避开险象脉冲，稳定输出信号。

3.5　组合逻辑电路故障诊断

3.5.1　概述

组合逻辑电路如果无法正常工作，不能实现预期的逻辑功能时，就称电路故障。数字电路

故障诊断的主要任务是诊断数字集成电路的故障、搜寻故障芯片，并进行更换。

产生故障的原因大致有以下几个方面：

(1) 电路设计错误。

(2) 布线错误。

(3) 元器件使用不当或功能不正常。

(4) 仪器和集成器件本身出现故障。

检查组合电路故障的基本方法如下：

(1) 直观检测法。应检查电路连接是否与原理图一致，检查器件的型号、管脚排列顺序是否正确。

(2) 顺序检测法。采用信号寻迹的方法，从信号的输入端出发，围绕组合电路核心器件(如中规模集成加法器、译码器和数据选择器等)对照器件逻辑功能表及设置合理测试条件向输出级逐级检查输出结果，查找出现问题的器件及连线，发现电路中存在的故障并排除。特别注意集成电源和地是否正确；芯片控制端的设置、输入信号是否符合 TTL 电平要求。

(3) 比较法。这也是查找故障的常用方法，为了尽快找到故障，常将故障电路主要关键点测试参数与正常工作的同类型电路对应测试点测试值相比较，从而查出故障。

(4) 检查仪表设置是否适当，特别是示波器的设置是否合理。

不同逻辑器件的故障诊断方法各有差异，但总是围绕其工作特点进行，下面以逻辑门、译码器和数据选择器为例，通过 Multisim 仿真介绍时序电路的故障诊断。

3.5.2 逻辑门常见故障分析及诊断

1. 逻辑门常见的故障现象

逻辑门常见的故障有电源问题、连线和器件本身问题，表 3-28 给出了逻辑门在电路中常见的故障现象。

表 3-28 逻辑门在电路中常见的故障现象

故障	现象	排除措施
逻辑门未连接电源或地	逻辑门不工作	正确连接电源和地
逻辑门连线不正常	逻辑门输出无指示或状态不变	用万用表检查连线是否有开路
逻辑门输入恒为高电平或低电平	逻辑门部分输出状态错误	调整输入，使其正常

2. 逻辑门故障诊断仿真

对逻辑门组成的组合电路来说，首先要确保电路设计正确，否则电路输出肯定错误，其次按照检查组合电路故障的基本方法进行检查。

下面以图 3-84 所示的组合逻辑电路为例进行故障诊断。

故障现象：当输入变量 A、B 按不同组合变化时，输出 Y 一直为低电平，指示灯灭。

假定测试电路中元器件之间的连线正确。在 Multisim 软件中创建图 3-84 所示的组合逻辑电路仿真图，如图 3-85 所示。对该电路分析可知，只有 $A=B=1$ 或 $A=B=0$ 时指示灯才亮。因此，应检查在输入 $A=B=1$ 或 $A=B=0$ 时，电路中 74LS02 的各管脚的逻辑状态。

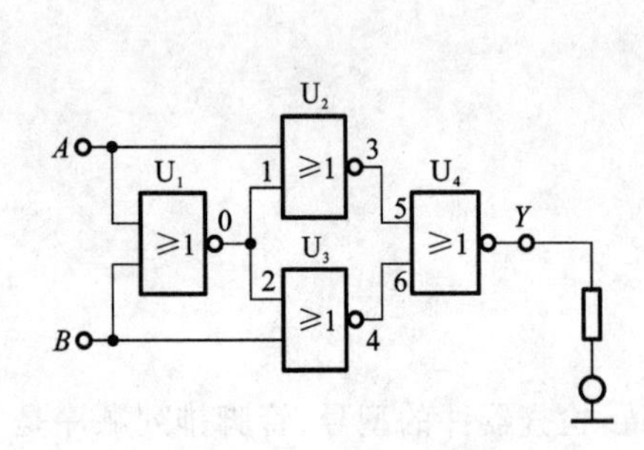

图 3-84　组合逻辑电路

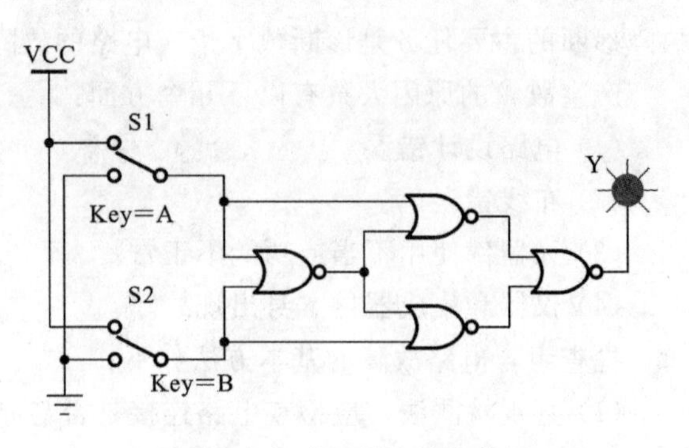

图 3-85　组合逻辑电路仿真图

故障诊断步骤为：

(1) 当 Y 指示灯不亮，首先检查电路是否按要求通电，用万用表测试 74LS02 电源与地之间电压是否为 5 V，应检修电源，使其正常；若电源与地之间电压正常，再检查 Y 指示灯是否正常。图 3-86 给出了 LED 检查的两种状态，其中图(a)所示的为 LED 正常状态；图(b)所示的 LED 不正常状态。

仿真时，若 X1 在 Multisim 软件中的元件属性故障设置如图 3-87 所示，则 LED 处于不正常状态，更换 LED 使其正常。

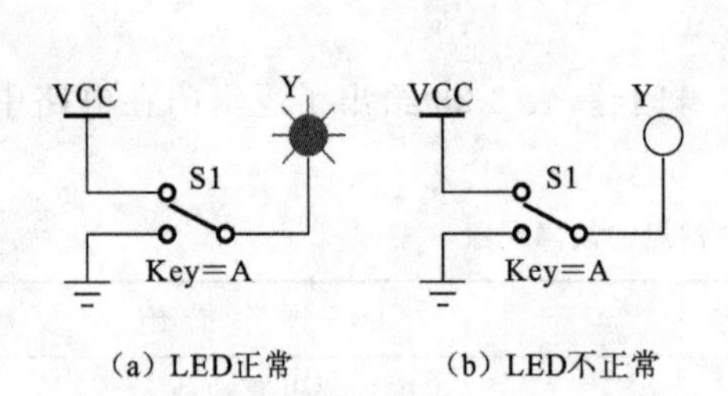

(a) LED正常　　(b) LED不正常

图 3-86　检查 LED 状态的仿真电路图

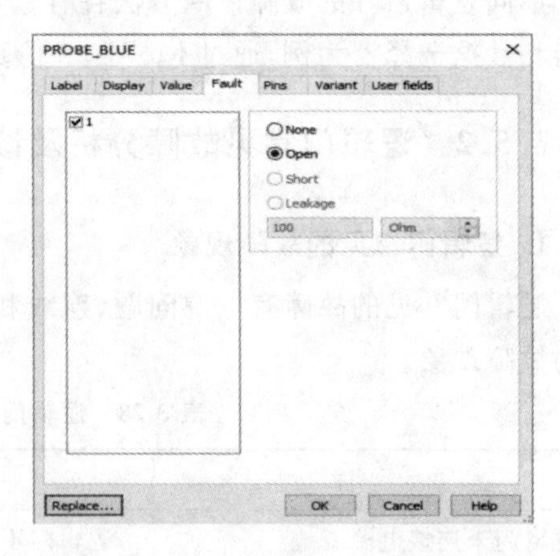

图 3-87　组合逻辑电路故障检查 1

(2) 若 LED 器件本身正常，但 Y 指示灯仍不亮，这时应检查 A、B 输入是否正常。若输入故障，则会导致 Y 指示灯不亮，如图 3-88 所示。在 Multisim 仿真时，其测试探针显示输入 A 正常、B 故障对应输出不正常的状态。

图 3-89 是仿真时开关 B 在 Multisim 软件中的元件属性故障设置。调整输入信号使其正常；否则继续检查。

(3) 若输入 A、B 正常，而指示灯仍不亮，这时应检查 74LS02 的芯片。若 Multisim 仿真时，当输入 $A=B=0$，测试探针显示 Probe1 和 Probe2 为低电平(状态正确)，Probe3 和 Probe4 为高电平(状态错误)时，则导致 Y 指示灯不亮，如图 3-90 所示，意味 U1A 的输出故障(为模拟 U1A 的故障，在此加了一个 1 Ω 的小电阻，通过设置该电阻的故障模拟 U1A 的输出端开路故障)。更换芯片，使电路恢复正常。

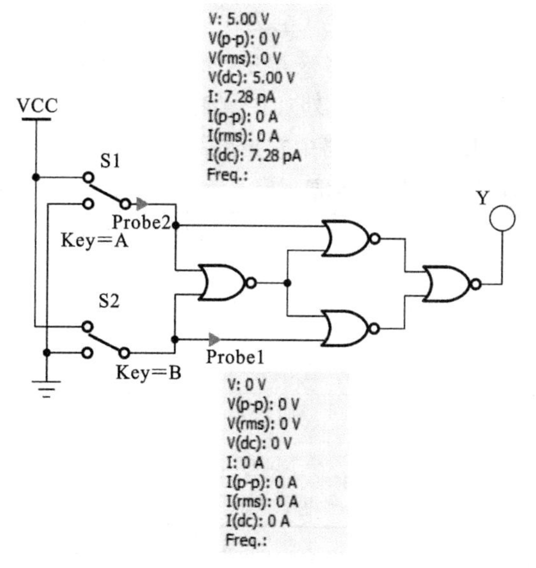

图 3-88　组合逻辑电路故障检查 2

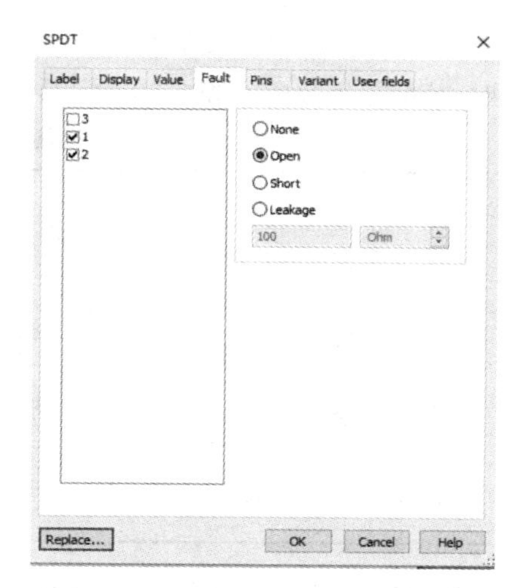

图 3-89　元件属性故障设置

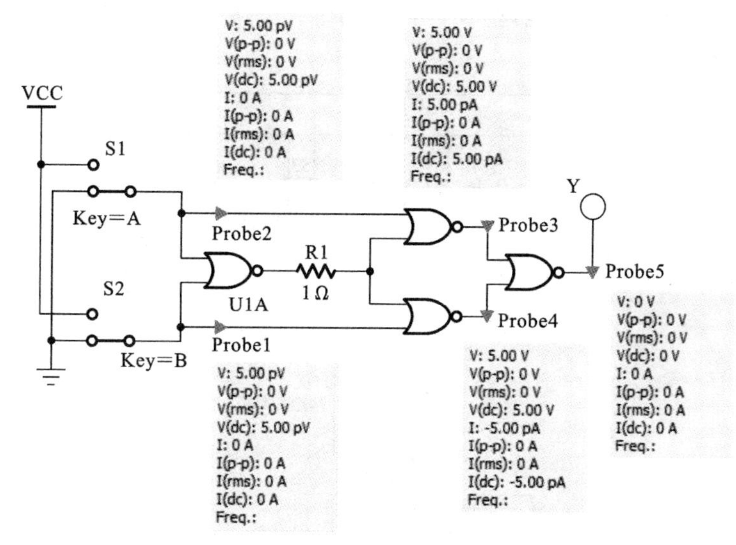

图 3-90　组合逻辑电路故障检查 3

(4) 若输入 U1A 正常，而 Y 指示灯仍不亮，这时应继续检查 74LS02 的芯片的其他逻辑门。同理 U1B、U1C、U1D 若出现故障也会可导致 Y 指示灯不亮。更换芯片，使电路恢复正常。

(5) 实际电路测试时按上述步骤检查，排查故障。注意：拔除集成电路 74LS02 芯片前要先关闭电源。

3.5.3　基于中规模译码器实现组合电路的常见故障分析及诊断

1. 中规模译码器常见的故障现象

译码器除了电源问题、连线和器件本身问题及门电路类似的问题外，还有可能是控制端的设置不当等问题。下面以 74LS138 为例来说明。

根据 74LS138 逻辑功能表可知，74LS138 是当 $G1=1$，$\overline{G2A}+\overline{G2B}=0$ 时，器件使能，地址

码所指定的输出端有信号(为0)输出,其他所有输出端均无信号(全为1)输出。当 $G1=0$,$\overline{G2A}+\overline{G2B}=\times$(任意)时,或 $G1=\times$ 和 $\overline{G2A}+\overline{G2B}=1$ 时,译码器被禁止,所有输出同时为1。因此器件要正常工作,使能端必须全部为有效状态。当74LS138外加控制输入不满足上述条件时,就会发生故障。表3-29给出了译码器芯片74LS138在电路中常见的故障现象。

表3-29 译码器芯片74LS138在电路中常见的故障现象

故 障	现 象	排除措施
74LS138未连接电源或地	译码器不工作	正确连接电源和地
74LS138连线有错误	译码器输出无指示或状态不正常	检查,用万用表检查连线是否有开路
74LS138的控制端 $G1=0$	译码器被禁止,所有输出同时为1	调整 $G1$ 为高电平,使其正常
74LS138的控制端 $\overline{G2A}+\overline{G2B}=1$	译码器被禁止,所有输出同时为1	调整控制端 $\overline{G2A}$ 和 $\overline{G2B}$ 均为低电平,使其正常

2. 基于74LS138构成1位全加器的故障诊断

基于74LS138构成1位全加器在Multisim的仿真电路如图3-91所示。

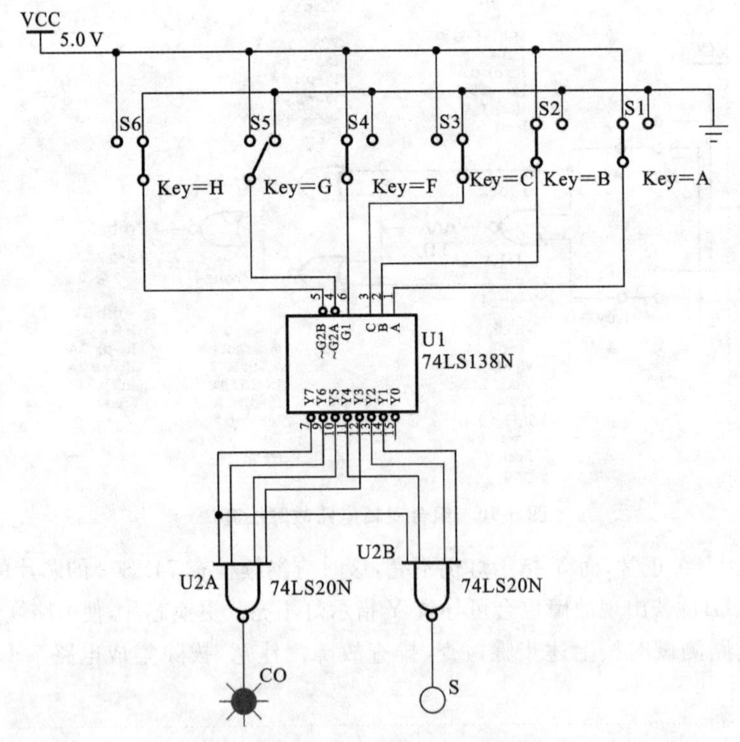

图3-91 全加器的仿真电路图

故障现象:当输入 A、B、C 按不同组合变化时输出S和CO一直为低电平,两指示灯灭。

假定测试电路中元器件之间的连线正确且指示灯无故障。分析故障现象,导致S和CO指示灯不亮的原因有:74LS138及74LS20器件本身故障,74LS138控制端的设置有问题。

(1) 当S和CO指示灯不亮,首先检查电路是否按要求通电,用万用表测试73LS138、74LS20两芯片的电源与地之间电压是否为5 V,若不正常检修,使其正常;若电源与地之间电压正常,而故障仍存在,则按第(2)步继续检查。

(2) 若指示灯正常,但S和CO指示灯仍不亮,这时应检查控制端的设置,若74LS138的控制端$G1=0$,译码器被禁止,所有输出同时为1,会引起S和CO指示灯不亮,如图3-92所示。

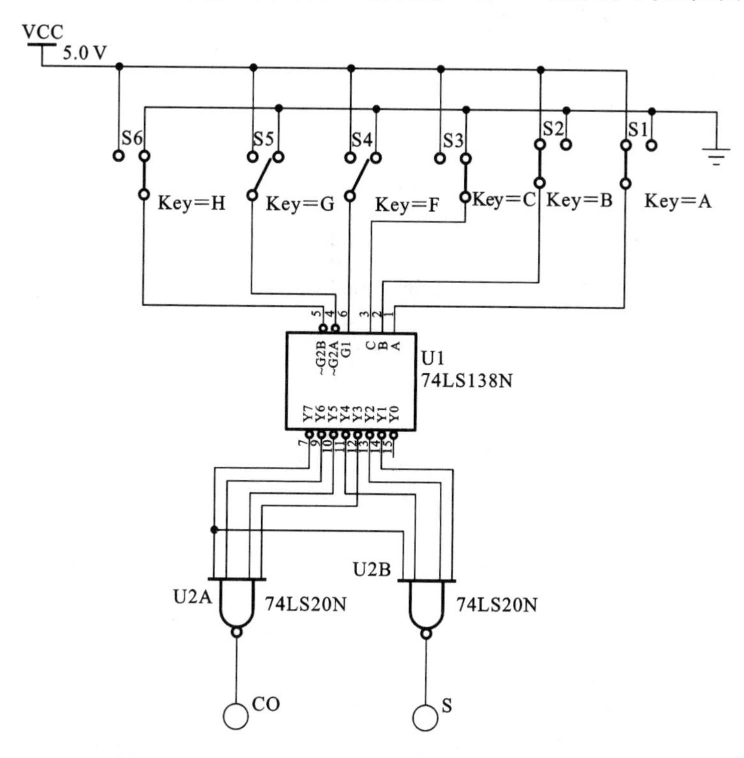

图3-92 74LS138构成1位全加器的故障诊断图1

调整$G1$为高电平,使其正常。同理,检查74LS138的控制端$\overline{G2A}$、$\overline{G2B}$的状态,使$\overline{G2A}+\overline{G2B}=0$,确保译码器能正常译码。

(3) 若74LS138的控制端设置正确,但S和CO指示灯仍不亮,这时应检查输入A、B、C是否正常。若输入故障也会导致S和CO指示灯不亮。图3-93所示的是输入A、B、C均处于开路时的电路仿真结果。更换输入A、B、C,使其正常。

(4) 若译码器正常译码,检查输入A、B、C正常,但S和CO指示灯仍不亮,这时应继续检查74LS20是否正常。图3-94所示的是74LS20的两个输出端均处于开路时电路的仿真结果(为模拟74LS20的故障,在此加了一个1 Ω的小电阻,通过设置该电阻的故障模拟U1A的输出端开路故障)。更换74LS20芯片,使其正常。

(5) 实际电路测试时按上述步骤检查,排查故障。注意:拔除集成电路74LS20、74LS138芯片前要先关闭电源。

3.5.4 基于中规模数据选择器实现组合电路的常见故障分析及诊断

1. 中规模数据选择器常见的故障现象

数据选择器除了电源问题、连线和器件本身问题及门电路类似的问题外,还有可能是控制端的设置不当等问题。下面以74LS151为例来说明。

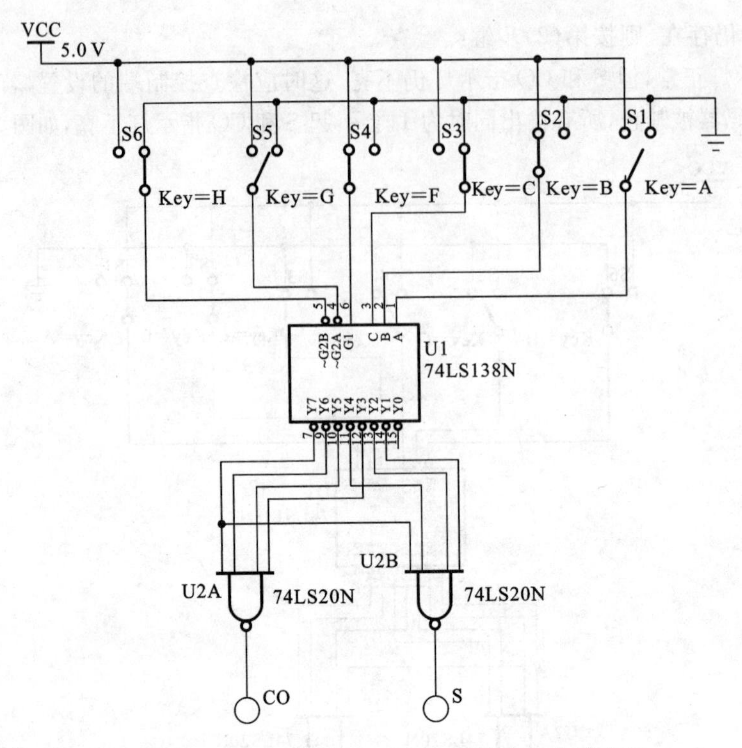

图 3-93　74LS138 构成 1 位全加器的故障诊断图 2

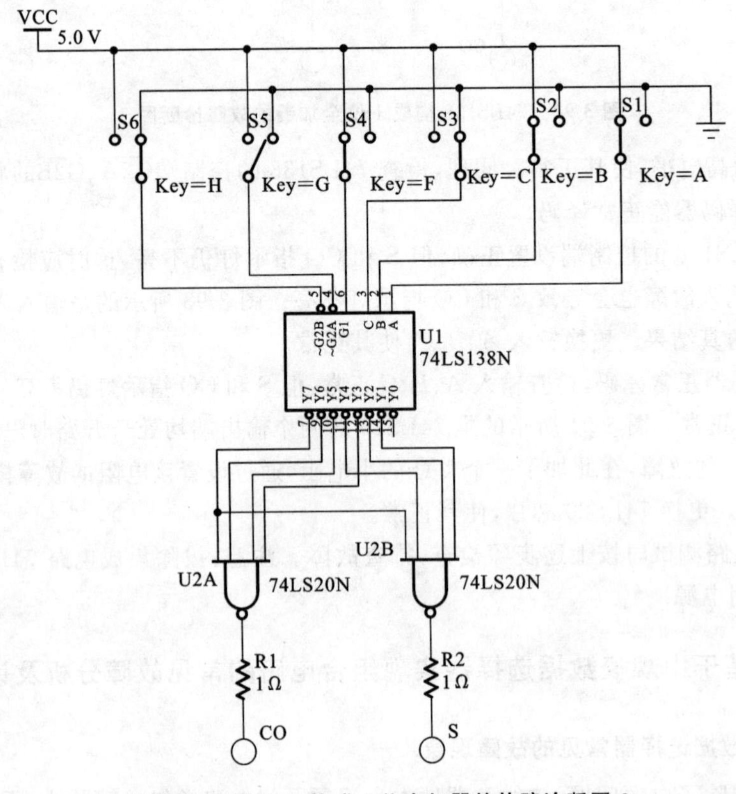

图 3-94　74LS138 构成 1 位全加器的故障诊断图 3

74LS151是一种典型集成8选1数据选择器，有8个数据输入端$D_0 \sim D_7$，3个地址输入端A、B、C，2个互补的输出端Y和$\overline{W}$，1个使能输入端G，低电平有效。根据74LS151逻辑功能表可知，74LS151是当$G=0$时，器件使能，地址码所指定的输出端有信号输出。当$G=1$时，数据选择器的多路开关被禁止，无输出，$Y=0$。因此器件要正常工作，使能端G必须是低电平。当74LS151外加控制输入不满足上述条件时，就会发生故障。表3-30给出了数据选择器芯片74LS151在电路中常见的故障现象。

表3-30 数据选择器在电路中常见的故障现象

故　　障	现　　象	排除措施
74LS151未连接电源或地	数据选择器不工作	正确连接电源和地
74LS151连线有错误	数据选择器输出无指示或状态不正常	用万用表检查连线是否有开路
74LS151的控制端G=1	数据选择器被禁止，输出为0	调整G为低电平，使其正常

2. 基于74LS151实现组合函数$F=\overline{A}C+A\overline{C}=A\oplus C$的故障诊断

用74LS151实现组合函数$F=\overline{A}C+A\overline{C}=A\oplus C$在Multisim的仿真电路如图3-95所示。

故障现象：当输入A、B、C按不同组合变化时输出Y有错误，不能实现该函数。

假定测试电路中元器件之间的连线正确且指示灯无故障。

分析故障现象，导致输出Y错误的原因有：74LS151器件本身故障，74LS151控制端的设置及数据端数据的设置。

(1) 启动Multisim仿真，改变A、B、C取值组合，可得表3-31所示的真值表。

根据真值表可知，该电路的逻辑表达式是：$F=\overline{A}\overline{B}\overline{C}+\overline{A}BC+A\overline{B}\overline{C}+AB\overline{C}$。另对仿真电路的分析，8选1数据选择器的输出表达式$F=\sum_{i=1}^{7} m_i D_i$，将各数据端的值代入得：$F=\overline{A}\overline{B}\overline{C}+\overline{A}BC+A\overline{B}\overline{C}+AB\overline{C}$。

化简得$F=\overline{A}\overline{B}\overline{C}+\overline{A}BC+A\overline{C}$，而不是$F=\overline{A}C+A\overline{C}=A\oplus C$，因此设计错误。

(2) 修正设计，令$D_0=0$，$D_1=1$，其他数据端的值不变，仿真电路修改如图3-96所示。

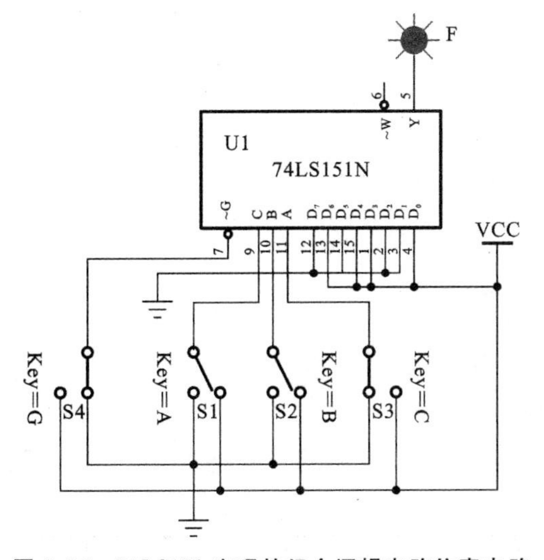

图3-95 74LS151实现的组合逻辑电路仿真电路

表3-31 74LS151实现的组合逻辑电路的真值表

输入			输出
A_i	B_i	C_{i-1}	F
0	0	0	1
0	0	1	0
0	1	0	0
0	1	1	1
1	0	0	1
1	0	1	0
1	1	0	1
1	1	1	0

(3) 再启动 Multisim 仿真，改变 A、B、C 取值组合，可得表 3-32 所示的真值表。

根据真值表可知，该电路的逻辑表达式是：$F=\sum_{i}^{7}m(1,3,4,6)=\bar{A}C+A\bar{C}$，能实现该函数。

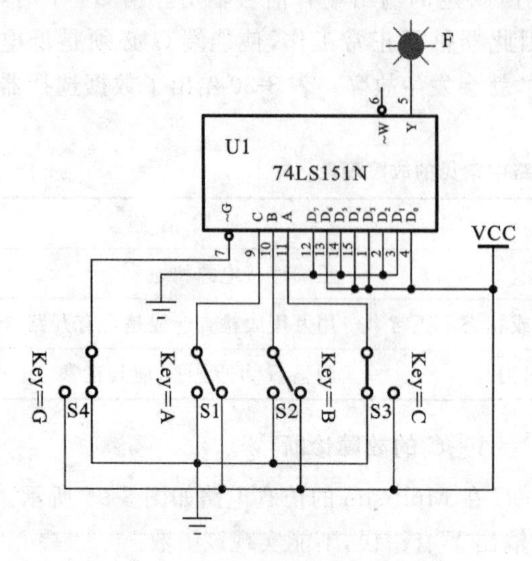

图 3-96　74LS151 实现的组合逻辑电路修改后的仿真电路

表 3-32　74LS151 实现的修改后的组合逻辑电路真值表

输	入		输　出
A_i	B_i	C_{i-1}	F
0	0	0	0
0	0	1	1
0	1	0	0
0	1	1	1
1	0	0	1
1	0	1	0
1	1	0	1
1	1	1	0

(4) 对 74LS151 器件本身故障及控制端的设置错误引起的故障与 74LS138 器件本身故障及控制端的设置错误引起的故障类似，读者可参考上述诊断方法，此处不再赘述。

3.6 项目制作——简易病房呼叫系统的设计与制作

3.6.1 任务描述

应用组合逻辑电路设计一个五路的简易病房呼叫系统，主要目的是制造出一个满足医院医生能及时照顾病人的系统。要求如下：

(1) 设置 5 个病房呼叫开关，其中，1 号优先级最高，1～5 优先级依次降低。

(2) 用一个数码管显示呼叫信号的号码，没信号呼叫时显示 0。

(3) 当有多个信号呼叫时，显示优先级最高的呼叫号(其他呼叫号用指示灯显示)。

3.6.2 构思——简易病房呼叫系统的设计方案

(1) 明确项目的设计要求是通过控制五个开关进行高低电平的切换来使七段数码管显示对应的数字，从而模拟出实际生活中医院对病房管理的方式。

(2) 因为系统有五条线路，所以可以利用 8 线-3 线编码器其中的五根线进行编码，从而控制对应的病房号。

(3) 如果选用共阴七段数码管，可以选择与之对应的 3 线-8 线共阴译码器来驱动数码管。

项目实现的原理框图如图 3-97 所示。

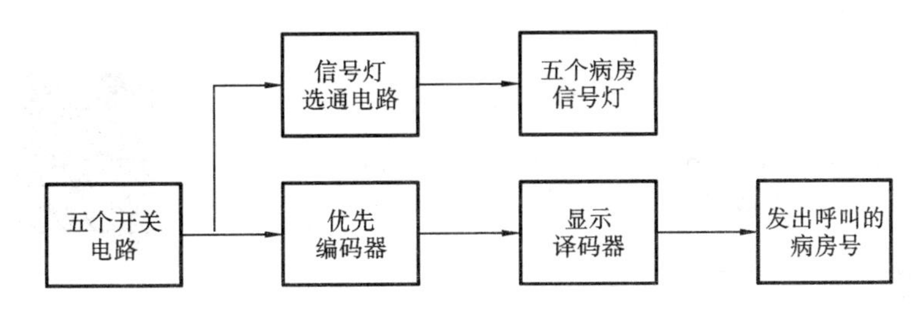

图 3-97 五路病房呼叫系统的组成框图

其工作过程为：接通电源，当有呼叫请求时，按下开关，电路中产生一个相应的信号，使对应的信号灯点亮，并在数码管上显示出该开关对应的数字；当有多个开关同时按下时，使对应的多个信号灯均点亮，同时，通过优先编码器把优先级别最高的信号输出在数码管上。

3.6.3 设计——简易病房呼叫系统设计与仿真

根据简易五路病房呼叫系统的组成框图选择合适的组合逻辑电路芯片实现五路病房呼叫系统的功能。

(1) 根据设计要求，在图 3-98 中 K1～K5 为呼叫开关，在其下方的“Key＝1～Key＝5”分别表示按下键盘上 1～5 数字键，即可控制相应开关的通道。L1～L5 为模拟病房门口的呼叫指示灯，当呼叫开关 K1～K5 任何开关被按下时，相应开关上的指示灯点亮，同时数码管显示与之相对应的最高优先级别的病房号。为了在呼叫时使数码管熄灭，设置双刀双掷开关，使数码管接地线与实际接地信号线同开同关。设计的开关电路如图 3-98 所示。

(2) 编码电路采用了 8 线-3 线优先编码器 74LS148N。74LS148N 有 8 个数据端(D_0～D_7)，3 个数据输出端(A、B、C)，1 个使能输入端(EI：低电平有效)，两个输出端(GS、EO)。数据输出端 A、B、C 根据输入端的选通变化，分别输出 000～111 这 0～7 二进制码。呼叫系统的编码电路如图 3-99 所示。

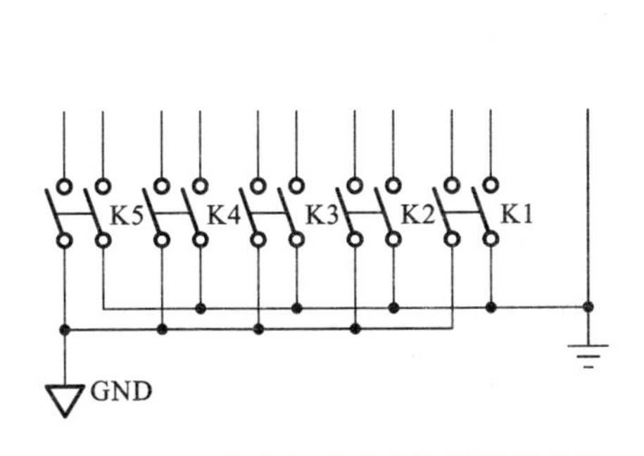

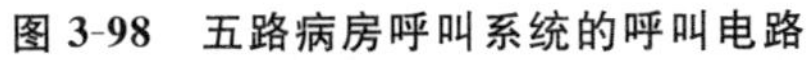

图 3-98 五路病房呼叫系统的呼叫电路

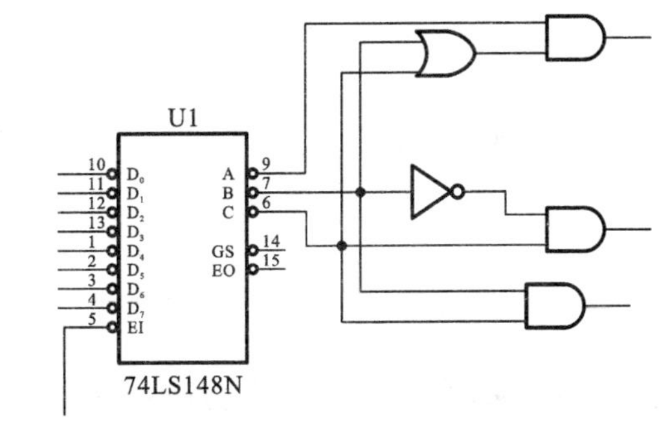

图 3-99 五路病房呼叫系统的编码电路

(3) 指示灯电路设计。由于 74LS148 编码器输入引脚为低电平有效，故当拨动开关接低电平时电路接通。因为发光二极管选用共阴极连接方式，所以需要接上一个反相器来驱动。指示灯电路如图 3-100 所示。

(4) 数码管显示电路选用共阴数码管，对应的芯片选用驱动共阴数码管 74LS48N。编码器输出经逻辑组合电路与 74LS48N 七段译码器/驱动器的数据输入端(A、B、C)相连，最终实现设计要求的电路功能，显示电路如图 3-101 所示。

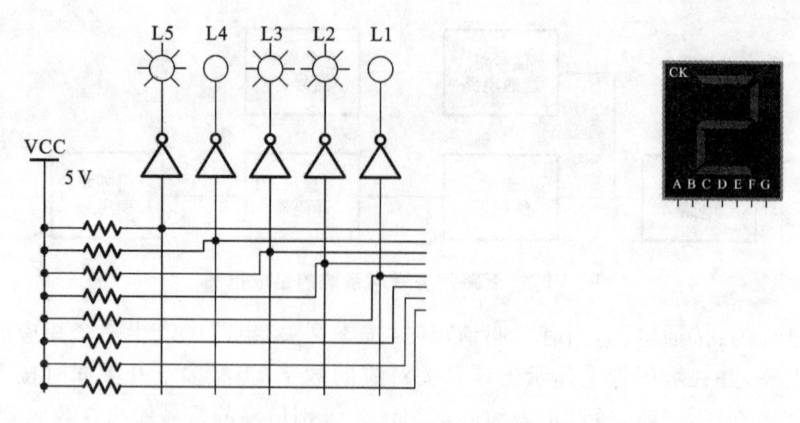

图 3-100　五路病房呼叫系统的指示灯电路

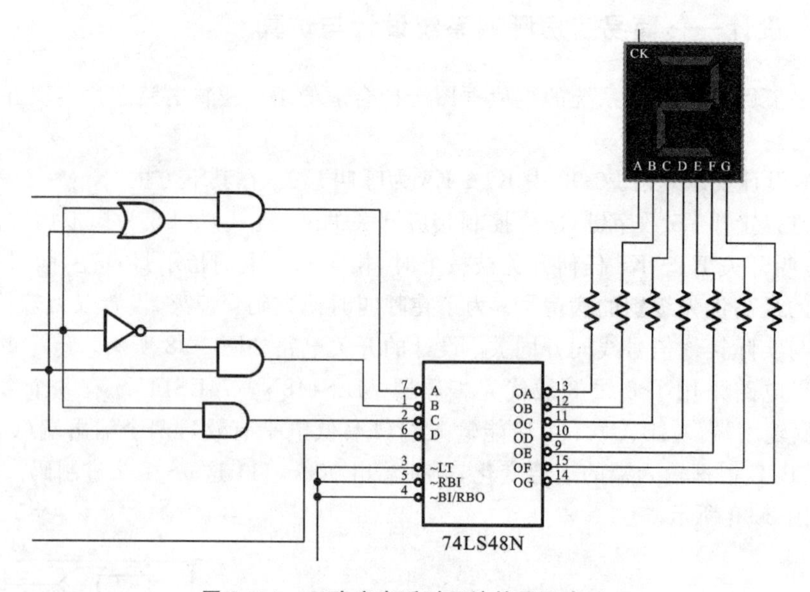

图 3-101　五路病房呼叫系统的显示电路

(5) 根据前面的设计,五路病房呼叫系统的总电路如图 3-102 所示。

(6) 五路病房呼叫系统的仿真。

对图 3-102 所示的电路在 Multisim 环境下进行仿真,如图 3-103 所示。改变输入开关的状态可知,该电路实现了项目设计要求的五路病房呼叫系统的功能。

3.6.4　实现——五路病房呼叫系统的组装与调试

设计的五路病房呼叫系统经仿真达到了设计要求的逻辑功能以后,根据图 3-102 所设计的原理图,采用万能板进行组装。首先应该在万能板上进行元器件的合理布局,接线应尽可能少和短,确保电器性能优良。其次在组装电路时,先连接背面的红线,再对照原理图安装底座,然后安装各个元器件,最后进行焊接。

电路焊接完毕后,先对照原理图检查电路板焊接是否正确,确保电路与设计电路原理图一致后再开始调试。调试时,先调试指示灯显示电路,其次调试编码电路输出,然后调试门电路,最后再调试显示电路。当各个单元电路正常工作时,再进行简易五路病房呼叫系统的联调,使

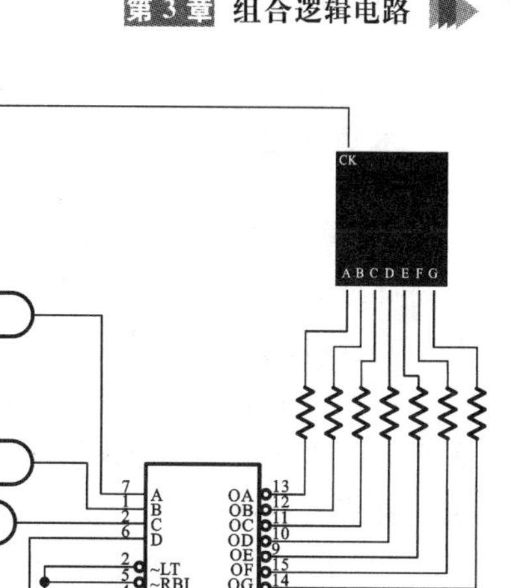

图 3-102 五路病房呼叫系统的总电路

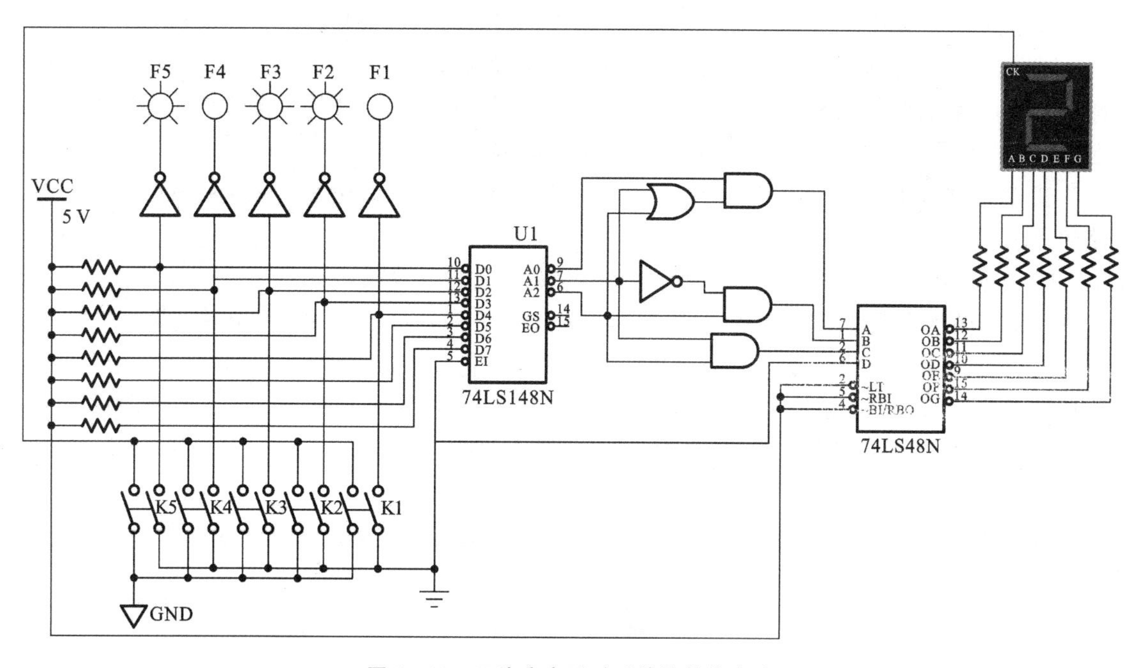

图 3-103 五路病房呼叫系统的仿真电路

其满足设计要求。

3.6.5 运行——测试与性能分析

电路调试完毕，简易五路病房呼叫系统可以正常工作了。按照设计要求进行测试，改变输入开关按钮的状态，观察输出信号灯和数码管显示器的变化，并记录数据。

本章小结

(1) 组合逻辑电路是数字系统中广泛使用的一种逻辑电路。计算机集成电路芯片中很多电路都是由组合逻辑电路构成的。本章介绍了组合逻辑电路的分析和设计方法。通过学习，有助于认识和理解使用在计算机中的芯片的工作原理。

(2) 本章介绍了组合逻辑电路的概念、组合逻辑电路的分析和设计方法。通过分析组合逻辑电路达到了解组合逻辑电路功能的目的。组合逻辑电路的设计方法包括把文字的设计要求用真值表表示出来,产生逻辑函数并化简,画出组合逻辑电路图。

(3) 在组合逻辑电路设计中讨论了无关最小项的概念。注意在组合逻辑电路设计中无关最小项的出现。如果一个组合逻辑电路设计中有无关最小项存在,可以使用无关最小项和逻辑函数一起化简,这样可以使组合逻辑电路的逻辑函数表达式比较简单,组合逻辑电路也相应比较简单。

(4) 介绍了组合逻辑电路中的竞争-冒险现象产生的原因和分类。判断组合逻辑电路是否有竞争-冒险现象,以及消除竞争-冒险现象的方法。

(5) 介绍了常用的中规模集成电路器件的工作原理和实现逻辑函数的方法。

① 编码器。介绍了 8 线-3 线编码器、BCD 码编码器、优先编码器等的工作原理。在讨论了优先级的概念基础上,介绍了优先编码器 74148 实现优先级的原理。

② 译码器。介绍了二进制译码器、二-十进制译码器、显示译码器的工作原理,介绍了用译码器实现组合逻辑电路及用门和集成译码器构成更多输入变量译码器的方法。介绍了使用七段数字译码器和七段数码显示器构成显示十进制数的方法。

③ 数据选择器。介绍了多路选择器的工作原理及用 74151 多路选择器实现组合逻辑电路的方法。

④ 加法器。介绍了超前进位的概念,推导出超前进位的逻辑函数表达式。介绍了具有超前进位功能的加法器 74LS283 的工作原理,以及使用 74LS283 实现加法和减法运算的方法。

⑤ 数值比较器。介绍了 1 位数值比较器和多位数值比较器的工作原理,介绍了用多位数值比较器 74HC85 实现比较电路的方法。

⑥ 只读存储器 ROM。介绍了只读存储器 ROM 的功能、特点和分类,以及用 ROM 实现组合逻辑电路设计的方法。

(6) 通过实际项目制作,介绍了应用组合逻辑电路设计电子系统的方法和步骤。

习　　题

1. 选择题

(1) 在下列逻辑电路中,不是组合逻辑电路的有(　　)。

A. 译码器　　B. 编码器　　C. 全加器　　D. 寄存器

(2) 4 选 1 数据选择器的数据输出 Y 与数据输入 X_i 和地址码 A_i 之间的逻辑表达式为 $Y=$(　　)。

A. $\overline{A}_1\overline{A}_0X_0+\overline{A}_1A_0X_1+A_1\overline{A}_0X_2+A_1A_0X_3$　　B. $\overline{A}_1\overline{A}_0X_0$

C. $\overline{A}_1A_0X_1$　　　D. $A_1A_0X_3$

(3) 若在编码器中有 50 个编码对象，则要求输出二进制代码位数为(　　)位。

A. 5　　B. 6　　C. 10　　D. 50

(4) 一个 16 选 1 的数据选择器，其地址输入(选择控制输入)端有(　　)个。

A. 1　　B. 2　　C. 4　　D. 16

(5) 一个 8 选 1 数据选择器的数据输入端有(　　)个。

A. 1　　B. 2　　C. 3　　D. 4　　E. 8

(6) 八路数据分配器，其地址输入端有(　　)个。

A. 1　　B. 2　　C. 3　　D. 4　　E. 8

(7) 101 键盘的编码器输出(　　)位二进制代码。

A. 2　　B. 6　　C. 7　　D. 8

(8) 以下电路中，加以适当辅助门电路，(　　)适于实现单输出组合逻辑电路。

A. 二进制译码器　　B. 数据选择器　　C. 数值比较器　　D. 七段显示译码器

(9) 用 3 线-8 线译码器 74LS138 实现原码输出的 8 路数据分配器，应(　　)。

A. $ST_A=1,\overline{ST_B}=D,\overline{ST_C}=0$　　B. $ST_A=1,\overline{ST_B}=D,\overline{ST_C}=D$

C. $ST_A=1,\overline{ST_B}=0,\overline{ST_C}=D$　　D. $ST_A=D,\overline{ST_B}=0,\overline{ST_C}=0$

(10) 用 4 选 1 数据选择器实现函数 $Y=A_1A_0+\overline{A_1}A_0$，应使(　　)。

A. $D_0=D_2=0,D_1=D_3=1$　　B. $D_0=D_2=1,D_1=D_3=0$

C. $D_0=D_1=0,D_2=D_3=1$　　D. $D_0=D_1=1,D_2=D_3=0$

(11) 下列各函数中无冒险现象的有(　　)。

A. $F=\overline{B}\overline{C}+AC+\overline{A}B$　　B. $F=\overline{A}\overline{C}+BC+A\overline{B}$

C. $F=\overline{A}\overline{C}+BC+A\overline{B}+\overline{A}B$　　D. $F=\overline{B}\overline{C}+AC+\overline{A}B+BC+A\overline{B}+\overline{A}\overline{C}$

E. $F=\overline{B}\overline{C}+AC+\overline{A}B+A\overline{B}$

(12) 函数 $F=\overline{A}C+AB+\overline{B}\overline{C}$，当变量的取值为(　　)时，将出现冒险现象。

A. $B=C=1$　　B. $B=C=0$　　C. $A=1,C=0$　　D. $A=0,B=0$

(13) 组合逻辑电路消除竞争冒险的方法有(　　)。

A. 修改逻辑设计　　B. 在输出端接入滤波电容

C. 后级加缓冲电路　　D. 屏蔽输入信号的尖峰干扰

(14) 用 3 线-8 线译码器 74LS138 和辅助门电路实现逻辑函数 $Y=A_2+\overline{A_2}\,\overline{A_1}$，应(　　)。

A. 用与非门，$Y=\overline{\overline{Y_0}\,\overline{Y_1}\,\overline{Y_4}\,\overline{Y_5}\,\overline{Y_6}\,\overline{Y_7}}$　　B. 用与门，$Y=\overline{Y_2}\,\overline{Y_3}$

C. 用或门，$Y=\overline{Y_2}+\overline{Y_3}$　　D. 用或门，$Y=\overline{Y_0}+\overline{Y_1}+\overline{Y_4}+\overline{Y_5}+\overline{Y_6}+\overline{Y_7}$

2. 填空题

(1) 组合逻辑电路任何时刻的输出信号，与该时刻的输入信号________，与以前的输入信号________。

(2) 在组合逻辑电路中，当输入信号改变状态时，输出端可能出现瞬间干扰窄脉冲的现象称为________。

(3) 8 线-3 线优先编码器 74LS148 的优先编码顺序是 $\overline{I_7}$、$\overline{I_6}$、$\overline{I_5}$、…、$\overline{I_0}$，输出为 $\overline{Y_2}\,\overline{Y_1}\,\overline{Y_0}$。输入、输出均为低电平有效。当输入 $\overline{I_7}\,\overline{I_6}\,\overline{I_5}\cdots\overline{I_0}$ 为 10110001 时，输出 $\overline{Y_2}\,\overline{Y_1}\,\overline{Y_0}$ 为________。

(4) 74LS138 是 3 线-8 线译码器，译码为输出低电平有效，若输入为 $A_2A_1A_0=110$ 时，输出 $\overline{Y_7}\,\overline{Y_6}\,\overline{Y_5}\,\overline{Y_4}\,\overline{Y_3}\,\overline{Y_2}\,\overline{Y_1}\,\overline{Y_0}$ 应为________。

(5) 根据需要选择一路信号送到公共数据线上的电路称为________。

(6) 1 位数值比较器，输入信号为两个要比较的 1 位二进制数，用 A、B 表示，输出信号为比较结果为 $Y_{(A>B)}$、$Y_{(A=B)}$ 和 $Y_{(A<B)}$，则 $Y_{(A>B)}$ 的逻辑表达式为________。

(7) 能完成两个 1 位二进制数相加，并考虑到低位进位的器件称为________。

(8) 半导体数码显示器的内部接法有两种形式：共________接法和共________接法。

3. 写出图 3-104 所示组合逻辑电路的与或逻辑表达式，并列出其真值表，分析并说明电路的逻辑功能。

4. 已知逻辑电路如图 3-105 所示，试分析其逻辑功能，写出其逻辑真值表和逻辑表达式。

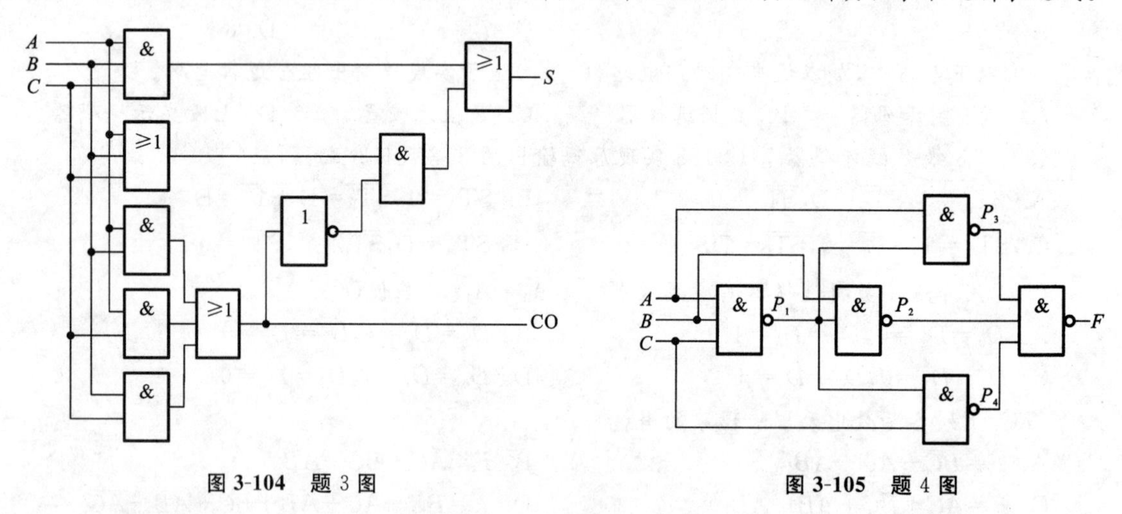

图 3-104　题 3 图　　图 3-105　题 4 图

5. 试用与非门设计一组合逻辑电路，其输入为 3 位二进制数，当输入中有奇数个 1 时输出为 1，否则输出为 0。

6. 请设计一个组合逻辑电路，其输入为 4 位无符号二进制数 $A(A_3A_2A_1A_0)$，当 $0\leqslant A<6$ 或 $11\leqslant A<13$ 时，F 输出 1，否则，F 输出 0。

7. 张老师一家有四口人，他和他的妻子，还有两个孩子小明和小红，全家外出吃饭一般要么去火锅店，要么去快餐店。每次出去吃饭前，全家要投票表决去吃什么。表决的规则是：如果小明和小红都同意，或三个人以上（包括三个人）同意吃火锅，则他们去火锅店，否则就去快餐店。试设计一组合逻辑电路实现上述表决电路。

8. 试设计一个可以计算三个数 X、Y、BI 差的全减器组合逻辑电路，并且要求当 $X<Y+$BI 时，借位输出 BO 置位。

9. 设计一个能将 4 位无符号二进制数转换成格雷码的组合逻辑电路。

10. 请用最少器件设计一个教室照明灯的控制电路，该教室有东门、南门、西门，在各个门旁装有一个开关，每个开关都能独立控制灯的亮暗，控制电路具有以下功能：

(1) 某一门开关接通，灯即亮，开关断，灯暗；

(2) 某一门开关接通，灯亮，接着接通另一门开关，则灯暗；

(3) 三个门开关都接通时，灯亮。

11. 试设计一个能被 2 或 3 整除的逻辑电路，其中被除数 A、B、C、D 是 8421BCD 码。规定能整除时，输出 L 为高电平，否则，输出 L 为低电平。要求用最少的与非门实现（设 0 能被任何数整除）。

12. 试用卡诺图法判断逻辑函数式

$$Y(A,B,C,D)=\sum m(0,1,4,5,12,13,14,15)$$

是否存在竞争-冒险现象，若有，则采用增加冗余项的方法消除，并用与非门构成相应的组合逻辑电路。

13. 某一组合电路如图 3-106 所示，输入变量(A,B,D)的取值不可能发生(0,1,0)的输入组合。分析它的竞争-冒险现象，若存在，则用最简单的电路改动来消除之。

14. 试用一个 8 线-3 线优先编码器 74LS148 和一个 3 线-8 线译码器 74LS138 实现 3 位格雷码到 3 位二进制数的转换电路。

15. 图 3-107 所示的是由 4 选 1 数据选择器构成的组合逻辑电路，试分析其逻辑功能，并写出输出 L 的逻辑函数表达式。

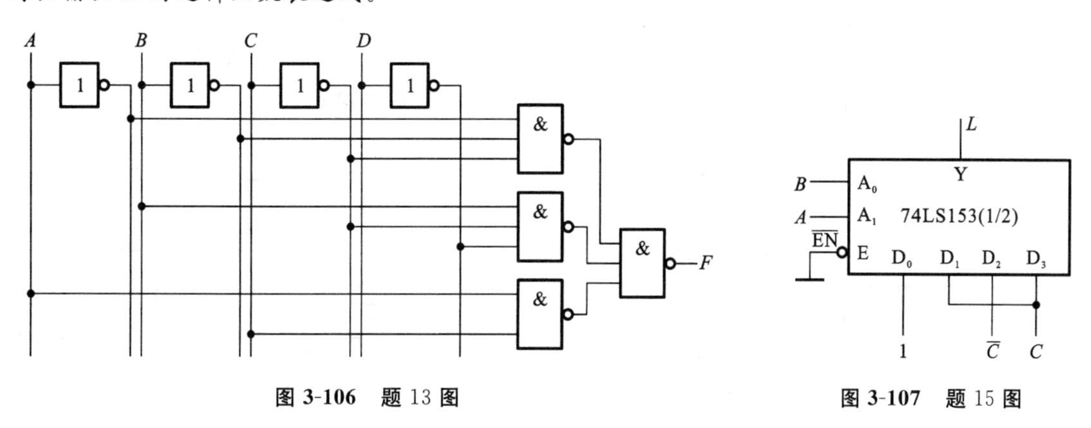

图 3-106 题 13 图　　　图 3-107 题 15 图

16. 图 3-108 所示的是应用 8 选 1 数据选择器 74LS151 构成的逻辑电路，试写出输出 F 的逻辑函数表达式，并将它化成最简与或表达式。

17. 试用一个 8 选 1 数据选择器 74LS151 和若干非门实现下列逻辑函数所表示的功能。

$$Y=E+(A+B+\overline{C})(\overline{A}+C+BF)(\overline{B}+\overline{C}+\overline{A}\overline{D})(A+C+\overline{B}\overline{F})$$

18. 图 3-109 所示的是用两个 4 选 1 数据选择器组成的逻辑电路，试分析并写出输出 Z 与输入 M、N、P、Q 之间的逻辑函数表达式。

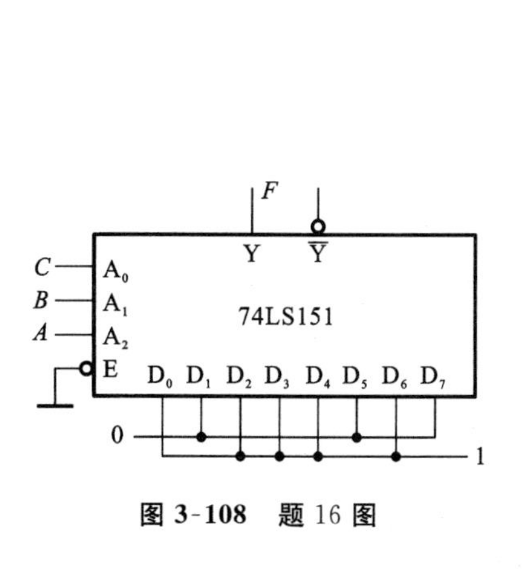

图 3-108 题 16 图

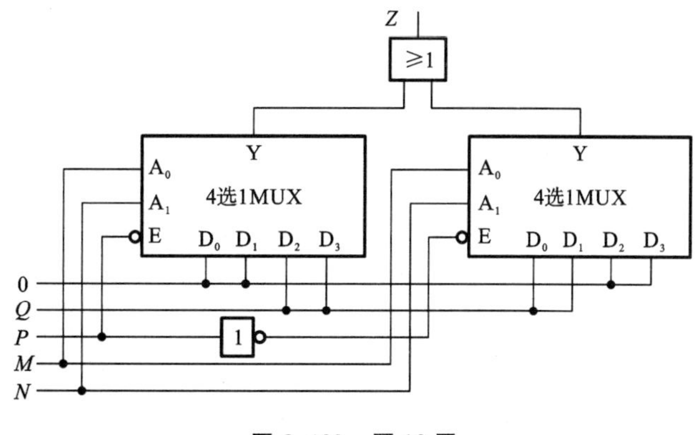

图 3-109 题 18 图

19. 试用4选1数据选择器74LS153和最少的与非门实现如下逻辑函数。$F=\overline{A}\overline{C}+C\overline{D}+\overline{B}\overline{C}\overline{D}$。

20. 试用8选1数据选择器74LS151设计一个表决电路。设计要求为：

(1) 3个输入A、B、C和一个工作模式控制变量M。

(2) 当$M=0$时，电路实现"意见一致"功能（A、B、C状态一致时输出为1，否则输出为0）。

(3) 而$M=1$时，电路实现"多数表决"功能，即输出与A、B、C中多数的状态一致。

21. 试用一片4位数值比较器74LS85和适量的门电路实现两个5位数值的比较。

22. 试用两个4位加法器74LS283和适量门电路设计两个4位二进制数加法电路。

23. 假设A、B均为4位二进制数，试用一片74LS283实现$Y=5A+B$。

24. 试用4线-16线译码器、4位全加器74LS283及门电路设计一个1位8421BCD码乘以3的组合电路，要求输出也为8421BCD码。

25. 已知某组合电路的输入A、B、C和输出F的波形如图3-110所示，试写出F的最简与或表达式，并用3线-8线译码器74LS138和必要的门电路实现该函数。

26. 已知某组合电路的输入A、B、C和输出F的波形如图3-111所示，试写出F的最简与或表达式，并用3线-8线译码器74LS138和必要的门电路实现该函数。

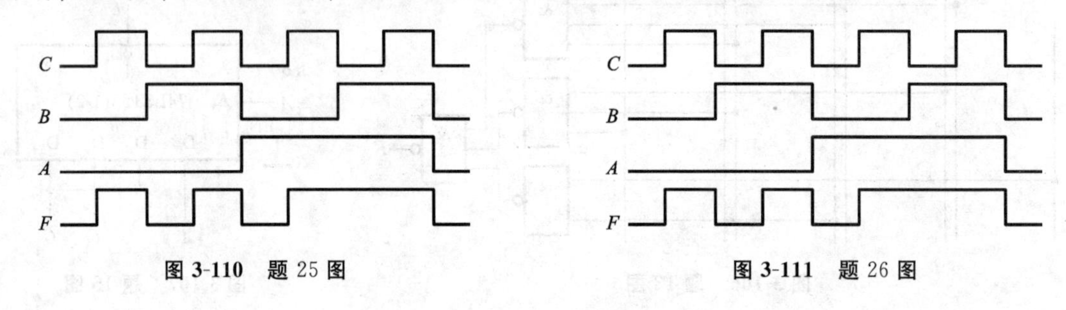

图3-110　题25图　　**图3-111　题26图**

第 4 章　时序逻辑电路

本章要点

◇ 知道时序电路的特点、描述方式；

◇ 知道典型触发器的电路结构及工作原理；

◇ 掌握典型触发器的逻辑描述方法及其相互转换；

◇ 掌握时序电路分析和设计方法；

◇ 掌握计数器、寄存器等常用中规模芯片在时序逻辑电路设计中的应用。

4.1　概述

时序逻辑电路(简称时序电路)与前面介绍的组合逻辑电路不同，它在任一时刻的输出信号不仅与该时刻的输入信号有关，而且还与电路原来的状态有关，即时序逻辑电路具有记忆功能。时序逻辑电路的框图如图 4-1 所示。

从图 4-1 中可知，组合逻辑电路和存储电路构成了时序逻辑电路，其中存储电路的种类很多，最常用的存储电路是触发器。图 4-1 中的 $X(x_1, x_2, \cdots, x_i)$ 表示时序逻辑电路输入信号；$Y(y_1, y_2, \cdots, y_j)$ 表示时序逻辑电路的输出信号；$Z(z_1, z_2, \cdots, z_k)$ 表示存储电路的输入信号，即存储电路的驱动信号；$Q(q_1, q_2, \cdots, q_l)$ 表示存储电路的输出信号。X、Y、Z、Q 之间的关系可以用 3 个函数来表示：

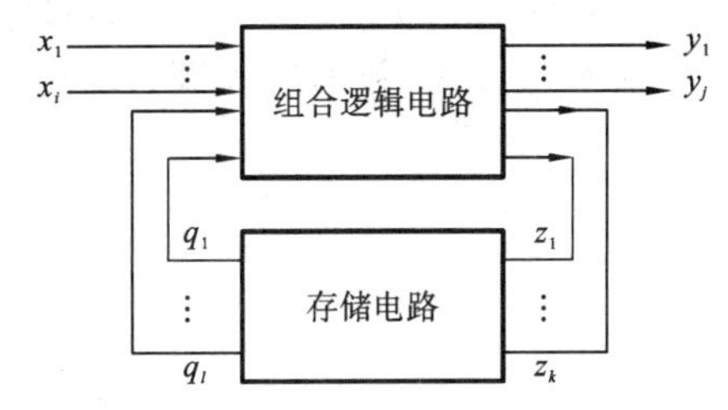

图 4-1　时序逻辑电路框图

$$\begin{cases} Z = F_1[X, Q^n] & \text{(驱动方程)} \\ Q^{n+1} = F_2[Z, Q^n] & \text{(状态方程)} \\ Y = F_3[X, Q^n] & \text{(输出方程)} \end{cases} \tag{4-1}$$

式中：F_1、F_2、F_3 分别为 Z、Q、Y 的系数矩阵；Q^n 是存储电路的输入信号作用前的状态，称为原态(或现态)；Q^{n+1} 是存储电路的输入信号作用后的状态，称为新态(或次态)。

在时序逻辑电路中，将输出信号不仅与存储状态有关，还与外部输入有关的电路称为米里型(Mealy)时序逻辑电路；将输出信号仅与存储状态有关的电路称为莫尔型(Moore)时序逻辑电路。

4.2　触发器

时序逻辑电路中常见的存储电路是触发器，它是构成时序电路的基本逻辑单元电路，根据逻辑功能可分为 RS、JK、D 等不同类型。一个触发器能够保存 1 位二进制信息(0 或 1)。

所有触发器都是双稳态电路，具有两个能自行保持的稳定状态；触发器输出的特点是有两种可能的互补稳定状态 0 或 1，在某一时间内，它只能处于一种稳定状态；输出状态只有在一定触发信号的作用下，才能从一种稳定状态转变到另一种稳定状态；输出状态不只与现时的输入有关，还与原来的输出状态有关。

4.2.1 基本 RS 触发器

1. 电路组成和符号

基本 RS 触发器的逻辑图和图形符号如图 4-2 所示。电路由两个与非门交叉耦合组成，图中$\overline{R_D}$、$\overline{S_D}$是触发器的两个输入端，其中$\overline{R_D}$为复位端(Reset)，又称置 0 端，$\overline{S_D}$为置位端(Set)，又称置 1 端($\overline{R_D}$、$\overline{S_D}$上面的非线符号表示低电平有效)；Q、$\overline{Q}$ 是触发器的两个输出端，Q 的状态与 $\overline{Q}$ 的状态互为逻辑非(互补)。一般规定以 Q 的状态作为触发器的状态，即当 $Q=0$、$\overline{Q}=1$ 时称触发器状态为 0；当 $Q=1$、$\overline{Q}=0$ 时称触发器状态为 1。

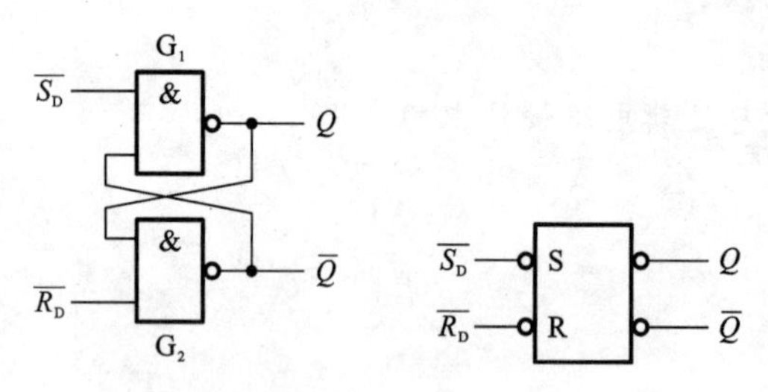

图 4-2 基本 RS 触发器的逻辑电路图和逻辑符号

2. Multisim 仿真

在 Multisim 软件中，按照图 4-2 所示的电路，从 TTL 库中调 74LS00，基本库中调 VCC、GND、J1、J2，指示库中调 X1、X2 等元件，并连线构建基本 RS 触发器仿真电路，如图 4-3 所示。图 4-3 中 RD 表示$\overline{R_D}$，SD 表示$\overline{S_D}$，! Q 表示 $\overline{Q}$。在 RD、SD 两端分别接逻辑开关 J1 和 J2，J1 和 J2 分别连 0(接地)和 1(接电源)，输出 Q 和! Q 分别接两只发光二极管。

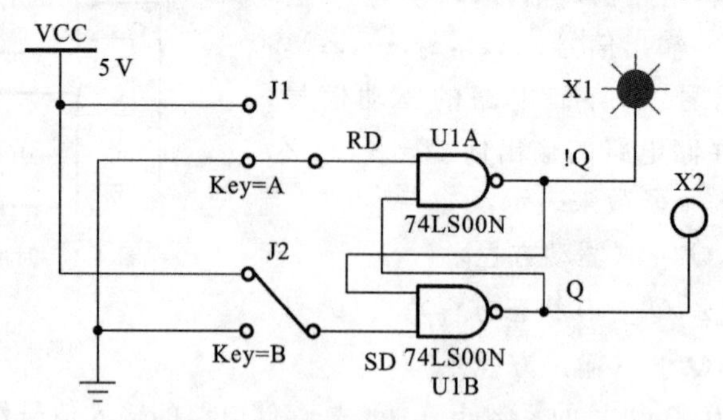

图 4-3 基本 RS 触发器电路仿真

启动仿真，改变 J1 和 J2，观察输出 Q 的状态(X2)、! Q 的状态变化。通过仿真可知，当 J1 =0 和 J2=1 时，X1 灯亮、X2 灯灭；当 J1=1 和 J2=0 时，X1 灯灭、X2 灯亮；当 J1=1 和 J2=1 时，与开关 J1、J2 改变前 X1 和 X2 灯的状态一致，即 X1 和 X2 灯的状态保持不变。当 J1=0 和 J2=0 时，X1 灯亮、X2 灯亮。图 4-3 是基本 RS 触发器电路当$\overline{R_D}=0$，$\overline{S_D}=1$ 时，输出 $Q=0$，! Q=1 时的仿真结果。

3. 工作原理

分析基本 RS 触发器仿真结果并结合电路图中与非门逻辑关系，可知：

(1) $\overline{R_D}=0,\overline{S_D}=1$,与非门 G_2 的输出 $\overline{Q}=1$,与非门 G_1 的两个输入端均为 1,使 $Q=0$;并且由于 Q 的反馈连接到与非门 G_2 的输入端,因此即使$\overline{R_D}=0$ 信号消失(即$\overline{R_D}=1$),电路仍能保持 0 状态不变。$\overline{R_D}$加入有效的低电平使触发器置 0,故$\overline{R_D}$端称为置 0 端。

(2) $\overline{R_D}=1,\overline{S_D}=0$,与非门 G_1 的输出 $Q=1$,与非门 G_2 的两个输入端均为 1,使 $\overline{Q}=0$;并且由于 $\overline{Q}$ 的反馈连接到与非门 G_1 的输入端,因此即使$\overline{S_D}=0$ 信号消失(即$\overline{S_D}=1$),电路仍能保持 1 状态不变。$\overline{S_D}$加入有效的低电平使触发器置 1,故$\overline{S_D}$端称为置 1 端。

(3) $\overline{R_D}=1,\overline{S_D}=1$,电路维持原来状态不变。例如,$Q=0,\overline{Q}=1$,与非门 G_2 由于 $Q=0$ 而使 $\overline{Q}$ 保持 1,与非门 G_1 则由于 $\overline{Q}=1$、$\overline{S_D}=1$,而继续输出 $Q=0$;同理当$\overline{R_D}=1,\overline{S_D}=1,Q^n=1$ 时,$Q^{n+1}=1$。

(4) $\overline{R_D}=0,\overline{S_D}=0,Q=\overline{Q}=1$。对触发器来说,破坏了两个输出端信号互补的规则是一种不正常状态。若该状态结束后,跟随的是$\overline{R_D}=1,\overline{S_D}=0$,则触发器进入正常 1 状态;若该状态结束后,跟随的是$\overline{R_D}=0,\overline{S_D}=1$,则触发器进入正常 0 状态。但是在两个输入信号都同时撤去(回到 1)后,由于两个与非门的延迟时间无法确定,触发器的状态不能确定是 1 还是 0,称这种情况为不定状态。因此,正常工作时不允许$\overline{R_D}$和$\overline{S_D}$同时为 0,并以此作为触发器输入端加信号的约束条件。

基本 RS 触发器动作特点是:输入信号直接加在输出门上,在输入信号全部作用时间内,都能直接改变输出端的状态。故又称基本 RS 触发器为直接复位、置位触发器。

4. 逻辑功能描述

描述触发器的逻辑功能,通常采用下面三种方法。

1) 状态转移真值表

为了表明触发器在输入信号作用下,触发器次态 Q^{n+1} 与触发器原态 Q^n、输入信号之间的关系,可以将上述对触发器分析的结论用表格的形式来描述,如表 4-1 所示。该表称为触发器状态转移真值表。表 4-2 是表 4-1 的简化表。

表 4-1 触发器状态转移真值表

$\overline{R_D}$	$\overline{S_D}$	Q^n	Q^{n+1}
0	1	0	0
0	1	1	0
1	0	0	1
1	0	1	1
1	1	0	0
1	1	1	1
0	0	0	不确定
0	0	1	

表 4-2 简化状态转移真值表

$\overline{R_D}$	$\overline{S_D}$	Q^{n+1}
0	1	0
1	0	1
1	1	Q^n
0	0	不确定

2) 特征方程

描述触发器逻辑功能的函数表达式称为特征方程或状态转移方程。由对表 4-1 通过图 4-4 所示的卡诺图进行化简可得:

$$\begin{cases} Q^{n+1}=S_D+\overline{R_D}Q^n \\ \overline{R_D}+\overline{S_D}=1 \quad (\text{约束条件}) \end{cases} \tag{4-2}$$

式中：$\overline{R_D}+\overline{S_D}=1$ 为约束条件，表示$\overline{R_D}$和$\overline{S_D}$不能同时为 0。

3）状态转移图和激励表

描述触发器的逻辑功能还可以采用图形的方法，即状态转移图来描述。图 4-5 为基本 RS 触发器状态转移图。图中两个圆圈代表触发器的两个稳定状态；箭头表示在触发器的输入信号作用下状态转移的方向；箭头旁边的标注分别表示状态转移时条件。

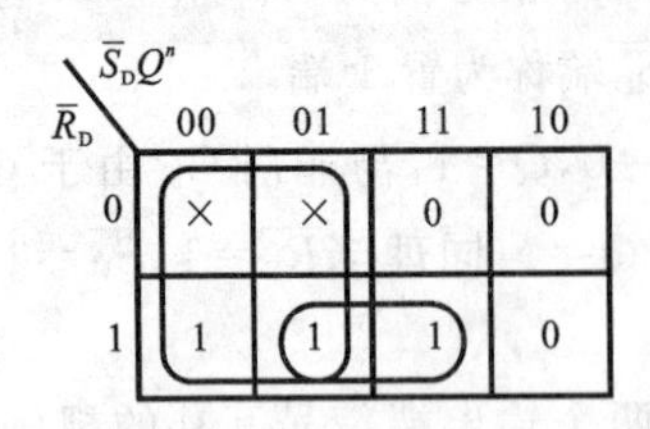

图 4-4　基本 RS 触发器卡诺图

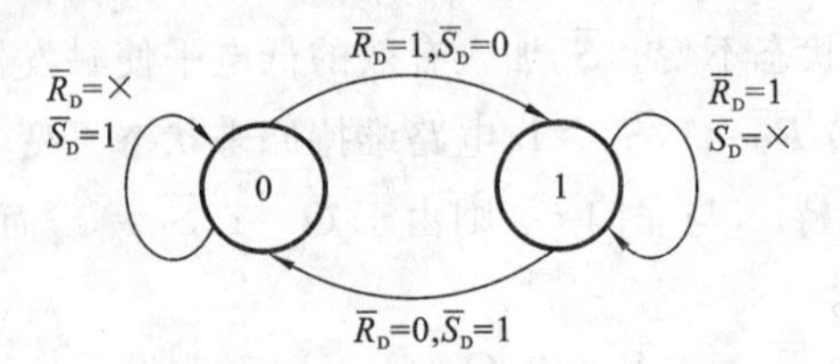

图 4-5　基本 RS 触发器状态转移图

由图 4-5 可知，如果 $Q^n=0$（Q^n 是触发器当前稳定状态），当$\overline{R_D}=1$，$\overline{S_D}=0$（输入信号的条件）时，则 $Q^{n+1}=1$（Q^{n+1}是触发器转移至下一个状态）；如果 $Q^n=0$，当$\overline{S_D}=1$，$\overline{R_D}=1$ 或 0（任意状态）时，则触发器状态维持在 0；如果 $Q^n=1$，当$\overline{R_D}=0$，$\overline{S_D}=1$ 时，则 $Q^n=0$；如果 $Q^n=1$，当$\overline{R_D}=1$，$\overline{S_D}=1$ 或 0（任意状态）时，则触发器状态维持在 1，这与触发器状态转移真值表（见表 4-1）所描述的功能一致。

触发器由 Q^n 转换到 Q^{n+1}时对输入信号的要求称为触发器的激励表。激励表可从图 4-5 中得出，如表 4-3 所示，它是触发器状态转移图的派生表。

4）时序图

时序图也称波形图，是指在给定的随时间变化的输入信号的作用下，触发器状态随之变化的波形。图 4-6 是基本 RS 触发器的时序图。设触发器初态为 0。

表 4-3　基本 RS 触发器的激励表

Q^n	Q^{n+1}	$\overline{S_D}$	$\overline{R_D}$
0	0	1	×
0	1	0	1
1	0	1	0
1	1	×	1

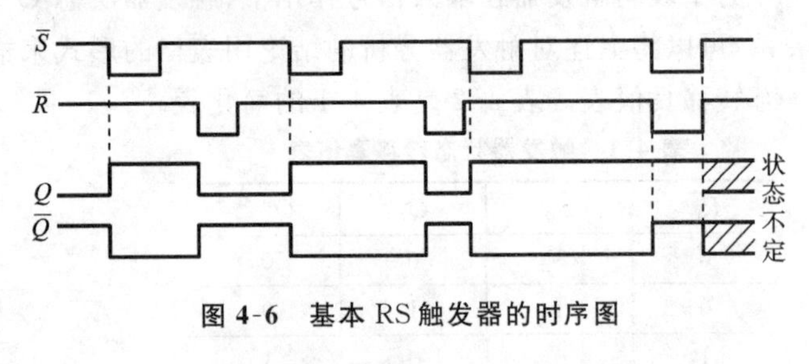

图 4-6　基本 RS 触发器的时序图

5. 由或非门组成的基本 RS 触发器

图 4-7 所示是由两个或非门组成的基本 RS 触发器的逻辑图和逻辑符号。

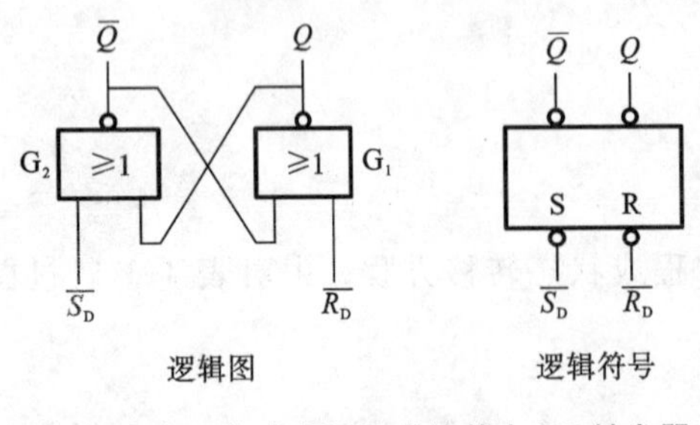

图 4-7　由两个或非门组成的基本 RS 触发器

这种触发器的逻辑功能和与非门组成的基本 RS 触发器相似，同样具有置 1、置 0 和保持功能。不同的是输入信号为高电平有效。即当$\overline{S_D}$、$\overline{R_D}$全为 0 时，触发器保持初态不变；当$\overline{S_D}=1$，$\overline{R_D}=0$ 时，触发器 Q 置 1；当$\overline{S_D}=0$，$\overline{R_D}=1$ 时，触发器 Q 置 0。如果$\overline{S_D}$和$\overline{R_D}$同时为 1，触发器 Q 和 $\overline{Q}$ 将同时为 0，触发器状态不正常。在正常工作时不允许$\overline{S_D}$和$\overline{R_D}$

同时为1,并以此作为触发器输入端加信号的约束条件。表4-4所示的为或非门组成的基本RS触发器状态转移真值表;式(4-3)为或非门组成的基本RS触发器特征方程;图4-8为或非门组成的基本RS触发器状态转移图。

$$\begin{cases} Q^{n+1}=\overline{S_D}+\overline{R_D}\cdot Q^n \\ \overline{S_D}\,\overline{R_D}=0 \end{cases} \tag{4-3}$$

表4-4 触发器状态转移真值表

$\overline{R_D}$	$\overline{S_D}$	Q^{n+1}
0	0	Q^n
0	1	1
1	0	0
1	1	不确定

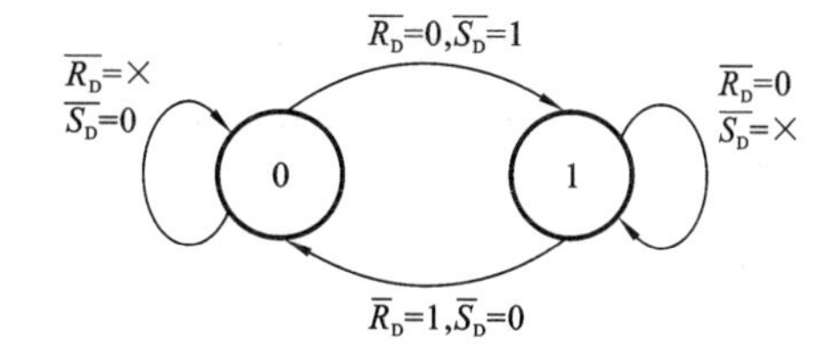

图4-8 或非门组成的基本RS触发器状态转移图

6. 集成芯片CD4044

CD4044是一个COMS集成RS触发器,内部含4个独立的由或非门组成的三态RS锁存触发器。低电平触发,即当EN为低电平时,Q端呈高阻抗状态;当EN为高电平时,输出端Q的状态按表4-4所示的状态转移真值表变化,如表4-5所示。图4-9是CD4044的引脚图,图4-10为CD4044在Multisim软件中的仿真测试电路。

表4-5 CD4044功能表

输 入			输 出
EN	S	R	Q
0	×	×	高阻态
1	0	0	保持
1	0	1	0
1	1	0	1
1	1	1	状态不定

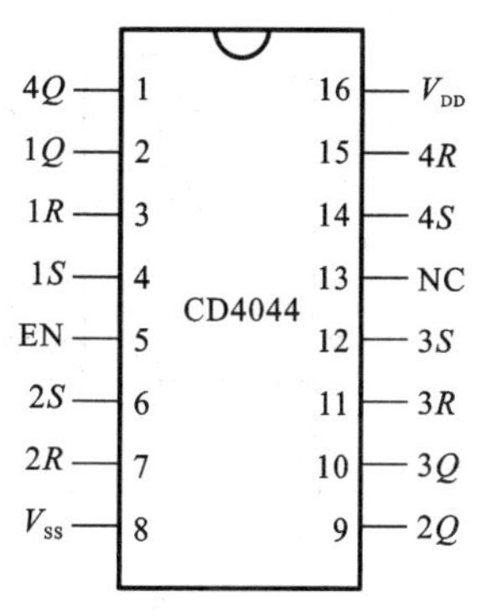

图4-9 CD4044的引脚图

Multisim仿真结果与CD4044功能表所示的一致。

7. 基本RS触发器的应用

利用基本RS触发器的记忆作用可以消除开关振动所产生的影响。用触发器输出的信号作为开关信号就不会导致误动作。图4-11所示的是RS触发器的应用电路及电压波形。

4.2.2 钟控触发器

基本RS触发器的状态是由输入端信号直接控制的。在实际使用中,为了协调数字系统各部分的动作,常要求某些触发器于同一时刻动作,因此引入同步信号,使这些触发器只有在同步信号到达时才按输入信号改变状态。同步信号又称为时钟脉冲,或称为时钟信号,简称时钟,用CP表示。只有在时钟控制CP端上出现时钟脉冲时,触发器的状态才能改变。这种触发器称为钟控触发器,也称同步触发器。按逻辑功能,时钟触发器可分为RS、JK、D、T等类型。

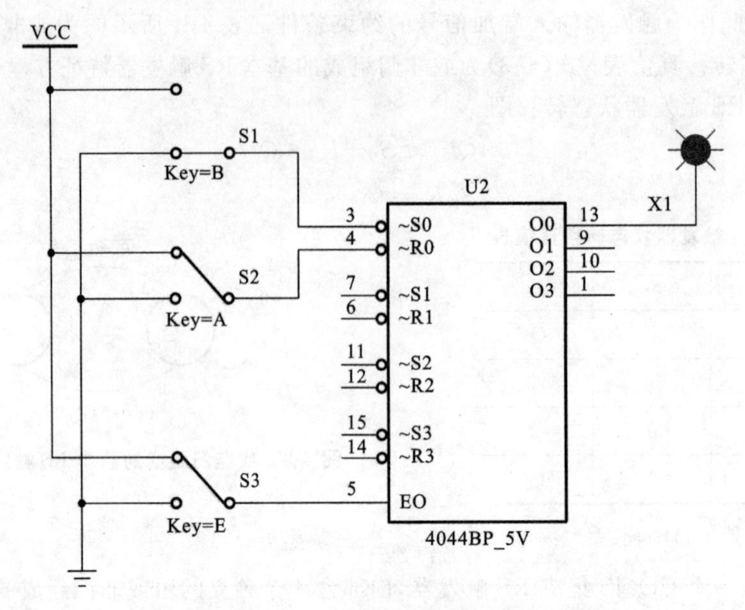

图 4-10　CD4044 在 Multisim 软件中的仿真测试图

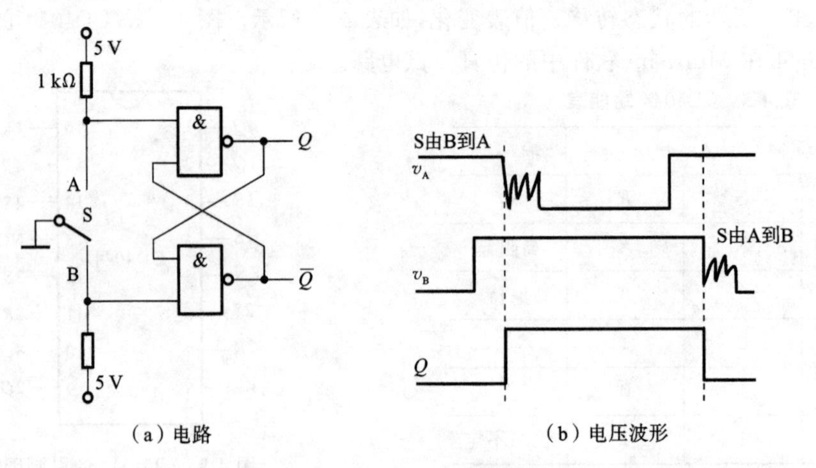

（a）电路　　（b）电压波形

图 4-11　RS 触发器的应用

1. 钟控 RS 触发器

在基本 RS 触发器的基础上，增加两个与非门组成的输入控制（导引）电路，可构成钟控 RS 触发器，如图 4-12(a)所示，图 4-12(b)所示的为钟控 RS 触发器逻辑符号。图中 CP 为时钟输入，R、S 为信号输入端。

1）功能描述

当 CP=0 时，$\overline{R_D}=1$，$\overline{S_D}=1$，触发器保持原来状态不变。

当 CP=1 时，若 $R=0$，$S=1$，则$\overline{R_D}=1$，$\overline{S_D}=0$，触发器置 1；若 $R=1$，$S=0$；则 $\overline{R_D}=0$，$\overline{S_D}=1$，触发器置 0；若 $R=S=0$，$\overline{R_D}=1$，$\overline{S_D}=1$，触发器状态保持不变；若 $R=S=1$，$\overline{R_D}=\overline{S_D}=0$，触发器状态不定。可见 R 和 S 都是高电平有效，所以 R 和 S 不能同时为 1，其逻辑符号中的 R 端和 S 端也没有小圆圈。

由上述功能可列出钟控 RS 触发器状态转移真值表，如表 4-6 所示。

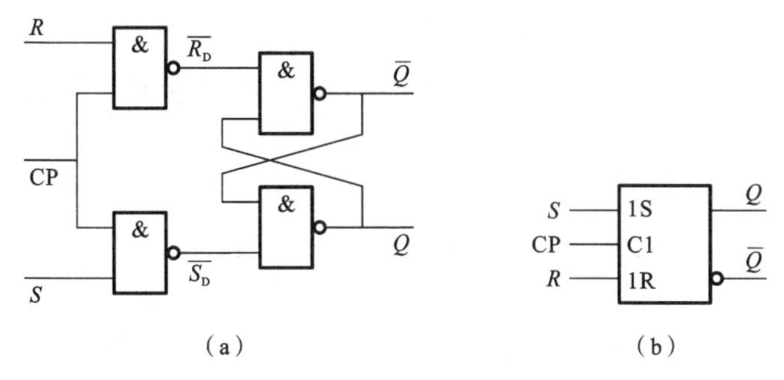

图 4-12 钟控 RS 触发器逻辑电路图和逻辑符号

2) 特征方程、状态转移图

钟控 RS 触发器与基本 RS 触发器类似，可由状态转移真值表得到特征方程(4-4)和状态转移图(见图 4-13)。

$$\begin{cases} Q^{n+1}=S+\overline{R}Q^n \\ SR=0 \end{cases} \tag{4-4}$$

表 4-6 钟控 RS 触发器状态转移真值表

S	R	Q^{n+1}
0	0	Q^n
0	1	0
1	0	1
1	1	不定

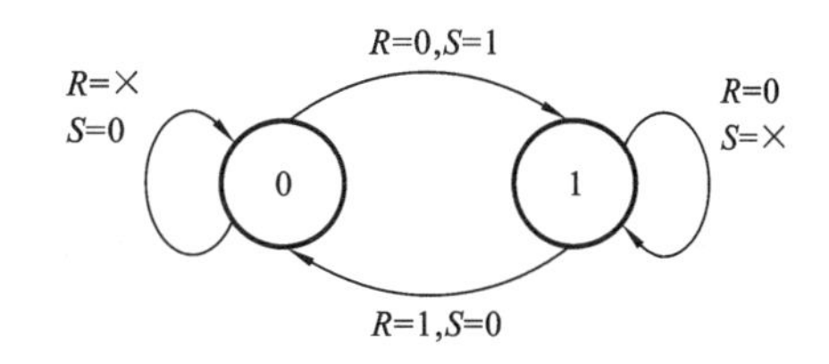

图 4-13 钟控 RS 触发器状态转移图

【例 4-1】 已知图 4-12(a)所示的钟控 RS 触发器的 CP、S、R 波形如图 4-14 所示，画出触发器 Q 和 $\overline{Q}$ 的电压波形。设触发器初始状态 Q 为 0。

解 将给定的波形按 CP、R 和 S 的变化分成不同的区间，用虚线表示；根据钟控 RS 触发器电路功能，CP=0 时，Q 和 $\overline{Q}$ 保持原来状态；当 CP=1 时，触发器的状态 Q 随 RS 的改变而变化，即可用特征方程求出 Q 和 $\overline{Q}$ 的值，如图 4-14 所示。

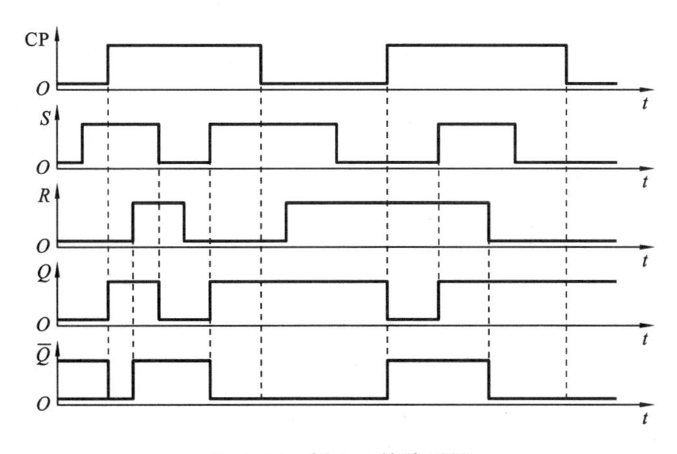

图 4-14 例 4-1 的波形图

2. 钟控 D 触发器

R、S 之间的约束限制了钟控 RS 触发器的使用，为此，只要保证 R、S 始终不同时为“1”即

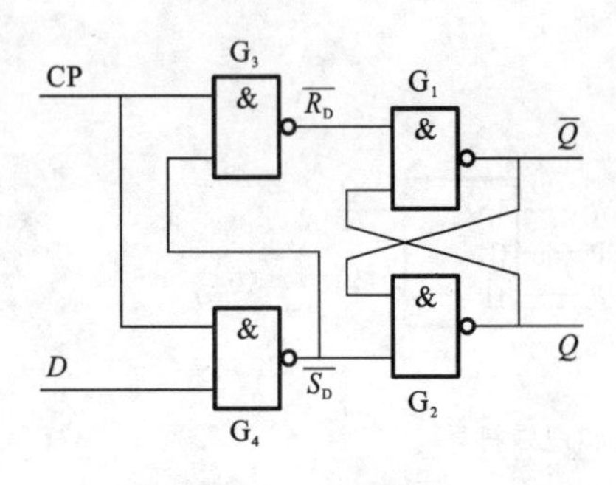

图 4-15　D触发器

可排除约束条件。把图 4-12(a)中的 R 端接至 G_4 门的输出端，这样就构成了 D 触发器，如图 4-15 所示。

1）功能描述

当 CP=0 时，$\overline{R_D}=1$，$\overline{S_D}=1$，触发器保持原来状态不变。当 CP=1 时，若 $D=0$，则$\overline{R_D}=0$，$\overline{S_D}=1$，触发器置 0；若 $D=1$，则 $\overline{R_D}=1$，$\overline{S_D}=0$，触发器置 1。由上述功能可列出钟控 D 触发器状态转移真值表，如表 4-7 所示。

2）特征方程、状态转移图

由状态转移真值表得到特征方程(4-5)和状态转移图(见图 4-16)。

特征方程为

$$Q^{n+1}=D \tag{4-5}$$

表 4-7　钟控 D 触发器状态转移真值表

D	Q^{n+1}
0	0
1	1

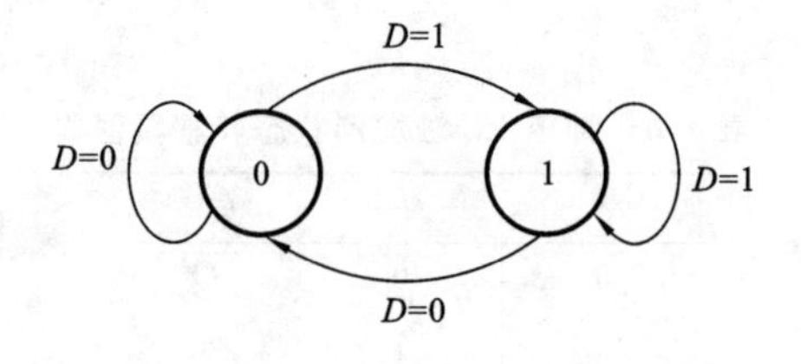

图 4-16　钟控 D 触发器状态转移图

3. 钟控 JK 触发器

为克服钟控 RS 触发器在输入信号 S、R 同为 1 时，触发器次态不确定的缺陷，也可以在钟控 RS 触发器电路结构中增加两条反馈线，将触发器的两个互补输出端信号反馈到输入端，就构成了钟控 JK 触发器。图 4-17 所示的是钟控 JK 触发器的电路结构。

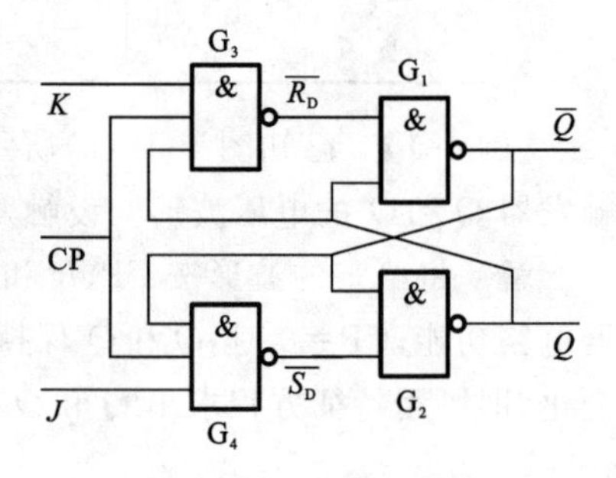

图 4-17　钟控 JK 触发器

1）功能描述

(1) 当 CP=0 时，$\overline{R_D}=1$，$\overline{S_D}=1$，触发器保持原来状态不变。

(2) 当 CP=1 时，若 $J=0$，$K=0$，则$\overline{R_D}=1$，$\overline{S_D}=1$，触发器状态保持。

(3) 当 CP=1，$J=0$，$K=1$ 时，若 $Q^n=0$，$\overline{Q^n}=1$，使得 $\overline{R_D}=1$，$\overline{S_D}=1$，则 $Q^{n+1}=0$；若 $Q^n=1$，$\overline{Q^n}=0$，使得$\overline{R_D}=0$，$\overline{S_D}=1$，则 $Q^{n+1}=0$，触发器置 0。

(4) 当 CP=1，$J=1$，$K=0$ 时，若 $Q^n=1$，$\overline{Q^n}=0$，使得 $\overline{R_D}=1$，$\overline{S_D}=1$，则 $Q^{n+1}=1$；若 $Q^n=0$，$\overline{Q^n}=1$，使得$\overline{R_D}=1$，$\overline{S_D}=0$，则 $Q^{n+1}=1$，触发器置 1。

(5) 当 CP=1，$J=1$，$K=1$ 时，若 $Q^n=0$，$\overline{Q^n}=1$，使得 $\overline{R_D}=1$，$\overline{S_D}=0$，则 $Q^{n+1}=1$，触发器置 1；若 $Q^n=1$，$\overline{Q^n}=0$，使得$\overline{R_D}=0$，$\overline{S_D}=1$，则 $Q^{n+1}=0$，触发器置 0，即 $Q^{n+1}=\overline{Q^n}$。

由上述功能可列出钟控 JK 触发器状态转移真值表，如表 4-8 所示。

2）特征方程、状态转移图

由状态转移真值表得到特征方程(4-6)和状态转移图(见图 4-18)。

特征方程为

表 4-8 钟控 JK 触发器状态转移真值表

J	K	Q^{n+1}
0	0	Q^n
0	1	0
1	0	1
1	1	$\overline{Q^n}$

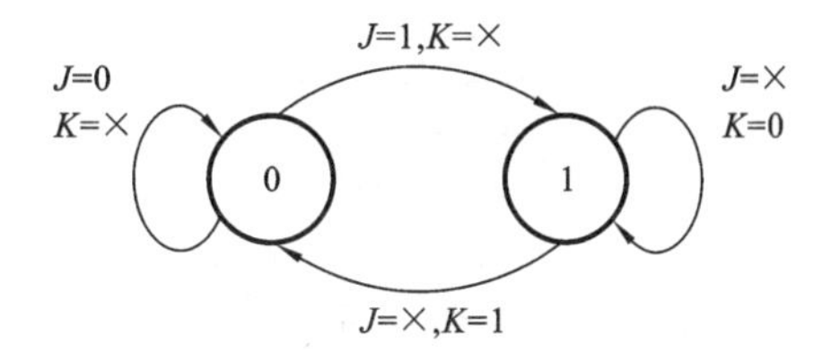

图 4-18 钟控 JK 触发器状态转移图

$$Q^{n+1}=J\overline{Q^n}+\overline{K}Q^n \tag{4-6}$$

4. 钟控 T 触发器

将钟控 JK 触发器的 J 端和 K 端连在一起就构成了钟控 T 触发器。

在 CP=1 时,钟控 T 触发器的特征方程为

$$Q^{n+1}=T\overline{Q^n}+\overline{T}Q^n \tag{4-7}$$

4.2.3 边沿触发器

边沿触发器只是在时钟脉冲上升沿(或下降沿)的瞬间,输出状态才根据输入信号作出响应,而在 CP=0 或 CP=1 期间,输入信号的变化对触发器的状态均无影响。也就是说,触发器的次态仅取决于 CP 信号的到达时刻输入信号的状态,利用 CP 边沿触发的触发器,能克服钟控触发器在 CP=1 期间输入信号变化导致输出随之改变而存在的空翻现象,提高了触发器的可靠性,增强了抗干扰能力。按触发器翻转时刻不同,边沿触发器可分为上升沿(↑)触发器或下降沿(↓)触发器。边沿触发器主要有维持-阻塞 D 触发器和边沿 JK 触发器。

1. 维持-阻塞 D 触发器

目前国内生产的集成 D 触发器主要是维持-阻塞型,这种触发器都是上升沿触发翻转。常用的集成电路有 74LS74(双 D 触发器)、74LS175(4D 触发器)等。

1) 功能描述

图 4-19(a)是维持-阻塞 D 触发器逻辑电路图,其中两个与非门 A、B 组成基本 RS 触发器,与非门 C、E、F 和 G 组成维持-阻塞控制电路。图 4-19(b)所示的为维持-阻塞 D 触发器逻辑符号,其中脉冲输入端 CP 增加了符号“>”,表示边沿触发器。CP 端无小圆圈表示触发器在上升沿触发。

(1) $\overline{R_D}$、$\overline{S_D}$为直接置 0、置 1 端,不受 CP 脉冲控制,当$\overline{R_D}=0$,$\overline{S_D}=1$时,触发器置 0;当$\overline{R_D}=1$,$\overline{S_D}=0$时,触发器置 1。

(2) CP 上升沿到来之前,CP=0,$\overline{R'_D}=1$,$\overline{S'_D}=1$,触发器保持原来状态不变。

(3) 当 CP=1 时,若 D=0,则 F 门和 G 门的输出分别为 $a=1$,$b=0$。$a=1$,$\overline{S_D}=1$,在脉冲 CP 上升沿到来后,C 门输出$\overline{R'_D}=0$,一方面使触发器状态置 0,另一方面又经过置 0 维持线反馈至 F 门的输入端,封锁 F 门,使触发器输出状态维持 0 态不变。在 CP=1 期间,F 门的输出还通过置 1 阻塞线反馈至 G 门,使 G 门的输出 b 为 0,从而可靠地保证 E 门输出为 1,阻止触发器状态向 1 翻转。

(4) 当 CP=1 时,若 $D=1$,则 F 门和 G 门的输出分别为 $a=0$,$b=1$。$b=1$,$\overline{R'_D}=1$,在脉冲 CP 上升沿到来后,E 门输出$\overline{S_D}=0$,一方面使触发器状态置 1,另一方面又经过置 1 维持线

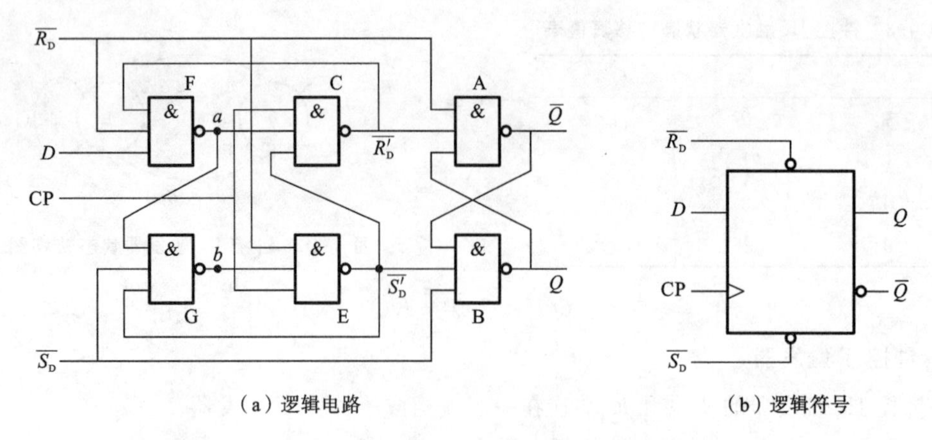

图 4-19 维持-阻塞 D 触发器电路

反馈至 G 门的输入端，封锁 G 门，使触发器输出状态维持 1 态不变。在 CP=1 期间，E 门的输出还通过置 0 阻塞线反馈至 C 门，使 C 门的输出$\overline{R'_D}$为 1，阻止触发器状态向 0 翻转。

综上所述，此种触发器只有在 CP 上升沿到来的时刻，才按照输入信号的状态进行转移，除此之外，在 CP 的其他任何时刻，触发器状态将保持不变。

维持-阻塞 D 触发器的逻辑功能和前面讨论的钟控 D 触发器相同，因此，它们的状态转移真值表、特征方程和状态转移图也相同，只是有时将特征方程写为

$$Q^{n+1}=D[\mathrm{CP}\uparrow] \tag{4-8}$$

【例 4-2】 已知图 4-19(b)所示的维持-阻塞 D 触发器的 CP、$\overline{S_D}$、$\overline{R'_D}$、D 波形如图 4-20 所示，画出触发器 Q 的电压波形。设触发器初始状态 Q 为 0。

解 将给定的波形按 CP、$\overline{S_D}$、$\overline{R'_D}$和 D 的变化分成不同的区间，用虚线表示；根据维持-阻塞 D 触发器电路功能，在 CP=0 及 CP=1 期间 Q 保持原来状态；当 CP 上升沿到来的时刻触发器的状态 Q 随 D 的改变而变化，即可用特征方程求出 Q 的值，如图 4-20 所示。

2) 74LS74

74LS74 集成触发器是一个上升沿触发、带置位(置 1)、复位(置 0)的内部含两个独立维持-阻塞 D 触发器的双 D 触发器。图 4-21 是 74LS74 的引脚图，输出端 Q 的状态按表 4-9 所示的 74LS74 功能表变化，图 4-22 为 74LS74 在 Multisim 软件中的仿真测试电路图，图 4-23 为 74LS74 的 Multisim 仿真测试波形图。

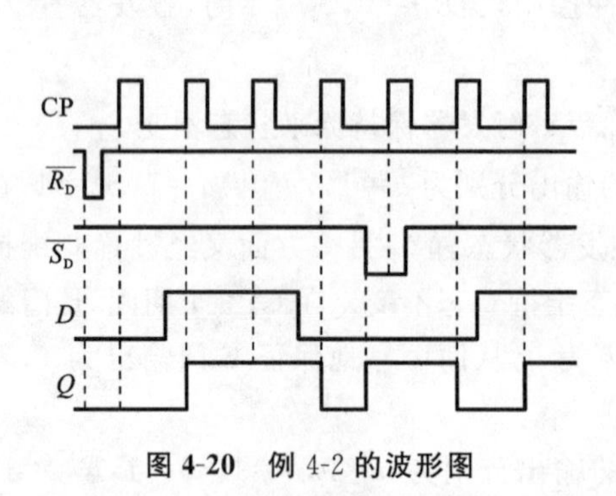

图 4-20 例 4-2 的波形图

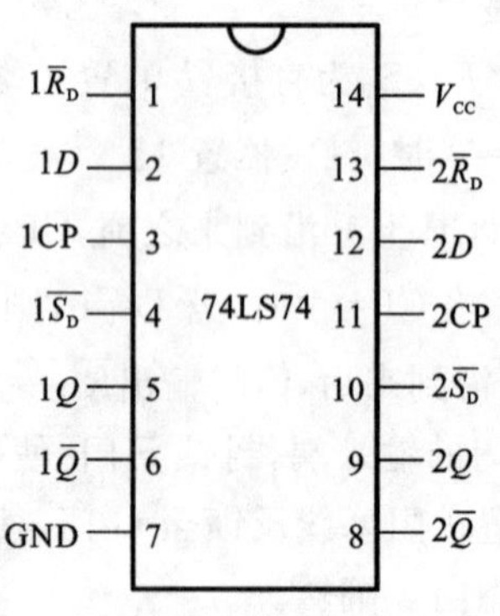

图 4-21 74LS74 的引脚图

Multisim 仿真结果与 74LS74 的功能表一致。

表 4-9 74LS74 功能表

$\overline{S_D}$	$\overline{R_D}$	D	CP	Q^{n+1}	功能
0	1	×	×	1	异步置1
1	0	×	×	0	异步置0
1	1	0	↑	0	置0
1	1	1	↑	1	置1
1	1	×	0	Q^n	保持

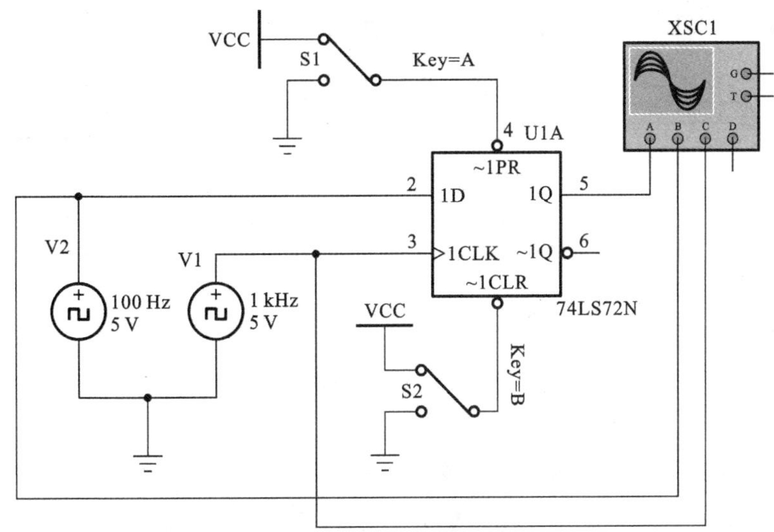

图 4-22 74LS74 在 Multisim 软件中的仿真测试电路图

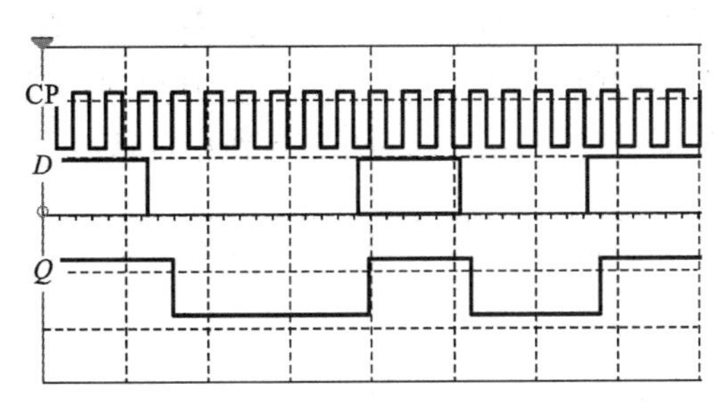

图 4-23 74LS74 EDA 仿真波形图

2. 边沿 JK 触发器

常用的 JK 触发器芯片型号有 74LS112(下降沿触发的双 JK 触发器)、74LS276(4JK 触发器)等。

1) 功能描述

利用逻辑门的传输延迟时间实现的边沿 JK 触发器的电路结构图如图 4-24(a)所示,电路实现 JK 触发器的逻辑功能是依靠与非门 G、H 的延时实现的。图 4-24(b)所示的为 JK 触发器逻辑符号,其中脉冲输入端 CP 增加了符号“>”,表示边沿触发器。CP 端有小圆圈表示触发器在下降沿触发。

(1) $\overline{R_D}$、$\overline{S_D}$为直接置 0、置 1 端,不受 CP 脉冲控制,当$\overline{R_D}=0$,$\overline{S_D}=1$ 时,触发器置 0;当

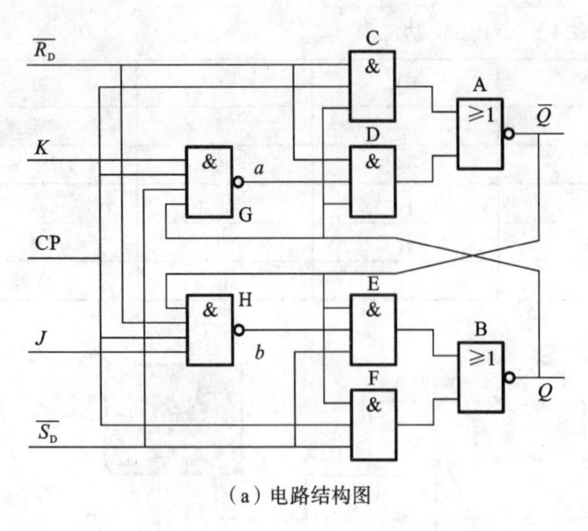

（a）电路结构图

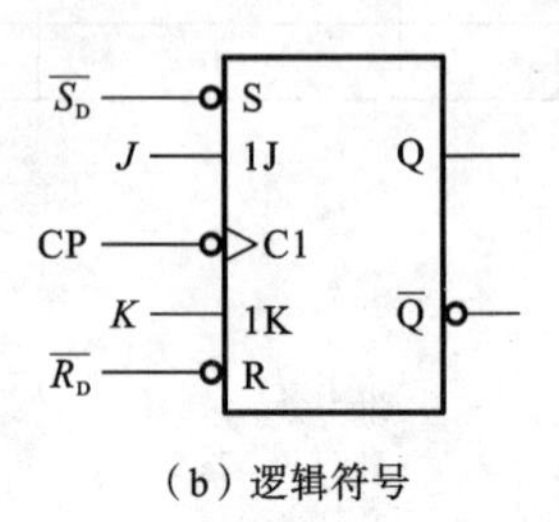

（b）逻辑符号

图 4-24　边沿 JK 触发器

$\overline{R_D}=1$，$\overline{S_D}=0$ 时，触发器置 1。

（2）在 $\overline{R_D}=1$，$\overline{S_D}=1$ 条件下，当 CP=1 时，由于

$$Q=\overline{\overline{S_D}\mathrm{CP}\overline{Q}+\overline{S_D}\overline{Q}\mathrm{H}}=Q \tag{4-9}$$

$$\overline{Q}=\overline{\overline{R_D}\mathrm{CP}Q+\overline{R_D}QG}=\overline{Q} \tag{4-10}$$

触发器保持状态不变，此时触发导引电路输出

$$a=\overline{KQ^n},\quad b=\overline{J\,\overline{Q^n}} \tag{4-11}$$

为触发器状态转移准备条件。

（3）当 CP 下降沿到来时，由于门 G 和门 H 平均延迟时间比基本触发器平均延迟时间长，所以 CP=0 首先封锁了门 C 和门 F，使其输出均为 0，这样由门 A、B、D、E 构成了两个类似与非门组成的基本触发器，b 起$\overline{S_D}$信号作用，a 起$\overline{R_D}$信号作用，所以

$$Q^{n+1}=\bar{b}+aQ^n \tag{4-12}$$

在基本触发器状态转移完成之前，门 G 和门 H 输出保持不变，因此将式(4-11)代入式(4-12)得

$$Q^{n+1}=\bar{b}+aQ^n=\overline{\overline{J\,\overline{Q^n}}}+\overline{KQ^n}Q^n=J\,\overline{Q^n}+\overline{K}Q^n \tag{4-13}$$

此后，门 G 和门 H 被 CP=0 封锁，输出均为 1，触发器维持状态不变，触发器在完成一次状态转移后，不会再发生多次翻转现象。由以上分析可见，在稳定的 CP=0 及 CP=1 期间，触发器维持状态不变，只有在 CP 下降沿到达时刻触发器状态才按特征方程发生转移。边沿 JK 触发器是利用时钟脉冲的下降沿进行触发的，它的逻辑功能和前面讨论的钟控 JK 触发器的功能相同，因此，它们的状态转移真值表、特征方程和状态转移图也相同，只是有时将特征方程写为

$$Q^{n+1}=J\,\overline{Q^n}+\overline{K}Q^n[\mathrm{CP}\downarrow] \tag{4-14}$$

【例 4-3】 已知图 4-24(b)所示的边沿 JK 触发器的 CP、$\overline{S_D}$、$\overline{R_D}$、J、K 波形如图 4-25 所示，画出触发器 Q 的电压波形。设触发器初始状态 Q 为 0。

解　将给定的波形按 CP、$\overline{S_D}$、$\overline{R_D}$、J 和 K 的变化分成不同的区间，用虚线表示；根据边沿

JK 触发器的电路功能，在 CP＝0 及 CP＝1 期间 Q 保持原来状态；当 CP 下降沿到来的时刻触发器的状态 Q 随 J、K 的改变而变化，即可用特征方程求出 Q 的值，如图 4-25 所示。

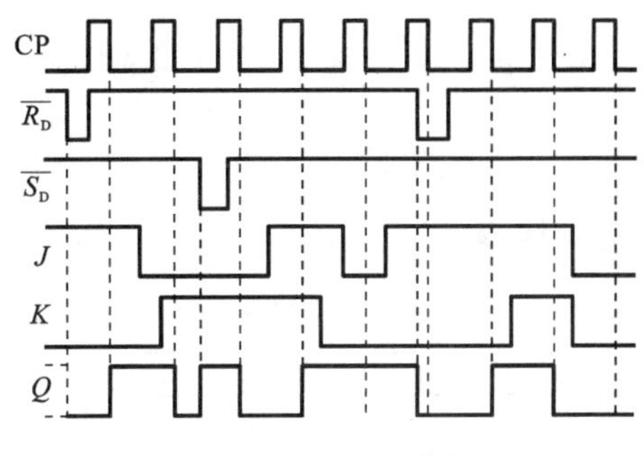

图 4-25　例 4-3 的波形图

2）74LS112

74LS112 集成触发器是一个下降沿触发、带置位和复位的内部含两个独立边沿 JK 触发器的双 JK 触发器。图 4-26 是 74LS74 的引脚图，输出端 Q 的状态按表 4-10 所示的 74LS112 功能表变化，图 4-27 为 74LS112 在 Multisim 软件中的仿真测试电路图，图 4-28 为 74LS112 EDA 仿真测波形图。

Multisim 仿真结果与 74LS112 功能表一致。

引脚	74LS74	引脚
$1\overline{CP}$ 1		16 V_{CC}
$1K$ 2		15 $1\overline{R_D}$
$1J$ 3		14 $2\overline{R_D}$
$1\overline{S_D}$ 4		13 $2\overline{CP}$
$1Q$ 5		12 $2K$
$1\overline{Q}$ 6		11 $2J$
$2\overline{Q}$ 7		10 $2\overline{S_D}$
GND 8		9 $2Q$

图 4-26　74LS74 的引脚图

表 4-10　74LS112 功能表

$\overline{S_D}$	$\overline{R_D}$	J	K	CP	Q^{n+1}	功能
0	1	×	×	×	1	异步置1
1	0	×	×	×	0	异步置0
1	1	0	0	↓	Q^n	保持
1	1	0	1	↓	0	置0
1	1	1	0	↓	1	置1
1	1	1	1	↓	$\overline{Q^n}$	翻转

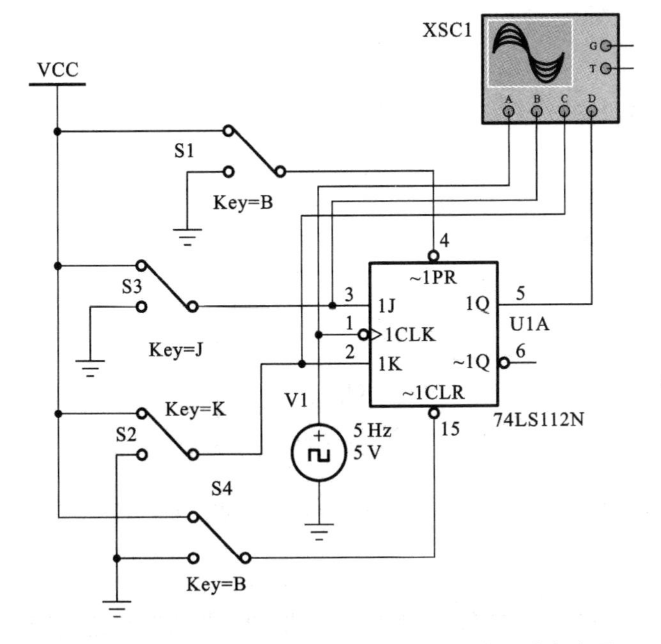

图 4-27　74LS112 在 Multisim 软件中的仿真测试电路图

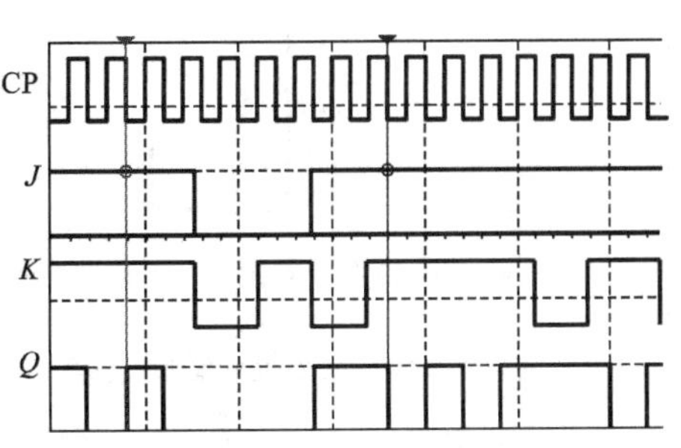

图 4-28　74LS112 EDA 仿真测试波形图

4.2.4 触发器逻辑功能转换

在数字电路的实际使用中，可能要用到各种不同类型的触发器，但是实际生产的集成触发器多为JK型和D型两种触发器。为此，可以根据前面介绍的这些触发器的逻辑特性，外接适当的逻辑电路(见图4-29)，可把JK型或D型触发器转换成所需功能的触发器。

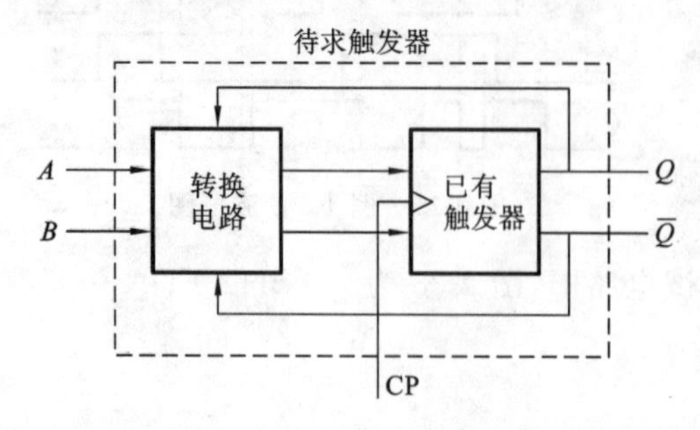

图4-29 触发器逻辑功能转换示意图

由图4-29可知，触发器转换的关键是设计附加组合逻辑电路，即转换电路。设计附加组合逻辑电路的依据是：转换前的触发器(已有触发器)和转换后的触发器(待求触发器)特性方程相同。其转换方法是：利用基本逻辑公式将待求触发器的特性方程转换成已有触发器的特性方程形式，通过对比，得到附加组合电路的输入、输出表达式，即转换电路的逻辑表达式。

1. 将JK触发器转换RS触发器

为了找出JK触发器与RS触发器的逻辑函数对应关系，对RS触发器的特性方程作适当变换，即

$$Q^n = S+\overline{R}Q=S(Q+\overline{Q})+\overline{R}Q=S\overline{Q}+(S+\overline{R})Q=S\overline{Q}+(\overline{S}R)Q \tag{4-15}$$

将式(4-15)与JK触发器的特性方程对照比较后可知，只要取$J=S$，$K=\overline{S}R$，即可实现RS触发器的功能。利用约束条件$SR=0$还可将上式进一步化简，得到转换关系逻辑表达式$K=\overline{S}R+RS=R$，即可画出如图4-30所示的电路。

2. 将JK触发器转换D触发器

为了找出JK触发器与D触发器的逻辑函数对应关系，对D触发器的特性方程作适当变换，即

$$Q^{n+1}=D=D(Q^n+Q^n) \tag{4-16}$$

比较JK触发器特性方程和式(4-16)可得转换关系逻辑表达式：$J=D$，$K=\overline{D}$，由转换关系逻辑表达式可以画出JK触发器转换成D触发器逻辑图，如图4-31所示。

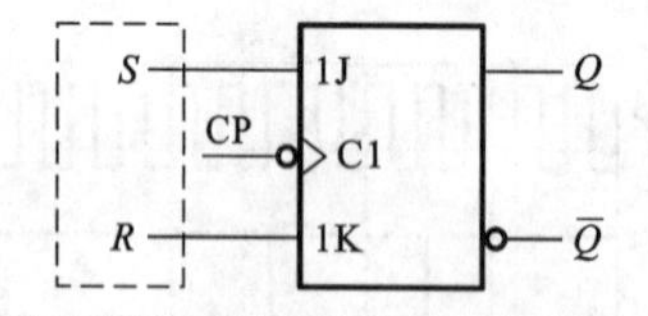

图4-30 JK触发器转换成RS触发器逻辑图

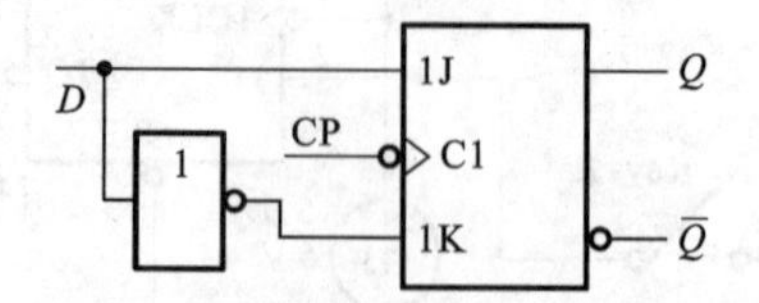

图4-31 JK触发器转换成D触发器逻辑图

3. 将D触发器转换JK触发器

为了找出D触发器与JK触发器的逻辑函数对应关系，对JK触发器的特性方程作适当变换，即

$$Q^{n+1}=J\,\overline{Q^n}+\overline{K}Q^n \tag{4-17}$$

比较D触发器特性方程和式(4-17)可得转换关系逻辑表达式：$D=J\overline{Q^n}+\overline{K}Q^n$，由转换关系逻辑表达式可以画出JK触发器转换成D触发器逻辑图，如图4-32所示。

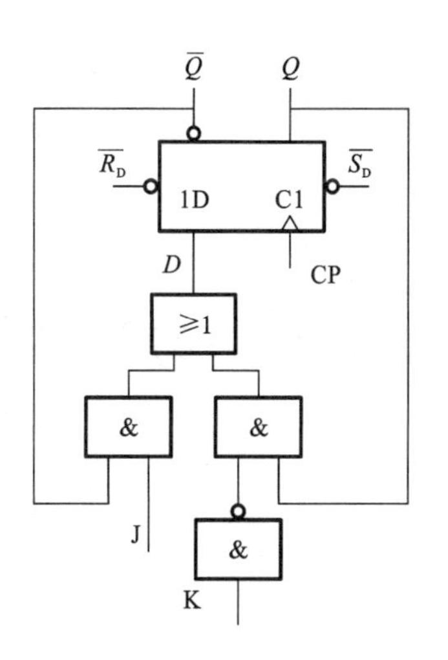

图4-32　D触发器转换成JK触发器逻辑图

4.2.5　典型触发器芯片

将JK、RS、D、T四类触发器进行比较不难看出，输入信号为双端的情况下，JK触发器的逻辑功能最为完善，它包含了RS触发器和T触发器的所有逻辑功能，故JK触发器可以取代RS触发器和T触发器。只要将JK触发器的J、K端当作S、R端使用，就可以实现RS触发器的功能；将J、K连在一起就可实现T触发器功能。而输入信号为单端的情况下，D触发器用起来最方便。因此，数字集成电路手册中只有JK触发器和D触发器两大类。表4-11给出了6种典型的触发器芯片引脚排列及功能表。

表4-11　典型的触发器芯片引脚排列及功能表

<table>
<tr><th colspan="2">芯片引脚排列</th><th>功　　能</th></tr>
<tr><td rowspan="3">D触发器</td>
<td>14 13 12 11 10 9 8
VV_{CC} $2\overline{R_D}$ 2D 2CP $2\overline{S_D}$ 2Q $2\overline{Q}$
74LS74
$1\overline{R_D}$ 1D 1CP $1\overline{S_D}$ 1Q $1\overline{Q}$ GND
1 2 3 4 5 6 7</td>
<td><table>
<tr><th colspan="4">输　入</th><th colspan="2">输　出</th></tr>
<tr><th>$\overline{S_D}$</th><th>$\overline{R_D}$</th><th>CP</th><th>D</th><th>Q^{n+1}</th><th>$\overline{Q^{n+1}}$</th></tr>
<tr><td>0</td><td>1</td><td>×</td><td>×</td><td>1</td><td>0</td></tr>
<tr><td>1</td><td>0</td><td>×</td><td>×</td><td>0</td><td>1</td></tr>
<tr><td>0</td><td>0</td><td>×</td><td>×</td><td>Z</td><td>Z</td></tr>
<tr><td>1</td><td>1</td><td>↑</td><td>1</td><td>1</td><td>0</td></tr>
<tr><td>1</td><td>1</td><td>↑</td><td>0</td><td>0</td><td>1</td></tr>
<tr><td>1</td><td>1</td><td>↓</td><td>×</td><td>Q^n</td><td>$\overline{Q^n}$</td></tr>
</table></td></tr>
<tr><td>14 13 12 11 10 9 8
V_{DD} 2Q $2\overline{Q}$ 2CP $2R_D$ 2D $2S_D$
CD4013
1Q $1\overline{Q}$ 1CP $1R_D$ 1D $1S_D$ GND
1 2 3 4 5 6 7</td>
<td><table>
<tr><th colspan="4">输　入</th><th colspan="2">输　出</th></tr>
<tr><th>$\overline{S_D}$</th><th>$\overline{R_D}$</th><th>CP</th><th>D</th><th>Q^{n+1}</th><th>$\overline{Q^{n+1}}$</th></tr>
<tr><td>1</td><td>0</td><td>×</td><td>×</td><td>1</td><td>0</td></tr>
<tr><td>0</td><td>1</td><td>×</td><td>×</td><td>0</td><td>1</td></tr>
<tr><td>1</td><td>1</td><td>×</td><td>×</td><td>Z</td><td>Z</td></tr>
<tr><td>0</td><td>0</td><td>↑</td><td>1</td><td>1</td><td>0</td></tr>
<tr><td>0</td><td>0</td><td>↑</td><td>0</td><td>0</td><td>1</td></tr>
<tr><td>0</td><td>0</td><td>↓</td><td>×</td><td>Q^n</td><td>$\overline{Q^n}$</td></tr>
</table></td></tr>
<tr><td>20 19 18 17 16 15 14 13 12 11
V_{CC} 8Q 8D 7D 7Q 6D 6Q 5D 5Q G
74LS373
输出控制 1Q 1D 2D 2Q 3Q 3D 4D 4Q GND
1 2 3 4 5 6 7 8 9 10</td>
<td><table>
<tr><th rowspan="2">输出控制</th><th colspan="2">使　　能</th><th rowspan="2">输　出</th></tr>
<tr><th>G</th><th>D</th></tr>
<tr><td>0</td><td>1</td><td>1</td><td>1</td></tr>
<tr><td>0</td><td>1</td><td>0</td><td>0</td></tr>
<tr><td>0</td><td>0</td><td>×</td><td>Q</td></tr>
<tr><td>1</td><td>×</td><td>×</td><td>Z</td></tr>
</table></td></tr>
</table>

续表

<table>
<tr><th colspan="2">芯片引脚排列</th><th>功　能</th></tr>
<tr><td>JK触发器</td><td>16 V_{CC}　15 $1\overline{R_D}$　14 $2\overline{R_D}$　13 2CP　12 2K　11 2J　10 $2\overline{S_D}$　9 2Q
74LS112
1 1CP　2 1K　3 1J　4 $1\overline{S_D}$　5 1Q　6 $1\overline{Q}$　7 $2\overline{Q}$　8 GND</td><td>
<table>
<tr><th colspan="5">输　入</th><th>输出</th></tr>
<tr><th>$\overline{S_D}$</th><th>$\overline{R_D}$</th><th>CP</th><th>J</th><th>K</th><th>Q^{n+1}</th></tr>
<tr><td>0</td><td>1</td><td>×</td><td>×</td><td>×</td><td>1</td></tr>
<tr><td>1</td><td>0</td><td>×</td><td>×</td><td>×</td><td>0</td></tr>
<tr><td>0</td><td>0</td><td>×</td><td>×</td><td>×</td><td>Z</td></tr>
<tr><td>1</td><td>1</td><td>↓</td><td>0</td><td>0</td><td>Q^n</td></tr>
<tr><td>1</td><td>1</td><td>↓</td><td>1</td><td>0</td><td>1</td></tr>
<tr><td>1</td><td>1</td><td>↓</td><td>0</td><td>1</td><td>0</td></tr>
<tr><td>1</td><td>1</td><td>↓</td><td>1</td><td>1</td><td>$\overline{Q^n}$</td></tr>
<tr><td>1</td><td>1</td><td>↑</td><td>×</td><td>×</td><td>Q^n</td></tr>
</table>
</td></tr>
</table>

4.2.6　常见触发器功能测试

1. 基本 RS 触发器功能测试

(1) 构建 74LS00 组成基本 RS 触发器，如图 4-33 所示。

(2) 将图 4-33 中$\overline{S_D}$、$\overline{R_D}$端接逻辑开关，Q、$\overline{Q}$ 端接 LED。按表 4-12 顺序在$\overline{S_D}$、$\overline{R_D}$端加信号，观察并记录 Q、$\overline{Q}$ 端状态填入表中，并说明其逻辑功能。

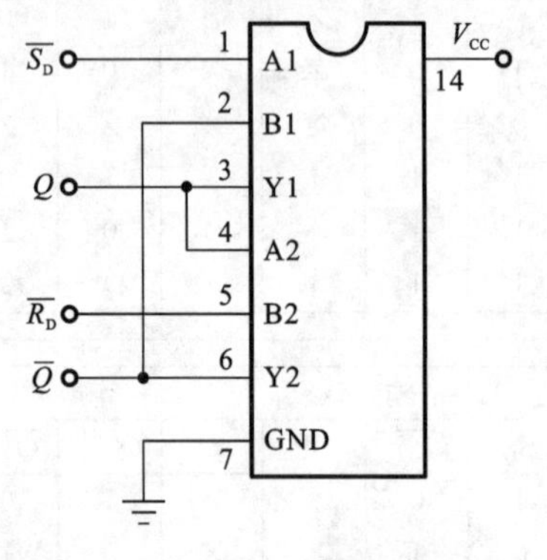

图 4-33　74LS00 组成基本 RS 触发器

表 4-12　基本 RS 触发器功能测试表

$\overline{S_D}$	$\overline{R_D}$	Q	$\overline{Q}$	功能
1	1			
1	0			
0	1			
0	0			

2. JK 触发器功能测试

(1) 构建 74LS112 下降沿触发 JK 触发器测试电路，如图 4-34 所示。

(2) 按表 4-13 顺序输入信号，观察并记录 Q、$\overline{Q}$ 端状态填入表中，并说明其逻辑功能。

3. D 触发器功能测试

(1) 构建 74LS74 上升沿触发 D 触发器测试电路，如图 4-35 所示。

(2) 按表 4-14 顺序输入信号，观察并记录 Q^{n+1} 端状态填入表中，并说明其逻辑功能。

4. 测试注意事项

(1) 应该在不接电源情况下搭建电路，搭建电路时仔细检查集成块。

(2) 电源极性不得接错，开通电源前，应先检查电路电源是否短路。

(3) 测试过程注意记录所遇故障和排除故障所采取的措施。

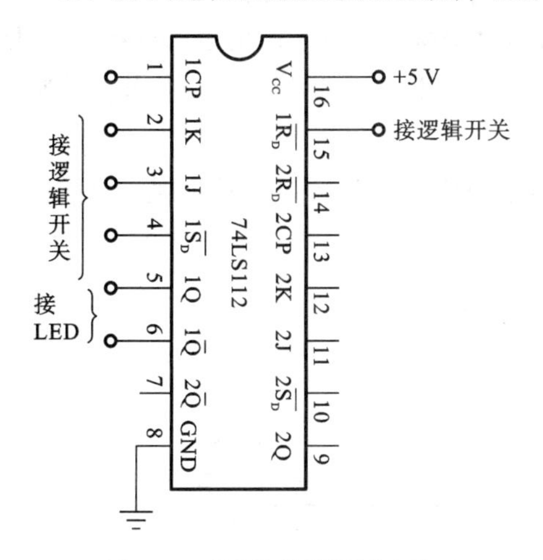

图 4-34 JK 触发器测试电路

表 4-13 JK 触发器功能测试表

$\overline{S_D}$	$\overline{R_D}$	CP	J	K	Q^n	Q^{n+1}	功能
0	1	×	×	×	×		
1	0	×	×	×	×		
1	1	↓	0	0	0		
					1		
1	1	↓	0	1	0		
					1		
1	1	↓	1	0	0		
					1		
1	1	↓	1	1	0		
					1		

图 4-35 D 触发器测试电路

表 4-14 D 触发器功能测试表

$\overline{S_D}$	$\overline{R_D}$	CP	D	Q^n	Q^{n+1}	功能
0	1	×	×	×		
1	0	×	×	×		
1	1	↑	0	0		
				1		
1	1	↑	1	0		
				1		

4.3 时序逻辑电路的分析与设计

4.3.1 时序逻辑电路的分析

时序逻辑电路的分析，就是根据给定的时序逻辑电路图，求出该电路在时钟信号及输入信号的作用下电路的次态和输出，以便确定其逻辑功能和工作特性。

1. 时序逻辑电路的分析步骤

通常，时序逻辑电路的分析可以按以下步骤进行。

(1) 定状态。分析给定的时序逻辑电路图，确定该电路的类型，判断是同步时序逻辑电路还是异步时序逻辑电路；确定触发器的类型、触发方式及个数、电路输入/输出个数等电路信息。

(2) 写方程。根据给定的逻辑图,写出驱动方程、时钟方程和输出方程,求出状态方程。

根据逻辑电路写出各个触发器的驱动方程,即写出每个触发器输入端的逻辑函数表达式。并根据所给触发器,将得到的驱动方程代入触发器特征方程,得到时钟脉冲作用下的状态方程。

(3) 计算。由状态方程、输出方程列状态转移真值表,画状态转移图或时序图对电路的状态进行计算。

(4) 分析。根据上述计算结果,概括说明电路逻辑功能。

2. 时序逻辑电路的分析举例

【例 4-4】 试分析图 4-36 所示时序逻辑电路的功能。

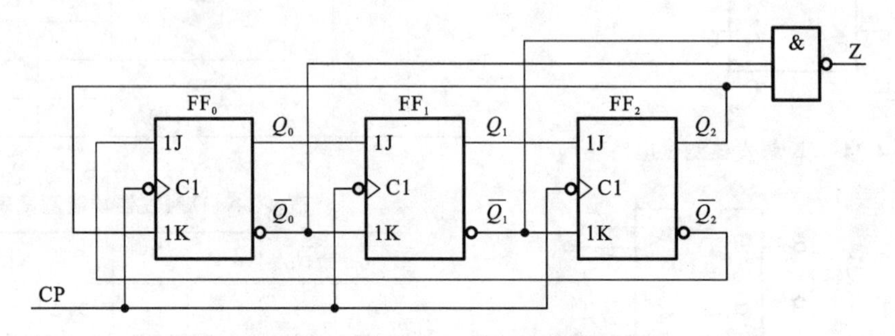

图 4-36　例 4-4 的逻辑电路图

解　首先在 Multisim 软件中,按照图 4-36 所示的电路,从 TTL 库中调 74LS112、74LS10,Source 库中调 VCC、信号源 V1(设置为 5 V/20 Hz)等元件,并连线构建例 4-4 仿真电路,如图 4-37 所示。

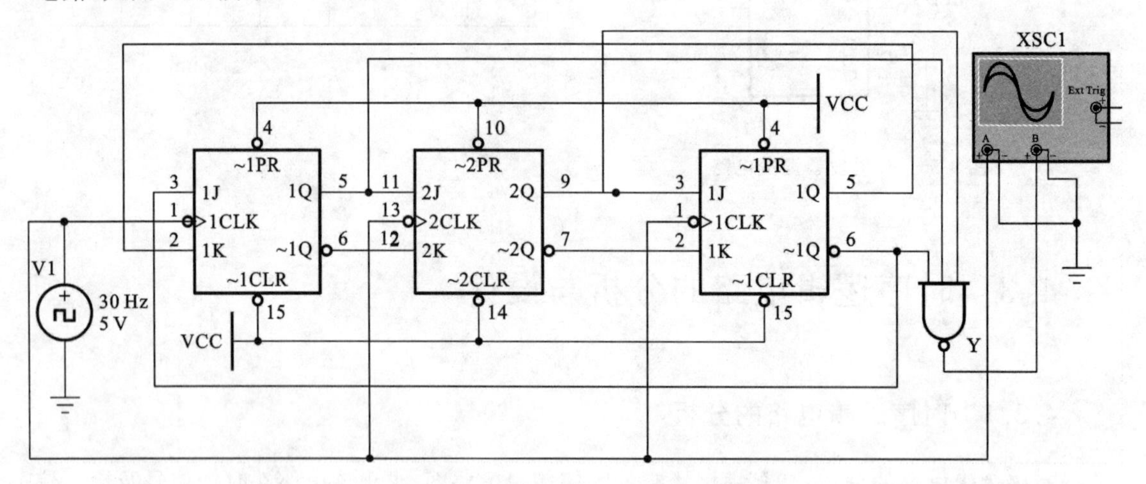

图 4-37　例 4-4 Multisim 仿真电路

启动仿真,观察例 4-4 仿真电路在 Multisim 输入 CP 与输出 Y 之间的逻辑关系,如图 4-38 所示,在游标 1 与游标 2 之间 CP 有 6 个脉冲。

结合电路可知,在时钟 CP 作用下,每输入 6 个时钟 CP 脉冲,输出 Y 输出一个负脉冲,循环出现。

按照时序电路的分析步骤,对此电路分析过程如下。

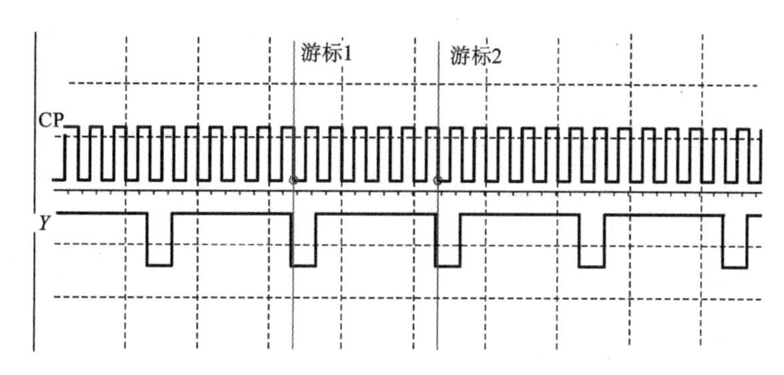

图 4-38 例 4-4 仿真波形

(1) 定状态。

由图 4-37 可知，该电路为同步时序电路，3 级 JK 触发器下降沿触发、一个时钟输入 CP、一个输出 Z。

(2) 根据图 4-37 所示的电路，写方程。

驱动方程为

$$J_0=\overline{Q_2^n},\quad K_0=Q_2^n,\quad J_1=Q_0^n,\quad K_1=\overline{Q_0^n},\quad J_2=Q_1^n,\quad K_2=\overline{Q_1^n} \tag{4-18}$$

输出方程为

$$Z=\overline{\overline{Q_0^n}\,\overline{Q_1^n}\,Q_2^n}=Q_0^n+Q_1^n+\overline{Q_2^n} \tag{4-19}$$

根据 JK 触发器特征方程 $Q^{n+1}=J\,\overline{Q^n}+\overline{K}Q^n$，将各触发器的驱动方程代入，即得各触发器状态方程为

$$\begin{cases}Q_0^{n+1}=\overline{Q_2^n}\,\overline{Q_0^n}+\overline{Q_2^n}Q_0^n=\overline{Q_2^n}\\ Q_1^{n+1}=Q_0^n\,\overline{Q_1^n}+Q_0^nQ_1^n=Q_0^n\\ Q_2^{n+1}=Q_1^n\,\overline{Q_2^n}+Q_1^nQ_2^n=Q_1^n\end{cases} \tag{4-20}$$

(3) 计算。根据状态方程及输出方程可得出该电路的状态转换真值表，如表 4-15 所示，并可画出状态转移图，如图 4-39 所示。

表 4-15 例 4-4 状态转换真值表

Q_2^n	Q_1^n	Q_0^n	Q_2^{n+1}	Q_1^{n+1}	Q_0^{n+1}	Z
0	0	0	0	0	1	1
0	0	1	0	1	1	1
0	1	0	1	0	1	1
0	1	1	1	1	1	1
1	0	0	0	0	0	0
1	0	1	0	1	0	1
1	1	0	1	0	0	1
1	1	1	1	1	0	1

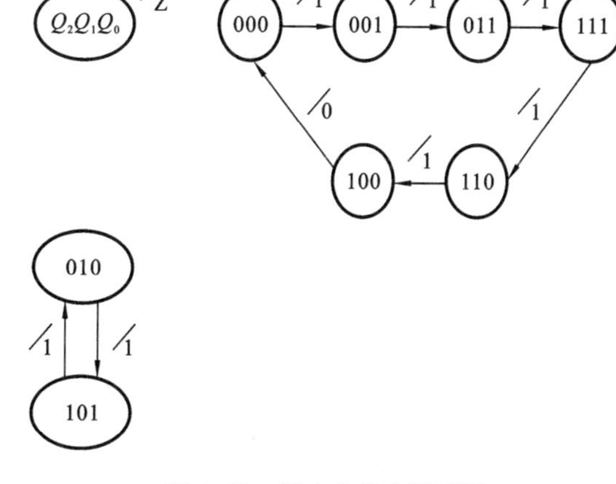

图 4-39 例 4-4 状态转移图

该电路的时序波形如图 4-40 所示。

经过分析、计算可知，在 CP 脉冲作用下，电路在 000—001—011—111—110—100—000

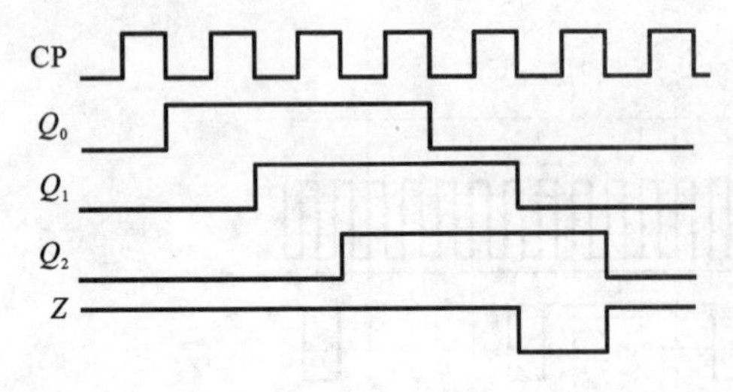

图 4-40 例 4-4 时序波形

之间形成有效循环，有六个有效状态，两个无效状态(010—101)，故电路称为同步六进制计数器。

分析结果与 Multisim 仿真结果一致。

【例 4-5】 试分析图 4-41 所示时序逻辑电路的功能。

解 首先在 Multisim 软件中，按照图 4-41 所示的电路，从 TTL 库中调 74LS74、74LS51、74LS04，Source 库中调 VCC、信号源 V1(设置为 5 V/30 Hz)、GND 等元件，并连线构建例 4-5 仿真电路，如图 4-42 所示。

启动仿真，观察例 4-5 仿真电路在 Multisim 输入 CP 与输出 $Q_2Q_1Q_0$ 之间的逻辑关系，如图 4-43 所示，在游标 1 与游标 2 之间 CP 脉冲作用下，触发器 $Q_2Q_1Q_0$ 在 000—001—011—010—110—111—101—100—000 之间形成有效循环。

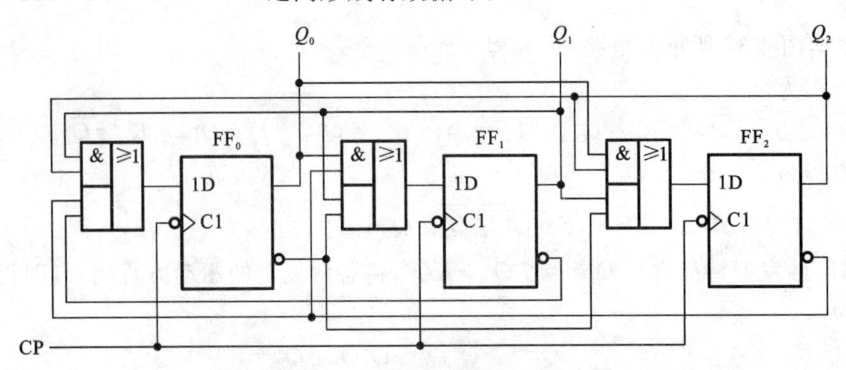

图 4-41 例 4-5 的逻辑电路图

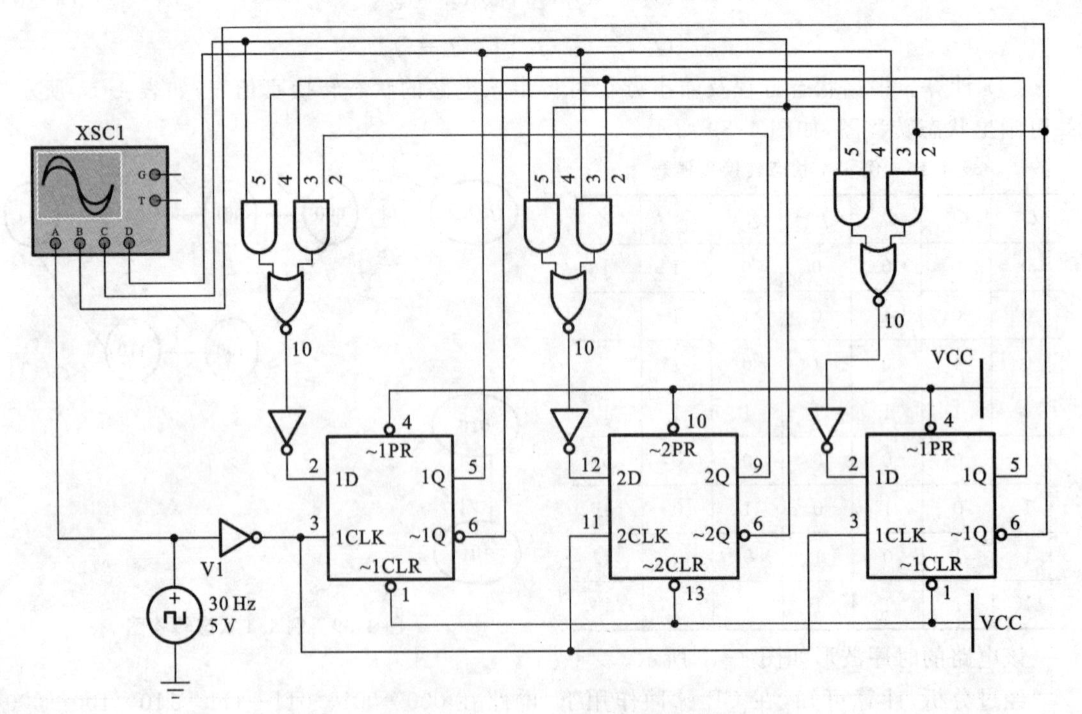

图 4-42 例 4-5 Multisim 仿真电路

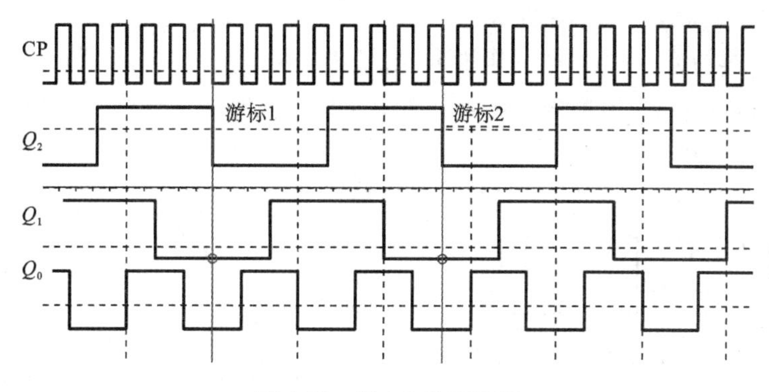

图 4-43 例 4-5 仿真波形

按照时序电路的分析步骤,对此电路分析过程如下。

(1) 定状态。

由图 4-42 可知,该电路为同步时序电路,3 级 D 触发器下降沿触发、一个时钟输入 CP、触发器输出 $Q_2Q_1Q_0$。

(2) 根据图 4-42 所示的逻辑电路,写方程。

驱动方程为

$$D_2=Q_2^nQ_0^n+Q_1^n\overline{Q_0^n},\quad D_1=\overline{Q_2^n}Q_0^n+Q_1^n\overline{Q_0^n},\quad D_0=Q_2^nQ_1^n+\overline{Q_2^n}\,\overline{Q_1^n} \tag{4-21}$$

根据 D 触发器特征方程 $Q^{n+1}=D$,将各触发器的驱动方程代入,即得各触发器状态方程为

$$Q_2^{n+1}=Q_2^nQ_0^n+Q_1^n\overline{Q_0^n},\quad Q_1^{n+1}=\overline{Q_2^n}Q_0^n+Q_1^n\overline{Q_0^n},\quad Q_0^{n+1}=Q_2^nQ_1^n+\overline{Q_2^n}\,\overline{Q_1^n} \tag{4-22}$$

(3) 计算。根据状态方程及输出方程可得出该电路的状态转移真值表,如表 4-16 所示,并可画出状态转移图,如图 4-44 所示。

表 4-16 例 4-5 状态转移真值表

Q_2^n	Q_1^n	Q_0^n	Q_2^{n+1}	Q_1^{n+1}	Q_0^{n+1}
0	0	0	0	0	1
0	0	1	0	1	1
0	1	0	1	1	0
0	1	1	0	1	0
1	0	0	0	0	0
1	0	1	1	0	0
1	1	0	1	1	1
1	1	1	1	0	1

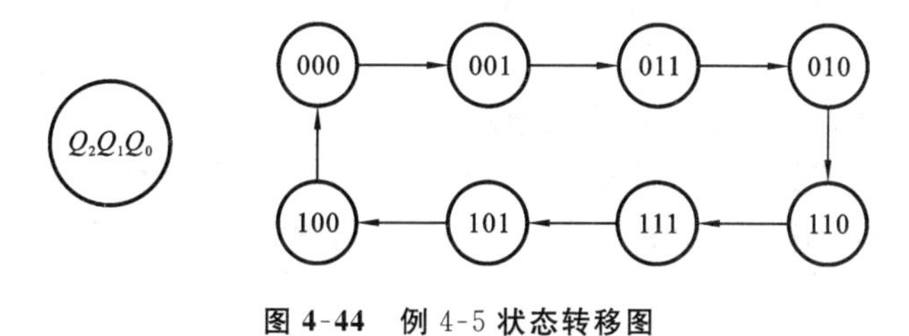

图 4-44 例 4-5 状态转移图

该电路的时序波形如图 4-45 所示。

经过分析、计算可知，在 CP 脉冲作用下，电路在 000—001—011—010—110—111—101—100—000 之间形成有效循环，故该电路称为 8 节拍格雷码同步计数器。

分析结果与 Multisim 仿真结果一致。

【例 4-6】 试分析图 4-46 所示时序逻辑电路的功能。

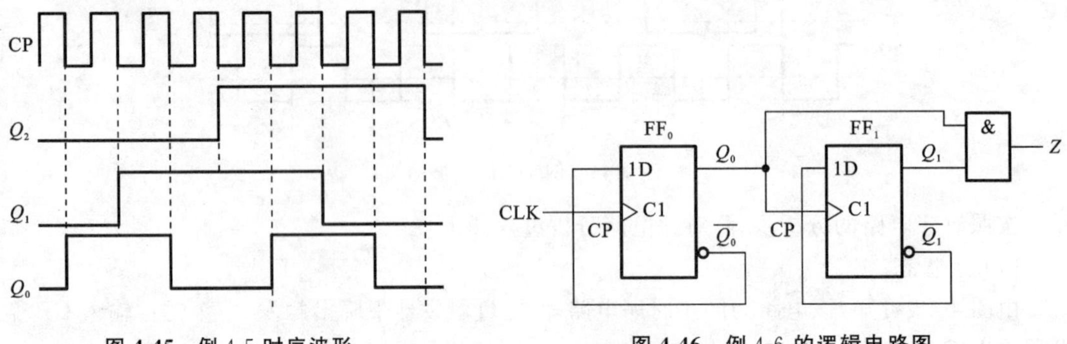

图 4-45 例 4-5 时序波形

图 4-46 例 4-6 的逻辑电路图

解 首先在 Multisim 软件中，按照图 4-46 所示的电路，从 TTL 库中调 74LS74、74LS00，Source 库中调 VCC、信号源 V1(设置为 5 V/30 Hz)、GND 等元件，并连线构建例 4-6 仿真电路，如图 4-47 所示。

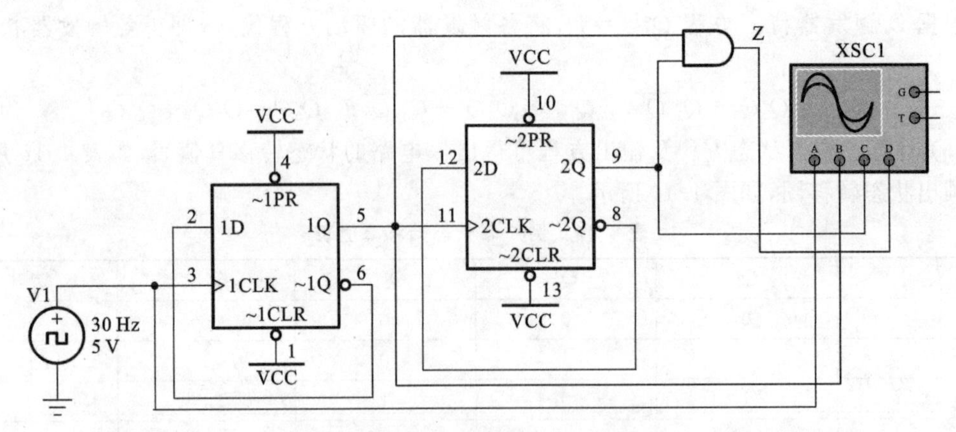

图 4-47 例 4-6 Multisim 仿真电路

启动仿真，观察例 4-6 仿真电路在 Multisim 输入 CLK 与输出 Q_1Q_0 及 Z 之间的逻辑关系，如图 4-48 所示，在游标 1 与游标 2 之间 CLK 脉冲作用下，触发器 Q_1Q_0 在 10—01—00—11—10 之间形成有效循环，每输入 4 个时钟 CLK 脉冲，输出 Z 输出一个正脉冲，循环出现。

按照时序电路的分析步骤，对此电路分析过程如下。

(1) 定状态。

由图 4-46 可知，该电路为异步时序电路。

在异步时序电路中，由于不同触发器的时钟不相同，触发器只有在它自己的脉冲边沿才能进行状态转移，故异步时序电路分析应写出每一级的时钟方程，具体分析过程比同步时序电路要复杂一些。

该电路有 2 级 D 触发器上升沿触发、一个时钟输入 CLK、触发器输出 Q_1Q_0、一个输出 Z。

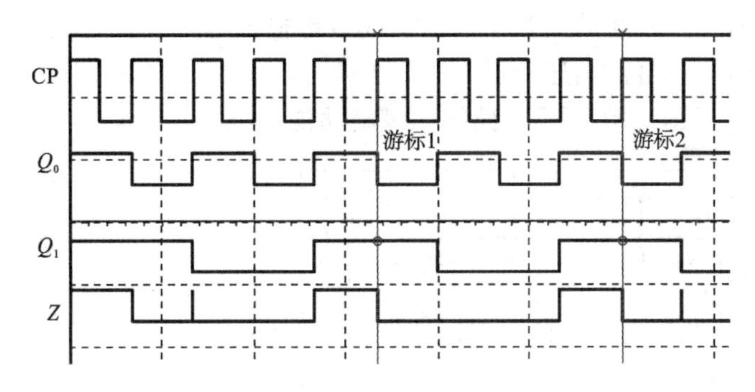

图 4-48 例 4-6 仿真波形

(2) 根据图 4-47 所示的逻辑电路,写方程。

(3) 时钟方程为

$$\mathrm{CP0}=\mathrm{CLK}\uparrow \quad \mathrm{CP1}=Q_0\uparrow \tag{4-23}$$

驱动方程为

$$D_0=\overline{Q}_0, \quad D_1=\overline{Q}_1 \tag{4-24}$$

输出方程为

$$Z=Q_1^n Q_0^n \tag{4-25}$$

根据 D 触发器特征方程 $Q^{n+1}=D$,将各触发器的驱动方程代入,即得各触发器状态方程为

$$Q_0^{n+1}=\overline{Q}_0^n(\mathrm{CLK}\uparrow), \quad Q_1^{n+1}=\overline{Q}_1^n(Q_0\uparrow) \tag{4-26}$$

(4) 计算。根据状态方程及输出方程可得出该电路的状态转换真值表,如表 4-17 所示,并可画出状态转移图,如图 4-49 所示。

表 4-17 例 4-6 状态转换真值表

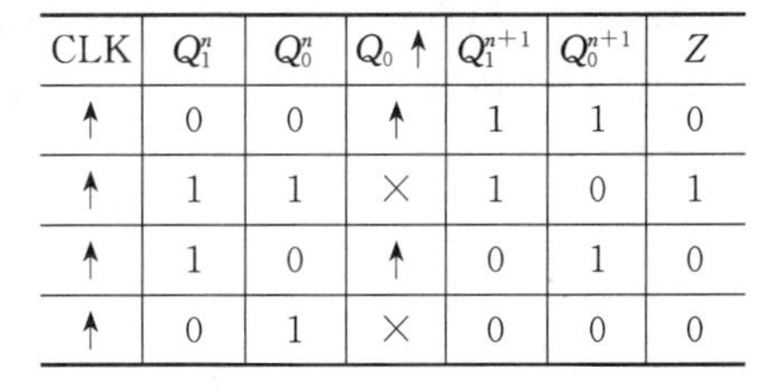

CLK	Q_1^n	Q_0^n	$Q_0\uparrow$	Q_1^{n+1}	Q_0^{n+1}	Z
↑	0	0	↑	1	1	0
↑	1	1	×	1	0	1
↑	1	0	↑	0	1	0
↑	0	1	×	0	0	0

该电路的时序波形如图 4-50 所示。

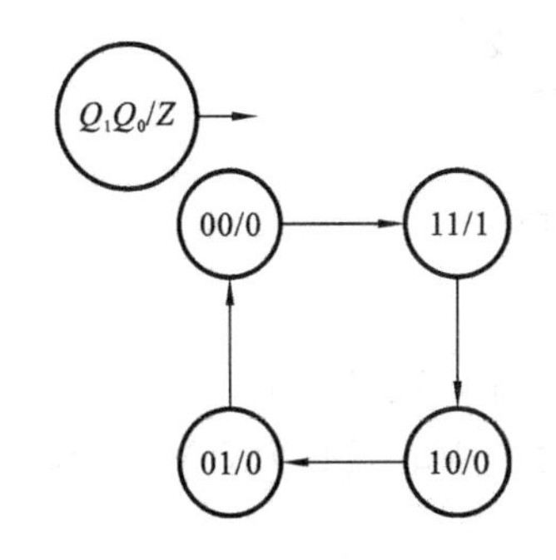

图 4-49 例 4-6 状态转移图

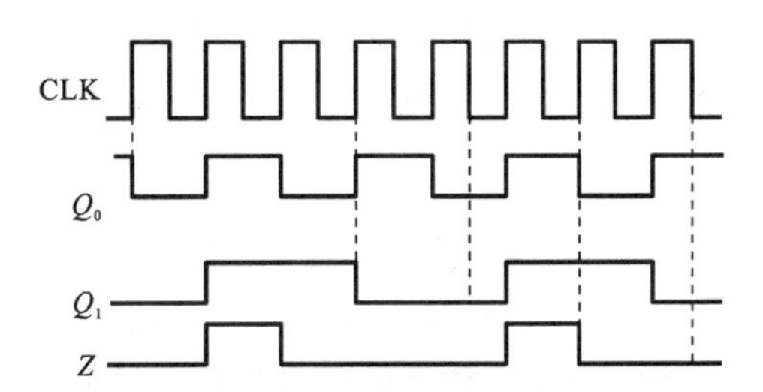

图 4-50 例 4-6 时序波形

经过分析、计算可知,在 CLK 脉冲作用下,电路在 10—01—00—11—10 之间形成有效循环,故该电路是一个异步模 4 减法计数器,Z 信号的上升沿可触发借位操作。

分析结果与 Multisim 仿真结果一致,只是仿真过程中在 CLK 脉冲作用下触发器 Q_1Q_0 从 10 状态变为 01 状态时出现了毛刺(竞争与冒险)。

3. 时序逻辑电路的分析拓展

实际工作中,通常需要分析的电路是实际电路,而不是原理图。这就需要分析者先完成电

路板测绘，画出电路元件之间的连接图或 PCB 图，再根据电路元件之间的连接图或 PCB 图，画逻辑电路原理图，然后再按上述分析方法分析即可。下面以例 4-7 为例进行具体分析。

【例 4-7】 试分析图 4-51 所示电路图的逻辑功能。

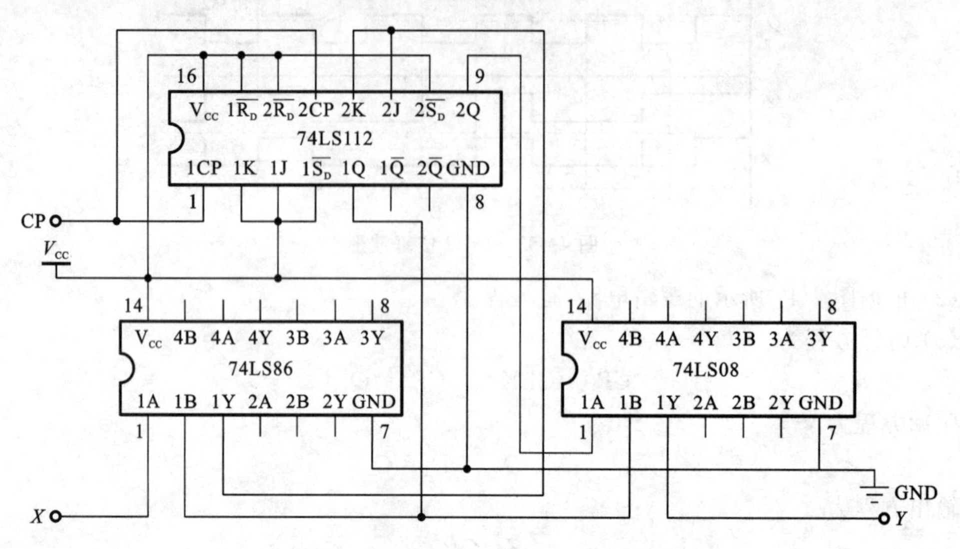

图 4-51 例 4-7 电路元件之间的连接图

解 (1) 根据图 4-51 所示的电路元件之间的连接图及元器件的逻辑功能，画出电路原理图，如图 4-52 所示。

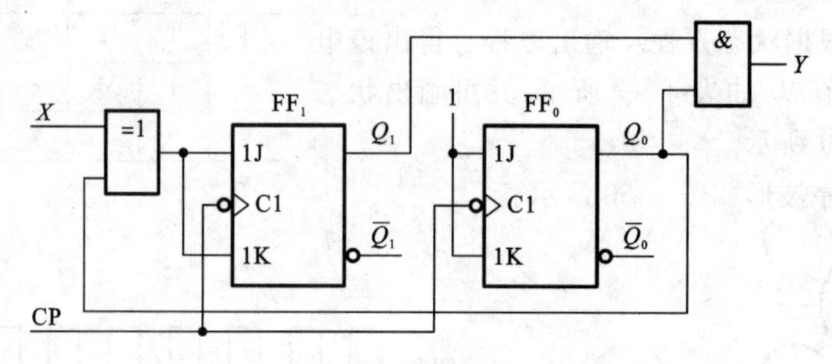

图 4-52 例 4-7 电路原理图

(2) Multisim 仿真。

在 Multisim 软件中，按照图 4-51 所示的电路从 TTL 库中调 74LS112、74LS08、74LS86，Source 库中调 VCC、信号源 V1(设置为 5 V/30 Hz)、信号源 V2(设置为 5 V/5 Hz)、GND 等元件，并连线构建例 4-7 仿真电路，如图 4-53 所示。

启动仿真，观察例 4-7 仿真电路在 Multisim 输入 CP 与输出 Q_1Q_0 及 Y 之间的逻辑关系，如图 4-54 所示，在游标 1 与游标 2 之间 CP 脉冲作用下，每输入 6 个时钟 CP 脉冲，输出 Y 输出两个正脉冲，循环出现。

按照时序电路的分析步骤，对此电路分析过程如下。

(1) 定状态。

由图 4-51 可知，该电路为同步时序电路，2 级 JK 触发器下降沿触发、时钟输入 CP、输入 X、输出 Y。

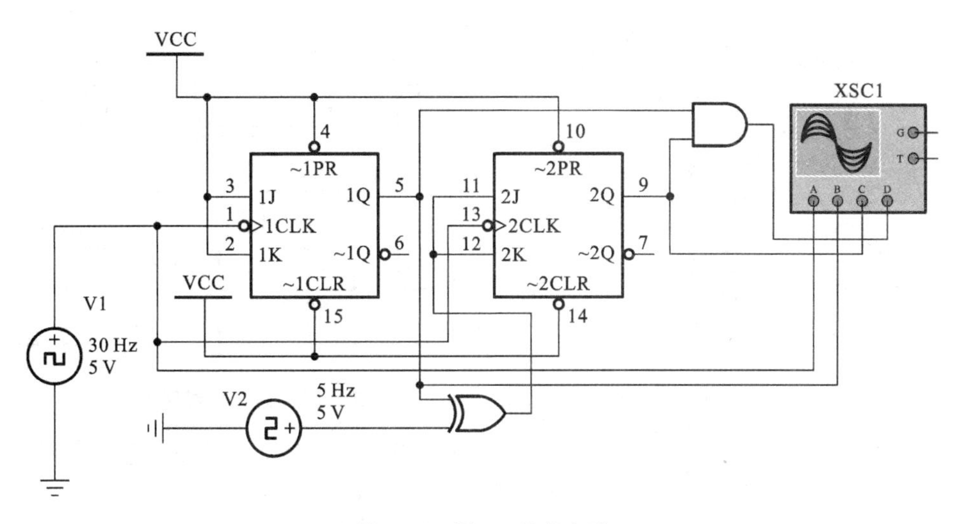

图 4-53 例 4-7 仿真电路

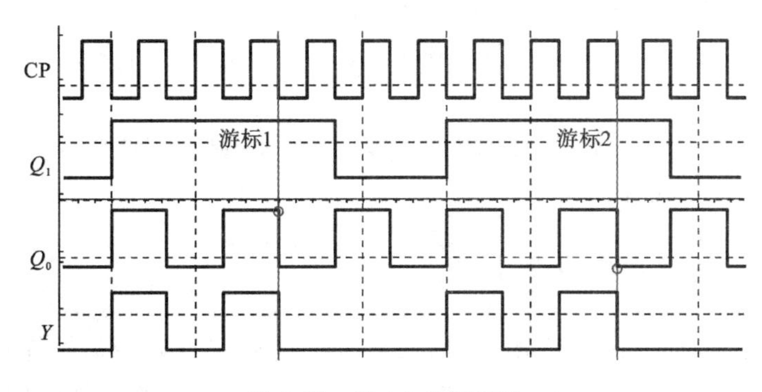

图 4-54 例 4-7 仿真波形

(2) 根据图 4-51 所示的电路,写方程。

驱动方程为

$$\begin{cases} J_1 = K_1 = X \oplus Q_0 \\ J_0 = K_0 = 1 \end{cases} \tag{4-27}$$

输出方程为

$$Y = Q_1 Q_0 \tag{4-28}$$

根据 JK 触发器特征方程 $Q^{n+1} = J\overline{Q^n} + \overline{K}Q^n$,将各触发器的驱动方程代入,即得各触发器状态方程为

$$\begin{cases} Q_1^{n+1} = J_1\overline{Q_1} + \overline{K_1}Q_1 \\ \quad = (X \oplus Q_0)\overline{Q_1} + \overline{X \oplus Q_0}Q_1 \\ \quad = X \oplus Q_0 \oplus Q_1 \\ Q_0^{n+1} = J_0\overline{Q_0} + \overline{K_0}Q_0 = \overline{Q_0} \end{cases} \tag{4-29}$$

表 4-18 例 4-7 状态转换真值表

X	Q_1^n	Q_0^n	Q_1^{n+1}	Q_0^{n+1}	Y
0	0	0	0	1	0
0	0	1	1	0	0
0	1	0	1	1	0
0	1	1	0	0	1
1	0	0	1	1	0
1	0	1	0	0	0
1	1	0	0	1	0
1	1	1	1	0	1

(3) 计算。根据状态方程及输出方程可得出该电路的状态转换真值表,如表 4-18 所示。设状态 $S_0=00$,$S_1=01$,$S_2=10$,$S_3=11$,并可画出状态转移图,如图 4-55 所示。

该电路的时序波形如图 4-56 所示。

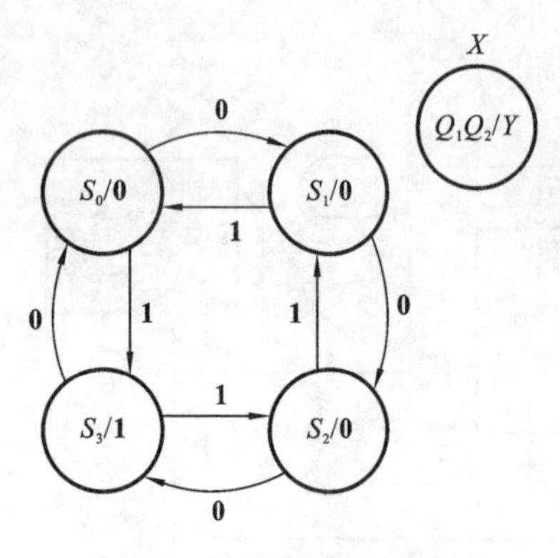

图 4-55 例 4-7 状态转移图

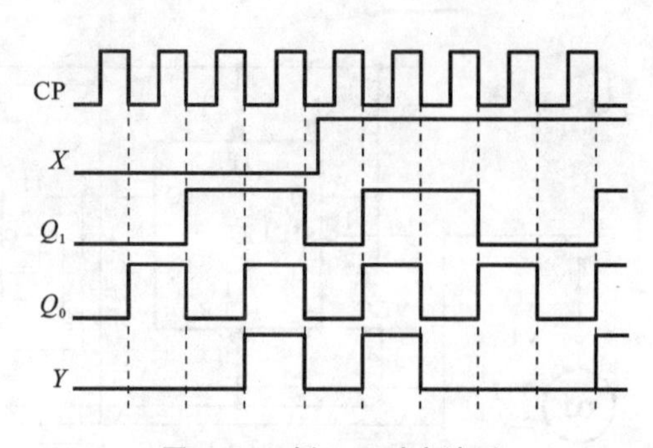

图 4-56 例 4-7 时序波形

经过分析、计算可知，在 CP 脉冲作用下，当外部输入 $X=0$ 时，每来四个时钟脉冲，电路的状态依此经过 S_0、S_1、S_2、S_3 回到 S_0，即按当状态从 11 向 00 转换时，在输出端产生一个进位脉冲信号。可见，此时电路实现四进制加法计数器的功能。当外部输入 $X=1$ 时，每来四个时钟脉冲，电路的状态依此经过 S_0、S_3、S_2、S_1 回到 S_0，即按 00—11—10—01—00 规律变化，当状态从 11 向 00 转换时，在输出端产生一个借位脉冲信号。可见，此时电路实现四进制减法计数器的功能。

所以，该电路是一个同步四进制可逆计数器。X 为加/减控制信号，Y 为进位、借位输出。

分析结果与 Multisim 仿真结果一致。

4.3.2 时序逻辑电路的设计

时序逻辑电路的设计，就是根据给定的逻辑功能要求，选择适当的器件，设计出符合设计要求的最简时序电路。电路设计的主要任务是将设计要求转换为明确的、可实现的功能和技术指标；选择合适的器件实现设计要求。设计的原则是在满足设计要求的前提下应力求电路结构简单、性价比高。当选用小规模集成电路设计时，电路最简的标准是所用的触发器和门电路的数目最少，而且触发器和门电路的输入数目也最少。而当使用中、大规模集成电路时，电路最简的标准则是使用的集成电路数目最小，种类最少，而且互相间的连线也最少。

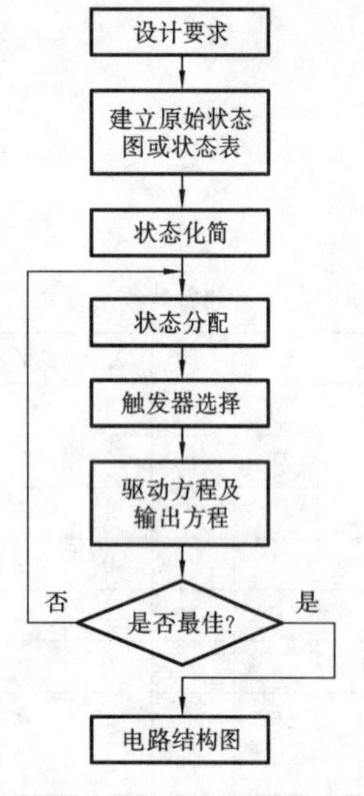

图 4-57 时序逻辑电路的设计的一般步骤

1. 时序逻辑电路的设计步骤

时序逻辑电路的设计的一般步骤如图 4-57 所示。

(1) 明确设计要求，建立原始状态图。设计者应充分理解设计要求的指标含义，明确设计任务的具体内容。熟悉设计所涉及的相关知识，并根据给定的逻辑功能建立原始状态图和原始状态表。所谓原始状态图就是把用文字描述的设计要求通过逻辑抽象转换为状态图或状态表。建立原始状态图需要：

① 明确电路的输入条件和相应的输出要求，分别确定输入变量和输出变量的数目和符号；

② 确定电路所包含的状态，找出所有可能的状态和状态转换之间的关系；

③ 根据原始状态图建立原始状态表；确定系统的原始状态数，用字母表示出这些原始状态，如用 S_m 来表示（m 为 0,1,2,…）。找到原始状态 S_m 之间的转换关系，作出在各种输入条件下状态间的转换图或状态转移表，标明输入和输出的逻辑值。

(2) 原始状态的化简。确定原始状态数，主要是反映逻辑电路设计的要求，定义的原始状态图可能比较复杂，含有的状态数也较多，也可能包含了一些重复的状态。在设计中是要用最少的逻辑器件达到设计要求，如果逻辑状态较多，相应用到的触发器也就多，设计的电路就较复杂。为此，应该对原始状态进行化简，消去多余的状态，从而得到最简化的状态转换图。

(3) 状态编码。给最简状态表中的每一个状态指定一个特定的二进制代码，形成编码状态表的过程称为状态编码，也称为状态分配。时序逻辑电路的状态是用触发器状态组合来表示，因此首先要确定触发器的数目 n。因为 n 个触发器共有 2^n 个状态组合，为获得电路所需的 M 个状态，n 的取值必须满足 $2^{n-1}<M\leqslant 2^n$，其次，要给每个电路状态规定对应的触发器状态组合，每组触发器组合是一组二进制编码。编码方案不同，设计出的时序电路结构也就不同。

(4) 选择触发器类型。不同触发器的驱动方式不同，选用不同的触发器设计出的时序电路是不一样的。因此，在设计具体时序电路之前，必须选定触发器的类型。

(5) 确定逻辑方程。根据编码状态表和选定触发器类型，写出时序电路的状态方程、驱动方程和输出方程。

(6) 检查电路能否自启动。有些时序电路设计中会出现没用的无效状态，当电路上电后可能会进入这些无效状态而无法退出。因此，时序电路设计必须检查所设计的电路能否进入有效状态，即是否具有自启动的能力。如果不能自启动，则需要修改逻辑方程。

(7) 画逻辑电路图。根据修改后的驱动方程和输出方程，画出逻辑电路图。电路原理图是组装、焊接、调试和检修的依据，绘制电路图时布局必须合理、排列均匀、清晰、便于看图、有利于读图；信号的流向一般从输入端或信号源画起，由左至右或由上至下按信号的流向依次画出各单元电路，反馈通路的信号流向则与此相反；图形符号要标准，并加适当的标注；连线应为直线，并且交叉和折弯应最少，互相连通的交叉处用圆点表示，地线用接地符号表示。

(8) 电路 EDA 仿真：对设计电路进行模拟分析，以判断电路结构的正确性及性能指标的可实现性。通过这种精确的量化分析方法，指导设计以实现系统结构或电路特性模拟以及参数优化设计，避免电路设计出现大的差错和提高产品质量。

2. 设计举例

【例 4-8】 用 JK 触发器设计一个同步五进制计数器。

解 根据时序逻辑电路的设计步骤，设计过程如下。

(1) 明确设计要求，建立原始状态图。

根据要求，该电路为同步时序电路；有输入脉冲 CP 和进位输出信号 Z；由于是五进制计数器，所以该电路应有五个不同状态，分别用 S_0、S_1、S_2、S_3、S_4 表示。在输入脉冲 CP 作用下，五个状态循环变化，则原始状态图如图 4-58 所示。

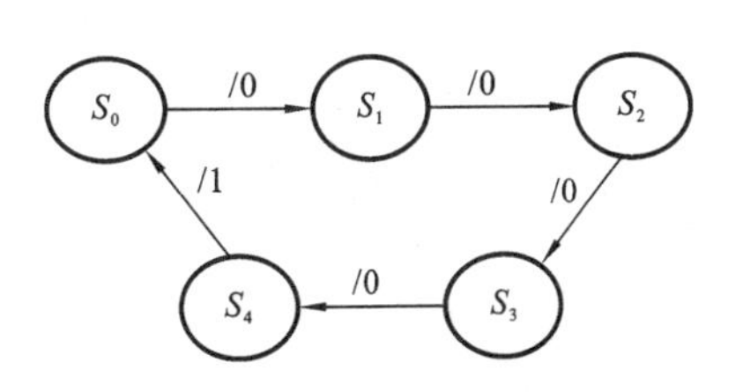

图 4-58 例 4-8 原始状态图

(2) 状态化简。

五进制计数器应有五个状态，不需要化简。

(3) 状态编码。

由 $2^{n-1}<M\leqslant 2^n$ 可知，应选用三个触发器，即 3 位二进制编码。设 $S_0=000$、$S_1=001$、$S_2=010$、$S_3=011$、$S_4=100$，则状态转移真值表如表 4-19 所示。

表 4-19　例 4-8 状态转移真值表

Q_2^n	Q_1^n	Q_0^n	Q_2^{n+1}	Q_1^{n+1}	Q_0^{n+1}	Z
0	0	0	0	0	1	0
0	0	1	0	1	0	0
0	1	0	0	1	1	0
0	1	1	1	0	0	0
1	0	0	0	0	0	1

(4) 选择触发器类型，确定逻辑方程。

根据要求，该电路选择 JK 触发器，由表 4-19 所示的状态转移真值表分别画出 Q_2^{n+1}、Q_1^{n+1}、Q_0^{n+1}、Z 的卡诺图，如图 4-59 所示。由于要设计的是五进制计数器，而选用了三个触发器(共有八个不同状态)，因此多余三个状态 101、110、111 为无效状态，在图中做无关项处理。

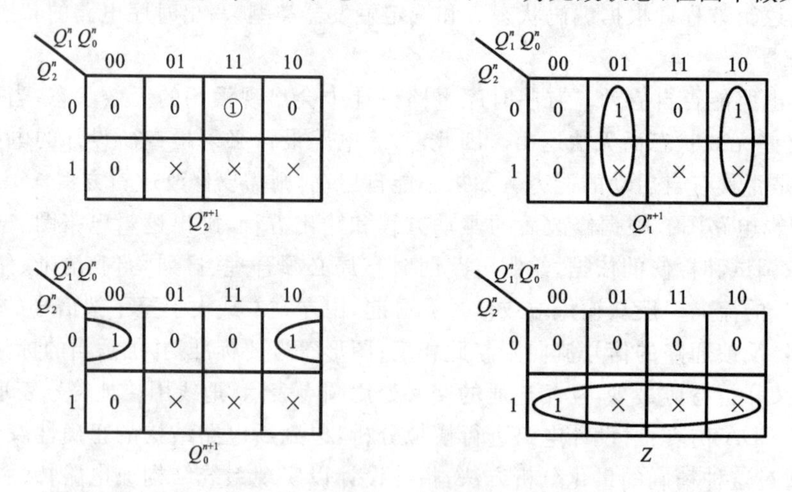

图 4-59　例 4-8Q_2^{n+1}、Q_1^{n+1}、Q_0^{n+1}、Z 的卡诺图

利用 Q_2^{n+1}、Q_1^{n+1}、Q_0^{n+1}、Z 的卡诺图化简可写成 Q_2^{n+1}、Q_1^{n+1}、Q_0^{n+1}、Z 的状态方程为

$$Q_2^{n+1}=Q_0^n Q_1^n \overline{Q_2^n},\quad Q_1^{n+1}=Q_0^n \overline{Q_1^n}+\overline{Q_0^n}Q_1^n,\quad Q_0^{n+1}=\overline{Q_2^n}\,\overline{Q_0^n},\quad Z=Q_2^n \tag{4-30}$$

将 Q_2^{n+1}、Q_1^{n+1}、Q_0^{n+1} 的状态方程和 JK 触发器特征方程 $Q^{n+1}=J\overline{Q^n}+\overline{K}Q^n$ 相比较，求出各级触发器的驱动方程为

$$J_2=Q_1^n Q_0^n\quad K_2=1,\quad J_1=Q_0^n\quad K_1=Q_0^n,\quad J_0=\overline{Q_2^n}\quad K_0=1 \tag{4-31}$$

(5) 检查自启动。

将三个无效状态 101、110、111 分别代入 Q_2^{n+1}、Q_1^{n+1}、Q_0^{n+1} 的状态方程式(4-30)，求得其次态分别为 010、010、000，无效状态在 CP 作用下都进入有效循环中，该电路具备自启动能力。例 4-8 完整的状态转移图如图 4-60 所示。

(6) 画逻辑电路图。

根据上面得到的逻辑方程，画出例 4-8 的逻辑电路图，如图 4-61 所示。

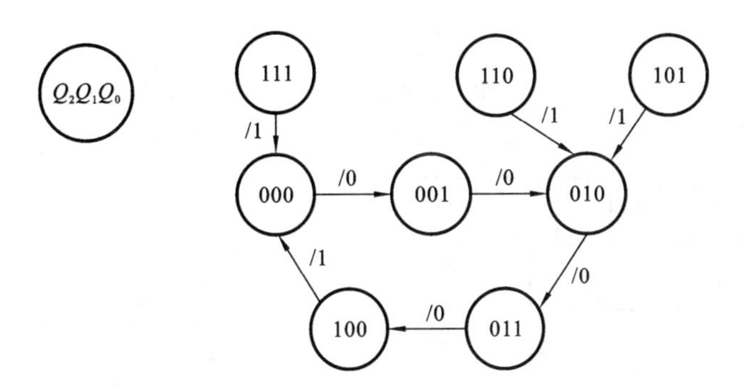

图 4-60 例 4-8 完整的状态转移图

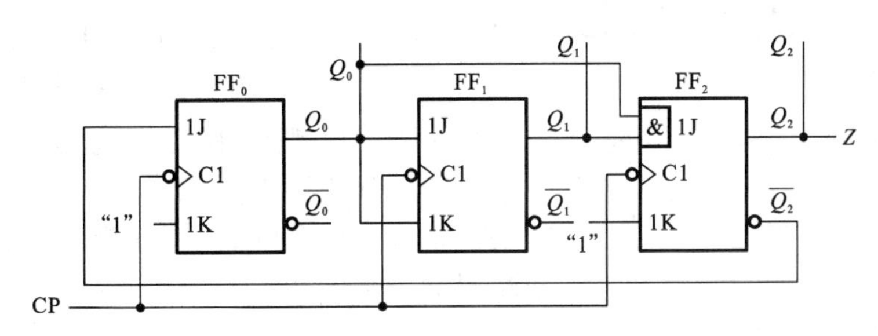

图 4-61 例 4-8 的逻辑电路图

(7) Multisim 仿真。

在 Multisim 软件中，按照图 4-61 所示的电路，从 TTL 库中调 74LS112、74LS08，Source 库中调 VCC、信号源 V1(设置为 5 V/30 Hz)、GND 等元件，并连线构建例 4-8 仿真电路，如图 4-62 所示。

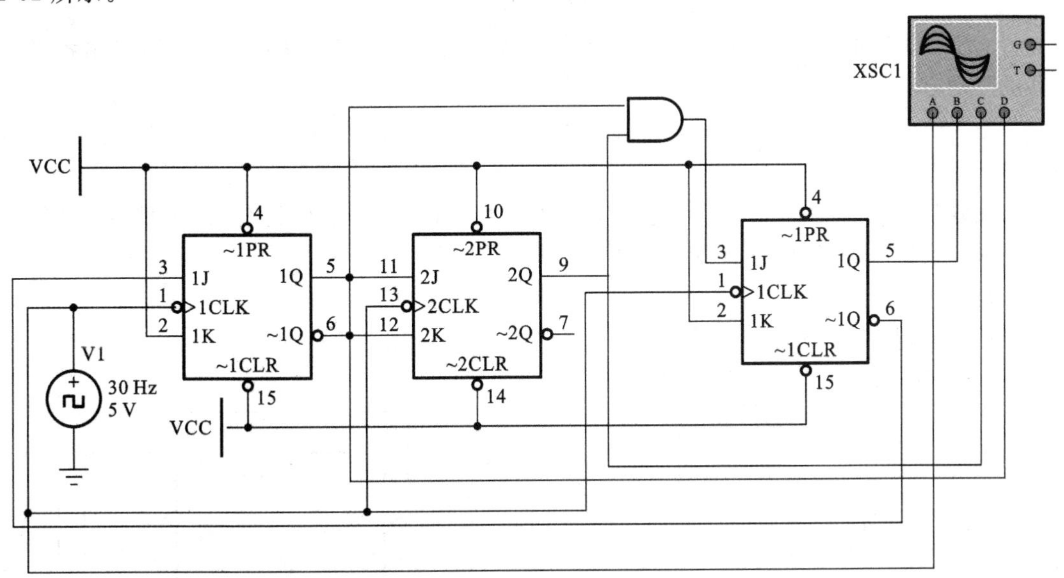

图 4-62 例 4-8 仿真电路

启动仿真，观察例 4-8 仿真电路在 Multisim 软件中输入 CP 与输出 $Q_2Q_1Q_0$ 及 Z 之间的逻辑关系，如图 4-63 所示，在游标 1 与游标 2 之间 CP 脉冲作用下，电路的状态在 000—001—010—011—100 之间形成有效循环，故该电路是一个同步模 5 加法计数器。Multisim 仿真结果验证了电路设计正确。

【例 4-9】 用 JK 触发器设计一个能产生如图 4-64 所示波形的同步时序逻辑电路，不得使用其他门电路。要求：给出设计过程，检查自启动，画出逻辑图。

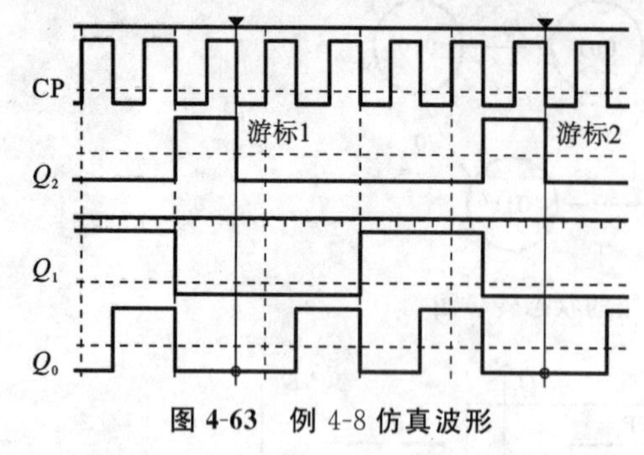

图 4-63 例 4-8 仿真波形

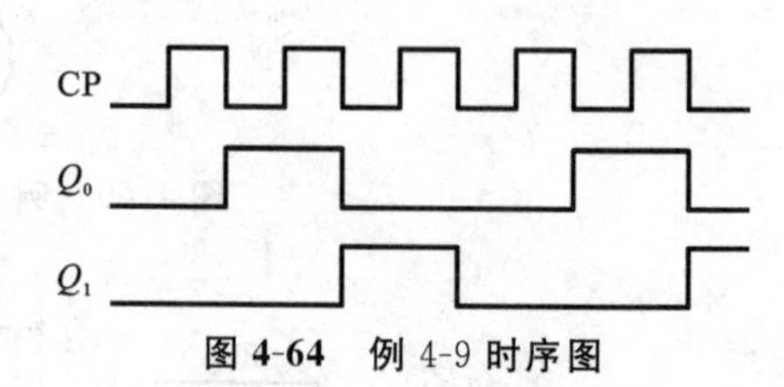

图 4-64 例 4-9 时序图

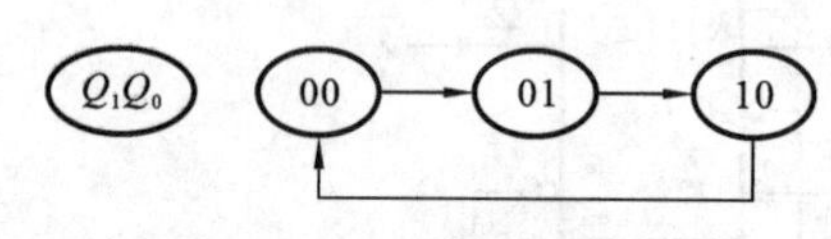

图 4-65 例 4-9 状态转移图

解 根据时序逻辑电路的设计步骤，设计过程如下。

(1) 明确设计要求，画状态转移图。从时序图可知该电路为同步时序电路、下降沿触发、两级触发器 Q_1Q_0，其状态转移图如图 4-65 所示。

(2) 列出状态转移真值表。

根据状态转移图，例 4-9 的状态转移真值表如表 4-20 所示。

(3) 选择触发器类型，确定逻辑方程。

根据要求，该电路选择 JK 触发器，由表 4-20 所示的状态转移真值表写出 Q_1^{n+1}、Q_0^{n+1} 的状态方程为

$$Q_1^{n+1}=Q_0^n\,\overline{Q_1^n},\quad Q_0^{n+1}=\overline{Q_1^n}\,\overline{Q_0^n} \tag{4-32}$$

将 Q_1^{n+1}、Q_0^{n+1} 的状态方程和 JK 触发器特征方程 $Q^{n+1}=J\,\overline{Q^n}+\overline{K}Q^n$ 相比较，求出各级触发器的驱动方程为

$$J_1=Q_0^n\quad K_1=1,\quad J_0=\overline{Q_1^n}\quad K_0=1 \tag{4-33}$$

(4) 检查自启动。

将无效状态 11 分别代入 Q_1^{n+1}、Q_0^{n+1} 的状态方程式(4-32)，求得其次态 00，能在 CP 作用下都进入有效循环中，该电路具备自启动能力。

(5) 画逻辑电路图。

根据上面得到的逻辑方程，画出例 4-9 的逻辑电路图，如图 4-66 所示。

表 4-20 例 4-9 状态转移真值表

Q_1^n	Q_0^n	Q_1^{n+1}	Q_0^{n+1}
0	0	0	1
0	1	1	0
1	0	0	0

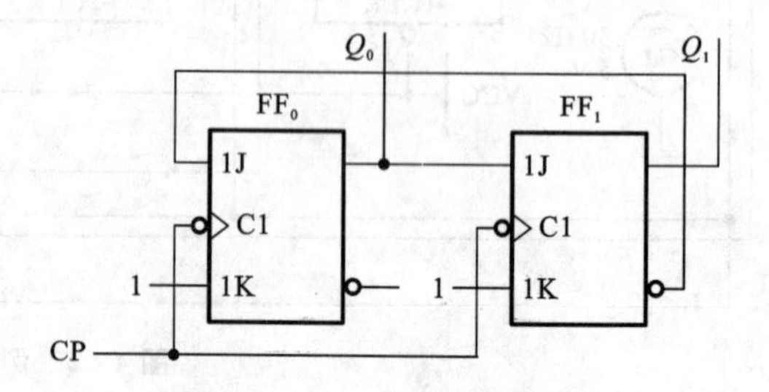

图 4-66 例 4-9 的逻辑电路图

(6) Multisim 仿真。

在 Multisim 软件中，按照图 4-65 所示的电路，从 TTL 库中调 74LS112，Source 库中调

VCC、信号源 V1(设置为 5 V/30 Hz)、GND 等元件,并连线构建例 4-9 仿真电路,如图 4-67 所示。

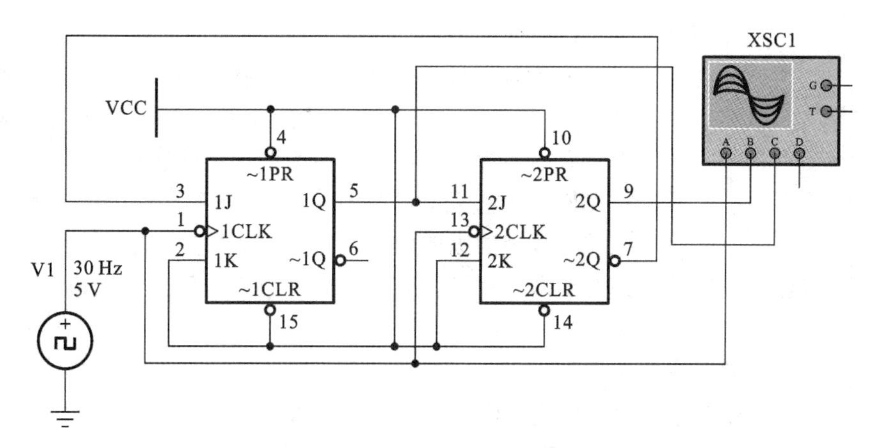

图 4-67 例 4-9 仿真电路

启动仿真,观察例 4-9 仿真电路在 Multisim 软件中输入 CP 与输出 Q_1Q_0 之间的逻辑关系,如图 4-68 所示,在游标 1 与游标 2 之间 CP 脉冲作用下,电路的状态在 00—01—10—00 之间形成有效循环,故该电路是一个模 3 计数器,该波形与题目给出的波形一致。Multisim 仿真结果验证了电路设计正确。

【例 4-10】 设计一个串行数据检测器。电路的输入信号 X 是与时钟脉冲同步的串行数据,要求电路在 X 信号输入出现 110 序列时,输出信号 Z 为 1,否则为 0。例如,输入序列 $X=$ 001101011001,输出 $Z=$000010000100。

解 (1) 根据给定的逻辑功能建立原始状态图。

分析:设初始状态为 S_0,在 S_0 状态下若输入信号 $X=1$,由于它是序列中的第一个数字,应把此状态记下,且进入 S_1 状态,同时输出 $Z=0$;若输入信号 $X=0$,由于它不是序列中的第一个数字,不必记忆此状态,下一个状态返回到 S_0,且输出 $Z=0$。依此分析,得出原始状态图,如图 4-69 所示。

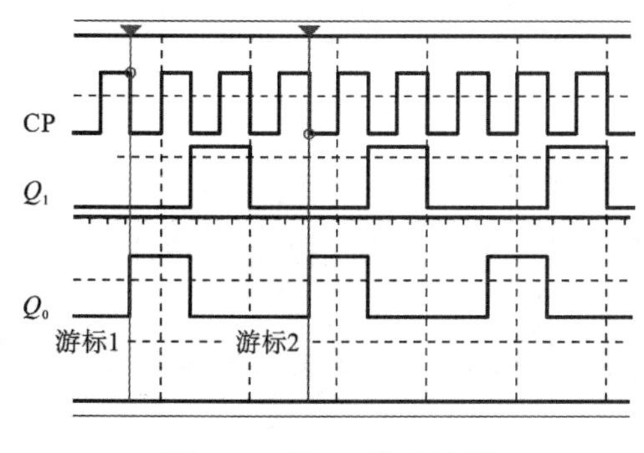

图 4-68 例 4-9 仿真波形

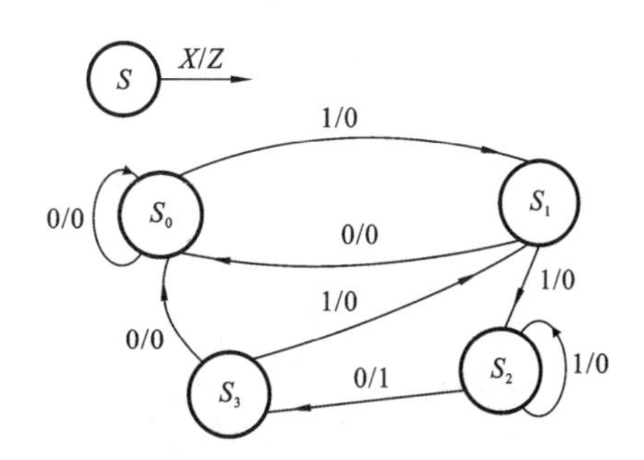

图 4-69 例 4-10 原始状态图

图中假设 S_0 为初态,S_1 为电路已输入一个 1 以后的状态,S_2 为电路已连续输入两个或两个以上 1 以后的状态,S_3 为电路已输入 110 以后的状态。根据图 4-69 所示的原始状态图可得出原始状态表,如表 4-21 所示。

表 4-21　例 4-10 原始状态表

初态	次态/输出	
	$X=0$	$X=1$
S_0	$S_0/0$	$S_1/0$
S_1	$S_0/0$	$S_2/0$
S_2	$S_3/0$	$S_2/1$
S_3	$S_0/0$	$S_1/0$

(2) 状态化简。

状态化简就是寻找等价类进行状态合并。逻辑状态等价的依据是：① 状态 S_i、S_j 在相同的输入条件下，状态 S_i、S_j 对应的输出结果相同；② 状态 S_i、S_j 在相同的输入条件下，状态 S_i、S_j 转移效果完全相同。可以用隐含表化简函数。隐含表是一种斜边为阶梯形的直角三角形表格。该表格两个直角边上的方格数目相等，等于原始状态数减 1。隐含表的纵向由上到下、横向从左到右均按照原始状态表中的状态顺序标注，但纵向"缺头"，横向"少尾"。表中的每个小方格用来表示相应状态对之间是否存在等价关系。

利用隐含表化简状态表的步骤如下。

① 构造隐含表，并顺序比较。按照逻辑状态等价的依据对每个状态对逐个判断，并在表中标明相应状态是否等价，状态对肯定不等价的（如 S_0、S_2（输出不同））在隐含表中标注"×"；状态对肯定等价的（如 S_0、S_3（输出相同，状态 S_i、S_j 转移效果完全相同））在隐含表中标注"√"；状态对条件等价的，如 S_0、S_1，在隐含表中标注"等价条件"。例 4-10 状态对的隐含表如图 4-70(a)所示；

② 关联比较，确定原始状态表的最大等价类。追查填有等价条件的那些方格，若发现所填的等价条件肯定不满足时，就在该方格标注为"×"，若满足等价条件时标注为"√"；逐个判断，直至每个方格都有明确是否等价的结论。彼此等价的几个状态对可合并到一个等价类中，最终形成最大等价类。例如，S_1、S_3 的等价条件取决于 S_1 和 S_2 是否等价。由于 S_1 与 S_2 不等价，故 S_1 与 S_3 不等价。例 4-10 简化后状态对的隐含表如图 4-70(b)所示。

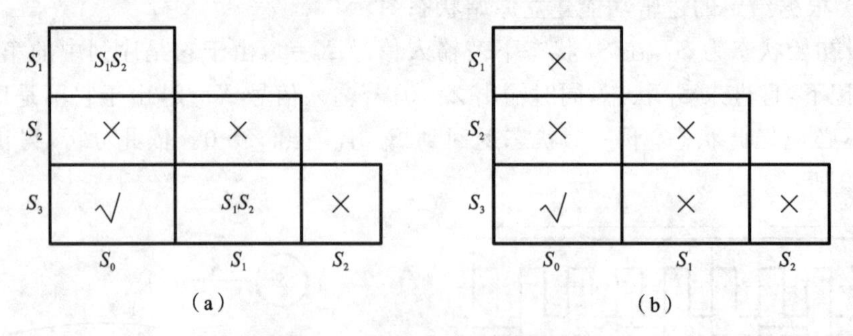

图 4-70　例 4-10 状态对的隐含表

③ 建立最简状态表。令 $A=\{S_0,S_3\}$，$B=\{S_1\}$，$C=\{S_2\}$，并将这种替代关系用于表 4-21 所示的原始状态表，如表 4-22 所示。

(3) 状态编码。由 $2^{n-1}<M\leqslant 2^n$ 可知，应选用两个触发器，即 2 位二进制编码。设 $A=00$、$B=01$、$C=11$，则状态转移真值表如表 4-23 所示。

(4) 选择触发器类型，确定逻辑方程。

该电路选择 JK 触发器，由表 4-23 所示的状态转移真值表分别画出 Q_1^{n+1}、Q_0^{n+1}、Z 的卡诺图，如图 4-71 所示，多余状态 10 为无效状态，在图中做无关项处理。

利用 Q_1^{n+1}、Q_0^{n+1}、Z 的卡诺图化简可写成 Q_1^{n+1}、Q_0^{n+1}、Z 的状态方程为

$$Q_1^{n+1}=XQ_0^n,\quad Q_0^{n+1}=X,\quad Z=\overline{X}Q_1^n \tag{4-34}$$

表 4-22 例 4-10 原始状态表

初态	次态/输出	
	$X=0$	$X=1$
A	$A/0$	$B/0$
B	$A/0$	$C/0$
C	$A/0$	$C/1$

表 4-23 例 4-10 状态转换真值表

Q_1^n	Q_0^n	$Q_1^{n+1}Q_0^{n+1}$	
		$X=0$	$X=1$
0	0	00/0	01/0
0	1	00/0	11/0
1	0	×	×
1	1	00/1	11/0

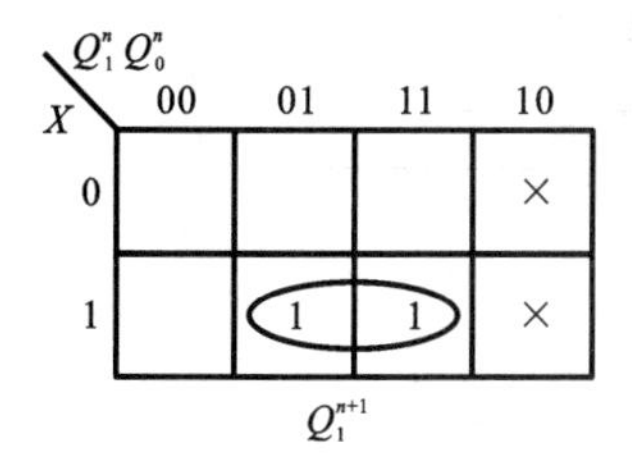

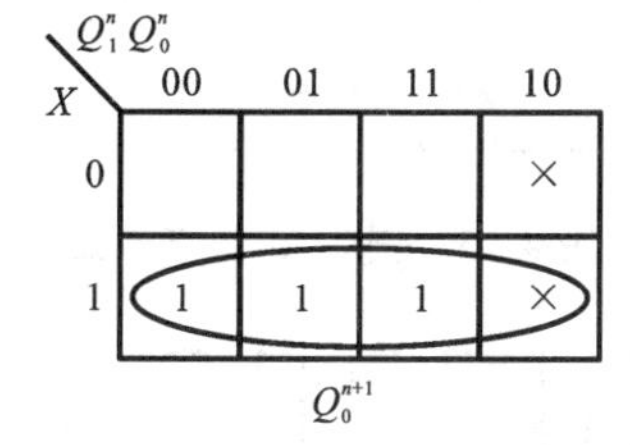

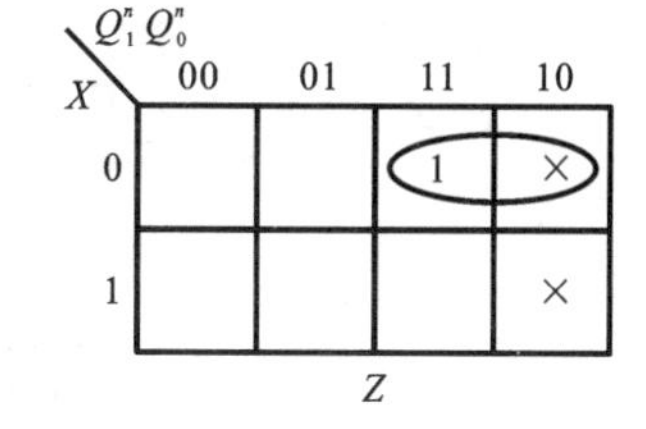

图 4-71 例 4-10 Q_1^{n+1}、Q_0^{n+1}、Z 的卡诺图

将 Q_1^{n+1}、Q_0^{n+1} 的状态方程和 JK 触发器特征方程 $Q^{n+1}=J\overline{Q^n}+\overline{K}Q^n$ 相比较，求出各级触发器的驱动方程为

$$J_1=XQ_0^n \quad K_1=\overline{X}\,\overline{Q_0^n},\quad J_0=X,\quad K_0=\overline{X} \tag{4-35}$$

(5) 检查自启动。将无效状态 10 分别代入 Q_1^{n+1}、Q_0^{n+1} 的状态方程式(4-34)，求得其次态分别为 00($X=0$)，01($X=1$)；无效状态在 CP 作用下都进入有效循环中，该电路具备自启动。

(6) 画逻辑电路图。根据上面得到的逻辑方程，画出例 4-10 的逻辑电路图，如图 4-72 所示。

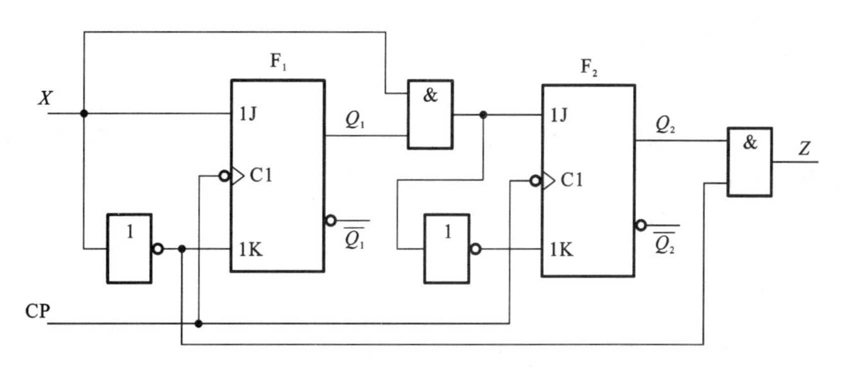

图 4-72 例 4-10 的逻辑电路图

(7) Multisim 仿真。在 Multisim 软件中按照图 4-72 所示的电路，从 TTL 库中调 74LS112、74LS08、74LS04，Source 库中调 VCC、信号源 V1(设置为 5 V/1 Hz)、GND 等元件，并连线构建例 4-10 仿真电路，如图 4-73 所示。

启动仿真，观察例 4-10 仿真电路在 Multisim 软件中输入 CP、X 与输出 Z 之间的逻辑关系，如图 4-74 所示，当输入为 110 时输出为 1，该波形符合题目要求，能检测“110”序列。Multisim 仿真结果验证了电路设计正确。

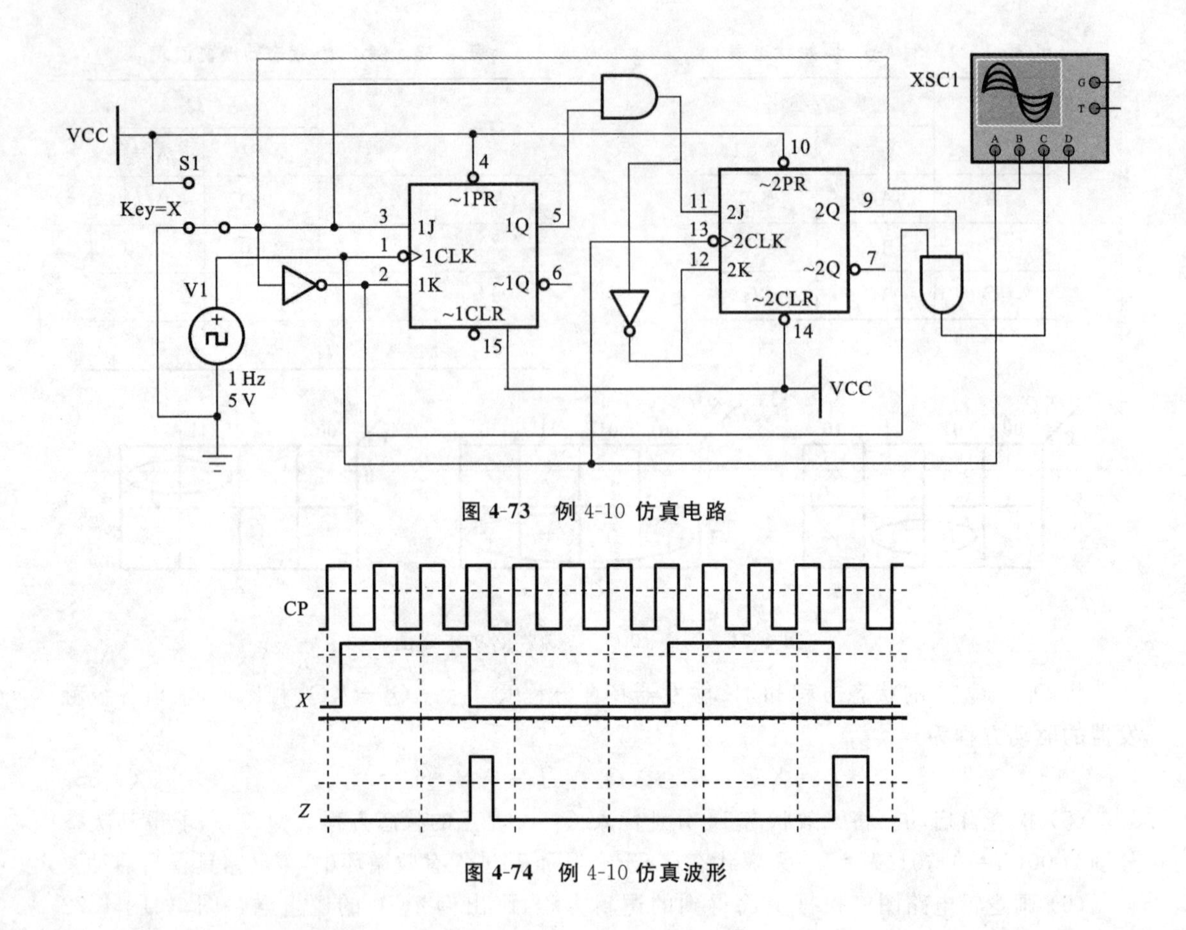

图 4-73　例 4-10 仿真电路

图 4-74　例 4-10 仿真波形

4.4　计数器

用于统计输入脉冲个数的电路称为计数器。它主要由触发器组成，其特点是从某个起始状态出发，依次经过若干个状态后回到起始状态，周而复始进行循环。计数器在数字系统中主要是对脉冲的个数进行计数，以实现测量、计数和控制的功能，同时兼有分频功能。

4.4.1　计数器分类

(1) 计数器按工作方式，可以分为同步和异步计数器。若计数脉冲同时作用到各级触发器的 CP 端，则为同步计数器；若计数脉冲不同时作用到各级触发器的 CP 端，则为异步计数器。

(2) 计数器按计数过程中数值的增减不同，可以分为加法计数器、减法计数器和可逆计数器。

(3) 计数器按计数循环规律(或称模数)，可以分为二进制计数器、十进制计数器、任意进制计数器。

4.4.2　二进制计数器

如果计数器中代表计数状态顺序的二进制代码以 n 位自然二进制的规律循环变化时，称为二进制计数器，也称模 $M(=2^n)$ 进制计数器。

1. n 位二进制同步加法计数器

二进制计数器是按二进制的规律累计脉冲的数目，是构成其他进制计数器的基础。同步二进制加法计数器的构成方法：将触发器接成 T 触发器；各触发器都用计数脉冲 CP 触发，最低位触发器的 T 输入为 1，其他触发器的 T 输入为其低位各触发器输出信号相与。用 JK 触发器实现，其各级 J、K 关系为

$$\begin{cases} J_0=K_0=1 \\ J_1=K_1=Q_0 \\ J_2=K_2=Q_1Q_0 \\ J_3=K_3=Q_2Q_1Q_0 \\ \quad\vdots \\ J_m=K_m=Q_{m-1}\cdots Q_2Q_1Q_0 \end{cases} \tag{4-36}$$

以 3 位为例，其逻辑图如图 4-75 所示。

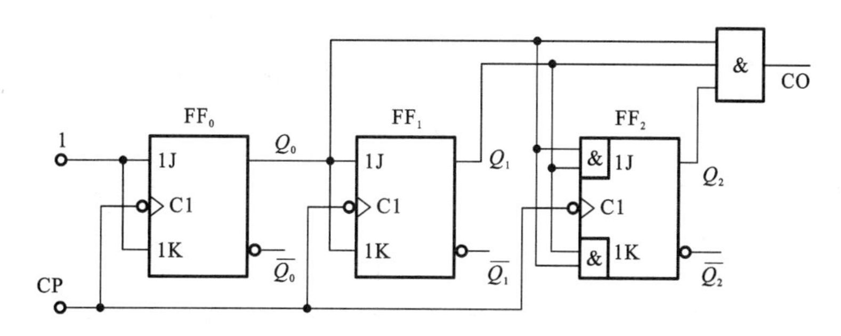

图 4-75　3 位二进制同步加法计数器

3 位二进制同步加法计数器的 Multisim 仿真电路如图 4-76 所示，图 4-77 所示的是它的仿真波形。

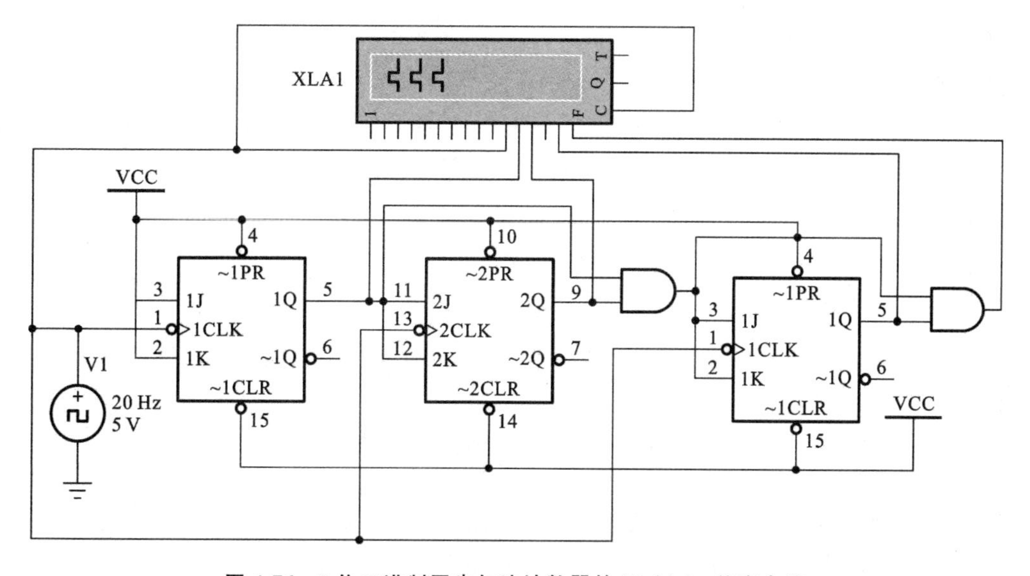

图 4-76　3 位二进制同步加法计数器的 Multisim 仿真电路

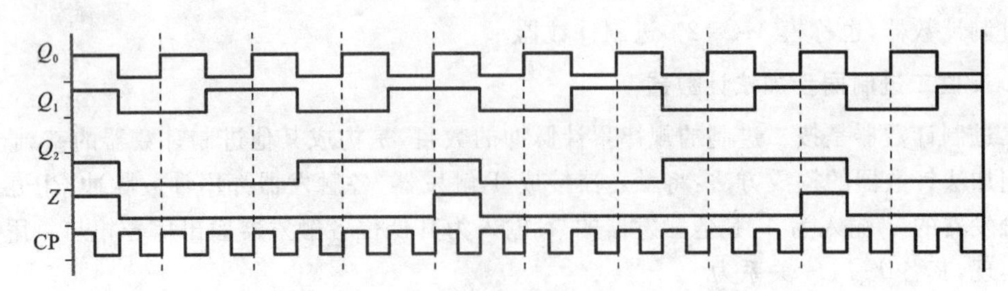

图 4-77　3 位二进制同步加法计数器仿真波形

从图 4-76 中可以得到 3 位二进制同步加法计数器的状态转移图，如图 4-78 所示。

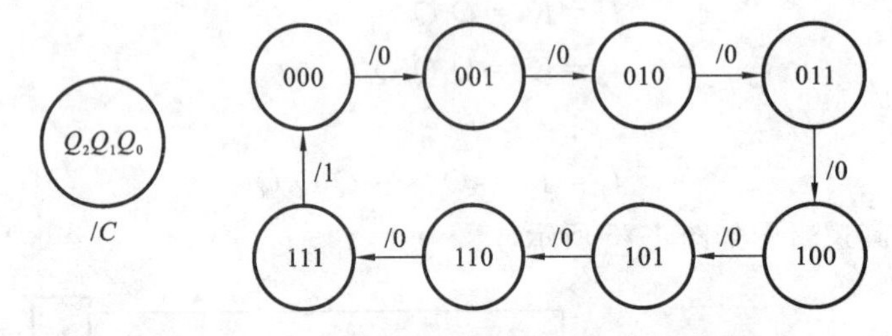

图 4-78　3 位二进制同步加法计数器的状态转移图

3 位二进制同步加法计数器的硬件实现过程如下。

(1) 把图 4-75 转化成实验连接图，将低位 CLK 端接单次脉冲源，输出端 Q_2、Q_3、Q_0 接逻辑电平显示 LED。

(2) 合理布局，可靠连线，检查无误时，加+5 V 电压。

(3) 清零。触发器清零端 CLR 接低电平，使各计数器处在 $Q=0$ 的状态。

(4) 清零后，触发器清零端 CLR 和置位端 PR 接高电平 1，逐个送入单次脉冲，观察并列表记录 $Q_3 \sim Q_0$ 状态。

(5) 将单次脉冲改为 1 Hz 的连续脉冲，观察 $Q_3 \sim Q_0$ 的状态。

将 1 Hz 的连续脉冲改为 1 kHz，用双踪示波器观察 CLK、Q_2、Q_1、Q_0 端波形，描绘之。

2. *n* 位二进制同步减法计数器

同步二进制加法计数器的构成方法：将触发器接成 T 触发器；各触发器都用计数脉冲 CP 触发，最低位触发器的 T 输入为 1，其他触发器的 T 输入为其低位各触发器输出信号 $\overline{Q}$ 相与。用 JK 触发器实现，其各级 J、K 关系为

$$\begin{cases} J_0=K_0=1 \\ J_1=K_1=\overline{Q_0} \\ J_2=K_2=\overline{Q_1}\,\overline{Q_0} \\ \quad\vdots \\ J_m=K_m=\overline{Q_{m-1}}\,\overline{Q_{m-2}}\cdots\overline{Q_1}\,\overline{Q_0} \end{cases} \tag{4-37}$$

以 3 位为例，其逻辑图如图 4-79 所示。

3 位二进制同步加减计数器的状态转移图如图 4-80 所示。

3 位二进制同步减法计数器的硬件实现过程如下。

(1) 把图 4-79 转化成实验连接图，将低位 CLK 端接单次脉冲源，输出端 Q_2、Q_3、Q_0 接逻

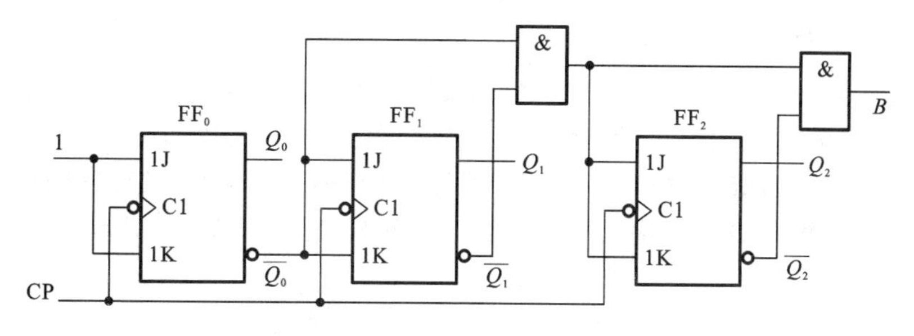

图 4-79　3 位二进制同步减法计数器

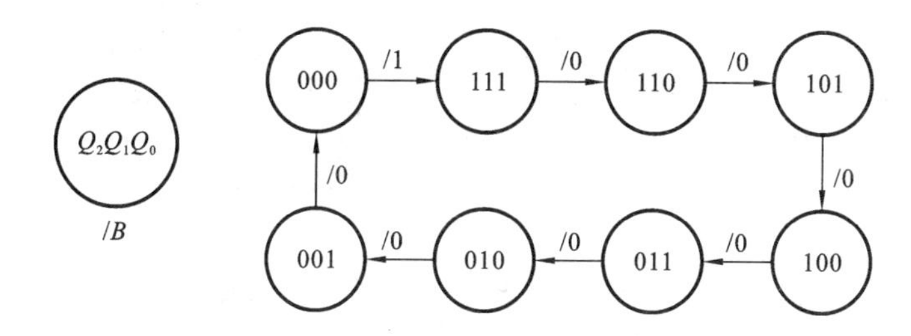

图 4-80　3 位二进制同步减法计数器的状态转移图

辑电平显示 LED。

(2) 合理布局，可靠连线，检查无误时，加+5 V 电压。

(3) 清零。触发器清零端 CLR 接低电平，使各计数器处在 $Q=0$ 的状态。

(4) 清零后，触发器清零端 CLR 和置位端 PR 接高电平“1”，逐个送入单次脉冲，观察并列表记录 $Q_3 \sim Q_0$ 状态。

(5) 将单次脉冲改为 1 Hz 的连续脉冲，观察 $Q_3 \sim Q_0$ 的状态。

将 1 Hz 的连续脉冲改为 1 kHz，用双踪示波器观察 CLK、Q_2、Q_1、Q_0 端波形，描绘之。

3. 同步二进制可逆计数器

将加法和减法计数器综合起来，由控制门进行转换，可得到可逆计数器。图 4-81 是 4 位同步二进制可逆计数器的逻辑电路图。其中，S 为加/减控制端，当 $S=1$ 时，计数器实现加法计数；当 $S=0$ 时，计数器实现减法计数。

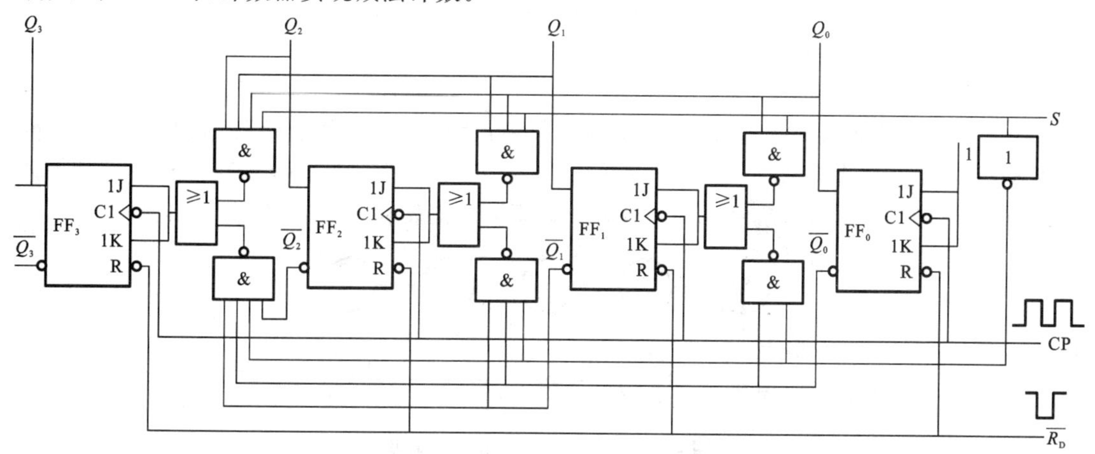

图 4-81　4 位同步二进制可逆计数器

4. n 位二进制异步加法计数器

异步二进制加法计数器的构成方法：将触发器接成 T 触发器；各触发器都用计数脉冲 CP 触发，各级触发器的 T 输入为 1，即 $Q^{n+1}=\overline{Q^n}$，故若用 JK 触发器时，$J=K=1$；若用 D 触发器时，则 $D=\overline{Q^n}$。第一级（最低位）触发器的时钟选用外部输入时钟 CP，第二级触发器的时钟选用第一级触发器的输出 Q，其他各级依此类推。图 4-82 所示的是 4 位异步二进制加法计数器的逻辑电路图。

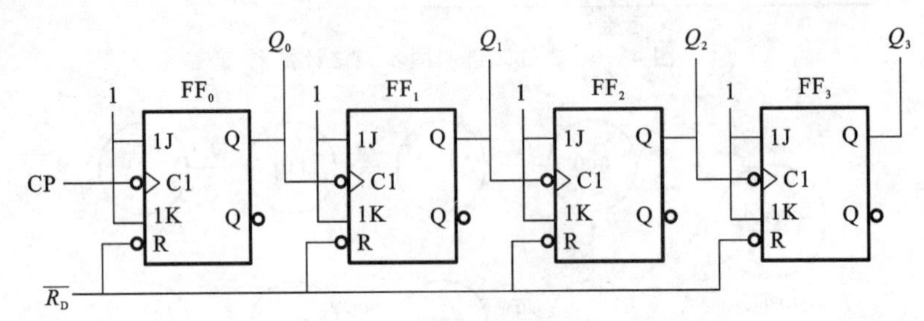

图 4-82　4 位异步二进制加法计数器

由 JK 触发器构成 4 位异步二进制计数器的硬件实现过程如下。

(1) 把图 4-82 转化成实验连接图，将低位 CLK 端接单次脉冲源，输出端 Q_3、Q_2、Q_3、Q_0 接逻辑电平显示 LED。

(2) 合理布局，可靠连线，检查无误时，加＋5 V 电压。

(3) 清零。触发器清零端 CLR 接低电平，使各计数器处在 $Q=0$ 的状态。

(4) 清零后，触发器清零端 CLR 和置位端 PR 接高电平 1，逐个送入单次脉冲，观察并列表记录 $Q_3 \sim Q_0$ 状态。

(5) 将单次脉冲改为 1 Hz 的连续脉冲，观察 $Q_3 \sim Q_0$ 的状态。

将 1 Hz 的连续脉冲改为 1 kHz，用双踪示波器观察 CLK、Q_3、Q_2、Q_1、Q_0 端波形，描绘之。

4.4.3　十进制计数器

十进制计数器是使用最广泛的一类计数器，是按 10 个状态循环进行计数的。

【例 4-11】 设计一个同步 8421BCD 的十进制计数器。

解　按照时序逻辑电路的设计步骤，设计过程如下。

(1) 建立原始状态转移图。

由于要求设计的是 8421BCD 的十进制计数器，所以其原始状态转移图如图 4-83 所示。采用 8421BCD，原始状态 $S_0=0000$、$S_1=0001$、$S_2=0010$、$S_3=0011$、$S_4=0100$、$S_5=0101$、$S_6=0110$、$S_7=0111$、$S_8=1000$、$S_9=1001$。这样可以得到状态转移真值表，如表 4-24 所示。

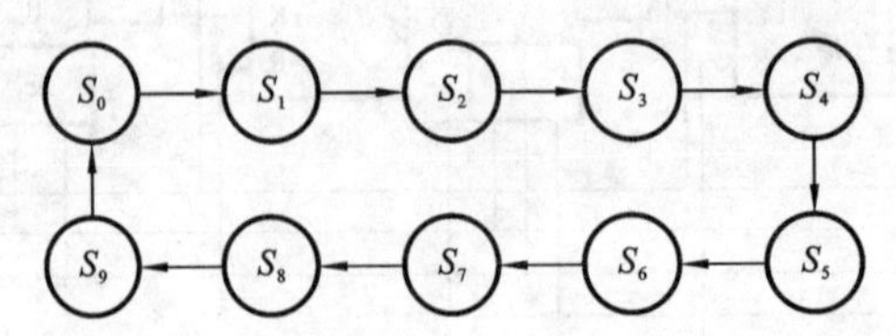

图 4-83　例 4-11 原始状态转移图

表 4-24 例 4-11 状态转移真值表

序号	Q_3^n	Q_2^n	Q_1^n	Q_0^n	Q_3^{n+1}	Q_2^{n+1}	Q_1^{n+1}	Q_0^{n+1}	输出 C
0	0	0	0	0	0	0	0	1	0
1	0	0	0	1	0	0	1	0	0
2	0	0	1	0	0	0	1	1	0
3	0	0	1	1	0	1	0	0	0
4	0	1	0	0	0	1	0	1	0
5	0	1	0	1	0	1	1	0	0
6	0	1	1	0	0	1	1	1	0
7	0	1	1	1	1	0	0	0	1
8	1	0	0	0	1	0	0	1	0
9	1	0	0	1	0	0	0	0	1

(2) 选择触发器类型，确定逻辑方程。

该电路选择四个 CP 下降沿 JK 触发器，用 FF_0、FF_1、FF_2、FF_3 表示。由表 4-24 所示的状态转移真值表分别求出 Q_3^{n+1}、Q_2^{n+1}、Q_1^{n+1}、Q_0^{n+1} 的状态方程(4-38)及输出 C 的表达式(4-39)。

$$\begin{cases} Q_0^{n+1}=1\cdot\overline{Q_0^n}+\overline{1}\cdot Q_0^n \\ Q_1^{n+1}=\overline{Q_3^n}Q_0^n\cdot\overline{Q_1^n}+\overline{Q_0^n}\cdot Q_1^n \\ Q_2^{n+1}=Q_1^nQ_0^n\cdot\overline{Q_2^n}+\overline{Q_1^nQ_0^n}\cdot Q_2^n \\ Q_3^{n+1}=Q_2^nQ_1^nQ_0^n\cdot\overline{Q_3^n}+\overline{Q_0^n}\cdot Q_3^n \end{cases} \tag{4-38}$$

$$C=Q_3^nQ_0^n \tag{4-39}$$

将 Q_3^{n+1}、Q_2^{n+1}、Q_1^{n+1}、Q_0^{n+1} 的状态方程和 JK 触发器特征方程 $Q^{n+1}=J\,\overline{Q^n}+\overline{K}Q^n$ 相比较，求出各级触发器的驱动方程为

$$\begin{cases} J_0=K_0=1 \\ J_1=\overline{Q_3^n}Q_0^n,\quad K_1=Q_0^n \\ J_2=K_2=Q_1^nQ_0^n \\ J_3=Q_2^nQ_1^nQ_0^n,\quad K_3=Q_0^n \end{cases} \tag{4-40}$$

(3) 检查自启动。

将无效状态 1010～1111 分别代入状态方程(4-38)中进行计算，可以验证在 CP 脉冲作用下都能回到有效状态，电路能够自启动。

(4) 画逻辑电路图。

根据上面得到的逻辑方程，画出例 4-11 的逻辑电路图，如图 4-84 所示。

(5) Multisim 仿真。

在 Multisim 软件中，按照图 4-84 所示的电路进行仿真，仿真图如图 4-85 所示，仿真波形如图 4-86 所示，仿真结果符合设计要求。

由 JK 触发器构成 4 位异步二进制计数器的硬件实现过程如下。

(1) 把图 4-84 转化成实验连接图，将低位 CLK 端接单次脉冲源，输出端 Q_3、Q_2、Q_3、Q_0 接逻辑电平显示 LED。

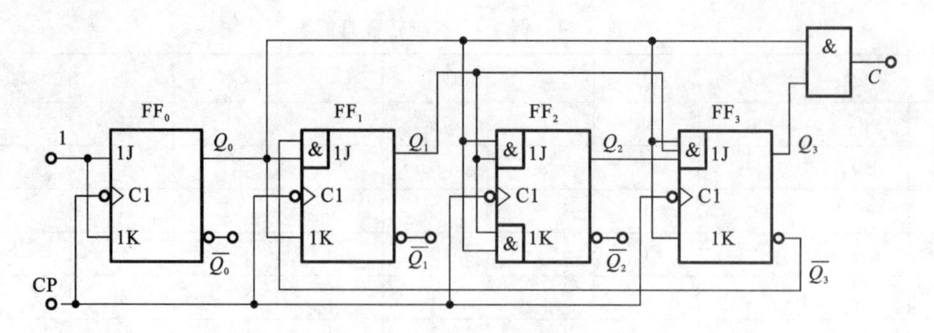

图 4-84　例 4-11 逻辑电路图

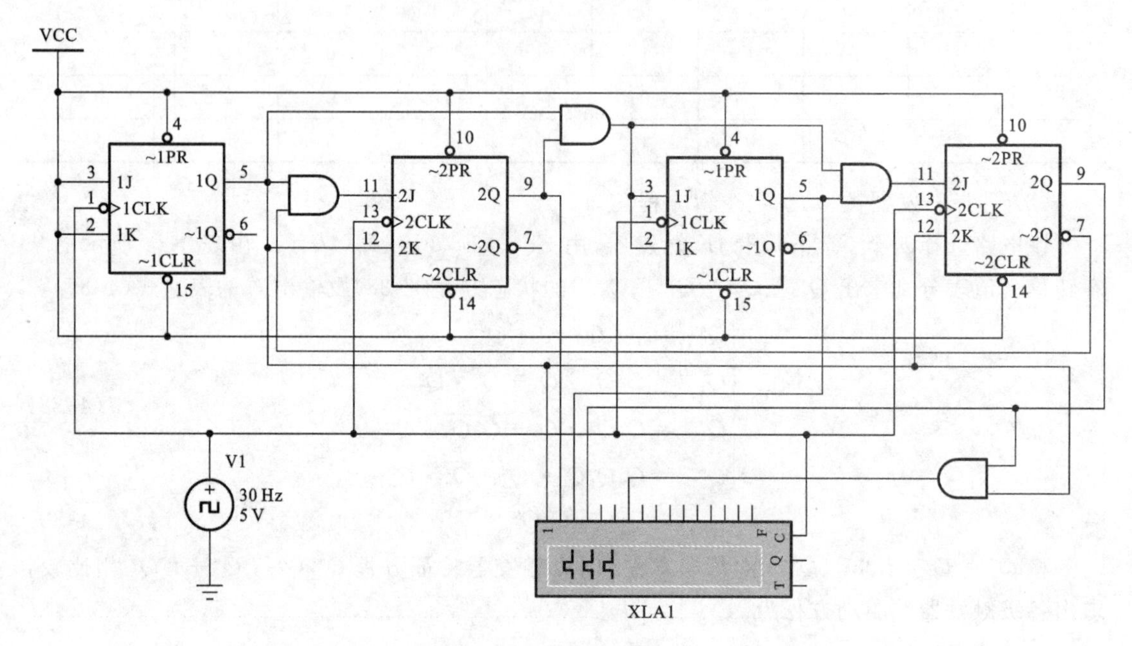

图 4-85　例 4-11 仿真图

(2) 合理布局,可靠连线,检查无误时,加+5 V 电压。

(3) 清零。触发器清零端 CLR 接低电平,使各计数器处在 $Q=0$ 的状态。

(4) 清零后,触发器清零端 CLR 和置位端 PR 接高电平 1,逐个送入单次脉冲,观察并列表记录 $Q_3 \sim Q_0$ 状态。

(5) 将单次脉冲改为 1 Hz 的连续脉冲,观察 $Q_3 \sim Q_0$ 的状态。

将 1 Hz 的连续脉冲改为 1 kHz,用双踪示波器观察 CLK、Q_3、Q_2、Q_1、Q_0 端波形,描绘之。

4.4.4　集成计数器功能分析

实际使用的计数器一般不需要我们自己用单个触发器来构成,目前,TTL 和 CMOS 电路构成的中规模计数器品种较多,应用广泛。它们可分为异步计数器和同步计数器两类,如表 4-25所示。在常用的集成计数器中,74 系列有 74LS161/160、74LS162/163、74LS190/191、74LS192/193、74LS290 等;CMOS 系列有 CD4510、CD4518 等。通常集成计数器为 BCD 码十进制计数器和 4 位二进制计数器,其中 74LS161、74LS160、74LS290 是典型器件。

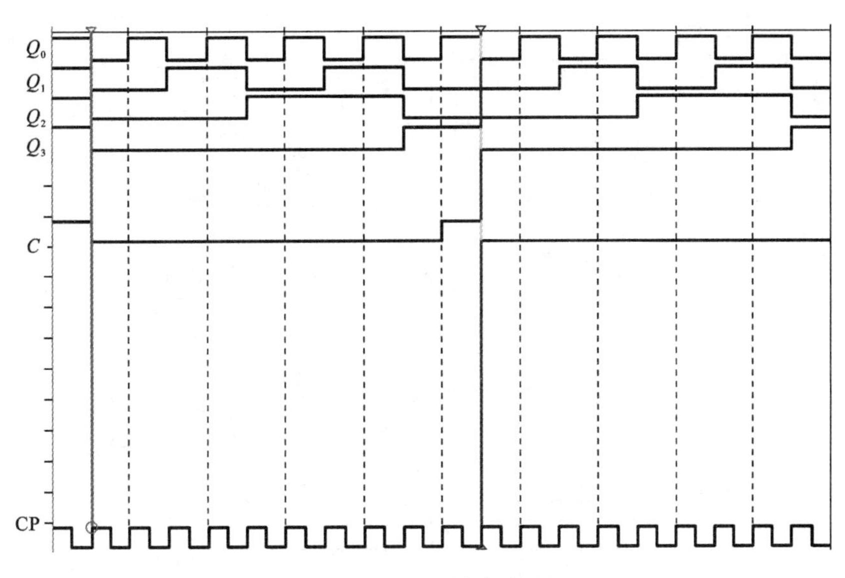

图 4-86 例 4-11 仿真波形图

表 4-25 集成计数器分类

类型	名　　称	型号	预置	清 0	工作频率/MHz
异步计数器	二-五-十进制计数器	74LS90	异步置 9　高	异步　高	32
		74LS290	异步置 9　高	异步　高	32
		74LS196	异步　低	异步　低	30
	二-八-十六进制计数器	74LS293	无	异步　高	32
		74LS197	异步　低	异步　低	30
	双 4 位二进制计数器	74LS393	无	异步　高	35
同步计数器	十进制计数器	74LS160	同步　低	异步　低	25
		74LS162	同步　低	同步　低	25
	十进制可逆计数器	74LS190	异步　低	无	20
		74LS168	同步　低	无	25
	十进制可逆计数器(双时钟)	74LS192	异步　低	异步　高	25
	4 位二进制计数器	74LS161	同步　低	异步　低	25
		74LS163	同步　低	同步　低	25
	4 位二进制可逆计数器	74LS169	同步　低	无	25
		74LS191	异步　低	无	20
	4 位二进制可逆计数器(双时钟)	74LS193	异步　低	异步　高	25

1. 4 位二进制同步计数器 74LS161

74LS161 是具有异步清零的可预置 4 位二进制同步计数器，该计数器具有异步清零、同步并行预置数据、计数和保持功能，进位输出端可以串接计数器使用。图 4-87 所示的为集成 4 位二进制同步加法计数器 74LS161 的逻辑电路图和逻辑符号。

74LS161 由四个 JK 触发器和一些控制电路组成，图中$\overline{CR}$为异步清零端，$\overline{LD}$为预量数控

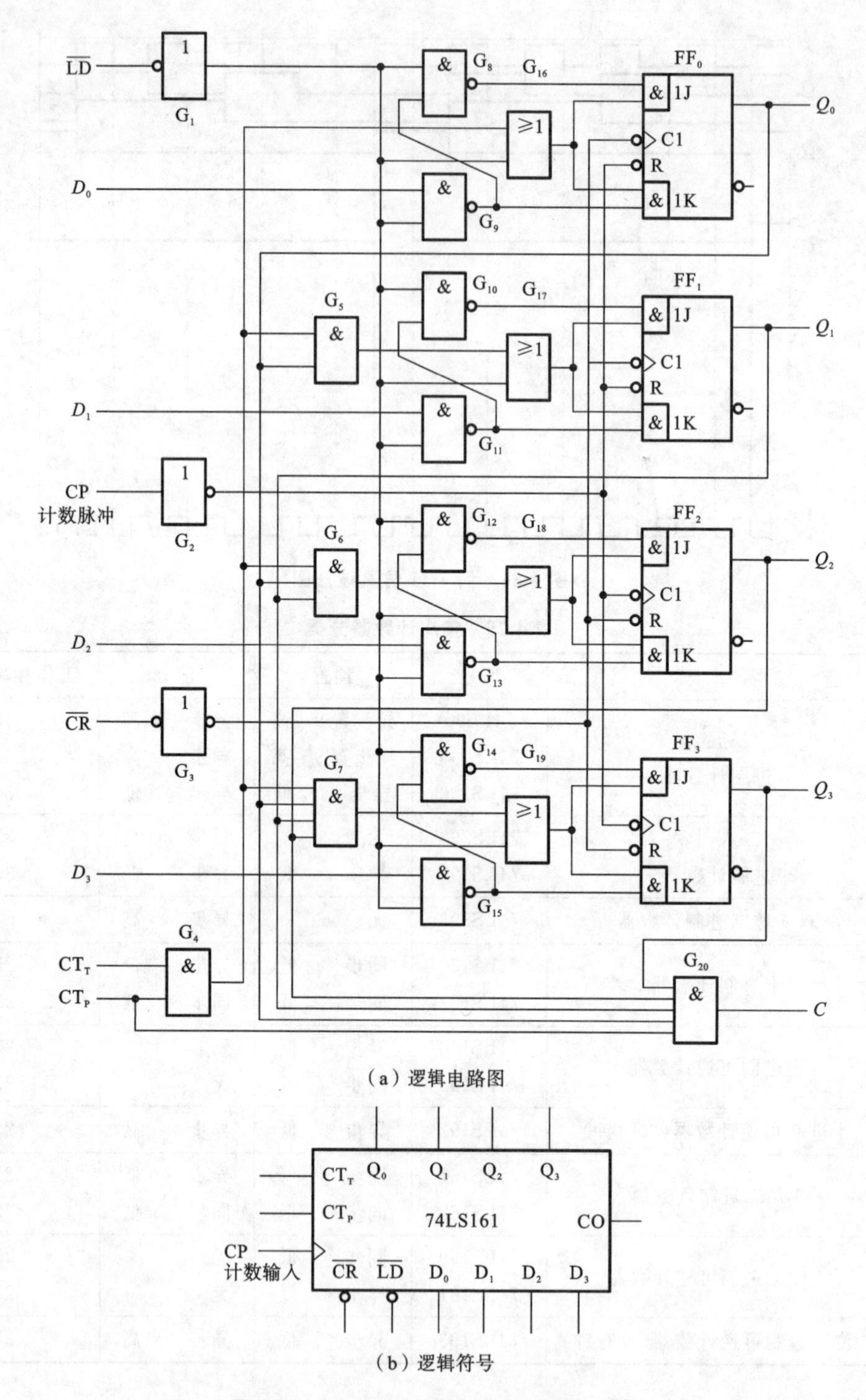

图 4-87　74LS161 逻辑电路图和逻辑符号

制端，CT_T 和 CT_P 为工作状态控制端，D_0、D_1、D_2、D_3 为数据输入端，Q_3、Q_2、Q_1、Q_0 为输出端。通过对图 4-87 所示的逻辑电路分析，可知 74LS161 的逻辑功能和在 74LS161 中控制信号、并行输入数据、时钟信号及输出之间的关系分别如表 4-26 和图 4-88 所示。

表 4-26 74LS161 的逻辑功能表

$\overline{CR}$	CP	$\overline{LD}$	CT_T	CT_P	D_0	D_1	D_2	D_3	Q_0^{n+1}	Q_1^{n+1}	Q_2^{n+1}	Q_3^{n+1}
0	×	×	×	×	×	×	×	×	0	0	0	0
1	↑	0	×	×	d_0	d_1	d_2	d_3	d_0	d_1	d_2	d_3
1	↑	1	×	0	×	×	×	×	Q_0^n	Q_1^n	Q_2^n	Q_3^n
1	↑	1	0	×	×	×	×	×	Q_0^n	Q_1^n	Q_2^n	Q_3^n
									CO=0			
1	↑	1	1	1	×	×	×	×	计数			

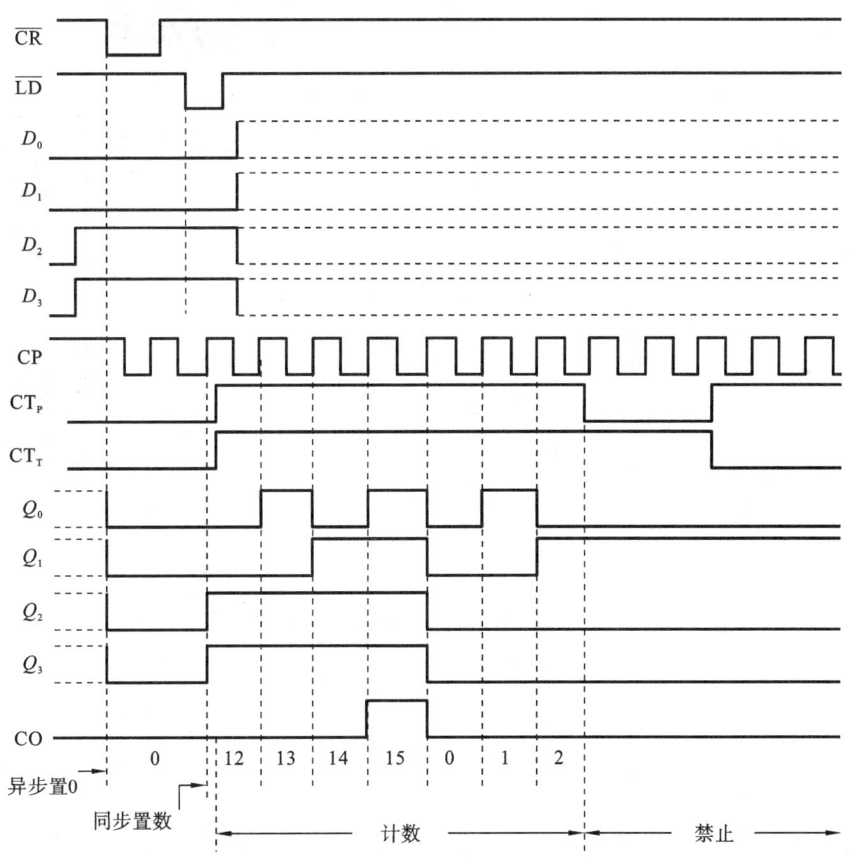

图 4-88 74LS161 的时序图

由表 4-26 和图 4-88 可知，74LS161 具有以下功能。

(1) 异步清零：$\overline{CR}=0$，$Q_3Q_2Q_1Q_0=0000$。

(2) 并行置数：$\overline{CR}=1$，$\overline{LD}=0$，CP↑时刻 $Q_3Q_2Q_1Q_0=d_3d_2d_1d_0$。

(3) 保持：$\overline{CR}=1$，$\overline{LD}=1$，$CT_T=0$ 或 $CT_P=0$ 时，$Q_3Q_2Q_1Q_0$ 保持原态。

(4) 计数：$\overline{CR}=1$，$\overline{LD}=1$，$CT_TCT_P=1$，CP↑时刻 74LS161 实现模 16 加法计数功能，其状态转移图如图 4-89 所示。

在 Multisim 软件中 74LS161 功能测试电路的仿真图如图 4-90 所示，其中 74LS161 的逻

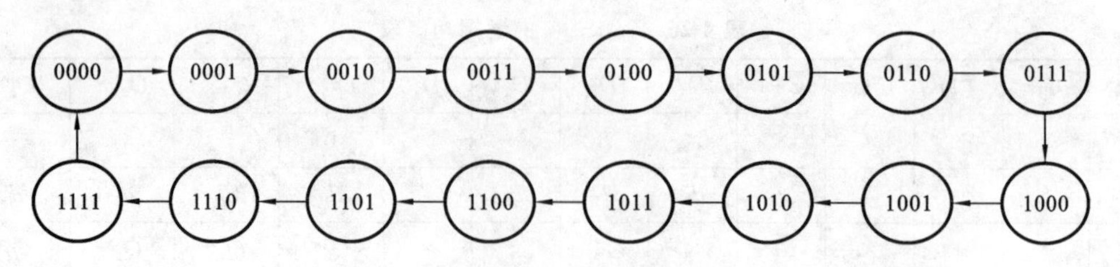

图 4-89　74LS161 状态转移图

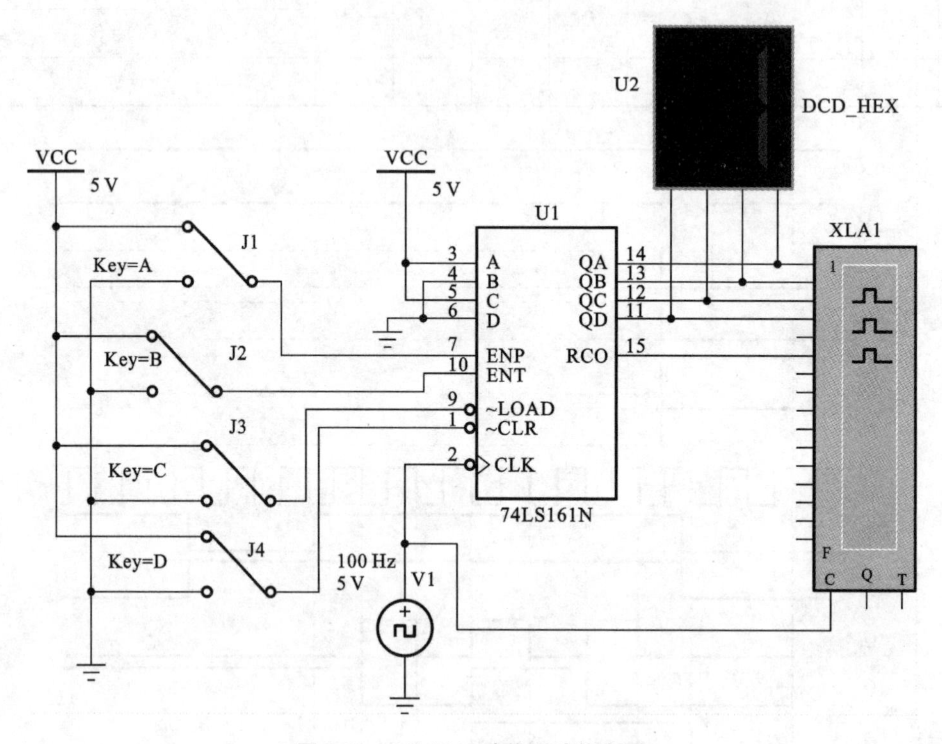

图 4-90　74LS161 功能测试仿真图

辑符号的名称与实际器件标注有差异，但含义相同。在图 4-90 中与 74LS161 清零端 CLR 和计数使能端 ENT、ENP 接逻辑开关，时钟信号接虚拟信号源并设置为 5 V/100 Hz，通过改变开关 J1、J2、J3 和 J4 的状态，利用逻辑分析仪观察输出状态。图 4-91 是 74LS161 仿真时序图。

74LS161 功能测试过程如下。

(1) 把图 4-90 所示的 74LS161 测试电路的仿真图转化成实验连接图，如图 4-92 所示，在 CLK 端接单次脉冲源，输出端 Q_3、Q_2、Q_1、Q_0 接逻辑电平显示 LED。

(2) 合理布局，可靠连线，检查无误时，在芯片引脚 16 端加＋5 V 电压。

(3) 按表 4-27 中的顺序输入信号，观察并记录输出 Q_0、Q_1、Q_2 和 Q_3 的状态填入表中，并说明其逻辑功能。

(4) 将单次脉冲改为 1 Hz 的连续脉冲，观察 Q_3～Q_0 的状态。

(5) 将 1 Hz 的连续脉冲改为 1 kHz，用双踪示波器观察 CLK、Q_3、Q_2、Q_1、Q_0 端波形，描绘之。

74LS161 的级联扩展：计数器的级联是将多个集成计数器(如 M_1 进制、M_2 进制)串接起来，以获得计数容量更大的 $N(=M_1\times M_2)$ 进制计数器。可以用两片 74LS161 构成 256 进制

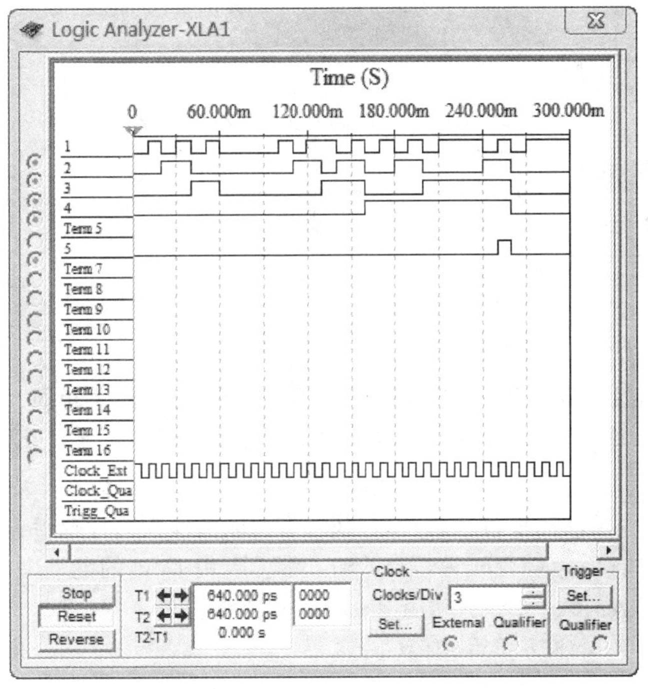

图 4-91 74LS161 仿真时序图

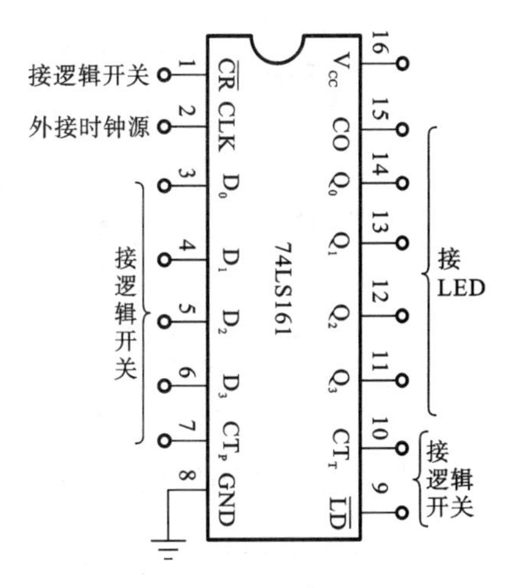

图 4-92 74LS161 功能测试连线图

表 4-27 74LS161 功能测试表

输入									输出				功能
时钟	清零	计数使能		置入控制	并行输入				Q_0	Q_1	Q_2	Q_3	
CLK	$\overline{CR}$	CT_P	CT_T	$\overline{LD}$	D_0	D_1	D_2	D_3					
×	0	×	×	×	×	×	×	×					
↑	1	×	×	0	A	B	C	D					
↑	1	1	1	1	×	×	×	×					
↑	1	1	0	1	×	×	×	×					
↑	1	0	0	1	×	×	×	×					
0	1	×	×	1	×	×	×	×					

同步加法计数器，如图 4-93 所示。两片 74LS161 均接成十六进制计数器，即两片 74LS161 的 $\overline{CR}$、$\overline{LD}$、CT_P均接 1，74LS161(1)的 CT_T接 1，而 74LS161(2)的 CT_T 接 74LS161(1)的 CO。

随着 CP 的变化，在 74LS161(1)计到 1111 以前，$CO_1=0$，74LS161(2)保持原状态不变，在 74LS161(1)计到 1111 时，$CO_1=1$，74LS161(2)在下一个 CP 状态增加 1；当 74LS161(1)经历 256 个状态、74LS161(2)经历 16 个状态时，在下一个 CP 时两片 74LS161 的所有状态均返回 0，形成模 256 计数器。

74LS160 是 TTL 集成 BCD 码计数器，它与 74LS161 有相同的引脚分布和功能表，但 74LS160 按 BCD 码实现模 10 加法计数，且 $Q_3^nQ_2^nQ_1^nQ_0^n=1001$ 时，CO=1。74LS162 是同步清零的可预置模 10 加法计数同步计数器。74LS163 是同步清零的可预置 4 位二进制同步计数

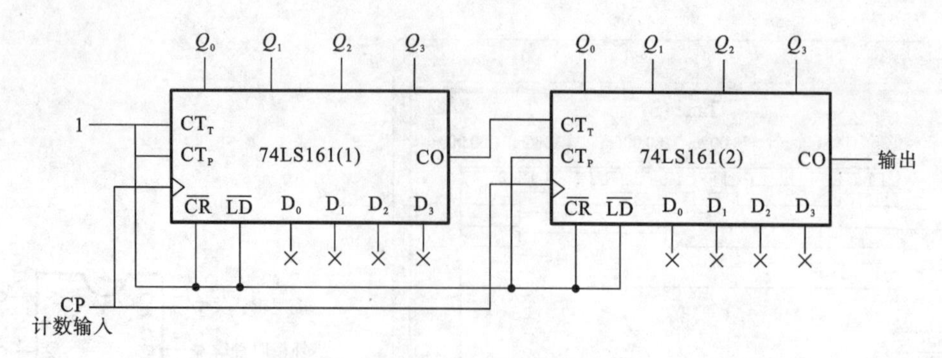

图 4-93　256 进制加法计数器

器，它的外引脚排列和 74LS161 的相同，且它的置数、计数、保持等功能与 74LS161 的也相同；只是采用同步清零方式，即当$\overline{CR}=0$ 时，只有当 CP 的上升沿来到时，输出 $Q_3Q_2Q_1Q_0$ 才被全部清零。

4 位同步二进制可逆计数器 74LS191 是既能进行加法计数，又能进行减法计数的计数器，称为可逆计数器或加/减计数器。74LS191 只有一个时钟信号的输入端 CP，由 $D/\overline{U}$ 的电平决定 74LS191 是做加法计数还是做减法计数。表 4-28 是 74LS191 的逻辑功能表。

表 4-28　74LS191 的逻辑功能表

$\overline{LD}$	EN	$D/\overline{U}$	CP	D_0	D_1	D_2	D_3	Q_0	Q_1	Q_2	Q_3
0	×	×	×	d_0	d_1	d_2	d_3	d_0	d_1	d_2	d_3
1	1	0	×	×	×	×	×	保持			
1	0	1	↑	×	×	×	×	加法计数			
1	0	1	↑	×	×	×	×	减法计数			

由表 4-28 可知，74LS191 具有以下功能。

(1) 异步置数：$\overline{LD}=0$，$Q_3Q_2Q_1Q_0=d_3d_2d_1d_0$。

(2) 保持：$\overline{LD}=1$，EN=1 时，$Q_3Q_2Q_1Q_0$ 保持原态。

(3) 计数：$\overline{LD}=1$，EN=0，$D/\overline{U}=0$，CP↑时刻 74LS191 实现模 16 加法计数功能；$\overline{LD}=1$，EN=0，$D/\overline{U}=1$，CP↑时刻 74LS191 实现模 16 减法计数功能。

2. 异步二-五-十进制计数器 74LS290

74LS290 是由四个下降沿触发的 JK 触发器组成的异步二-五-十进制计数器，逻辑电路图和逻辑符号如图 4-94 所示。它有两个时钟输入端 CP_0 和 CP_1，CP_0 和 Q_0 组成一个二进制计数器，CP_1 和 $Q_3Q_2Q_1$ 组成五进制计数器，两者配合可实现二进制计数器、五进制计数器和十进制计数器。表 4-29 是 74LS290 的逻辑功能表。

由图 4-94(a)和表 4-29 可知，74LS290 具有：① 清零功能，即当 S_{9A} 和 S_{9B} 不全为 1 且 $R_{0A}=R_{0B}=1$ 时，不论其他输入端状态如何，计数器输出 $Q_3Q_2Q_1Q_0=0000$，故又称为异步清零功能或复位功能；② 置 9 功能，即当 $S_{9A}=S_{9B}=1$ 并且 R_{0A} 和 R_{0B} 不全为 1 时，不论其他输入端状态如何，计数器输出 $Q_3Q_2Q_1Q_0=1001$；③ 计数功能，即当 S_{9A} 和 S_{9B} 不全为 1，并且 R_{0A} 和 R_{0B} 不全为 1 时，输入计数脉冲 CP，计数器开始计数。计数脉冲由 CP_0 输入，从 Q_0 输出时，则构成二进制计数器；计数脉冲由 CP_1 输入，输出为 $Q_3Q_2Q_1$ 时，则构成五进制计数器；若将 Q_0 和

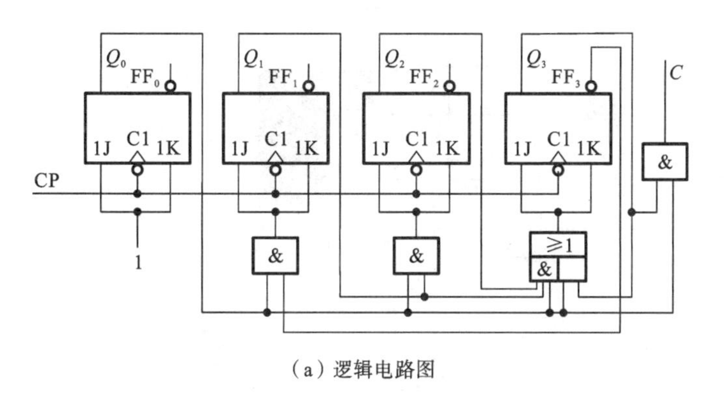

(a) 逻辑电路图

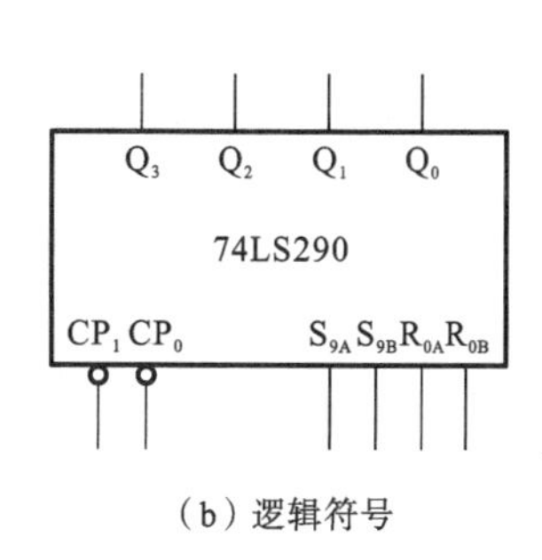

(b) 逻辑符号

图 4-94 74LS290 的逻辑电路图和逻辑符号

表 4-29 74LS290 的逻辑功能表

输入						输出				功能
清 0		置 9		时钟						
R_{0A}	R_{0B}	S_{9A}	S_{9B}	CP$_0$	CP$_1$	Q_3	Q_2	Q_1	Q_0	
1	1	0 ×	× 0	×	×	0	0	0	0	清零
0 ×	× 0	1	1	×	×	1	0	0	1	置 9
0 ×	× 0	0 ×	× 0	↓	1	Q_0 输出				二进制计数
				1	↓	$Q_3Q_2Q_1$ 输出				五进制计数
				↓	Q_0	$Q_3Q_2Q_1Q_0$ 输出 8421BCD 码计数				十进制计数
				Q_3	↓	$Q_0Q_3Q_2Q_1$ 输出 5421BCD 码计数				十进制计数
				1	1	不变				保持

CP$_1$ 相连，计数脉冲由 CP$_0$ 输入，输出为 $Q_3Q_2Q_1Q_0$ 时，则构成十进制(8421 码)计数器；若将 Q_3 和 CP$_0$ 相连，计数脉冲由 CP$_1$ 输入，输出为 $Q_0Q_3Q_2Q_1$ 时，则构成十进制(5421 码)计数器。因此，74LS290 又称为“二-五-十进制型集成计数器”。

在 Multisim 软件中，74LS290 功能测试电路的仿真图如图 4-95 所示，将图 4-95 中 74LS290 清零端 R_{01} 和 R_{02} 和置 9 端 R_{91} 和 R_{92} 接逻辑开关，并设置虚拟信号源为 5 V/100 Hz 的时钟信号，通过开关 J5、J6、J7 分别与 74LS290 的两个时钟 INA、INB 相连，通过改变 J1～J7 的状态，利用逻辑分析仪观察输出状态。图 4-95(b)是 74LS290 的仿真时序图，显示了当 $R_{0A}=R_{0B}=R_{91}=R_{92}=0$ 时，计数脉冲由 INA 输入，构成的十进制(8421 码)计数器的各个信号之间的逻辑关系。仿真结果符合前面的分析。

74LS290 功能测试过程如下。

(1) 复位、置数功能测试。根据 74LS290 的逻辑功能表并结合 Multisim，按仿真电路连接实际元件，分别设置 74LS290 复位 $Q_3Q_2Q_1Q_0=0000$ 和置数 $Q_3Q_2Q_1Q_0=1001$ 进行测试。

(2) 选择合适的 CP 脉冲端和输出端，使 74LS290 成为二进制、五进制和十进制计数器。

74LS290 的级联扩展：可以用两片 74LS290 构成的 100 进制异步加法计数器，如图 4-96

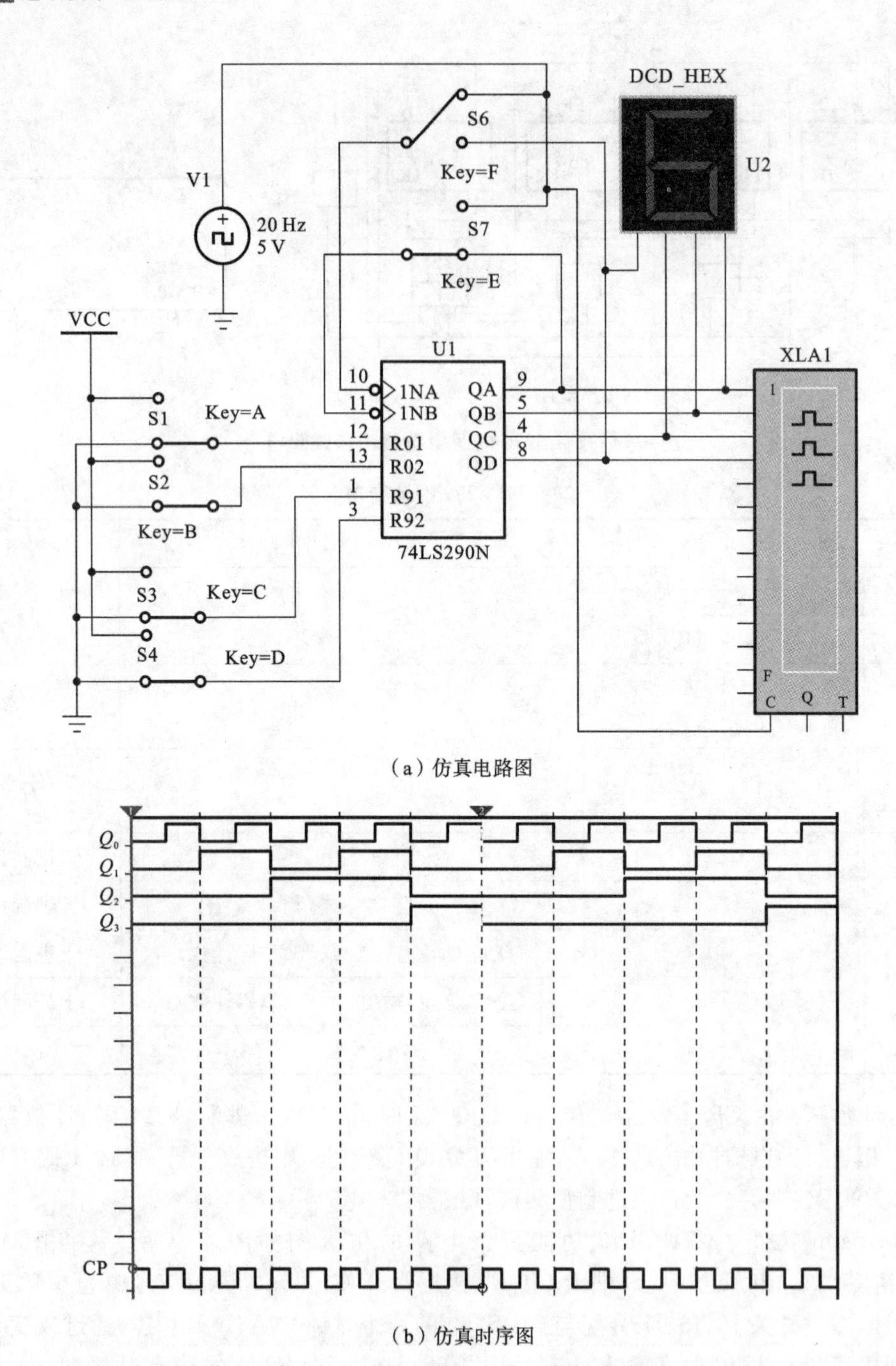

（a）仿真电路图

（b）仿真时序图

图 4-95　74LS290 的仿真电路图及时序图

所示。两片 74LS290 均接成十进制计数器（8421BCD），即两片 74LS290 的 R_{0A}、R_{0B}、S_{9A}、S_{9B} 均接低电平 0；个位计数器的 CP_0 时钟外接输入脉冲，个位计数器的 CP_1 时钟连接本位的 Q_0；十位计数器的 CP_0 时钟接个位计数器的输出 Q_3，十位计数器的 CP_1 时钟连接本位的 Q_0。

随着 CP 的变化，当个位计数器经历 10 个状态时，十位计数器的 CP_0 来一个负脉冲，十位计数器状态增加 1，当个位计数器经历 100 个状态、十位计数器经历 10 个状态时，在下一个 CP 时两片 74LS290 的所有状态均返回 0，形成模 100 计数器。

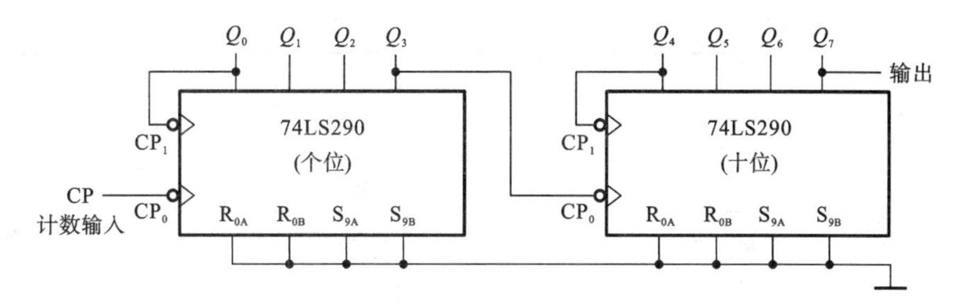

图 4-96　100 进制异步加法计数器

74LS192 是同步十进制可逆计数器，具有双时钟输入，并具有清零和置数等功能，其中 CR 是清零端，$\overline{LD}$是置数端，CP_U是加计数端，CP_D是减计数端，$\overline{CO}$是非同步进位输出端，$\overline{BO}$是非同步借位输出端，D_0、D_1、D_2、D_3 是计数器输入端，Q_0、Q_1、Q_2、Q_3 是数据输出端。表 4-30 是 74LS192 的逻辑功能表。

表 4-30　74LS192 的逻辑功能表

输入								输出			
CR	$\overline{LD}$	CP_U	CP_D	D_3	D_2	D_1	D_0	Q_3	Q_2	Q_1	Q_0
1	×	×	×	×	×	×	×	0	0	0	0
0	0	×	×	a	c	d	b	a	c	d	b
0	1	↑	1	×	×	×	×	加计数			
0	1	1	↑	×	×	×	×	减计数			

由表 4-30 可知，74LS192 具有：① 异步清零，CR＝1，$Q_3Q_2Q_1Q_0=0000$；② 异步置数，CR=0，$\overline{LD}$=0，$Q_3Q_2Q_1Q_0=D_3D_2D_1D_0$；③ 保持，CR＝0，$\overline{LD}$＝1，$CP_U=CP_D=1$，$Q_3Q_2Q_1Q_0$ 保持原态；④ 加计数，CR=0，$\overline{LD}$=1，CP_U=CP，CP_D=1，$Q_3Q_2Q_1Q_0$ 按加法规律计数；⑤ 减计数，CR=0，$\overline{LD}$=1，CP_U=1，CP_D=CP，$Q_3Q_2Q_1Q_0$ 按减法规律计数。

4.4.5　基于集成计数器实现任意模值的计数器

尽管集成计数器产品种类繁多，但常见的一般都是二进制、十进制等几种类型，而不同场合可能需要其他类型的计数器，如电子钟就需要二十四进制、六十进制的计数器。

由于集成计数器一般都有清零输入端和置数输入端，而无论是清零输入端还是置数输入端都能改变计数器的状态变化规律，若要构成其他任意进制计数器，在已有的集成计数器基础上增加外电路控制清零输入端或置数输入端可构成不同模值的计数器。

假定已有 N 进制计数器芯片，要得到 M 进制计数器的电路，有以下三种可能情况。

(1) $M=N$。

要实现计数器的模值刚好是集成计数器本身具有的模值时，只要按该器件的逻辑功能表正常连接即可。

【例 4-12】 试用 74LS160 设计一个十进制计数器。

解　根据表 4-31 所示的 74LS160 的逻辑功能表，当 74LS160 的$\overline{CR}$＝1，$\overline{LD}$＝1，CT_T＝CT_P＝1 时，随着 CP 脉冲的变化，74LS160 能实现模 10 加法计数功能。

表 4-31　74LS160 的逻辑功能表

$\overline{CR}$	CP	$\overline{LD}$	CT_T	CT_P	D_0	D_1	D_2	D_3	Q_0^{n+1}	Q_1^{n+1}	Q_2^{n+1}	Q_3^{n+1}
0	×	×	×	×	×	×	×	×	0	0	0	0
1	↑	0	×	×	d_0	d_1	d_2	d_3	d_0	d_1	d_2	d_3
1	↑	1	×	0	×	×	×	×	Q_0^n	Q_1^n	Q_2^n	Q_3^n
1	↑	1	0	×	×	×	×	×	Q_0^n	Q_1^n	Q_2^n	Q_3^n
									OC=0			
1	↑	1	1	1	×	×	×	×	计数			

实现的逻辑电路如图 4-97 所示。图中$\overline{CR}$、$\overline{LD}$、CT_T、CT_P 均接高电平"1"，$D_0D_1D_2D_3$ 为任意值，CP 接输入脉冲，$Q_3Q_2Q_1Q_0$ 接输出端。

(2) $M<N$。

当 $M<N$ 时，即若集成计数器连接成计数状态时，该计数器的模值要比所需计数器的模值高，就必须设法让 N 进制计数器自动跳过 $N-M$ 个状态，就可以得到所需的 M 进制计数器。实现这种自动跳跃的方法有反馈清零法(或称复位法)和置数法(或称置位法)两种。

① 反馈清零法。

反馈清零法适用于具有清零输入端的计数器。利用计数器清零端的清零作用，在到达计数过程中的某一个中间状态时迫使计数器返回零，重新开始计数，从而去除一些状态得到所需进制。计数器清零信号分为同步清零和异步清零两种，反馈清零法获得任意进制计算器的示意图如图 4-98 所示。

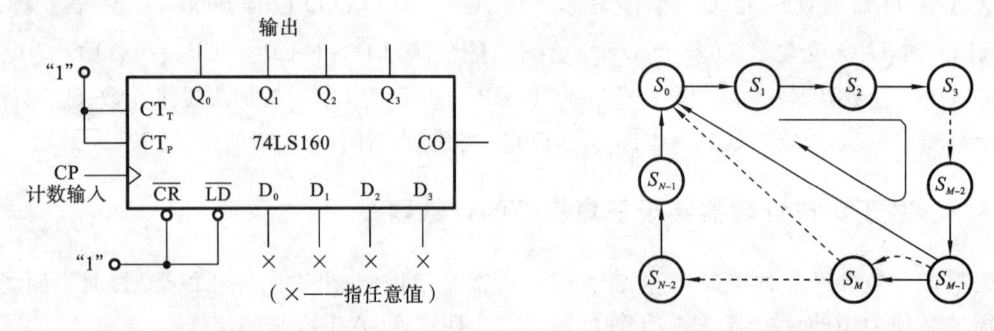

图 4-97　基于 74LS160 构成十进制计数器的逻辑图　　图 4-98　反馈清零法获得任意进制计数器的示意图

若要实现 M 进制计数器，有效状态为 M 个，即 $S_0 \sim S_{M-1}$，如图 4-98 所示。设产生清零信号的状态为反馈识别码 M_X。

如果已有的 N 进制计数器具有异步置零输入端，采用异步清零。异步清零的反馈识别状态应是 S_M，则 $M_X=M$，在图 4-98 中反馈沿虚线返回。这是由于电路进入 S_M 状态后立即被置成 0 状态，使 S_M 状态仅在极短的瞬间出现，所以在稳定的有效循环中不应包括 S_M 状态。

如果已有的 N 进制计数器具有同步置零输入端，由于置零信号到来后，必须要等到下一个时钟信号到达后才能将计数器置零，这时要得到 M 进制计数器就必须将 S_{M-1} 状态译码输出清零信号，状态 S_{M-1} 应包含在 M 进制计数器的稳定状态循环中，所以反馈识别码 $M_X=M-1$。

【例 4-13】 试分析图 4-99 所示的逻辑电路为几进制计数器。

解 74LS161 为 4 位二进制集成计数器，根据表 4-26 所示的 74LS161 的逻辑功能表，当 74LS161 的$\overline{CR}=0$时，$Q_3Q_2Q_1Q_0=0000$；当 74LS161 的$\overline{CR}=1$，$\overline{LD}=1$，$CT_T=CT_P=1$时，随着 CP 脉冲的变化，74LS161 实现加法计数功能。

而图 4-99 所示的电路由 74LS161 和与非门构成，74LS161 的$\overline{LD}$、CT_T、CT_P均接“1”，而$\overline{CR}=\overline{Q_1Q_2}$，用反馈清零实现模值为 M 的计数。当输入脉冲变化使得 74LS161 的输出 $Q_3Q_2Q_1Q_0=0110$ 时，74LS161 立即清零，即 $Q_3Q_2Q_1Q_0=0000$，电路经历了 6 个有效状态，为六进制加法计数器。图 4-100 为该电路的时序图。

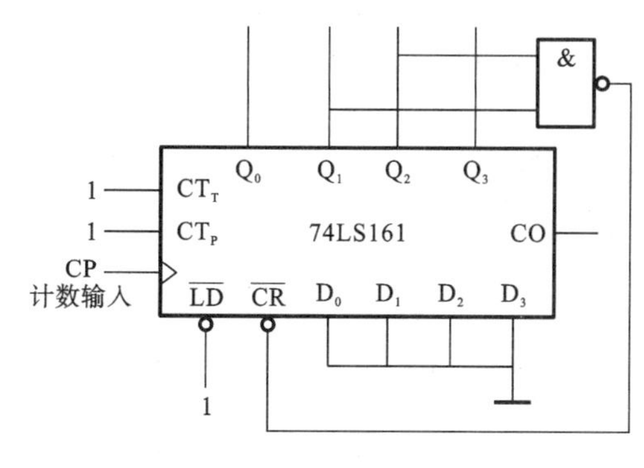

图 4-99 例 4-13 逻辑电路图

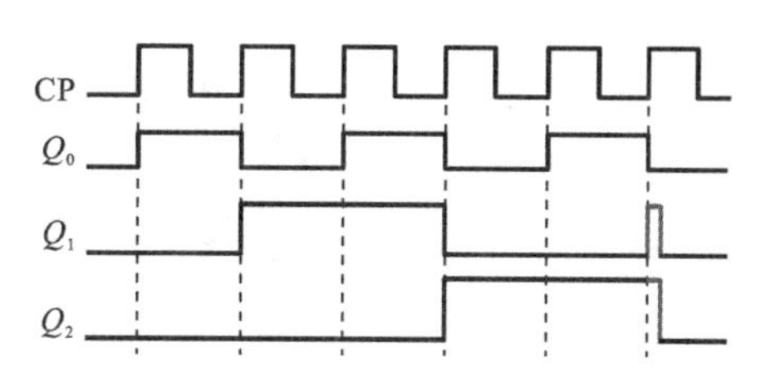

图 4-100 例 4-13 电路的时序图

在图 4-100 中，当 CP 的第 7 个脉冲上升沿到来时，计数器进入判别态 0110，由于 74LS161 是异步清零，判别态 0110 仅在极短的瞬间出现后迅速清零，因此在稳定的有效循环中不包括 0110 状态。

将图 4-99 所示的原理电路在数字实验平台上搭建具体实际电路，并设置信号源参数，通过数码管或 LED 显示结果。

【例 4-14】 试采用反馈清零法将 74LS161 和 74LS163 分别接成九进制计数器。

解 根据题目要求及器件特点，采用反馈清零法实现九进制计数器。根据 74LS161 及 74LS163 的逻辑功能表，将 74LS161 和 74LS163 的$\overline{LD}$、CT_T、CT_P均接“1”，而改变$\overline{CR}$的连接方式。

而九进制计数器的有效循环状态为 0000→0001→…→1000→0000。

74LS161 具有异步置零输入端，反馈识别码 $M=1001$，需要选取输出状态 1001 经译码产生置零信号加到 74LS161 的异步置零输入端即可，如图 4-101(a)所示。将 Q_3、Q_0 接到与非门的输入端，与非门的输出端与 74LS161 的异步置零输入端$\overline{CR}$相连，即$\overline{CR}=\overline{Q_3Q_0}$。当 74LS161 进入状态 $Q_3Q_2Q_1Q_0=1001$ 时，与非门输出低电平，74LS161 异步置零。1001 状态仅在极短的瞬间出现，在稳定的有效循环中不包括 1001 状态，也不能用此状态产生进位信号，故进位信号是从 1000 状态产生的。

74LS163 具有同步置零输入端，反馈识别码 $M=1000$，需要选取输出状态 1000 经译码产生置零信号加到 74LS163 的同步置零输入端即可，如图 4-101(b)所示。将 Q_3 接到非门的输入端，非门的输出端与 74LS163 的同步置零输入端$\overline{CR}$相连，即 $\overline{CR}=\overline{Q_3}$。当 74LS163 进入状态 $Q_3Q_2Q_1Q_0=1000$ 时，非门输出低电平，此时 74LS163 不会被立即清零，必须在下一个时钟脉冲到来时才清零，故在稳定的有效循环中应包括 1000 状态。其状态转移图如图 4-102 所示。

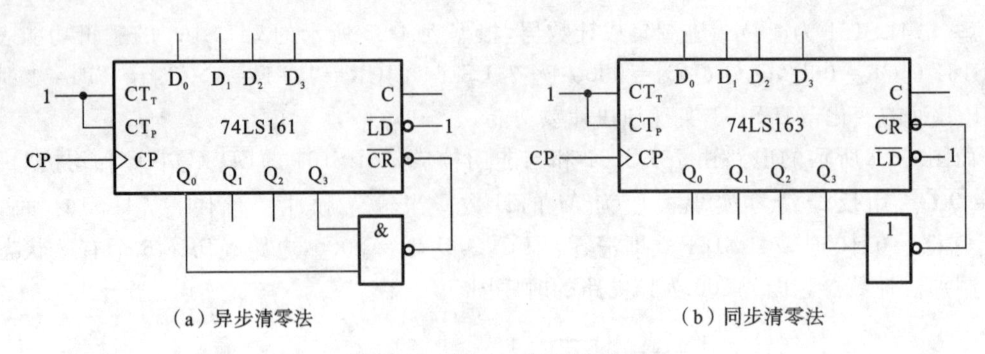

(a) 异步清零法　　(b) 同步清零法

图 4-101　例 4-14 逻辑电路图

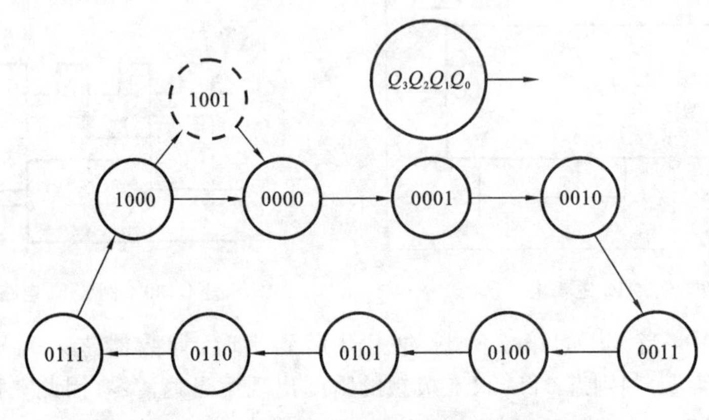

图 4-102　例 4-14 电路的状态转移图

将上述设计的计数器原理电路在数字实验平台上搭建具体实际电路，并设置信号源参数，通过数码管或 LED 显示结果。

【例 4-15】　试采用反馈清零法将 74LS290 接成七进制计数器。

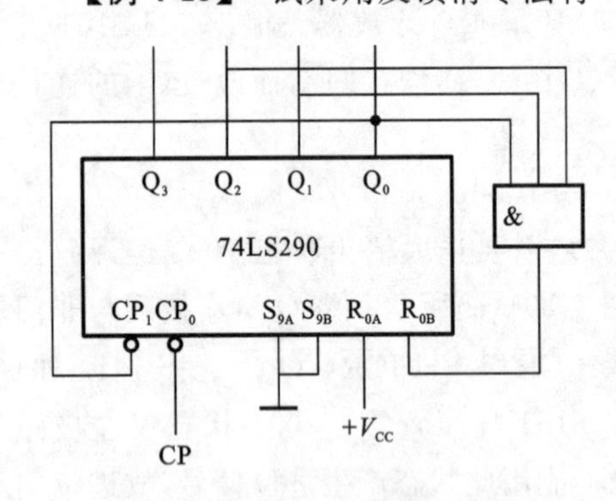

图 4-103　例 4-15 逻辑电路图

解　根据题目要求及 74LS290 的特点，采用反馈清零法实现七进制计数器时，先构成 8421BCD 码的十进制计数器；再用脉冲反馈法，根据 74LS290 的逻辑功能表，令 74LS290 的 $R_{0A}=1$，$S_{9A}=S_{9B}=0$，$R_{0B}=Q_2Q_1Q_0$ 实现，其逻辑电路图如图 4-103 所示。当计数器出现 0111 状态时，计数器迅速复位到 0000 状态，然后又开始从 0000 状态计数，从而实现 0000～0110 七进制计数。

将上述基于 74LS290 设计的七进制计数器原理电路在数字实验平台上搭建具体实际电路，并设置信号源参数，通过数码管或 LED 显示结果。

为了提高集成计数器归零可靠性，通常利用一个基本 RS 触发器将$\overline{CR}=0$ 暂存一下，保证归零信号有足够的作用时间，使计数器可靠归零。图 4-104 给出了一个采用 74LS161 带可靠归零实现模 11 计数器的逻辑电路图。

② 反馈置数法。

反馈置数法适用于具有预置数功能的计数器。利用计数器的置数作用，重复置入某个数

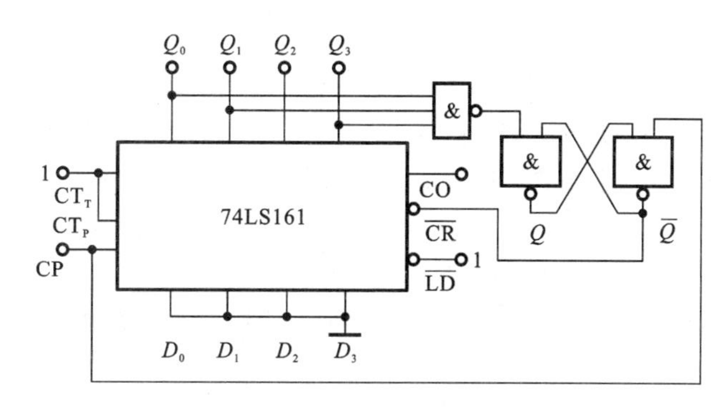

图 4-104 模 11 计数器逻辑电路图

值的方法跳过 $N-M$ 个状态，从而获得 M 进制计数器。具体方法是：使 N 进制计数器从预置状态开始计数，在计满 M 个状态时，产生一个置数控制信号加到预置数端进行置数，使计数器跳过 $N-M$ 个状态获得 M 进制计数器。

【例 4-16】 试分析图 4-105 所示的逻辑电路为几进制计数器。

解 74LS161 为异步置零的 4 位二进制集成计数器，根据表 4-26 所示的 74LS161 的逻辑功能表，当 74LS161 的 $\overline{CR}=1$，$\overline{LD}=0$ 及 CP 上升沿时刻，74LS161 执行并行置数，即 $Q_3Q_2Q_1Q_0=d_3d_2d_1d_0$；当 $\overline{CR}=1$，$\overline{LD}=1$，$CT_TCT_P=1$ 及 CP 上升沿时刻，74LS161 完成加法计数功能。

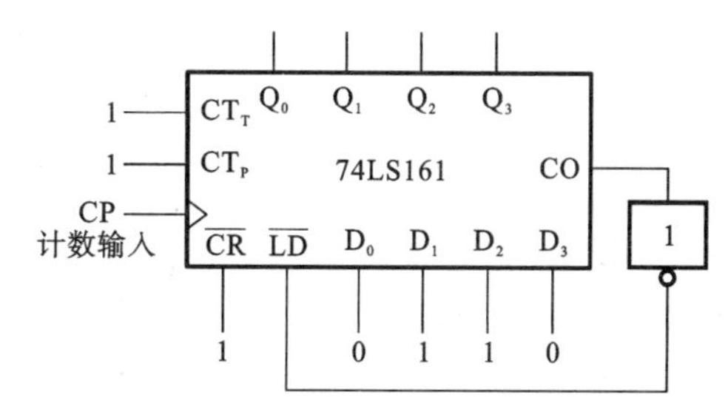

图 4-105 例 4-16 逻辑电路图

图 4-105 所示的电路由 74LS161 和非门构成，且 74LS161 的 $\overline{CR}$、CT_T、CT_P 均接“1”，电路预置数为 $d_3d_2d_1d_0=0110$，$\overline{LD}=\overline{CO}$，用反馈置数实现模值为 M 的计数。当计数到 1111 时，非门输出端变为低电平，即 $\overline{LD}=0$，在下一个 CP 上升沿到来的时刻，74LS161 立即将 0110 状态置入计数器，新的计数周期又从 0 开始。该电路的有效状态是 0110～1111，共 10 个状态，是十进制计数器。将图 4-105 所示的电路在数字实验平台上搭建具体实际电路，并设置信号源参数，通过数码管或 LED 显示结果。

利用图 4-105 所示的电路结构也可以实现其他进制计数 M，只要改变 $D_3D_2D_1D_0$ 的状态值 N（二进制对应的十进制数）即可，且 $N=16-M$。例如，若 $D_3D_2D_1D_0=0100$，则该计数器是模 12 计数器。

【例 4-17】 试采用反馈置数法用 74LS161 构成从 0 开始计数的十进制计数器。

解 根据表 4-26 所示的 74LS161 的逻辑功能表，当 74LS161 的 $\overline{CR}=1$，$\overline{LD}=0$ 及 CP 上升沿时刻，74LS161 执行并行置数，即 $Q_3Q_2Q_1Q_0=d_3d_2d_1d_0$；当 $\overline{CR}=1$，$\overline{LD}=1$，$CT_TCT_P=1$ 及 CP 上升沿时刻，74LS161 完成加法计数功能。

而本题要求从 0 开始计数，那么必须令 $d_3d_2d_1d_0=0000$，要实现电路的有效状态为 0000～1001，共 10 个状态，则反馈识别码 $M=1001$。需要选取输出状态 1001 经译码产生置零信号加到 74LS161 的并行置数输入端 $\overline{LD}$ 即可，也就是将 Q_3、Q_0 接到与非门的输入端，与非门的输出端与 74LS161 的并行置数输入端 $\overline{LD}$ 相连，即 $\overline{LD}=\overline{Q_3Q_0}$，逻辑电路图如图 4-106 所示。

将上述基于 74LS161 设计的十进制计数器原理电路在数字实验平台上搭建具体实际电

路,并设置信号源参数,通过数码管或 LED 显示结果。

【例 4-18】 试采用置数法用 74LS161 设计七进制计数器。

解 根据表 4-26 所示的 74LS161 的逻辑功能表,当 74LS161 的$\overline{CR}=1$,$\overline{LD}=0$ 及 CP 上升沿时刻,74LS161 执行并行置数,即 $Q_3Q_2Q_1Q_0=d_3d_2d_1d_0$;当$\overline{CR}=1$,$\overline{LD}=1$,$CT_TCT_P=1$ 及 CP 上升沿时刻,74LS161 完成加法计数功能。

由于同步预置数计数器 74LS161 具有 16 个有效状态,采用置数法时,置数状态可从这 16 个状态中任选,故实现七进制计数器的方法并不唯一,图 4-107 给出其中的一种方法。

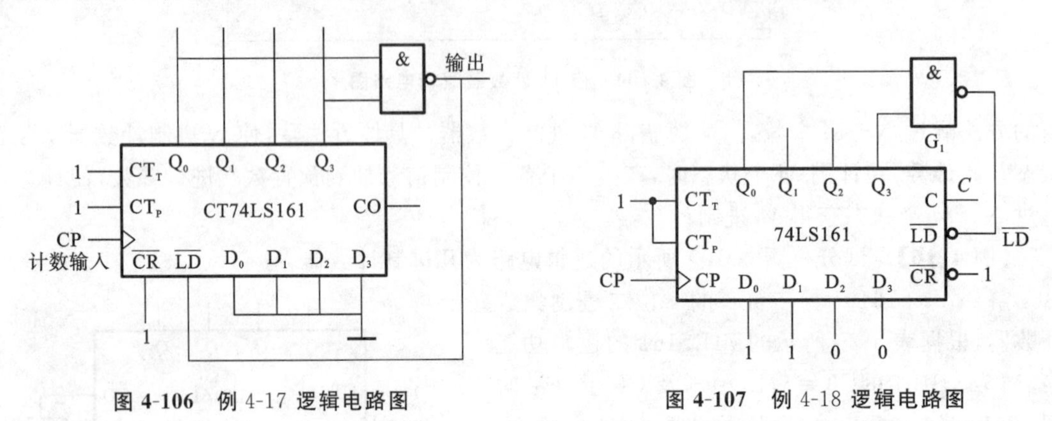

图 4-106 例 4-17 逻辑电路图　　　　图 4-107 例 4-18 逻辑电路图

选择从 0011 状态开始,有效循环状态为 0011→0100→…→1000→1001→0011,将 Q_3、Q_0 接到与非门 G_1 的输入端,G_1的输出端与 74LS161 的同步置数输入端相连。当 74LS161 进入状态 $Q_3Q_2Q_1Q_0=1001$ 时,G_1 输出低电平,此时 74LS161 不会被立即置数,必须在下一个时钟脉冲到来时才置入 0011 状态,从而跳过其他状态,并从 74LS161 的进位输出端产生进位信号 C。

将上述基于 74LS161 设计的七进制计数器原理电路在数字实验平台上搭建具体实际电路,并设置信号源参数,通过数码管或 LED 显示结果。

(3) $M>N$。

当 $M>N$ 时,常用级联扩展方法将 N 进制计数器组合起来,使得扩展后计数器的模值 N_K 大于或等于需要设计的计数器模值,然后采用整体置零(或置数)方式实现。

【例 4-19】 试分析图 4-108 所示的逻辑电路为几进制计数器。

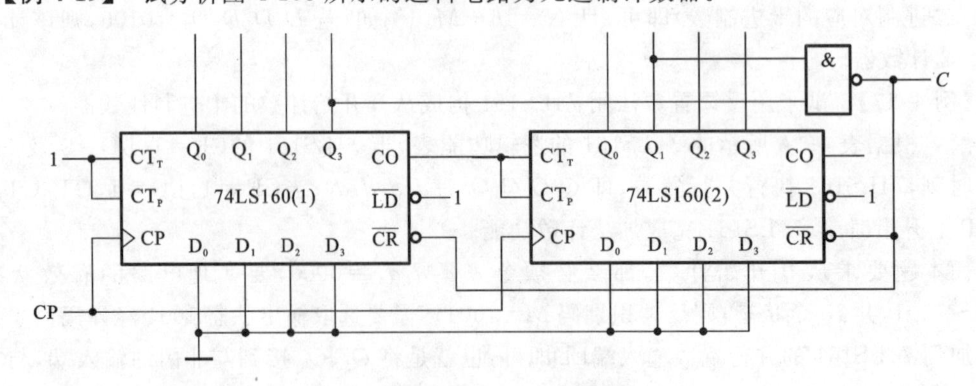

图 4-108 例 4-19 逻辑电路图

解 74LS160为十进制集成计数器，根据表4-31所示的74LS160的逻辑功能表，当74LS160的$\overline{CR}=0$时，$Q_3Q_2Q_1Q_0=0000$；当74LS160的$\overline{CR}=1$，$\overline{LD}=1$，$CT_T=CT_P=1$时，随着CP脉冲的变化，74LS160实现加法计数功能。

图4-108所示的电路由两片74LS160构成，设$Q_{23}Q_{22}Q_{21}Q_{20}$为74LS160(2)的输出，$Q_{13}Q_{12}Q_{11}Q_{10}$为74LS160(1)的输出，且$\overline{LD}$、CT_T、CT_P均接“1”，而$\overline{CR}=\overline{Q_{21}Q_{13}}$，用反馈清零实现模值为$M$的计数。当输入脉冲变化使得$Q_{23}Q_{22}Q_{21}Q_{20}Q_{13}Q_{12}Q_{11}Q_{10}=00101000$时，两片74LS160立即清零，即$Q_{23}Q_{22}Q_{21}Q_{20}Q_{13}Q_{12}Q_{11}Q_{10}=00000000$。电路经历了28个有效状态，即为二十八进制加法计数器。图4-109为该电路的状态转移图。

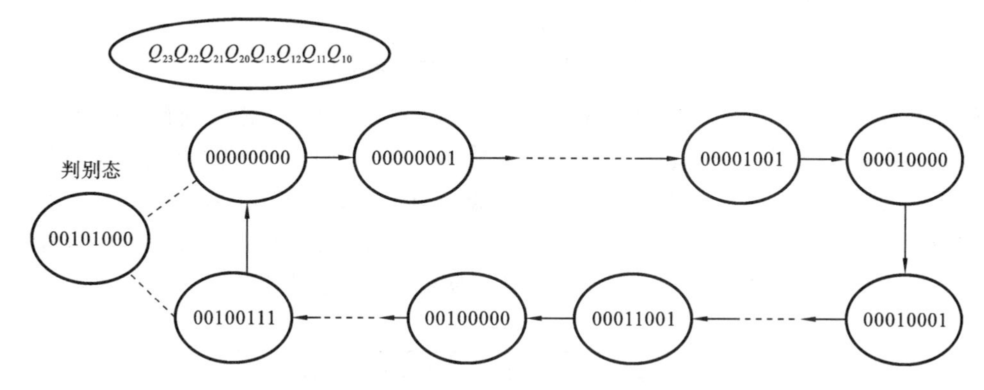

图4-109　例4-19电路的状态转移图

【例4-20】 用74LS161构成五十进制计数器。

解 因为计数模值$N=50$，而74LS161为十六进制计数器，所以需要两片74LS161才能实现五十进制计数器。先将两片级联扩展成256进制的计数器，然后选用反馈清零方式实现。

将两片74LS161的CP并接在一起作为电路的时钟，低位片的使能端$\overline{LD}$、CT_T、CT_P均接“1”，低位片的进位输出CO_1接高位片的使能端CT_T和CT_P；高位片的使能端$\overline{LD}$接“1”，而两片74LS161的$\overline{CR}$端接在一起，用反馈清零实现模值为五十进制的计数。

因为十进制数50对应的二进制数为00110010，因此选择从00000000状态开始，有效循环状态为00000000→00000001→…→00110001→00000000，又因为74LS161异步清零，因此判别态选为00110010，则令$\overline{CR}=\overline{Q_{21}Q_{20}Q_{11}}$，即将$Q_{21}$、$Q_{20}$、$Q_{11}$接到与非门$G_1$的输入端，$G_1$的输出端与两片74LS161的异步清零输入端$\overline{CR}$相连，这样就实现从00000000到00110001的五十进制计数器。实现逻辑电路如图4-110所示。

将上述设计的计数器原理电路在数字实验平台上搭建具体实际电路，并设置信号源参数，通过数码管或LED显示结果。

【例4-21】 用74LS290构成二十三进制计数器。

解 根据题目要求及74LS290的特点，需要两片74LS290采用反馈清零法实现二十三进制计数器。

根据74LS290的逻辑功能表，首先将两片74LS290的分别按8421BCD码方式连接成十进制计数器，即若将Q_0和CP_1相连，计数脉冲由CP_0输入，输出为$Q_3Q_2Q_1Q_0$时，则构成十进制(8421码)计数器；然后个位74LS290的CP_0接外部输入时钟CP，十位74LS290的CP_0接个位74LS290的输出Q_3，令两片74LS290的$S_{9A}=S_{9B}=0$。

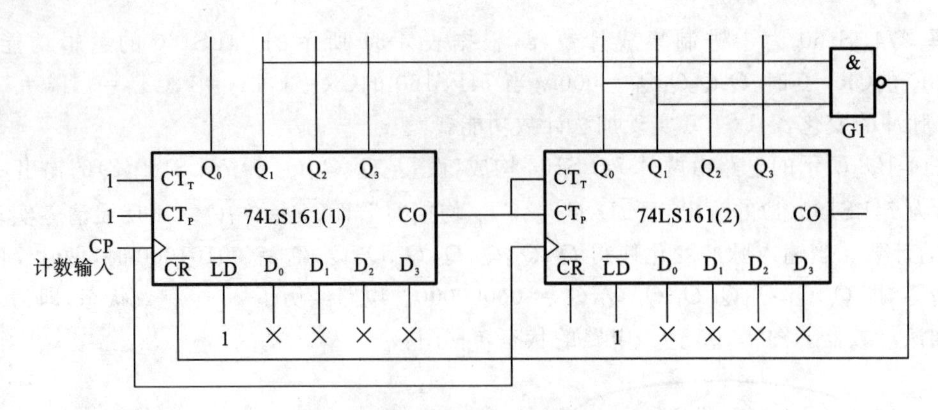

图 4-110　例 4-20 逻辑电路图

因为需要设计二十三进制计数器，因此十位 74LS290 的反馈识别码 $M=0010$，个位 74LS290 的反馈识别码 $M=0011$。用脉冲反馈法实现时，令两片 74LS290 的 $R_{0A}=R_{0B}=Q_{十1}Q_{个1}Q_{个0}$，即将两片 74LS290 的 R_{0A} 和 R_{0B} 连在一起接在与门的输出端，将个位 74LS290 的输出 Q_0、Q_1 及十位 74LS290 的 Q_1 接在与门的输入端，其逻辑电路图如图 4-111 所示。这样计数器从 00000000 到 00100011 经历了 23 个状态，从而实现二十三进制计数。

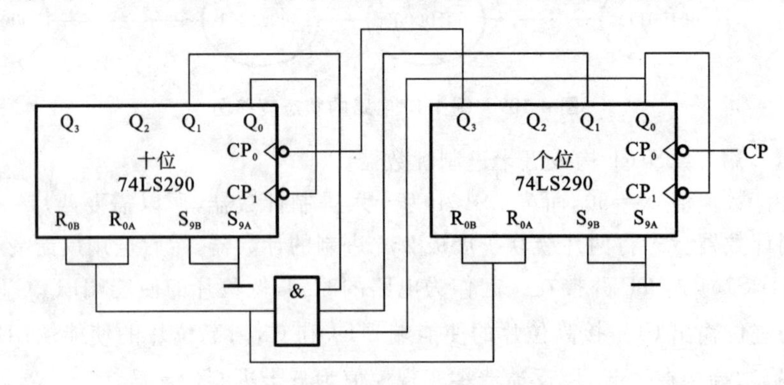

图 4-111　例 4-21 逻辑电路图

将上述设计的计数器原理电路在数字实验平台上搭建具体实际电路，并设置信号源参数，通过数码管或 LED 显示结果。

4.4.6　计数器的应用

1. 序列信号发生器

序列信号是指在同步脉冲作用下循环地产生一串周期性的二进制信号的电路，由计数器和输出组合电路组成。

【例 4-22】　设计产生序列信号“01010”的序列信号发生器。

解　由于给定序列长度 $M=5$，因此选用一个模 5 的同步计数器，如选 74LS161 和 G_1，采用反馈清零方式实现构成一个模 5 计数器。该计数器有效循环状态为 0000→0001→0010→0011→01000→0000。令其在状态转移过程中，每一个状态稳定时输出符合给定序列要求的信号，因此可以列出其输出真值表，如表 4-32 所示。

根据表 4-32 所示的输出真值表，可写出输出 Z 的表达式为

$$Z=\overline{Q_2}Q_0 \tag{4-41}$$

这样，在 74LS161 模 5 计数器的基础上加上 Z 函数的输出电路，就构成了产生 01010 的序列信号发生器电路，如图 4-112 所示。

表 4-32　例 4-22 输出真值表

Q_2	Q_1	Q_0	Z
0	0	0	0
0	0	1	1
0	1	0	0
0	1	1	1
1	0	0	0

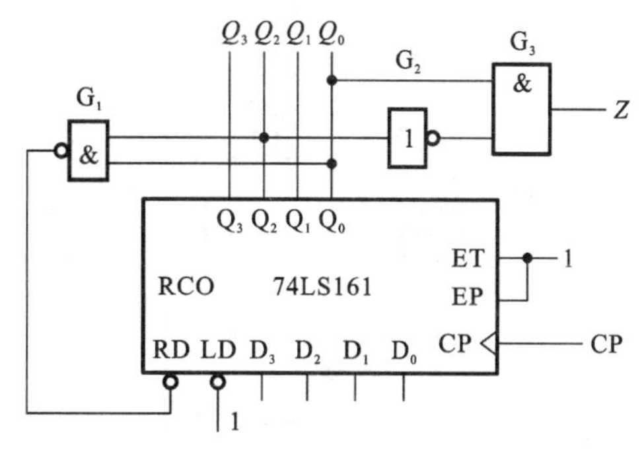

图 4-112　例 4-22 逻辑电路图

在 Multisim 软件中，按照图 4-112 所示的电路进行仿真，仿真图如图 4-113(a) 所示，仿真波形如图 4-113(b)所示，仿真结果符合设计要求。

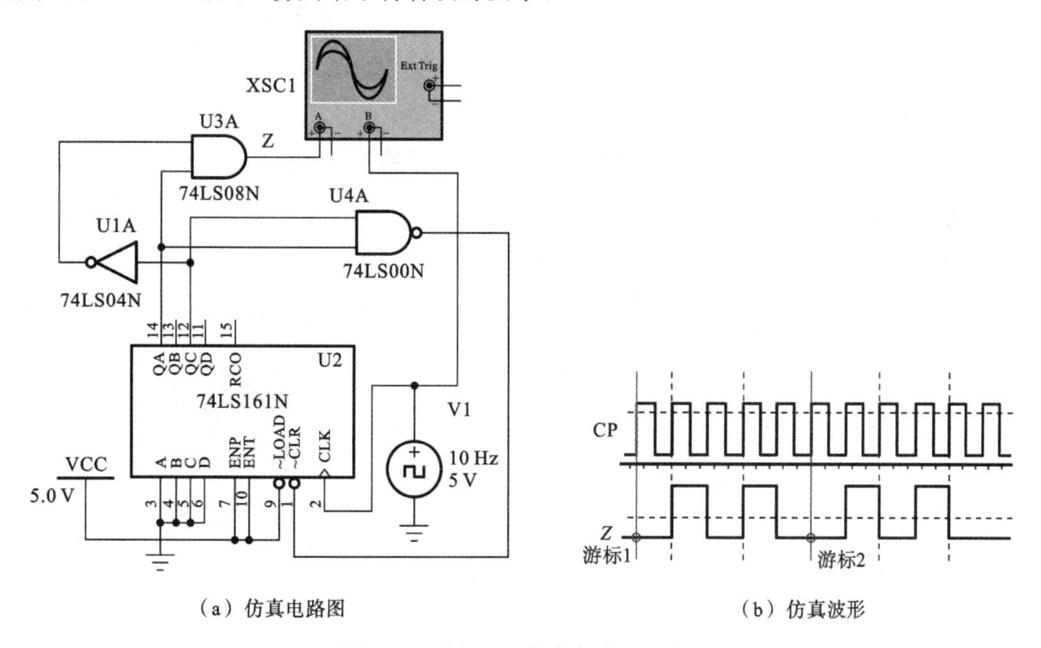

(a) 仿真电路图　　(b) 仿真波形

图 4-113　例 4-22 仿真电路图及波形

将上述设计的序列信号发生器原理电路在数字实验平台上搭建具体实际电路，并设置信号源参数，通过数码管或 LED 显示结果。

序列信号发生器也可由计数器和数据选择器来实现。图 4-114 是基于 74LS161 产生序列信号 101101 发生器在 Multisim 软件中的仿真电路。在图 4-114 中，用 74LS161 实现模 6 计数器，计数范围为 0～5。利用 8 选 1 74LS151 产生 101101 信号，74LS161 的 Q_A、Q_B、Q_C 接 74LS151 地址端 A、B、C；令数据端 $D_0D_1D_2D_3D_4D_5=101101$ 即可。

仿真结果正确。将上述设计的序列信号发生器原理电路在数字实验平台上搭建具体实际电路，并设置信号源参数，通过数码管或 LED 显示结果。

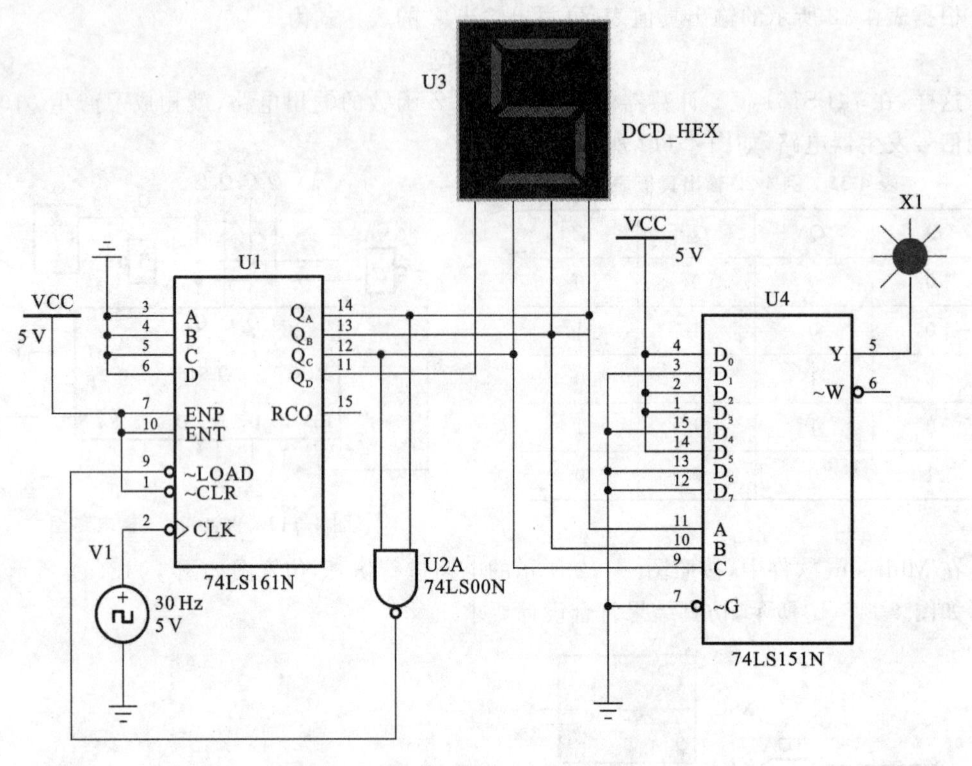

图 4-114　序列信号 101101 发生器仿真图

2. 数字钟晶振时基电路

在 Multisim 软件中创建数字钟晶振时基仿真电路，如图 4-115 所示。在该晶振时基电路中反相器 U2A、晶振 X1、电容 C_1 和 C_2 构成振荡频率为 327108 Hz 振荡器；其输出经反相器

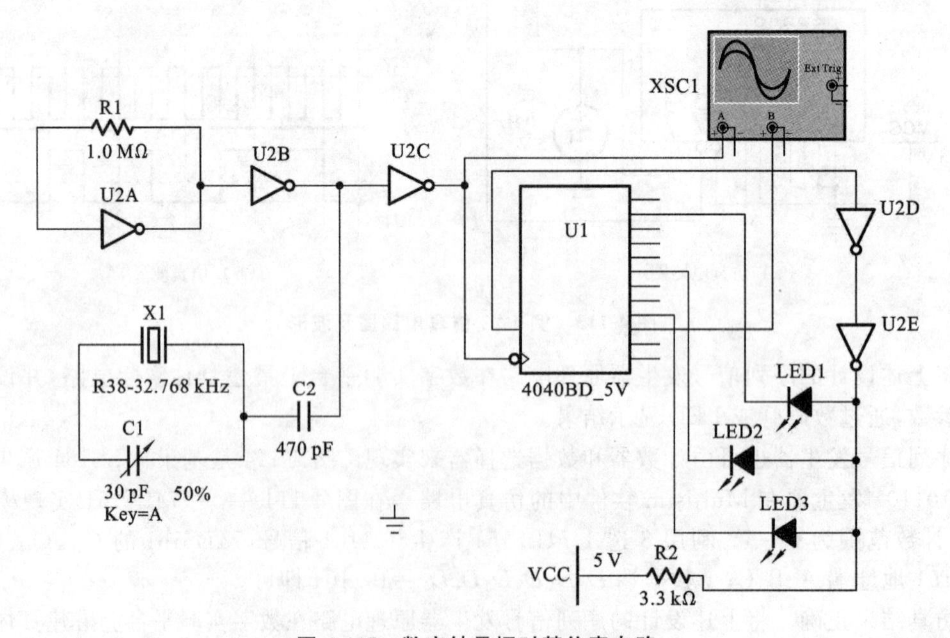

图 4-115　数字钟晶振时基电路

U2C 整形后送至 12 位二进制计数器 4040BD 的 $\overline{CP}$ 端。4040BD 的输出端由发光二极管 LED1～LED3 置成分频系数为 $2^1+2^5+2^9=546$，经分频后在输出端 Q_{10} 上便可输出一个 60 Hz的时钟信号供给数字钟集成电路。

启动仿真，单击示波器图标，可以观察输出波形的变化。将上述设计的数字钟晶振时基原理电路在数字实验平台上搭建具体实际电路，通过 LED 显示结果。

3. 彩灯控制器

设计一个彩灯控制电路，能使彩灯依次点亮，并且彩灯流速可以改变。

由 555 多谐振荡器提供稳定脉冲，74LS161 4 位二进制计数器用来计数分频；计数器输出信号通过译码器 74LS138 直接输出控制彩灯。而控制流速用滑动变阻器调节电阻来改变输入脉冲频率，进而改变彩灯流速。图 4-116 所示的是 8 位彩灯(用 LED 表示)的 Multisim 仿真电路，启动仿真，观察结果可知 8 位彩灯依次点亮，循环显示。

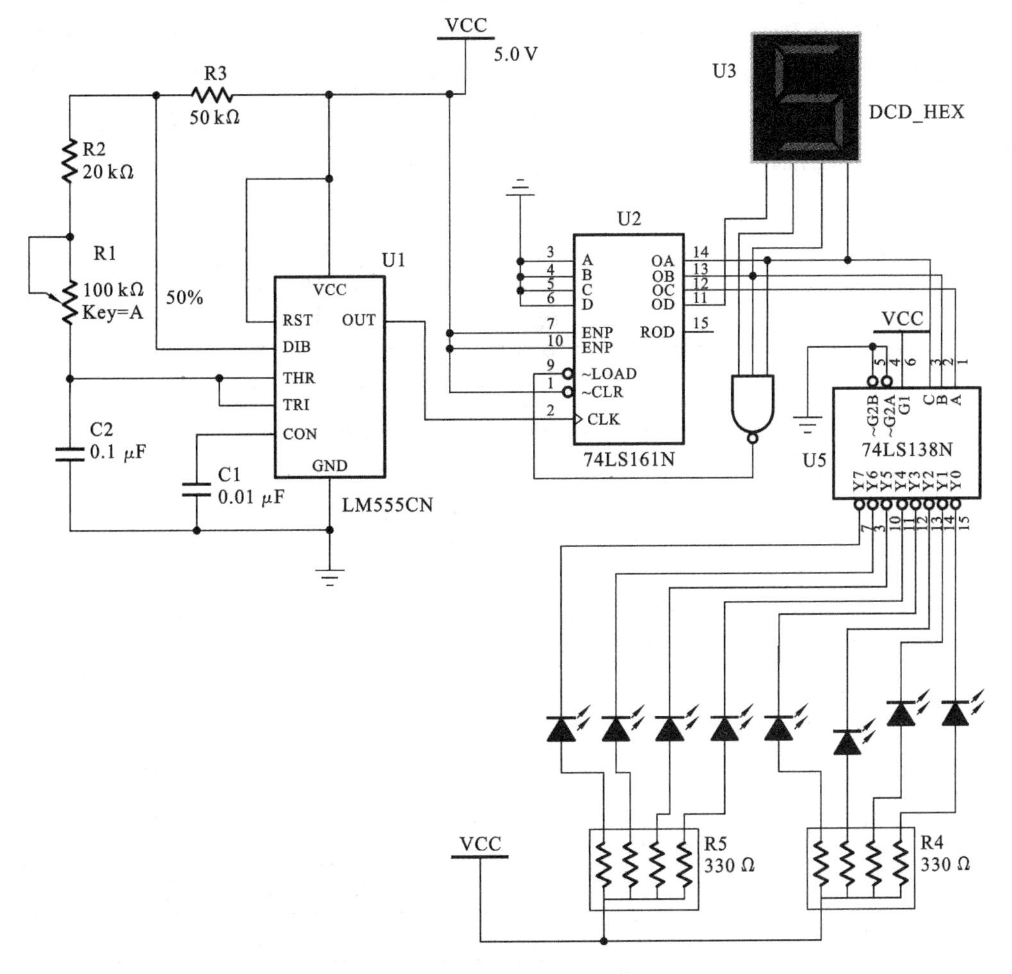

图 4-116 彩灯控制器仿真电路

将上述设计的彩灯控制器原理电路在数字实验平台上搭建具体实际电路，并改变 555 外围电路元件 R、C 参数，通过数码管或 LED 显示结果。

4.5 寄存器和随机存储器

4.5.1 寄存器

寄存器是用于暂存二进制数码的逻辑电路，由于触发器具有记忆功能，因而可以作为寄存器的主要组成部分。寄存器根据功能的不同，可以分为数码寄存器和移位寄存器两种。

1. 数码寄存器

数码寄存器用来存放一组数据，在控制信号的作用下能够寄存数据、清除数据和保持数据。图 4-117 所示的是由 D 触发器组成的 4 位数码寄存器，其工作原理如下：接收数据前，首先在清零端$\overline{R_D}$加一负脉冲，使各触发器置 0，清除寄存器中原有的数据。如果要寄存的数据为 1010，应先将待存的数据置入各个相应的输入端，即使 $D_3=1,D_2=0,D_1=1,D_0=0$，然后在 CP 端加一个正脉冲，数据便并行存入寄存器，而使 $Q_3Q_2Q_1Q_0=1010$。该数码寄存器的工作方式为并行输入、并行输出。

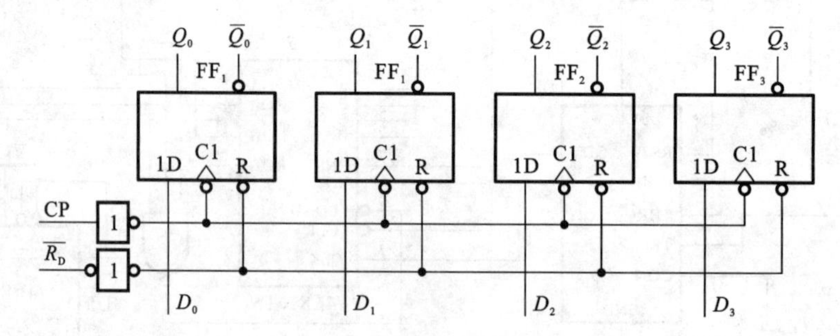

图 4-117 4 位数码寄存器

该数码寄存器的状态方程为

$$Q_3^{n+1}Q_2^{n+1}Q_1^{n+1}Q_0^{n+1}=D_3D_2D_1D_0 \tag{4-42}$$

常见的集成数码寄存器有 4D 触发器 74LS175，其逻辑功能表如表 4-33 所示。

表 4-33 74LS175 的逻辑功能表

$\overline{R_D}$	CP	D_3	D_2	D_1	D_0	Q_3^{n+1}	Q_2^{n+1}	Q_1^{n+1}	Q_0^{n+1}	工作状态
0	×	×	×	×	×	0	0	0	0	异步置 0
1	↑	D_3	D_2	D_1	D_0	D_3	D_2	D_1	D_0	送数
1	1	×	×	×	×	Q_3	Q_2	Q_1	Q_0	保持
1	0	×	×	×	×	Q_3	Q_2	Q_1	Q_0	保持

2. 移位寄存器

移位寄存器不仅能寄存数据，而且在时钟信号的作用下，触发器状态可向左右相邻的触发器传递，即触发器寄存的数据依次左移或右移。因此，移位寄存器不但可用于存储数据，还可用作数据的串并转换、数据的运算及处理等。根据数据在寄存器中的移动情况，移位寄存器可以分为单向移位寄存器(左移、右移)和双向移位寄存器两种。

1) *右移移位寄存器*

用 D 触发器构成的右移移位寄存器如图 4-118 所示。图中 CP 是移位脉冲,D_I 是串行数据输入端,$Q_3Q_2Q_1Q_0$ 是并行数据输出端。

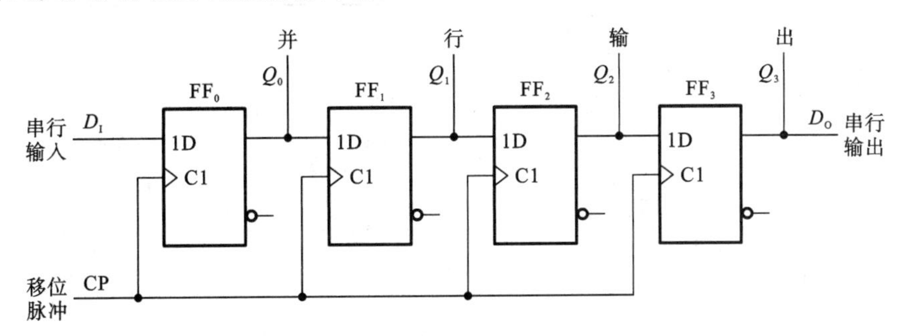

图 4-118 右移移位寄存器

在 Multisim 软件中,按照图 4-118 所示的电路,从 TTL 库中调 74LS74,基本库中调 VCC、信号源 V1(设置为 5 V/30 Hz)、GND 等元件,并连线构建 4 位右移移位寄存器,仿真电路如图 4-119 所示。

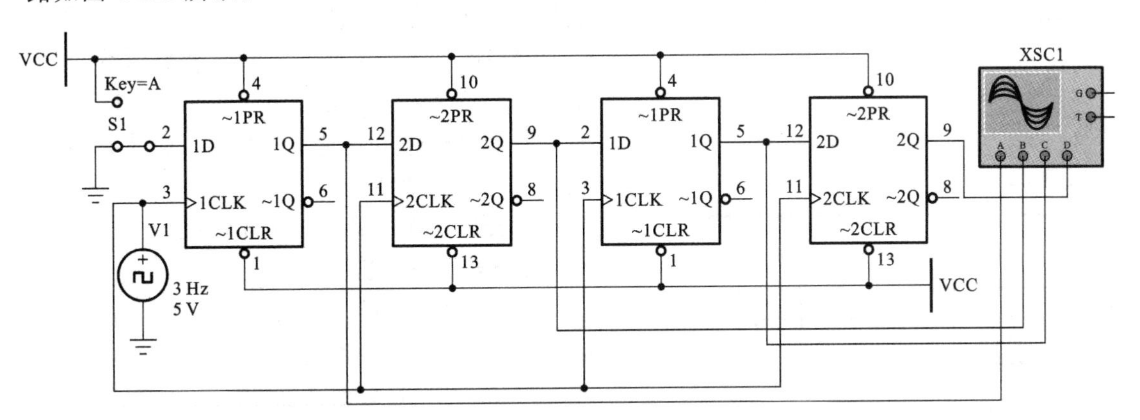

图 4-119 4 位右移移位寄存器的 Multisim 仿真电路

启动仿真,观察 4 位右移移位寄存器在 Multisim 软件中仿真时触发器输出 Q_0、Q_1、Q_2、Q_3 之间的逻辑关系,如图 4-120 所示,在时钟 CP 的作用下 Q_0、Q_1、Q_2、Q_3 原有数据依次右移。

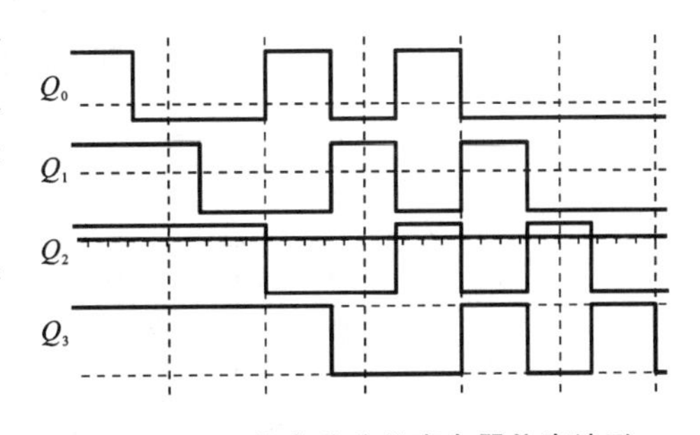

图 4-120 4 位右移移位寄存器仿真波形

由图 4-118 可知,移位寄存器中各级触发器的驱动方程为

$$D_0 = D_i,\quad D_1 = Q_0^n,\quad D_2 = Q_1^n,\quad D_3 = Q_2^n \tag{4-43}$$

对比 D 触发器的特征方程 $Q^{n+1}=D$,则移位寄存器中各级触发器的状态方程为

$$Q_0^{n+1} = D_i,\quad Q_1^{n+1} = Q_0^n,\quad Q_2^{n+1} = Q_1^n,\quad Q_3^{n+1} = Q_2^n \tag{4-44}$$

通过状态方程式(4-44)可以看出,在 CP 脉冲作用下,外部串行输入 D_I 移入 Q_0,Q_0 移入

Q_1,Q_1 移入 Q_2,Q_2 移入 Q_3,输入数码依次地由低位触发器移到高位触发器,作右向移动,总的效果相当于移位寄存器原有数据依次右移一位。根据状态方程可列出表 4-34 所示的状态转换表。

表 4-34　4 位右移移位寄存器状态转换表

D_1	CP	Q_0^n	Q_1^n	Q_2^n	Q_3^n	Q_0^{n+1}	Q_1^{n+1}	Q_2^{n+1}	Q_3^{n+1}
1	↑	0	0	0	0	1	0	0	0
1	↑	1	0	0	0	1	1	0	0
1	↑	1	1	0	0	1	1	1	0
1	↑	1	1	1	0	1	1	1	1
0	↑	1	1	1	1	0	1	1	1
0	↑	0	1	1	1	0	0	1	1
0	↑	0	0	1	1	0	0	0	1
0	↑	0	0	0	1	0	0	0	0

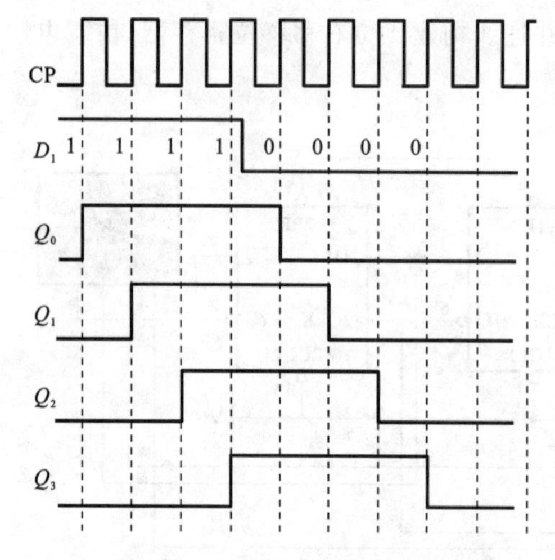

图 4-121　4 位右移移位寄存器的时序图

由表 4-34 可以看出,当寄存器经过 4 个 CP 脉冲后,依次输入的 4 位数据全部移入了移位寄存器中,这种依次输入数据的方式称为串行输入方式,每输入一个脉冲,数据向右移动一位。若数据由 Q_0~Q_3同时输出,则为并行输出方式;若数据由 D_0 端逐次输出,则为串行输出方式。图 4-121 是表 4-34 中串行输入情况下的时序图。

分析结果与 Multisim 仿真结果一致。

2) *左移移位寄存器*

用 D 触发器构成的左移移位寄存器如图 4-122 所示。图中 CP 是移位脉冲,D_{SL} 是串行数据输入端,$Q_3Q_2Q_1Q_0$ 是并行数据输出端。

在 Multisim 软件中,按照图 4-122 所示的电路,从 TTL 库中调 74LS74,Source 库中调 VCC、信号源 V1(设置为 5 V/30 Hz)、GND 等元件,并连线构建 4 位右移移位寄存器,仿真电路如图4-123 所示。

启动仿真,观察 4 位左移移位寄存器在 Multisim 软件中仿真时触发器输出 Q_0、Q_1、Q_2、Q_3

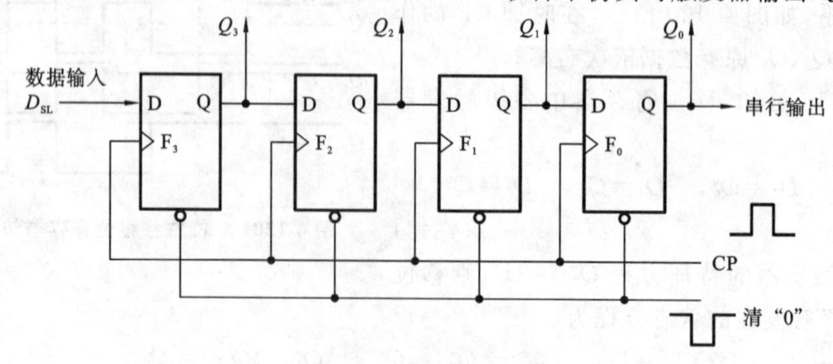

图 4-122　右移移位寄存器

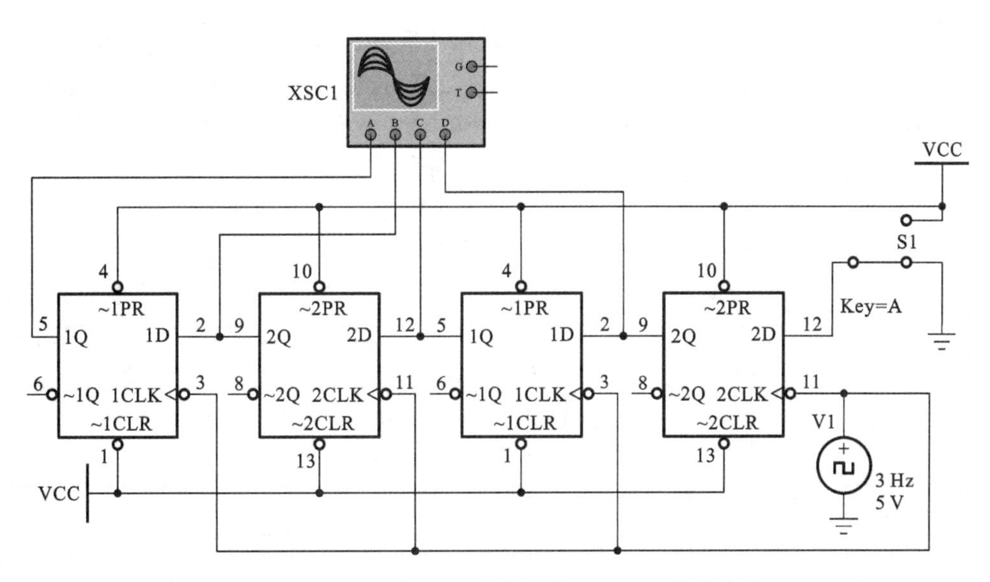

图 4-123 4 位左移移位寄存器的 Multisim 仿真电路

之间的逻辑关系，如图 4-124 所示，在时钟 CP 的作用下 Q_0、Q_1、Q_2、Q_3 原有数据依次左移。

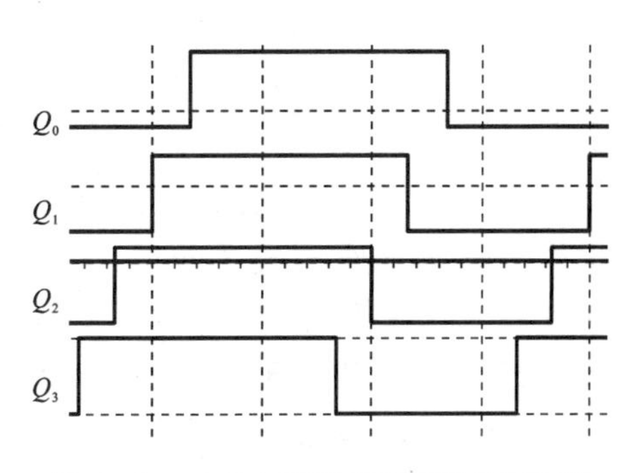

图 4-124 4 位左移移位寄存器仿真波形

由图 4-122 可知，移位寄存器中各级触发器的驱动方程为

$$D_3=D_{SL},\quad D_2=Q_3^n,\quad D_1=Q_2,\quad D_0=Q_1^n \tag{4-45}$$

对比 D 触发器的特征方程 $Q^{n+1}=D$，则移位寄存器中各级触发器的状态方程为

$$Q_3^{n+1}=D_{SL},\quad Q_2^{n+1}=Q_3^n,\quad Q_1^{n+1}=Q_2^n,\quad Q_0^{n+1}=Q_1^n \tag{4-46}$$

通过状态方程式(4-46)可以看出，在 CP 脉冲作用下，外部串行输入 D_{SL} 移入 Q_3，Q_3 移入 Q_2，Q_2 移入 Q_1，Q_1 移入 Q_0，输入数码依次地由高位触发器移到低位触发器，作左向移动，总的效果相当于移位寄存器原有数据依次左移一位。根据状态方程可列出表 4-35 所示的状态转换表。

表 4-35 4 位左移移位寄存器状态转换表

D_{SI}	CP	Q_0^n	Q_1^n	Q_2^n	Q_3^n	Q_0^{n+1}	Q_1^{n+1}	Q_2^{n+1}	Q_3^{n+1}
1	↑	0	0	0	0	0	0	0	1
1	↑	0	0	0	1	0	0	1	1
1	↑	0	0	1	1	0	1	1	1
1	↑	0	1	1	1	1	1	1	1
0	↑	1	1	1	1	1	1	1	0
0	↑	1	1	1	0	1	1	0	0
0	↑	1	1	0	0	1	0	0	0
0	↑	1	0	0	0	0	0	0	0

由表 4-35 可以看出，当寄存器经过 4 个 CP 脉冲后，依次输入的 4 位数据全部移入移位寄存器中，这种依次输入数据的方式称为串行输入方式，每输入一个脉冲，数据向左移动一位。若数据由 $Q_0 \sim Q_3$ 同时输出，则为并行输出方式；若数据由 D_0 端逐次输出，则为串行输出方式。

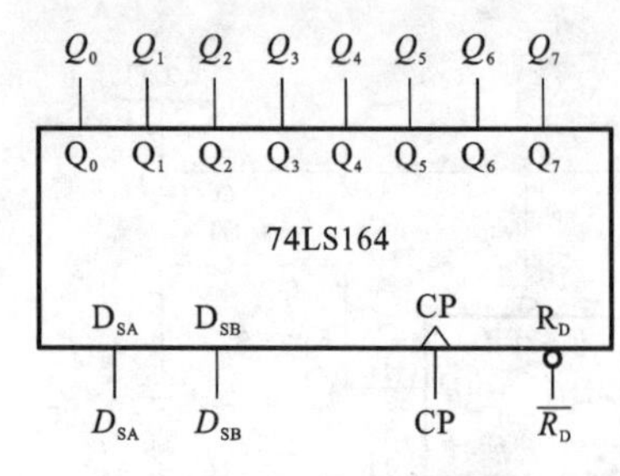

图 4-125 74LS164 逻辑符号

分析结果与 Multisim 仿真结果一致。

3) 8 位单向移位寄存器 74LS164

74LS164 为串行输入-并行输出的 8 位单向移位寄存器，其逻辑符号如图 4-125 所示。其中 $\overline{R_D}$ 为直接清零端，D_{SA}、D_{SB} 为两个可控制的串行数据输入端，$Q_0 \sim Q_7$ 为 8 个输出端，其逻辑功能表如表 4-36 所示。

表 4-36 74LS164 的逻辑功能表

$\overline{R_D}$	CP	$D_{SA} \times D_{SB}$	Q_0^{n+1}	Q_1^{n+1}	Q_2^{n+1}	Q_3^{n+1}	Q_4^{n+1}	Q_5^{n+1}	Q_6^{n+1}	Q_7^{n+1}	工作状态
0	×	×	0	0	0	0	0	0	0	0	异步置 0
1	0	×	Q_0^n	Q_1^n	Q_2^n	Q_3^n	Q_4^n	Q_5^n	Q_6^n	Q_7^n	保持
1	↑	0	0	Q_0^n	Q_1^n	Q_2^n	Q_3^n	Q_4^n	Q_5^n	Q_6^n	送数
1	↑	1	1	Q_0^n	Q_1^n	Q_2^n	Q_3^n	Q_4^n	Q_5^n	Q_6^n	送数

在 Multisim 软件中，从 TTL 库中调 74LS164，Source 库中调 VCC、信号源 V1(设置为 5 V/1 kHz)、GND 等元件，并连线构建 8 位单向移位寄存器 74LS164 仿真电路，如图 4-126(a)所示。

启动仿真，观察 8 位单向移位寄存器 74LS164 在 Multisim 软件中仿真时触发器输出 $Q_0 \sim Q_7$ 之间的逻辑关系，如图 4-126(b)所示，在时钟 CP 的作用下 $Q_0 \sim Q_7$ 原有数据依次右移。

4) 4 位双向移位寄存器 74LS194

双向移位寄存器就是把左、右移位功能综合，在控制端作用下，既可实现左移，又可实现右移功能。74LS194 就是在一般移位寄存器的基础上增加了异步清零、状态保持、数据并行输入和并行输出等功能的 4 位双向移位寄存器，其逻辑符号如图 4-127 所示。

74LS194 由四个触发器和各自的输入控制电路组成，图中 $\overline{R_D}$ 为直接清零端，S_0 和 S_1 是模式控制；D_{IL} 和 D_{IR} 分别是左移和右移串行输入。D_0、D_1、D_2 和 D_3 是并行输入端。Q_0 和 Q_3 分别是左移和右移时的串行输出端，Q_0、Q_1、Q_2 和 Q_3 为并行输出端。74LS194 逻辑功能表如表 4-37 所示。

表 4-37 74LS194 的逻辑功能表

功能	输入										输出			
	CP	$\overline{R_D}$	S_1	S_0	D_{IR}	D_{IL}	D_0	D_1	D_2	D_3	Q_0	Q_1	Q_2	Q_3
清除	×	0	×	×	×	×	×	×	×	×	0	0	0	0
送数	↑	1	1	1	×	×	A	B	C	D	D_0	D_1	D_2	D_3
右移	↑	1	0	1	D_{IR}	×	×	×	×	×	D_{IR}	Q_0	Q_1	Q_2
左移	↑	1	1	0	×	D_{IL}	×	×	×	×	Q_1	Q_2	Q_3	D_{IL}
保持	↑	1	0	0	×	×	×	×	×	×	Q_0^n	Q_1^n	Q_C^n	Q_D^n
保持	0	1	×	×	×	×	×	×	×	×	Q_0^n	Q_1^n	Q_2^n	Q_3^n

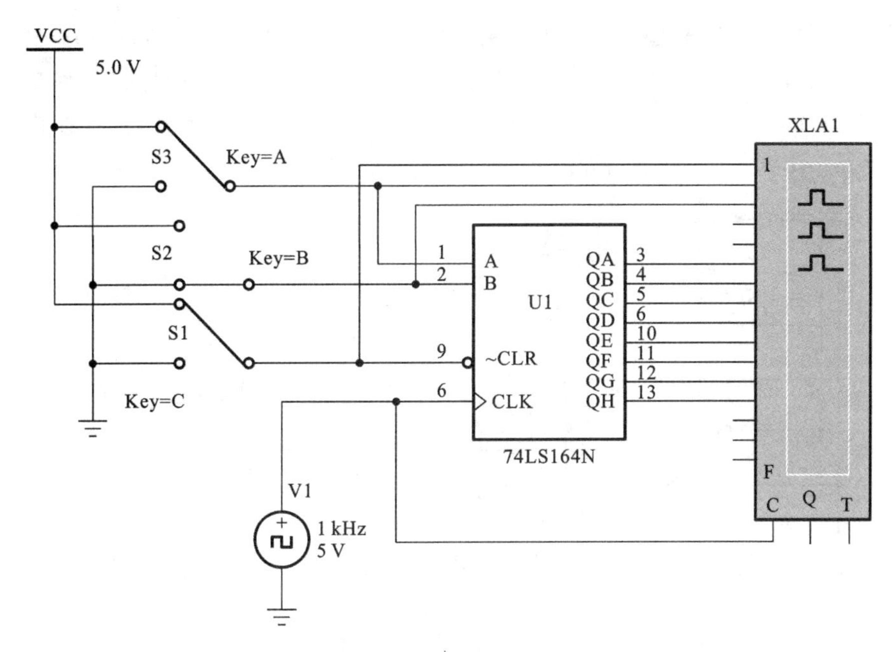

（a）仿真电路

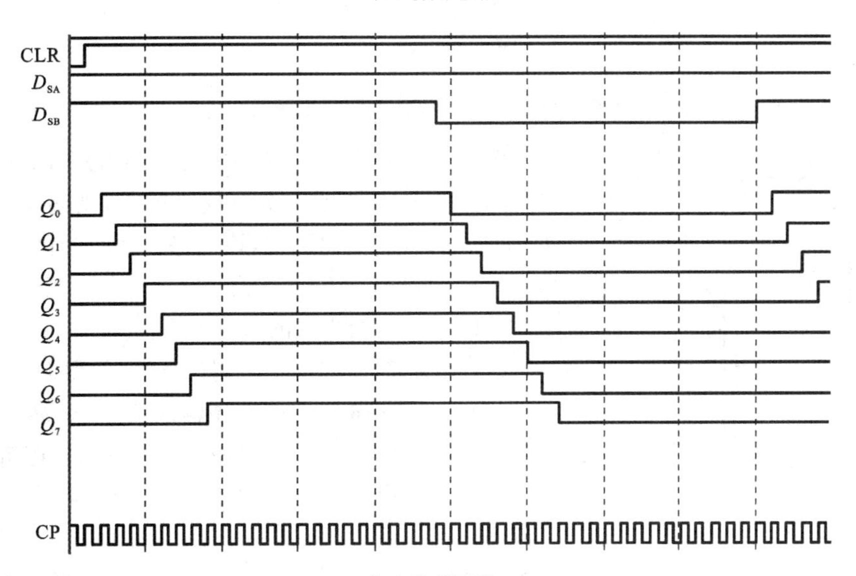

（b）仿真波形

图 4-126 74LS164 **仿真电路及仿真波形**

由表 4-37 可知，74LS194 具有下述功能。

（1）异步清零：$\overline{CR}=0$，$Q_3Q_2Q_1Q_0=0000$。

（2）并行置数：$\overline{CR}=1$，$S_1=S_0=1$，CP 上升沿时刻 $Q_3Q_2Q_1Q_0=D_3D_2D_1D_0$。

（3）保持：$\overline{CR}=1$，$S_1=S_0=0$，$Q_3Q_2Q_1Q_0$ 保持原态。

（4）右移：$\overline{CR}=1$，$S_1=0$，$S_0=1$，CP 上升沿时刻 $Q_3Q_2Q_1Q_0$ 的状态由 Q_0 向 Q_3 移位。

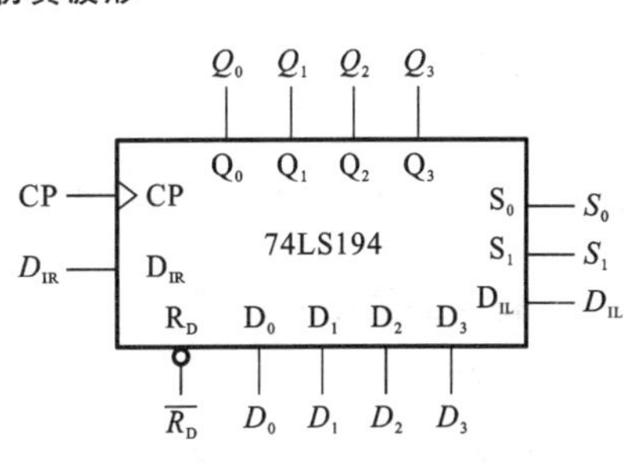

图 4-127 74LS194 **逻辑符号**

(5) 左移：$\overline{CR}=1$，$S_1=1$，$S_0=0$，CP 上升沿时刻 $Q_3Q_2Q_1Q_0$ 的状态由 Q_3 向 Q_0 移位。

在 Multisim 软件中，从 TTL 库中调 74LS194，Source 库中调 VCC、信号源 V1（设置为 5 V/20 Hz)，从 Basic 库中调 J1～J4，指示库中调 X1、X2、X3、X4 等元件，并连线构建 4 位双向移位寄存器 74LS194，仿真电路如图 4-128 所示。

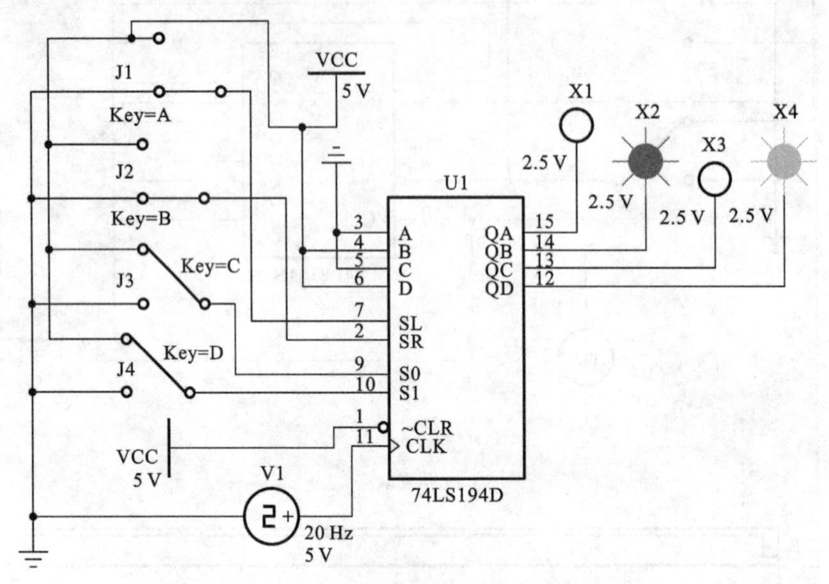

图 4-128 74LS194 **仿真测试电路图**

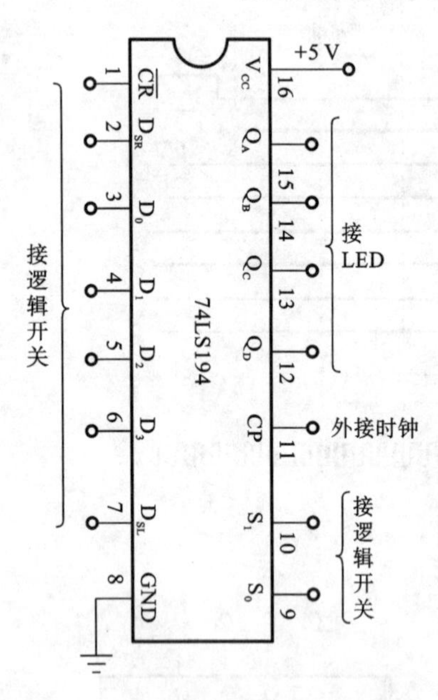

图 4-129 74LS194 **功能测试电路图**

设置图中的 74LS194 清零端为高电平，启动仿真，通过拨动开关 J1～J4 改变数据输入的值，观察输出 Q_A、Q_B、Q_C 和 Q_D 的状态变化可知，该电路的状态变化与表 4-37 所示的一致，即 74LS194 实现了移位、保存的逻辑功能。

74LS194 功能测试的过程如下。

(1) 构建 74LS194 功能测试电路，如图 4-129 所示。

(2) 按表 4-38 所示的顺序输入信号，观察并记录输出 Q_A、Q_B、Q_C 和 Q_D 的状态并填入表中，说明其逻辑功能。

当一片移位寄存器的位数不够用时，可使用多片移位寄存器进行扩展。图 4-130 所示的是用两片 74LS194 扩展成的 8 位双向移位寄存器的连接图。只需将两片 74LS194 的 CP、$\overline{R_D}$、S_0、S_1 分别并联，再将一片的 Q_3 接至另一片的 D_{IR} 端，而另一片的 Q_0 接到这一片的 D_{IL} 端即可。

将图 4-130 所示的原理电路在数字实验平台上搭建具体实际电路，并设置信号源参数，通过数码管或 LED 显示结果。

3. 寄存器的应用

1) 延时

串行输入/串行输出移位寄存器常用来延长信号从输入到输出的时间，这个时间是寄存器级数(n)和时钟频率的函数。

表 4-38 74LS194 功能测试表

输入										输出				功能
时钟	清零	模式		移位输入		并行输入				Q_A	Q_B	Q_C	Q_D	
CP	$\overline{CR}$	S_1	S_0	D_{SR}	D_{SL}	D_0	D_1	D_2	D_3					
×	0	×	×	×	×	×	×	×	×					
↑	1	1	1	×	×	A	B	C	D					
↑	1	0	1	D_{SR}	×	×	×	×	×					
↑	1	1	0	×	D_{SL}	×	×	×	×					
↑	1	0	0	×	×	×	×	×	×					
0	1	×	×	×	×	×	×	×	×					

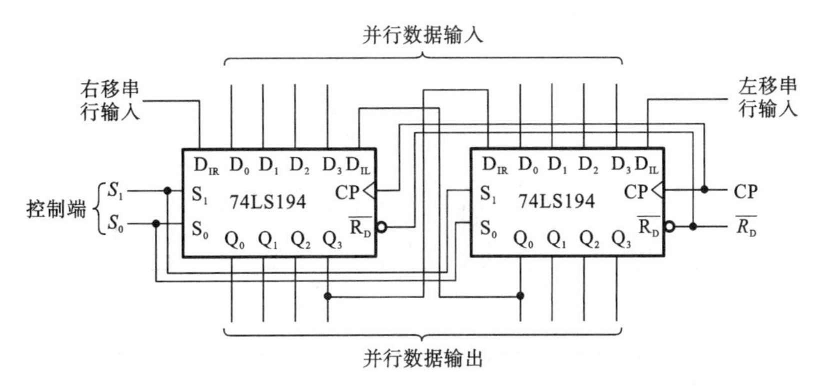

图 4-130 两片 74LS194 扩展成的 8 位双向移位寄存器

如图 4-131(a)所示的电路，在时钟脉冲到来时，串行输入端的数据 D_{IR} 首先进入第一级寄存器，随着时钟信号的变化，数据在寄存器中逐步移位，直到 8 个时钟脉冲之后才被串行输出。图 4-131(a)是一个由 74LS164 构成的 8 比特串行输入/串行输出移位寄存器延时应用的 Multisim 仿真电路，图 4-131(b)所示的是其时序仿真波形。

由图 4-131 可知，当时钟频率为 1 kHz 时，它产生的延迟时间为 8 ms。可以通过改变时钟的频率，调节延迟时间的大小；也可以使用移位寄存器的级联结构来增加延时或使用前级寄存器的输出数据减少延时。

将图 4-131(a)所示的原理电路在数字实验平台上搭建具体实际电路，并设置信号源参数，通过数码管或 LED 显示结果。

2）序列检测

利用移位寄存器移位特性，能方便设计序列码检测电路。例如，图 4-132(a)所示的是一个利用 74LS194 构成的 10010 序列码检测器的 Multisim 仿真电路，图 4-132(b)所示的是其时序仿真波形。

由图 4-132 可知，74LS194 工作于右移方式，实现串并转换，设置检测序列输出为 74LS194 的输出 Q 变量之间的逻辑乘，其中将需检测序列中的“1”设置为原变量；反之将需检测序列中的“0”设置为反变量。例如，本例需检测序列为 10010，则 $Z=Q_3\overline{Q_2}\,\overline{Q_1}Q_0\overline{X}$。也可以使用移位寄存器的级联结构来增加序列码的长度或使用前级寄存器的输出数据减少检测序列

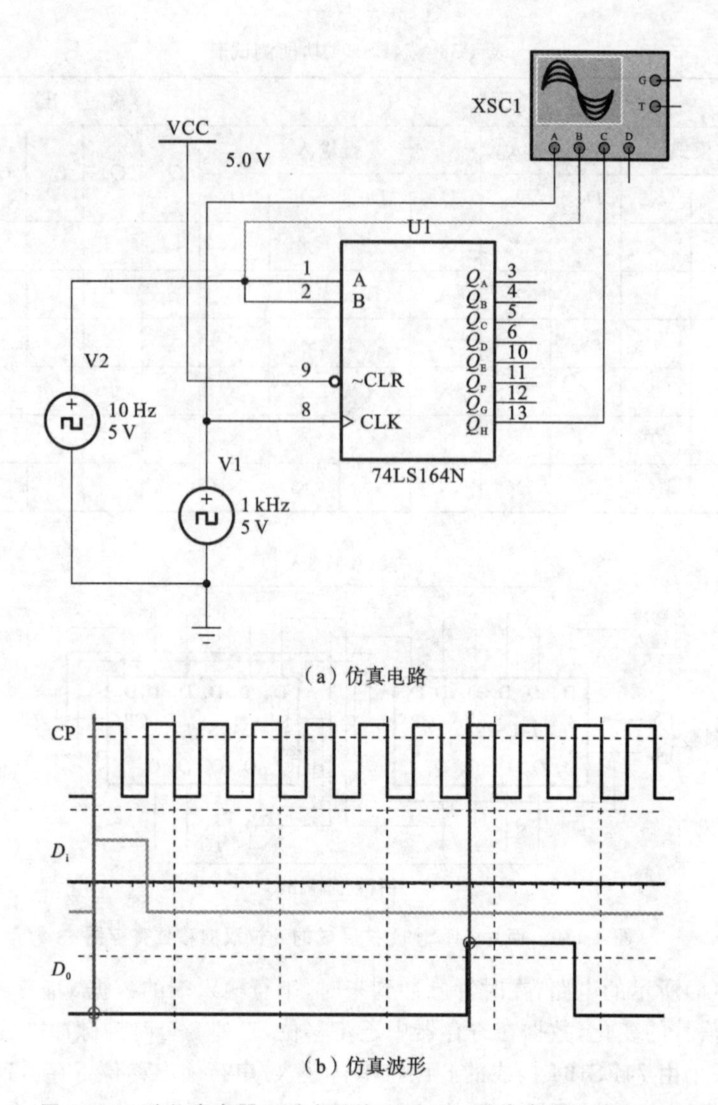

(a) 仿真电路

(b) 仿真波形

图 4-131 移位寄存器延时应用的 Multisim 仿真电路及仿真波形

码的长度。

将图 4-132(a)所示的原理电路在数字实验平台上搭建具体实际电路，并设置信号源参数，通过示波器管或 LED 显示结果。

3）算术运算

在进行乘法或除法运算时，利用移位寄存器将数据左移一位，相当于乘以 2；将数据右移一位，相当于除以 2。

【例 4-23】 分析在图 4-133 所示的时钟信号及 S_1、S_0 状态作用下，图 4-134 所示的时序逻辑电路的功能，并写出 t_4 时刻以后输出 Y 与两组并行输入的二进制数 M、N 的关系。假设 M、N 的状态始终不变。

解 该电路由两片 4 位加法器 74LS283 和四片移位寄存器 74LS914 组成。两片 74LS283 接成一个 8 位并行加法器，四片 74LS914 分别接成了两个 8 位单向移位寄存器。两个 8 位移位寄存器的输出分别加到 8 位并行加法器的两组输入端，所以图 4-134 所示的时序

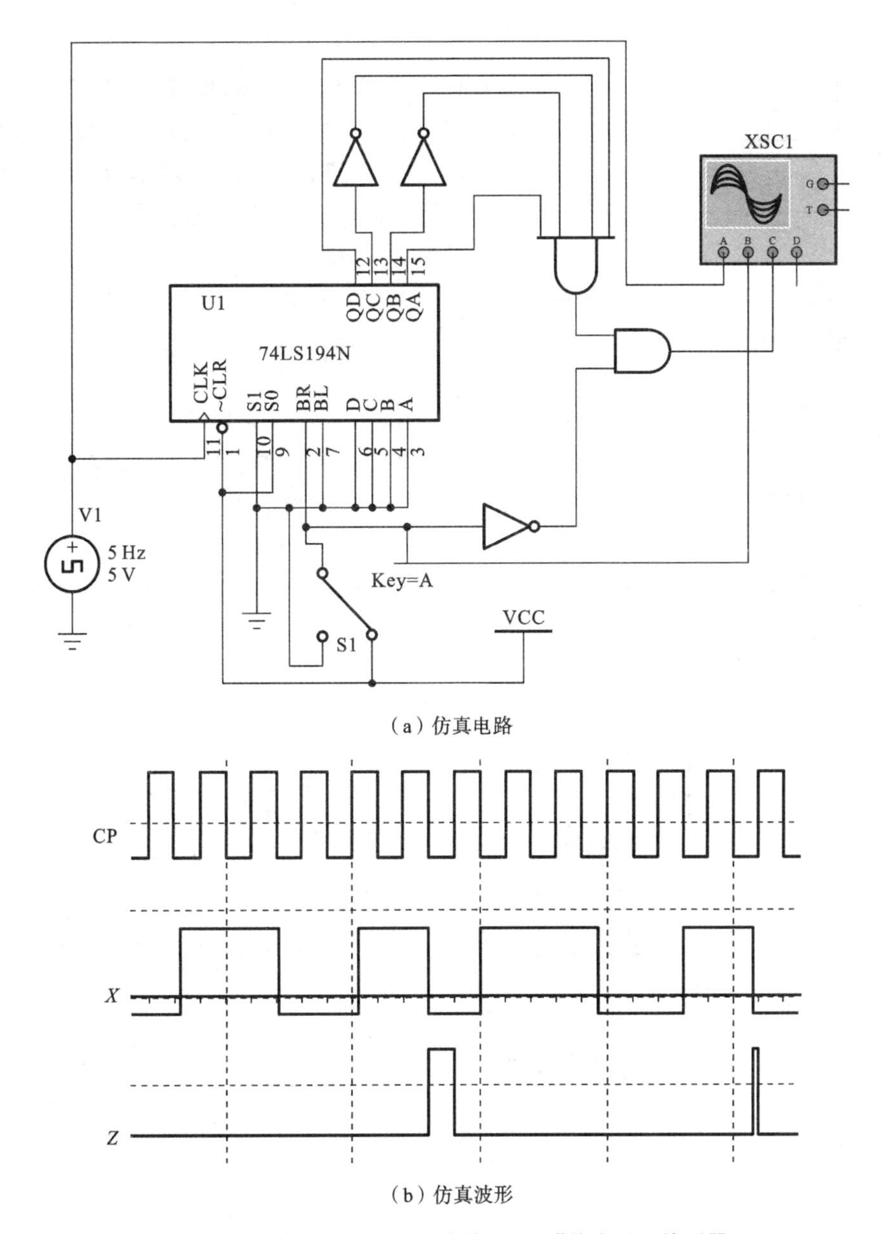

(a) 仿真电路

(b) 仿真波形

图 4-132 基于 74LS194 构成的"10010"的序列码检测器

逻辑电路的功能是将两个 8 位移位寄存器的内容相加的运算电路。

在图 4-134 中，在 t_1 时刻，CP_1、CP_2 的第一个上升沿同时到达，此时 $S_1S_0=11$，根据 74LS194 的逻辑功能表(见表 4-37)，四片 74LS194 均处于并行置数状态，将 M、N 的数值分别送入低位 74LS194 的寄存器中，高位 74LS194 送入数值为 0。

在 t_2 时刻，CP_1、CP_2 的第二个上升沿同时到达，此时 $S_1S_0=01$，根据 74LS194 的逻辑功能表，四片 74LS194 均处于右移工作状态。在 CP_1、CP_2 的上升沿作用下，M、N 均右移一位，相当两个乘数均乘以 2。

在 t_3 时刻，CP_1 第三个上升沿到达，$S_1S_0=01$，M 又右移一位；CP_2 无脉冲，保存 N 数值的移位寄存器数据保持。

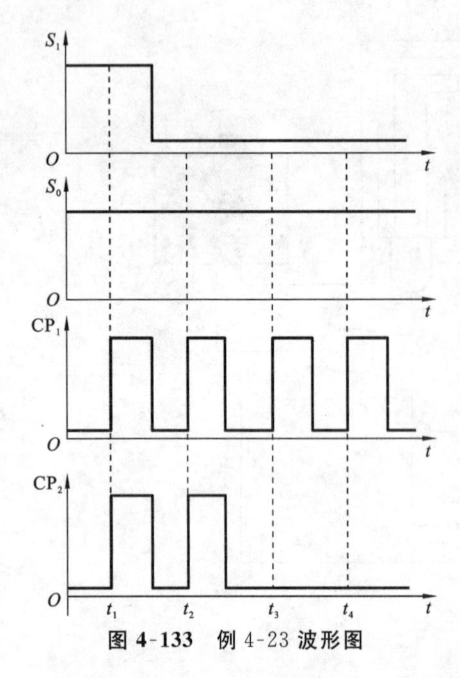

图 4-133　例 4-23 波形图

在 t_4 时刻，CP_1 第四个上升沿到达，$S_1S_0=01$，M 又右移一位，CP_2 无脉冲，保存 N 数值的移位寄存器数据保持；这时 M 右移了三位，对应上面的两片移位寄存器，相当于进行了 $M\times8$ 运算；下面的两片移位寄存器，N 右移一位，相当于进行了 $N\times2$ 运算；两数相加后得到 $Y=M\times8+N\times2$。

将图 4-134 所示的原理电路在数字实验平台上搭建具体实际电路，并设置信号源参数，通过数码管或 LED 显示结果。

4）实现数据传输的串并转换

使用移位寄存器可以将一组串行代码转换成并行代码输出，也可以将并行代码转换成串行代码输出。图 4-135 所示的电路是用 CC40194（4 位 CMOS 移位寄存器，功能与 74LS194 相同）构成的 7 位串行输入转换为并行输出的电路。

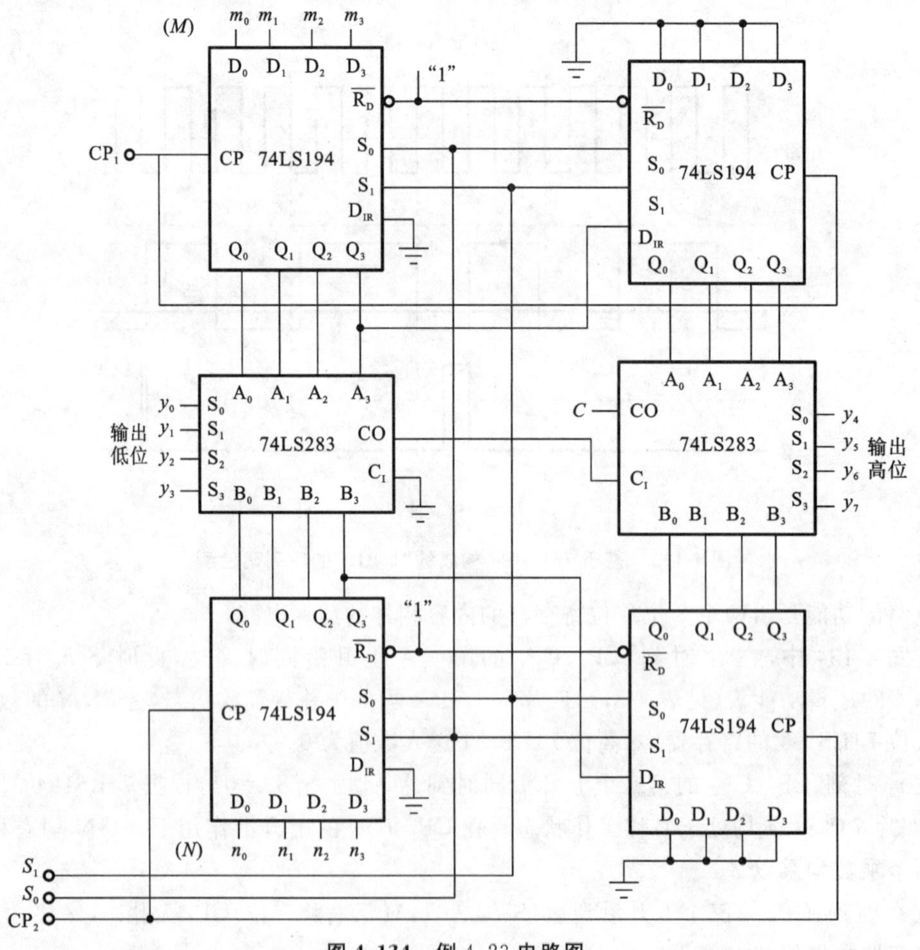

图 4-134　例 4-23 电路图

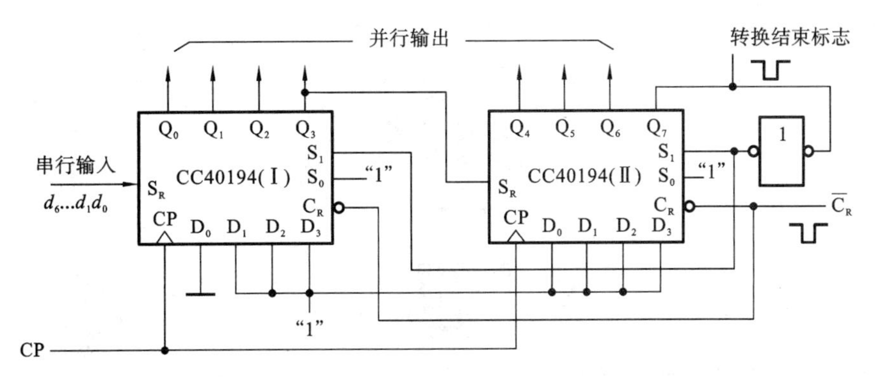

图 4-135　7 位串行输入转换为并行输出的电路

在电路中 S_0 端接高电平 1，S_1 受 Q_7 控制，两片寄存器连接成串行输入右移工作模式。Q_7 是转换结束标志。其转换过程为：首先清零端 $\overline{CR}$ 加负脉冲（清零启动），使 $Q_0 \sim Q_7$ 均为 0；当 $Q_7=0$ 时，$S_1S_0=11$，第一个 CP 脉冲使转换电路进入并行置数模式，将并行输入的数据 01111111 送入 $Q_0 \sim Q_7$，此时由于 $Q_7=1$，使 $S_1S_0=01$，故以后的 CP 均实现右移操作，经过 7 次右移后，7 位串行码全部进入移位寄存器。此时 $Q_0 \sim Q_6 = d_6 \sim d_0$，且转换结束标志码已到达 $Q_7=0$ 时，$S_1=1$，有 $S_1S_0=11$，则串行送数结束，标志着串行输入的数据已经转换成并行输出了。其转换过程的状态变化如表 4-39 所示。

表 4-39　七位串行输入转换为并行输出状态表

功　能	Q_6	Q_5	Q_4	Q_3	Q_2	Q_1	Q_0	Q_7
清零	0	0	0	0	0	0	0	0
置数	1	1	1	1	1	1	0	1
移位	1	1	1	1	1	0	d_0	1
移位	1	1	1	1	0	d_0	d_1	1
移位	1	1	1	0	d_0	d_1	d_2	1
移位	1	1	0	d_0	d_1	d_2	d_3	1
移位	1	0	d_0	d_1	d_2	d_3	d_4	1
移位	0	d_0	d_1	d_2	d_3	d_4	d_5	1
移位	d_0	d_1	d_2	d_3	d_4	d_5	d_6	0

7 位串行/并行转换器的 Multisim 仿真电路如图 4-136 所示。用两片 74LS194 芯片在 Multisim 软件中构建如图 4-136 所示的 7 位串行/并行转换器的 EDA 仿真电路，电路中 S_0 端接高电平 1，S_1 受 Q_7（U2 的 QD）控制，控制两片寄存器连接成串行输入右移工作模式。Q_7 是转换结束标志。当 $Q_7=1$ 时，$S_1=0$，使之成为 $S_1S_0=01$ 的串入右移工作方式；当 $Q_7=0$ 时，$S_1=1$，有 $S_1S_0=10$，则串行送数结束，标志着串行输入的数据已转换成并行输出。为了方便观察，图 4-136 中的虚拟信号源设置 5 V/10 Hz，通过拨动开关 J1 改变串行输入的数据，观察 U1、U2 的输出 Q_A、Q_B、Q_C 和 Q_D 的状态变化。

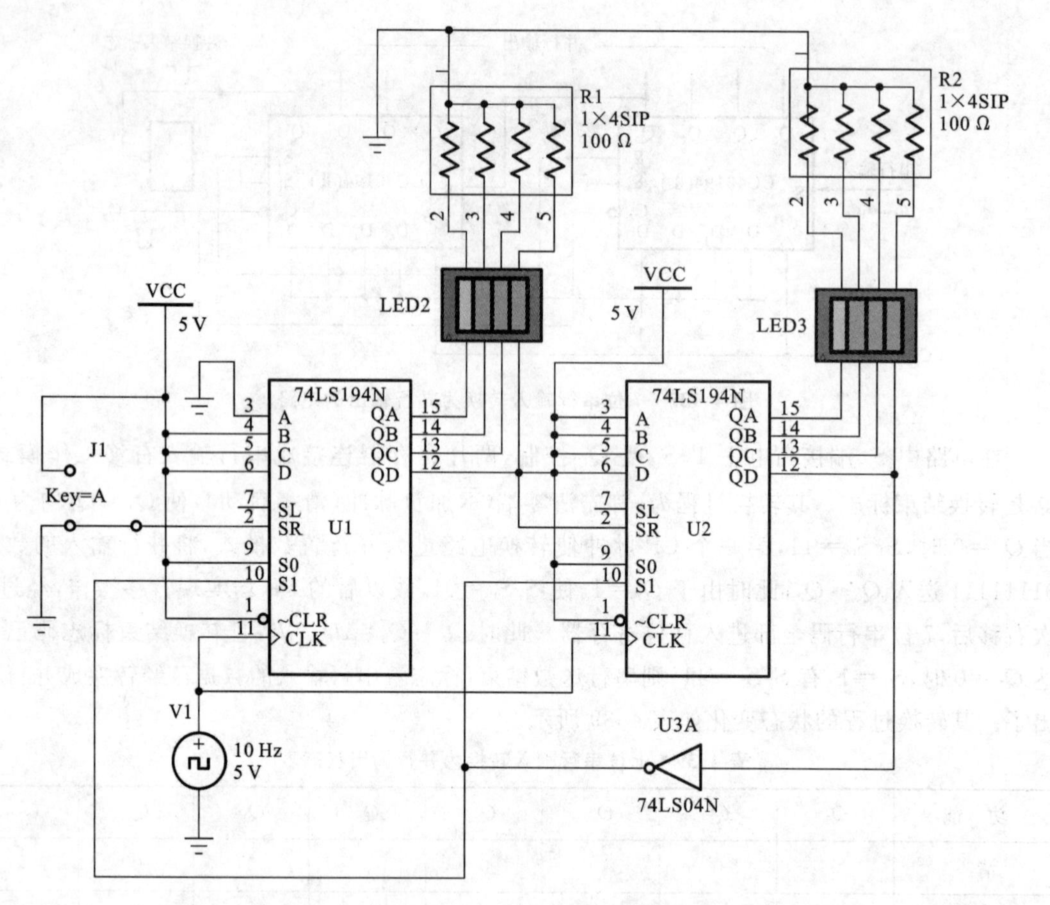

图 4-136　7 位串行输入转换为并行输出的仿真电路

启动仿真，观察输出 LED2 和 LED3 的状态变化可知，该电路实现了串行输入/并行输出转换的逻辑功能。

同理，7 位并行输入/串行输出转换器的 Multisim 仿真电路如图 4-137 所示，电路中 S_0 端接高电平 1，S_1 受 U1、U2 输出的控制，两片寄存器连接成并行输入右移工作模式。寄存器清零后，加一个转换启动信号(负脉冲或低电平)。此时，由于方式控制 S_1S_0 为 11，转换电路执行并行输入操作。当第一个 CP 脉冲到来后，Q_{1A} Q_{1B} Q_{1C} Q_{1D} Q_{2A} Q_{2B} Q_{2C} Q_{2D} 的状态为 $0B_1C_1D_1A_2B_2C_2D_2$，并行输入数码存入寄存器，从而使得 G_1 输出为 1，G_2 输出为 0。结果是，S_1S_2 变为 01，转换电路随着 CP 脉冲的加入，开始执行右移串行输出，随着 CP 脉冲的依次加入，输出状态依次右移，待右移操作 7 次后，$Q_{1A}\sim Q_{2C}$ 的状态都为高电平 1，与非门 G_1 输出为低电平，G_2 门输出为高电平，S_1S_2 又变为 11，表示并行输入/串行输出转换结束，且为第二次并行输入创造了条件。

为了方便观察，图 4-137 中的虚拟信号源设置为 5 V/10 Hz，通过拨动开关 J1～J7 改变并行输入的数据，观察 U2 的输出 Q_D 的状态变化。

启动仿真，观察输入 J1～J7、输出 X1 的状态变化可知，该电路实现了并行输入/串行输出转换的逻辑功能。

将图 4-137 所示的原理电路在数字实验平台上搭建具体实际电路，并设置信号源参数，通

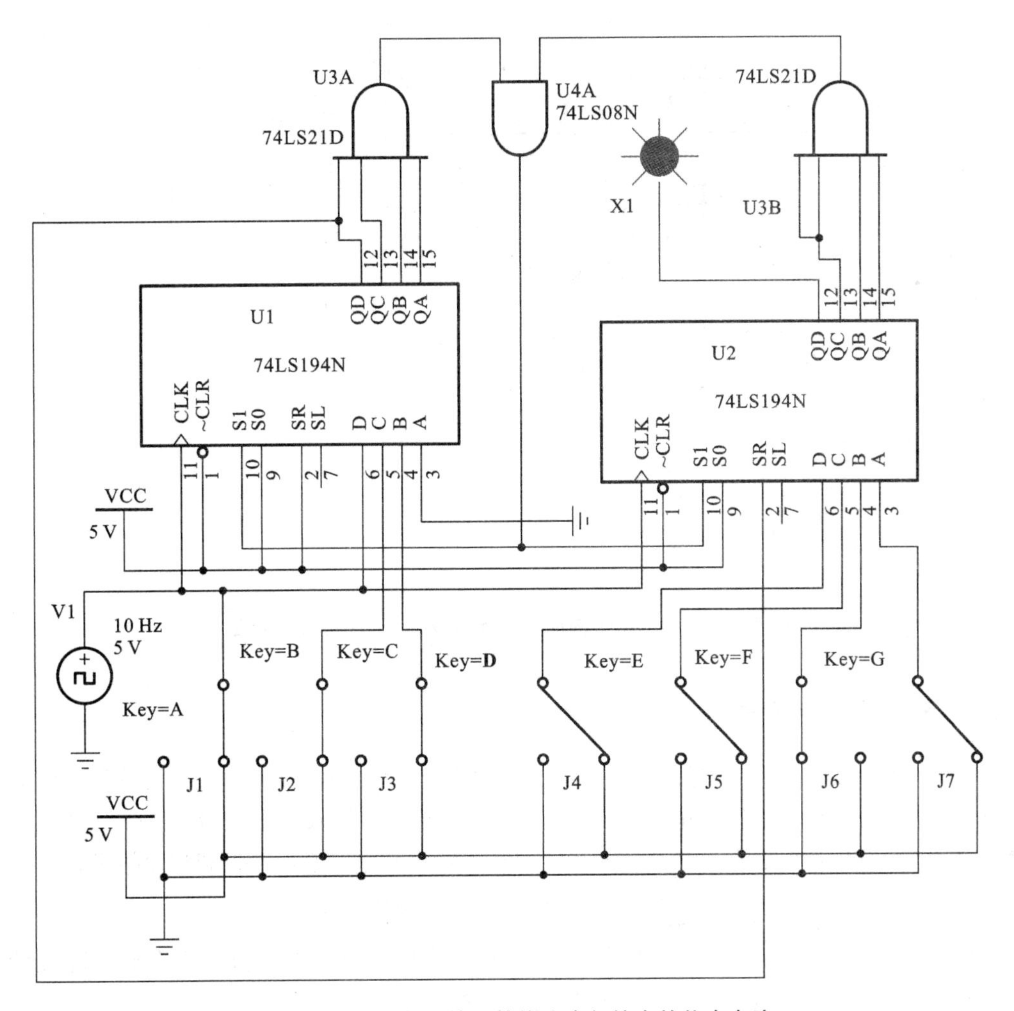

图 4-137　7 位并行输入转换为串行输出的仿真电路

过数码管或 LED 显示结果。

5）环形计数器

将移位寄存器的输出通过一定方式反馈到串行输入端，可构成环形计数器、扭环形计数器。图 4-138 所示的电路是用 74LS194 芯片在 Multisim 软件中构建环形计数器 EDA 仿真电路，为了方便观察，图 4-138 中的虚拟信号源设置为 5 V/20 Hz，通过拨动开关 J1 改变模式 S_0、S_1 控制的数据，观察 74LS194 的输出 Q_A、Q_B、Q_C 和 Q_D 的状态变化。

设 $ABCD$=1110，启动仿真。首先通过开关 J1 设置 $S_1S_0=11$，并行置数，使 $Q_AQ_BQ_CQ_D=1110$；然后在时钟脉冲作用下，$Q_AQ_BQ_CQ_D$ 将依次变为 1110→1101→1011→0111→1110→…，可见它是一个具有四个有效状态的计数器，这种类型的计数器通常称为环形计数器。图 4-138所示的电路可以由各个输出端输出在时间上有先后顺序的脉冲，因此也可作为顺序脉冲发生器。

将图 4-138 所示的原理电路在数字实验平台上搭建具体实际电路，并设置信号源参数，通过 LED 显示结果。

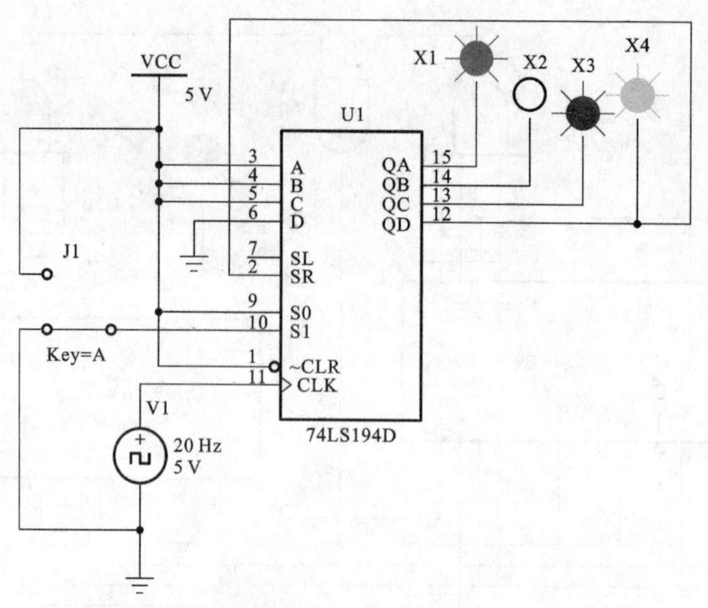

图 4-138　74LS194 构成环形计数器的 EDA 仿真电路图

4.5.2　随机存储器

随机存储器是用来存储二进制信息和数据的大规模半导体存储器件，又称可读写存储器，简称 RAM。它既能从任意选定的单元读出所存数据，又能随时写入新的数据。RAM 的缺点是数据易丢失，即断电后数据丢失。在微处理系统中，RAM 用来暂时存储数据和程序指令。

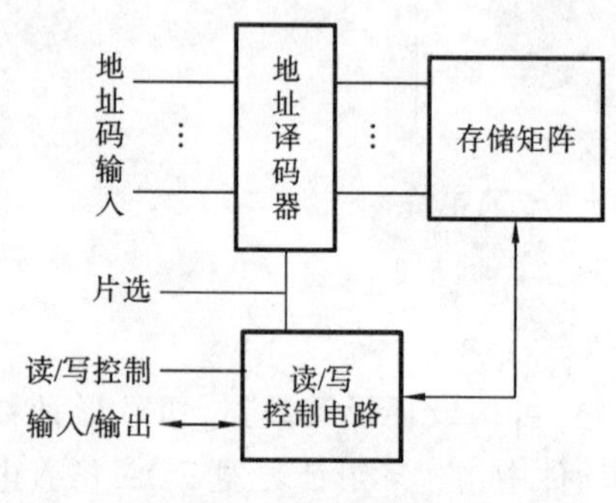

图 4-139　RAM 结构示意图

1. RAM 结构原理

图 4-139 是 RAM 结构示意图，由存储矩阵、地址译码器、读/写控制电路等组成。

存储矩阵由许多个信息单元排列成 n 行、m 列的矩阵组成，共有 $n\times m$ 个信息单元，每个信息单元（即每个字）有 k 位二进制数（1 或 0），存储器中存储单元中的数量称为存储容量。地址译码器分为行地址译码器和列地址译码器。在给定地址码后，行地址译码器输出线（称其为行选线或字线，用 x 表示）中有一条为有效电平，它选中一行存储单元；同时列地址译码器的输出线（称为列选线或位线，用 y 表示）中也有一条为有效电平，它选中一列（或几列）存储单元，这两条输出线（行与列）交叉点处的存储单元便被选中（可以是一位或几位），这些被选中的存储单元由读/写控制电路控制，与输入/输出端接通，实现对这些单元的读或写操作。

2. RAM 的分类

根据存储单元的工作原理不同，RAM 可以分为静态 RAM（SRAM）和动态 RAM（DRAM）两种。

静态 RAM（SRAM）是利用触发器作为基本的存储器件，由六管 CMOS 管组成静态存储单元，如图 4-140 所示，其中 T_1、T_2、T_3、T_4 为 SR 锁存器，T_5、T_6 为门控管；$X_i=1$ 时，所在行被选中，T_5、T_6 导通，锁存器的 Q 和 $\overline{Q}$ 端与位线 B_j、$\overline{B_j}$ 接通；$Y_j=1$ 时，所在列被选中，T_7、T_8 导通，该列存储单元和读/写控制电路接通。当 $\overline{CS}=0$ 时，RAM 工作；若 $R/\overline{W}=0$，则 G_1 截止，G_2 和 G_3 导通，I/O→Q，写操作；若 $R/\overline{W}=1$，则 G_1 导通，G_2 和 G_3 截止，Q→I/O，读操作。当 $\overline{CS}=1$ 时，所有 I/O 端均为高阻态，不能对 RAM 进行 I/O 操作。

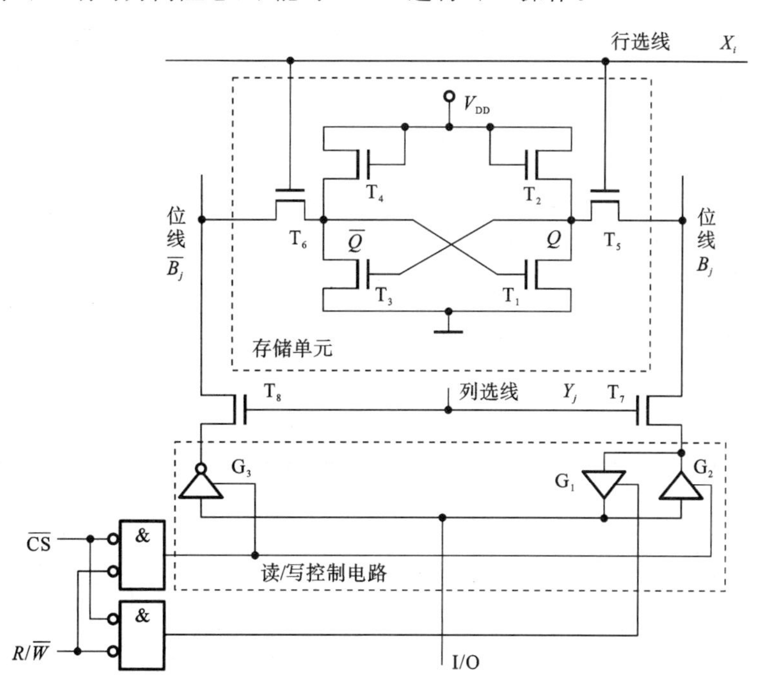

图 4-140 六管 CMOS 管静态存储单元

动态 RAM(DRAM)的存储矩阵由动态 MOS 存储单元组成。动态 MOS 存储单元利用 MOS 管的栅极电容来存储信息，如图 4-141 所示，但由于栅极电容的容量很小，而漏电流又不可能绝对等于 0，所以电荷保存的时间有限。为了避免存储信息的丢失，必须定时地给电容补充漏掉的电荷。通常把这种操作称为“刷新”或“再生”，因此 DRAM 内部要有刷新控制电路，其操作也比静态 RAM 的复杂。尽管如此，由于 DRAM 存储单元的结构能做得非常简单，所用元件少，功耗低，所以目前已成为大容量 RAM 的主流产品。DRAM 的特点是集成度高，功耗低，价格便宜，但由于电容存在漏电现象，电容电荷会因为漏电而逐渐丢失，因此必须定时对 DRAM 进行充电刷新。在微机系统中，DRAM 常被用做内存(即内存条)。

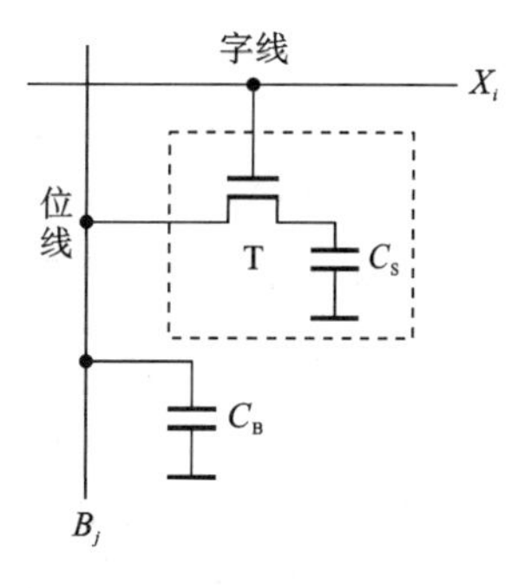

图 4-141 单管动态 MOS 存储单元

在图 4-141 中，存储单元以 T 及其栅极电容 C_S 为基础构成，数据存于栅极电容 C_S 中。若电容充有足够的电荷，使 T 导通，这一状态为逻辑 0，否则为逻辑 1。进行写操作时，字线为高电平，T 导通，位线的数据经过 T 存入 C_S。读出信息时，也使字线为高电平，T 导通，这时经过 T 向 C_B 充电，使位线获得读出的信息。设位线上原来的电位 $U_O=0$，C_S 原来存有正电荷，电压 U_S 为高电平，因读出前后电荷总量相等，因此有 $U_SC_S=U_O(C_S+C_B)$，因 $C_B\gg C_S$，所以 $U_O\ll U_S$。例如，读出前 $U_S=5$ V，$C_S/C_B=1/50$，则位线上读出的电压将仅有 0.1 V，而且读出后 C_S 上的电压也只剩下 0.1 V，这是一种破坏性读出。因此每次读出后，要对该单元补充电荷进行刷新，同时还需要高灵敏度读出放大器对读出信号加以放大。

3. RAM 的扩展

在实际的数字系统应用中，当使用一片 RAM 不能满足存储容量要求时，必须将若干片 RAM 连在一起，以扩展存储容量。扩展的方法可以通过增加位数或字数来实现。扩展后总容量与所需芯片数 N 的关系为：总存储容量＝一片存储容量×N。

1）位扩展

位扩展就是将多片 RAM 经适当的连接组成位数增多、字数不变的存储器。位扩展将各片的地址线、读/写控制线、片选线并联即可达到扩展的目的。图 4-142 是由 1024×1 扩展成 1024×8 的电路图。1024×8 RAM 需要 8 片 1024×1 的 RAM。

图 4-142 中，在同一个地址线和片选线作用下，每一片 RAM 输出 1 位，共输出 8 位，得到 1024×8 RAM。

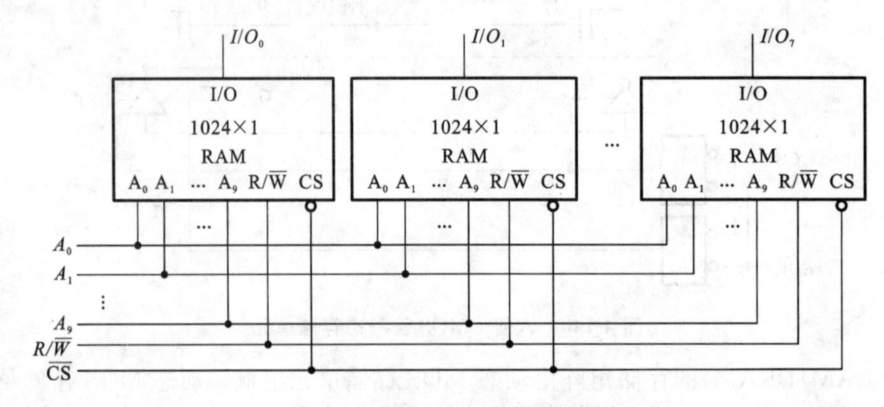

图 4-142　RAM 的位扩展连接法

2）字扩展

字扩展就是将多片 RAM 经适当的连接组成数字增多、位数不变的存储器。方法是将芯片原有地址线、输出线并联，增加的地址线利用外加译码器控制芯片的片选（CS）输入端来实现。图 4-143 是由 256×8 扩展成 1024×8 的电路图。1024×8 RAM 需要 8 片 256×8 的 RAM。图中，译码器的输入是系统的高位地址 A_9、A_8，其输出是各片 RAM 的片选信号。若 $A_9A_8=01$，则 RAM(2)片的 CS=0，其余各片 RAM 的 CS 均为 1，故选中第二片。只有该片的信息可以读出，送到位线上，读出的内容则由低位地址 $A_7 \sim A_0$ 决定。显然，四片 RAM 轮流工作，任何时候，只有一片 RAM 处于工作状态，整个系统字数扩大了 4 倍，而字长仍为 8 位。

4. 含 RAM 的数字系统断电后数据保护电路

在有些应用场合，不仅要求对现场不断变化的数据做即时记忆，并且当系统断电时能将当时的数据保存下来。而 RAM 是易失性器件，它所保存的有效信息在断电后会立即丢失。因此，需要系统断电后数据保护电路，图 4-144 所示的为一种 RAM 数据断电保护电路。

图 4-144 中，＋5 V 是系统提供工作电源，3 V 锂电池是维持 RAM 数据用的备用电源。当系统正常运行时，由于系统提供的＋5 V 电源电压高于 3 V 锂电池备用电源电压，故二极管 VD_1 导通，VD_2 截止，这时 3 V 锂电池无电流输出，RAM 的工作电压由系统提供。当系统失

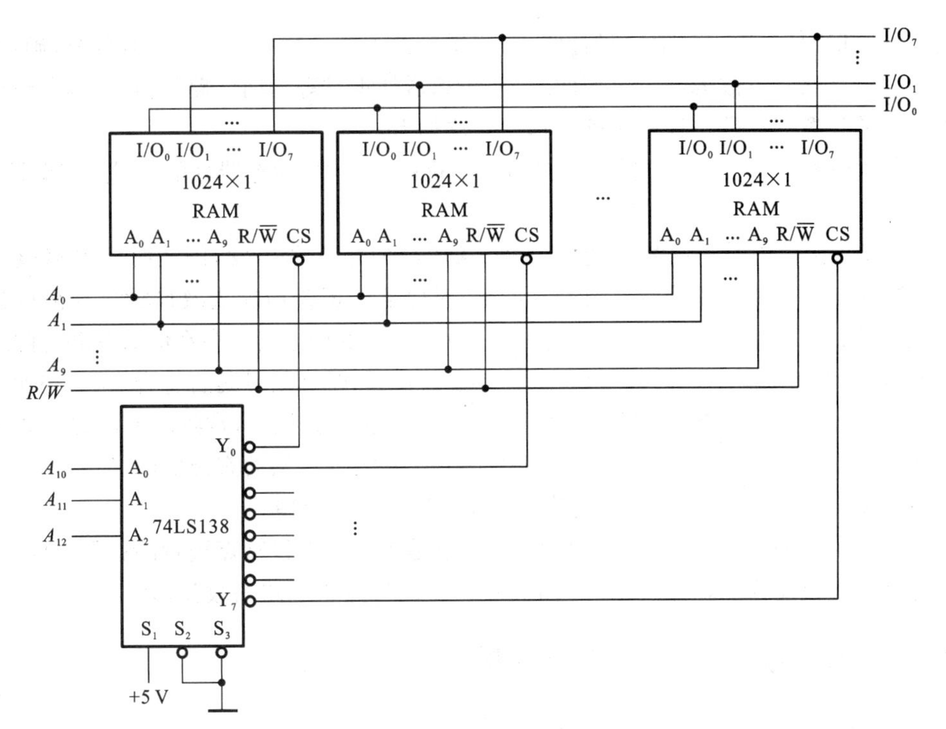

图 4-143 RAM 的字扩展连接法

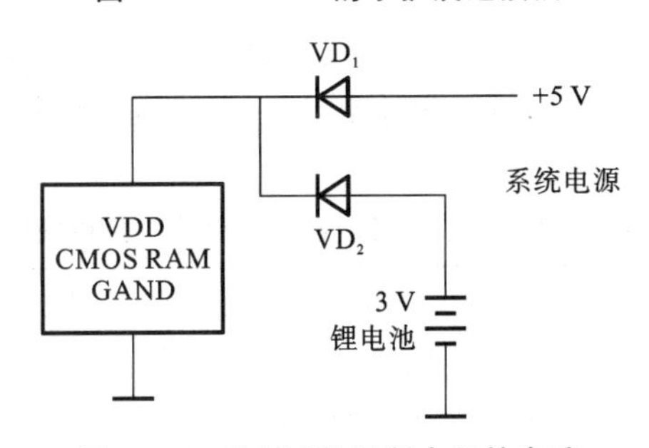

图 4-144 RAM 数据断电保护电路

电后，系统提供的工作电源电压低于 3 V 时由锂电池提供，在这维持电压下，维持电流很小，所以它能在相当长时间内保持 RAM 内数据不丢失。

4.6 时序逻辑电路故障诊断

时序逻辑电路如果无法正常工作，不能实现预期的逻辑功能时，就称电路故障。数字电路故障诊断的主要任务是诊断数字集成电路的故障、搜寻故障芯片，并进行更换。

4.6.1 时序逻辑电路的故障诊断概述

时序逻辑电路故障与组合逻辑电路故障相似，当故障发生时，电路不能实现预期的逻辑功能，常呈现电路无输出、输入与输出逻辑关系不正确等现象。分析识别电路故障时，要根据电路中出现的各种反常现象（如 LED 不亮，电压表示数反常及示波器显示时序错误等），分析其发生的各种可能原因,再根据电路设计要求、测试条件和测试结果等进行综合分析,确定故障。

时序逻辑电路常见故障除了电源问题、连线和器件本身等和门电路类似的问题外,还有时钟及控制端的设置等问题。检查电路的基本方法如下。

(1) 直观检测法。应检查电路连接是否与原理图的一致,检查器件的型号、引脚排列顺序是否正确。

(2) 顺序检测法。采用信号寻迹的方法,从信号的输入端出发,围绕时序电路核心器件(如触发器、中规模集成计数器及移位寄存器等)对照器件逻辑功能表及设置合理测试条件向输出级逐级检查输出结果,查找出现问题的器件及连线,发现电路中存在的故障并排除。特别注意集成电源和地是否正确;芯片置位端、控制端的设置,时钟信号是否符合 TTL 电平要求。

(3) 比较法。这也是查找故障的常用方法,为了尽快找到故障,常将故障电路主要关键点测试参数与正常工作的同类型电路对应测试点测试值相比较,从而查出故障。

(4) 检查仪表设置是否适当,特别是示波器的设置是否合理。

不同逻辑器件的故障诊断方法各有差异,但总是围绕其工作特点进行的。下面以触发器、移位寄存器及计数器为例,通过 Multisim 仿真介绍时序逻辑电路的故障诊断。

4.6.2 触发器常见故障分析及诊断

1. D 触发器、JK 触发器常见的故障现象

触发器常见的故障除了电源问题、连线和器件本身等和门电路类似的问题外,还有时钟工作不正常及控制端的设置不当等问题。表 4-40 所示的是 D 触发器、JK 触发器在电路中常见的故障现象。

表 4-40 D 触发器、JK 触发器在电路中常见的故障现象

故障	现象	排除措施
触发器未连接电源或地	触发器不工作	正确连接电源和地
触发器连线不正常	触发器输出无指示或状态不变	用万用表检查连线是否有开路
触发器的置位端输入为 0	触发器输出状态一直保持为 1	设置触发器的置位端输入为 1
触发器的时钟无信号或时钟信号不兼容 TTL 电平	触发器输出状态不变	更换时钟信号源
D 触发器输入恒为高电平或低电平	触发器输出状态将在第一个时钟脉冲作用后不变	调整 D 输入,使其正常
JK 触发器 J 输入恒为高电平	如果 $K=0$,则触发器输出状态为 1; 如果 $K=1$,则触发器输出状态翻转	调整 J 输入,使其正常
JK 触发器 J 输入恒为低电平	如果 $K=0$,则触发器输出状态保持原态; 如果 $K=1$,则触发器输出状态为 0	
JK 触发器 K 输入恒为高电平	如果 $J=0$,则触发器输出状态为 0; 如果 $J=1$,则触发器输出状态翻转	调整 K 输入,使其正常
JK 触发器 K 输入恒为低电平	如果 $J=0$,则触发器输出状态保持; 如果 $J=1$,则触发器输出状态为 1	

2. D触发器故障诊断仿真

对D触发器来说，当清零端输入为0、在时钟作用下，D触发器输入恒为低电平，输出为0；反之，输出X1为"0"，就不一定是*D*恒为0或清零端输入为0。

下面以图4-145所示的D触发器测试电路为例进行故障诊断。

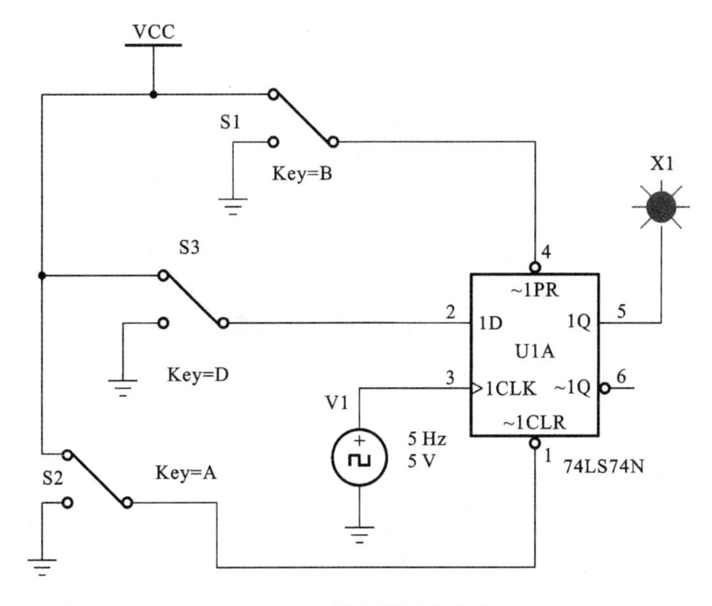

图4-145　D触发器测试电路

故障现象：D触发器输出指示X1(LED)灯不亮。

假定测试电路的连线正确，D触发器芯片74LS74电源和地连接正确。此时导致D触发器输出指示X1灯不亮的原因可能有：清零端输入为0；在时钟作用下D触发器输入恒为0；时钟信号不正常；X1灯故障。

故障诊断步骤如下。

(1) 当X1指示灯不亮，首先检查电路是否按要求通电，用万用表测试74LS74电源与地之间电压是否为5 V，应检修电源，使其正常；若电源与地之间电压正常，再检查输出指示X1灯是否正常。图4-146给出了X1检查的两种状态，其中图4-146(a)所示的为X1正常状态；图4-146(b)所示的为X1不正常状态。

仿真时，X1在Multisim软件中的元件属性故障设置如图4-146(c)所示，则X1处于不正常状态，更换LED使其正常。

(2) 若X1正常，但X1指示灯仍不亮，继续检查清零端的输入是否正常。若74LS74清零端的输入处于不正常状态(见图4-147)，在Multisim仿真时，其测试探针显示74LS74的清零端的电压一直为0，导致输出X1指示灯不亮；调整清零端的输入信号使其正常。

(3) 当74LS74芯片清零端的输入正常但X1指示灯仍不亮时，这时应检查74LS74芯片时钟端的输入是否正常。若74LS74时钟端的输入处于不正常状态(见图4-148)，在Multisim仿真时，其测试探针显示74LS74的时钟信号和输出X1的电压一直为0，导致输出X1指示灯不亮时，调整时钟端的输入信号使其正常。

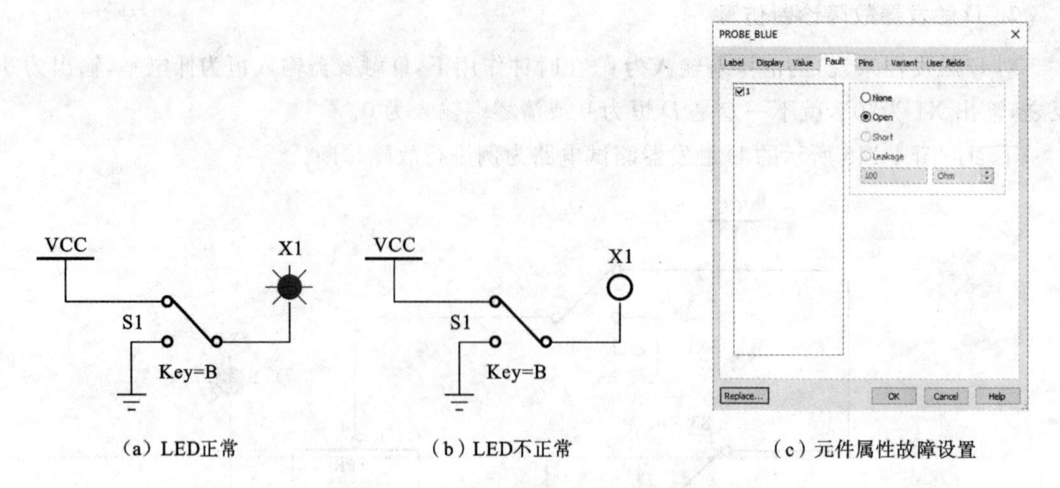

(a) LED正常　　(b) LED不正常　　(c) 元件属性故障设置

图 4-146　检查 LED 状态的仿真电路图

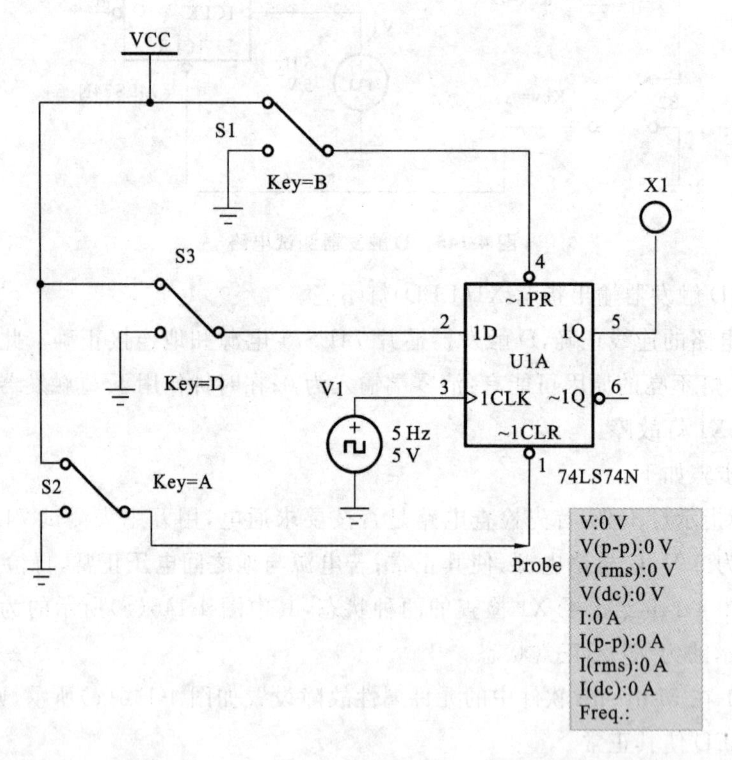

图 4-147　检查 74LS74 清零端 CLR 的仿真电路图

(4) 当 74LS74 芯片时钟端的输入正常但 X1 指示灯仍不亮时，这时应检查 74LS74 芯片 D 端输入是否正常，若 74LS74D 芯片 D 端的输入处于不正常状态(见图 4-149)，在 Multisim 仿真时，其测试探针显示 74LS74 输入端 D 的电压一直为 0，导致输出 X1 指示灯不亮时，调整 D 端输入信号使其正常；否则更换 74LS74 芯片，确保电路正确。

对 JK 触发器故障诊断仿真，读者可以参考上述方法自己分析。

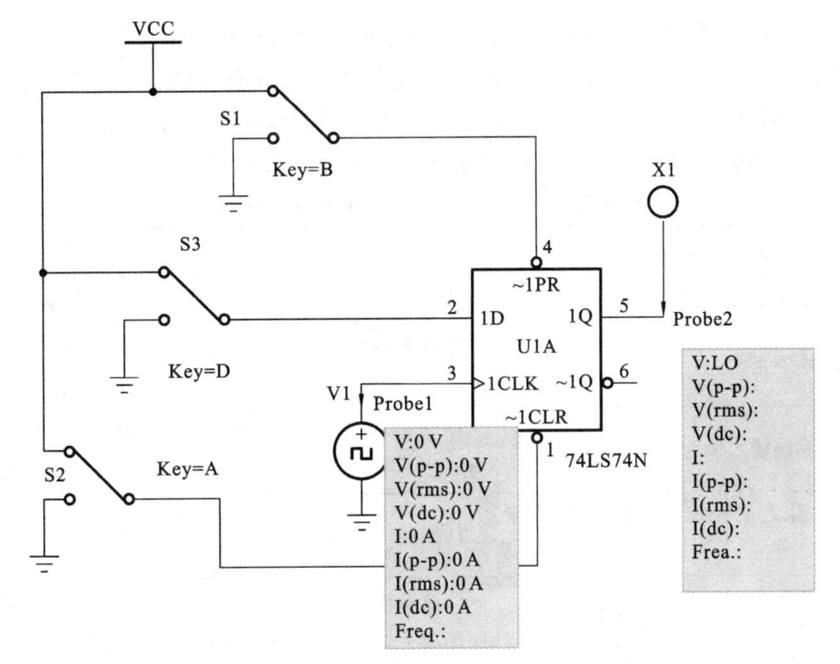

图 4-148　检查 74LS74 时钟端 CLK 的仿真电路图

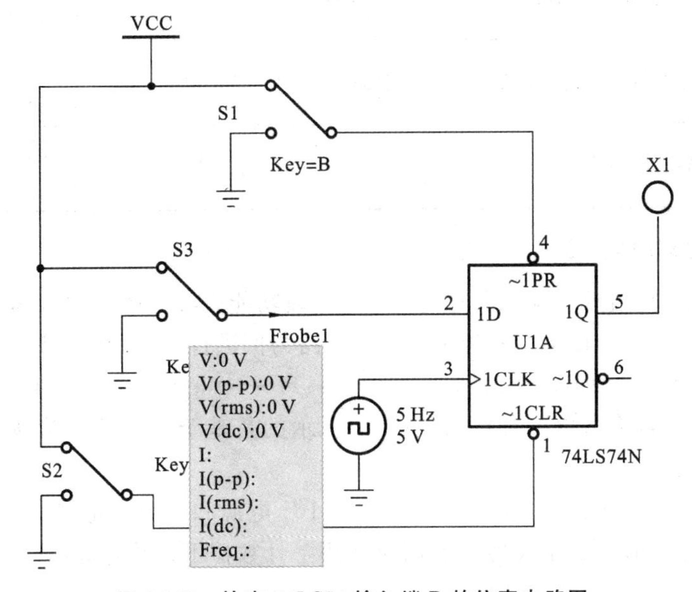

图 4-149　检查 74LS74 输入端 D 的仿真电路图

4.6.3　计数器常见故障分析及诊断

1. 计数器常见的故障现象

计数器常见的故障除了电源问题、连线和器件本身等和触发器类似的问题外，还有可能是控制端的设置不当等问题。

根据 74LS161 逻辑功能表可知，74LS161 是具有异步清零的可预置 4 位二进制同步计数器，该计数器具有异步清零、同步并行预置数据、计数和保持功能。即：① 当 $\overline{CR}=0$ 时，

$Q_3Q_2Q_1Q_0=0000$；② 当$\overline{CR}=1$，$\overline{LD}=0$，CP上升沿时刻时，$Q_3Q_2Q_1Q_0=d_3d_2d_1d_0$；③ 当$\overline{CR}=1$，$\overline{LD}=1$，$CT_T=0$ 或 $CT_P=0$ 时，$Q_3Q_2Q_1Q_0$ 保持原态；④ 只有当$\overline{CR}=1$，$\overline{LD}=1$，$CT_TCT_P=1$，CP上升沿时刻时，74LS161实现模16加法计数。当74LS161外加控制输入不满足上述条件时，就会发生故障。表4-41所示的是常见计数器芯片74LS161在电路中常见的故障现象。

表4-41　74LS161在电路中常见的故障现象

故　障	现　象	排除措施
74LS161未连接电源或地	计数器不工作	正确连接电源和地
74LS161连线不正常	计数器输出无指示或状态不正常	用万用表检查连线是否有开路
74LS161清零端输入恒为0	计数器输出状态一直保持为0	设置74LS161的清零端输入可以为1或0
计数器的时钟无信号或时钟信号不兼容TTL电平	计数器输出状态不变	更换时钟信号源
74LS161并行置数端LD输入恒为0	计数器输出状态将在时钟脉冲作用下始终处于置数状态	调整并行置数端LD输入，使其正常
74LS161并行置数端LD输入恒为1	计数器没有置数功能	调整并行置数端LD输入，使其正常
74LS161计数使能取值一直使$CT_TCT_P=0$	计数器不能正确计数	调整CT_T、CT_P端输入，使其正常
74LS161计数使能取值恒为$CT_T=CT_P=1$	计数器功能不能扩展	调整CT_T、CT_P端输入，使其正常

2. 计数器故障诊断仿真

对于计数器来说，当控制输入没有达到芯片逻辑功能表给出的条件时，会发生故障。下面以图4-150所示的基于74LS161实现模9计数电路为例进行故障诊断。该计数器有效循环状态为0001→0010→0011→0100→0101→0110→01111→1000→1001→0001。

故障现象：数码管输出指示为0。图4-151所示的是基于74LS161实现模9计数故障仿真电路。

假定测试电路的连线正确，计数器芯片74LS161电源和地连接正确。此时导致数码管输出为0的原因可能有清零端输入为0、在时钟作用下计数器不计数等原因。

故障诊断步骤如下。

(1) 当数码管一直显示0时，首先检查数码管是否正常。断开数码管与电路中元件的连接，利用Multisim软件中的字信号发生器产生激励信号测试数码管是否正常。若仿真时，设置字信号发生器从0～9变化(见图4-152)时数码管随之显示对应的数字，则说明数码管正常；如果数码管仍显示0，则可判断数码管故障。双击Multisim软件中的数码管图标，若打开数码管的故障设置栏中数码管的引脚开路，如图4-153所示，则数码管故障。此时，更换数码管，电路正常。

(2) 若数码管正常而数码管却仍一直显示0，这时应检查时钟信号源是否有故障。调用Multisim软件中的动态探针(Probe)测试时钟信号源的参数值。若测试结果如图4-154所示，

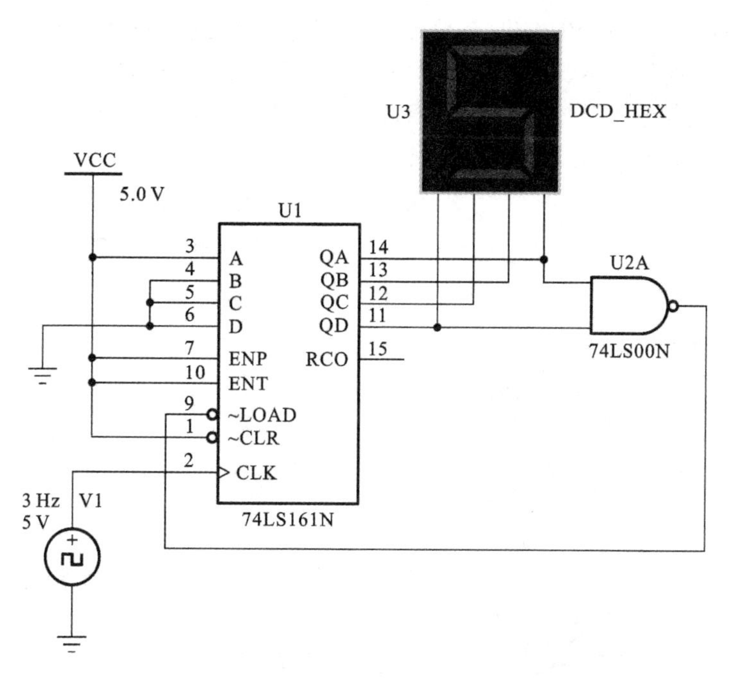

图 4-150　基于 74LS161 实现模 9 计数仿真电路

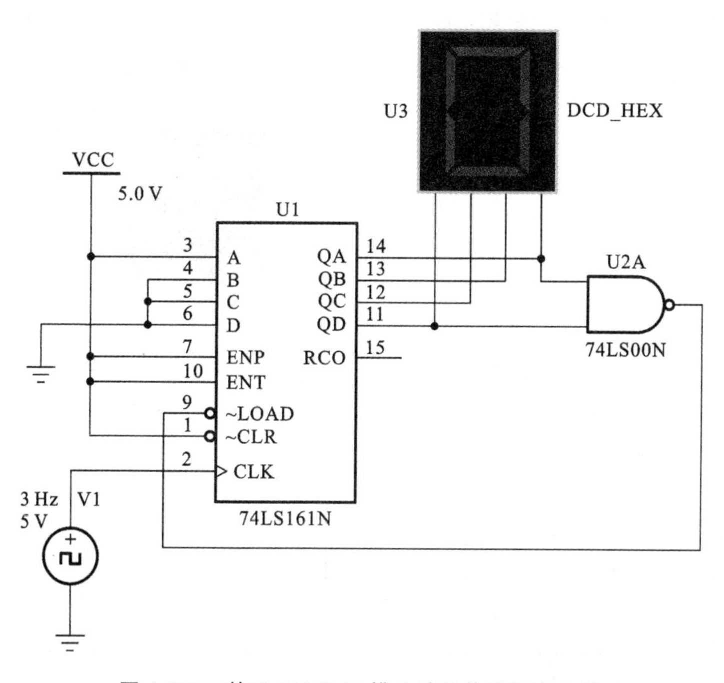

图 4-151　基于 74LS161 模 9 计数故障仿真电路

Probe 显示信号源电压为 0，则可判断时钟信号源故障。打开时钟信号源的设置，发现信号源开路，更换时钟信号源后，若电路正常，则时钟信号源故障。

(3) 若数码管、信号源正常而数码管仍一直显示 0，这时应检查控制输入是否有故障。调用 Multisim 软件中的动态探针(Probe)测试控制输入 CLR、ENT、ENP 的参数值。若测试结果如图 4-155 所示，Probe 显示控制输入 CLR、ENT、ENP 的参数值均为 0，则可判断与控制输入 CLR、ENT、ENP 连接的 VCC 出错，修改 VCC 正常后，若电路正常，则 VCC 故障。当然，也可分别设置控制输入 CLR、ENT、ENP 的故障，判断方法与此相同。

(4) 若数码管、信号源及控制输入 CLR、ENT、ENP 正常，而数码管仍一直显示 0，则计数器芯片 74LS161 故障，更换芯片。

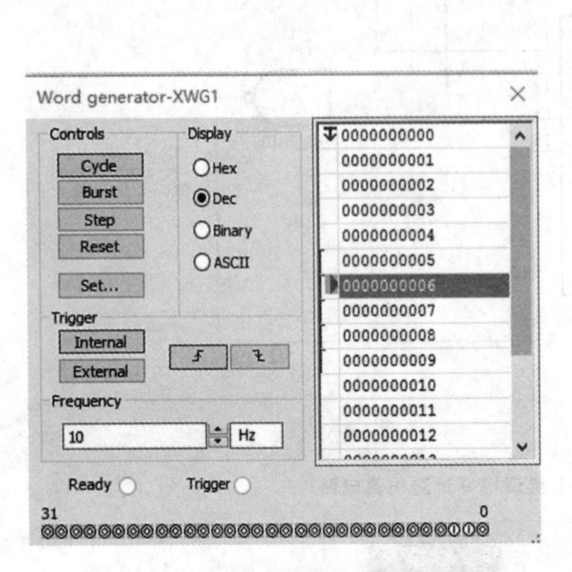

图 4-152 字信号发生器设置示意图

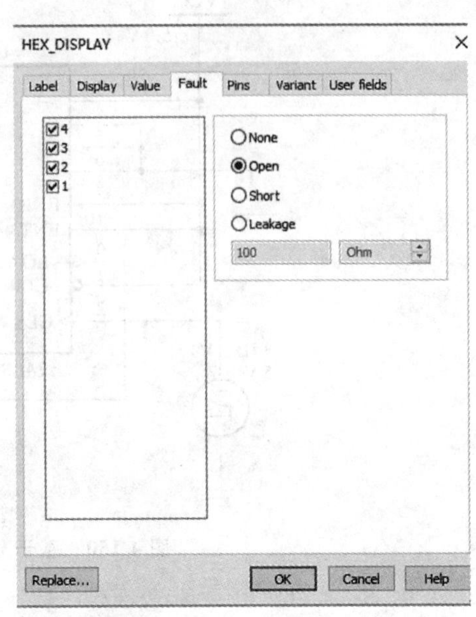

图 4-153 数码管设置示意图

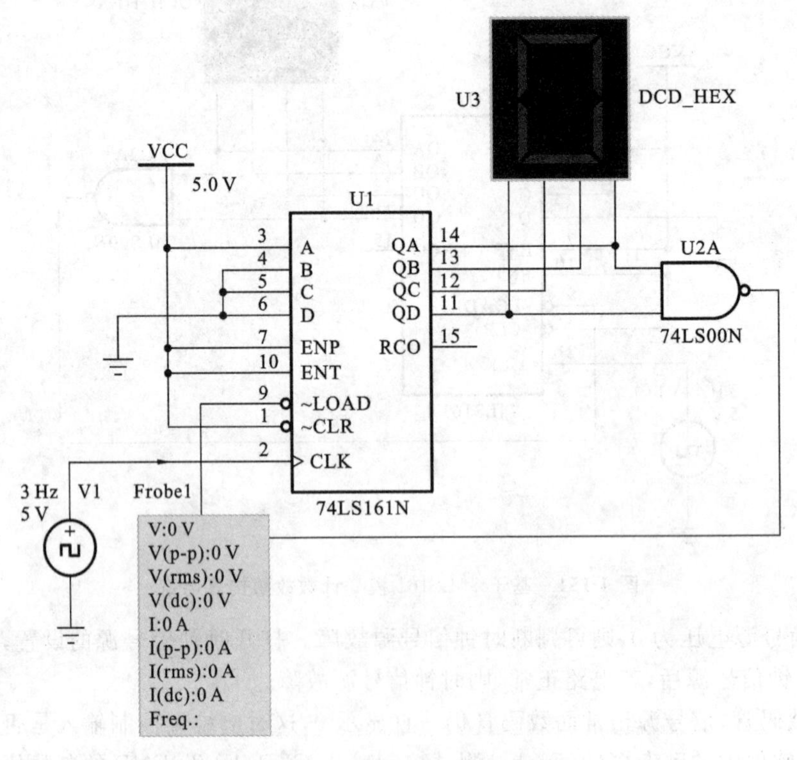

图 4-154 时钟信号源故障示意图

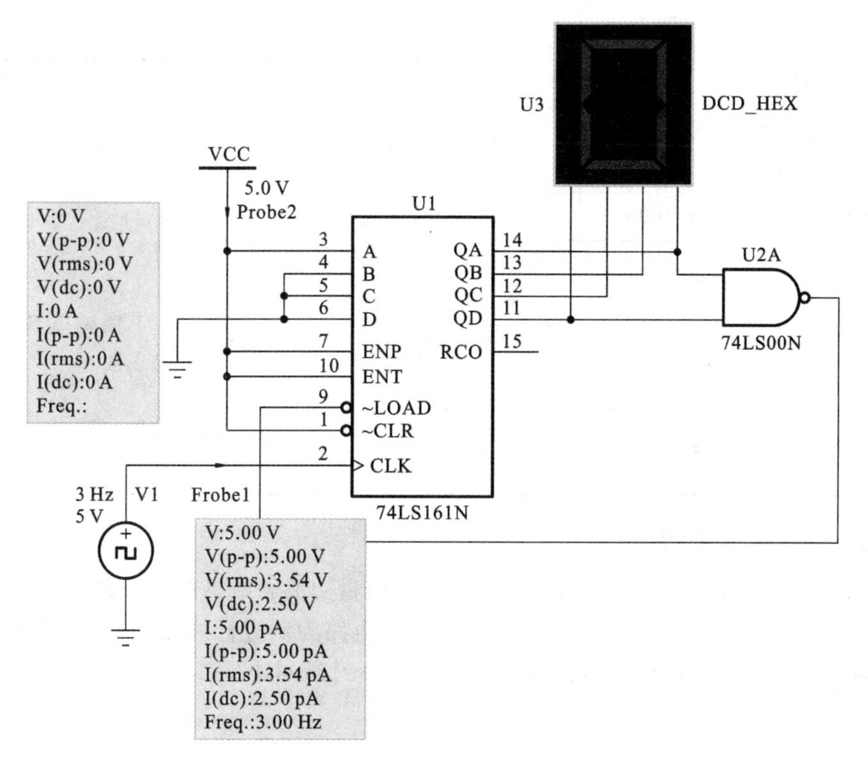

图 4-155　控制输入故障示意图

4.6.4　移位寄存器常见故障分析及诊断

1. 移位寄存器常见的故障现象

移位寄存器数常见的故障除了电源问题、连线和器件本身等和计数器类似的问题外，还有可能是移位模式控制端的设置不当等问题。

根据 74LS194 逻辑功能表可知，74LS194 具有异步清零、并行置数、双向移位寄存器等功能。即：① 当 $\overline{CR}=0$ 时，$Q_3Q_2Q_1Q_0=0000$；② 当 $\overline{CR}=1$，$S_1=S_0=1$，CP 上升沿时刻时，$Q_3Q_2Q_1Q_0=D_3D_2D_1D_0$ 并行置数；③ 当 $\overline{CR}=1$，$S_1=S_0=0$ 时，$Q_3Q_2Q_1Q_0$ 保持原态；④ 当 $\overline{CR}=1$，$S_1=0$，$S_0=1$，CP 上升沿时刻时，$Q_3Q_2Q_1Q_0$ 的状态由 Q_0 向 Q_3 移位（右移）；⑤ 当 $\overline{CR}=1$，$S_1=1$，$S_0=0$，CP 上升沿时刻时，$Q_3Q_2Q_1Q_0$ 的状态由 Q_3 向 Q_0 移位（左移）。当 74LS194 外加控制输入不满足上述条件时，就会发生故障。表 4-42 所示的是常见计数器芯片 74LS194 在电路中常见的故障现象。

表 4-42　74LS194 在电路中常见的故障现象

故　　障	现　　象	排除措施
74LS194 未连接电源或地	移位寄存器不工作	正确连接电源和地
74LS194 连线不正常	移位寄存器输出无指示或状态不正常	用万用表检查连线是否有开路
74LS194 清零端输入恒为 0	移位寄存器输出状态一直保持为 0	设置 74LS194 的清零端输入可以为 1 或 0

续表

故　障	现　象	排除措施
移位寄存器的时钟无信号或时钟信号不兼容 TTL 电平	移位寄存器输出状态不变	更换时钟信号源
74LS194 模式控制 S_1S_0 恒为 00	移位寄存器输出状态不变	调整 S_1S_0 状态，使其正常
74LS194 模式控制 S_1S_0 恒为 11	移位寄存器输出状态将在时钟脉冲作用下始终处于置数状态	
74LS194 模式控制 S_1S_0 恒为 01	移位寄存器输出状态将在时钟脉冲作用下始终处于右移状态	
74LS194 模式控制 S_1S_0 恒为 10	移位寄存器输出状态将在时钟脉冲作用下始终处于置数左移状态	

2. 移位寄存器故障诊断仿真

对移位寄存器来说，当控制输入没有达到芯片逻辑功能表给出的条件时，会发生故障。下面以图 4-156 所示的基于 74LS194 实现 4 路流水灯电路为例进行故障诊断。4 路流水灯显示的 LED 逐次点亮，该电路的有效循环状态为 0001→0010→0100→1000→0001。

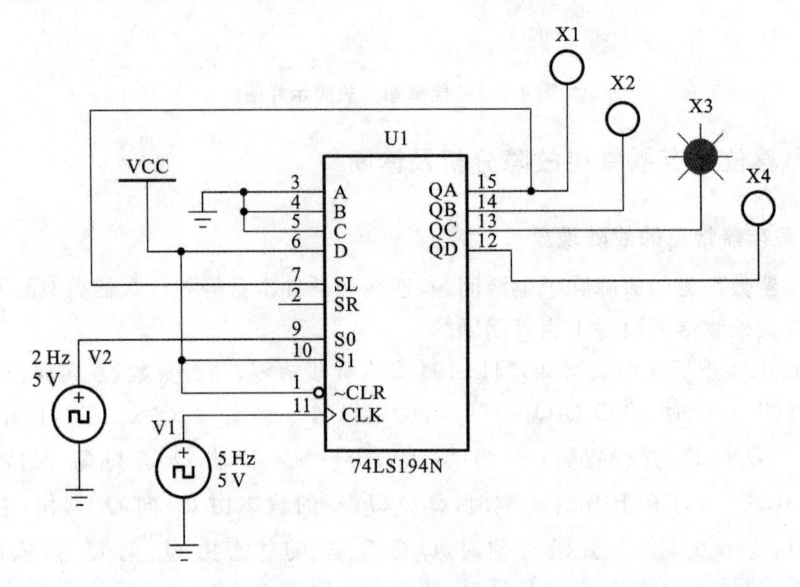

图 4-156　基于 74LS194 实现 4 路流水灯仿真电路

故障现象：74LS194 的 4 路 LED 输出指示为 0。图 4-157 给出了基于 74LS194 实现 4 路流水灯故障仿真电路。

假定测试电路的连线正确，移位寄存器芯片 74LS194 电源和地连接正确。此时导致 4 路流水灯 LED 输出为 0 的原因可能有清零端输入为 0、时钟信号故障等原因。

故障诊断步骤如下。

(1) 当 LED 输出一直显示 0 时，首先检查 LED 是否正常。断开 LED 与电路中元件的连接，按照前面在触发器发生故障时检查 LED 方法（即按图 4-150 所示的方法）进行检查。若检查时 LED 故障，则更换 LED。

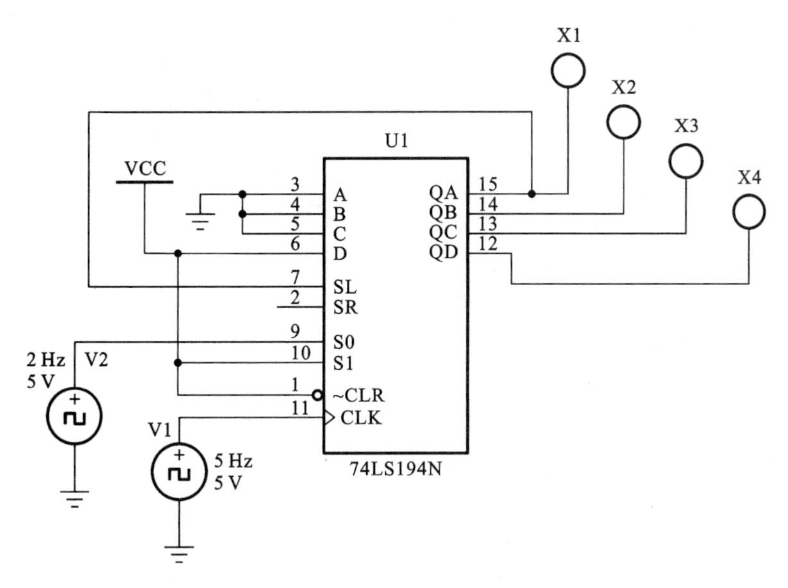

图 4-157 基于 74LS194 实现 4 路流水灯故障仿真电路

(2) 若 LED 正常而 LED 却仍一直显示 0，这时应检查时钟信号源是否有故障。调用 Multisim 软件中的动态探针(Probe)测试信号源的参数值。若测试结果如图 4-158 所示，Probe 显示时钟信号源电压为 0，则可判断时钟信号源故障，更换时钟信号源后，若电路正常，则时钟信号源故障。

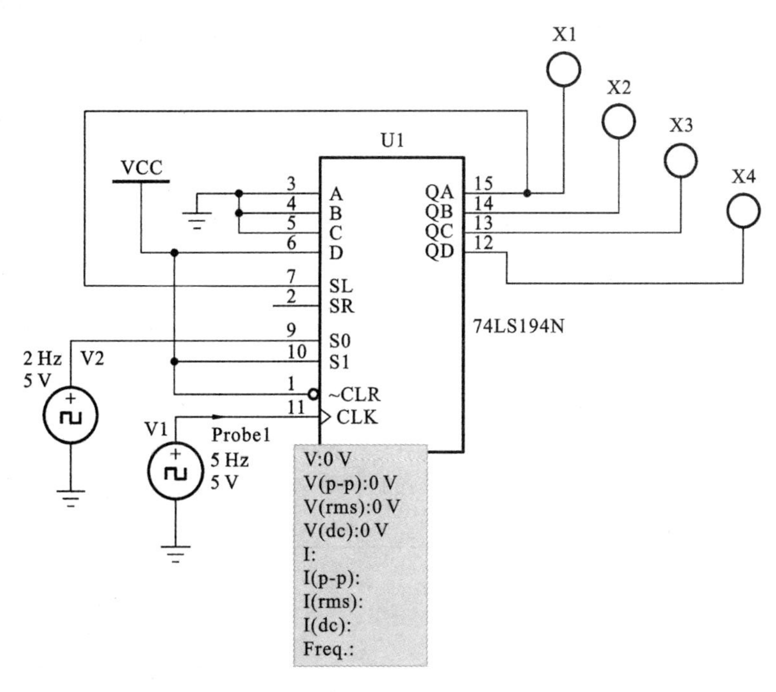

图 4-158 时钟信号源故障示意图

(3) 若 LED、时钟信号源正常而 LED 仍一直显示 0，这时应检查控制输入是否有故障。调用 Multisim 软件中的动态探针(Probe)测试控制输入 CLR、S_1、S_0 的参数值。若测试结果如图 4-159 所示，Probe 显示控制输入 CLR、S_1、S_0 的参数值均为 0，则可判断与控制输入

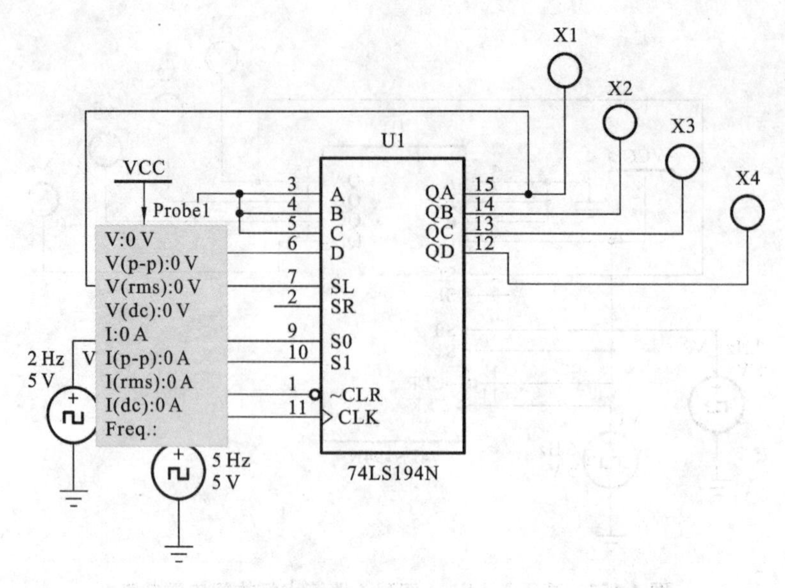

图 4-159　控制输入故障示意图

CLR、S_1、S_0 连接的 VCC 出错，修改 VCC 正常后，若电路正常，则 VCC 故障。

(4) 若 LED、时钟信号源及控制输入 CLR、S_1、S_0 而 LED 仍一直显示 0，这时应检查控制输入 D 是否有故障。调用 Multisim 软件中的动态探针(Probe)测试控制输入 D 的数值。若测试结果如图 4-160 所示，Probe 显示控制输入 D 的数值一直为 0，则可判断产生控制输入 D 的信号源出错，修改产生控制输入 D 的信号源正常后，若电路正常，则产生控制输入 D 的信号源故障。

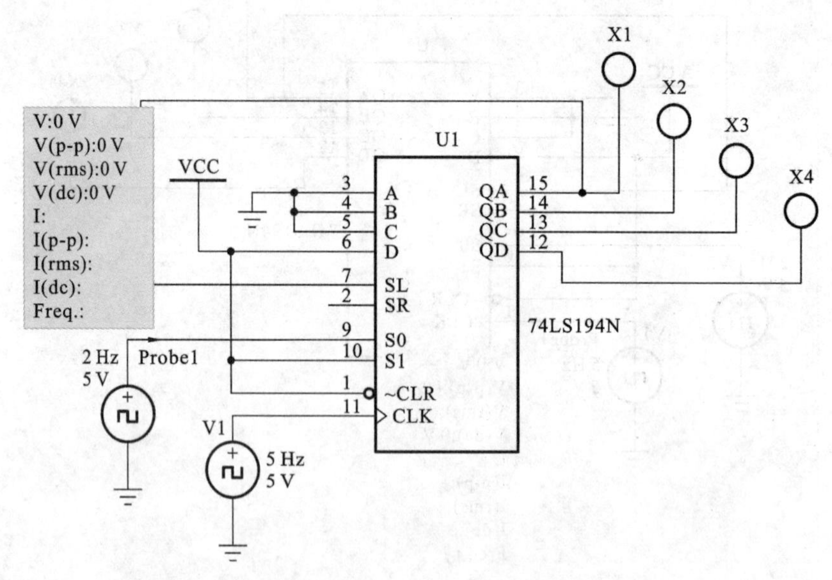

图 4-160　基于 Multisim 的 probe 测试控制输入 D 故障示意图

(5) 若 LED、时钟信号源及控制输入 CLR、S_1、S_0、D 正常，而 LED 仍一直显示 0，则移位寄存器芯片 74LS194 故障，更换芯片。

4.7 时序电路项目设计

4.7.1 时序电路项目设计概述

1. 时序电路项目设计流程

时序电路项目设计的一般流程如图 4-161 所示。由图 4-161 可以看出,时序电路项目设计一般有任务设计、方案设计、单元电路设计、电路参数选择、EDA 仿真、组装调试和指标测试阶段。

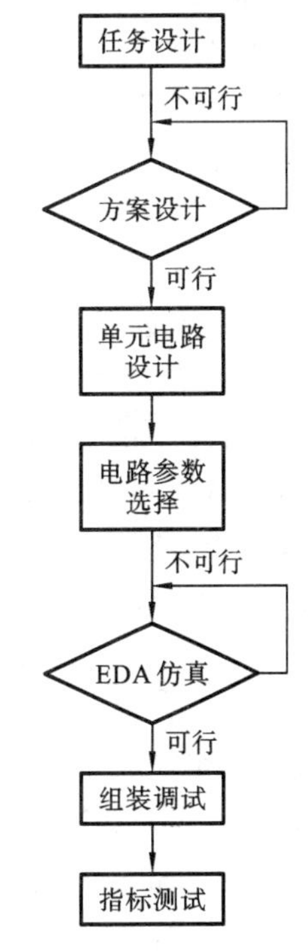

图 4-161 数字电路设计的一般流程图

2. 时序电路项目设计方法

时序电路项目设计方法就是按项目设计的一般流程结合具体电路去实现设计要求,按照 CDIO 理念完成电路设计。其具体含义及要求如下。

(1) 明确设计要求(构思):设计要求是项目设计的出发点和落脚点,了解设计任务的具体要求如性能指标、内容及要求对设计任务的完成有至关重要的意义。因此,设计者应充分理解设计要求的指标含义、明确设计任务的具体内容及熟悉设计所涉及的相关知识。设计的原则是在满足设计要求的前提下应力求电路结构简单、价格性能比高。当选用小规模集成电路设计时,电路最简的标准是所用的触发器和门电路的数目最少,而且触发器和门电路的输入数目也最少。而当使用中、大规模集成电路时,电路最简的标准则是使用的集成电路数目最少,种类最少,而且互相间的连线也最少。

(2) 确定总体方案(构思):根据掌握的知识和资料,针对设计提出的任务、要求和条件,设计合理、可靠、经济、可行的设计框架,对其优缺点进行分析,确定实现设计要求的方案。由于总体方案关系到电路全局问题,因此应当从不同途径和角度,尽量多提些不同的方案,深入分析比较,有些关键部分,还要提出具体电路,便于找出最优方案。

(3) 根据设计框架进行电路单元设计、参数计算和器件选择(设计):具体设计时可以模仿成熟的电路进行改进和创新,注意信号之间的关系和限制,对时序电路要特别注意时序关系;接着根据电路工作原理和分析方法,进行参数的估计与计算;器件选择时,元器件的电压、频率和功耗等参数应满足电路指标要求,元器件的极限参数必须留有足够的裕量,电阻和电容的参数应选择计算值附近的标称值。注意 TTL 与 CMOS 器件的匹配和兼容。

(4) 电路 EDA 仿真(设计):对总体方案及硬件单元电路进行模拟分析,以判断电路结构的正确性及性能指标的可实现性,通过这种精确的量化分析方法,指导设计以实现系统结构或电路特性模拟以及参数优化设计,避免电路设计出现大的差错,提高产品质量。

(5) 电路原理图的绘制:电路原理图是组装、焊接、调试和检修的依据,绘制电路图时布局必须合理、排列均匀、清晰、便于看图、有利于读图；信号的流向一般从输入端或信号源画起，由左至右或由上至下按信号的流向依次画出各单元电路，反馈通路的信号流向则与此相反；图形符号标准，并加适当的标注；连线应为直线，并且交叉和折弯应最少，互相连通的交叉处用圆点表示，地线用接地符号表示。

(6) 电路板的PCB设计：电路原理图绘制完毕后还必须进行电路的PCB设计（电路板级），PCB设计是在芯片设计的基础上，通过对芯片和其他电路元件之间的连接，把各种元器件组合起来构成完整的电路系统；并且依照电路性能、机械尺寸、工艺等要求，确定电路板的尺寸、形状，进行元器件的布局、布线；通常可以借助PCB设计软件（Protel等）完成。

(7) 电路的组装和调试（实现与运行）：组装和调试是验证电路设计的重要环节。电路组装是指将电子电路元件按照电路设计图在印制板或面包板上通过导线或连线组合装配成实际的电子电路；而调试是指由于元器件特性参数的分散性、装配工艺，以及其他如元器件缺陷和干扰等各种因素需要通过调整和试验来发现、纠正、弥补，使其达到预期的功能和技术指标。电路组装包括审图、元器件的预处理、电路板布局和电路焊接；电路调试包括调试准备、静态调试、动态调试、指标测试等环节。要按照设计工艺要求进行电路的组装和调试。组装和调试要做到：① 电路组装前应对总体电路草图全面进行审查，尽早发现草图中存在的问题，以避免调试过程中出现过多反复或重大事故；② 器件布置合理，布线得当；③ 电路连接时要正确，安装的元器件要符合电路图的要求，并注意器件极性不要接错；④ 焊接方法要得当，可靠焊接；⑤ 电路组装后再对照总体电路图全面进行审查，确保电路连接与电路图一致；⑥ 调试前应仔细阅读调试说明书及调试工艺文件，熟悉整机的工作原理、技术条件及有关指标；⑦ 能正确使用测试仪表，在规定的条件下测试系统参数；⑧ 调试时先对单片"分调"——检查其逻辑功能、高低电平、有无异常等，再对多片集成电路"总调"——输入单次脉冲，对照状态转移表进行调试；⑨ 能正确分析判断系统是否达到设计功能和技术指标。在电路的输入端接入适当幅值和频率的信号，并循着信号的流向逐级检测各相关点的波形、参数和性能指标。发现故障现象，应采取相应的对策设法排除，保证电路测试的结果符合设计要求。

电路组装与调试在电子工程技术中占有重要位置。它是指把理论付诸实践的过程，是把设计转变为产品的过程。通过这一过程检验理论设计是否正确以及是否完善。实际上，任何一个好的设计方案都是组装与调试后又经多次修改才得到的。

3. 项目设计性报告撰写要求

项目设计报告主要包括以下几点：

(1) 课题名称；

(2) 内容摘要；

(3) 设计内容及要求；

(4) 比较和选择设计方案；

(5) 单元电路设计、参数计算和器件选择；

(6) 画出完整的电路图，并说明电路的工作原理；

(7) 电路EDA仿真原理图、波形图及仿真结论；

(8) 组装调试的内容，如使用的主要仪器和仪表，调试电路的方法和技巧，测试的数据和波形并与计算结果进行比较分析，调试中出现的故障、原因及排除方法；

(9) 总结设计电路的特点和方案的优缺点，指出课题的核心及实用价值，提出改进意见和展望；

(10) 列出元器件清单；

(11) 列出参考文献；

(12) 收获、体会。

实际撰写时可根据具有情况作适当调整。

4.7.2 抢答器的设计

1. 任务描述

设计一台可供4名选手参加比赛的智力竞赛抢答器，要求如下。

(1) 抢答器同时供4名选手使用，分别用4个按钮 $S_1 \sim S_4$ 表示，任何选手先将某一按钮按下，则对应的发光二极管(指示灯)亮，表示该选手抢答成功，而紧随其后的其他按钮再按下，与其对应的发光二极管不亮；

(2) 设置一个系统清除和抢答控制开关 S_5，该开关由主持人控制。

2. 构思——抢答器设计方案

要实现抢答器的功能，首先要明确设计要求.本次设计的抢答器有4路输入、4路输出显示；能通过发光二极管显示优先抢答选手的状态，并一直保持主持人将系统清零为止。因此，抢答器应由时钟产生电路、触发电路与控制电路、输出电路等模块电路组成，其实现框图如图4-162所示。

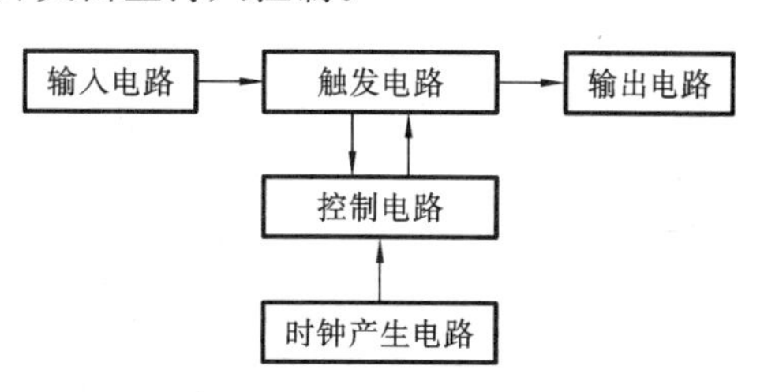

图4-162 抢答器的组成框图

其工作过程为：无人抢答时，输入按钮均未按下，触发电路的输入为0，触发电路的输出为0，输出电路LED不亮；当有人开始抢答时，对应的输入按钮为高电平，在时钟脉冲作用下，触发器对应的输出为高电平，则输出电路对应的LED应该亮，且控制电路使其他选手再按下按钮也不起作用，从而实现抢答。

3. 设计——抢答器设计与仿真

根据抢答器组成框图选择合适的单元电路实现抢答器功能，可以对现有电路加以改进或创新。

1) 输入、触发与控制电路设计

输入、触发与控制电路是抢答器设计的关键，它要完成参赛选手输入状态的保持及控制参赛选手只能有一人按下按钮有效。根据设计要求选择74LS175及74LS20、74LS00、74LS04和开关构成触发与控制电路，如图4-163所示。

在图4-163中，分别用4个开关构成输入电路，用开关 $S_1 \sim S_4$ 表示选手的抢答状态，开关接“1”表示按钮按下，选手处于抢答状态，开关接“0”表示按钮未按下，选手未抢答；设置一个系统清除和抢答控制开关 S_5，它由主持人控制，S_5 接“1”表示抢答器开始工作，S_5 接“0”表示抢答器禁止选手抢答。4D触发器74LS175在时钟脉冲作用下，能保持输入选手状态；四输入与非门74LS20、二输入与非门74LS00和非门74LS04组成控制电路实现抢答控制。其中74LS175的时钟输入CLK为

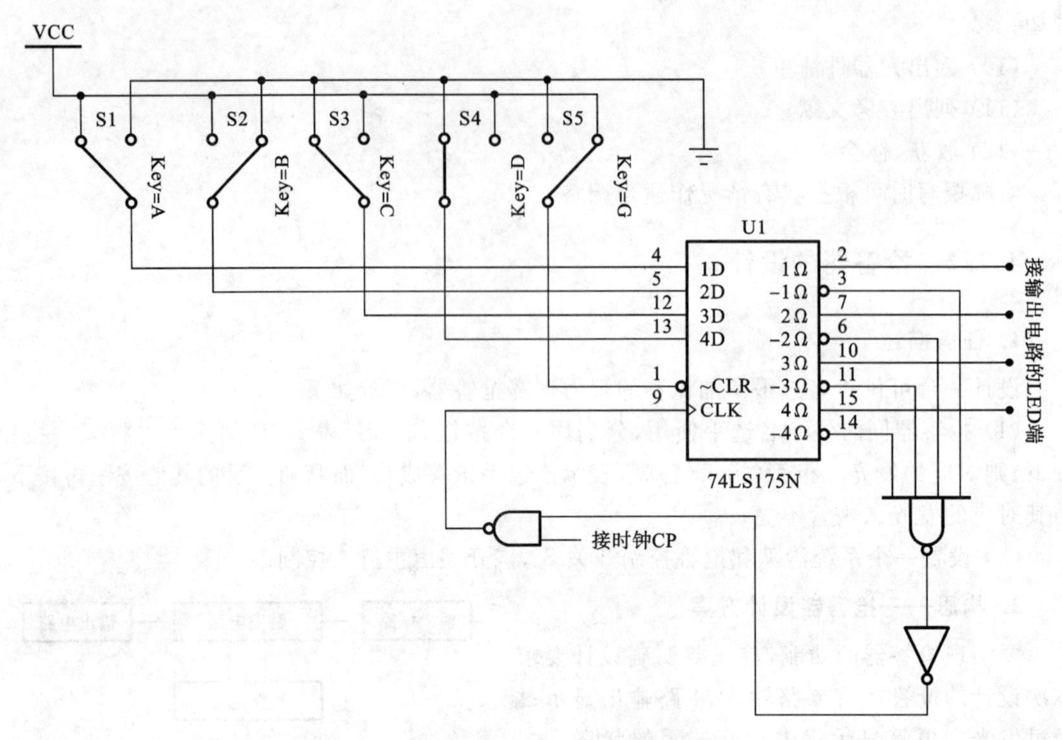

图 4-163　抢答器的触发与控制电路

$$\mathrm{CLK}=\overline{\overline{Q_4}\,\overline{Q_3}\,\overline{Q_2}\,\overline{Q_1}}\,\mathrm{CP} \tag{4-47}$$

2）输出电路设计

选用发光二极管 LED 和限流电阻组成输出电路，如图 4-164 所示。当触发器输出为低电平时，LED 灭；当触发器输出为高电平时，LED 亮。限流电阻值取 200 Ω 即可。

3）时钟产生电路设计

图 4-165 所示的是用 555 定时器构成多谐振荡器实现时钟产生的电路，当 $R_1=43\ \mathrm{k\Omega}$，$R_2=39\ \mathrm{k\Omega}$，$C_2=3.3\ \mu\mathrm{F}$ 时，该电路产生的脉冲频率 f 为

$$f=\frac{1.43}{(R_1+2R_2)C}=\frac{1.43\times 1000}{(43+2\times 39)\times 3.3}\ \mathrm{Hz}=3.6\ \mathrm{Hz} \tag{4-48}$$

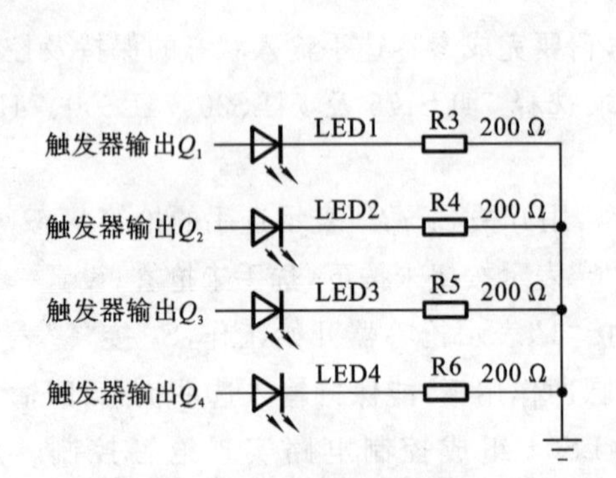

图 4-164　抢答器的输出电路

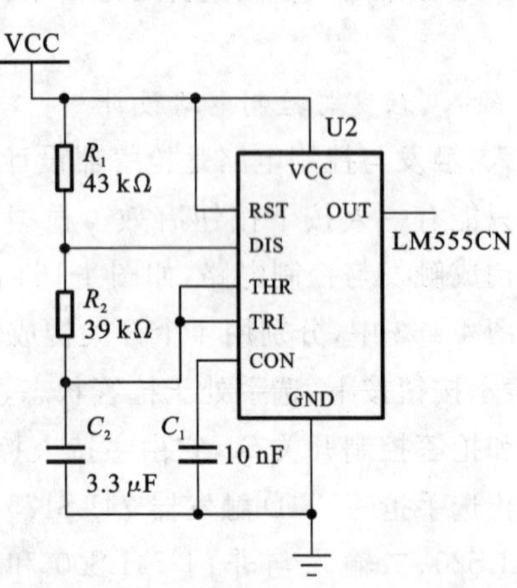

图 4-165　抢答器的时钟产生电路

4）总电路图

根据前面的设计，抢答器的总电路图如图 4-166 所示。

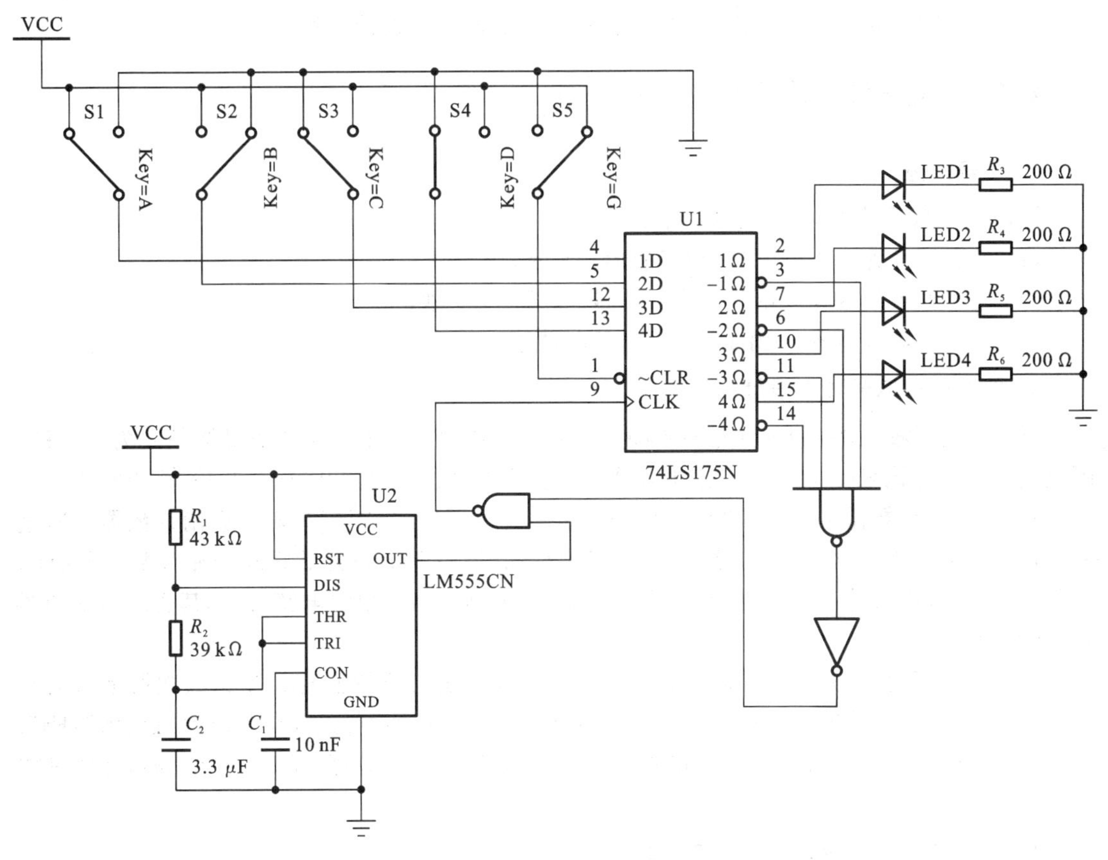

图 4-166　抢答器的总电路图

5）抢答器的 Multisim 仿真

对图 4-166 所示的电路在 Multisim 环境下进行仿真，改变输入开关的状态，观察输出 LED 的状态可知该电路能实现抢答器的功能。

4. 实现——抢答器组装与调试

抢答器原理图设计正确后，采用万能板进行组装。首先在万能板上进行元器件布局，元器件布局应合理，接线尽可能少和短，确保电气性能优良。其次开始组装电路，先连接背面的红线，再对照原理图先安装底座，再安装各个器件，安好元器件后再焊接。其在万能板上的组装示意图如图 4-167 所示。

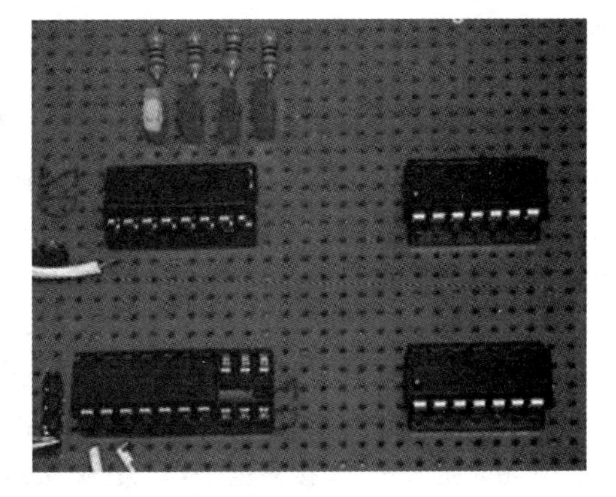

图 4-167　抢答器在万能板上的组装示意图

电路焊接完毕后，先对照原理图检查电路板焊接，确保电路与设计一致后再开始调试。调试时，先调试 LED 输出电路，其次调试时钟产生电路，再调试输入、触发与控制电路。当单元电路正常时，再进行抢答器的联调，使其满足设计要求。注意各部分电路之间的时序配合关系。

5. 运行——抢答器的测试与性能分析

电路调试完毕，抢答器可以正常工作了。按照设计要求进行测试，改变输入开关按钮的状态，观察输出 LED 的变化，并记录数据，撰写设计报告，总结设计过程。

4.7.3 电子秒表的设计

1. 任务描述

设计一个电子秒表，具体要求如下：

(1) 计数精度为 0.1 秒，并以数字的形式显示；

(2) 电子秒表的量程显示范围为 0.1 秒～9 分 59.9 秒；

(3) 该秒表具有清零、开始计时、停止计时功能。

2. 构思——电子秒表设计方案

要实现电子秒表的功能，首先要明确设计要求。本次设计的电子秒表计数精度为 0.1 秒，因此基准脉冲应该获得 10 Hz 的脉冲信号。秒表要求可显示时间 9 分 59.9 秒；输出需 4 位七段数码管显示，计数器中“分”和“0.1 秒”由十进制计数器组成，“秒”为六十进制计数器。通过秒表控制电路实现“开始计数”“停止并保持计数”和“清零并准备开始重新开始计数”的功能。因此，该秒表应由时钟产生电路、计数及译码显示、控制电路等模块电路组成，其实现框图如图 4-168 所示。

其工作过程为：首先按下控制电路的清零复位开关使电子秒表显示为 0；其次按下启动开关，时钟脉冲产生电路输出频率为 50 Hz 的脉冲信号，该脉冲信号经 5 分频电路后输出周期为 0.1 s 的计数脉冲，再经过计数器实现秒表计数，秒表从 0 开始计时，至 9 分 59.9 秒，并通过数码管显示计数结果。

3. 设计——电子秒表的设计与仿真

根据电子秒表组成框图选择合适的单元电路实现电子秒表功能，可以对现有电路加以改进或创新。

1) 时钟产生电路设计

时钟发生器可以采用石英晶体振荡产生 50 Hz 时钟信号，也可以用 555 定时器构成的多谐振荡器，555 定时器是一种性能较好的时钟源，且构造简单，采用 555 定时器构成的多谐振荡器作为电子秒表的输入脉冲源原理图如图 4-169 所示。当 $R_1=91\ \text{k}\Omega$，$R_2=91\ \text{k}\Omega$，$C_2=0.1\ \mu\text{F}$ 时，该电路产生的脉冲频率 f 约为 50 Hz。

2) 控制电路设计

控制电路由启动清零电路和单稳态触发器电路组成，其中启动清零电路由两个与非门组成，如图 4-170(a)所示，其本质是一个 RS 触发器。开关 S1、S2 分别控制数字秒表的继续与暂停。开始时把开关 S1 接高电平，开关 S2 接地，运行本电路，电秒表正在计数，此时电路启动；输出 $\overline{Q}$ 作为单稳态触发器的输入，输出 Q 作为与非门 U2A 的输入控制信号。当把开关 S1 接地、开关 S2 接高电平时，电路运行停止，电子秒表停止工作。

单稳态触发器如图 4-170(b)所示，其输入触发负脉冲信号 V_i 由 RS 触发器端 $\overline{Q}$ 提供，输出负脉冲 V_O 通过非门加到计数器清除端 R。单稳态触发器在电子秒表中的功能是为计数器提供清零信号。

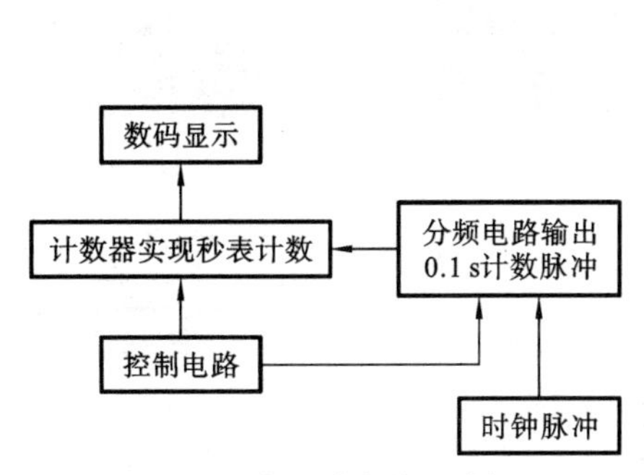

图 4-168 电子秒表的组成框图

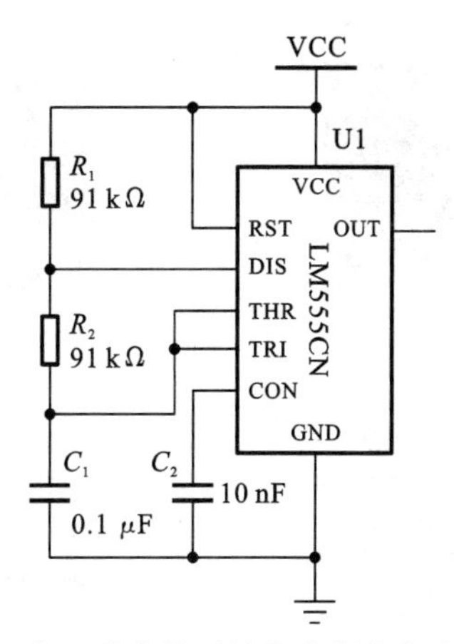

图 4-169 电子秒表的时钟产生电路启动清零电路

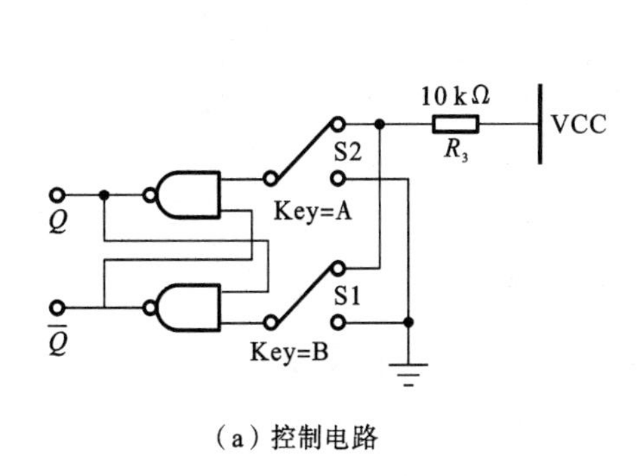

（a）控制电路

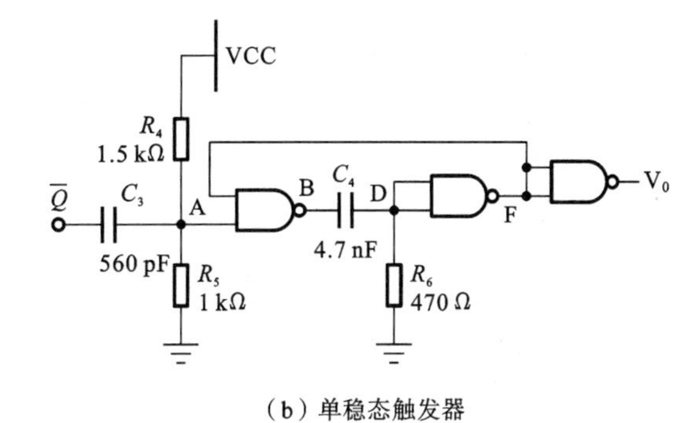

（b）单稳态触发器

图 4-170 电子秒表的控制电路

3）计数电路的设计

计数电路是电子秒表设计的关键。首先，555 定时器构成的多谐振荡器产生 50 Hz 的脉冲，CP 经由图 4-171 所示的 74LS90 构成 5 分频器将 CP 脉冲的频率变为频率 10 Hz 的脉冲，使电子秒表的计数精度为 0.1 秒。

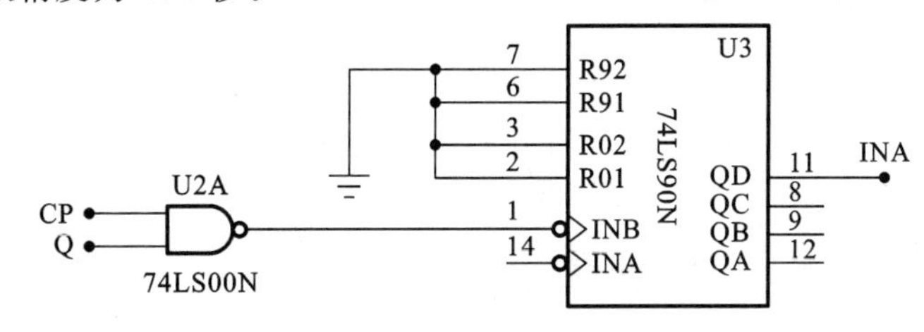

图 4-171 74LS90 构成 5 分频数器

其次，由 74LS90、74LS92 构成电子秒表的计数单元如图 4-172(a)、(b)中对应的 74LS90 都接成 8421BCD 码十进制形式，使 0.1 秒和分按十进制计数；其输出端与译码显示单元的相应输入端连接；在图 4-172(c)中对应的 74LS90 和 74LS92 都接成六十进制计数器，实现秒对分的进位；输出端与译码显示单元的相应输入端连接。电子秒表的计数范围为 0.1 秒～9 分 59.9 秒。

4）译码显示单元设计

本次设计的译码显示单元选用共阴极 LED 数码管 LC5011-11 和 CMOS BCD——锁存/7

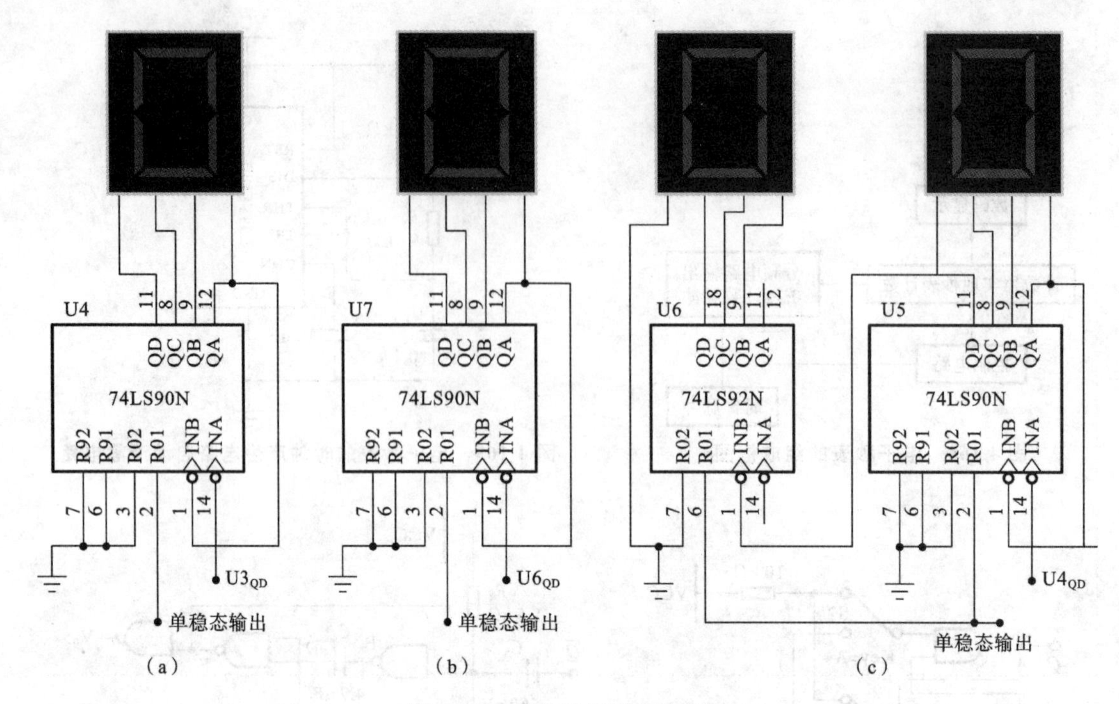

图 4-172　电子秒表的计数单元

段译码/驱动器 CD4511(注:在 Multisim 软件中仿真可以用译码显示器 DCD_HEX 代替译码和显示单元)完成电子秒表的数字显示。

5) 总电路图

根据前面的设计,电子秒表的总电路图如图 4-173 所示。

6) 电子秒表的 Multisim 仿真

对图 4-173 所示的电路在 Multisim 环境下进行仿真,改变输入开关的状态,观察输出显示可知该电路能实现电子秒表的功能。

4. 实现——电子秒表组装与调试

电子秒表原理图设计正确后,必须进行电路的 PCB 设计(电路板级),可以借助 PCB 设计软件(Protel 等)完成。检查 PCB 板无误时开始电路组装,应按照设计任务的次序,将各单元电路逐个进行焊接和调试。组装时器件布置应合理,安装的元器件要符合电路图的要求,并注意器件极性不要接错;布线得当,电路焊接可靠。组装后的电子秒表实际电路参考图如图 4-174所示。

电路焊接完毕后,先对照原理图检查电路板焊接,确保电路与设计一致后再开始调试。调试时先调试基本 RS 触发器、单稳态触发器、时钟发生器及计数器等基本单元的逻辑功能,待各单元电路工作正常后,再联调。

具体调试步骤如下。

(1) 测试基本 RS 触发器的逻辑功能。

(2) 对单稳态电路进行静态测试:用直流数字电压表测量 A、B、D、F 各点电位值(具体位置如图 4-170(b)所示),并记录;然后进行动态测试,输入端接 1 kHz 连续脉冲源,用示波器观察并描绘 D 点、F 点波形,如单稳输出脉冲持续时间太短而难以观察,可以适当加大微分电容

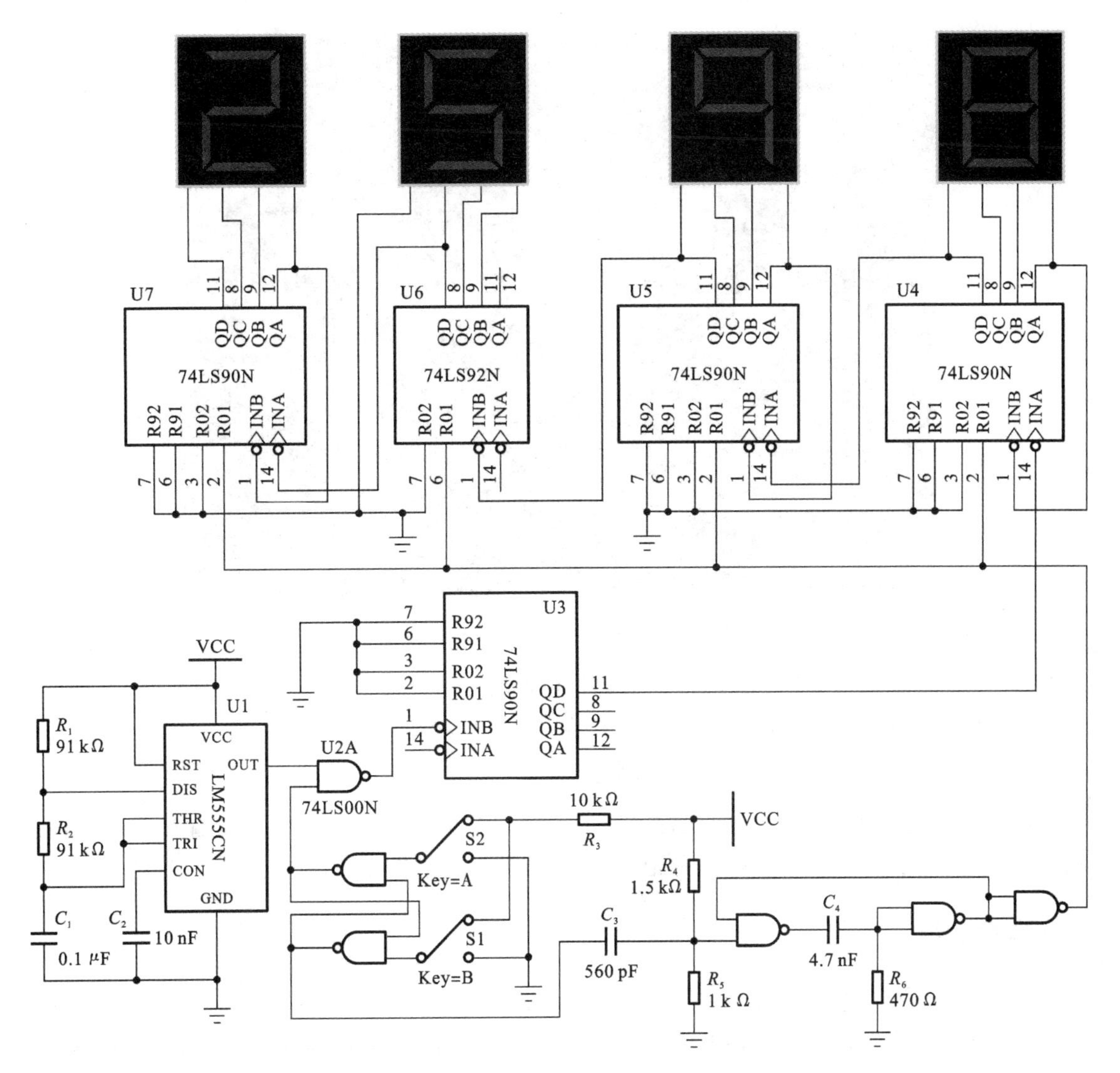

图 4-173 电子秒表的总电路图

C(如改为 0.1 μF),待测试完毕,再恢复为 4700 pF。

(3) 对时钟发生器进行调试:参照由 555 定时器构成的多谐振荡器的测试方法来测试该部分的逻辑功能,用示波器观察输出电压波形并测量其频率。用电位器 R_W 代替电阻 R_2,调节 R_W,使输出矩形波频率为 50 Hz。

(4) 对译码显示的调试。在 CD4511 的输入端按其功能表改变输入 ABCD 的数值,观察数码管显示状态。

(5) 计数器的测试:先调试计数器 U3,用示波器观察输出电压波形并测量其频率,此时脉冲输出频率应为 10 Hz;再分别调试计数器 U4、U5、U6 和 U7,使其按要求计数,再将计数器 U4、U5、U6 和 U7 级连,进行逻辑功能测试,并记录过程。

(6) 电子秒表的整体测试:各单元电路测试正常后,按图 4-173 把几个单元电路连接起来,进行电子秒表的总体测试。先按一下按钮开关 S1,此时电子秒表不工作,再按一下按钮开关 S2,则计数器清零后开始计时,观察数码管显示计数情况是否正常。如不需要计时或暂停

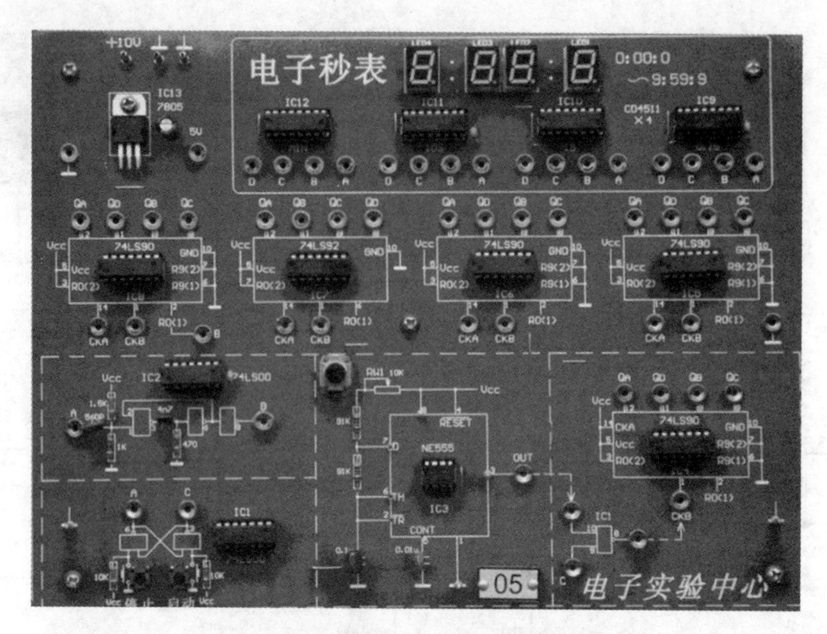

图 4-174　电子秒表实际电路参考图

计时，按一下开关 S1，计时立即停止，但数码管保留所计时之值。

（7）利用电子钟或手表的秒计时对电子秒表进行校准。

5. 运行——电子秒表的测试与性能分析

电路调试完毕，电子秒表可以正常工作了。按照设计要求进行测试，改变输入开关按钮的状态，观察输出数码管显示的变化，并记录数据，撰写设计报告，总结设计过程。

本章小结

本章介绍了时序逻辑电路的相关知识，主要讲述了如下内容。

（1）构成时序逻辑电路的基本逻辑单元电路是触发器，具有两种稳定的状态，在一定输入条件下，其状态可保持或翻转。触发器的逻辑功能可用特征方程、状态转移真值表、状态转移图、激励表和时序图来表示。根据逻辑功能，触发器可分为 RS、JK、D 等几种类型。由于各触发器内部结构形式不同，因而触发方式和时刻不同。表 4-43 分别以基本 RS 触发器、同步 RS 触发器、维持-阻塞 D 触发器为例，说明了不同电路结构的触发器所具有的特点。

表 4-43　触发器的电路结构及特点

	基本 RS 触发器	钟控 RS 触发器	维持-阻塞 D 触发器
逻辑符号	$\overline{R}_D$　Q　$\overline{S}_D$　$\overline{Q}$	SET　S　Q　R　$\overline{Q}$　CLR	SET　D　Q　$\overline{Q}$　CLR

续表

	基本 RS 触发器	钟控 RS 触发器	维持-阻塞 D 触发器
触发方式	电平触发	电平触发	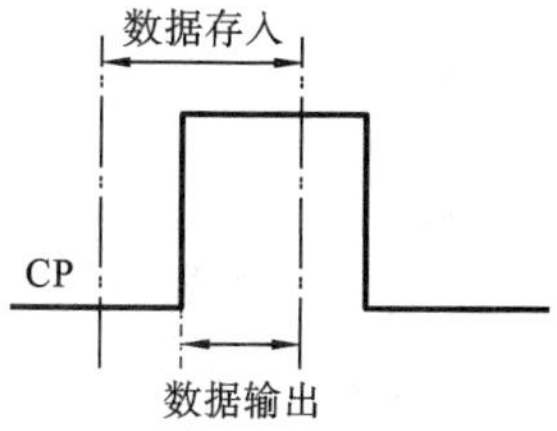 数据存入 CP 数据输出
工作特点	触发器的输入状态直接受输入信号的控制	CP＝1 时，触发器接收输入信号，状态按特征方程发生变化；CP＝0 时，触发器状态保持不变 CP＝1 时，触发器状态随输入信号多次翻转，称为“空翻”	触发器的状态更新仅发生在 CP 脉冲的边沿

(2) 时序逻辑电路由触发器和组合电路组成，它的特点是在任一时刻的输出信号不仅与该时刻的输入信号有关，而且还与电路原来的状态有关。时序逻辑电路分为同步时序逻辑电路和异步时序逻辑电路两大类。

与组合逻辑电路的分析与设计类似，时序逻辑电路的分析是由给定的时序电路图，先对电路进行 EDA 仿真以便知道电路输入与输出之间逻辑关系，再进行理论分析；写出驱动方程、时钟方程、特征方程和输出方程，再由所列方程，使用状态转移真值表、状态转换图或时序图 3 种方法对电路状态进行分析、计算，概括出电路逻辑功能。时序逻辑电路设计是根据给定的逻辑功能要求，选择适当的器件，设计出符合设计要求的最简时序电路。首先应明确设计要求，建立原始状态图，并化简原始状态表，其次对状态进行编码，选择触发器类型。再根据编码状态表和选定触发器类型，写出时序电路的状态方程、驱动方程和输出方程；并检查电路能否自启动。最后画逻辑电路图，对电路进行 EDA 仿真，验证设计是否正确。

(3) 用以统计输入脉冲个数的电路称为计数器，它是数字系统常用的逻辑器件。常用的集成计数器有二进制计数器、十进制计数器等，利用这些计数器采用反馈清零法或反馈置数法可以实现任意模值的计数器。除计数分频外，计数器还可完成算术运算，构成序列信号发生器。

(4) 移位寄存器是一个具有移位功能的寄存器，寄存器中所存的代码能够在移位脉冲的作用下依次左移或右移。把若干个触发器串接起来，就可以构成一个移位寄存器。移位寄存器的主要用途是实现数据的串并转换，同时移位寄存器还可以构成序列码发生器、序列码检测器和移位型计数器等。

(5) 随机存储器 RAM 是用来存储二进制信息和数据的大规模半导体存储器件，它既能从任意选定的单元读出所存数据，又能随时写入新的数据。RAM 的缺点是数据易丢失，即断电后数据丢失。

(6) 当时序逻辑电路无法正常工作时，应先识别电路故障，根据电路中出现的各种反常现象，分析其发生的各种可能原因，再根据电路设计要求、测试条件和测试结果等进行综合分析，确定故障。

(7) 时序电路项目设计是时序电路的综合应用，应贯彻CDIO设计理念，按照项目设计的一般流程结合具体电路去实现设计要求，完成电路设计。

习　题

1. 选择题

(1) 同步时序电路与异步时序电路相比较，其差异在于后者(　　)。

A. 没有触发器　　B. 没有统一的时钟脉冲控制

C. 没有稳定状态　　D. 输出只与内部状态有关

(2) 假设JK触发器的现态 $Q^n=0$，要求 $Q^{n+1}=0$，则应使(　　)。

A. $J=\times, K=0$　　B. $J=0, K=\times$　　C. $J=1, K=\times$　　D. $J=K=1$

(3) 用 n 只触发器组成计数器，其最大计数模为(　　)。

A. n　　B. $2n$　　C. n^2　　D. 2^n

(4) 将D触发器改造成T触发器，图4-175所示的电路中的虚线框内应是(　　)。

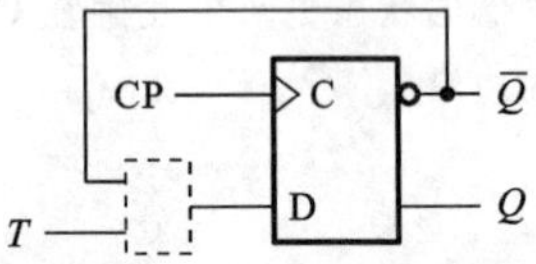

图 4-175　题1(4)图

A. 或非门　　B. 与非门　　C. 异或门　　D. 同或门

(5) 有一个左移移位寄存器，当预先置入1011后，其串行输入固定接0，在4个移位脉冲CP作用下，4位数据的移位过程是(　　)。

A. 1011→0110→1100→1000→0000　　B. 1011→0101→0010→0001→0000

C. 1011→1101→1110→1111→0111　　D. 1011→1010→1001→1000→0111

(6) 一个二进制序列检测电路，当输入序列中连续输入5位数码均为1时，电路输出1，则同步时序电路最简状态数为(　　)。

A. 4　　B. 5　　C. 6　　D. 7

(7) 1K×1位的RAM扩展成4K×2位应增加地址线(　　)根。

A. 1　　B. 2　　C. 3　　D. 4

(8) 图4-176所示的为某时序逻辑电路的时序图，由此可判定该时序电路具有的功能是(　　)。

A. 十进制计数器　　B. 九进制计数器　　C. 四进制计数器　　D. 八进制计数器

(9) 一个5位二进制加计数器，由00000状态开始，经过75个时钟脉冲后，此计数器的状态为(　　)。

A. 01011　　B. 01100　　C. 01010　　D. 00111

(10) 一个4位串行数据，输入4位移位寄存器，时钟脉冲频率为1 kHz，经过(　　)时间可转换为4位并行数据输出。

A. 8 ms　　B. 4 ms　　C. 8 μs　　D. 4 μs

(11) 某计数器的状态转换图如图4-177所示，其计数的模值为(　　)。

A. 3　　B. 4　　C. 5　　D. 8

(12) 电路如图4-178所示，实现 $Q^{n+1}=\overline{Q^n}+A$ 的电路是(　　)。

(13) 把一个五进制计数器与一个四进制计数器串联可得到(　　)进制计数器。

A. 4　　B. 5　　C. 9　　D. 20

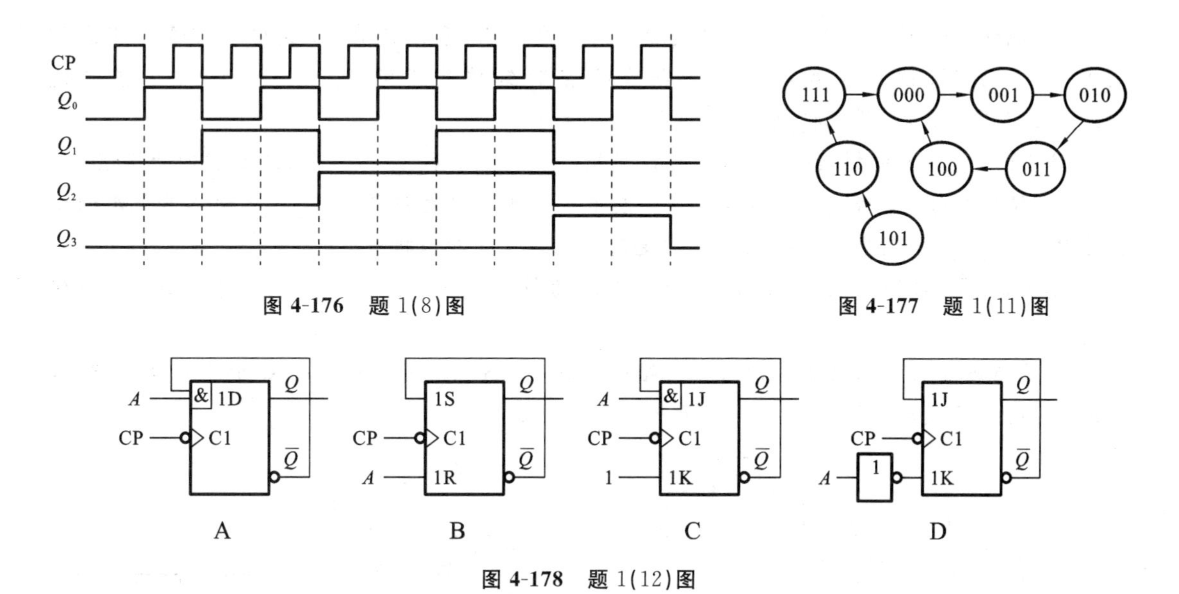

图 4-176　题 1(8)图

图 4-177　题 1(11)图

图 4-178　题 1(12)图

(14) 某移位寄存器的时钟脉冲频率为 100 kHz,欲将存放在该寄存器中的数左移 8 位,完成该操作需要(　　)时间。

A. 10 μs　　B. 80 μs　　C. 100 μs　　D. 800 ms

(15) 若要设计一个脉冲序列为 1101001110 的序列脉冲发生器,应选用(　　)个触发器。

A. 2　　B. 3　　C. 4　　D. 10

2. 填空题

(1) 描述时序逻辑电路逻辑功能常用方法有________、________和________。

(2) TTL 集成 JK 触发器正常工作时,其$\overline{R_D}$和$\overline{S_D}$端应接________电平。

(3) 若用 D 触发器组成十一进制加法计数器,需要________个 D 触发器,有________个无效状态。

(4) 如图 4-179 所示的逻辑电路,触发器当前状态 $Q_3Q_2Q_1$ 为 100,在时钟作用下,触发器下一状态($Q_3Q_2Q_1$)为________。

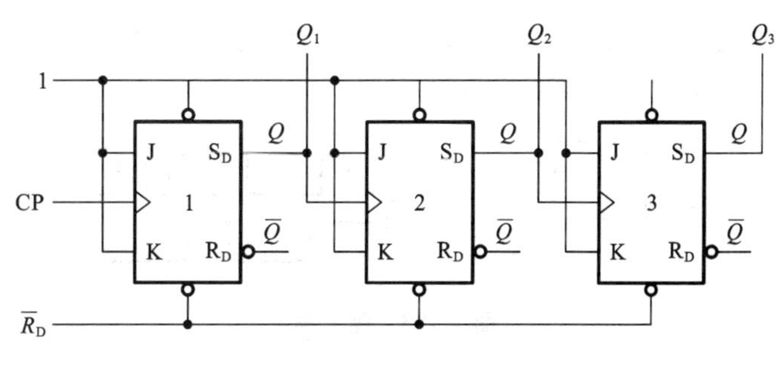

图 4-179　题 2(4)图

(5) 寄存器是用于________,移位寄存器除了具有寄存器的功能以外,还具有移位功能,移位功能是指________。

(6) 时序电路项目设计一般有________、________、________、________、________、________、________阶段。

(7) 测试 74LS194 逻辑功能时假定连接时连线、电源和地正常，但测得 74LS194 模式控制 S_1S_0 恒为 11，则移位寄存器输出状态将在时钟作用下处于________状态。若要使 74LS194 能够右移，则模式控制 S_1S_0 调整为________。

(8) 集成计数器的模值是一定的，可以采用________法和________法改变它们的模值。

(9) RAM 的存储单元为记忆单元，静态 RAM 的记忆元件是________，动态 RAM 的记忆元件是________，动态 RAM 的数据需定时________才能保持。

(10) 在图 4-180 所示的由 74LS161 构成的计数器中，它从________开始计数，模值为________。

3. 画出图 4-181(a)所示的由与非门组成的基本 RS 触发器输出端 Q、$\overline{Q}$ 的电压波形，输入端$\overline{R_D}$、$\overline{S_D}$的电压波形如图 4-182(b)所示。

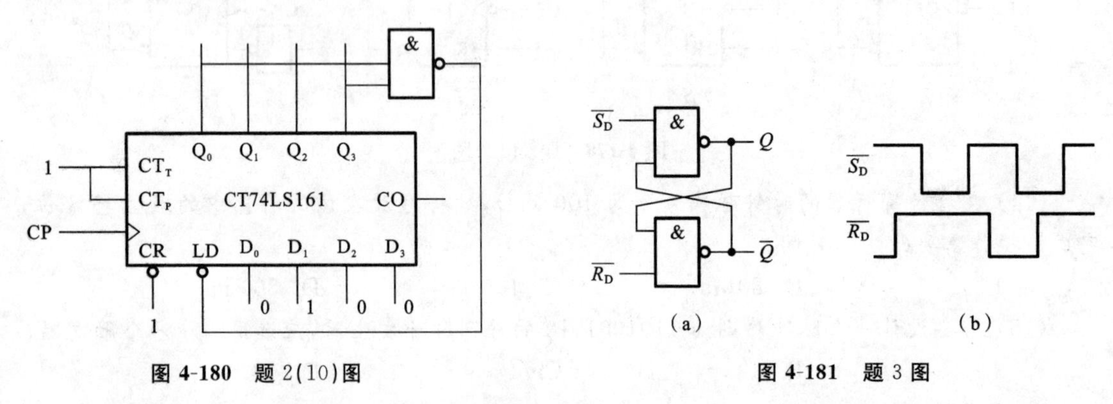

图 4-180 题 2(10)图 图 4-181 题 3 图

4. 触发器电路如图 4-182 所示，试根据图中 CP、A 的波形，对应画出输出端 Q 的波形，并写出 Q 的状态方程。设触发器的初始状态均为 0。

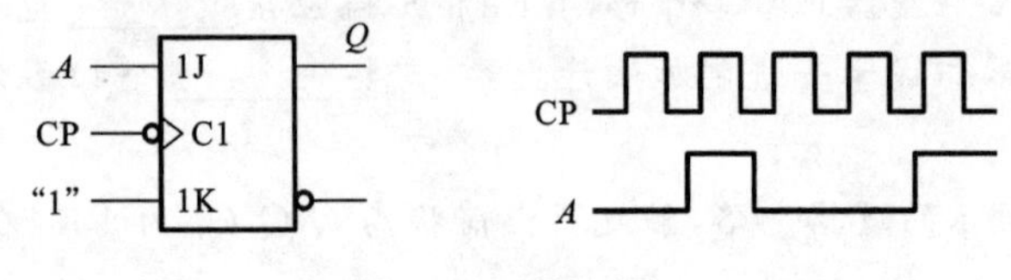

图 4-182 题 4 图

5. 触发器电路如图 4-183 所示，试根据图中 CP、D 的波形，对应画出输出端 Q 的波形，并写出 Q 的状态方程。设触发器的初始状态均为 0。

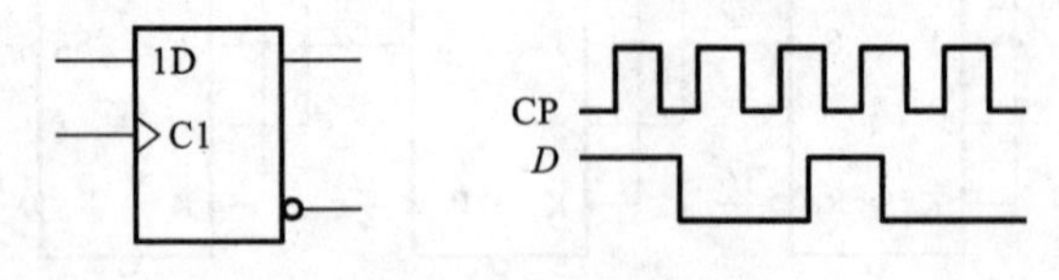

图 4-183 题 5 图

6. 图 4-184(a)所示的为一个防抖动输出的开关电路。当拨动开关 S 时，由于开关触点接触瞬间发生震颤，$\overline{S_D}$和$\overline{R_D}$的电压波形如图 4-184(b)所示，试画出 Q、$\overline{Q}$ 端对应的电压波形。

7. 有一上升沿触发的 JK 触发器如图 4-185(a)所示，已知 CP、J、K 信号波形如图 4-185(b)所示，画出 Q 端的波形。设 Q 的初始态为 0。

8. 图 4-186 所示的是用 D 触发器和或非门组成的脉冲分频电路。试画出在一系列 CP 脉

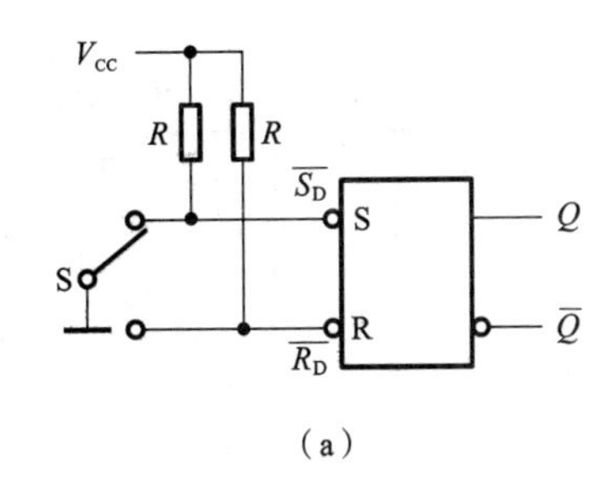

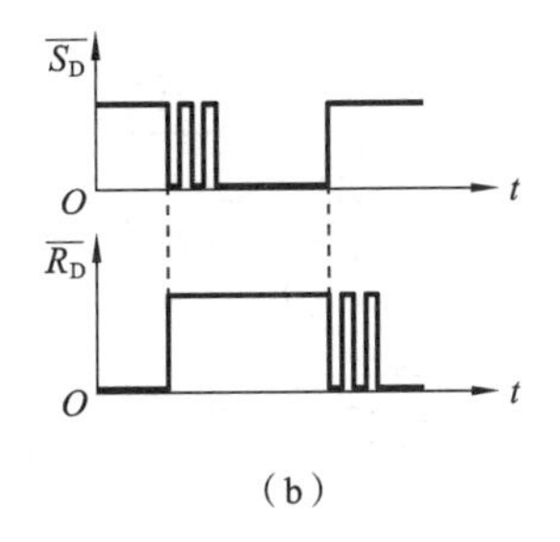

(a)　　　　　　　　(b)

图 4-184　题 6 图

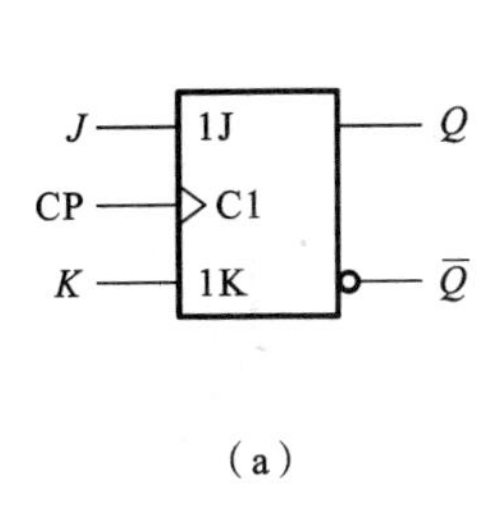

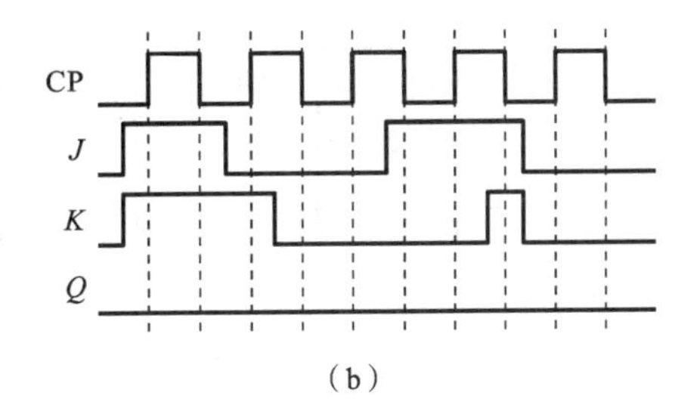

(a)　　　　　　　　(b)

图 4-185　题 7 图

冲作用下，Q_1、Q_2 和 Z 端对应的输出电压波形。设触发器的初始状态皆为 0。

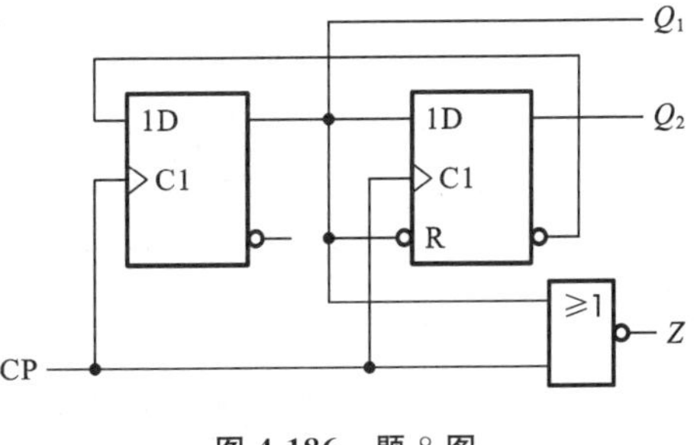

图 4-186　题 8 图

9．逻辑电路如图 4-187(a)所示，已知 CP 和 X 的波形如图 4-187(b)所示，试画出 Q_1 和 Q_2 的波形。设各触发器的初始状态均为 0。

10．用 74LS112 实现 D 触发器的功能，并与 74LS74 比较。

11．分析图 4-188 所示的同步时序逻辑电路的功能，写出分析过程。

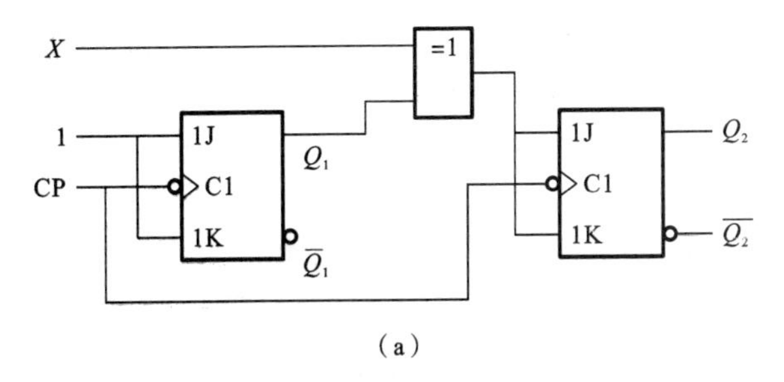

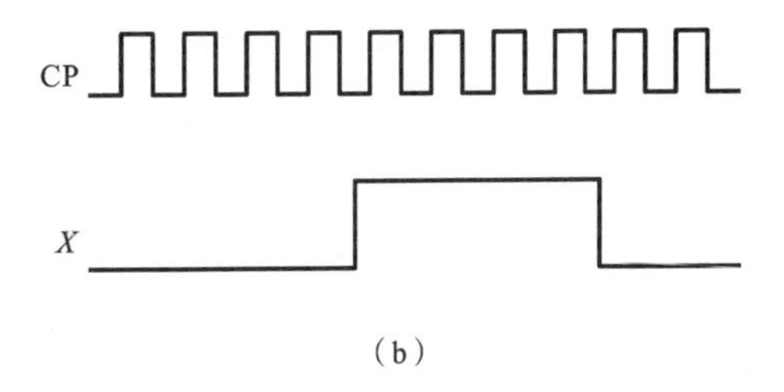

(a)　　　　　　　　(b)

图 4-187　题 9 图

12．分析图 4-189 所示的时序逻辑电路的逻辑功能，写出电路的驱动方程、状态方程和输出方程，画出电路的状态转换图，说明电路能否自启动。

13．图 4-190 所示的电路是由 D 触发器构成的计数器，试说明其功能，并画出与 CP 脉冲对应的各输出端波形。

14．分析图 4-191 所示的时序逻辑电路的逻辑功能，假设电路初态为 000，如果在 CP 的前六个脉冲内，D 端依次输入数据为 1、0、1、0、0、1，则电路输出在此六个脉冲内是如何变化的？

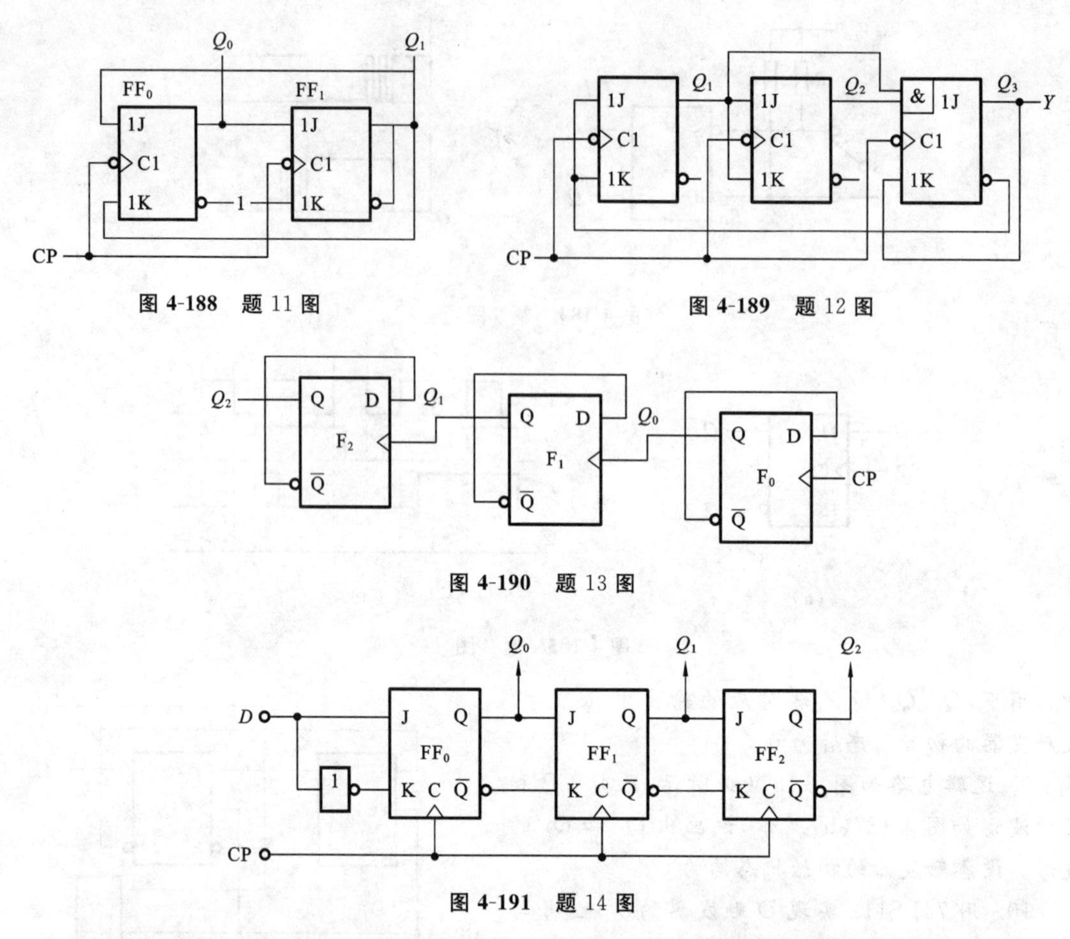

图 4-188 题 11 图

图 4-189 题 12 图

图 4-190 题 13 图

图 4-191 题 14 图

15. 已知图 4-192 所示的电路中时钟脉冲 CP 的频率为 1 MHz。假设触发器初状态均为 0,试分析电路的逻辑功能,画出 Q_1、Q_2、Q_3 的波形图,输出端 Z 的频率是多少?

16. 用 D 触发器和门电路设计一个同步十一进制计数器,并检查设计的电路能否启动,并应用 Multisim 仿真。

17. 用 JK 触发器设计一个同步六进制计数器,并应用 Multisim 仿真。

18. 设计一个串行数据检测器。电路的输入信号 X 是与时钟脉冲同步的串行数据,要求电路在 X 信号输入出现 110 序列时,输出信号 Z 为 1,否则为 0。

19. 74LS161 是同步 4 位二进制加法计数器,试分析图 4-193 所示的电路是几进制计数器,并画出其状态图。

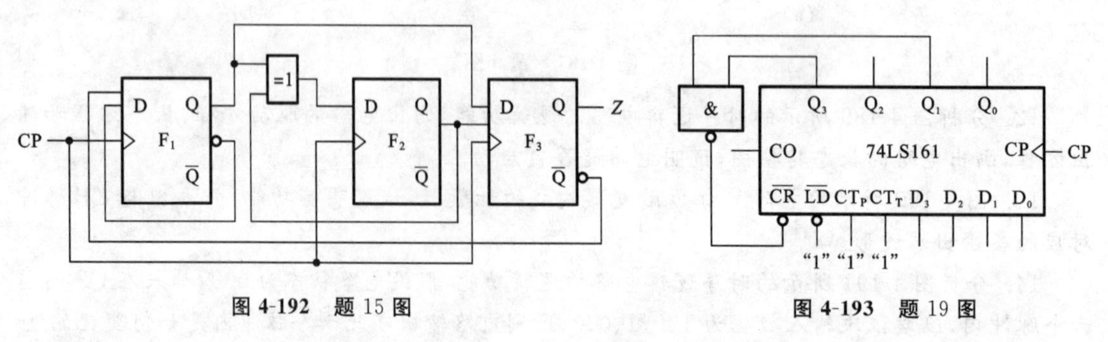

图 4-192 题 15 图

图 4-193 题 19 图

20. 试分析图 4-194 所示的电路是几进制计数器，并画出其状态图。

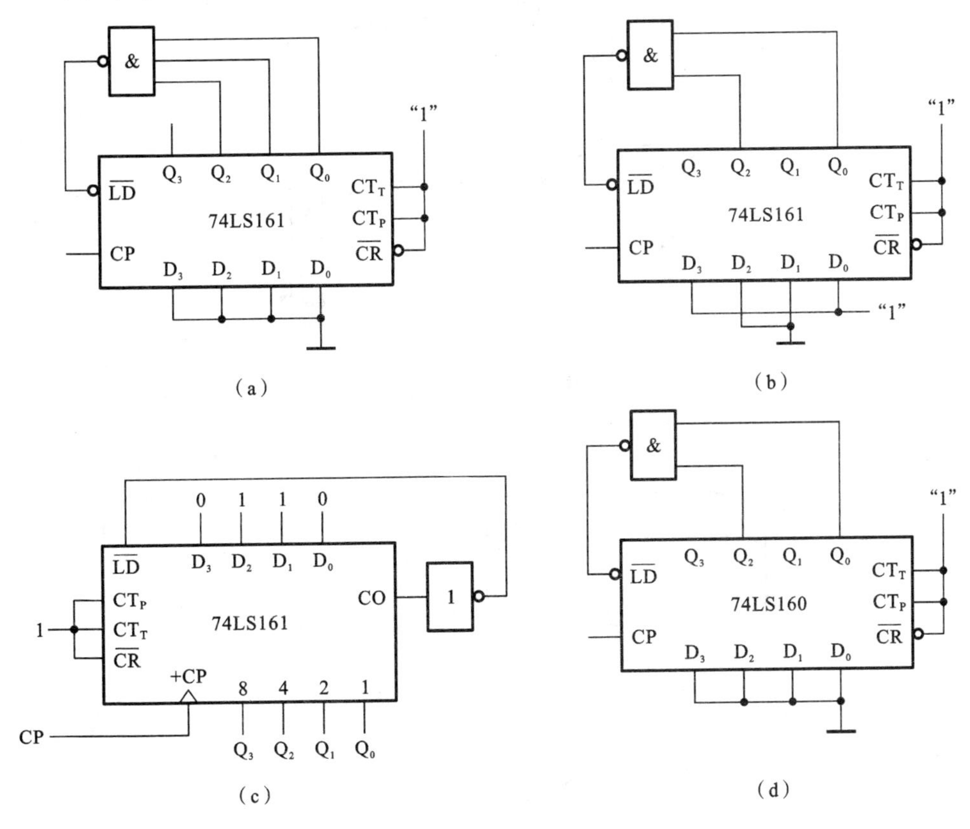

图 4-194 题 20 图

21. 试分析图 4-195 所示的可变模计数器，当 $D_3D_2D_1D_0=1010$ 时，计数器的模值 M 是多少？

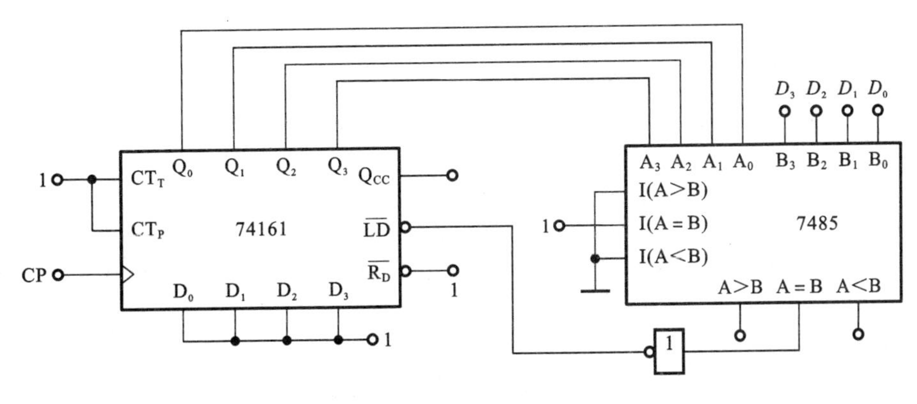

图 4-195 题 21 图

22. 分析图 4-196 所示的计数器电路，画出电路的状态转换图，说明这是几进制计数器。

23. 分析图 4-197 所示的计数器电路，画出电路的状态转换图，说明这是几进制计数器。

24. 由同步十进制加法计数器 74LS160 构成一数字系统，如图 4-198 所示，假设计数器的初态为 0，测得组合逻辑电路的真值表如表 4-44 所示。

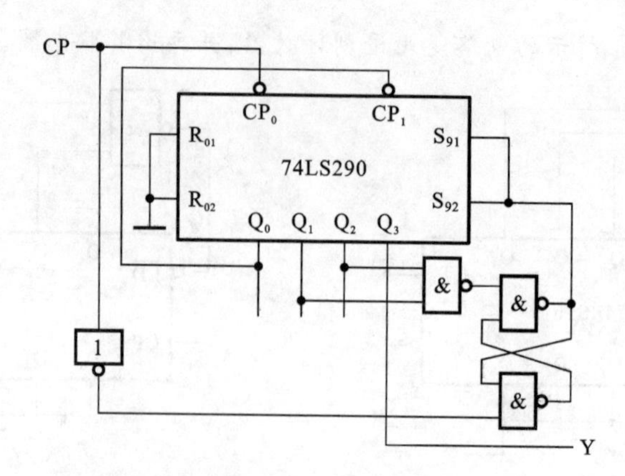

图 4-196　题 22 图

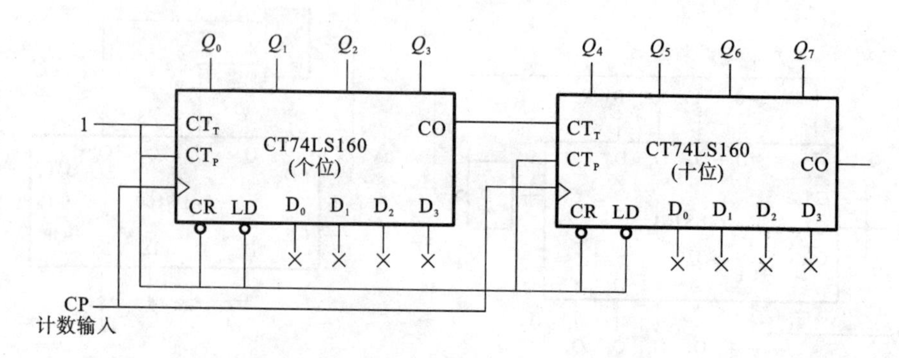

图 4-197　题 23 图

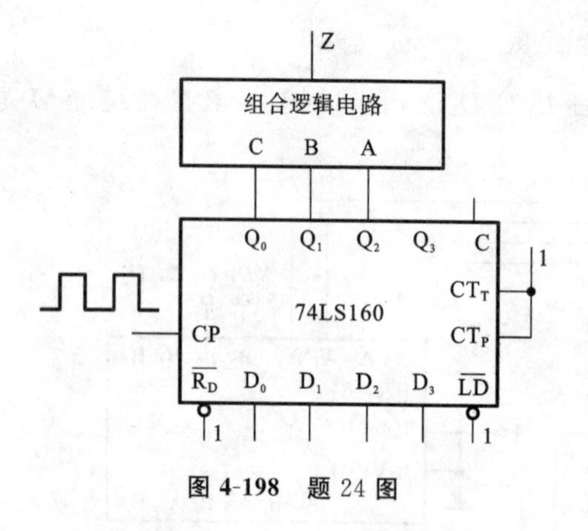

图 4-198　题 24 图

表 4-44　题 24 表

A	B	C	Z
0	0	0	1
0	0	1	0
0	1	0	0
0	1	1	1
1	0	0	0
1	0	1	0
1	1	0	1
1	1	1	1

(1) 画出 74LS160 的状态转换图；

(2) 画出整个数字系统的时序图，即 Z 随 CP 变化波形图；

(3) 试用一片二进制译码器 74LS138 辅助与非门实现该组合逻辑电路功能。

25. 4 位双向移位寄存器 CT74LS94 组成如图 4-199 所示的电路，分析该电路逻辑功能，列出在时钟 CP 作用下 $Q_3Q_2Q_1Q_0$ 状态转化表(见表 4-45)。

26. 电路如图 4-200 所示，其中 $R_A=R_B=10\ \text{k}\Omega$，$C=0.1\ \mu\text{F}$，试问：

(1) 在 U_k 为高电平期间，由 555 定时器构成的是什么电路，其输出 U_0 的频率 f_0 为多少？

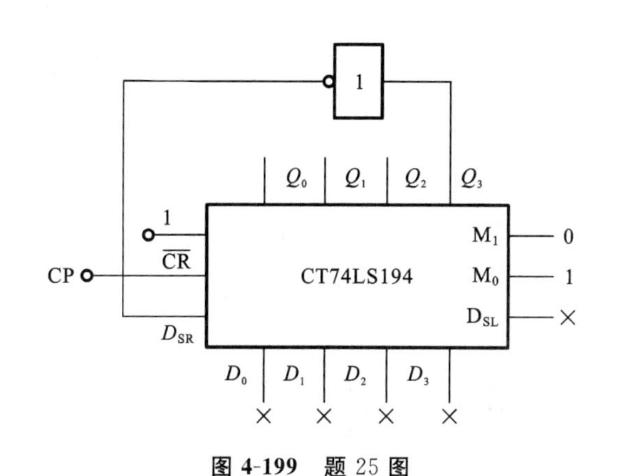

图 4-199 题 25 图

表 4-45 题 25 表

CP	Q_3	Q_2	Q_1	Q_0
0	0	0	0	0
1				
2				
3				
4				
5				
6				
7				

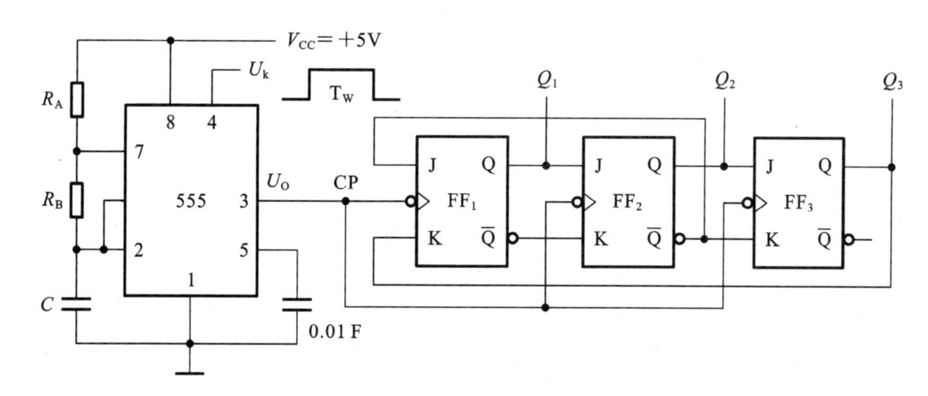

图 4-200 题 26 图

(2) 分析由 JK 触发器 FF_1、FF_2、FF_3 构成的计数器电路，要求：写出驱动方程和状态方程，画出完整的状态转换图；说明计数器模值。

27. 试用 74LS161 设计一个十进制计数器。

28. 请用同步十进制计数器 74160 和必要的门电路实现当 $M=0$ 为模 8，以及当 $M=1$ 为模 6 的计数模值可变的计数器。

29. 用 74LS161 和 4 选 1 数据选择器设计一个 101100101110 序列信号发生器。

30. 利用 74LS194 构成的“10110”的序列码检测器。

31. 在图 4-201 所示的 D 触发器测试电路中，假定测试电路的连线正确，D 触发器芯片 74LS74 电源和地连接正确。但当测试时 D 触发器输出指示 X1(LED)灯一直处于点亮状态，请简述如何诊断故障。

32. 设计并制作彩灯控制器，它具有控制红、绿、黄三个发光管循环发光，要求红灯亮 2 秒，绿灯亮 3 秒，黄灯亮 1 秒。

33. 设计并制作一种数字频率计，其技术指标如下：

(1) 频率测量范围：10～9999 Hz。

(2) 输入电压幅度：>300 mV。

(3) 输入信号波形：任意周期信号。

(4) 显示位数：4 位。

34. 设计一台可供 8 名选手参加比赛的智力竞赛抢答器，具体要求如下：

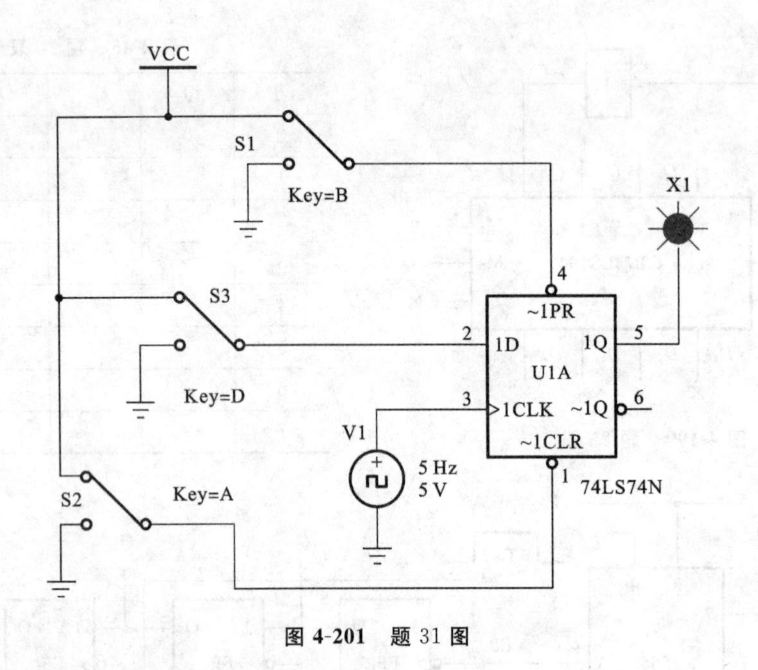

图 4-201　题 31 图

(1) 抢答器同时供 8 名选手比赛,分别用 8 个按钮 S0～S7 表示。

(2) 设置一个系统清除和抢答控制开关 S,该开关由主持人控制。

(3) 抢答器具有锁存与显示功能。即选手按动按钮,锁存相应的编号,并在 LED 数码管上显示,同时扬声器发出报警声响提示。选手抢答实行优先锁存,优先抢答选手的编号一直保持到主持人将系统清除为止。

(4) 抢答器具有定时抢答功能,且一次抢答的时间由主持人设定(如 30 s)。当主持人启动"开始"键后,定时器进行减计时,同时扬声器发出短暂的声响,声响持续的时间 0.5 s 左右。

(5) 参赛选手在设定的时间内进行抢答,抢答有效,定时器停止工作,显示器上显示选手的编号和抢答的时间,并保持到主持人将系统清除为止。如果定时时间已到,无人抢答,本次抢答无效,系统报警并禁止抢答,定时显示器上显示 00。

第5章 脉冲信号的产生与变换

本章要点

◇ 了解脉冲信号参数的定义；

◇ 理解施密特触发器、单稳态触发器和多谐振荡器的工作原理、主要参数的分析方法及应用；

◇ 理解555定时器构成施密特触发器、单稳态触发器和多谐振荡器原理及应用。

在数字电路或系统中，经常需要各种脉冲信号，如时钟信号、定时信号等。在同步时序电路中，作为时钟信号的矩形脉冲控制和协调着整个系统的工作。因此，时钟脉冲的特性直接关系到系统能否正常工作。本章介绍了555定时器，以及由其构成的施密特触发器、单稳态触发器和多谐振荡器的基本组成和原理特性，并给出了基于555定时器构成双音门铃的设计与制作。

5.1 概述

5.1.1 脉冲信号及参数

1. 脉冲信号

脉冲信号是指突变的电流和电压。它可能是周期的，也可能是非周期的或单次的脉冲。脉冲波形多种多样，一般包括矩形脉冲、尖峰脉冲、锯齿脉冲、梯形脉冲、阶梯脉冲，如图5-1所示。

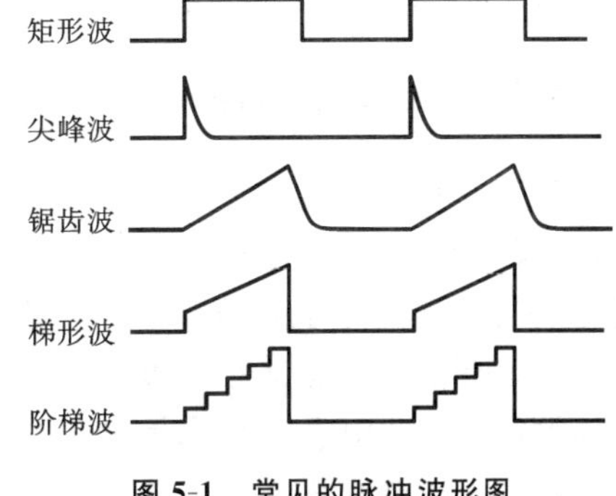

图5-1 常见的脉冲波形图

在脉冲信号中最常用的是矩形脉冲。矩形波有周期性和非周期性两种，如图5-2所示，图5-2(a)所示的为非周期性矩形波，图5-2(b)所示的为周期性矩形波。

2. 脉冲信号的主要参数

实际矩形脉冲并无理想跳变，顶部也不平坦，如图5-3所示。为了定量描述矩形脉冲的特性，通常用以下参数来描述。

(1) 脉冲周期 T——周期性重复的脉冲序列中，两个相邻脉冲之间的时间间隔。有时也使用频率 f 表示单位时间内脉冲重复的次数。

(2) 脉冲幅度 V_m——脉冲电压的最大变化幅度。

(3) 脉冲宽度 t_w——从脉冲前沿到达 $0.5V_m$ 起，到脉冲后沿到达 $0.5V_m$ 为止的一段时间。

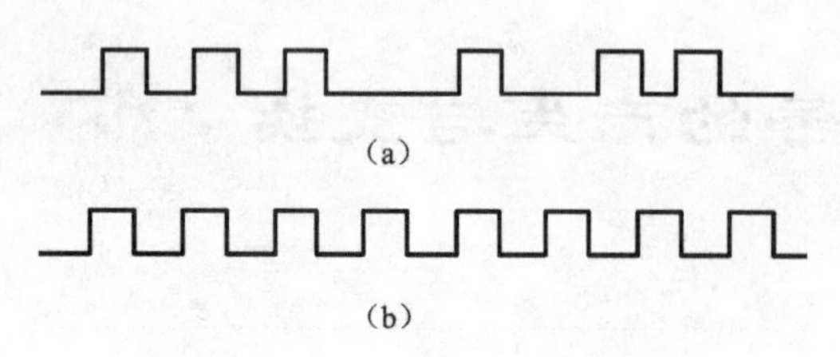

图 5-2　非周期性和周期性矩形波

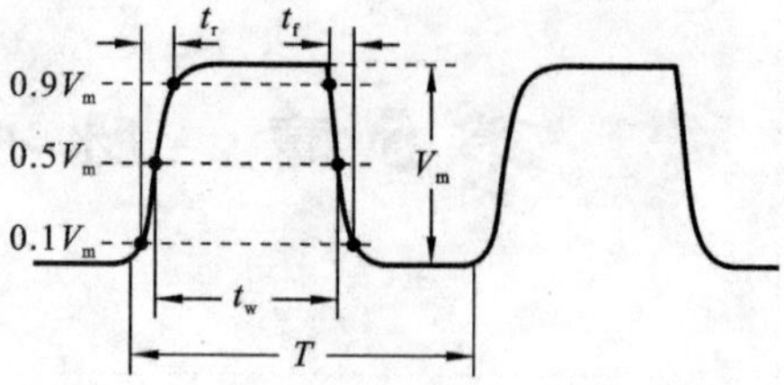

图 5-3　描述矩形脉冲特性的主要参数

(4) 上升时间 t_r——脉冲上升沿从 $0.1V_m$ 上升到 $0.9V_m$ 所需的时间。

(5) 下降时间 t_f——脉冲下降沿从 $0.9V_m$ 下降到 $0.1V_m$ 所需的时间。

(6) 占空比 q——脉冲宽度与脉冲周期的比值，即 $q=t_w/T$。

此外，在将脉冲整形和产生电路用于具体的数字系统时，有时还可能有一些特殊的要求，如脉冲周期和幅度的稳定性等，这时还需要增加一些相应的性能参数来说明。

3. 脉冲电路

脉冲电路是用来产生和处理脉冲信号的电路。可直接采用脉冲信号产生器获得需要的脉冲波形，以满足实际系统的要求。当然，采用整形的方法获取脉冲波形是以能够找到频率和幅度都符合要求的一种已有电压信号为前提的。

脉冲电路主要由开关元件和惰性电路(RC 或 RL 电路)组成。其中，开关元件的通断用来控制电路实现不同状态的转换，它可以采用不同的电子器件来完成，如分立晶体管、集成门电路或运算放大器等，目前用得较多的是 555 定时电路。而惰性电路则用来控制暂态变化过程的快慢。

常用脉冲波形的产生与变换的电路有以下几种。

(1) 施密特触发器：主要用于将非矩形脉冲变换成上升沿和下降沿都很陡峭的矩形脉冲。

(2) 单稳态触发器：主要用于将脉冲宽度不符合要求的脉冲变换成脉冲宽度符合要求的矩形脉冲。

(3) 多谐振荡器：产生矩形脉冲。

5.1.2　555 定时器

555 定时器是集模拟和数字电路于一体的中规模集成电路，可产生精确的时间延迟和振荡，内部有 3 个 5 kΩ 的电阻分压器，故称 555 定时器。通常只要外接几个阻容元件，就可以组成多谐振荡器、施密特触发器和单稳态触发器等电路，从而对脉冲进行产生、整形和变换。由于 555 定时器电源范围宽、带负载能力强，在波形的产生与变换、测量与控制、家用电器、电子玩具等许多领域中都得到了应用。

1. 555 集成芯片

目前，555 定时器的产品型号很多，但所有双极型(又称 TTL 型)产品型号的最后 3 位都是 555；所有单极型(又称 CMOS 型)产品型号的最后 4 位都是 7555。这两类产品的结构、工作原理及外部引脚排列都基本相同。一般来说，双极型 555 定时器的电源电压为 4.5～18 V，输出高电平不低于电源电压的 90%，带拉电流和灌电流负载的能力可达 200 mA；单极型 555 定时器的电源电压为 3～18 V，输出高电平不低于电源电压的 95%，带拉电流负载的能力为

1 mA，带灌电流负载的能力为 3.2 mA。CMOS 型的优点是功耗低、电源电压低、输入阻抗高，但输出功率较小，输出驱动电流只有几毫安。双极型的优点是输出功率大，驱动电流达 200 mA，其他指标则不如 CMOS 型的。各公司生产的 555 定时器的逻辑功能与外引线排列都完全相同，具体如表 5-1 所示。

表 5-1 不同型号 555 定时器产品特性表

	双极型产品	CMOS 产品
单极性 555 定时器的最后几位数码	555	7555
双极性 555 定时器的最后几位数码	556	7556
优点	驱动能力较大	低功耗、高输入阻抗
电源电压工作范围	5～16 V	3～18 V
负载电流	可达 200 mA	可达 4 mA

555 集成电路是 8 脚封装，双列直插型，芯片符号如图 5-4 所示，555 定时器结构原理图如图 5-5 所示。

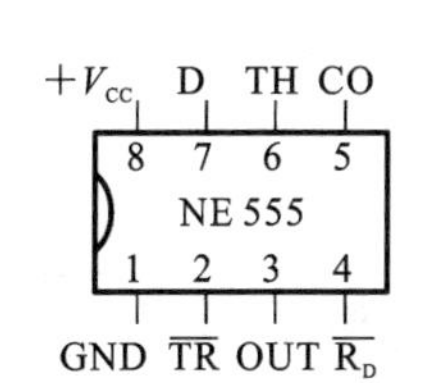

图 5-4 555 集成电路芯片符号图

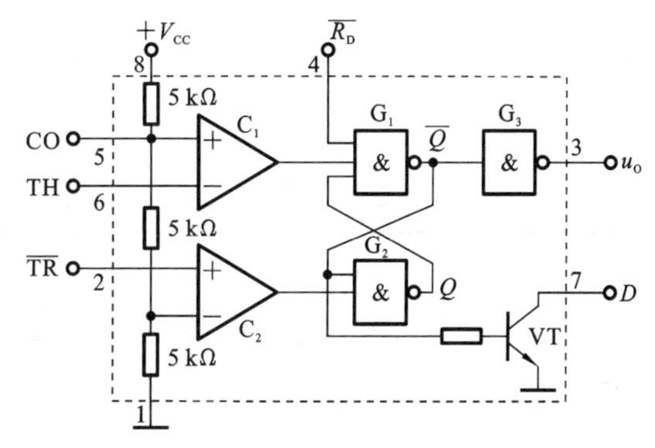

图 5-5 555 定时器结构原理图

2. 555 定时器的电路结构

图 5-5 所示的 555 定时器由分压器、电压比较器、基本 RS 触发器、放电管（集电极开路三极管 VT）和输出缓冲器 G_3 五部分组成。

(1) 分压器：3 个阻值均为 5 kΩ 的电阻串联起来构成分压器（555 也因此而得名），为比较器 C_1 和 C_2 提供参考电压。C_1 的"+"端参考电压 $V_+=\frac{2}{3}V_{CC}$，C_2 的"−"端参考电压 $V_-=\frac{1}{3}V_{CC}$。如果在电压控制端 V_{CO} 另加电压，则可改变 C_1、C_2 的参考电压。工作中不使用 V_{CO} 端时，一般都通过一个 0.01 μF 的电容接地，以旁路高频干扰。

(2) 电压比较器：C_1、C_2 是两个电压比较器。比较器有两个输入端，分别标有＋号和－号，如果用 V_+、V_- 表示相应输入端上所加的电压，则当 $V_+>V_-$ 时，其输出为高电平；$V_+<V_-$ 时，其输出为低电平。两个输入端基本上不向外电路索取电流，即输入电阻趋近于无穷大。

(3) 基本 RS 触发器：由两个与非门组成，$\overline{R_D}$ 是专门设置的可以从外部进行置 0 的复位端。当 $\overline{R_D}=0$ 时，使 $Q=0$，$\overline{Q}=1$。

(4) 晶体管开关：晶体管 VT 构成开关，其状态受 $\overline{Q}$ 端控制，当 $\overline{Q}=0$ 时，TD 截止，当 $\overline{Q}=$

1 时，VT 导通。

(5) 输出缓冲器：输出缓冲器就是接在输出端的反相器 G_3，其作用是提高定时器带负载的能力和隔离负载对定时器的影响。

综上所述，555 定时器不仅提供了一个复位电平为 $\frac{2}{3}V_{CC}$、置位电平为 $\frac{1}{3}V_{CC}$ 且通过 $\overline{R_D}$ 端直接从外部进行置 0 的基本 RS 触发器，而且还给出了一个状态受该触发器 $\bar{Q}$ 端控制的晶体管开关，因此使用起来极为灵活。

3. 555 定时器原理

综上所述，根据图 5-5 所示的电路结构图可以得到 555 定时器的功能表，如表 5-2 所示。

表 5-2 555 定时器的功能表

输入			输出	
$\bar{R}_D$	V_{TH}	$V_{\overline{TR}}$	V_O	VT 状态
0	×	×	低	导通
1	$>\frac{2}{3}V_{CC}$	$>\frac{1}{3}V_{CC}$	低	导通
1	$<\frac{2}{3}V_{CC}$	$>\frac{1}{3}V_{CC}$	不变	不变
1	$<\frac{2}{3}V_{CC}$	$<\frac{1}{3}V_{CC}$	高	截止
1	$>\frac{2}{3}V_{CC}$	$<\frac{1}{3}V_{CC}$	高	截止

555 定时器的功能表述为：

(1) $\overline{R_D}=0$ 时，$\bar{Q}=1$，输出电压 V_O 为低电平，VT 饱和导通。

(2) $\overline{R_D}=1, V_{TH}>\frac{2}{3}V_{CC}, V_{TR}>\frac{1}{3}V_{CC}$ 时，比较器 C_1 输出低电平，比较器 C_2 输出高电平，$\bar{Q}=1, Q=0, V_O$ 为低电平，VT 饱和导通。

(3) $\overline{R_D}=1, V_{TH}<\frac{2}{3}V_{CC}, V_{\overline{TR}}>\frac{1}{3}V_{CC}$ 时，比较器 C_1 和 C_2 输出均为高电平，RS 触发器保持原来的状态不变，因此 V_O、VT 也保持原来的状态不变。

(4) $\overline{R_D}=1, V_{TH}<\frac{2}{3}V_{CC}, V_{\overline{TR}}<\frac{1}{3}V_{CC}$ 时，比较器 C_1 输出高电平，比较器 C_2 输出低电平，$\bar{Q}=0, Q=1, V_O$ 为高电平，VT 截止。

(5) $\overline{R_D}=1, V_{TH}>\frac{2}{3}V_{CC}, V_{\overline{TR}}<\frac{1}{3}V_{CC}$ 时，比较器 C_1 输出低电平，比较器 C_2 输出低电平，$\bar{Q}=1, Q=0, V_O$ 为高电平，VT 截止。

5.2 施密特触发器

5.2.1 概述

施密特触发器(Schmitt trigger)是脉冲波形变换中经常使用的一种电路，主要用于把变化缓慢的信号波形变换为边沿陡峭的矩形波。其特点如下：

(1) 电路有两种稳定状态。两种稳定状态的维持和转换完全取决于外加触发信号，触发方式为电平触发。

(2) 滞回特性，即对于正向和负向变化的输入信号，分别有不同的临界阈值电压。即电路有两个转换电平(上限触发转换电平 UT_+ 和下限触发转换电平 UT_-)。

(3) 电平触发，即当输入信号达到一定的电压值时，输出电压会发生突变。这一特点对于缓慢变化的信号仍然适用。因此，施密特触发器是一种受输入信号电平直接控制的双稳态电路。

5.2.2 用 555 定时器组成施密特触发器

1. 电路组成

将 555 定时器的 TH(6)和 $\overline{\text{TR}}$(2)两个输入端连在一起作为信号输入端 VI，即可得到施密特触发器(见图 5-6(a))，波形及电压传输特性分别如图 5-6(b)、(c)所示。

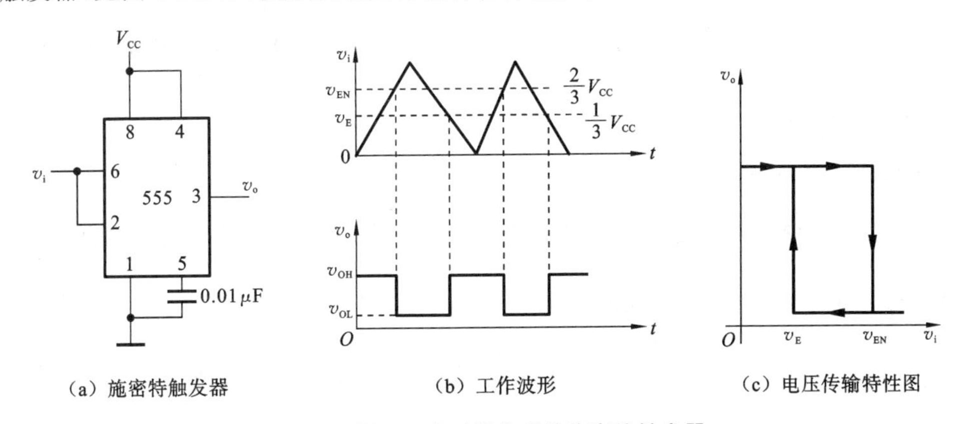

(a) 施密特触发器　　(b) 工作波形　　(c) 电压传输特性图

图 5-6　用 555 定时器构成的施密特触发器

由于比较器 C_1、C_2 的参考电压不同，因而 SR 锁存器的置 0 信号和置 1 信号必然发生在输入信号 v_i 的不同电平。因此，输出电压 v_o 由高电平变为低电平和由低电平变为高电平所对应的 v_i 值也不相同，这样就形成施密特触发电压传输特性。

为提高比较器参考电压 V_{R1} 和 V_{R2} 的稳定性，通常在 V_{CO} 端接有 0.01 μF 左右的滤波电容。

2. Multisim 仿真

在 Multisim 软件中，从 Mixed 库中调 555 定时器，Source 库中调 VCC、信号源 V1(设置为 5 V/200 Hz)及虚拟示波器等元器件，并连线构建仿真电路，如图 5-7(a)所示。

启动仿真，观察由 555 定时器组成施密特触发器在 Multisim 仿真时输出 Y 的波形与输入 A 的波形之间的关系，如图 5-7(b)所示。

从仿真结果可知，555 定时器构成的施密特触发器将边沿变化缓慢的正弦周期信号变换成矩形脉冲波。

3. 工作原理

1) 输入 A 上升阶段

当输入电压 $v_i < \frac{1}{3}V_{CC}$ 时，电压比较器的输出 $v_{C_1}=1$，$v_{C_2}=0$，基本 RS 触发器 $Q=1$，故输

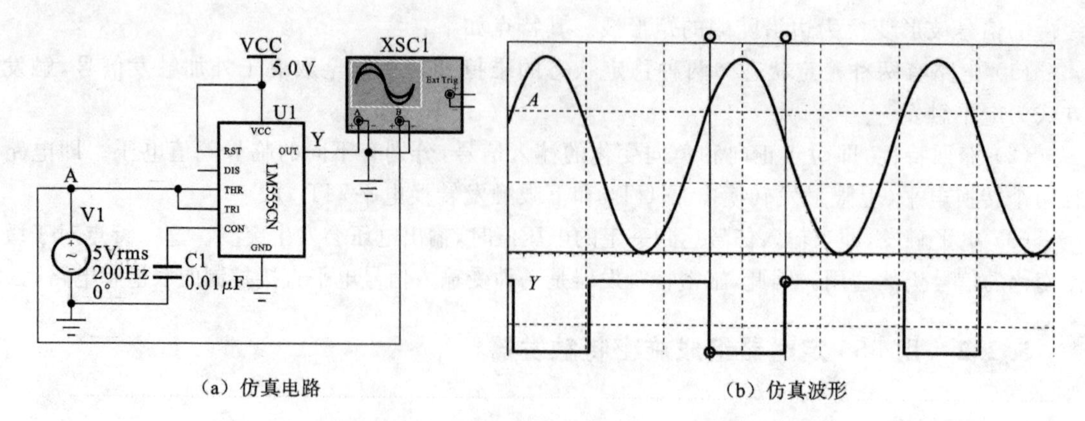

（a）仿真电路

（b）仿真波形

图 5-7　用 555 定时器构成施密特触发器的仿真电路及波形

出 $v_o=V_{OH}$；当$\frac{1}{3}V_{CC}<v_i<\frac{2}{3}V_{CC}$时，$v_{C_1}=v_{C_2}=1$，故 $v_o=V_{OH}$保持不变；当 $v_i>\frac{2}{3}V_{CC}$以后，$v_{C_1}=0$，$v_{C_2}=1$，$Q=0$，故 $v_o=V_{OL}$。因此，在 v_i 上升到$\frac{2}{3}V_{CC}$时，v_o 从高电平翻转为低电平，正向阈值电压 $V_{T+}=\frac{2}{3}V_{CC}$。

2）输入 A 下降阶段

当输入电压 v_i 由高电平逐步下降，且$\frac{1}{3}V_{CC}<v_i<\frac{2}{3}V_{CC}$时，电压比较器的输出 $v_{C_1}=v_{C_2}=1$，$v_o=V_{OL}$保持不变；当 $v_i<\frac{1}{3}V_{CC}$时，$v_{C_1}=1$，$v_{C_2}=0$，$Q=1$，故 $v_o=V_{OH}$。

因此，当 v_i 下降到$\frac{1}{3}V_{CC}$时，v_o 又从低电平翻转为高电平。负向阈值电压 $V_{T-}=\frac{1}{3}V_{CC}$。

由此得到电路的回差电压为：$\Delta V_T=V_{T+}-V_{T-}=\frac{1}{3}V_{CC}$。

3）滞回特性及主要参数

（1）滞回特性。

图 5-6(c)是一个典型的反相输出施密特触发电压传输特性图。虽然当 v_i 由 0 上升到$\frac{2}{3}V_{CC}$时，v_o 由 V_{OH}跳变到 V_{OL}，但是 v_i 由 V_{CC}下降到$\frac{2}{3}V_{CC}$时，$v_o=V_{OL}$却不改变，只有当 v_i 下降到$\frac{1}{3}V_{CC}$时，v_o 才会由 V_{OL}跳变回到 V_{OH}。

（2）主要参数。

如果参考电压由外接的电压 V_{CC}供给，则不难看出：$V_{T+}=V_{C0}$，$V_{T-}=\frac{1}{2}V_{C0}$，$\Delta V_T=\frac{1}{2}V_{C0}$。

通过改变 V_{C0}值可以调节回差电压的大小。

① 上限阈值电压 V_{T+}。

在 v_i 上升过程中，施密特触发器状态翻转，输出电压 v_o 由高电平 V_{OH}跳变到低电平 V_{OL}时，所对应的输入电压的值称为上限阈值电压，并用 V_{T+}表示。在图 5-6 中，$V_{T+}=\frac{2}{3}V_{CC}$。

② 下限阈值电压 V_{T-}。

在 v_i 下降过程中，施密特触发器状态更新，输出电压 v_o 由低电平 V_{OL} 跳变到高电平 V_{OH} 时，所对应的输入电压值称为下限阈值电压，用 V_{T-} 表示。在图 5-6 中，$V_{T-}=\frac{1}{3}V_{CC}$。

③ 回差电压 ΔV_T。

回差电压又称滞回电压，定义为：$\Delta V_T=V_{T+}-V_{T-}$。在图 5-6 中，$\Delta V_T=V_{T+}-V_{T-}=\frac{2}{3}V_{CC}-\frac{1}{3}V_{CC}=\frac{1}{3}V_{CC}$。

若在控制端 V_C(5) 外加电压，则有 $V_{T+}=V_S$，$V_{T-}=\frac{V_S}{2}$，$\Delta V_T=\frac{V_S}{2}$，改变 V_S，它们的值也随之改变。

4. 施密特触发器测试

(1) 用 555 定时器构建施密特触发器测试电路，如图 5-8 所示。

(2) 被整形变换的电压信号为正弦波 V_S，由音频信号源提供，V_S 的频率为 1 kHz，用示波器显示并画出 V_S、V_I、V_O 波形。测绘电压传输特性，算出回差电压 ΔV_T。

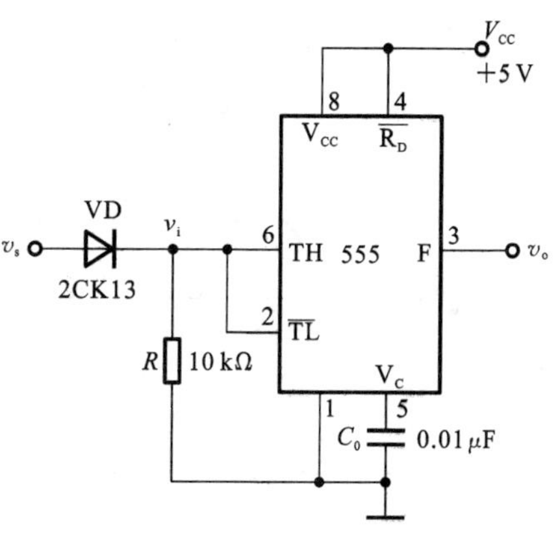

图 5-8 施密特触发器测试电路

5.2.3 施密特触发器的应用

1. 波形变换

利用施密特触发器状态转换过程中的正反馈作用，可以把边沿变化缓慢的周期性信号变换为边沿很陡的矩形脉冲信号，如图 5-9 所示。

2. 脉冲鉴幅

利用施密特触发器可以进行脉冲鉴幅，即幅度不同、不规则的脉冲信号施加到施密特触发器的输入端时，能选择幅度大于预设值的脉冲信号进行输出，如图 5-10 所示。

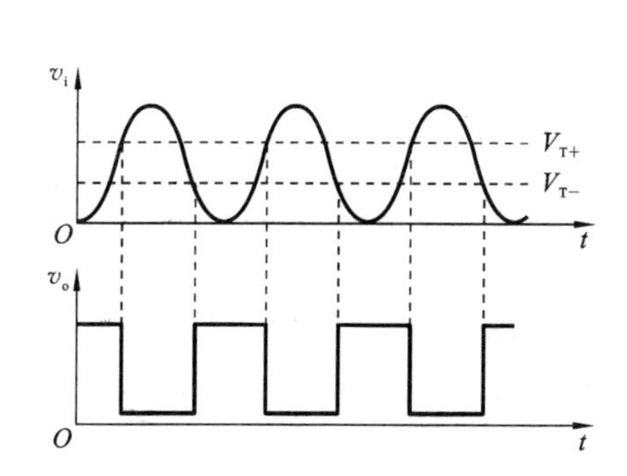

图 5-9 利用施密特触发器进行波形变换

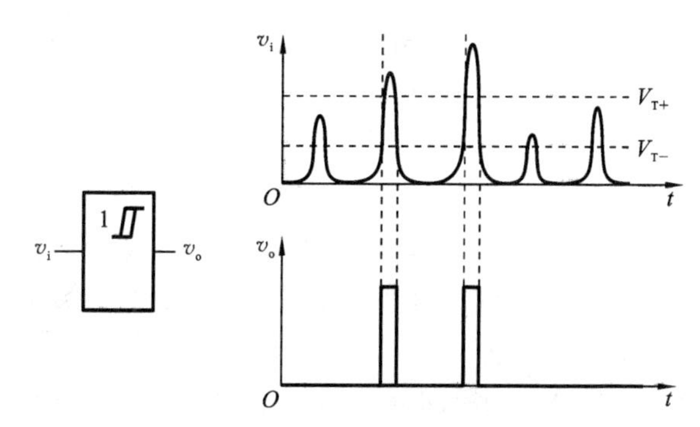

图 5-10 利用施密特触发器进行脉冲鉴幅

3. 脉冲波的整形

在数字系统中，矩形脉冲在传输中经常发生波形畸变，出现上升沿和下降沿不理想的情况，可用施密特触发器整形后，获得较理想的矩形脉冲。图 5-11 给出了几种常见的情况。当传输线上的电容较大时，波形的上升沿和下降沿将明显变坏，如图 5-11(a)所示。当传输线较长，而且接收端的阻抗与传输线的阻抗不匹配时，在波形的上升沿和下降沿将产生振荡现象，如图 5-11(b)所示。无论出现上述的哪一种情况，都可以通过用施密特触发器整形而获得比较理想的矩形脉冲波形。

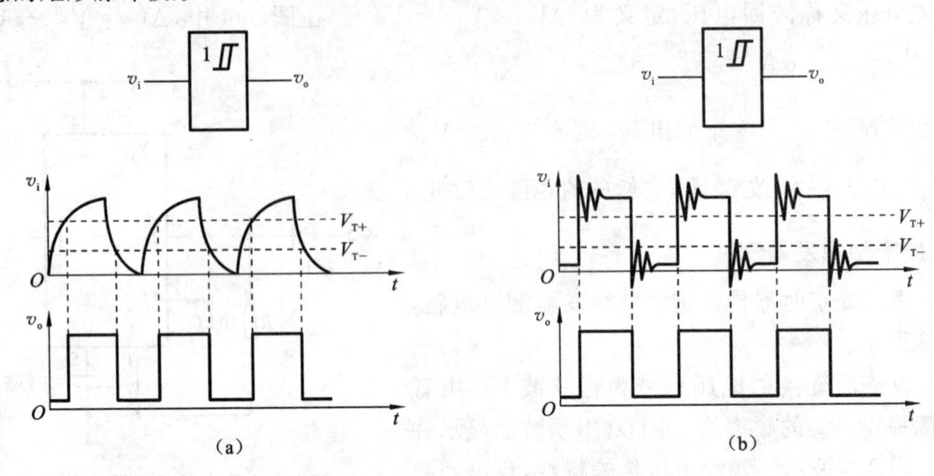

图 5-11 利用施密特触发器进行脉冲整形

5.3 单稳态电路

利用这些特点不仅能将边沿变化缓慢的信号波形整形为边沿陡峭的矩形波，而且可以将叠加在矩形脉冲高、低电平上的噪声有效地清除掉。

5.3.1 概述

在数字电路中除了具有两个稳定的状态触发器外，还有一种只有一个稳定状态的电路，即单稳态触发器(monostable multivibrator，或称 One-shot)。

单稳态触发器具有如下特点：

(1) 具有稳态和暂稳态两种不同的工作状态，在没有触发脉冲作用时，电路处于稳态。

(2) 可在外加触发信号作用下暂时离开稳态而形成一个暂稳态，电路能从稳态翻转到暂稳态，在暂稳态维持一段时间以后，再自动返回稳态。

(3) 暂稳态维持时间长短取决于 RC 的参数值，而与触发信号无关。即触发脉冲未加入前，电路处于稳态。此时，可以测得各门的输入和输出电位。触发脉冲加入后，电路立刻进入暂稳态，暂稳态的时间，即输出脉冲的宽度 t_w 只取决于 RC 数值的大小，与触发脉冲无关。

5.3.2 用 555 定时器组成单稳态触发器

1. 电路组成

若以 555 定时器的 v_{I2} 端作为触发信号的输入端，并将由 VT_D 和 R 组成的反相器输出电

压 v_{OD} 接至 v_{I1} 端，同时在 v_{I1} 对地接入电容 C，就构成了如图 5-12(a)所示的单稳态触发器电路。

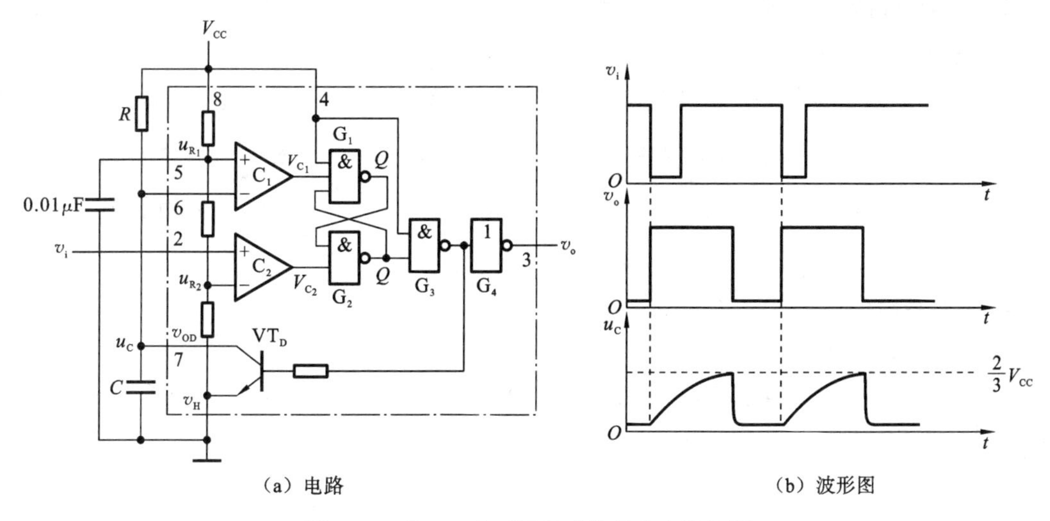

(a) 电路 (b) 波形图

图 5-12 用 555 定时器构成的单稳态触发器

2. Multisim 仿真

在 Multisim 软件中，从 Mixed 库中调 555 定时器，Source 库中调 VCC、信号源 V1(设置为 5 V/50 Hz)，Basic 库中调电阻、电容及虚拟示波器等元器件，并连线构建仿真电路，如图 5-13(a)所示。

启动仿真，观察由 555 定时器组成单稳态触发器在 Multisim 仿真时输出 Y 的波形与输入 A 的波形之间的关系，如图 5-13(b)所示。从仿真结果可知，在外加负载脉冲出现之前，输出电压一直处于低电位。在 $t=N$ 时刻加入负脉冲后，输出电压突跳到高电位。输出电压处于高电位的时间间隔(暂稳态时间)取决于外部连接的电阻-电容网络，与输入脉冲宽度无关。

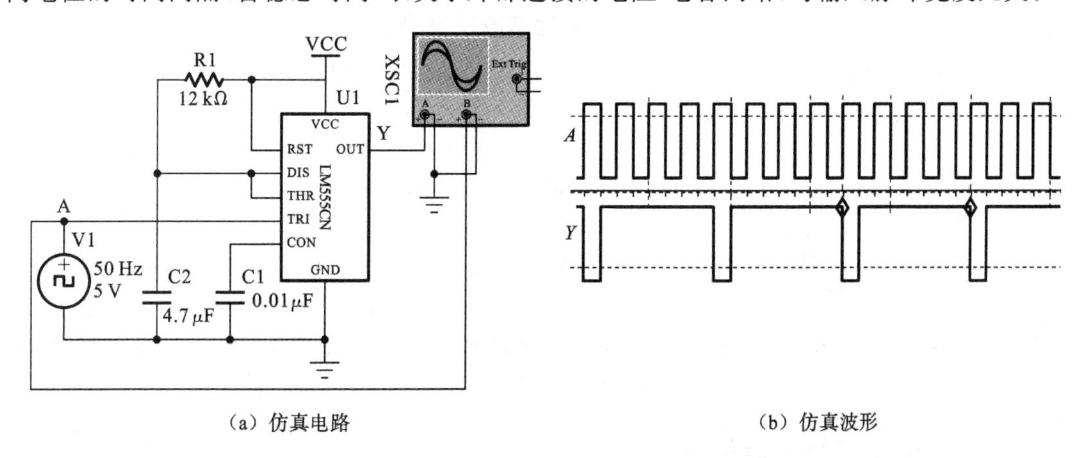

(a) 仿真电路 (b) 仿真波形

图 5-13 用 555 定时器构成的单稳态触发器的仿真电路及仿真波形

3. 工作原理

(1) 稳态：触发信号 V_i 为高电平。电路处于稳定状态，根据 555 定时器工作原理可知，输出 $V_o=0$。

（2）暂稳态：外加触发信号 V_i 的下降沿到达，且 $v_i<\frac{1}{3}V_{CC}$，电压比较器 C_2 的输出 $u_{C2}=0$，基本 RS 触发器置 1，因此 $v_o=1$。与此同时，VT_D 截止，V_{CC} 经 R 开始向电容 C 充电，电路进入暂稳态。

（3）自动返回稳定状态：随着电容 C 的充电，当电容电压上升至 $\frac{2}{3}V_{CC}$ 时，输出电压 v_o 由高电平跳变为低电平，555 定时器内放电三极管 VT_D 由截止转为饱和导通，管脚 7“接地”变成 0。电容 C 经三极管对地迅速放电，电容电压 u_C 由 $\frac{2}{3}V_{CC}$ 迅速降至 0 V，电路由暂稳态返回至稳定状态。

4. 主要参数的估算

1）输出脉冲宽度 t_w

由工作原理分析可知，输出脉冲宽度等于暂稳态时间，也就是定时电容 C 的充电时间。由图 5-12 所示的工作波形不难看出：

$$u_C(0^+)\approx 0,\quad u_C(\infty)=V_{CC},\quad u_C(t_w)=\frac{2}{3}V_{CC}$$

将其代入 RC 电路暂态过程计算公式，可得

$$t_w=\tau_1\ln\frac{u_C(\infty)-u_C(0^+)}{u_C(\infty)-u_C(t_W)}=RC\ln\frac{V_{CC}-0}{V_{CC}-\frac{2}{3}V_{CC}}=RC\ln 3=1.1RC \tag{5-1}$$

从上式可知，单稳态触发器输出脉冲宽度 t_W 仅取决于定时元件 R、C 的取值，与输入触发信号和电源电压无关，调节 R、C 即可以改变 t_W。

2）恢复时间 t_{re}

恢复时间 t_{re} 是暂稳态结束后，定时电容 C 经饱和导通的晶体管 VT_D 放电的时间，一般取 $t_{re}=3\tau_2\sim 5\tau_2$，即认为经过 3～5 倍时间常数，电容便放电完毕。由于 $\tau_2=R_{CES}C$，而 R_{CES} 很小，所以 t_{re} 极短。

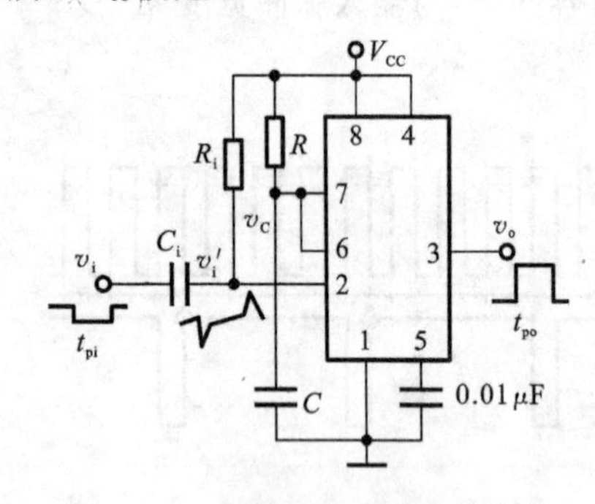

图 5-14　单稳态触发器测试电路

5. 单稳态触发器测试

（1）用 555 定时器构建单稳态触发器测试电路，如图 5-14 所示。

图中 R、C 构成输入回路的微分环节，用以使输入信号的负脉冲宽度限制在允许的范围内；通过微分环节，可使尖脉冲宽度小于单稳态触发器的输出脉冲宽度。

（2）被整形变换的电压信号为正弦波，输入 1 kHz 连续脉冲，用示波器观察 v_i、v_C 及 v_o 的波形，并记录之。

（3）改变 R 或 C 的值，试用示波器分别测出脉宽，并与理论计算值相比较。

5.3.3　单稳态触发器的应用

利用单稳态触发器的特性可以实现脉冲整形、脉冲定时等功能。

1. 脉冲整形

利用单稳态触发器能产生一定宽度的脉冲这一特性，可以将过窄或过宽的输入脉冲整形

成固定宽度的脉冲输出。如图 5-15 所示的不规则输入波形，经单稳态触发器处理后，便可得到固定宽度、固定幅度的波形。

2. 脉冲定时

若将单稳态触发器的输出 v_O 接至与门的一个输入脚，与门的另一个输入脚输入高频脉冲序列 V_f。单稳态触发器在输入负向窄脉冲到来时开始翻转，与门开启，允许高频脉冲序列通过与门从其输出端 V_{AND} 输出。经过 t_{po} 定时时间后，单稳态触发器恢复稳态，与门关闭，禁止高频脉冲序列输出。由此实现了高频脉冲序列的定时选通功能，工作波形如图 5-16 所示。

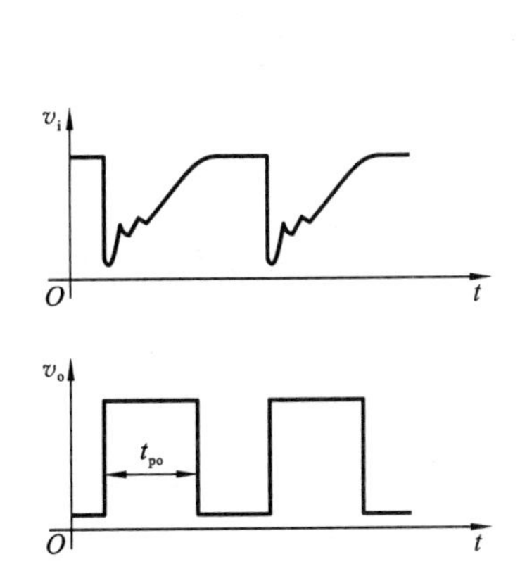

图 5-15 利用单稳态触发器进行脉冲整形

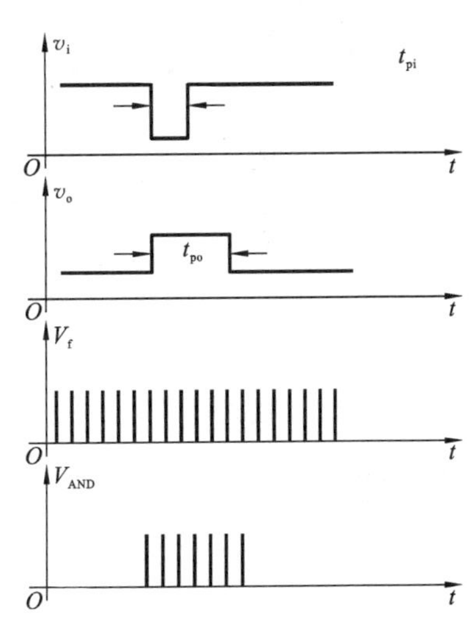

图 5-16 利用单稳态触发器进行脉冲定时

5.4 多谐振荡器

5.4.1 概述

多谐振荡器(multivibrator)是一种自激振荡电路，在接通电源以后，不需要外加触发信号，便能自动地产生矩形脉冲。由于矩形波中含有丰富的高次谐波分量，所以习惯上又将矩形波振荡器称为多谐振荡器。多谐振荡器有两个暂稳态，无稳定状态，暂稳态的状态转换一般取决于 RC 电路充放电的电平变化(晶体振荡器例外)。

多谐振荡器可用集成 TTL/COMS 门电路加 RC 电路组成；采用集成施密特触发器或 555 时基电路构成多谐振荡器更方便；对频率稳定度要求较高的场合，常采用石英晶体构成多谐振荡器；而对于重复频率随时改变的场合采用压控振荡器方便些。

5.4.2 用 555 定时器组成多谐振荡器

1. 电路组成

图 5-17(a)所示的为由 555 定时器构成的多谐振荡器。电阻 R_1、R_2 和电容 C 是外接定时

元件。定时器555的2端和6端连接起来接到R_2、C的连接处，定时器555的7端接到电阻R_1、R_2的连接处。从图中可以看出电源V_{CC}经过电阻R_1、R_2和电容C到地构成RC充电回路；电容C经过R_2及555内部的VT_O构成放电回路。

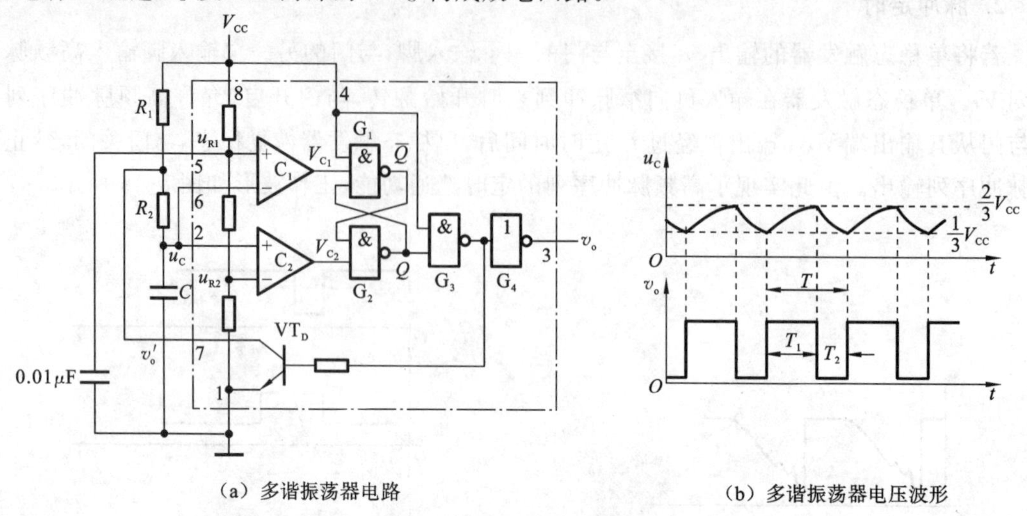

(a) 多谐振荡器电路　　(b) 多谐振荡器电压波形

图5-17　由555定时器构成的多谐振荡器电路及电压波形

2. Multisim仿真

在Multisim软件中，从Mixed库中调555定时器，Source库中调VCC，Basic库中调电阻、电容及虚拟示波器等元器件，并连线构建仿真电路，如图5-18(a)所示。

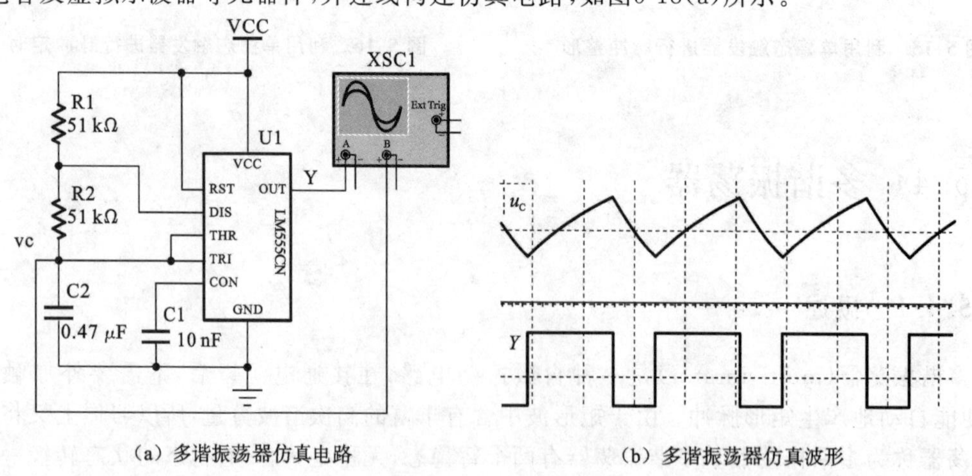

(a) 多谐振荡器仿真电路　　(b) 多谐振荡器仿真波形

图5-18　由555定时器构成的多谐振荡器仿真电路及仿真波形

启动仿真，观察由555定时器构成的多谐振荡器在Multisim仿真时输出Y的波形与电容u_C的波形之间的关系，如图5-18(b)所示。

从仿真结果可知，输出电压Y是周期性脉冲序列。电容C的电压随电容充电、放电周期性变化。

3. 工作原理

当接通电源以后，因为电容上的初始电压为零，所以输出为高电平，电源V_{CC}经电阻R_1、R_2向电容C充电，充电路径为$V_{CC}\to R_1\to R_2\to C\to$地，充电时间常数为$\tau=(R_1+R_2)C$。当充

电到输入电压为 $u_i=V_{T+}$ 时，输出跳变为低电平，电容 C 又经过电阻 R_2 开始放电，放电路径为 $C\rightarrow R_2\rightarrow VT_D\rightarrow$ 地，放电时间常数为 $\tau=R_2C$。当放电至 $u_i=V_{T-}$ 时，输出电位又跳变成高电平，电容 C 重新开始充电。周而复始，使电路产生振荡。电容 C 的电压在 $\frac{1}{3}V_{CC}$ 和 $\frac{2}{3}V_{CC}$ 之间变化，电容 C 不断充电和放电，其波形如图 5-17(b)所示。输出信号的时间参数为

$$T=T_1+T_2,\quad T_1=0.7(R_1+R_2)C,\quad T_2=0.7R_2C$$

由 555 定时器构成的多谐振荡器电路要求 R_1 与 R_2 均应大于或等于 1 kΩ，但 R_1+R_2 应小于或等于 3.3 MΩ。外部元件的稳定性决定了多谐振荡器的稳定性，555 定时器配以少量的元件即可获得较高精度的振荡频率和具有较强的功率输出能力。因此，这种形式的多谐振荡器应用很广。

4. 振荡频率的估算

由图 5-17(b)中 v_C 的波形求得电容 C 的充电时间 T_1 和放电时间 T_2 各为

$$T_1=(R_1+R_2)C\ln\frac{V_{CC}-V_{T-}}{V_{CC}-V_{T+}}=(R_1+R_2)C\ln 2 \tag{5-2}$$

$$T_2=R_2C\ln\frac{0-V_{T+}}{0-V_{T-}}=R_2C\ln 2 \tag{5-3}$$

式中：$V_{T-}=\frac{1}{3}V_{CC}$；$V_{T+}=\frac{2}{3}V_{CC}$。

电路的振荡周期为

$$T=(T_1+T_2)=(R_1+2R_2)C\ln 2=0.7(R_1+2R_2)C \tag{5-4}$$

振荡频率为

$$f=\frac{1}{T}=\frac{1}{(R_1+2R_2)C\ln 2} \tag{5-5}$$

通过改变 R 和 C 的参数即可改变振荡频率。由 555 定时器构成的多谐振荡器最高振荡频率约为 500 kHz，因此由 555 定时器构成的多谐振荡器在频率范围方面具有较大的局限性，高频的多谐振荡器仍然需要由高速门电路构成。

5. 占空比可调电路

由式(5-2)和式(5-3)求出输出脉冲的占空比为

$$q=\frac{T_1}{T}=\frac{R_1+R_2}{R_1+2R_2} \tag{5-6}$$

上式说明，图 5-17 所示的电路输出脉冲的占空比始终大于 50%。为了得到小于或等于 50%的占空比，可以采用如图 5-19 所示的改进电路。由于接入了二极管 VD_1 和 VD_2，电容的充电电流和放电电流流经不同的路径，充电电流只流经 R_1，放电电流只流经 R_2，因此电容 C 的充电时间变为

$$T_1=R_1C\ln 2$$

放电时间为

$$T_2=2R_2C\ln 2$$

故得输出脉冲的占空比为

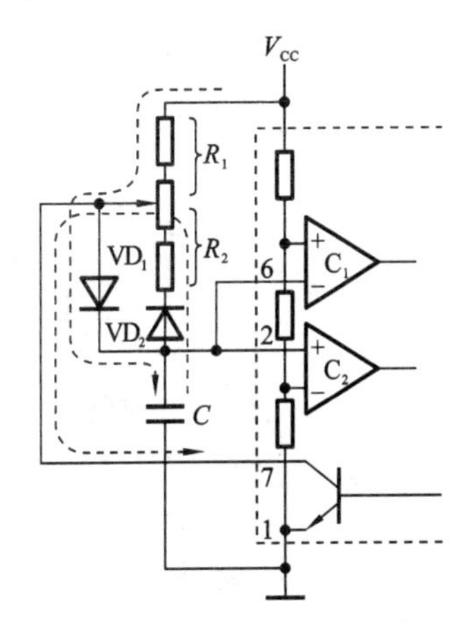

图 5-19 由 555 定时器构成的占空比可调的多谐振荡器

$$q=\frac{R_1}{R_1+R_2} \tag{5-7}$$

若取 $R_1=R_2$,则 $q=50\%$。

图 5-19 所示的电路的振荡周期也相应地变成

$$T=(T_1+T_2)=(R_1+2R_2)C\ln 2 \tag{5-8}$$

【例 5-1】 试用 555 定时器设计一个多谐振荡器,要求振荡周期为 1 s,输出脉冲幅度大于 3 V 而小于 5 V,输出脉冲的占空比 $q=2/3$。

解 由 555 定时器的特性参数可知,当电源电压取为 5 V 时,在 100 mA 的输出电流下输出电压的典型值为 3.3 V,所以取 $V_{CC}=5$ V 可以满足对输出脉冲幅度的要求。若采用图 5-18(a)所示的电路,则据式(5-6)可知

$$q=\frac{R_1+R_2}{R_1+2R_2}=\frac{2}{3}$$

故得到 $R_1=R_2$。

又由式(5-8)可知

$$T=(R_1+2R_2)C\ln 2=1$$

若取 $C=10\ \mu$F,则代入上式得到

$$3R_1C\ln 2=1$$

$$R_1=\frac{1}{2C\ln 2}=\frac{1}{3\times 10^{-5}\times 0.69}\ \Omega=48\ \text{k}\Omega$$

因 $R_1=R_2$,所以取两只 47 kΩ 的电阻与一个 2 kΩ 的电位器串联,即得到图 5-20 所示的计算结果。

6. 用 555 定时器构建多谐振荡器测试

(1) 用 555 定时器构建多谐振荡器测试电路,如图 5-21 所示。

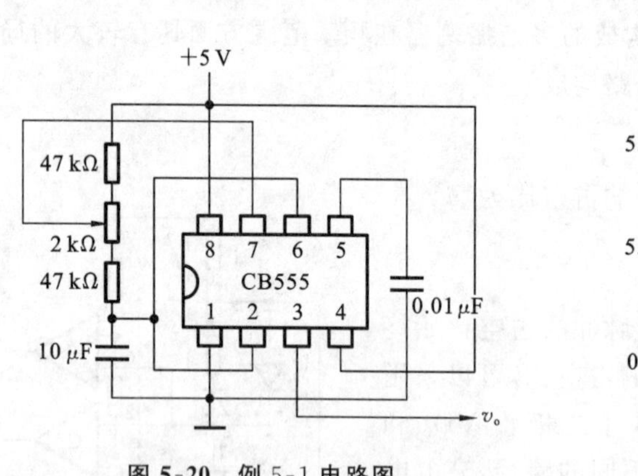

图 5-20 例 5-1 电路图

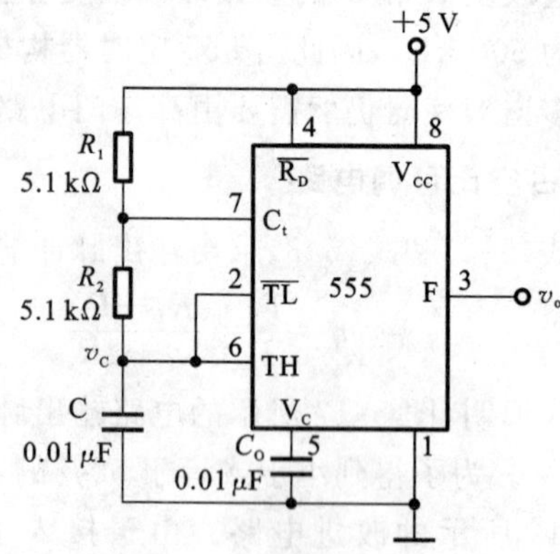

图 5-21 测试电路

(2) 用示波器显示并画出输出 v_o 波形,并计算频率。

5.4.3 石英晶体多谐振荡器和用施密特触发器构成的多谐振荡器

1. 石英晶体多谐振荡器

在许多应用场合下都对多谐振荡器的振荡频率稳定性有严格的要求。例如,在将多谐

振荡器作为数字钟的脉冲源使用时，它的频率稳定性直接影响着计时的准确性。在这种情况下，前面所讲的几种多谐振荡器电路难以满足要求，因为在这些振荡器中振荡频率主要取决于输入电压在充、放电过程中达到转换电平所需要的时间，所以频率稳定性不可能很高。

不难看到：第一，这些振荡器中转换电平本身就不够稳定，容易受电源电压和温度变化的影响；第二，这些电路的工作方式容易受干扰，造成电路状态转换时间的提前或滞后；第三，在电路状态临近转换时电容的充、放电已经比较缓慢，在这种情况下，转换电平微小的变化或轻微的干扰都会严重影响振荡周期。因此，在对频率稳定性有较高要求时，必须采取稳频措施。

目前普遍采用的一种稳频方法是在多谐振荡器电路中接入石英晶体而组成石英晶体多谐振荡器，图 5-22 所示的是石英晶体的符号和电抗频率特性。将石英晶体与对称式多谐振荡器中的耦合电容串联起来，就组成如图 5-23 所示的石英晶体多谐振荡器。

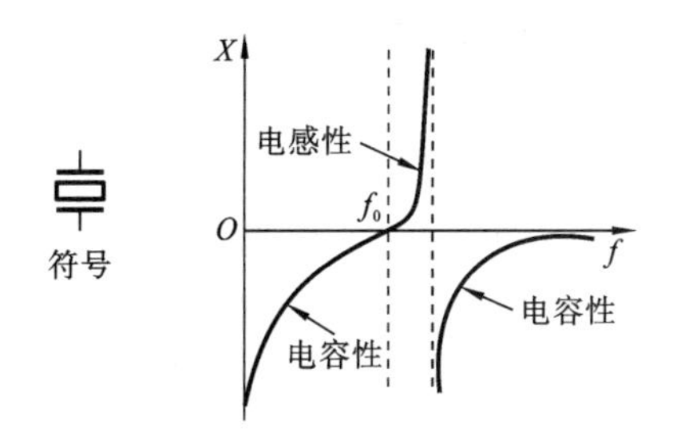

图 5-22　石英晶体的符号和电抗频率特性

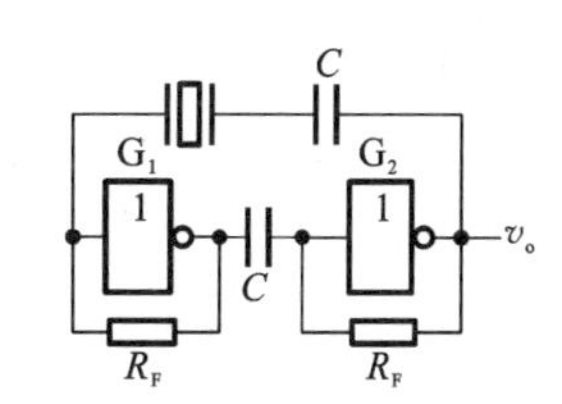

图 5-23　石英晶体多谐振荡器

由石英晶体的电抗频率特性可知，当外加电压的频率为 f_0 时它的阻抗最小，所以把它接入多谐振荡器的正反馈环路中以后，频率为 f_0 的电压信号最容易通过它，并在电路中形成正反馈，而其他频率信号经过石英晶体时被衰减。因此，振荡器的工作频率也必然是 f_0。

由此可见，石英晶体多谐振荡器的振荡频率取决于石英晶体的固有谐振频率 f_0，而与外接电阻、电容无关。石英晶体的谐振频率由石英晶体的结晶方向和外形尺寸所决定，具有极高的频率稳定性。它的频率稳定度（$\Delta f_0/f_0$）可达 $10^{-11}\sim10^{-10}$，足以满足大多数数字系统对频率稳定度的要求。具有各种谐振频率的石英晶体已被制成标准化和系列化的产品出售。

在图 5-23 所示的电路中，若取 TTL 电路 7404 作为 G_1 和 G_2 的反相器，$R_F=1\ \text{k}\Omega$，$C=0.05\ \mu\text{F}$，则其工作频率可达几十兆赫。

在非对称式多谐振荡器电路中，也可以接入石英晶体构成石英晶体多谐振荡器以达到稳定频率的目的。电路的振荡频率同样也等于石英晶体的谐振频率，与外接电阻和电容的参数无关。

2. 用施密特触发器构成的多谐振荡器

用施密特触发器构成的多谐振荡器如图 5-24 所示。

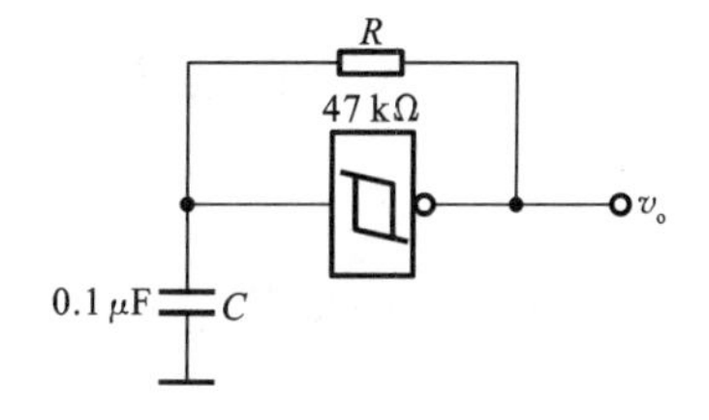

图 5-24　多谐振荡

5.4.4　多谐振荡器的应用

利用多谐振荡器可以实现秒信号发生器和模拟声响电路。

1. 秒信号发生器

图 5-25 是一个秒信号发生器的逻辑电路图。CMOS 石英晶体多谐振荡器产生 $f=32768$ Hz 的基准信号，经 15 级异步计数器分频后，便得到稳定度极高的秒脉冲信号，这种秒信号发生器可作为各种计时系统的基准信号源。

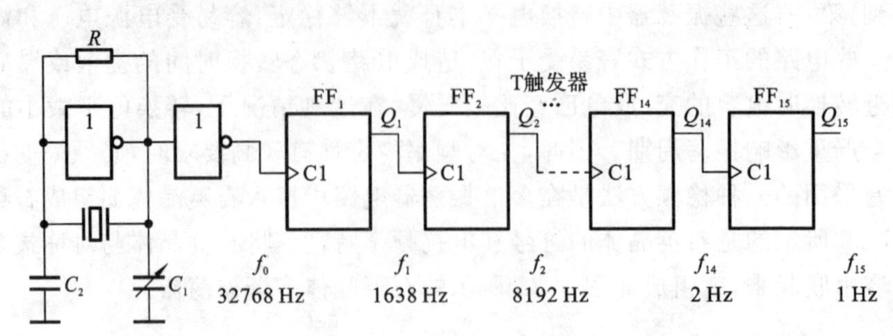

图 5-25 秒信号发生器

2. 模拟声响电路

图 5-26(a)所示的是用两个多谐振荡器构成的模拟声响电路，若调节定时元件 R_{A1}、R_{B1}、C_1，使振荡器Ⅰ的频率 $f=1$ Hz；调节 R_{A2}、R_{B2}、C_2，使振荡器Ⅱ的频率 $f=1000$ Hz，那么扬声器就会发出“呜……呜”的间歇声响。因为振荡器Ⅰ的输出电压 v_{o1} 接到振荡器Ⅱ中 555 定时器的复位端(4 脚)，当 v_{o1} 为高电平时Ⅱ振荡，为低电平时 555 复位，Ⅱ便停止振荡。图 5-26(b)所示的是电路的工作波形。

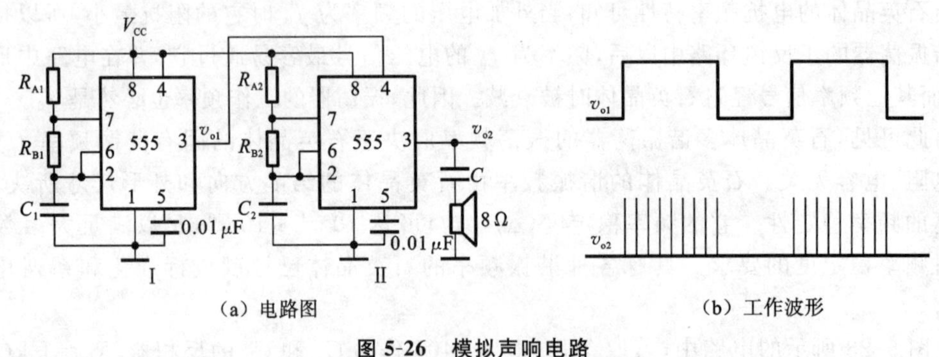

(a) 电路图 (b) 工作波形

图 5-26 模拟声响电路

5.5 双音电子门铃的设计与制作

5.5.1 任务描述

设计一个“叮咚”双音电子门铃电路，设置一个按钮开关。要求如下：

(1) 按下按钮时，发出频率较高的“叮”声。松开按钮时，发出频率较低的“咚”声。门铃的“叮咚”声的频率和声音持续的时间可调。

(2) 门铃声响起的同时点亮 LED。

5.5.2 构思——“双音电子门铃”控制电路设计方案

要实现“双音电子门铃”的功能，首先要明确设计要求，本次设计的双音电子门铃电路应由两种“叮、咚”音频输出的双音电子门铃控制电路和闪烁灯光电路组成，其实现框图如图5-27所示。

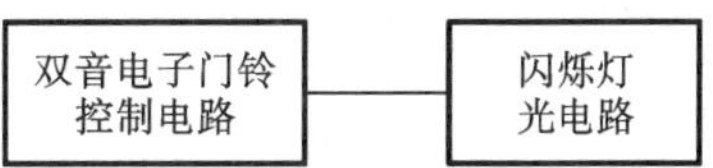

图5-27 双音电子门铃电路框图

其工作过程应为：按下开关时，门铃电路发出频率较高的“叮”声，两个发光二极管交替发光；松开按钮时，发出频率较低的“咚”声，两个发光二极管停止发光。

5.5.3 设计——“双音电子门铃”设计与仿真

根据“双音电子门铃”电路框图选择合适的单元电路实现“双音电子门铃”功能，可以对现有电路加以改进或创新。

1）双音电子门铃部分

用555定时器构成多谐振荡器是双音电子门铃的核心，其输出推动喇叭，如图5-28所示。

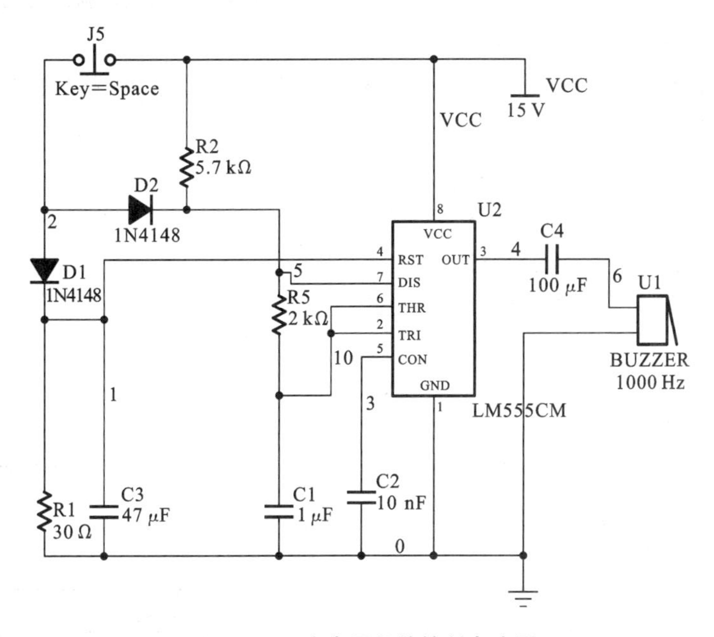

图5-28 双音电子门铃控制电路图

未按门铃按AN钮时，u_{C3}两端电压为零，555的R复位端有效、输出③脚为0，门铃不响。按下门铃AN，二极管正向导通，给电容C_3充电，使u_{C3}两端电压接近+5 V、$u_{RST}=1$，555芯片工作。按门铃AN的同时VD_1、VD_2导通，+5 V经过VD_1、VD_2、R_1、R_2向电容C_1充电。当充电至$u_{C1}\gg 2/3V_{CC}$时，555定时器置0，输出跳变为低电平；同时，泄放开关导通，电容C_1—电阻$R2$—⑦脚—地放电。当电容放电至$u_C\ll 1/3V_{CC}$时，555定时器置1，输出电位又跳变为高电平，同时电容C_1重新开始充电，重复上述过程。如此周而复始，电路产生振荡。松开门铃AN，二极管截止，C_3通过R_1产生放电回路。放电至1/3电源电压(即1.4 V)时，555复位，停止振荡。综上所述，静态时门铃不响，按下时按f_1频率响，扬声器发出“叮”的声音。松开时按

f_2 频率响，扬声器发出“咚”的声音，“咚”声余音的长短可通过改变 R_3（图中为定值电阻 R_1）的数值来改变。

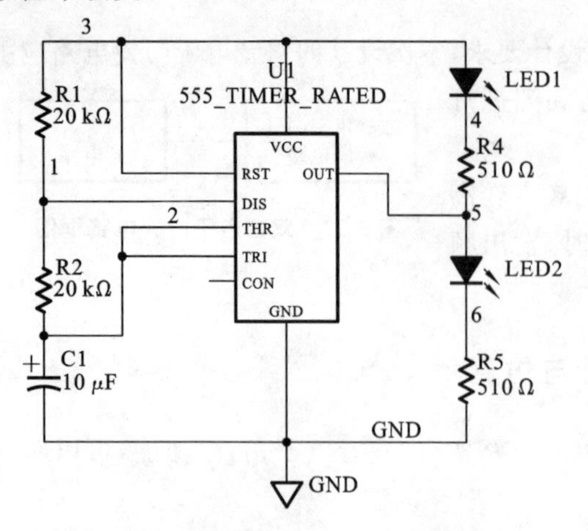

图 5-29　闪烁灯光电路图

按门铃 AN 时振荡频率：

$$f=1/(T_1+T_2)$$

$$T_1=0.693(R_1+R_2)C_1$$

$$T_2=0.693R_2C_1$$

松开门铃 AN 这段时间的振荡频率：

$$f=1/(T_1+T_2)$$

$$T_1=0.693(R_1+R_2)C_1$$

$$T_2=0.693R_2C_1$$

松开门铃 AN，门铃维持响的时间约为 $1.3R_3C_3$。

2）闪烁灯光电路设计

闪烁灯光电路由 555、C_1、R_4、R_5 共同组成，如图 5-29 所示。它们构成第二个多谐振荡器，③脚输出的高低电平驱动 LED1 与 LED2，使之轮流发光。其中 R_4、R_5 是保护电阻。

电路中最核心的部分就是两个多谐振荡器的 4 脚相连，通过 u_{C3} 来控制两个芯片的工作，从而实现声光同步。

3）总电路图

根据前面的设计，双音电子门铃的总电路图如图 5-30 所示。

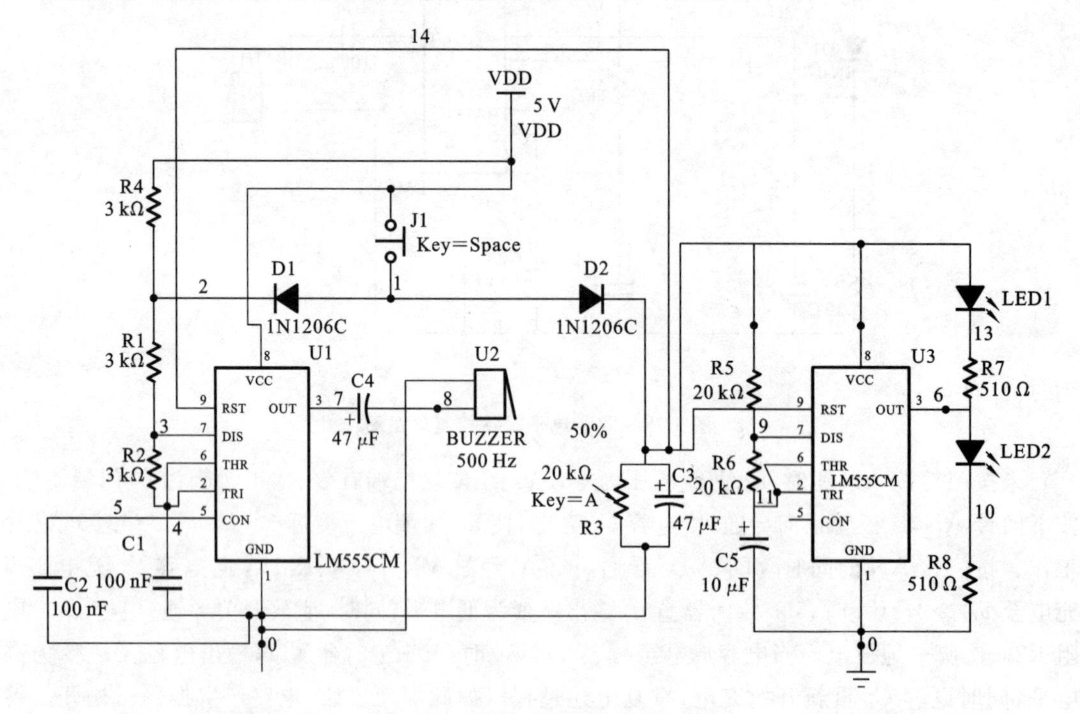

图 5-30　双音电子门铃总电路图

4）双音电子门铃的 Multisim 仿真

对图 5-31 所示的双音电子门铃电路在 Multisim 环境下进行仿真，观察输出显示仿真图形如图 5-32 和图 5-33 所示，可知该电路能实现双音电子门铃的功能。

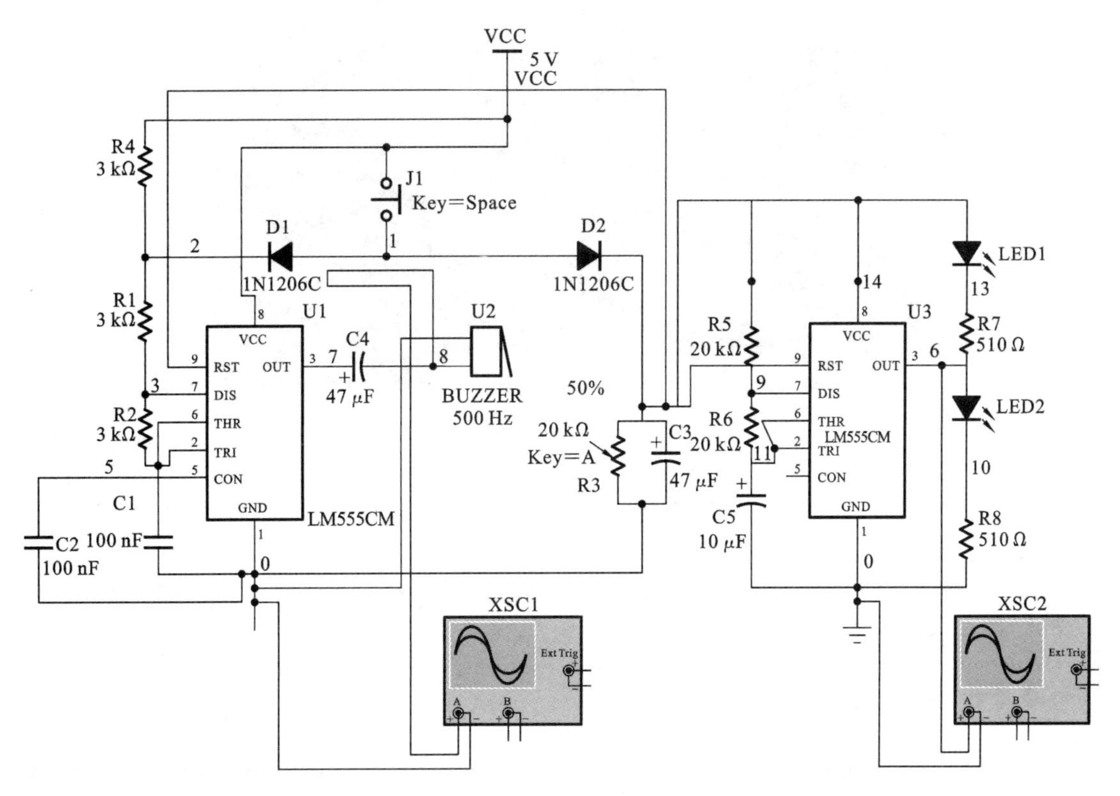

图 5-31 双音门铃仿真图

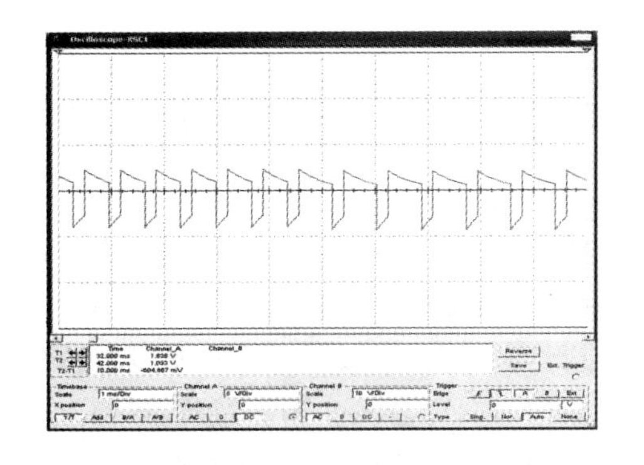

图 5-32 显示仿真图形 1

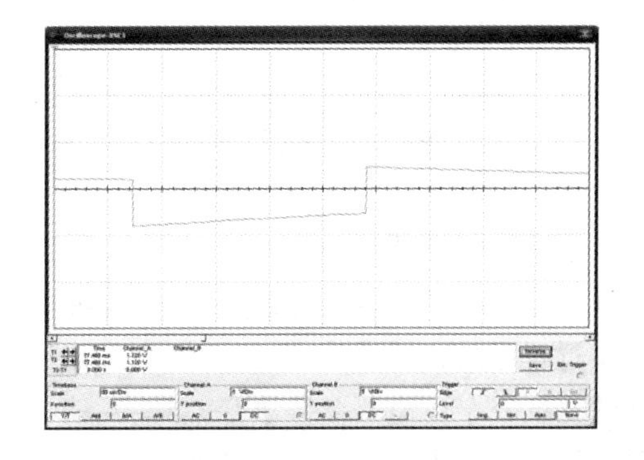

图 5-33 显示仿真图形 2

5.5.4 实现——双音电子门铃组装与调试

应按照原理图，合理布局元器件，安装的元器件要符合电路图的要求，并注意器件极性不要接错；布线得当，电路焊接可靠。组装后的双音电子门铃实物图如图 5-34 所示。

图 5-34　双音电子门铃实物图

5.5.5　运行——双音电子门铃的测试与性能分析

电路调试完毕，双音电子门铃可以正常工作了。按照设计要求进行测试，观察 LED 显示的变化，撰写设计报告，总结设计过程。

本章小结

555 定时器是集模拟和数字电路于一体的中规模集成电路，可产生精确的时间延迟和振荡，内部有 3 个 5 kΩ 的电阻分压器，故称 555 定时器。由于只要外接几个阻容元件，就可以组成多谐振荡器、施密特触发器和单稳态触发器，从而对脉冲进行产生、整形和变换。同时其电源范围宽、带负载能力强，因此 555 定时器得到了广泛应用。根据电源电压不同，555 定时器可以分为双极性和单极性(CMOS 型)两大类。555 定时器的电路结构由电阻分压器、电压比较器 C_1 和 C_2、基本 RS 触发器、放电管(集电极开路三极管 VT)和反相器 G_3 五部分组成。着重介绍了由 555 定时器组成施密特电路、单稳态电路和多谐振荡器的原理特性。

施密特触发器和单稳态触发器是最常用的两种整形电路，施密特触发器输出的高、低电平随输入信号电平的改变而改变，输出脉冲的宽度由输入信号决定。由于滞回特性和输出电平转换过程中的正反馈作用，使得输出电压波形的边沿得到了明显改善。单稳态触发器输出信号的宽度完全由电路参数决定，与输入信号无关，输入信号只起触发作用。因此，单稳态触发器可以用于产生固定宽度的脉冲信号。多谐振荡器是利用电容充电、放电的暂态过程而产生矩形脉冲信号的，它是一种自激脉冲振荡器，不需要外加输入信号，只要接通供电电源，就能自动地产生矩形脉冲信号。

获得矩形脉冲方法有两种：一是将已有的波形整形为矩形脉冲，用施密特触发器和单稳态触发器来实现；另一种是利用自激振荡电路直接产生矩形脉冲，用多谐振荡器来实现。

最后给出了双音电子门铃的设计和制作，有利于提高读者综合分析问题的能力和动手操作的能力。

习　　题

1. 选择题

(1) 常用脉冲波形的产生与变换电路有(　　)。

A. 施密特触发器　　B. 单稳态触发器　　C. D 触发器　　D. 多谐振荡器

(2) 下列不属于施密特触发器应用的是(　　)。

A. 波形变换　　B. 消除脉冲　　C. 脉冲波的整形　　D. 脉冲鉴幅

(3) 脉冲波形多种多样,下面不是实际脉冲信号的是(　　)。

A. 矩形脉冲　　B. 锯齿脉冲　　C. 梯形脉冲　　D. 冲激脉冲

(4) 施密特触发器、单稳态触发器和多谐振荡器均是产生(　　)脉冲。

A. 矩形脉冲　　B. 三角脉冲　　C. 锯齿脉冲　　D. 冲激脉冲

(5) 555 定时器中提高定时器带负载的能力和隔离负载对定时器的影响的是(　　)。

A. 分压器　　B. 电压比较器　　C. 输出缓冲器　　D. 晶体管开关

2. 填空题

(1) 脉冲电路是用来________________脉冲信号的电路。

(2) 根据电源电压不同,555 定时器可以分为________和________(CMOS 型)两大类。

(3) 施密特触发器有________稳定状态。

(4) 单稳态触发器具有________和________两种不同的工作状态。

(5) 多谐振荡器是一种________电路,在接通电源以后,不需要外加触发信号,便能自动地产生矩形脉冲。

3. 简述题

(1) 简述 555 定时器的应用有哪些。

(2) 简述 555 定时器的电路组成及各部分的功能。

(3) 简述 555 定时器的工作过程是怎样的。

(4) 简述施密特触发器、单稳态触发器、多谐振荡器各自的工作特点。

4. 分析题

(1) 试分析如何用 555 定时器组成单稳态电路的。

(2) 试分析如何用 555 定时器组成多谐振荡器的。

(3) 试分析如何用 555 定时器组成施密特触发电路的。

(4) 试分析多谐振荡器是如何产生矩形脉冲的。

5. 计算题

(1) 试用 555 定时器组成一个施密特触发器,要求:

① 画出电路接线图。

② 画出该施密特触发器的电压传输特性。

③ 若电源电压 V_{CC} 为 6 V,输入电压是以 $u_i = 6\sin\omega t$(V)为包络线的单相脉动波形,试画出相应的输出电压波形。

(2) 若反相输出的施密特触发器输入信号波形如图 5-35 所示，试画出输出信号的波形。施密特触发器的转换电平 V_{T+}、V_{T-} 已在输入信号波形图上标出。

(3) 在使用图 5-36 所示的由 555 定时器组成的单稳态触发器电路时，对触发脉冲的宽度有无限制？当输入脉冲的低电平持续时间过长时，电路应作何修改？

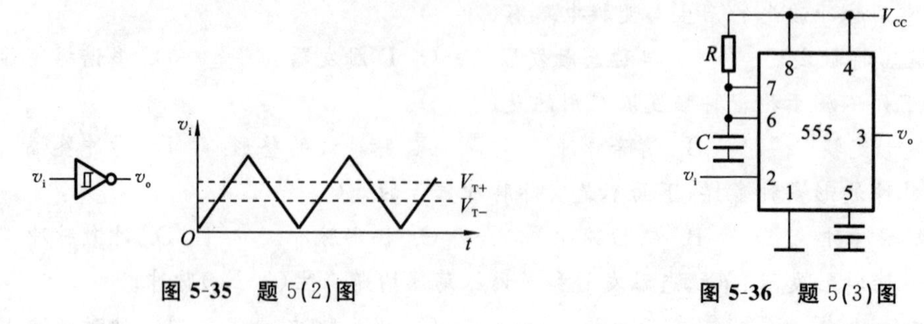

图 5-35　题 5(2)图　　　图 5-36　题 5(3)图

(4) 555 定时器应用电路如图 5-37(a)所示，若输入信号 v_i 如图 5-37(b)所示，请画出 v_o 的波形。

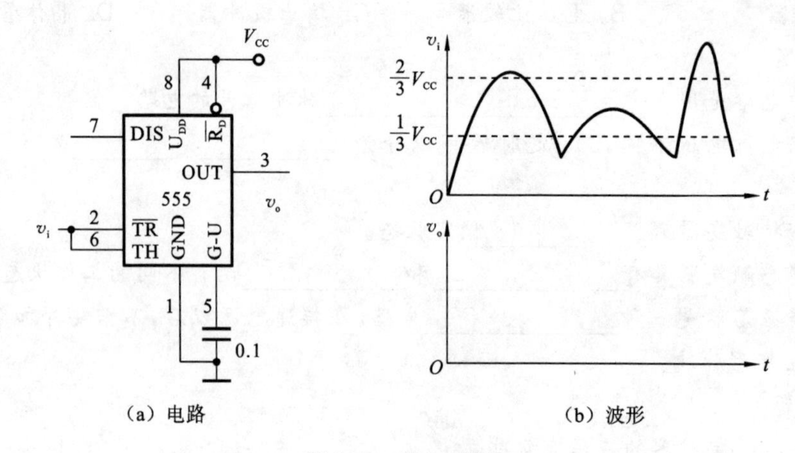

(a) 电路　　　(b) 波形

图 5-37　题 5(4)图

(5) 在图 5-38 所示的 555 定时器接成的施密特触发器电路中，试求：

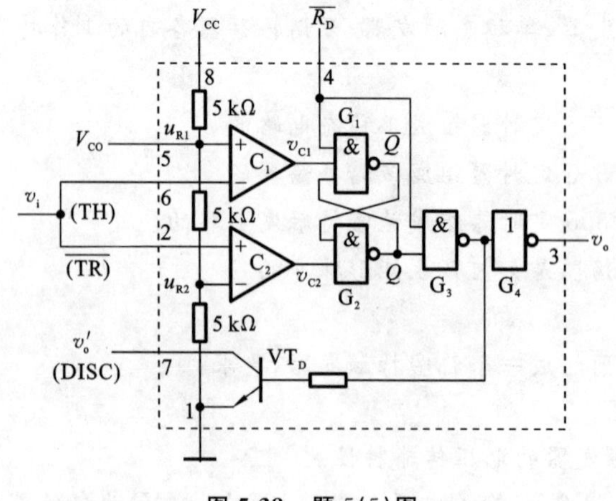

图 5-38　题 5(5)图

① 当 $V_{CC}=12\ V$，且没有外接控制电压时，V_{T+}、V_{T-}、ΔV_T 值各为多少？

② 当 $V_{CC}=9\ V$，外接控制电压 $V_{CO}=5\ V$ 时，V_{T+}、V_{T-}、ΔV_T 值各为多少？

(6) 图 5-39 所示的是由 555 定时器构成的施密特触发器用作光控路灯开关的电路图，分析其工作原理。

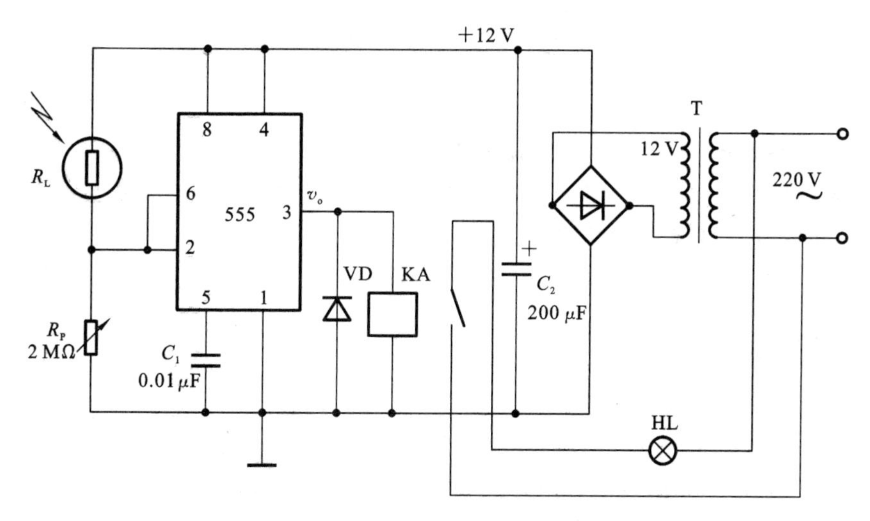

图 5-39 题 5(6)图

(7) 图 5-40 所示的为一通过可变电阻 R_W 实现占空比调节的多谐振荡器，图中 $R_W=R_{W1}+R_{W2}$，试分析电路的工作原理，求振荡频率 f 和占空比 q 的表达式。

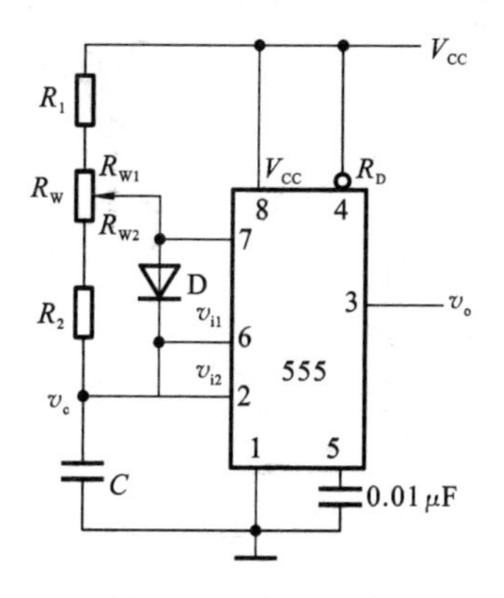

图 5-40 题 5(7)图

第6章　模数和数模转换器

本章要点

◇ 知道数-模转换和模-数转换的基本原理；

◇ 理解常见的D/A和A/D转换器的电路组成、工作原理、特点及应用；

◇ 熟悉ADC和DAC的技术指标。

6.1　概述

随着数字电子技术的飞速发展，特别是计算机技术的飞速发展与普及，在现代控制、通信及检测领域中，为提高系统的性能，对信号的处理无不广泛地采用了数字计算机技术。由于系统的实际控制对象往往都是一些模拟量（如温度、压力、位移、图像等），要使计算机或数字仪表能识别、处理这些信号，必须首先将这些模拟信号转换成数字信号；而经计算机分析、处理后输出的数字量也往往需要将其转换为相应模拟信号才能为执行机构所接收。这样，就需要一种能在模拟信号与数字信号之间起桥梁作用的电路——模数转换器和数模转换器。图6-1是一个控制系统的原理框图。

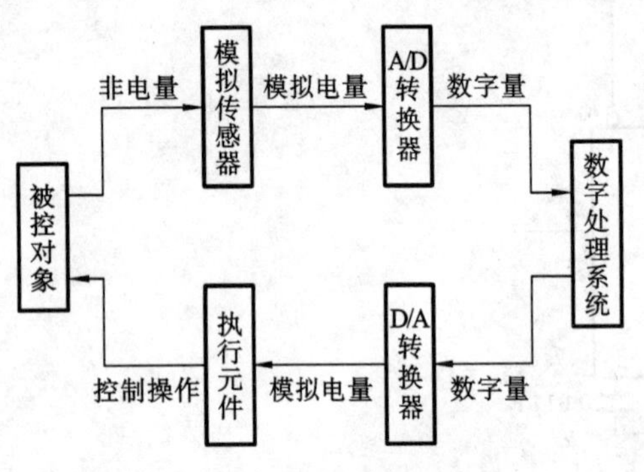

图6-1　典型数字控制系统框图

能将模拟信号转换成数字信号的电路称为模数转换器，简称DAC；而将能把数字信号转换为模拟信号的电路称为数模转换器，简称为ADC。ADC和DAC已成为计算机系统中不可缺少的接口电路。

为了保证数据处理结果的准确性，ADC和DAC必须具有足够的转换精度；如要实现对快速变化的信号的实时控制与检测，ADC和DAC还要求具有较高的转换速度。因此，转换精度与转换速度是衡量ADC和DAC性能的两个重要技术指标。

随着集成电路技术的发展，现已研制和生产出许多单片的和混合集成型的ADC和DAC，它们具有越来越先进的技术指标。以下将介绍几种常用ADC和DAC的电路结构、工作原理及其应用。

6.2　数模转换器(DAC)

DAC转换器将输入的二进制数字信号转化成模拟信号，并以电压或电流的形式输出。

6.2.1 DAC 的基本原理

数字量是用代码按数位组合起来表示的，对于有权码，每位代码都有一定的权值。为了将数字量转换成模拟量，必须将每一位的代码按其权值的大小转换成相应的模拟量，然后将这些模拟量相加，即可得到与数字量成正比的总模拟量，从而实现了数字-模拟转换。这就是组成 DAC 的基本思想。DAC 的一般结构如图 6-2 所示。

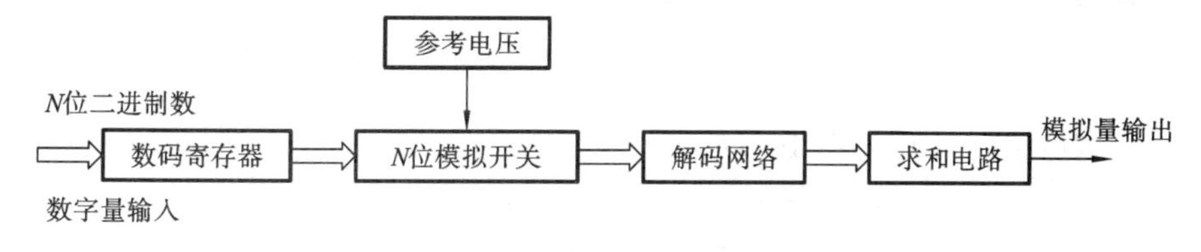

图 6-2 N 位 DAC 的方框图

图中数码寄存器用来暂时存放输入的数字信号。数码寄存器的并行输出对应控制模拟开关的工作状态。通过模拟开关，将参考电压按各数位权值送解码网络，再送求和电路输出所需模拟量。

DAC 输出模拟量 Y 与输入数字量 D 之间关系为

$$Y = K\sum_{i=0}^{n-1} D_i 2^i \tag{6-1}$$

式中：K 是比例系数。

DAC 按解码网络结构不同，可分为 T 形电阻网络 DAC、倒 T 形电阻网络 DAC、权电流型 DAC 及权电阻网络 DAC 等。按模拟电子开关电路的不同，DAC 又可分为 CMOS 开关型和双极型开关型两种。其中双极型开关 DAC 又分为电流开关型和 ECL 电流开关型两种，在速度要求不高的情况可选用 CMOS 开关型 D/A 转换器。若要求较高的转换速度，则应选用双极型电流开关 DAC 或转换速度更高的 ECL 电流开关型 DAC。

6.2.2 权电阻网络 DAC

图 6-3 所示的为 4 位权电阻网络 D/A 转换器，这种变换器由“电子模拟开关”$S_0 \sim S_3$、“权电阻求和网络”“运算放大器”和“基准电源”V_{REF} 等部分组成。

所谓“权电阻”，是指电阻值的大小，与有关数字量的权重密切相关。权电阻网络是 D/A 转换器的核心，其阻值与 4 位二进制数的位权值成反比减小，即最高位电阻值为相邻低位的一半，最高位电阻最小为 2^0R，最低位电阻最大为 2^3R，求和运算放大器将各权电阻的电流相加并转换成相应的模拟电压输出。

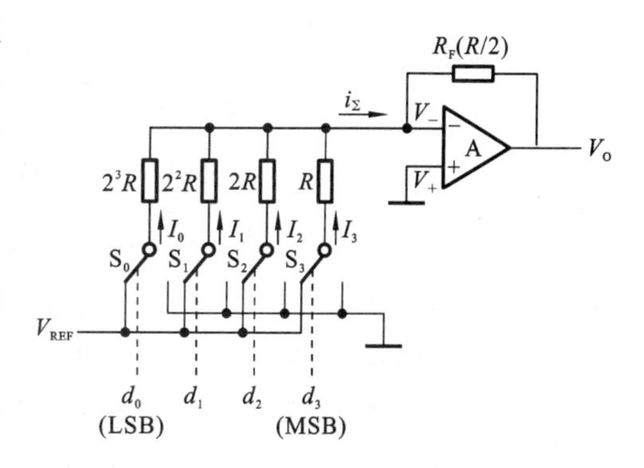

图 6-3 4 位权电阻网络 D/A 转换器

电子模拟开关 $S_0 \sim S_3$ 受各位输入数字量控制，如 i 位代码 $d_i = 1$ 时，开关 S_i 接到 1 端，电阻 R_i 与基准电压 V_{REF} 相连；如 $d_i = 0$ 时，开关 S_i 接

到 0 端，电阻 R_i 接地。故 $d_i=1$ 时，对应支路有电流 I_i 流向求和电路，当 $d_i=0$ 时，对应支路电流为 0；所有电阻的另一端与求和运算放大器的虚地点 V_- 相连。所以流过反馈电阻 R_F（$R_F=0.5R$）的电流为

$$I=I_0+I_1+I_2+I_3=\frac{V_{REF}}{2^3R}(2^3d_3+2^2d_2+2^1d_1+2^0d_0) \tag{6-2}$$

求和放大器构成负反馈求和电路。由于运算放大器的放大倍数很高，近似为理想运算放大器，根据运放虚地的概念可知输出电压为

$$V_O=\frac{-IR}{2}=-\frac{V_{REF}}{2^4}(2^3d_3+2^2d_2+2^1d_1+2^0d_0) \tag{6-3}$$

对于 n 位权电阻网络 D/A 转换器的输出电压为

$$V_O=-\frac{V_{REF}}{2^n}(2^{n-1}d_{n-1}+2^{n-2}d_{n-2}+\cdots+d_0) \tag{6-4}$$

显然，输出模拟电压的大小直接与输入二进制数的大小成正比，从而实现了数字量到模拟量的转换。

虽然权电阻网络 D/A 转换器电路结构简单，转换速度也属于较快的一种，但随着输入二进制位数的增加，电阻的种类和阻值间的差异必然增加。这样会影响电路转换的精度，特别是阻值差异太大时会给集成造成困难。

6.2.3 倒 T 形电阻网络 DAC

1. 倒 T 形电阻网络 D/A 转换器电路原理

倒 T 形电阻网络 D/A 转换器克服了权电阻网络结构的缺陷，是使用最多的一种单片集成 D/A 转换器。图 6-4 是 4 位倒 T 形电阻网络 D/A 转换器的原理图。电路由"模拟开关"$S_0\sim S_3$、"倒 T 形电阻网络""由运算放大器 A 构成求和电路"和"基准电源"V_{REF}等部分组成。

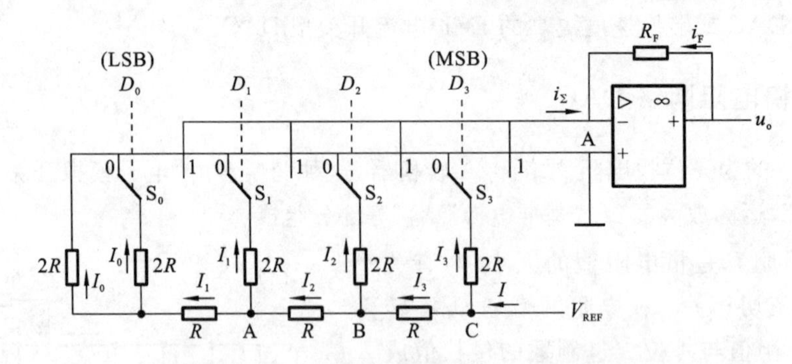

图 6-4 倒 T 形电阻网络 D/A 转换器

图中 $S_0\sim S_3$ 为模拟电子开关，R-2R 电阻解码网络呈倒 T 形，运算放大器组成求和电路。模拟电子开关 S_i 由输入数码 D_i 控制，当 $D_i=1$ 时，S_i 接运算放大器反相端，电流 I_i 流入求和电路；当 $D_i=0$ 时，S_i 则将电阻 $2R$ 接地。根据运算放大器线性运用时虚地的概念可知，无论模拟开关 S_i 处于何种位置，与 S_i 相连的 $2R$ 电阻均将接"地"（地或虚地）。这样，流经 $2R$ 电阻的电流与开关位置无关，为确定值。在计算倒 T 形电阻网络中各支路电流时，可以将电阻网络等效地画成图 6-5 所示的形式。

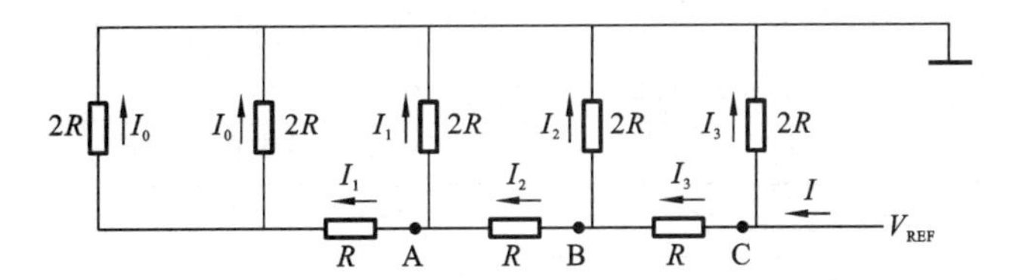

图 6-5 计算倒 T 形电阻网络中各支路电流的等效电路

分析 R-2R 电阻网络可以发现，从每个节点向左看的二端网络等效电阻均为 R，流入每个 $2R$ 电阻的电流从高位到低位按 2 的整数倍递减。设由基准电压源提供的总电流为 $I(I=V_{REF}/R)$，则流过各开关支路(从右到左)的电流分别为 $\frac{1}{2}I$、$\frac{1}{4}I$、$\frac{1}{8}I$、$\frac{1}{16}I$。

于是可得总电流

$$i_{\Sigma}=\frac{V_{REF}}{R}\left(\frac{D_0}{2^4}+\frac{D_1}{2^3}+\frac{D_2}{2^2}+\frac{D_3}{2^1}\right)=\frac{V_{REF}}{2^4\times R}\sum_{i=0}^{3}(D_i\cdot 2^i) \tag{6-5}$$

输出电压

$$u_o=-i_{\Sigma}R_F=-\frac{R_F}{R}\frac{V_{REF}}{2^4}\cdot\sum_{i=0}^{3}(D_i\cdot 2^i) \tag{6-6}$$

将输入数字量扩展到 n 位，可得倒 T 形电阻网络 D/A 转换器输出模拟量与数字量之间的一般关系式：

$$u_o=-\frac{V_{REF}}{2^n}\cdot\frac{R_F}{R}\sum_{i=0}^{n-1}(D_i\cdot 2^i) \tag{6-7}$$

倒 T 形电阻网络由于流过各支路的电流恒定不变，故在开关状态变化时，不需电流建立时间，所以该电路转换速度高，在数模转换器中被广泛采用。

2. 4 位 R-2R 倒 T 形 D/A 转换器的 Multisim 仿真

4 位 R-2R 倒 T 形 D/A 转换器电路的 Multisim 仿真电路如图 6-6 所示。

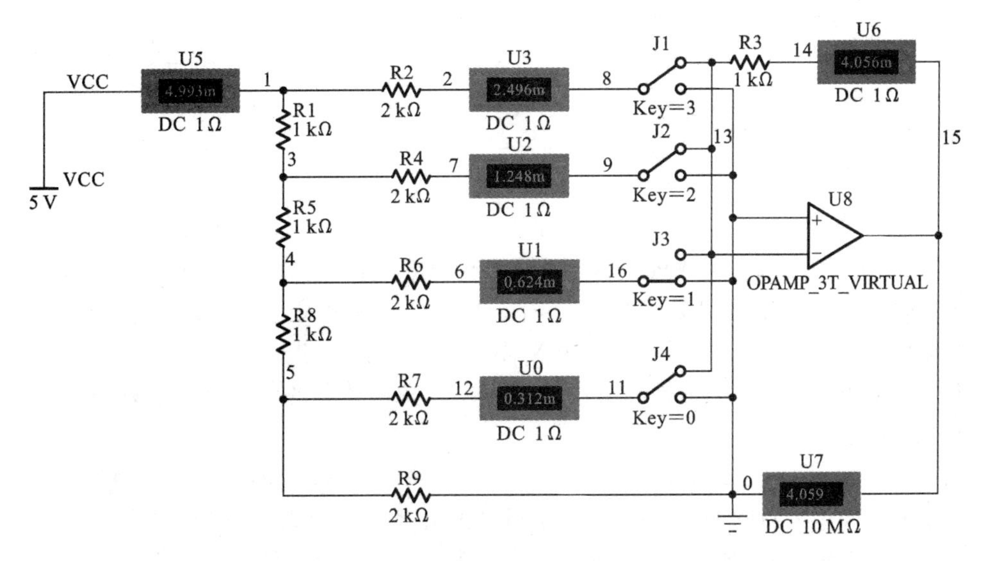

图 6-6 4 位 R-2R 倒 T 形 D/A 转换器仿真电路

对应三组 4 位二进制数 1111、1110、1101，分别设置模拟开关 J_i 的状态，进行仿真实验。

把所测数据记入表 6-1 中，分析、验证 R-2R 倒 T 形 D/A 转换器的工作原理。图中显示 $d_3d_2d_1d_0$=1101 时，输出电压 V_O 为 4.056 V 的情形。

表 6-1　4 位 R-2R 倒 T 形 D/A 转换器仿真数据

输入信号				工作状态					输出电压 V_O/V
d_3	d_2	d_1	d_0	I_3	I_2	I_1	I_0	I_Σ	
1	1	1	1	2.500	1.250	0.625	0.312	4.687	4.685
1	1	1	0	2.500	1.250	0.625	0.313	4.374	4.373
1	1	0	1	2.496	1.248	0.624	0.312	4.062	4.056

6.2.4 双极性输出 D/A 转换器

因为在二进制算数运算中通常都把带符号的数值表示为补码的形式，所以希望 D/A 转换器能够把以补码形式输入的正、负数分别转换成正、负极性的模拟电压。

以输入为 3 位二进制补码的情况为例，说明转换的原理。3 位二进制补码可以表示从 −4～+3 之间的任何整数，它们与十进制数的对应关系以及希望得到的输出模拟电压如表 6-2所示。

表 6-2　输入为 3 位二进制补码要求 D/A 转换器的输出

补码输入			对应的十进制数	要求的输出电压/V
d_2	d_1	d_0		
0	1	1	+3	+3
0	1	0	+2	+2
0	0	1	+1	+1
0	0	0	0	0
1	1	1	−1	−1
1	1	0	−2	−2
1	0	1	−3	−3
1	0	0	−4	−4

在图 6-7 所示的 D/A 转换电路中，如果没有接入反相器 G 和偏移电阻 R_B，它就是一个普通的 3 位倒 T 形电阻网络 D/A 转换器。在这种情况下，如果把输入的 3 位代码看作是无符号的 3 位二进制数(即全都是正数)，并且取 $V_{REF}=-8$ V，则输入代码为 111 时输出电压 u_o= 7 V，而输入代码为 000 时输出电压 u_o=0 V，如表 6-3 所示。将表 6-2 与表 6-3 对照一下便可发现，如果把表 6-3 中间一列的输出电压偏移−4 V，则偏移后的输出电压恰好与表 6-2 所要求得到的输出电压相符。

然而，前面讲过的 D/A 转换器电路输出电压都是单极性的，得不到正、负极性的输出电压。为此，在图 6-4 所示的 D/A 转换电路中增设了由 R_B 和 V_B 组成的偏移电路。为了使输入代码为 100 时的输出电压等于零，只要使 I_B 与此时的 i_Σ 大小相等即可。故应取

$$\frac{|V_B|}{R_B}=\frac{I}{2}=\frac{|V_{REF}|}{2R} \tag{6-8}$$

表 6-3 具有偏移的 D/A 转换器的输出

原码输入			无偏移时的输出电压/V	偏移−4 V后的输出电压/V
d_2	d_1	d_0		
1	1	1	+7	+3
1	1	0	+6	+2
1	0	1	+5	+1
1	0	0	+4	0
0	1	1	+3	−1
0	1	0	+2	−2
0	0	1	+1	−3
0	0	0	0	−4

图中所有标识的 i_Σ、I_B 和 I 的方向都是电流的实际方向。

假若再将表 6-2 和表 6-3 最左边一列代码对照一下还可以发现，只要把表 6-2 中补码的符号位求反，再加到偏移后的 D/A 转换器上，就可以得到表 6-2 所需要的输入与输出的关系。为此，在图 6-7 中是将符号位经反向器 G 反向后才加到 D/A 转换电路上去的。

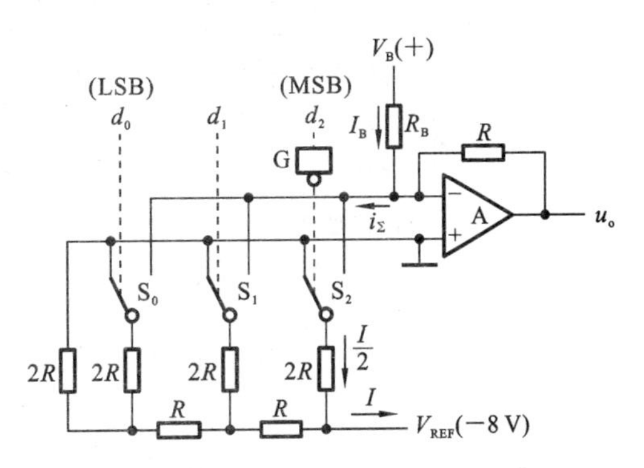

图 6-7 具有双极性输出电压的 D/A 转换器

通过上面的例子不难总结出构成双极性输出 D/A 转换器的一般方法：只要在求和放大器的输入端接入一个偏移电流，使输入最高位为 1，而其他各位输入为 0 时的输出 $u_o=0$ V，同时将输入的符号位反相后接到一般的 D/A 转换器的输入，就得到了双极性输出的 D/A 转换器。

双极性输出的 D/A 转换器输出模拟量与数字量之间的一般关系式为

$$V_O=\frac{N_B}{2}V_{REF}\text{（}N_B\text{ 为 }n\text{ 位二进制 }d_2d_1d_0\text{ 的补码）} \tag{6-9}$$

6.2.5 DAC 的主要技术指标

1. 转换误差

转换精度是实际输出值与理论计算值之差。这种差值越小，转换精度越高。在 D/A 转换器中，通常用转换误差和分辨率来描述转换精度。

转换误差是转换过程中存在的各种误差，包括静态误差和温度误差。静态误差主要由以下几种误差构成：

(1) 非线性误差。

D/A 转换器每相邻数码对应的模拟量之差应该都是相同的，即理想转换特性应为直线。如图 6-8 中实线所示，实际转换时特性如图 6-8(a)中虚线所示，我们把在满量程范围内偏离转换特性的最大误差称为非线性误差，它与最大量程的比值称为非线性度。

(2) 漂移误差，又称为零位误差。

它是由运算放大器零点漂移产生的误差。当输入数字量为0时，由于运算放大器的零点漂移，输出模拟电压并不为0。这使输出电压特性与理想电压特性产生一个相对位移，如图6-8(b)中虚线所示。零位误差将以相同的偏移量影响所有的码。

(3) 比例系数误差，又称为增益误差。

它是转换特性的斜率误差。一般地，由于 V_R 是 D/A 转换器的比例系数，所以，比例系数误差一般是由参考电压的偏离而引起的。比例系数误差如图6-8(c)中虚线所示，它将以相同的百分数影响所有的码。

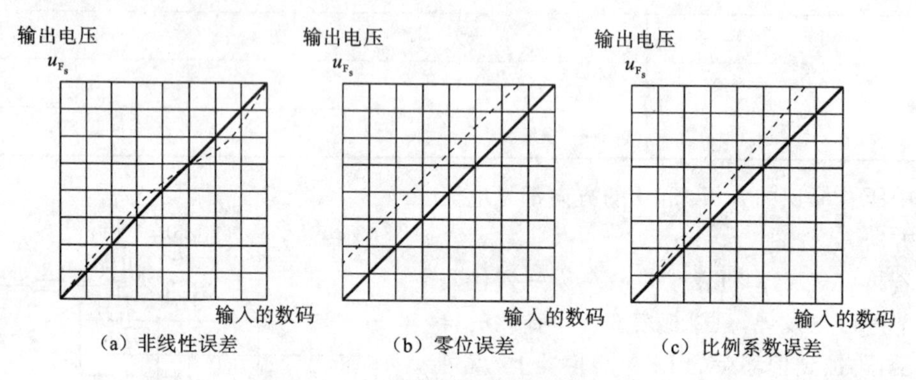

图6-8　D/A 转换器的各种静态误差

温度误差通常是指上述各静态误差随温度的变化而引起的误差。

2. 分辨率

分辨率表明DAC对模拟量的分辨能力，它是最低有效位(LSB)所对应的模拟量，它确定了能由D/A产生的最小模拟量的变化。通常用二进制数的位数表示DAC的分辨率，如分辨率为8位的D/A能给出满量程电压的1/28的分辨能力，显然DAC的位数越多，则分辨率越高。

$$分辨率=\frac{\Delta u}{u_{\mathrm{Fs}}}=\frac{1}{2^n} \tag{6-10}$$

式中：Δu 表示输入数字量最低有效位变化1时，对应输出可分辨的电压；n 表示输入数字量的位数。

3. 建立时间

从数字信号输入DAC起，到输出电流(或电压)达到稳态值所需的时间为建立时间。建立时间的大小决定了转换速度。除上述各参数外，在使用D/A转换器时还应注意它的输出电压特性。由于输出电压事实上是一串离散的瞬时信号，要恢复信号原来的时域连续波形，还必须采用保持电路对离散输出进行波形复原。此外，还应注意D/A转换器的工作电压、输出方式、输出范围和逻辑电平等。

4. 温度灵敏度

它是指数字输入不变的情况下，模拟输出信号随温度的变化。一般D/A转换器的温度灵敏度为±50PPM/℃。PPM为百万分之一。

5. 输出电平

不同型号的D/A转换器的输出电平相差较大，一般为5～10 V，有的高压输出型的输出电平高达24～30 V。

6.2.6 集成DAC及应用

1. 集成DAC芯片的选用

DAC集成芯片种类繁多，常用的DAC芯片主要有8位分辨率的DAC0832、DAC0831，12位分辨率的DAC1208、DAC1209等。此外，内部含有运放的电压型DAC有8位DAC8228、DAC0890，10位MAX503、μPC663，12位DAC85H-CBJ-V、DAC80v/85v，13位MAX547，16位DAC700/703等。

选用集成DAC芯片时，应注意以下几点。

(1) 要选择分辨率、精度、速度足够的DAC芯片。

(2) 要选择功能特征符合要求的DAC芯片。

① 输入特征：不同的集成DAC芯片，对输入数字信号的要求有差异。例如，多数输入为纯二进制码，但有的却为8421BCD码；多数芯片要求并行输入，但有的却要求串行输入。

② 输出特征：多数芯片必须外接运算放大器和基准电压，但有的系列内含运算放大器和基准电压。输出电平一般是5～10 V，电流型输出为20 mA以下，但也有高压和大电流产品。

③ 控制功能：不同的集成DAC芯片有不同的功能，如片选、锁存、电平转换等功能，应根据需要选用合适芯片。

(3) 基准电压分固定、可变、内接和外接等不同形式。

(4) 其他特性可根据需要选用。

2. D/A转换器DAC0832

1) DAC0832芯片介绍

DAC0832是采用CMOS工艺制成的单片电流输出型8位D/A转换器。器件的核心部分采用倒T型电阻网络的8位D/A转换器。它是由倒T型R-2R电阻网络、模拟开关、运算放大器和参考电压V_{REF}四部分组成的。一个8位D/A转换器，它有8个输入端，每个输入端是8位二进制数的一位。有一个模拟输出端，输入有$2^8=256$个不同的二进制组态，输出为256个电压之一，即输出电压不是整个电压范围内任意值，而只能是256个可能值。

运放的输出电压为

$$V_O=\frac{V_{REF}R_f}{2^8R}(D_7\cdot 2^7+D_6\cdot 2^6+\cdots+D_0\cdot 2^0) \tag{6-11}$$

DAC0832可直接与微处理器相连，采用双缓冲寄存器。这样可在输出的同时，采集下一个数字量，以提高转换速度。图6-9(a)、(b)分别为其逻辑框图和引脚图。

各引脚的功能说明如下：

D_0～D_7：8位数字量输入端，其中D_0是最低位(LSB)，D_7是最高位(MSB)。

I_{OUT1}：D/A输出电流1端，当DAC寄存器中全部为1时，I_{01}为最大；当DAC寄存器中全

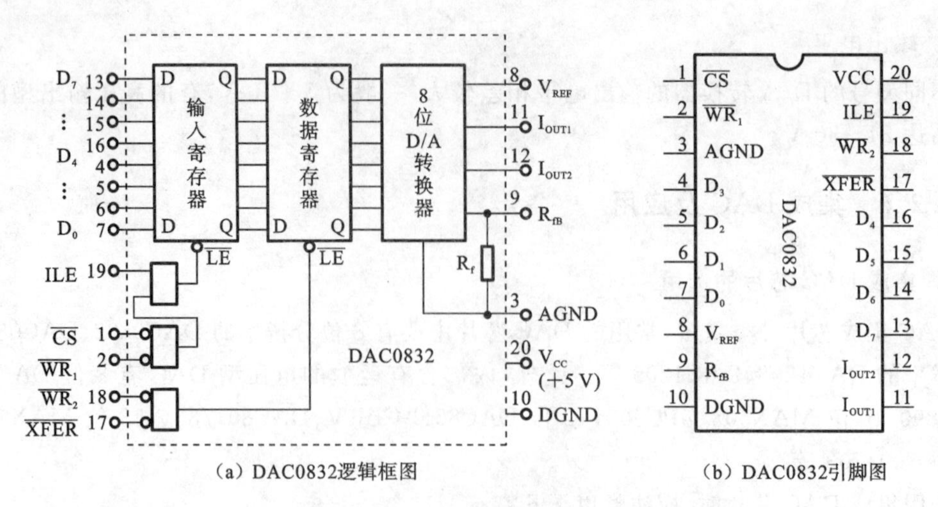

(a) DAC0832逻辑框图　　　(b) DAC0832引脚图

图 6-9　DAC0832 逻辑框图及引脚图

部为 0 时，I_{01} 为最小。

I_{OUT2}：D/A 输出电流 2 端，$I_{01}+I_{02}=$ 常数。

R_{fB}：芯片内的反馈电阻，用来外接运放的反馈电阻。

V_{REF}：基准电压输入端，一般取 $-10 \sim +10$ V。

VCC：电源电压，一般为 5～15 V。

DGND：数字电路接地端。

AGND：模拟电路接地端，通常与 DGND 相连。

$\overline{CS}$：片选信号输入端（低电平有效），与 ILE 共同作用，对 WR_1 信号进行控制。

ILE：输入寄存器的锁存信号（高电平有效）。当 ILE=1 且 CS 和 WR_1 均为低电平时，8 位输入寄存器允许输入数据；当 ILE=0 时，8 位输入寄存器锁存数据。

$\overline{WR_1}$：写信号 1（低电平有效），用来将输入数据位送入寄存器中。当 $WR_1=1$ 时，输入寄存器的数据被锁定；当 CS=0，ILE=1 时，在 WR_1 为有效电平的情况下，才能写入数字信号。

$\overline{WR_2}$：写信号 2（低电平有效），与 XFER 组合，当 $\overline{WR_2}$ 和 $\overline{XFER}$ 均为低电平时，输入寄存器中的 8 位数据传送给 8 位 DAC 寄存器中；当 $\overline{WR_2}=1$ 时，8 位 DAC 寄存器锁存数据。

$\overline{XFER}$：传递控制信号（低电平有效），用来控制 WR_2 选通 DAC 寄存器。

2) DAC0832 芯片测试

(1) 按图 6-10 连接好电路，即将 DAC0832 和 μA741 插入集成电路插座中，将 $\overline{CS}$、$\overline{WR_1}$、$\overline{WR_2}$、$\overline{XFER}$ 接地，ILE、VCC、VREF 接 +5 V 电源，运放电源接 +15 V；$D_0 \sim D_7$ 接逻辑开关的输出插口，输出端 V_O。接直流数字电压表。

(2) 接通电源后将输入数据开关均接 0，即输入数据 $D_7D_6D_5D_4D_3D_2D_1D_0=00000000$，令 $D_0 \sim D_7$ 全置 0，调节运放的调零电位器 R_{W2}，使 μA741 输出电压为零，同时令 $D_0 \sim D_7$ 全置 1，调节电位器 R_{W1}，改变运放的放大倍数，使 μA741 输出满量程。

(3) 按表 6-4 所示输入数字量（由输入数据开关控制），逐次测量输出模拟电压 u_o，并将结果填入表 6-4 中。

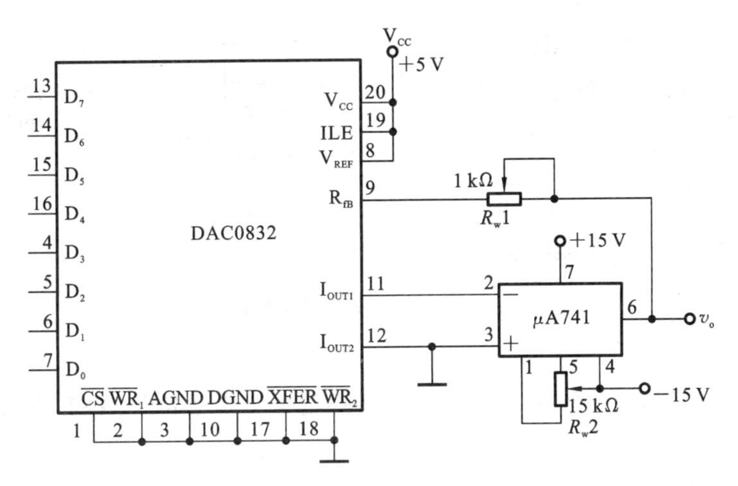

图 6-10 DAC0832 实验接线图

表 6-4 DAC0832 实验输入/输出量

输入数字量								输出/V	
D_7	D_6	D_5	D_4	D_3	D_2	D_1	D_0	实验值	理论值
0	0	0	0	0	0	0	0		
0	0	0	0	0	0	0	1		
0	0	0	0	0	0	1	1		
0	0	0	0	0	1	1	1		
0	0	0	0	1	1	1	1		
0	0	0	1	1	1	1	1		
0	0	1	1	1	1	1	1		
0	1	1	1	1	1	1	1		
1	1	1	1	1	1	1	1		

6.3 模数转换器(ADC)

6.3.1 A/D 转换器的基本原理

在 A/D 转换器中，因为输入的模拟信号在时间上是连续的而输出的数字信号是离散的，所以转换只能在一系列选定的瞬间对输入的模拟信号取样，然后再把这些取样值转换成输出的数字量，具体如图 6-11 所示。

A/D 转换的过程如图 6-11 所示，首先模拟电子开关 S 在采样脉冲 CP_S 的控制下重复接通、断开。S 接通时，$u_i(t)$对 C 充电，为采样过程；S 断开时，C 上的电压保持不变，为保持过程。在保持过程中，采样的模拟电压经数字化编码电路转换成一组 n 位的二进制数输出。然

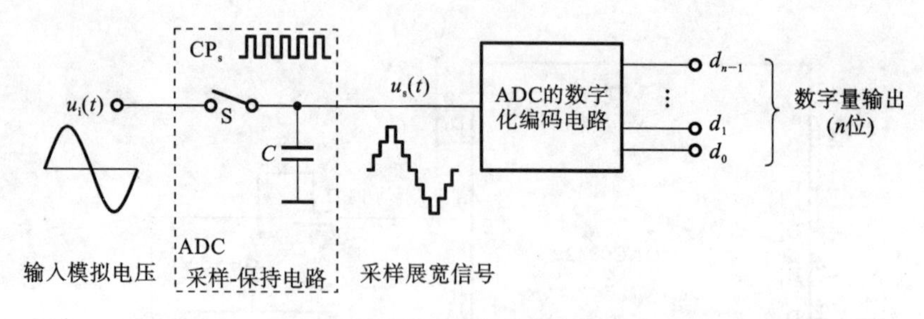

图 6-11　A/D 转换的模拟图

后，再开始下一次取样。

A/D 转换是将模拟信号转换为数字信号，转换过程需通过取样、保持、量化和编码四个步骤完成。

(1) 采样-保持。

采样(也称取样)是将时间上连续变化的信号转换为时间上离散的信号，即将时间上连续变化的模拟量转换为一系列等间隔的脉冲，脉冲的幅度取决于输入模拟量。为了能不失真地恢复原模拟信号，采样频率应不小于输入模拟信号频谱中最高频率的两倍，即 $f_S \geqslant 2f_{max}$。由于 A/D 转换需要一定的时间，所以在每次采样结束后，应保持采样电压值在一段时间内不变，直到下一次采样开始。这就要在采样后加上保持电路，图 6-12 就是一个实际的采样-保持电路。

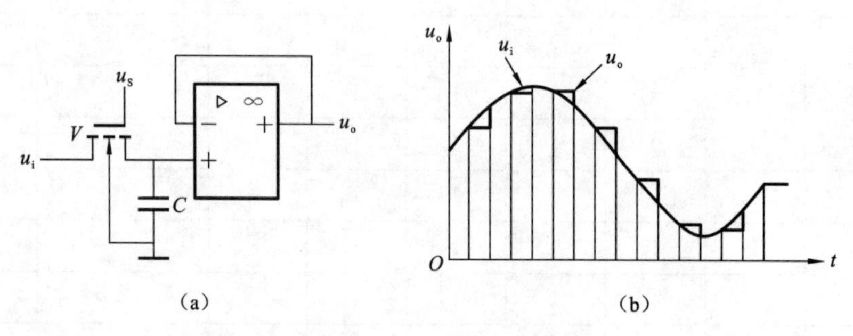

图 6-12　基本采样-保持电路及其采样波形

(2) 量化与编码。

量化是将采样-保持电路的输出电压按照某种近似方式归并到相应的离散电平上，也就是将模拟信号在取值上离散化的过程，离散后的电平称为量化电平。数字量最小单位所对应的最小量值称为量化单位 Δ。在量化过程中，由于取样电压不一定能被 Δ 整除，所以量化前后不可避免地存在误差，此误差称为量化误差，用 ε 表示。量化误差是原理性误差，它是无法消除的。常用的量化方式有两种：只舍不入和有舍有入。只舍不入方式是指取最小量化单位 $\Delta=V_m/2^n$，其中 V_m 为模拟电压最大值，n 为数字代码位数，将 0～Δ 之间的模拟电压归并到 0Δ，把 Δ～2Δ 之间的模拟电压归并到 1Δ，以此类推。这种方法产生的量化误差为 Δ。例如，把 0～8 V 的模拟电压转换成 3 位二进制代码，取量化单位为 Δ=1 V，那么 0～1 V 之间的模拟电压归并为 0Δ，用 000 表示，1～2 V 之间的模拟电压归并为 1Δ，用 001 表示，…，最大量化误差为 Δ=1 V，量化过程示意图如图 6-13(a)所示。

而对于有舍有入，取量化单位 $\Delta=\dfrac{2V_m}{2^{n+1}-1}$，将 $0\sim\dfrac{\Delta}{2}$之间的模拟电压归并到 0Δ，把$\dfrac{\Delta}{2}\sim\dfrac{3\Delta}{2}$

之间的模拟电压归并到 1Δ，以此类推。即把小于$\frac{\Delta}{2}$的信号忽略（舍去），把大于$\frac{\Delta}{2}$的值视为 Δ（归入），量化过程示意图如图 6-13(b)所示。

模拟电平	二进制代码	代表的模拟电平
1 V		
	111	7Δ=(7/8) V
7/8		
	110	6Δ=(6/8) V
6/8		
	101	5Δ=(5/8) V
5/8		
	100	4Δ=(4/8) V
4/8		
	011	3Δ=(3/8) V
3/8		
	010	2Δ=(2/8) V
2/8		
	001	1Δ=(1/8) V
1/8		
	000	0Δ=0 V
0		

(a) 只舍不入

模拟电平	二进制代码	代表的模拟电平
1 V		
	111	7Δ=(14/15) V
13/15		
	110	6Δ=(12/15) V
11/15		
	101	5Δ=(10/15) V
9/15		
	100	4Δ=(8/15) V
7/15		
	011	3Δ=(6/15) V
5/15		
	010	2Δ=(4/15) V
3/15		
	001	1Δ=(2/15) V
1/15		
	000	0Δ=0 V
0		

(b) 有舍有入

图 6-13 划分量化电平的两种方法

将量化后的结果用二进制代码来表示的过程称为编码。经编码器输出的代码就是 A/D 转换器的转换结果。量化级分得越多(n 越大)，量化误差越小。量化与编码电路是 A/D 转换器的核心组成部分。

A/D 转换器按其工作原理，可以分为直接转换法和间接转换法两大类。直接 A/D 转换器是通过一套基准电压与采样-保持电压进行比较，从而直接将模拟量转换成数字量。其特点是工作速度高，转换精度容易保证，调准也比较方便。直接 A/D 转换器有计数型、逐次比较型、并行比较型等。而间接 A/D 转换器是将取样后的模拟信号先转换成中间变量时间 t 或频率 f，然后再将 t 或 f 转换成数字量。其特点是工作速度较低，但转换精度可以做得较高，且抗干扰性强。间接 A/D 转换器有单次积分型、双积分型等。

6.3.2 并联比较型 ADC

图 6-14 为 3 位并联比较型 A/D 转换器电路结构图，它由电压比较器、寄存器和代码转换电路 3 部分组成。输入为 0～V_{REF}的模拟电压，输出为 3 位二进制数码 $d_2d_1d_0$。

电阻分压器把参考电压 V_{REF}分成 8 个等级，量化单位 $\Delta=\frac{2}{15}V_{REF}$，即从$\frac{1}{15}V_{REF}$到$\frac{13}{15}V_{REF}$之间的 7 个电压比较器 C_1～C_7 的比较基准电压。同时，将输入的模拟电压加到每个电压比较器的输入端，与电阻分压器产生的 7 个比较基准电压进行比较。若 $u_i<\frac{1}{15}V_{REF}$，则所有比较器的输出全是低电平，CP 上升沿到来后寄存器中所有的触发器(FF_1～FF_7)都被置 0。若$\frac{1}{15}V_{REF}\leqslant u_i<\frac{3}{15}V_{REF}$，则只有 C_1 输出为高电平，CP 上升沿到达后 FF_1 被置为 1，其余触发器被置 0。依此类推，便可列出 u_1 为不同电压时寄存器的状态，如表 6-5 所示。不过寄存器输出的是一组 7 位的二值代码，还不是所要求的二进制数，因此必须进行代码转换。

其中代码转换器是一个组合逻辑电路，代码转换电路输出与输入的逻辑函数式为

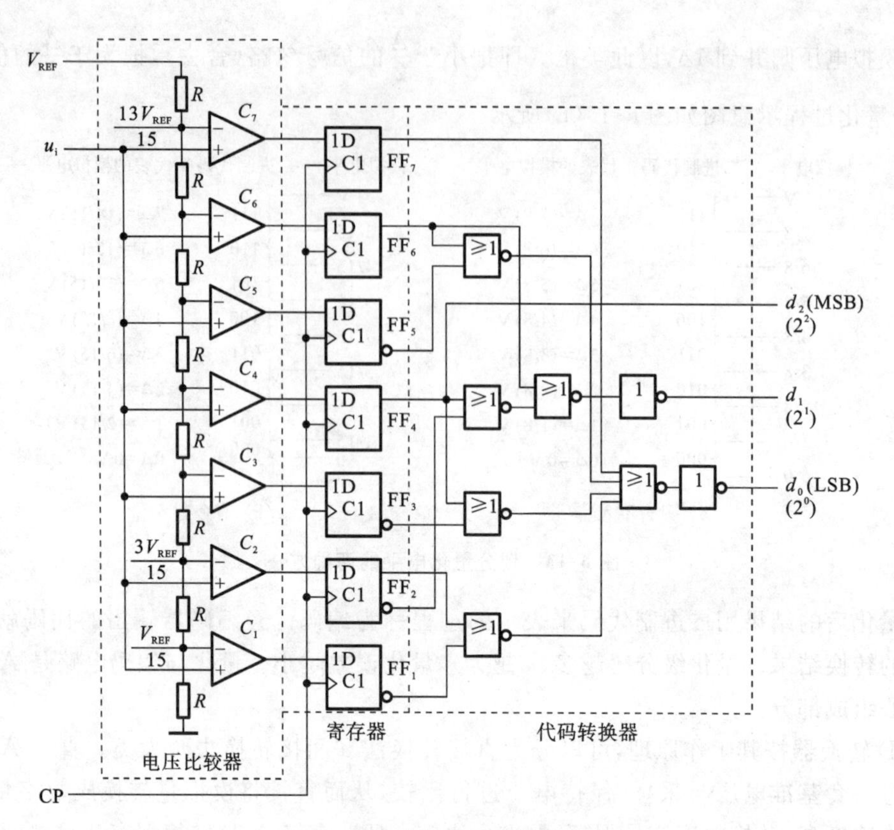

图 6-14　并联比较型 A/D 转换器

$$
\begin{cases}
d_2 = Q_4 \\
d_1 = Q_6 + \overline{Q_4}Q_2 \\
d_0 = Q_7 + \overline{Q_6}Q_5 + \overline{Q_4}Q_3 + \overline{Q_2}Q_1
\end{cases}
\tag{6-12}
$$

按照式(6-12)可得寄存器状态(代码转换器输入)与数字量输出(代码转换器输出),如表 6-5 所示。

表 6-5　图 6-14 电路的代码转换表

输入模拟电压	寄存器状态(代码转换器输入)							数字量输出(代码转换器输出)		
u_i	Q_7	Q_6	Q_5	Q_4	Q_3	Q_2	Q_1	d_2	d_1	d_0
$\left(0\sim\frac{1}{15}\right)V_{REF}$	0	0	0	0	0	0	0	0	0	0
$\left(\frac{1}{15}\sim\frac{3}{15}\right)V_{REF}$	0	0	0	0	0	0	1	0	0	1
$\left(\frac{3}{15}\sim\frac{1}{15}\right)V_{REF}$	0	0	0	0	0	1	1	0	1	0
$\left(\frac{5}{15}\sim\frac{7}{15}\right)V_{REF}$	0	0	0	0	1	1	1	0	1	1
$\left(\frac{7}{15}\sim\frac{9}{15}\right)V_{REF}$	0	0	0	1	1	1	1	1	0	0
$\left(\frac{9}{15}\sim\frac{11}{15}\right)V_{REF}$	0	0	1	1	1	1	1	1	0	1

续表

输入模拟电压 u_i	寄存器状态(代码转换器输入)							数字量输出(代码转换器输出)		
	Q_7	Q_6	Q_5	Q_4	Q_3	Q_2	Q_1	d_2	d_1	d_0
$\left(\frac{11}{15}\sim\frac{13}{15}\right)V_{REF}$	0	1	1	1	1	1	1	1	1	0
$\left(\frac{13}{15}\sim1\right)V_{REF}$	1	1	1	1	1	1	1	1	1	1

并联比较型 A/D 转换器的转换精度主要取决于量化电平的划分,分得越细(亦即 Δ 取得越小),精度越高。不过分得越细使用的比较器和触发器数目越多,电路更加复杂。此外,转换精度还受参考电压的稳定度和分压电阻的相对精度以及电压比较器灵敏度的影响。

并联比较型 A/D 转换器适用于高转换速度,低分辨率的场合。这种 A/D 转换器的最大优点是转换速度快,而它的缺点是需要用很多的电压比较器和触发器。从图 6-14 所示的电路不难得知,输出为 n 位二进制代码的转换器中应当有 2^n-1 个电压比较器和 2^n-1 个触发器。电路的规模随着输出代码位数的增加而急剧膨胀。

6.3.3 逐次逼近型 ADC

逐次逼近型 A/D 转换器也是一种直接型 A/D 转换器,是目前使用最多的一种。它由电压比较器、逐次逼近寄存器(SAR)以及内部 DAC 组成。图 6-15 是一个 4 位逐次逼近 A/D 转换器的逻辑原理图。图中四个触发器 $FF_3\sim FF_0$ 组成逐次逼近寄存器(SAR),兼作输出寄存器;5 位移位寄存器既可进行并入/并出操作,也可作进行串入/串出操作。移位寄存器的并入/并出操作是在其使能端 G 由 0 变 1 时进行的(使 $Q_AQ_BQ_CQ_DQ_E$=ABCDE=01111),串入/串出操作是在其时钟脉冲 CP 上升沿作用下按 $S_{IN}Q_AQ_BQ_CQ_DQ_E$ 顺序右移进行的。注意,图中 S_{IN} 接高电平,始终为 1。

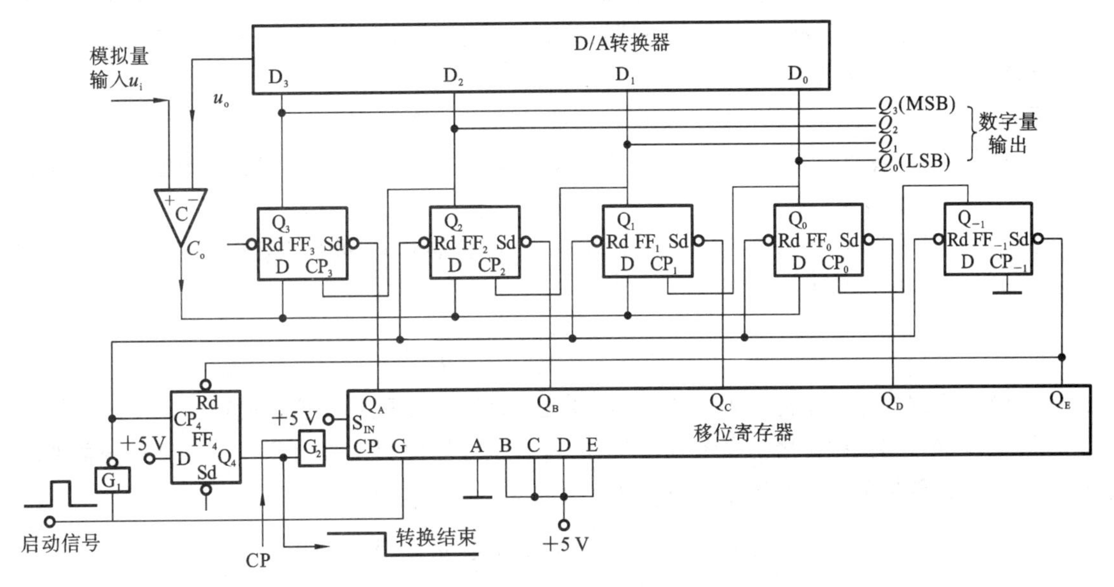

图 6-15 逐次逼近 A/D 转换器的逻辑原理图

开始转换时,启动信号一路经门 G_1 反相后首先使触发器 FF_2、FF_1、FF_0、FF_{-1} 均复位为0,同时,另一路直接加到移位寄存器的使能端G使 G 由0变1,$Q_AQ_BQ_CQ_DQ_E=01111$,$Q_A=0$ 又使触发器 FF_3 置位为1,这样在启动信号到来时输出寄存器被设成 $Q_3Q_2Q_1Q_0=1000$。紧接着,一方面,D/A 转换器把数字量1000转换成模拟电压量 u_o,比较器把该电压量与输入模拟量 u_i 进行比较,若 $u_i>u_o$,则比较器输出 $C_0=1$,否则 $C_0=0$,比较结果 C_0 被同时送至逐次逼近寄存器(SAR)的各个输入端。另一方面,由于在启动信号下降沿 Q_4 置1,门 G_2 打开,这样在下一个脉冲到来时,移位寄存器输出 $Q_AQ_BQ_CQ_DQ_E=10111$,$Q_B=0$ 又使触发器 FF_2 置位,Q_2 由0变1,为触发器 FF_3 接收数据提供了时钟脉冲,从而将 C_0 的结果保存在 Q_3 中,实现了 Q_3 的去码或加码;此时其他触发器 FF_1、FF_0 由于没有时钟脉冲,状态不会发生变化。经过这一轮循环后 $Q_3Q_2Q_1Q_0=1100(C_0=1)$ 或 $Q_3Q_2Q_1Q_0=0100(C_0=0)$。在下一轮循环中,D/A 转换器再一次把 $Q_3Q_2Q_1Q_0=1100(C_0=1)$ 或 $Q_3Q_2Q_1Q_0=0100(C_0=0)$ 这个数字量转换成模拟电压量,以便再次比较。如此反复进行,直到 $Q_E=0$ 时才将最低位 Q_0 的状态确定,同时,触发器 FF_4 复位,Q_4 由1变0,封锁了门 G_2,标志着转换结束。注意,图中每一位触发器的 CP 端都是和低一位的输出端相连,这样,每一位都只是在低一位由0置1时,才有一次接收数据的机会(去码或加码)。

逐次逼近型 A/D 转换器的转换精度高,速度快,转换时间固定,易与微机接口,应用较广。常见的 ADC0809 就属于这种 A/D 转换器。

以上讨论了直接型 A/D 转换器,它们的优点是转换速度快,但转换精度受分压电阻、基准电压及比较器阈值电压等精度的影响,精度较差,所以,实际上,对精度要求较高时可使用双积分型 A/D 转换器,它是一种间接型 A/D 转换器。

6.3.4 双积分型 ADC

间接型 A/D 转换器中用得最多的是双积分型 A/D 转换器。图 6-16(a)是双积分型 A/D 转换器的原理框图,它包括积分器、比较器、计数器、控制逻辑和时钟信号源几部分。图6-16(b)是这个电路的电压波形图。

下面讨论它的工作过程和这种 A/D 转换器的特点。

转换开始前(转换控制信号 $u_L=0$),将计数器清零,并接通开关 S_0,使积分电容 C 完全放电。$u_L=1$ 时开始转换。转换操作分两步进行:

第一步,令开关 S_1 合到输入信号电压 u_L 一侧,积分器对 u_L 进行固定时间 T_1 的积分。积分结束时积分器的电压为

$$u_o=\frac{1}{C}\int_0^{T_1}-\frac{u_i}{R}\mathrm{d}t=-\frac{T_1}{RC}u_i \tag{6-13}$$

式(6-13)说明,在 T_1 固定的条件下积分器的输出电压 u_o 与输入电压 u_i 成正比。

第二步,令开关 S_1 转接至参考电压 V_{REF} 一侧,积分器向相反方向积分。如果积分器的输出电压上升到零时所经过的积分时间为 T_2,则可得:

$$u_o=\frac{1}{C}\int_0^{T_2}\frac{V_{REF}}{R}\mathrm{d}t-\frac{T_1}{RC}u_i=0$$

$$\frac{T_2}{RC}V_{REF}=\frac{T_1}{RC}u_i$$

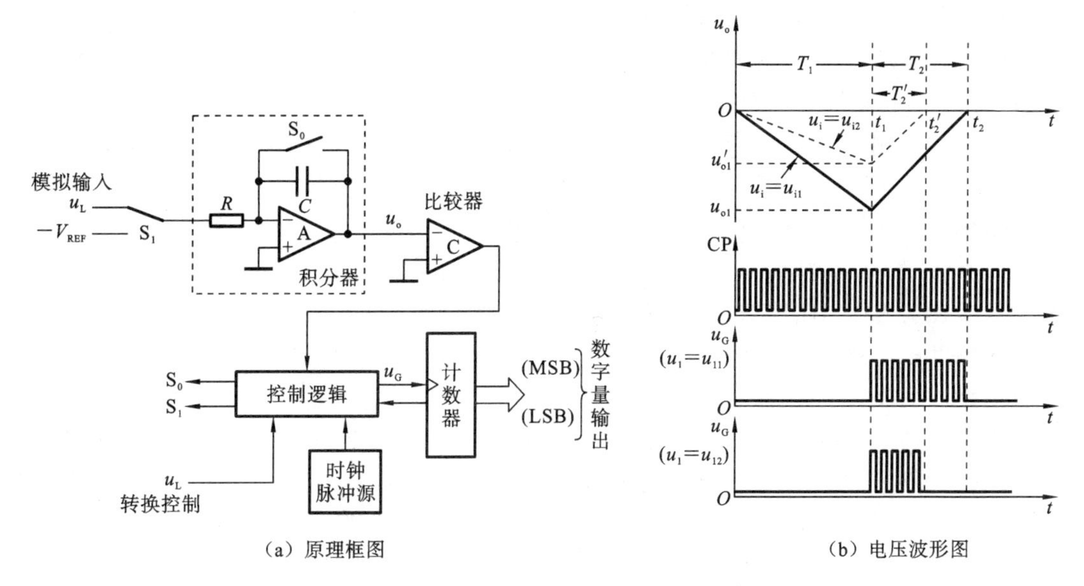

(a) 原理框图　　(b) 电压波形图

图 6-16　双积分型 A/D 转换器的原理性框图及电压波形图

故得到

$$T_2=\frac{T_1}{V_{REF}}u_i \tag{6-14}$$

可见，反向积分到 $u_o=0$ 的这段时间 T_2 与输入信号 u_i 成正比。令计数器在 T_2 这段时间里对固定频率 f_C 的时钟脉冲计数，则计数结果也一定与 u_i 成正比，即

$$D=\frac{T_2}{T_C}=\frac{T_1}{T_C V_{REF}}u_i \tag{6-15}$$

式中：D 为表示计数结果的数字量。

若取 T_1 为 T_C 的整数倍，即 $T_1=NT_C$，则上式可化为

$$D=\frac{N}{V_{REF}}u_i \tag{6-16}$$

从图 6-16(a)所示的电压波形图可以直观地看到这个结论的正确性。当 u_i 取两个不同的数值 u_{i1} 和 u_{i2} 时，反向积分时间 T_2 和 T_2' 也不相同，而且时间的长短与 u_i 的大小成正比。由于 CP 是固定频率的脉冲，所以在 T_2 和 T_2' 期间送给计数器的计数脉冲数目也必然与 u_i 成正比。

双积分型 A/D 转换器最突出的优点是工作性能比较稳定。由于转换过程中先后进行了两次积分，而且由式(6-14)可知，只要在这两次积分间 R、C 的参数相同，则转换结果与 R、C 的参数无关。因此，R、C 参数的缓慢变化不影响电路的转换精度，而且也不要求 R、C 的数值十分精确。此外，在取 $T_1=NT_C$ 的情况下，转换结果与时钟信号周期无关。只要每次转换过程中 T_C 不变，那么时钟周期在长时间里发生缓慢的变化也不会带来转换误差。因此，我们完全可以用精度比较低的元器件制成精度很高的双积分型 A/D 转换器。

双积分型 A/D 转换器的另一个优点是抗干扰能力比较强。因为转换器的输入端使用了积分器，所以对平均值为零的各种噪声有很强的抑制能力。在积分时间等于交流电网电压周期的整数倍时，能有效地抑制来自电网的工频干扰。

双积分型 A/D 转换器的主要缺点是工作速度慢。如果采用所给出的控制方案，那么完成

一次转换时间应在 $2T_1$ 以上。如果再加上转换前的准备时间(积分电容放电及计数器复位所需要的时间)和输出转换结果的时间,则完成一次转换所需要的时间还要长一些,双积分型A/D转换器的转换速度一般都在每秒几十次以内。

尽管如此,但由于它的优点十分突出,所以在对转换速度要求不高的场合双积分型 A/D 转换器用得非常广泛。

双积分型 A/D 转换器的转换精度受计数器的位数、比较器的灵敏度、运算放大器和比较器的零点漂移、积分电容的漏电、时钟频率的瞬时波动等多种因素的影响。因此,为了提高转换精度仅靠在实用的电路增加计数器的位数是远远不够的。特别是运算放大器和比较器的零点漂移对精度影响甚大,必须采取措施予以消除,为此在实用的电路中都增加了零点漂移的自动补偿电路。

为防止时钟信号频率在转换过程中发生波动,可以使用石英晶体振荡器作为脉冲源。同时,还应选择漏电非常小的电容器作为积分电容,并注意减小积分电容接线端通过底板的漏电流。

现在已有多种单片集成的双积分型 A/D 转换器定型产品。只需外接少量的电阻和电容元件,用这些芯片就能很方便地接成 A/D 转换器,并且可以直接驱动 LCD 和 LED 数码管。例如,CB7106/7126、CB7107/7127 都属于这类器件。为了能直接驱动数码管,在这些集成电路的输出部分都附加了数据锁存器和译码器、驱动电路。而且为便于驱动二-十进制接法,在芯片的模拟信号输入端还设置了输入缓冲器,以提高电路的出入阻抗。同时集成电路内部还设有自动调零电路,以消除比较器和放大器的零点漂移和失调电压,保证输入为零时输出为零。

6.3.5 ADC 的主要技术指标

1. 转换精度

在单片集成的 A/D 转换器中也采用分辨率和转换误差来描述转换精度。

分辨率指 A/D 转换器对输入模拟信号的分辨能力。分辨率以输出二进制数或十进制数的位数表示,它说明 A/D 转换器对输入信号的分辨能力。从理论上讲,n 位二进制数字输出的 A/D 转换器应能区分输入模拟电压的 2^n 个不同等级大小,能区分输入电压的最小差异为 $\frac{1}{2^n}$FSR(满量程输入的$\frac{1}{2^n}$)。例如,A/D 转换器的输出为 10 位二进制数,最大输入信号为 5 V,那么这个转换器的输出应能区分出输入信号的最小差异为$\frac{5\ \text{V}}{2^{10}}=4.88\ \text{mV}$。

转换误差是指实际的转换点偏离理想特性的误差,一般用最低有效位来表示。转换误差通常以输出误差最大值的形式给出,它表示实际输出的数字量和理论上应有的输出数字量之间的差别,一般多以最低有效位的倍数给出。例如,转换误差小于$\pm\frac{1}{2}$LSB,这就表明实际输出的数字量和理论上应得到的输出数字量之间的误差小于最低有效位的半个字。有时也用满量程输出的百分数给出转换误差。例如,A/D 转换器的输出为十进制的 $3\frac{1}{2}$位(即所谓的三位半),转换误差为$\pm 0.005\%$FSR。

2. 转换速度

转换速度常用转换时间来描述。转换时间是指完成一次A/D转换所需的时间，它是从接到转换启动信号开始，到输出端获得稳定的数字信号所经过的时间。转换时间越短，意味着A/D转换器的转换速度越快。A/D转换器的转换速度主要取决于转换电路的类型，不同类型的A/D转换器的转换速度相差甚为悬殊。并联比较型A/D转换器的转换速度最快。例如，8位二进制输出的单片集成A/D转换器转换时间可以缩短至50 ns以内。逐次逼近型A/D转换器的转换速度次之。多数产品的转换时间都在10～100 μs之间。个别速度较快的8位A/D转换器转换时间可以不超过1 μs。相比之下，间接A/D转换器的转换速度要低得多。目前使用的双积分型A/D转换器转换时间多在数十毫秒至数百毫秒之间。

此外，在组成高速A/D转换器时还应将采样-保持电路的获取时间(即采样信号稳定的建立起来所需要的时间)计入转换时间之内。一般单片集成采样-保持电路的获取时间在几微秒的数量级，与所选定的保持电容的电容量大小有关。

6.3.6 集成ADC电路

1. 集成ADC特性

为了满足多种需要，目前国内外各半导体器件生产厂家设计并生产出了多种多样的ADC芯片。仅美国AD公司的ADC产品就有几十个系列、近百种型号之多。从性能上讲，它们有的精度高、速度快，有的则价格低廉。从功能上讲，有的不仅具有A/D转换器的基本功能，还包括内部放大器和三态输出锁存器；有的甚至还包括多路开关、采样保持器等，并已发展为一个单片的小型数据采集系统。

ADC芯片的品种、型号很多，但其内部功能强弱、转换速度快慢、转换精度高低有很大差别，从用户最关心的外特性看，无论哪种芯片，都必不可少地要包括以下四种基本信号引脚端：模拟信号输入端(单极性或双极性)；数字量输出端(并行或串行)；转换启动信号输入端；转换结束信号输出端。除此之外，各种不同型号的芯片可能还会有一些其他各不相同的控制信号端。选用ADC芯片时，除了必须考虑各种技术要求外，通常还需要了解芯片以下两方面的特性。

(1) 数字输出的方式是否有可控三态输出。有可控三态输出的ADC芯片允许输出线与微机系统的数据总线直接相连，并在转换结束后利用读数信号$\overline{RD}$选通三态门，将转换结果送上总线。没有可控三态输出(包括内部根本没有输出三态门和虽有三态门但外部不可控两种情况)的ADC芯片则不允许数据输出线与系统的数据总线直接相连，而必须通过I/O接口与MPU交换信息。

(2) 启动转换的控制方式是脉冲控制式还是电平控制式。对脉冲启动转换的ADC芯片，只要在其启动转换引脚上施加一个宽度符合芯片要求的脉冲信号，就能启动转换并自动完成。一般能和MPU配套使用的芯片，MPU的I/O写脉冲都能满足ADC芯片对启动脉冲的要求。对电平启动转换的ADC芯片，在转换过程中启动信号必须保持规定的电平不变，否则，如中途撤销规定的电平，就会停止转换而可能得到错误的结果。为此，必须用D触发器或可编程并行I/O接口芯片的某一位来锁存这个电平，或用单稳等电路来对启动信号进行定时变换。

2. 在选择 ADC 时需要考虑的因素

在选择 ADC 时要考虑的因素有很多，主要体现在 ADC 所用的系统、系统（模数混合系统）精度、分辨率、工作的条件（是动态还是静态）、带宽、转换时间、采样速率、输入模拟信号的类型及特性（包括模拟输入信号的范围、极性）、信号的驱动能力和变化快慢、输出的数据特性（位数、精度、线性）、外界工作条件、系统需要通道个数、跟踪保持电路需要与否、基准电压源的特性（电压源是由外部提供还是由 ADC 芯片内部提供；幅度、极性及稳定性、电压是固定的还是可调的等）、驱动放大器的要求、数据接口的要求、数据输出格式、时序条件、电源电压的要求、后续电路对 ADC 输出数字逻辑电平的要求、输出方式（并行、串行）、是否需数据锁存、与哪种 CPU、驱动电路、成本及芯片来源等。

对于不同的模数混合系统，所考虑的因素会有些不同。在选择 ADC 时，需要清晰地了解系统的要求，其目标是找到一款适合于系统设计要求的 ADC，而不是找到一个适合 ADC 的系统设计。正确地选择 ADC，需要对所选择的 ADC 的技术指标有一个完整的了解，确保其技术指标符合系统的参数要求。虽然大部分的厂家在典型规范提供了有效的测量标准，但当某些指标对系统性能有关键作用时，就不能仅依赖于厂家提供的这些参考值了，而应该了解这些指标的测试条件，以确定这些指标能够最大限度地符合所设计的系统的工作条件。

3. ADC0809

ADC0809 是采用 CMOS 工艺制成的单片 8 位 8 通道逐次逼近型 A/D 转换器，ADC0809 的核心部分是 8 位 A/D 转换器，它由比较器、逐次逼近寄存器、D/A 转换器及控制和定时 5 部分组成。

1）主要技术指标和特性

(1) 分辨率为 8 位。

(2) 总的不可调误差为±1LSB。

(3) 转换时间：取决于芯片时钟频率，如 CLK＝500 kHz 时，TCONV＝128 μs。

(4) 电源：＋5 V。

(5) 模拟输入电压范围：单极性 0～5 V；双极性±5 V、±10 V（需外加一定电路）。

(6) 具有可控三态输出缓存器。

(7) 启动转换控制为脉冲式（正脉冲），上升沿使所有内部寄存器清零，下降沿使 A/D 转换开始。

(8) 使用时不需进行零点和满刻度调节。

2）内部结构和外部引脚

ADC0808/0809 的内部结构和外部引脚分别如图 6-17 所示。各引脚定义分述如下。

(1) IN_0～IN_7：8 路模拟输入，通过 3 根地址译码线 ADD_A、ADD_B、ADD_C 来选通一路。

(2) D_7～D_0：A/D 转换后的数据输出端，为三态可控输出，故可直接和微处理器数据线连接。8 位排列顺序是 D_7 为最高位，D_0 为最低位。

(3) ADD_A、ADD_B、ADD_C：模拟通道选择地址信号，ADD_A 为低位，ADD_C 为高位。地址信号与选中通道对应关系如表 6-6 所示。

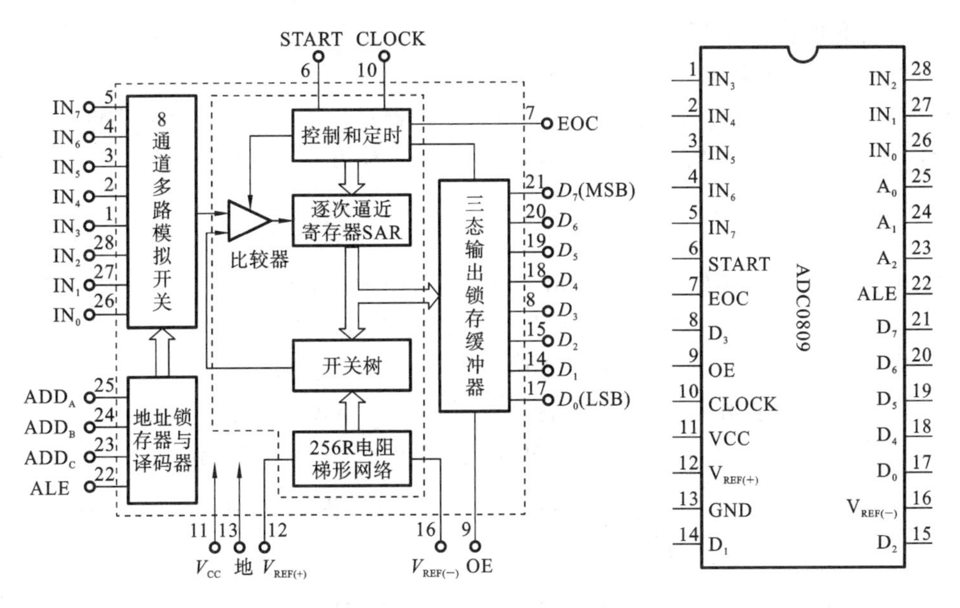

图 6-17 ADC0809 内部结构框图

表 6-6 地址信号与选中通道的关系

地址			选中通道
ADD_C	ADD_B	ADD_A	
0	0	0	IN_0
0	0	1	IN_1
0	1	0	IN_2
0	1	1	IN_3
1	0	0	IN_4
1	0	1	IN_5
1	1	0	IN_6
1	1	1	IN_7

(4) $V_{REF(+)}$、$V_{REF(-)}$：正、负参考电压输入端，用于提供片内 DAC 电阻网络的基准电压。在单极性输入时，$V_{REF(+)}=5$ V，$V_{REF(-)}=0$ V；双极性输入时，$V_{REF(+)}$、$V_{REF(-)}$分别接正、负极性的参考电压。

(5) ALE：地址锁存允许信号，高电平有效。当此信号有效时，A、B、C 三位地址信号被锁存，译码选通对应模拟通道。在使用时，该信号常和 START 信号连在一起，以便同时锁存通道地址和启动 A/D 转换。

(6) START：A/D 转换启动信号，正脉冲有效。加于该端的脉冲的上升沿使逐次逼近型寄存器清零，下降沿开始 A/D 转换。若正在进行转换时又接到新的启动脉冲，则原来的转换进程被中止，重新从头开始转换。

(7) EOC：转换结束信号，高电平有效。该信号在 A/D 转换过程中为低电平，其余时间为高电平。该信号可作为被 CPU 查询的状态信号，也可作为对 CPU 的中断请求信号。在需要对某个模拟量不断采样、转换的情况下，EOC 也可作为启动信号反馈到 START 端，但在刚加电时需由外电路第一次启动。

(8) OE：输出允许信号，高电平有效。当微处理器送出该信号时，ADC0809 的输出三态门被打开，使转换结果通过数据总线被读出。在中断工作方式下，该信号往往是 CPU 发出的中断请求响应信号。

3) 工作时序与使用说明

ADC0809 的工作时序如图 6-18 所示。当通道选择地址有效时，ALE 信号一出现，地址便马上被锁存，这时转换启动信号紧随 ALE 之后(或与 ALE 同时)出现。START 的上升沿将逐次逼近寄存器 SAR 复位，在该上升沿之后的 2 μs 加 8 个时钟周期内(不定)，EOC 信号将变为低电平，以指示转换操作正在进行中，直到转换完成后 EOC 再变为高电平。微处理器收到变为高电平的 EOC 信号后，便立即送出 OE 信号，打开三态门，读取转换结果。

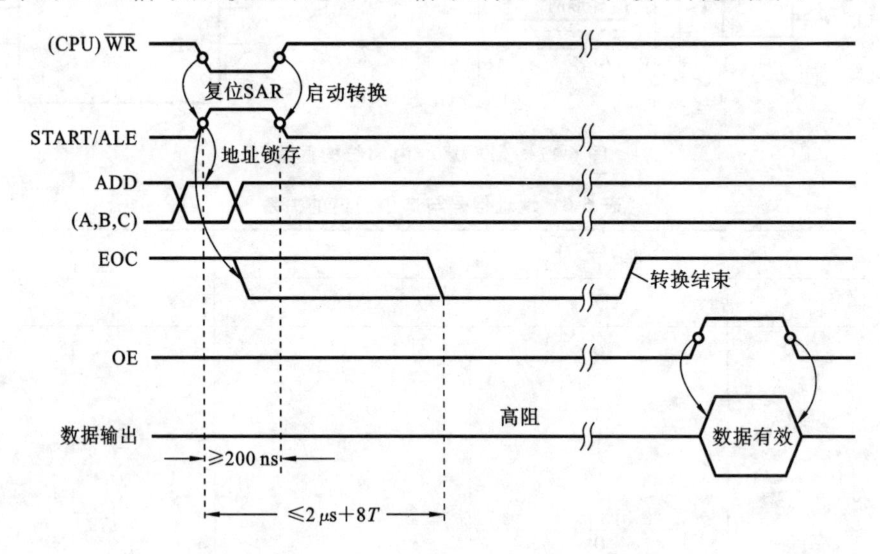

图 6-18　ADC0808/0809 工作时序

模拟输入通道的选择可以相对于转换开始操作时独立地进行(当然，不能在转换过程中进行)，然而通常是把通道选择和启动转换结合起来完成(因为 ADC0808/0809 的时间特性允许这样做)。这样可以用一条写指令既选择模拟通道又启动转换。在与微机接口时，输入通道的选择可有两种方法：一种是通过地址总线选择；另一种是通过数据总线选择。

如用 EOC 信号去产生中断请求，要特别注意 EOC 的变低相对于启动信号有 2 μs＋8 个时钟周期的延迟，要设法使它不至于产生虚假的中断请求。为此，最好利用 EOC 上升沿产生中断请求，而不是靠高电平产生中断请求。

4) ADC0809 测试

(1) 将 ADC0809 插入集成电路管座中，按图 6-19 连接实验电路。其中八路输入模拟信号为 1～4.5 V，由＋5 V 电源经电阻 R 分压组成；变化结果 D_0～D_7 接逻辑电平显示器输入插口，CP 时钟脉冲由计数脉冲源提供，取 f＝100 kHz；A_0～A_2 地址端接逻辑电平输出插口。

(2) 接通电源后，在启动端(START)加一正单次脉冲，下降沿一到即开始 A/D 转换。

(3) 逐次改变直流信号源的输出量，按表 6-7 所示的数值变化，每改变一次数值，触发一下(单次)，启动 A/D 转换器，将转换结果填入表 6-7 中。

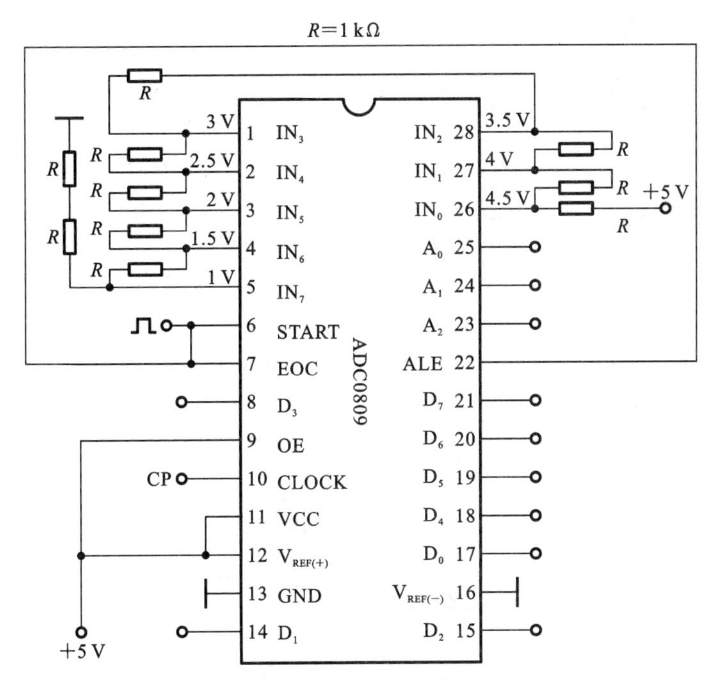

图 6-19 ADC0809 实验接线图

表 6-7 输入模拟量时 ADC 输出数字量

输入模拟量	输出数字量								
V_i/V	D_7	D_6	D_5	D_4	D_3	D_2	D_1	D_0	十进制数(D)
0									
0.5									
1.0									
1.5									
2.0									
2.0									
2.5									
3.0									
3.5									
4.4									
4.5									
5.0									

将转换结果换算成十进制数表示的电压值，并与数字电压表实测的各路输入电压值进行比较，分析误差原因。

6.4 数字电压表的设计与制作

6.4.1 任务描述

设计并制作一个通用液晶显示 $3\frac{1}{2}$ 位的数字电压表电路，技术指标要求如下。

(1) 直流电压测量范围(0～200 V)：共分 4 挡，即 200 mV、2 V、20 V、200 V。

(2) 基本量程：200 mV。

(3) 分辨率：0.1 mV。

(4) 测量误差：$\gamma \leqslant \pm 0.1\%$。

(5) 具有正、负电压极性显示，小数点显示和超量程显示。

6.4.2 构思——数字电压表的设计方案

根据项目的设计要求，有以下两种方案。

方案一：以 AT89S52 单片机为核心，用 AD0809 数模转换芯片采样，用 1602 液晶屏显示，制作具有电压测量功能的并具有一定精度的数字电压表。AT89S52 是一个低功耗、高性能的 CMOS 8 位单片机；8 位 ADC0809，编程简单方便，价格便宜；采用液晶 1602 作为显示电路，功能强大，适合做各类扩展。但该方案涉及的编程复杂，同时硬件电路也较复杂。

方案二：采用 ICL7106 A/D 转换器，液晶显示器 EDS801A 配以外围电路进行设计。ICL7106 是美国 Intersil 公司专为数字仪表生产的数字仪，满幅输入电压一般取 200 mV 或 2 V。该芯片集成度高，转换精度高，抗干扰能力强，输出可直接驱动 LCD 液晶数码管，只需要很少的外部元件，就可以构成数字仪表模块，硬件电路简单，而且精度高，完全可以实现要求。

综合分析，同时结合到软硬件实际，选择方案二，原理简单，仅涉及硬件电路。

采用方案二，项目实现的原理框图如图 6-20 所示。

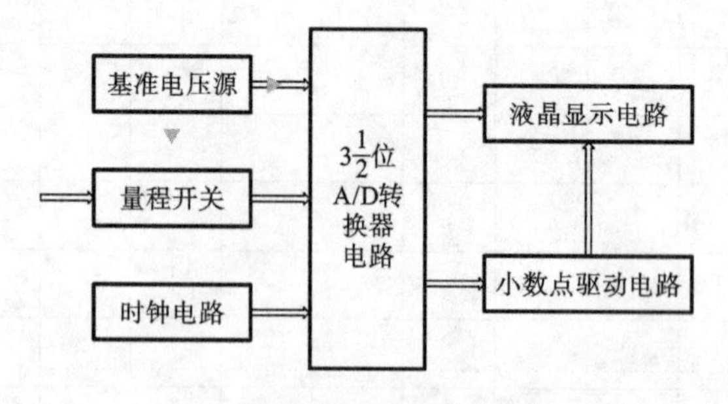

图 6-20 数字电压表系统框图

其工作过程为：选择合适的量程，加被测电压信号进入数字电压表，启动 A/D 转换器进行转换，其得到的数字信号数据在相应的码制转换模块中转换为显示代码。最后译码驱动模块发出显示控制与驱动信号，驱动外部的 LCD 模块显示相应的数据。

6.4.3 设计——数字电压表设计

根据数字电压表系统框图，选择合适的组合逻辑电路芯片实现数字电压表的功能。

1. A/D 转换器及外围电路设计

A/D 转换器及外围电路设计电路如图 6-21 所示。

其中液晶显示采用 EDS801，将其各数码的字段及公共端与 CC7106 相应端连接。其中 CC7106 的 CP1、CP2 和 CP3 是内部时钟的外接电阻和电容引脚，CC7106 的 TEST 是测试端，该端经过 500 Ω 电阻接至逻辑电路的公共地，故也称“逻辑地”或“数字地”。CC7106 的 VREFH 和 VREFL 是参考电压的输入端，参考电压决定着 A/D 转换器的灵敏度，它是由 U1 分压而来，调节 R_R 分压比可调节灵敏度(调满)；两个 CR 脚是基准电容的外接引脚；COM 端是模拟信号公共端；AE、BUF 和 INT 分别是自动调零端、缓冲控制端和积分器输出端；VDD 和 VSS 为电源端，待测信号输入端 IN_+ 通过 1 MΩ 的电阻接 CC7106 的 INH 端，待测信号输入端 IN_- 接 CC7106 的 INL 端。

R_1、C_1 分别为振荡电阻和振荡电容，接 CC7106 的 CP2 端和 CP3 端，R_2 与电位器 R_R 构成基准电压分压器，R_R 宜采用精密多圈电位器，调整 R_R 使 $V_{REF}=V_{M/2}=100.0$ mV，满量程即定为 200 mV，二者呈 1∶2 的关系。R_3、C_3 接 CC7106 的 INH、INL 端，组成模拟输入端高频阻容式滤波器，以提高仪表的抗干扰能力。C_2、C_4 分别为基准电容和自动调零电容。R_4、C_5 依次为积分电阻和积分电容。仪表采用 9 V 叠层电池供电，测量速率约 2.5 次/秒。IN_- 端和 CC7106 的 UREFL 端、COM 端互相短接。

对于 CC7106，OSC1、OSC2 为时钟振荡器的引出端，主振频率 f_{OSC} 由外接 R_1C_1 的值决定，即 $f_{OSC}=0.45/(R_1C_1)$，CC7106 计数器的时钟脉冲 f_{CP} 是主振频率 f_{OSC} 经 4 分频后得到的，因此 $f_{CP}=\frac{1}{4}f_{OSC}=\frac{1}{4}\cdot\frac{0.45}{R_1C_1}$。设 CC7106 一次 A/D 转换所需时钟脉冲总数 N 为 4000，而一次转换所需时间 $T=1/2.5=0.4$ s。时钟脉冲频率 f_{CP} 由 $T=N/f_{CP}=4N/f_{OSC}$ 可得 $f_{CP}=N/T\approx10$ kHz，因而主振频率为 $f_{OSC}=4f_{CP}=40$ kHz，因此可以算出 R_1、C_1 的值。若取 $C_1=100$ pF，则 $R_1=(0.45/C_1)f_{OSC}\approx112.5$ kΩ，取标称值 120 kΩ。

积分元器件 R_4、C_5 及自动调零电容 C_4 的取值分别为 $R_4=56$ kΩ，$C_5=0.22$ μF，$C_4=0.47$ μF。R_2 和 R_P 组成基准电压的分压电路。其中，R_P 一般采用精密多圈电位器。改变 R_P 的值可以调节基准电压 V_{REF} 的值。R_3、C_3 为输入滤波电路。电源电压取 +9 V，C_2 取 0.1 μF。

2. 量程开关电路设计

量程开关电路如图 6-22 所示。由于基本量程 $U_M=200$ mV，按照图 6-22 所示配置一组分压电阻，组成电阻衰减网络，通过手动就可以得到量程从 ±200.0 mV 至 ±1000 V 的多量程电压表。该表的输入阻抗 $R_i=10$ MΩ，各挡衰减后的电压 V_x 与输入电压 V_i 的关系为 $V_x=V_i(R_x/R_i)$。

3. 小数点驱动电路设计

小数点驱动电路如图 6-23 所示。R_1、R_2、R_3 与异或门 CC4070 及开关等组成的电路用来驱动和控制小数点。

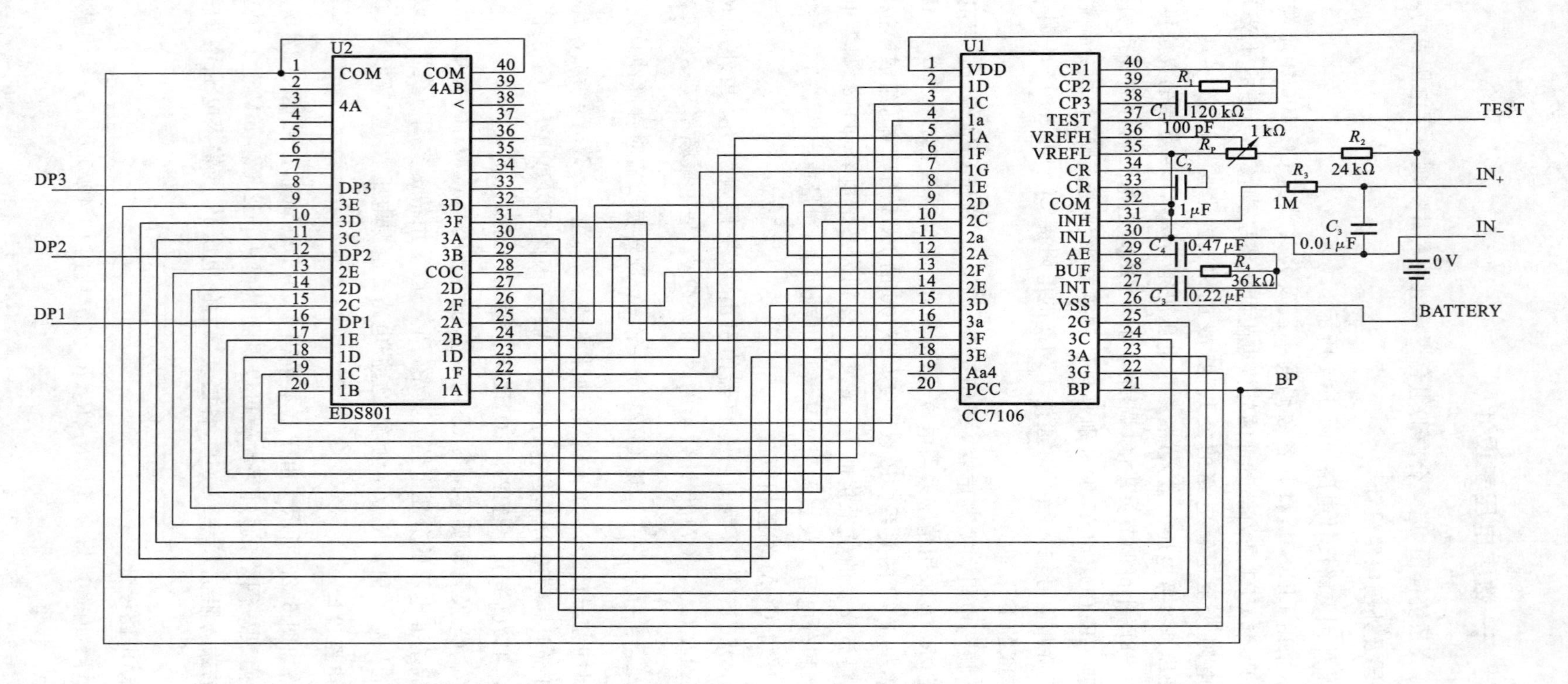

图6-21　A/D转换器及外围电路

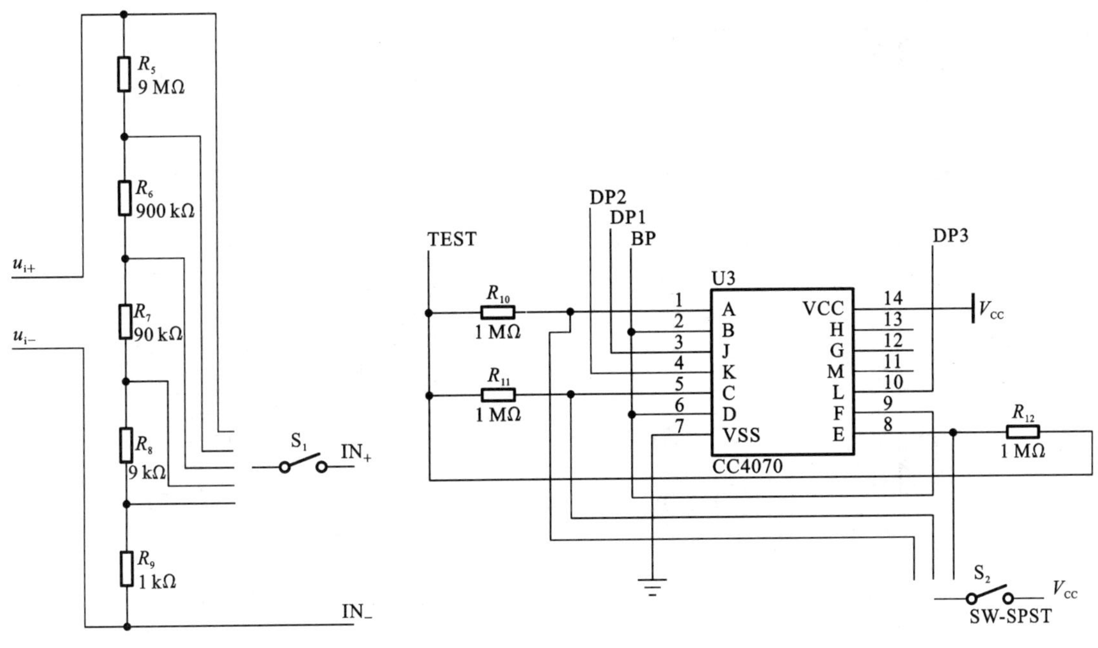

图 6-22　量程开关电路

图 6-23　小数点驱动电路

4. 元器件选择

1）双积分型 A/D 转换器 ICL7106

ICL7106 是美国 Intersil 公司专为数字仪表生产的数字仪，满幅输入电压一般取 200 mV 或 2 V。该芯片集成度高，转换精度高，抗干扰能力强，输出可直接驱动 LCD 液晶数码管，只需要很少的外部元件，就可以构成数字仪表模块。其管脚排列图如图 6-24 所示。

ICL7106 的性能特点如下。

(1) ＋7～＋15 V 单电源供电，可选 9 V 叠层电池，有助于实现仪表的小型化。低功耗(约 16 mW)，一节 9 V 叠层电池能连续工作 200 小时或间断使用半年左右。

(2) 输入阻抗高(10^{10} Ω)。内设时钟电路、＋2.8 V 基准电压源、异或门输出电路，能直接驱动 $3\frac{1}{2}$位 LCD 显示器。

(3) 属于双积分式 A/D 转换器，A/D 转换准确度达±0.05%，转换速率通常选 2～5 次/秒。具有自动调零、自动判定极性等功能。通过对芯片的功能检查，可迅速判定其质量好坏。

(4) 外围电路简单，仅需配 5 只电阻、5 只电容和 LCD 显示器，即可构成一块 DVM。其抗干扰能力强，可靠性高。

ICL7106 内部包括模拟电路和数字电路两大部分，二者是互相联系的。一方面由控制逻辑产生控制信号，按规定时序将多路模拟开关接通或断开，保证 A/D 转换正常进行；另一方面模拟电路中的比较器输出信号又控制着数字电路的工作状态和显示结果。

2）液晶显示器 EDS801

EDS801 显示器电路简单，不需要对其进行编程，只需将其对应管脚与 ICL7106 的相应管脚连接即可工作。其引脚图如图 6-25 所示。

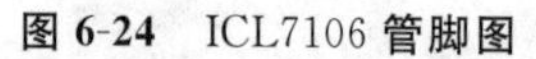

图 6-24　ICL7106 管脚图

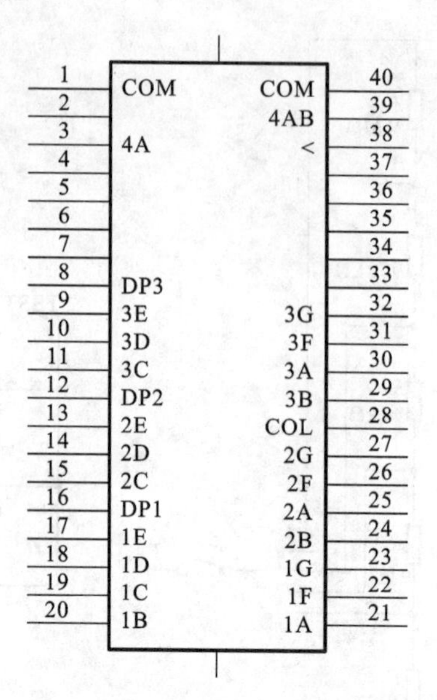

图 6-25　EDS801 引脚图

5. 整体电路图及工作原理

系统整体电路图如图 6-26 所示。

其工作过程为:ICL7106 是双积分型 A/D 转换器,双积分就是在一个测量周期内要进行两次积分。首先,对被测电压 V_x 进行定时积分,然后对基准电压 V_{REF} 进行定值积分。通过两次积分比较,将 V_x 变换成与之成正比的时间间隔;在这个时间间隔内对固定频率的时钟脉冲计数,计数的结果正比于被测电压的数字量。按照整体原理图安装好电路后,接入正负电源,先调节电位器 R_P 使基本量程为 200 mV 时的基准电压 $V_{REF}=100$ mV,然后在电压表输入端 V_x 接入被测直流电压,通过 ICL7106 的双积分作用进行计数,即对由模拟量转换的数字量进行相应的计数,并且将结果送液晶显示器进行显示,最终获得待测电压的电压值。

6. 元器件清单

元器件清单如表 6-8 所示。

表 6-8　数字电压表元器件清单

元件名称	元件数量/个	元件名称	元件数量/个
ICL7106	1	1 MΩ 电阻	4
EDS801	1	900 kΩ 电阻	1
CC4070	1	90 kΩ 电阻	1
0.01 μF 瓷片电容	1	9 kΩ 电阻	1
0.22 μF 瓷片电容	1	1 kΩ 电阻	1
0.47 μF 瓷片电容	2	56 kΩ 电阻	1
0.1 μF 瓷片电容	1	24 kΩ 电阻	1
100 pF 瓷片电容	1	1 kΩ 电位器	1
9 MΩ 电阻	1	9 V 电池	1
120 kΩ 电阻	1	导线	若干

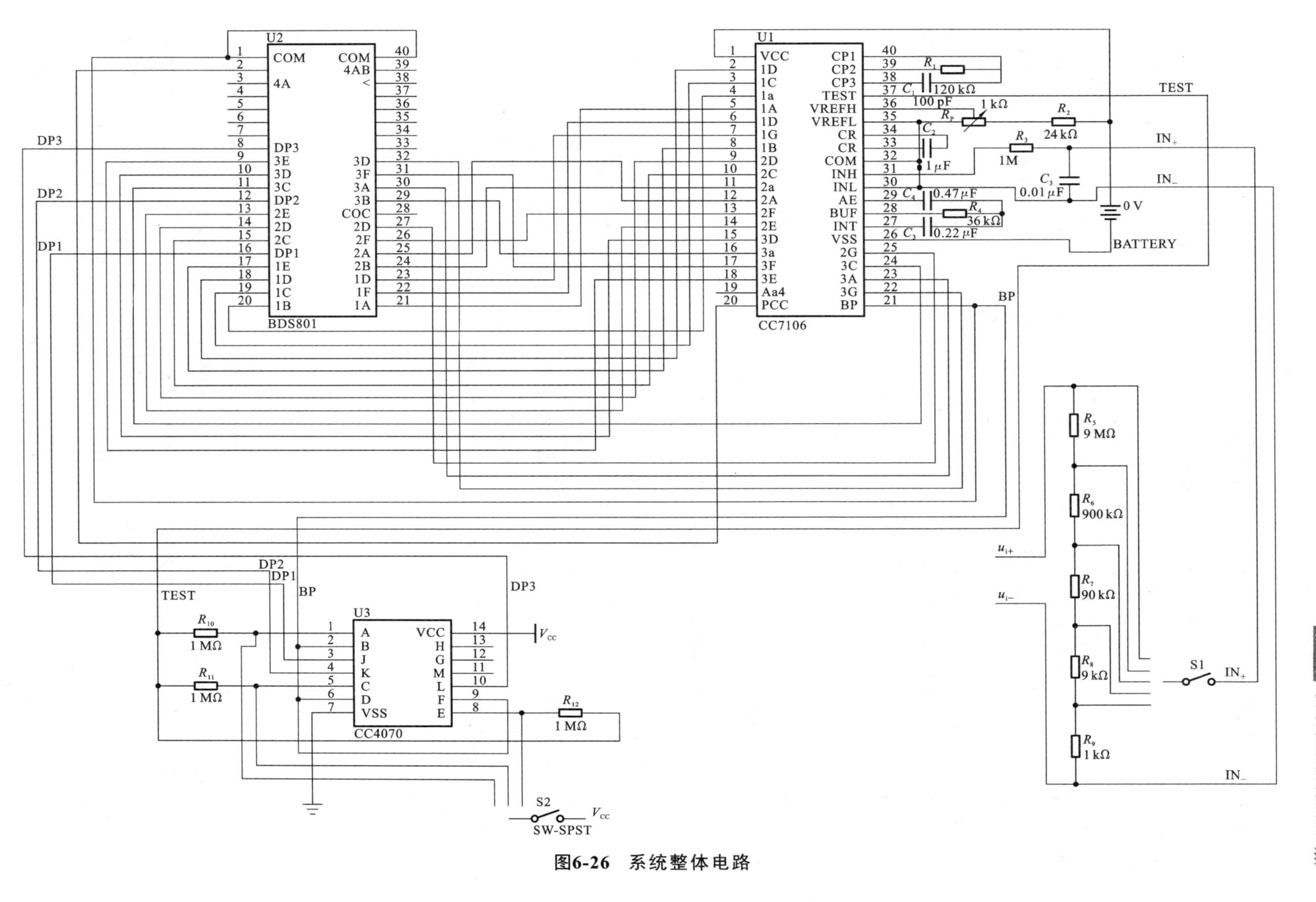

U2
BDS801
COM
4A
DP3
3E
3D
3C
DP2
2E
2D
2C
DP1
1E
1D
1C
1B
COM
4AB
3D
3F
3A
3B
COC
2D
2F
2A
2B
1D
1F
1A
U1
CC7106
VCC
1D
1C
1a
1A
1D
1G
1B
2D
2C
2a
2A
2F
2E
3D
3a
3F
3E
Aa4
PCC
CP1
CP2
CP3
TEST
VREFH
VREFL
CR
CR
COM
INH
INL
AE
BUF
INT
VSS
2G
3C
3A
3G
BP
R_1
C_1 120 kΩ
100 pF
R_p 1 kΩ
R_2
24 kΩ
C_2
1 μF
R_3
1M
C_3
0.01 μF
C_4 0.47 μF
R_4
36 kΩ
C_5 0.22 μF
TEST
IN+
IN−
0 V
BATTERY
BP
DP3
DP2
DP1
TEST
BP
U3
CC4070
A
B
J
K
C
D
VSS
VCC
H
G
M
L
F
E
V_{cc}
R_{10}
1 MΩ
R_{11}
1 MΩ
R_{12}
1 MΩ
S2
V_{cc}
SW-SPST
R_5
9 MΩ
R_6
900 kΩ
R_7
90 kΩ
R_8
9 kΩ
R_9
1 kΩ
u_{i+}
u_{i-}
S1
IN+
IN−

图6-26 系统整体电路

6.4.4 实现——数字电压表的组装与调试

根据图6-26所示的原理图,采用万能板进行组装。首先应该在万能板上进行元器件的合理布局,接线应尽可能少和短,确保电器性能优良。其次在组装电路时,先连接背面的红线,再对照原理图安装底座,然后安装各个元器件,最后进行焊接。

电路焊接完毕后,先对照原理图检查电路板焊接是否正确,确保电路与设计电路原理图一致后再开始调试。调试时,接入正负电源,先调节电位器 R_P 使基本量程为200 mV时的基准电压 $V_{REF}=100$ mV,然后在电压表输入端 V_x 接入被测直流电压,这时在显示器上应分别显示正确读数,同时用万用表测试待测电压,进行比较,判断读数的正确性及误差。在测试中,通过调节电位器,电压表可以对待测电压进行准确测试,误差也在允许的范围内。调试中主要会出现读数跳动,有时读数与实际电压不是很相符,通过调节电位器可以使读数趋于理想数值,同时检查电路的稳定性,不出现短路或者断路的情况,从而可以让读数稳定,使其满足设计要求。

6.4.5 运行——数字电压表测试与性能分析

电路调试完毕,数字电压表可以正常工作了。按照设计要求进行测试,改变输入电压值,观察输出显示,并记录数据。

6.4.6 电路的特点和方案的优缺点及改进

本次设计所采用的方案中电路原理简单,硬件电路搭建容易,而且稳定,组装好的电压表可以对待测电压进行准确测量。其测试结果与标准电压表(万用表)测试的结果相比相差无几,而且只要电路组装稳定,读数时就会稳定易读。但本电路也存在问题,比如液晶显示器的读数有时不稳定,出现跳动现象,这不仅与电路元件参数有关,而且与搭接的连线等有关。本次课题也可以采用单片机及合适的A/D转换器进行设计,经过正确的编程制作一个精度更高、更稳定的电压表,同时还可以实现量程的自动转换;同时对测试的结果可以采用数码管进行显示,没有必要用液晶显示器进行显示。如果需要,A/D转换器也可以换成功能更多的器件,如MC14433等。

本章小结

A/D和D/A转换器集成芯片又可称为ADC、DAC,它们都是大规模集成芯片,在电子系统中被广泛应用。

微处理器和微型计算机在各种检测、控制和信号处理系统中的广泛应用,促进了A/D、D/A转换技术的迅速发展。随着计算机计算精度和计算速度的不断提高,对A/D、D/A转换器的转换精度和转换速度提出了更高的要求,从而推动了A/D、D/A转换技术的不断进步。计算机的检测、控制或信号处理等系统能达到的精度和速度由A/D、D/A转换器的转换精度和转换速度所决定,故而本节对A/D、D/A转换器的转换精度和转换速度两个指标进行了论述。

A/D、D/A转换器的种类很多,只需要着重理解和掌握A/D、D/A转换的基本思想、共同性的问题以及它们归纳和分类的原则。

D/A 转换器可将数字量转换成模拟量，其电路形式按其解码网络结构分为权电阻网络、权电流网络、T 形电阻网络、倒 T 形电阻网络等多种。其中倒 T 形电阻网络应用较广。由于其电路电流流向运放反相端时不存在传输时间，因而具有较高的转换速度。

A/D 转换器可将模拟量转换成数字量，按其工作原理可分为直接型和间接型。不同的 A/D 转换方式具有各自的特点。直接型典型电路有并行比较型、逐次比较型。间接型典型电路分为双积分型和电压频率转换型。并联比较型 A/D 转换器转换速度快，主要缺点是要使用的比较器和触发器很多，随着分辨率的提高，所需元件数目按几何级数增加。双积分型 A/D 转换器的性能比较稳定，转换精度高，具有很高的抗干扰能力，电路结构简单；其缺点是工作速度慢，在对转换精度要求较高而对转换速度要求较低的场合，如数字万用表等检测仪器中，得到了广泛的应用。逐次逼近型 A/D 转换器的分辨率较高、误差较低、转换速度较快，在一定程度上兼顾了以上两种转换器的优点，因此得到了普遍应用。

随着电子技术的不断发展，高精度、高速度的 A/D 和 D/A 转换器集成芯片层出不穷，极大地方便了各种应用。本章着重介绍了模数和数模转换器的实训及其电路的仿真，同时介绍了 A/D 和 D/A 实验，从实验的角度分析和掌握数模转换器和模数转换器。

最后给出了数字电压表的设计和制作，有利于读者提高综合分析问题的能力和动手操作的能力。

习　题

1. 选择题

(1) 以下(　　)不是 4 位权电阻网络 D/A 转换器的组成部分。

A. 电子模拟开关　　B. 权电阻求和网络　　C. 分压器　　D. 运算放大器

(2) A/D 转换是将模拟信号转换为数字信号，转换过程不包括(　　)过程。

A. 采样-保持　　B. 反馈　　C. 量化　　D. 编码

(3) 双积分型 A/D 转换器最突出的优点是(　　)。

A. 工作性能比较稳定　　B. 抗干扰能力差

C. 工作速度高　　D. 转换精度高

(4) 以下(　　)不是双积分型 A/D 转换器的组成部分。

A. 积分器　　B. 比较器　　C. 计数器　　D. 逐次逼近寄存器

(5) 转换速度最快的是(　　)。

A. 并联比较型 A/D 转换器　　B. 逐次逼近型 A/D 转换器

C. 双积分型 A/D 转换器　　D. 压频变频性 A/D 转换器

2. 填空题

(1) 转换精度和__________是衡量 A/D 转换器和 D/A 转换器性能的两个重要技术指标。

(2) __________是输入数字量全为 1 时再在最低位加 1 时的模拟量输出。

(3) 在满量程范围内，偏离转换特性的最大误差称为__________，它与最大量程的比值称为非线性度。

(4) __________是将时间上连续变化的信号转换为时间上离散的信号。

(5) 量化是将采样-保持电路的输出电压按照某种近似方式归并到相应的离散电平上，也就是将模拟信号在取值上离散化的过程，离散后的电平称为______________。

3. 分析题

(1) 试分析在选择采样-保持电路外接电容器的容量大小时应考虑哪些因素。

(2) 试分析在计数式 A/D 转换器中，若输出的数字量为 10 位二进制数，时钟信号频率为 1 MHz，则完成一次转换的最长时间是多少？如果要求转换时间不得大于 100 s，那么时钟信号频率应选多少？

(3) 试分析若将逐次逼近型 A/D 转换器的输出扩展到 10 位，取时钟信号的频率为 1 MHz，试计算完成一次转换操作需要的时间。

(4) 试分析在双积分型 A/D 转换器中，若计数器为 10 位二进制，时钟信号的频率为 1 MHz，试计算转换器的最大转换时间。

(5) 试分析在双积分型 A/ D 转换器中，输入信号的绝对值可否大于 $-V_{REF}$ 绝对值，为什么？

4. 计算题

(1) 图 6-27(a)所示的是用 CB7520 和同步十六进制计数器 74LS161 组成的波形发生器电路。已知 CB7520 的 $V_{REF}=-10$ V，试画出输出电压 v_o 的波形，并标出波形图上各点电压的幅度。CB7520 的电路结构如图 6-27(b)所示。

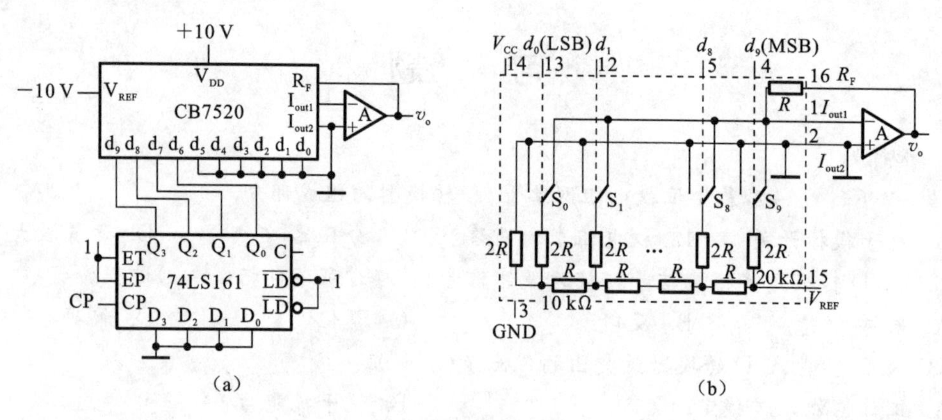

图 6-27 题 4(1)图

(2) 图 6-28 所示的是用 CB7520 组成的双极型输出 D/A 转换器。CB7520 的电路结构如图 6-27(b)所示，其倒 T 形电阻网络中的电阻 $R=10$ kΩ。为了得到 ±5 V 的最大输出模拟电压，在选定 $R_B=20$ kΩ 的条件下，V_{REF}、V_B 应各取何值？

(3) 在图 6-29 所示的 D/A 转换器中，试求：

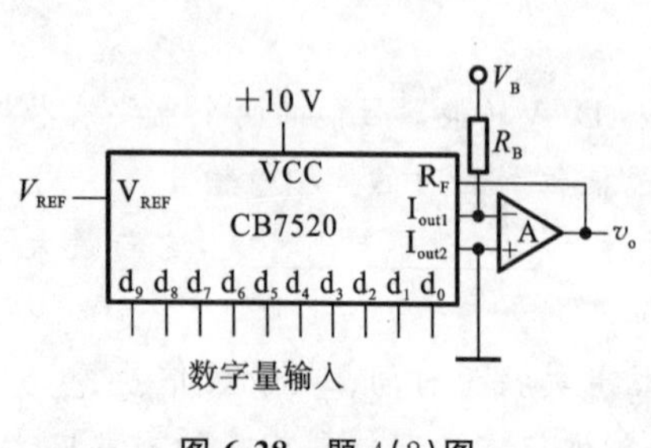

图 6-28 题 4(2)图

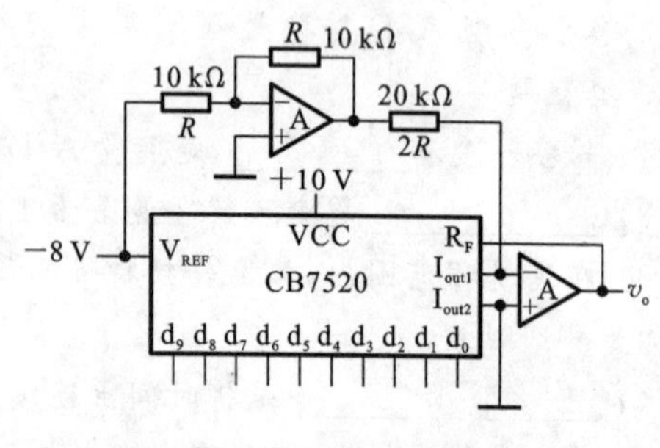

图 6-29 题 4(3)图

① 1 LSB 产生的输出电压增量是多少？

② 输入为 $d_9 \sim d_0 = 1000000000$ 时的输出电压是多少？

③ 若输入以二进制补码给出，则最大的正数和绝对值最大的负数各为多少？它们对应的输出电压各为多少？

(4) 试分析图 6-30 所示电路的工作原理，画出输出电压 v_o 的波形图。CB7520 的电路结构如图 6-27(b)所示。表 6-9 给出了 RAM 的 16 个地址单元中所存的数据。高 6 位地址 $A_9 \sim A_4$ 始终为 0，在表中没有列出。RAM 的输出数据只用了低 4 位，作为 CB7520 的输入。因 RAM 的高 4 位数据没有使用，故表中也未列出。

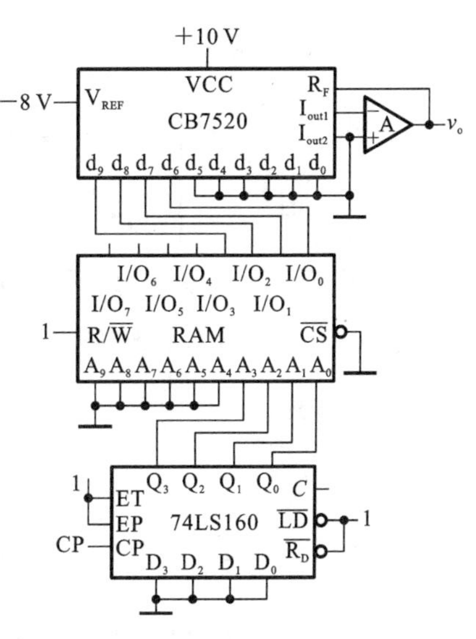

图 6-30 题 4(4)图

(5) 如果用图 6-30 所示的电路产生图 6-31 所示的输出电压波形，应如何修改 RAM 中的数据？请列出修改以后的 RAM 数据表，并计算时钟信号 CP 应有的频率。

表 6-9 题 4(4)表

A_3	A_2	A_1	A_0	D_3	D_2	D_1	D_0
0	0	0	0	0	0	0	0
0	0	0	1	0	0	0	1
0	0	1	0	0	0	1	1
0	0	1	1	0	1	1	1
0	1	0	0	1	1	1	1
0	1	0	1	1	1	1	1
0	1	1	0	0	1	1	1
0	1	1	1	0	0	1	1
1	0	0	0	0	0	0	1
1	0	0	1	0	0	0	0
1	0	1	0	0	0	0	1
1	0	1	1	0	0	1	1
1	1	0	0	0	1	0	1
1	1	0	1	0	1	1	1
1	1	1	0	1	0	0	1
1	1	1	1	1	0	1	1

(6) 图 6-32 所示的电路是用 D/A 转换器 CB7520 和运算放大器构成的增益可编程放大器，它的电压放大倍数 $A_V = \dfrac{V_O}{V_I}$ 由输入的数字量 $D(d_9 \sim d_0)$ 来设定。试写出 A_V 的计算公式，并说明 A_V 的取值范围。

(7) 图 6-33 所示的电路是用 D/A 转换器 CB7520 和运算放大器组成的增益可编程放大器，

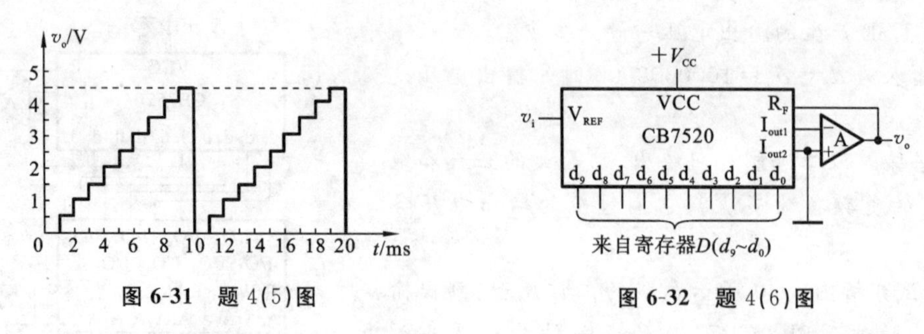

图 6-31　题 4(5)图　　　图 6-32　题 4(6)图

它的电压放大倍数 $A_V=\dfrac{V_0}{V_1}$ 由输入的数字量 $D(d_9\sim d_0)$ 来设定。试写出 A_V 的取值范围。

(8) 在图 6-34 所示的 D/A 转换器中，已知输入为 8 位二进制数码，接在 CB7520 的高 8 位输入端上，$V_{REF}=10$ V，为保证 V_{REF} 偏离标准值所引起的误差$\leqslant\dfrac{1}{2}$ LSB(现在的 LSB 应为 d_2)，允许 V_{REF} 的最大变化 ΔV_{REF} 是多少？V_{REF} 的相对稳定度$\left(\dfrac{\Delta V_{REF}}{V_{REF}}\right)$应为多少？

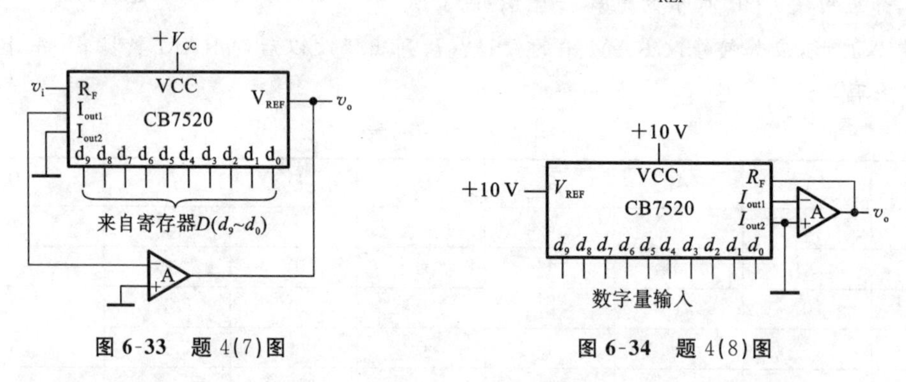

图 6-33　题 4(7)图　　　图 6-34　题 4(8)图

(9) 试分析图 6-35(a)所示电路的工作原理，画出输出电压 v_o 的波形图。其中 74LS152 是 8 选 1 数据选择器，74LS161 为同步十六进制加法计数器。假定 74LS152 各输入端的电压波形如图 6-35(b)所示。

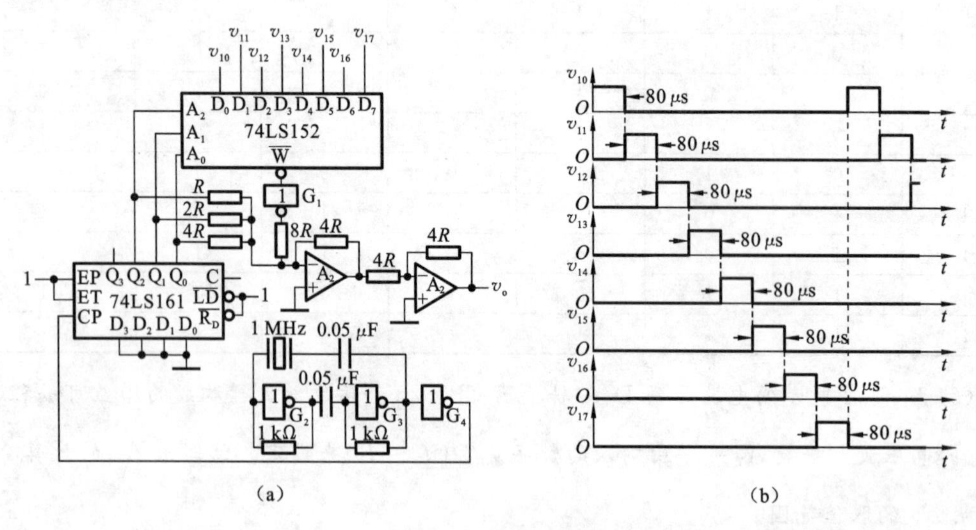

图 6-35　题 4(9)图

参考文献

[1] 邬春明.数字电路与逻辑设计[M].北京:清华大学出版社,2015.

[2] 刘颖.数字电路实验教程[M].青岛:中国海洋大学出版社,2015.

[3] 邹虹.数字电路与逻辑设计[M].2版.北京:人民邮电出版社, 2017.

[4] 丁向荣.数字逻辑设计项目教程[M].北京:清华大学出版社,2016.

[5] Paul Horowitz, Winfield Hill. The ART of Electronics 电子学[M].2版.北京:清华大学出版社,2003.

[6] 梁青.Multisim11 电路仿真与实践[M].北京:清华大学出版社,2012.

[7] 江晓安.数字电子技术[M].4版.西安:西安电子科技大学出版社, 2015.

[8] 江晓安.数字电子技术学习指导与题解[M].西安:西安电子科技大学出版社,2008.

[9] Thoms L. Floyd.电子技术基础(数字部分)[M].北京:清华大学出版社,2006.

[10] 康华光.电子技术基础(数字部分)[M].3版.北京:高等教育出版社,2015.

[11] 高宁.电子技术学习指南与习题解答[M].北京:清华大学出版社,2009.

[12] 王毓银.数字电路逻辑设计[M].2版.北京:高等教育出版社,2005.

[13] 黄淑珍.数字电子技术[M].北京:清华大学出版社,2015.

[14] 龙忠琪,龙盛春.数字电路考研试题精选[M].北京:科学出版社,2003.

[15] 顾佳.数字电子线路教材辅导[M].北京:清华大学出版社,2015.

[16] 任文霞.数字电子技术学习指导书[M].2版.北京:中国电力出版社,2017.

[17] 渠丽岩.电子技术基础—数字电子[M].北京:清华大学出版社,2010.

[18] 王克义.数字电子技术基础[M].北京:清华大学出版社,2013.